3.4 绘制海岸插画

4.1.1 绘制春天插画

4.2.1 制作 MP3 宣传单

4.3 绘制新年贺卡

4.4 制作食品标签

5.1.1 制作茶叶宣传册封面

5.2.1 制作茶叶宣传册内页

5.3 制作中秋节广告

5.4 绘制果汁标签

6.1.1 制作饮料广告

6.4 制作宣传册内页

InDesign 版式设计
标准教程（CS5版）

6.5 制作餐厅宣传单

7.1.1 制作购物招贴

7.3.1 制作卡通台历

7.5 制作数码摄像机广告

7.6 制作商场促销海报

8.1.1 制作汽车广告

8.2.1 制作楼盘广告

8.3 制作夏日饮品广告

8.4 制作旅游宣传单

9.1.1 制作家具宣传册封面

9.2.1 制作家具宣传册内页

9.3 制作鉴赏手册封面

9.4 制作鉴赏手册内页

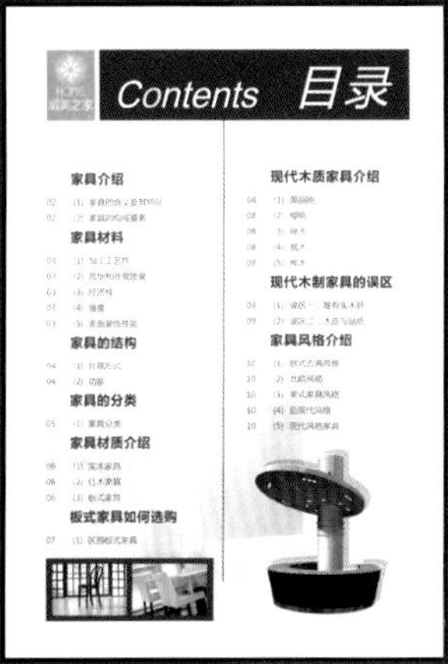

10.1.1 制作家具宣传册目录

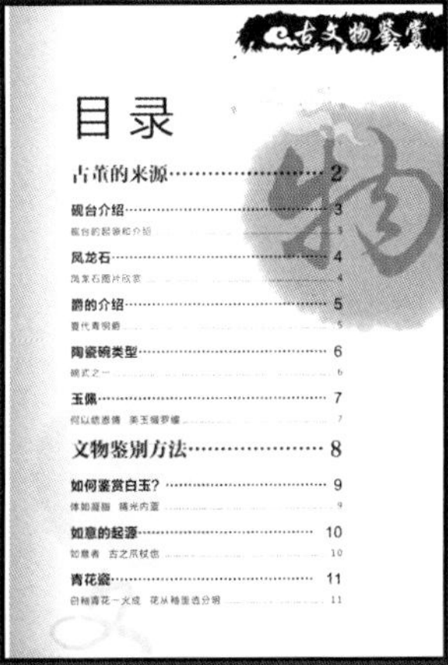

10.3 制作鉴赏手册目录

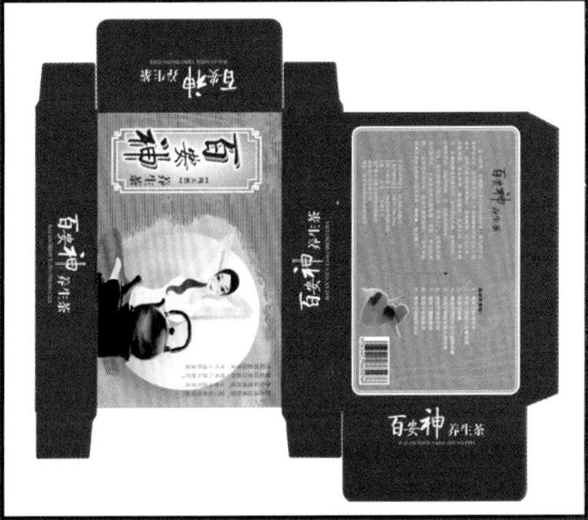

11.1 制作养生茶包装

11.2 制作 CD 唱片封面

11.3 制作化妆品广告

11.4 制作房地产广告

11.5 制作购物节海报

11.6 制作美食杂志内页

11.7 制作环保公益广告

11.8 制作报纸版面

11.9 制作户外健身广告

InDesign 版式设计

标准教程（CS5版）

21世纪高等院校数字艺术类规划教材

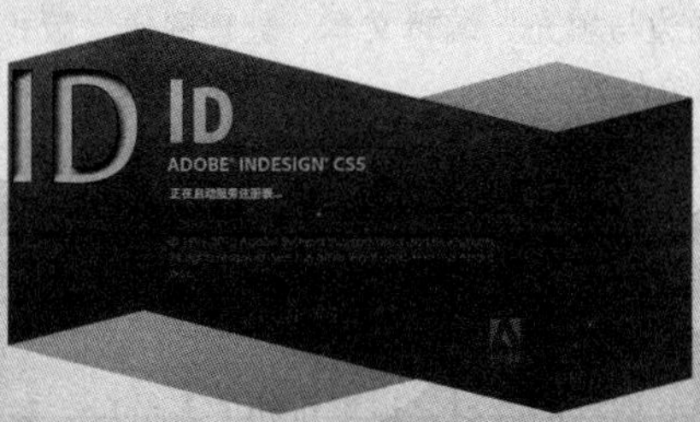

周建国 主编
白鑫 副主编

人民邮电出版社
北京

图书在版编目（CIP）数据

InDesign版式设计标准教程 : CS5版 / 周建国主编
. -- 北京 : 人民邮电出版社, 2012.8
21世纪高等院校数字艺术类规划教材
ISBN 978-7-115-28304-7

Ⅰ. ①I… Ⅱ. ①周… Ⅲ. ①排版－应用软件－高等学校－教材 Ⅳ. ①TS803.23

中国版本图书馆CIP数据核字(2012)第099014号

内 容 提 要

本书全面系统地介绍了 InDesign CS5 的基本操作方法和排版设计技巧，包括 InDesign CS5 入门知识、绘制和编辑图形对象、路径的绘制与编辑、编辑描边与填充、编辑文本、处理图像、版式编排、表格与图层、页面编排、编辑书籍和目录、综合实训案例等内容。

本书将案例融入到软件功能的介绍过程中，力求通过课堂案例演练，使学生快速掌握软件的应用技巧；在学习基础知识和基本操作后，通过课后习题实践，拓展学生的实际应用能力。在本书的最后一章，精心安排了专业设计公司的几个精彩实例，力求通过这些实例的制作，使学生提高艺术设计创意能力。

本书适合作为本科院校数字媒体艺术类专业 InDesign 课程的教材，也可供相关人员自学参考。

21 世纪高等院校数字艺术类规划教材

InDesign 版式设计标准教程（CS5 版）

◆ 主　　编　周建国
副 主 编　白　鑫
责任编辑　李海涛

◆ 人民邮电出版社出版发行　　北京市崇文区夕照寺街 14 号
邮编　100061　　电子邮件　315@ptpress.com.cn
网址　http://www.ptpress.com.cn
北京昌平百善印刷厂印刷

◆ 开本：787×1092　1/16　　彩插：2
印张：19.5　　2012 年 8 月第 1 版
字数：560 千字　　2012 年 8 月北京第 1 次印刷

ISBN 978-7-115-28304-7

定价：48.00 元（附光盘）

读者服务热线：(010)67170985　印装质量热线：(010)67129223
反盗版热线：(010)67171154
广告经营许可证：京崇工商广字第 0021 号

前言

InDesign是由Adobe公司开发的专业设计排版软件。它功能强大、易学易用，深受版式编排人员和平面设计师的喜爱，已经成为这一领域最流行的软件之一。目前，我国很多本科院校的数字媒体艺术类专业，都将InDesign作为一门重要的专业课程。

本书具有完善的知识结构体系，精心设计了课堂案例，力求通过课堂案例演练，使学生快速掌握软件的应用技巧，通过对软件基础知识的讲解，使学生深入学习软件功能；在学习了基础知识和基本操作后，通过课后习题实践，拓展学生的实际应用能力。在本书的最后一章，精心安排了专业设计公司的几个精彩实例，力求通过这些实例的制作，使学生提高艺术设计创意能力。本书在内容编写方面，力求细致全面、重点突出；在文字叙述方面，注意言简意赅、通俗易懂；在案例选取方面，强调案例的针对性和实用性。

本书配套光盘中包含了书中所有案例的素材及效果文件。另外，为方便教师教学，本书配备了详尽的课堂练习和课后习题的操作步骤以及PPT课件、教学大纲等丰富的教学资源，任课教师可到人民邮电出版社教学服务与资源网（www.ptpedu.com.cn）免费下载使用。本书的参考学时为58学时，其中实训环节为22学时，各章的参考学时参见下面的学时分配表。

章　节	课程内容	学时分配	
		讲　授	实　训
第1章	InDesign CS5入门知识	1	
第2章	绘制和编辑图形对象	4	3
第3章	路径的绘制与编辑	3	2
第4章	编辑描边与填充	3	2
第5章	编辑文本	3	2
第6章	处理图像	3	2
第7章	版式编排	3	2
第8章	表格与图层	3	2
第9章	页面编排	4	2
第10章	编辑书籍和目录	3	2
第11章	综合实训案例	6	3
课时总计	58	36	22

本书由周建国任主编，白鑫任副主编，并编写第3章和第4章，参加本书编写工作的还有张哲（第1章~第2章）、吴刚（第5章~第6章）、李海波（第7章~第8章）、张静颐（第9章~第10章）。

由于时间仓促，加之编者水平有限，书中难免存在错误和不妥之处，敬请广大读者批评指正。

编　者

2012年3月

InDesign 版式设计标准教程（CS5 版）

目录

第 5 章 编辑文本

第 6 章 处理图像

第 7 章 版式编排

第 8 章 表格与图层

第1章 InDesign CS5 入门知识

本章介绍 InDesign CS5 中文版的操作界面，对工具面板、面板、文件、视图与窗口的基本操作等进行详细的讲解。通过本章的学习，读者可以了解并掌握 InDesign CS5 的基本功能，为进一步学习 InDesign CS5 打下坚实的基础。

【教学目标】

- InDesign CS5 中文版的操作界面。
- 文件的基本操作。
- 视图与窗口的基本操作。

1.1 InDesign CS5 中文版的操作界面

本节介绍 InDesign CS5 中文版的操作界面，对菜单栏、控制面板、工具面板及面板进行详细的讲解。

1.1.1 介绍操作界面

InDesign CS5 的操作界面主要由标题栏、菜单栏、控制面板、工具面板、泊槽、面板、页面区域、滚动条、状态栏等部分组成，如图 1-1 所示。

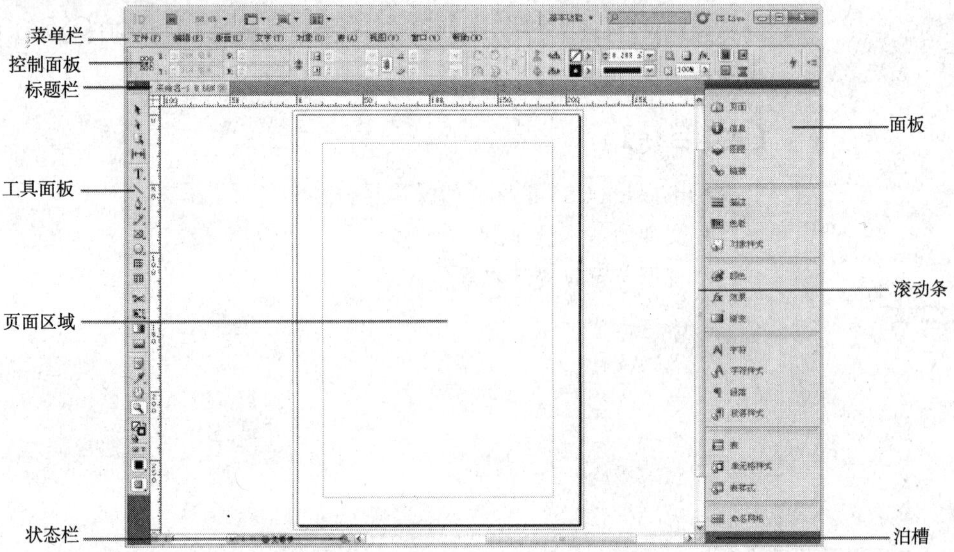

图 1-1

标题栏：左侧是当前运行程序的名称，右侧是控制窗口的按钮。

菜单栏：包括了 InDesign CS5 中所有的操作命令，主要包括 9 个主菜单。每一个菜单又包括了多个子菜单，通过应用这些命令可以完成基本操作。

控制面板：选取或调用与当前页面中所选项目或对象有关的选项和命令。

工具面板：包括了 InDesign CS5 中所有的工具。大部分工具还有其展开式工具面板，里面包括了与该工具功能相类似的工具，可以更方便、快捷地进行绘图与编辑。

泊槽：用来组织和存放面板。

面板：可以快速调出许多设置数值和调节功能的对话框，它是 InDesign CS5 中最重要的组件之一。面板是可以折叠的，可根据需要分离或组合，具有很大的灵活性。

页面区域：是指在工作界面中间以黑色实线表示的矩形区域，这个区域的大小就是用户设置的页面大小。工作区域还包括了页面外的出血线、页面内的页边线和栏辅助线。

滚动条：当屏幕内不能完全显示出整个文档的时候，通过对滚动条的拖曳来实现对整个文档的浏览。

状态栏：显示当前文档视图的缩放比例、当前文档的所属页面和文档所处的状态等信息。

1.1.2　使用菜单

熟练地使用菜单栏能够快速有效地完成绘制和编辑任务，提高排版效率。下面对菜单栏进行详细介绍。

InDesign CS5 中的菜单栏包含“文件”、“编辑”、“版面”、“文字”、“对象”、“表”、“视图”、“窗口”和“帮助”共 9 个菜单，如图 1-2 所示。每个菜单里又包含了相应的子菜单。

单击每一类的菜单都将弹出其下拉菜单，如单击“版面”菜单，将弹出如图 1-3 所示的下拉菜单。

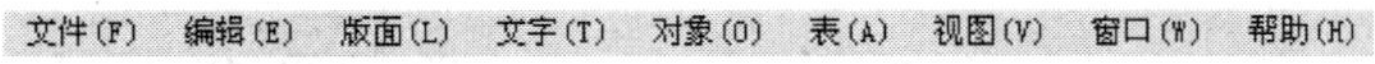

图 1-2

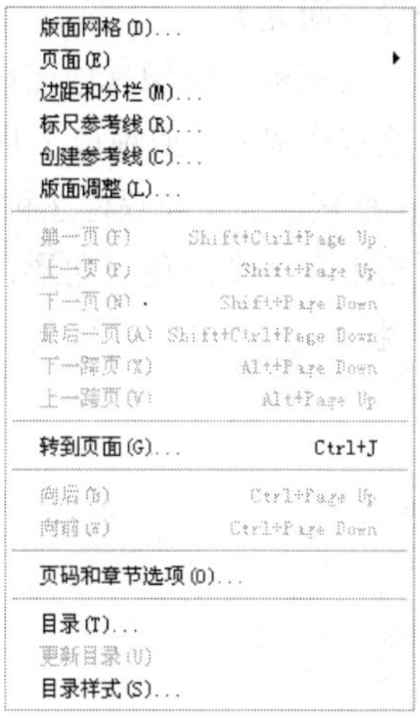

图 1-3

下拉菜单的左边是命令的名称，在经常使用的命令右边是该命令的快捷键，要执行该命令，直接按下快捷键，这样可以提高操作速度。例如，“版面 > 转到页面”命令的快捷键为<Ctrl>+<J>组合键。

有些命令的右边有一个黑色的三角形▸，表示该命令还有相应的下拉子菜单。用鼠标单击黑色三角形▸，即可弹出其下拉菜单。有些命令的后面有省略号“...”，表示用鼠标单击该命令即可弹出其对话框，可以在对话框中进行更详尽的设置。有些命令呈灰色，表示该命令在当前状态下为不可用，需要选中相应的对象或进行了合适的设置后，该命令才会变为黑色，呈可用状态。

1.1.3　使用控制面板

当用户选择不同对象时，InDesign CS5 的控制面板将显示不同的选项，如图 1-4、图 1-5 和图 1-6 所示。

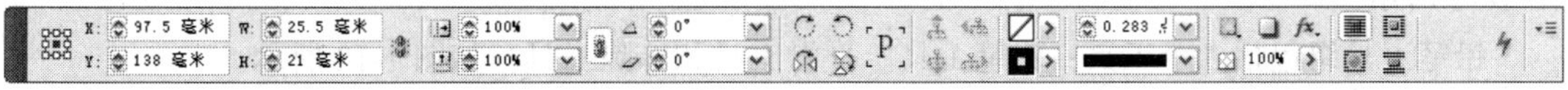

图 1-4

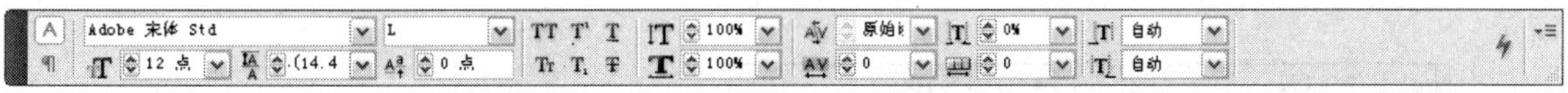

图 1-5

图 1-6

使用工具绘制对象时，可以在控制面板中设置所绘制对象的属性，可以对图形、文本和段落的属性进行设定和调整。

提示：当控制面板的选项改变时，可以通过工具提示来了解有关每一个选项的更多信息。工具提示在将光标移到一个图符或选项上停留片刻时自动出现。

1.1.4 使用工具面板

InDesign CS5 工具面板中的工具具有强大的功能，这些工具可以用来编辑文字、形状、线条、渐变等页面元素。

工具面板不能像其他面板一样进行堆叠、连接操作，但是可以通过单击工具面板上方的图标单栏或双栏显示；或拖曳工具面板的标题栏到页面中，将其变为活动面板。单击工具面板上方的按钮在垂直、水平和双栏 3 种外观间切换，如图 1-7、图 1-8 和图 1-9 所示。工具面板中部分工具的右下角带有一个黑色三角形，表示该工具还有展开工具组。用鼠标按住该工具不放，即可弹出展开工具组。

图 1-7

图 1-8

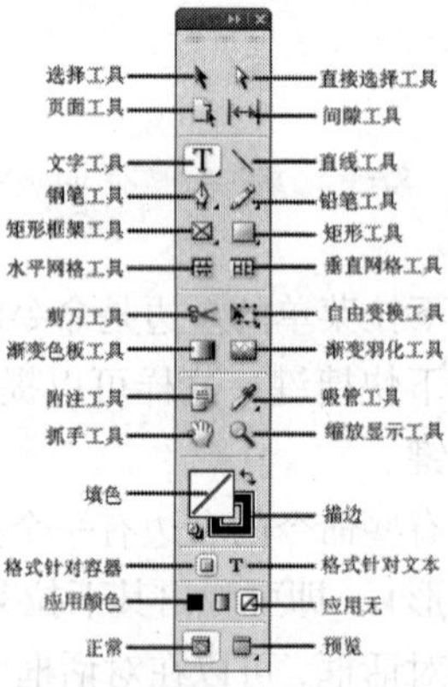

图 1-9

下面分别介绍各个展开式工具组。

文字工具组包括 4 个工具：文字工具、直排文字工具、路径文字工具和垂直路径文字工具，如图 1-10 所示。

钢笔工具组包括 4 个工具：钢笔工具、添加锚点工具、删除锚点工具和转换方向点工具，如图 1-11 所示。

铅笔工具组包括 3 个工具：铅笔工具、平滑工具和抹除工具，如图 1-12 所示。

矩形框架工具组包括 3 个工具：矩形框架工具、椭圆框架工具和多边形框架工具，如图 1-13 所示。

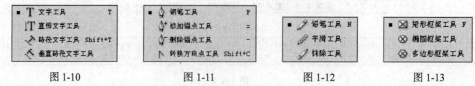

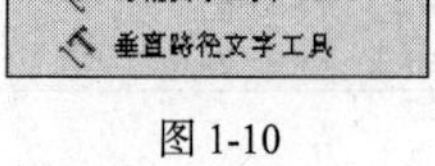

图 1-10

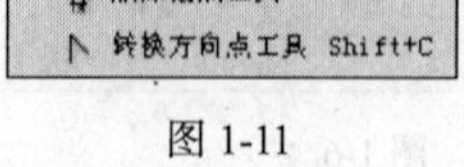

图 1-11

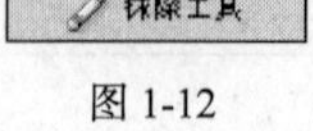

图 1-12

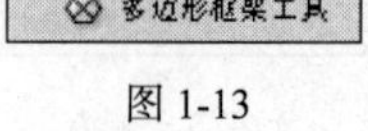

图 1-13

矩形工具组包括 3 个工具：矩形工具、椭圆工具和多边形工具，如图 1-14 所示。

自由变换工具组包括 4 个工具：自由变换工具、旋转工具、缩放工具和切变工具，如图 1-15 所示。

吸管工具组包括 2 个工具：吸管工具和度量工具，如图 1-16 所示。

预览工具组包括 4 个工具：预览工具、出血工具、辅助信息区和演示文稿，如图 1-17 所示。

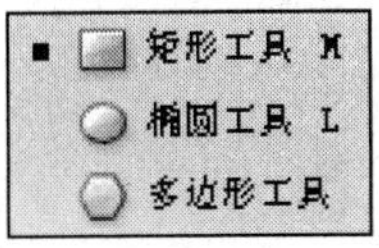

图 1-14

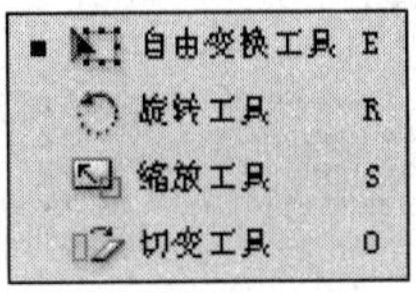

图 1-15

图 1-16

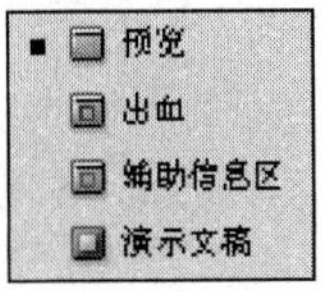

图 1-17

1.1.5　使用面板

在 InDesign CS5 的“窗口”菜单中，提供了多种面板，主要有附注、渐变、交互、链接、描边、任务、色板、输出、属性、图层、文本绕排、文字和表、效果、信息、颜色、页面等面板。

1．显示某个面板或其所在的组

在“窗口”菜单中选择面板的名称，调出某个面板或其所在的组。要隐藏面板，在窗口菜单中再次单击面板的名称。如果这个面板已经在页面上显示，那么“窗口”菜单中的这个面板命令前会显示“√”。

> **提示：**按<Shift>+<Tab>组合键，显示或隐藏除控制面板和工具面板外的所有面板；按<Tab>键，隐藏所有面板和工具面板。

2．排列面板

在面板组中，单击面板的名称标签，它就会被选中并显示为可操作的状态，如图 1-18 所示。把其中一个面板拖到组的外面，如图 1-19 所示；建立一个独立的面板，如图 1-20 所示。

按住<Alt>键，拖动其中一个面板的标签，可以移动整个面板组。

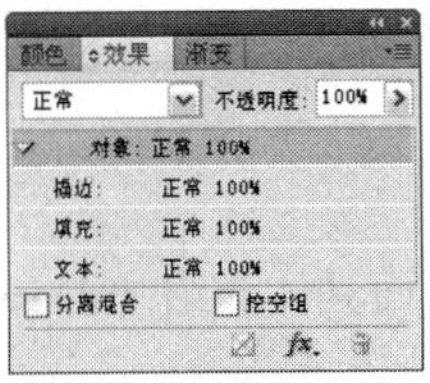

图 1-18

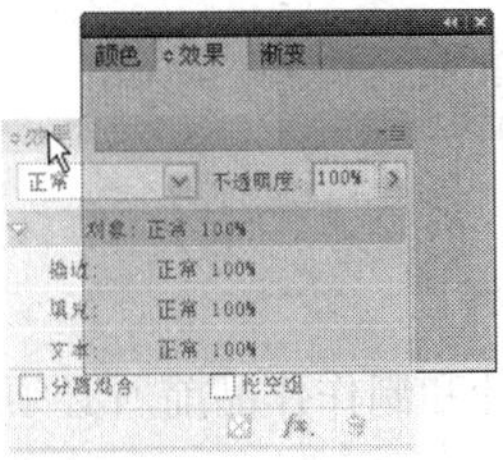

图 1-19

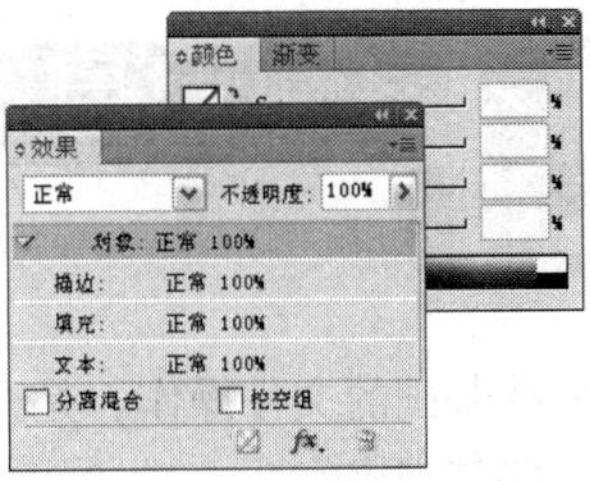

图 1-20

3．面板菜单

单击面板右上方的▾≡按钮，会弹出当前面板的面板菜单，可以从中选择各选项，如图 1-21 所示。

4．改变面板高度和宽度

如果需要改变面板的高度和宽度，可以拖曳面板右下角的尺寸框来实现。单击面板中的折叠为图标按钮，第一次单击折叠为图标；第二次单击可以使面板恢复默认大小。

以“色板”面板为例，原面板效果如图 1-22 所示；在面板右下角的尺寸框单击并按住鼠标左键不放，将其拖曳到适当的位置，如图 1-23 所示；松开鼠标左键后的效果如图 1-24 所示。

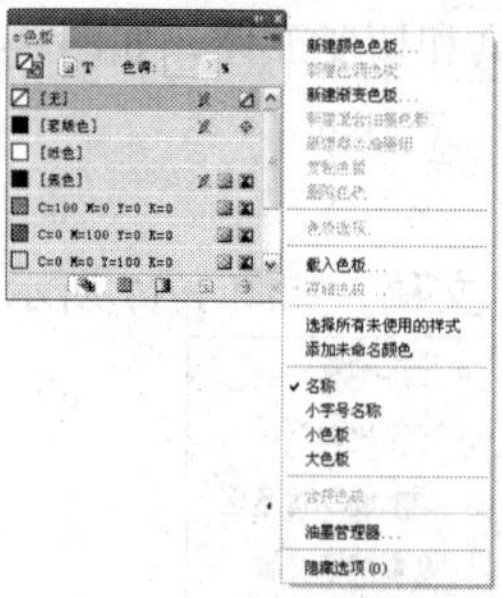
图 1-21

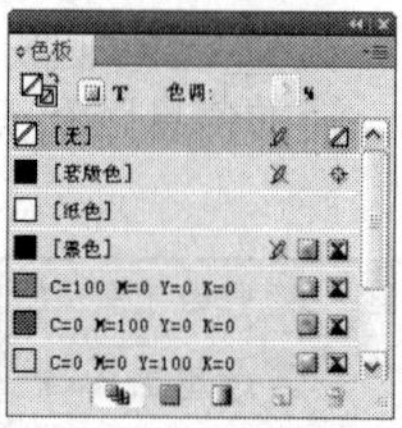
图 1-22

图 1-23

图 1-24

5．将面板收缩到泊槽

在泊槽中的面板标签上单击并按住鼠标左键不放，将其拖曳到页面中，如图 1-25 所示；松开鼠标左键，可以将缩进的面板转换为浮动面板，如图 1-26 所示。在页面中的浮动面板标签上单击并按住鼠标左键不放，将其拖曳到泊槽中，如图 1-27 所示；松开鼠标左键，可以将浮动面板转换为缩进面板，如图 1-28 所示。拖曳缩进到泊槽中的面板标签，放到其他的缩进面板中，可以组合出新的缩进面板组。使用相同的方法可以将多个缩进面板合并为一组。

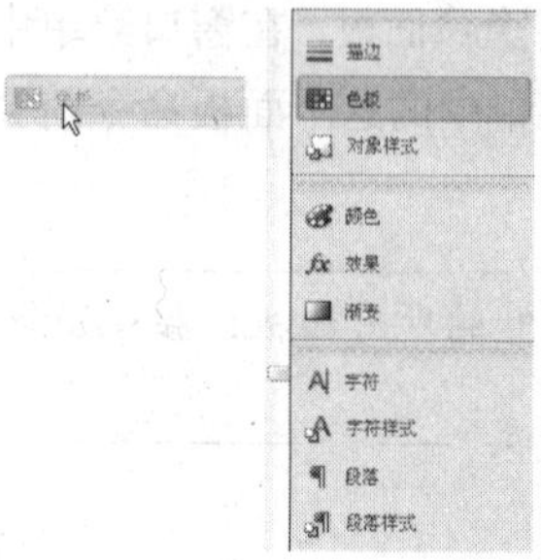
图 1-25

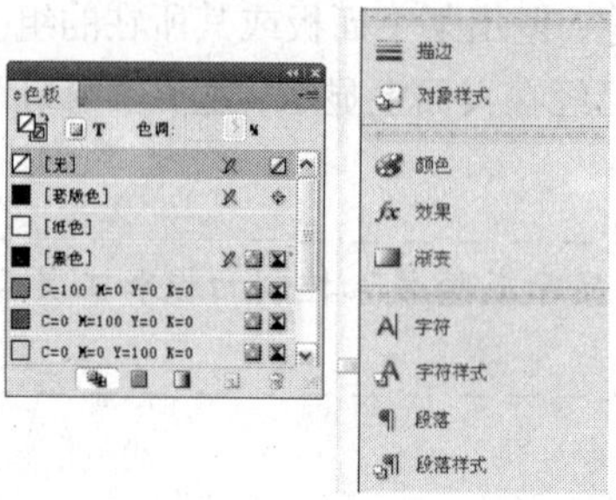
图 1-26

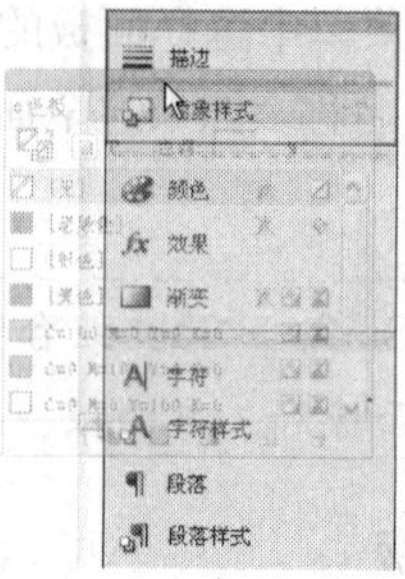
图 1-27

图 1-28

单击面板的标签（如页面标签 页面 ），可以显示或隐藏面板。单击泊槽上方的按钮，可以使面板变成“展开面板”或将其“折叠为图标”。

1.2 文件的基本操作

掌握一些基础的文件操作，是开始设计和制作作品前所必须的。下面具体介绍 InDesign CS5 中文件的一些基础操作。

1.2.1 新建文件

新建文档是设计制作的第一步，可以根据自己的设计需要新建文档。

选择“文件 > 新建 > 文档”命令，弹出“新建文档”对话框。

“页数”选项：可以根据需要输入文档的总页数。

“对页”复选框：选取此项可以在多页文档中建立左右页以对页形式显示的版面格式，就是通常所说的对开页。不选取此项，新建文档的页面格式都以单面单页形成显示。

"主页文本框架"复选框：可以为多页文档创建常规的主页面。选取此项后，InDesign CS5 会自动在所有页面上加上一个文本框。

"页面大小"选项：可以从选项的下拉列表中选择标准的页面设置，其中有 A3、A4、信纸等一系列固定的标准尺寸。也可以在"宽度"和"高度"选项的数值框中输入宽和高的值。页面大小代表页面外出血和其他标记被裁掉以后的成品尺寸。

"页面方向"选项：单击"纵向"按钮或"横向"按钮，页面方向会发生纵向或横向的变化。

"装订"选项：有两种装订方式可供选择：即向左翻或向右翻。单击"从左到右"按钮，将按照左边装订的方式装订；单击"从右到左"按钮，将按照右边装订的方式装订。一般文本横排的版面选择左边装订，文本竖排的版面选择右边装订。

单击"更多选项"按钮，弹出"出血和辅助信息区"选项设置区，如图 1-29 所示。可以设定出血及辅助信息区的尺寸。

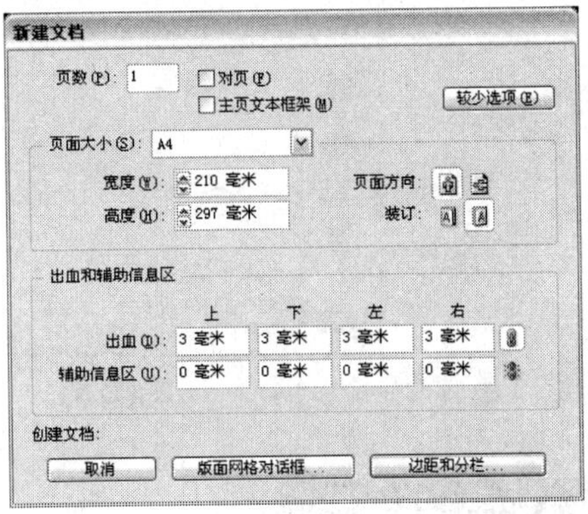

图 1-29

提示： 出血是为了避免在裁切带有超出成品边缘的图片或背景的作品时，因裁切的误差而露出白边所采取的预防措施，通常是在成品页面外扩展 3mm。

单击"边距和分栏"按钮，弹出"新建边距和分栏"对话框。在对话框中，可以在"边距"设置区中设置页面边空的尺寸，分别设置"上"、"下"、"内"、"外"的值，如图 1-30 所示。在"栏"设置区中可以设置栏数、栏间距和排版方向。设置需要的数值后，单击"确定"按钮，新建一个页面。在新建的页面中，页边距所表示的"上"、"下"、"内"、"外"分别如图 1-31 所示。

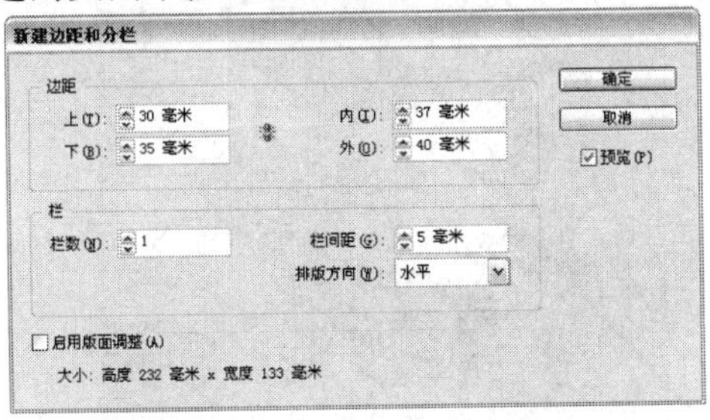

图 1-30

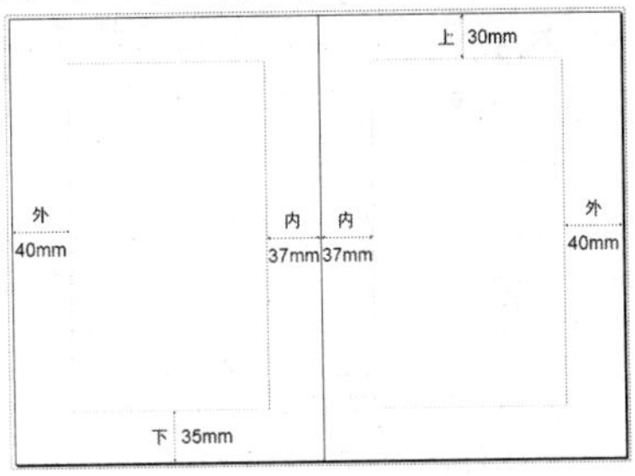

图 1-31

1.2.2 保存文件

如果是新创建或无须保留原文件的出版物，可以使用"存储"命令直接进行保存。如果想要将打开的文件进行修改或编辑后，不替代原文件而进行保存，则需要使用"存储为"命令。

1. 保存新创建文件

选择"文件 > 存储"命令或按<Ctrl>+<S>组合键，弹出"存储为"对话框，在"保存在"选项的下拉列表中选择文件要保存的位置；在"文件名"选项的文本框中输入将要保存文件的文件名；在"保存类型"选项的下拉列表中选择文件保存的类型，如图 1-32 所示。单击"保存"按钮，将文件进行保存。

2．另存已有文件

选择“文件 > 存储为”命令，弹出“存储为”对话框，选择文件的保存位置并输入新的文件名，再选择保存类型，如图 1-33 所示。单击“保存”按钮，保存的文件不会替代原文件，而是以另一新的文件名另外进行保存。此命令可称为“换名存储”。

图 1-32

图 1-33

1.2.3 打开文件

选择“文件 > 打开”命令，或按<Ctrl>+<O>组合键，弹出“打开文件”对话框，如图 1-34 所示；在“查找范围”选项的下拉列表中选择要打开文件所在的位置并单击文件名。

在“文件类型”选项的下拉列表中选择文件的类型。在“打开为”选项组中，点选“正常”单选项，将正常打开文件；点选“原稿”单选项，将打开文件的原稿；点选“副本”单选项，将打开文件的副本。设置完成后，单击“打开”按钮，窗口就会显示打开的文件。也可以直接双击文件名来打开文件，如图 1-35 所示。

图 1-34

图 1-35

1.2.4 关闭文件

选择“文件 > 关闭”命令或按<Ctrl>+<W>组合键，文件将会被关闭。如果文档没有保存，将会出现一个提示对话框，如图 1-36 所示，选择合适的命令进行关闭。

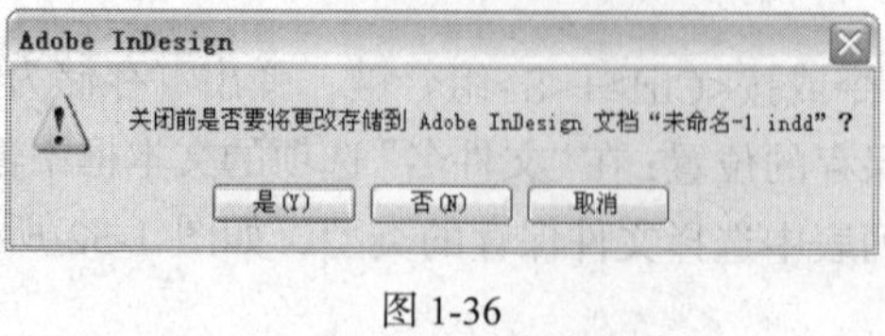

图 1-36

单击“是”按钮，将在关闭之前对文档进行保存；单击“否”按钮，在文档关闭时将不对文档进行保存；单击“取消”按钮，文档不会关闭，也不会进行保存操作。

1.3 视图与窗口的基本操作

在使用 InDesign CS5 进行图形绘制的过程中，用户可以随时改变视图与页面窗口的显示方式，以利于用户更加细致地观察所绘图形的整体或局部。

1.3.1　视图的显示

“视图”菜单可以选择预定视图以显示页面或粘贴板。选择某个预定视图后，页面将保持此视图效果，直到再次改变预定视图为止。

1．显示整页

选择“视图 > 使页面适合窗口”命令，可以使页面适合窗口显示，如图 1-37 所示。选择“视图 > 使跨页适合窗口”命令，可以使对开页适合窗口显示，如图 1-38 所示。

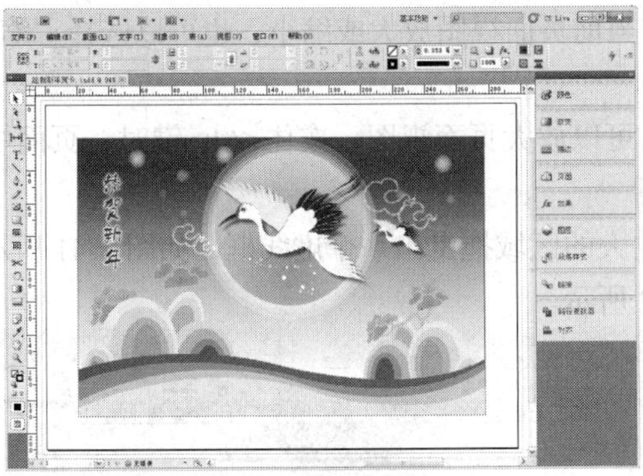

图 1-37

图 1-38

2．显示实际大小

选择“视图 > 实际尺寸”命令，可以在窗口中显示页面的实际大小，也就是使页面 100%地显示，如图 1-39 所示。

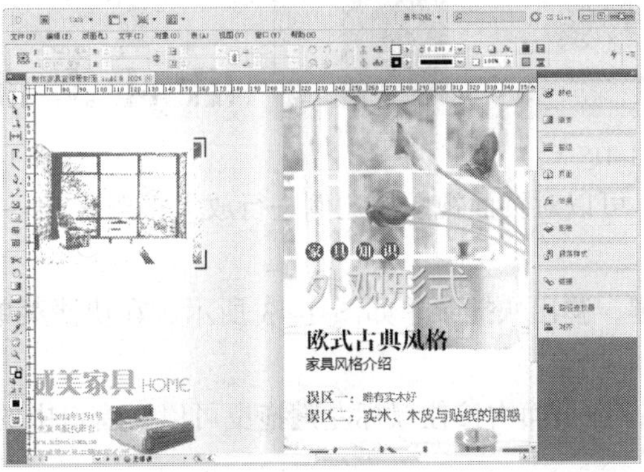

图 1-39

3．显示完整粘贴板

选择“视图 > 完整粘贴板”命令，可以查找或浏览全部粘贴板上的对象，此时屏幕中显示的是缩小的页面和整个粘贴板，如图 1-40 所示。

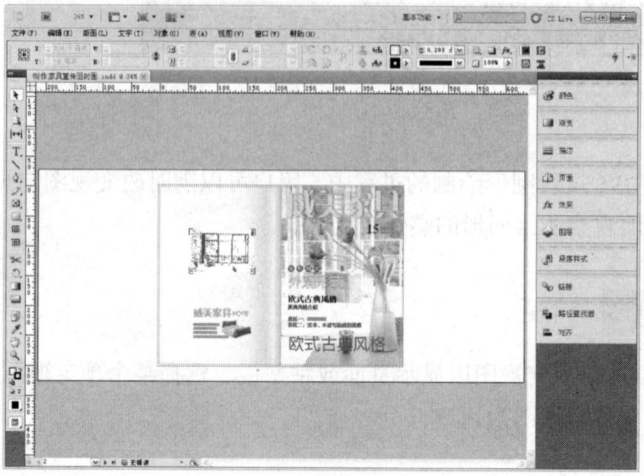

图 1-40

4．放大或缩小页面视图

选择“视图 > 放大（或缩小）”命令，可以将当前页面视图放大或缩小，也可以选择“缩放”工具。

当页面中的缩放工具图标变为图标时，单击可以放大页面视图；按住<Alt>键时，页面中的缩放工具图标变为图标，单击可以缩小页面视图。

选择“缩放”工具，按住鼠标左键沿着想放大的区域拖曳出一个虚线框，如图 1-41 所示，虚线框范围内的内容会被放大显示，效果如图 1-42 所示。

图 1-41

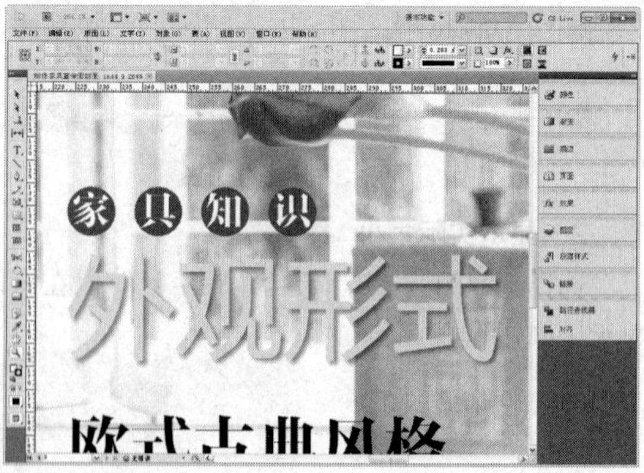

图 1-42

按<Ctrt>+<+>组合键，可以对页面视图按比例进行放大；按<Ctrl>+<->组合键，可以对页面视图按比例进行缩小。

在页面中单击鼠标右键，弹出快捷菜单如图 1-43 所示，在快捷菜单中可以选择命令对页面视图进行编辑。

选择“抓手”工具，在页面中按住鼠标左键拖曳可以对窗口中的页面进行移动。

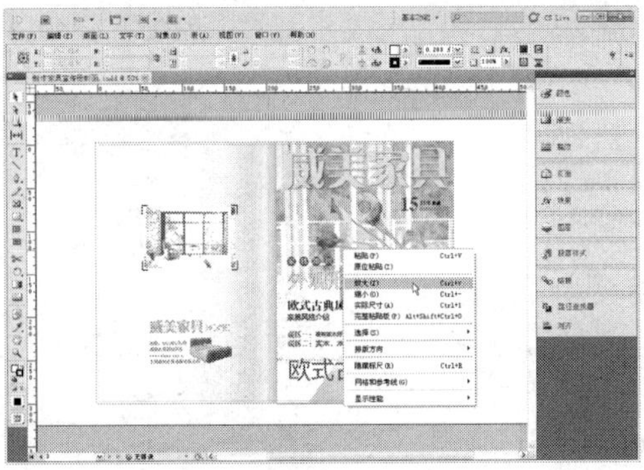

图 1-43

1.3.2　新建、平铺和层叠窗口

排版文件的窗口显示主要有层叠和平铺 2 种。

选择“窗口 > 排列 > 层叠”命令，可以将打开的几个排版文件层叠在一起，只显示位于窗口最上面的文件，如图 1-44 所示。如果想选择需要操作的文件，单击文件名就可以了。

选择“窗口 > 排列 > 平铺”命令，可以将打开的几个排版文件分别水平平铺显示在窗口中，效果如图 1-45 所示。

选择“窗口 > 排列 > 新建窗口”命令，可以将打开的文件复制一份。

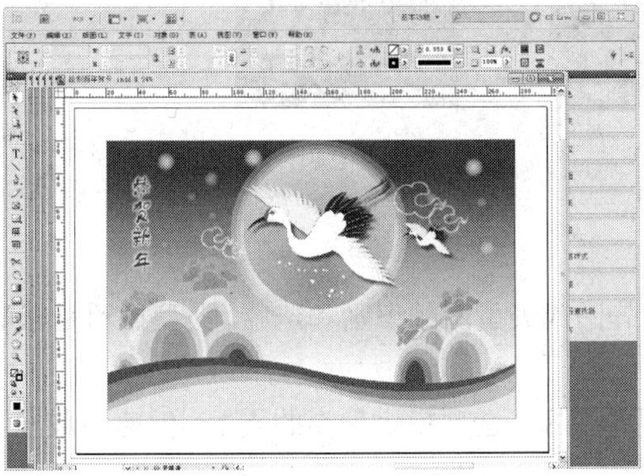

图 1-44

图 1-45

1.3.3　预览文档

通过工具面板中的预览工具来预览文档，如图 1-46 所示。

正常：单击工具面板底部的常规显示模式按钮，文档将以正常显示模式显示。

预览：单击工具面板底部的预览显示模式按钮，文档将以预览显示模式显示，可以显示文档的实际效果。

出血：单击工具面板底部的出血模式按钮，文档将以出血显示模式显示，可以显示文档及其出血部分的效果。

辅助信息区：单击工具面板底部的辅助信息区按钮，可以显示文档制作为成品后的效果。

演示文稿：单击工具面板底部的演示文稿按钮，InDesign 文档以演示文稿的形式显示。在演示文稿模式下，应用程序菜单、面板、参考线以及框架边缘都是隐藏的。

选择“视图 > 屏幕模式 > 预览”命令，如图 1-47 所示；也可显示预览效果，如图 1-48 所示。

图 1-46

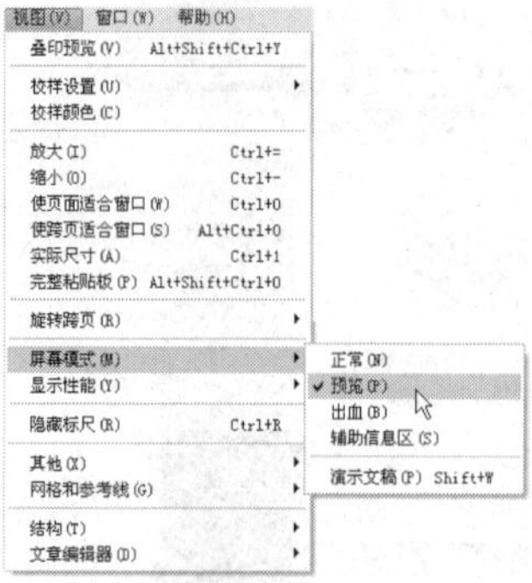

图 1-47

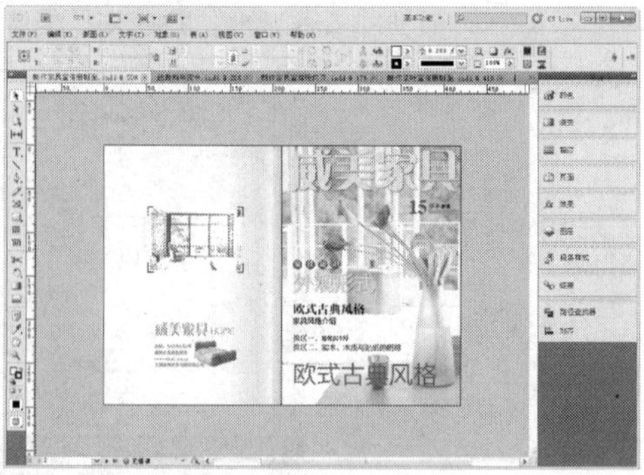

图 1-48

1.3.4 显示设置

图像的显示方式主要有快速显示、典型显示和高品质显示 3 种，如图 1-53 所示。

快速显示　　典型显示　　高品质显示

图 1-49

快速显示是将栅格图或矢量图显示为灰色块。

典型显示是显示低分辨率的代理图像，用于点阵图或矢量图的识别和定位。典型显示是默认选项，是显示可识别图像的最快方式。

高品质显示是将栅格图或矢量图以高分辨率显示。这一选项提供最高的质量，但速度最慢。当需要做局部微调时，使用这一选项。

1.3.5 显示或隐藏框架边缘

InDesign CS5 在默认状态下，即使没有选定图形，也显示框架边缘，这样在绘制过程中就使页面显示拥挤，不易编辑。只有通过使用“隐藏框架边缘”命令隐藏框架边缘来简化屏幕显示。

在页面中绘制一个图形，如图 1-50 所示。选择“视图 > 其他 > 隐藏框架边缘”命令，隐藏页面中图形的框架边缘，效果如图 1-51 所示。

图 1-50

图 1-51

第2章 绘制和编辑图形对象

本章介绍 InDesign CS5 中绘制和编辑图形对象的功能。通过本章的学习，读者可以熟练掌握绘制、编辑、对齐、分布及组合图形对象的方法和技巧，绘制出漂亮的图形效果。

【教学目标】

- 绘制图形。
- 编辑对象。
- 组织图形对象。

2.1 绘制图形

使用 InDesign CS5 的基本绘图工具可以绘制简单的图形。通过本节的讲解和练习读者可以初步掌握基本绘图工具的特性，为今后绘制更复杂的图形打下坚实的基础。

2.1.1 课堂案例——绘制图标

案例学习目标：学习使用绘制图形工具绘制图标。

案例知识要点：使用椭圆工具和剪刀工具绘制弧线，使用多边形工具绘制多边形，使用矩形工具绘制矩形。图标效果如图 2-1 所示。

效果所在位置：光盘/Ch02/效果/绘制图标.indd。

图 2-1

1. 绘制弧线圆环图形

Step 01 选择“文件 > 新建 > 文档”命令，弹出“新建文档”对话框，如图 2-2 所示。单击“边距和分栏”按钮，弹出对话框，选项的设置如图 2-3 所示，单击“确定”按钮，新建一个页面。选择“视图 > 其他 > 隐藏框架边缘”命令，将所绘制图形的框架边缘隐藏。

图 2-2

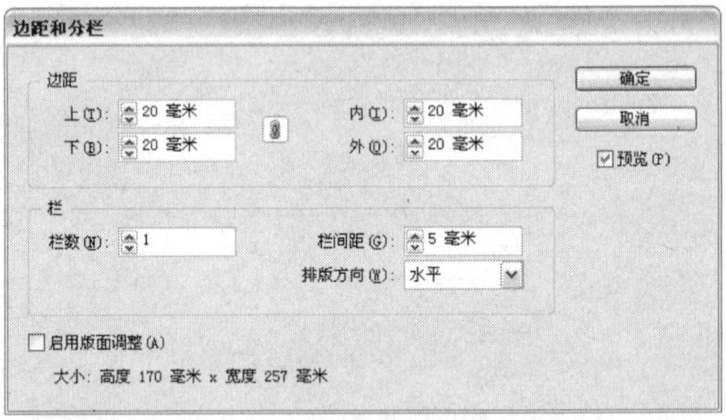

图 2-3

Step 02 选择“椭圆”工具，按住<Shift>键的同时，在页面中拖曳鼠标绘制圆，如图 2-4 所示。选择“剪刀”工具，在圆形路径上适当的位置单击鼠标左键，如图 2-5 所示，创建剪切锚点，在另一位置再次单击，创建另一剪切锚点，如图 2-6 所示。

图 2-4

图 2-5

图 2-6

Step 03 选择“选择”工具，选取剪切后的路径，如图 2-7 所示，按<Delete>键将其删除，效果如图 2-8 所示。单击剩余的选取路径，在“控制面板”中将“描边粗细”选项 0.283 设置为 42 点，如图 2-9 所示，按<Enter>键，效果如图 2-10 所示。

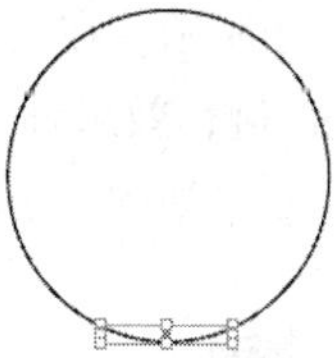

图 2-7

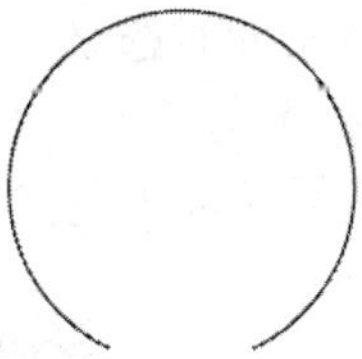

图 2-8

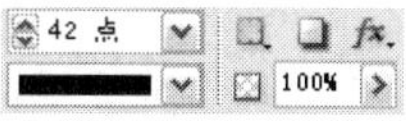

图 2-9

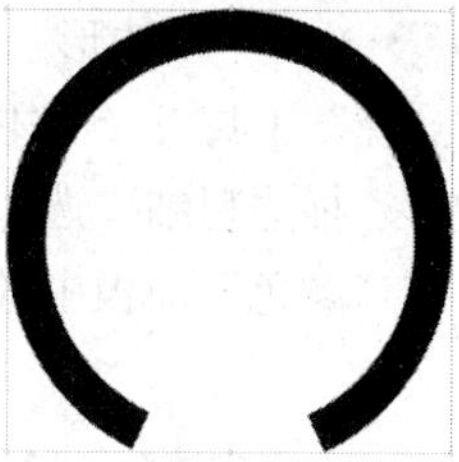

图 2-10

Step 04 选择“窗口 > 颜色 > 颜色”命令，弹出“颜色”面板。单击“描边”按钮，设置弧线描边色的 CMYK 值为 24、18、14、0，如图 2-11 所示，按<Enter>键填充弧线，效果如图 2-12 所示。

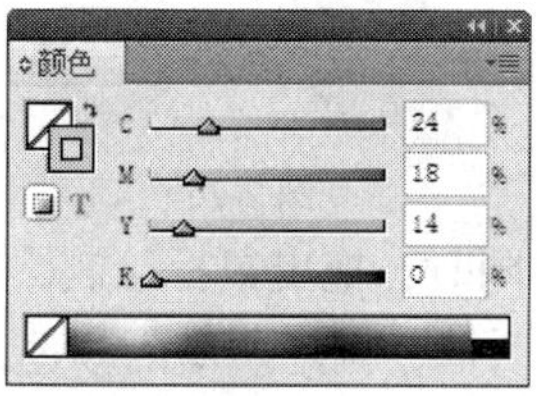

图 2-11

图 2-12

Step 05 保持图形的选取状态。按<Ctrl>+<C>组合键复制图形，选择“编辑 > 原位粘贴”命令，原位粘贴图形。在“控制面板”中将“描边粗细”选项 0.283 设置为 20 点，如图 2-13 所示，按<Enter>键，效果如图 2-14 所示。在“颜色”面板中进行设置，如图 2-15 所示，按<Enter>键填充描边，效果如图 2-16 所示。

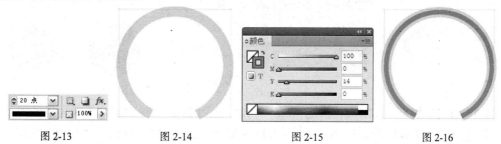

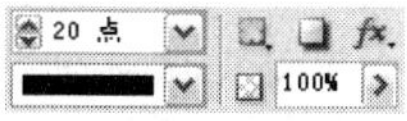

图 2-13

图 2-14

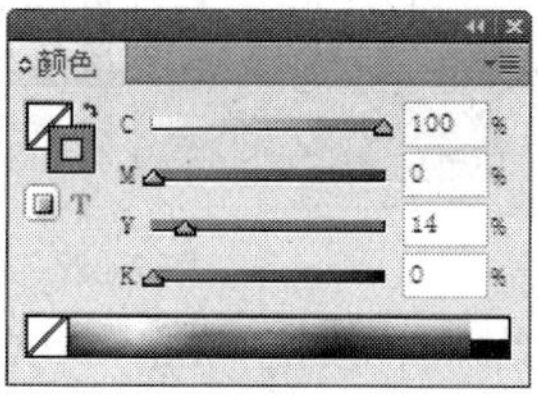

图 2-15

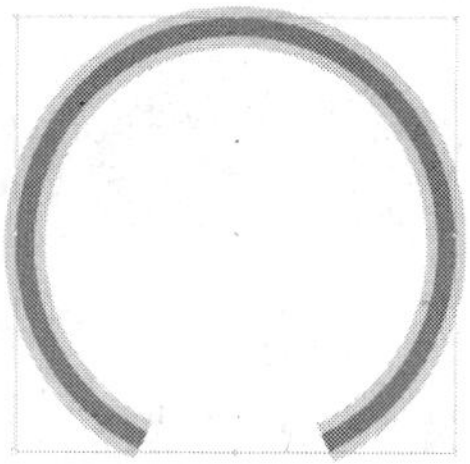

图 2-16

2．绘制其他图形

Step 01 选择“多边形”工具，按住<Shift>键的同时，在页面中拖曳鼠标绘制多边形，如图 2-17 所示。在“控制面板”中将“描边粗细”选项 0.283 设置为 8 点，如图 2-18 所示，按<Enter>键，效果如图 2-19 所示。在“颜色”面板中进行设置，如图 2-20 所示，按<Enter>键填充描边，效果如图 2-21 所示。

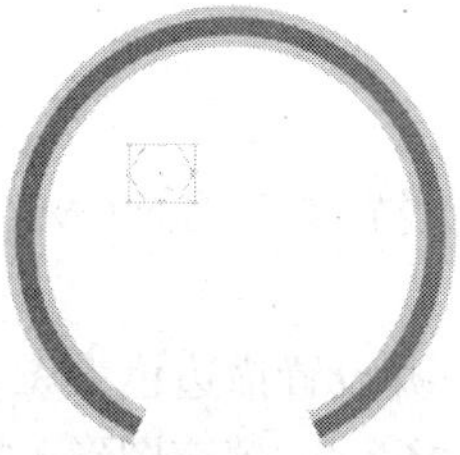

图 2-17

图 2-18

图 2-19

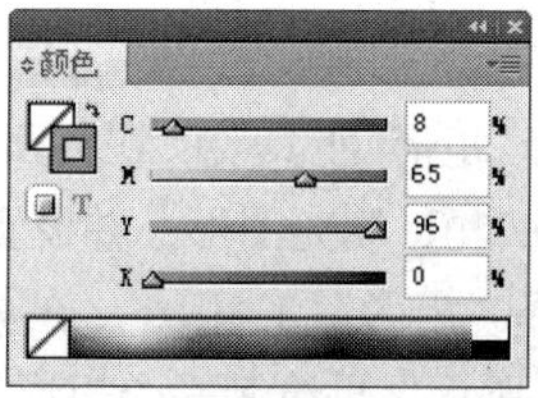

图 2-20

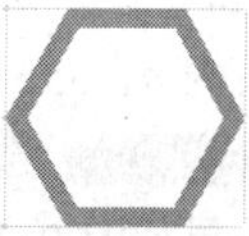

图 2-21

Step 02 选择“多边形”工具，按住<Shift>键的同时，在页面中拖曳鼠标分别绘制两个图形。选择“选择”工具，按住<Shift>键的同时，将两个图形同时选取，如图 2-22 所示。在“控制面板”中将“描边粗细”选项设为 17 点，如图 2-23 所示，按<Enter>键，效果如图 2-24 所示。在“颜色”面板中进行设置，如图 2-25 所示，按<Enter>键填充描边，效果如图 2-26 所示。

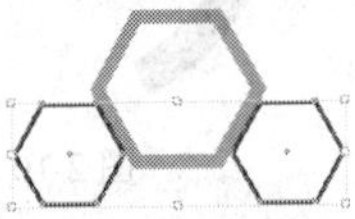
图 2-22

图 2-23

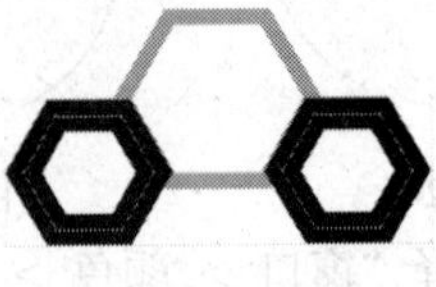
图 2-24

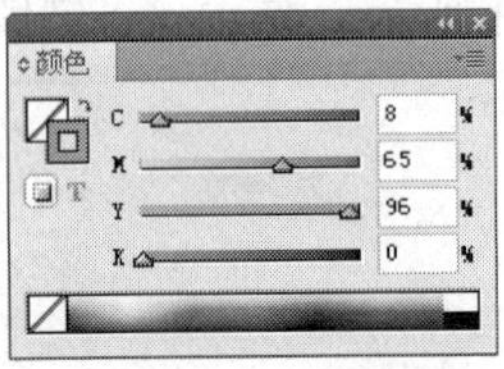

图 2-25

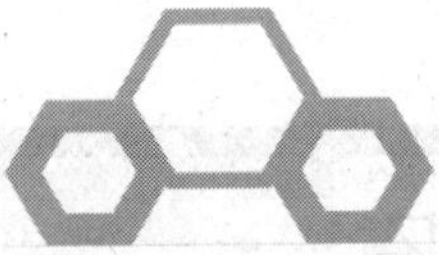
图 2-26

Step 03 选择“椭圆”工具，按住<Shift>键的同时，拖曳鼠标绘制圆形，如图 2-27 所示。双击工具箱下方的“填充”按钮，弹出“拾色器”对话框，调配所需的颜色，如图 2-28 所示，单击“确定”按钮，填充图形，效果如图 2-29 所示。在工具箱中单击“描边”按钮，再单击“应用无”按钮，取消图形描边，效果如图 2-30 所示。

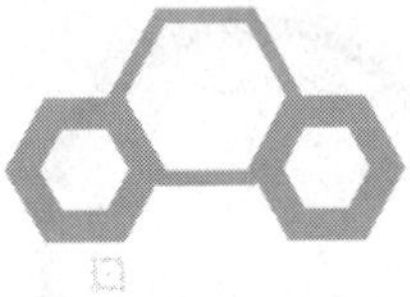
图 2-27

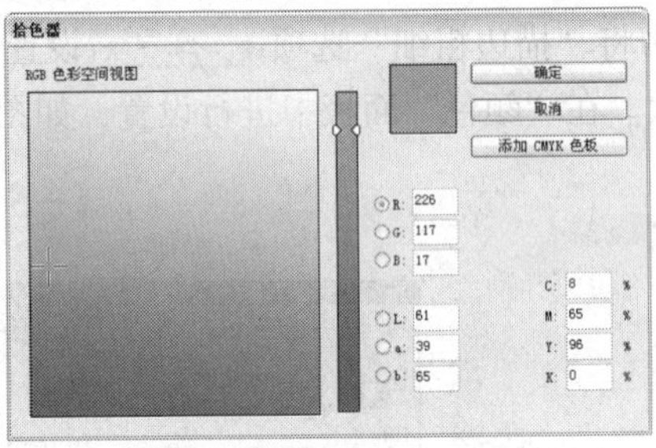

图 2-28

图 2-29

图 2-30

Step 04 选择“选择”工具，按住<Shift>+<Alt>组合键的同时，垂直向下拖曳鼠标到适当的位置，复制图形，效果如图 2-31 所示。按<Ctrl>+<Alt>+<4>组合键，再复制一个圆形，如图 2-32 所示。保持图形的选取状态，按住<Shift>+<Alt>组合键的同时，水平向右拖曳鼠标到适当的位置，复制一个圆形，按<Ctrl>+<Alt>+<4>组合键，再复制一个圆形，效果如图 2-33 所示。

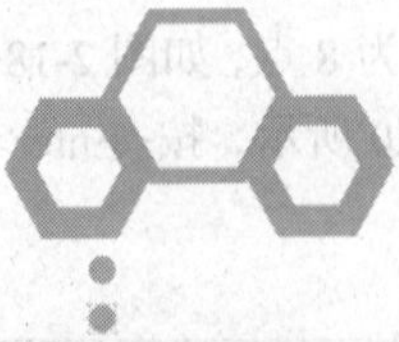
图 2-31

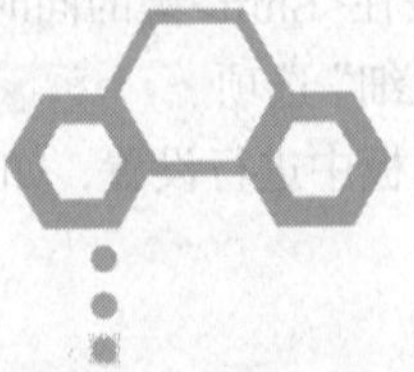
图 2-32

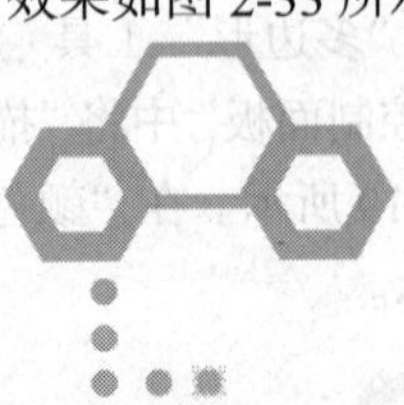
图 2-33

Step 05 选择“矩形”工具，在页面中拖曳鼠标绘制矩形，如图 2-34 所示。设置填充色的 CMYK 值为 8、65、96、0，填充图形，并设置描边色为无，效果如图 2-35 所示。

Step 06 选择“矩形”工具，在页面中绘制一个矩形，填充色为白色，并设置描边色为无，效果如图 2-36 所示。再绘制一个矩形，设置填充色的 CMYK 值为 8、65、96、0，填充图形，并设置描边色为无，效果如图 2-37 所示。

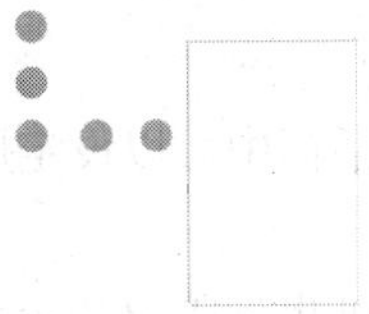
图 2-34

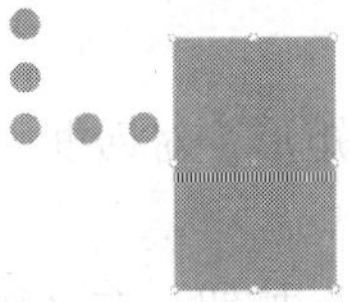
图 2-35

图 2-36

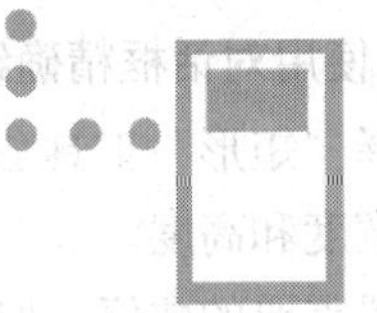
图 2-37

Step 07 双击“多边形”工具，弹出“多边形设置”对话框，“选项”的设置如图 2-38 所示。单击“确定”按钮，在页面中拖曳鼠标绘制星形，如图 2-39 所示。设置图形填充色的 CMYK 值为 0、0、100、0，填充图形，并设置描边色为无，效果如图 2-40 所示。

Step 08 选择“选择”工具，按住<Shift>+<Alt>组合键的同时，水平向右拖曳鼠标到适当的位置，复制一个星形，按两次<Ctrl>+<Alt>+<4>组合键，再复制两个星形，效果如图 2-41 所示。

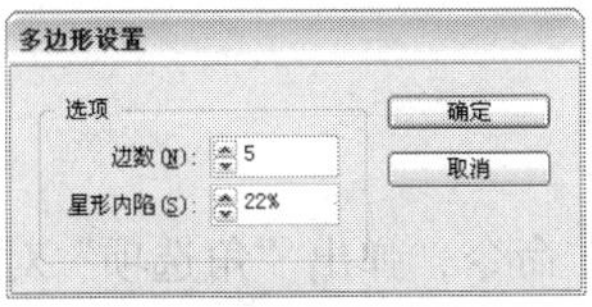

图 2-38

图 2-39

图 2-40

图 2-41

Step 09 选择“椭圆”工具，按住<Shift>键的同时，在页面中拖曳鼠标绘制两个圆形，如图 2-42 所示。选择“选择”工具，按住<Shift>键的同时，将两个圆形同时选取，设置填充色的 CMYK 值为 100、0、0、0，填充图形，并设置描边色为无。在页面空白处单击，取消选取状态，图标绘制完成，效果如图 2-43 所示。

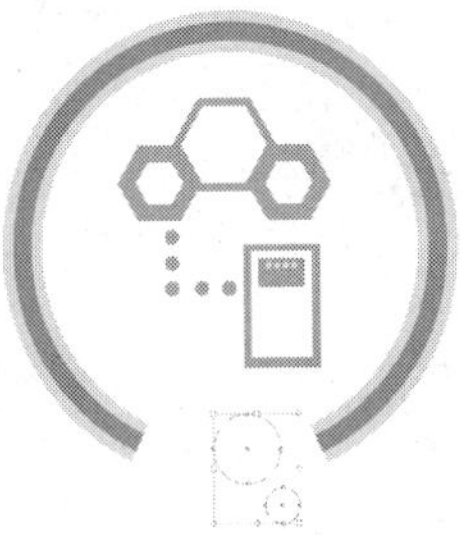
图 2-42

图 2-43

2.1.2 矩形

1. 使用鼠标直接拖曳绘制矩形

选择“矩形”工具，鼠标指针会变成-¦-形状，按下鼠标左键，拖曳到合适的位置，如图 2-44 所示，松开鼠标左键，绘制出一个矩形，如图 2-45 所示。指针的起点与终点处决定着矩形的大小。按住<Shift>键的同时，再进行绘制，可以绘制出一个正方形，如图 2-46 所示。

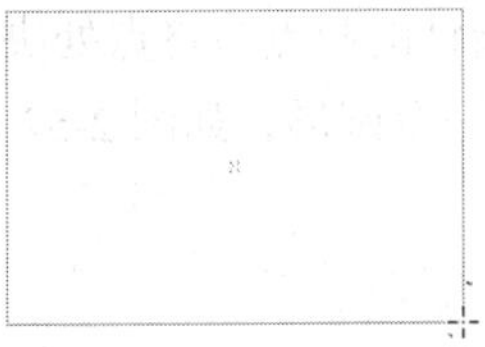
图 2-44

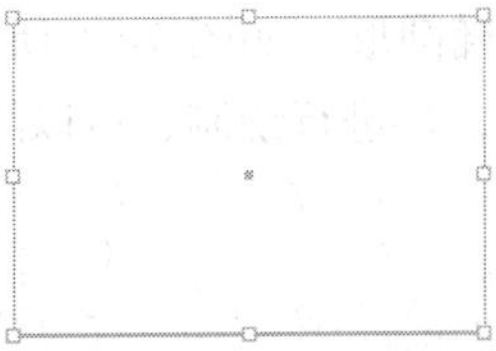
图 2-45

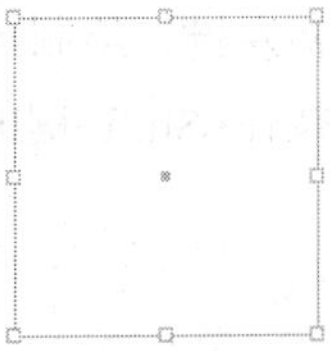
图 2-46

按住<Shift>+<Alt>组合键的同时，在绘图页面中拖曳鼠标指针，以当前点为中心绘制正方形。

2．使用对话框精确绘制矩形

选择“矩形”工具，在页面中单击，弹出“矩形”对话框，在对话框中可以设定所要绘制矩形的宽度和高度。

设置需要的数值，如图 2-47 所示，单击“确定”按钮，在页面单击处出现需要的矩形，如图 2-48 所示。

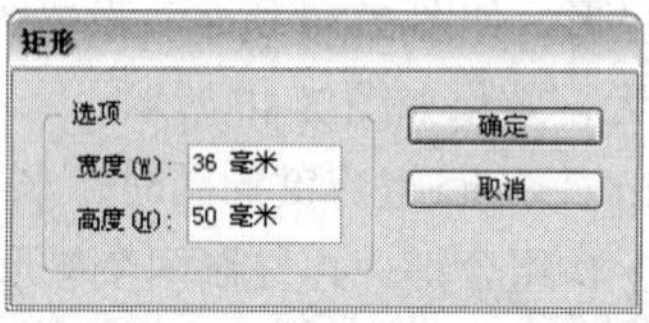

图 2-47

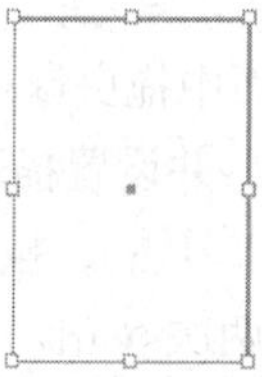

图 2-48

3．使用角选项制作矩形角的变形

选择“选择”工具，选取绘制好的矩形，选择“对象 > 角选项”命令，弹出“角选项”对话框。在“转角大小”文本框中输入值以指定角效果到每个角点的扩展半径，在“形状”选项中分别选取需要的角形状，单击“确定”按钮，效果如图 2-49 所示。

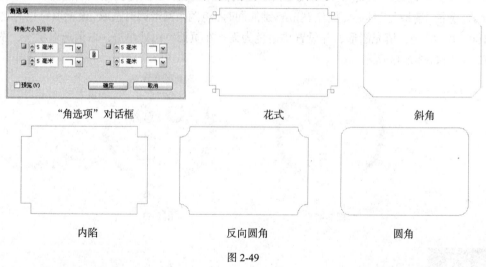

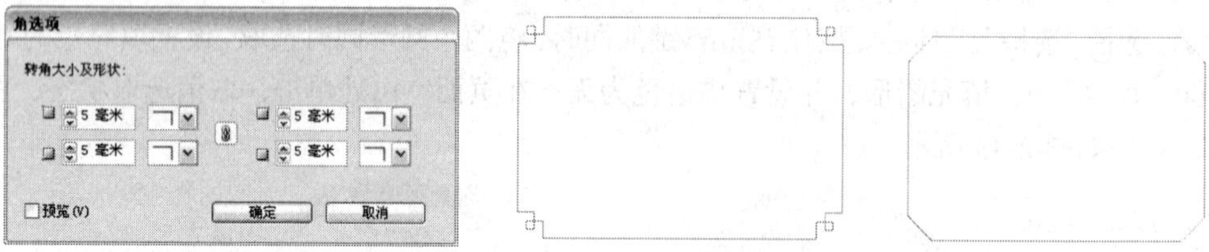

“角选项”对话框　　花式　　斜角

内陷　　反向圆角　　圆角

图 2-49

2.1.3　椭圆形和圆形

1．使用直接拖曳绘制椭圆形

选择“椭圆”工具，鼠标指针会变成-¦-形状，按下鼠标左键，拖曳到合适的位置，如图 2-50 所示，松开鼠标左键，绘制出一个椭圆形，如图 2-51 所示。指针的起点与终点处决定着椭圆形的大小和形状。按住<Shift>键的同时，再进行绘制，可以绘制出一个圆形，如图 2-52 所示。

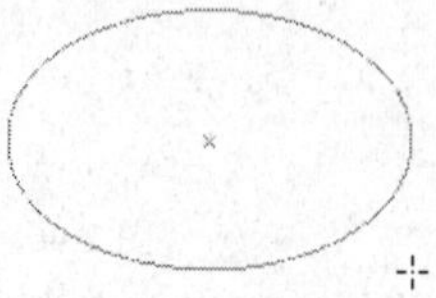

图 2-50

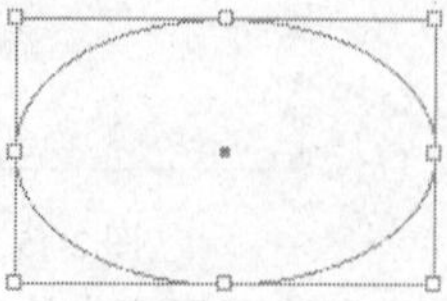

图 2-51

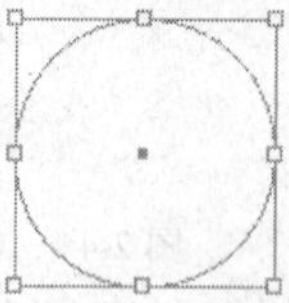

图 2-52

按住<Shift>+<Alt>组合键的同时，将在绘图页面中以当前点为中心绘制圆形。

2．使用对话框精确绘制椭圆形

选择“椭圆”工具，在页面中单击，弹出“椭圆”对话框，在对话框中可以设定所要绘制椭圆的宽度和高度。

设置需要的数值，如图 2-53 所示，单击“确定”按钮，在页面单击处出现需要的椭圆形，如图 2-54 所示。

椭圆形和圆形可以应用角效果，但是不会有任何变化，因其没有拐点。

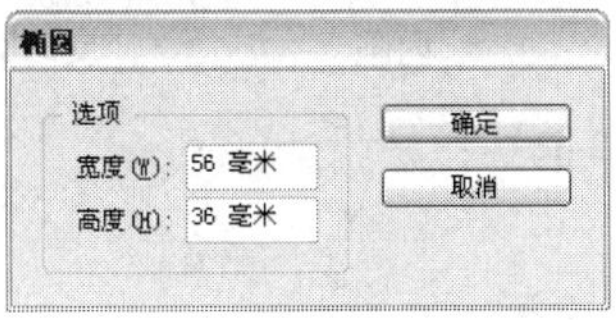

图 2-53

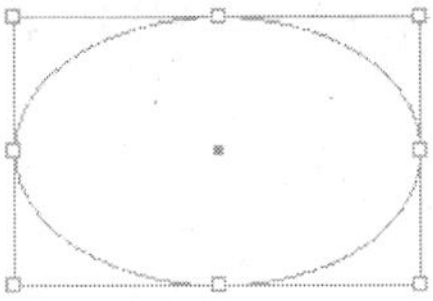

图 2-54

2.1.4　多边形

1．使用鼠标直接拖曳绘制多边形

选择“多边形”工具，鼠标指针会变成-¦-形状。按下鼠标左键，拖曳到适当的位置，如图 2-55 所示，松开鼠标左键，绘制出一个多边形，如图 2-56 所示。指针的起点与终点处决定着多边形的大小和形状。软件默认的边数值为 6。按住<Shift>键的同时，再进行绘制，可以绘制出一个正多边形，如图 2-57 所示。

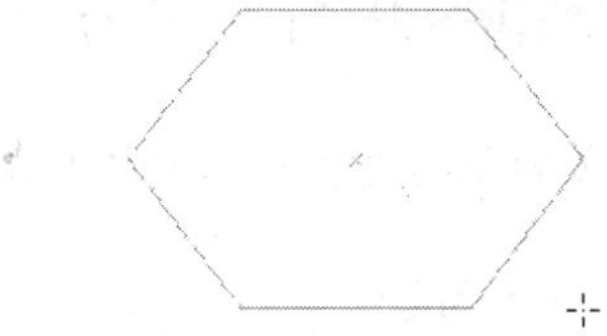

图 2-55

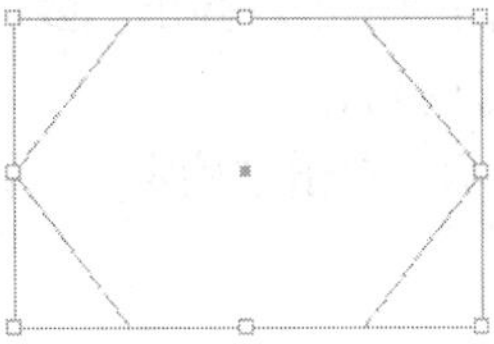

图 2-56

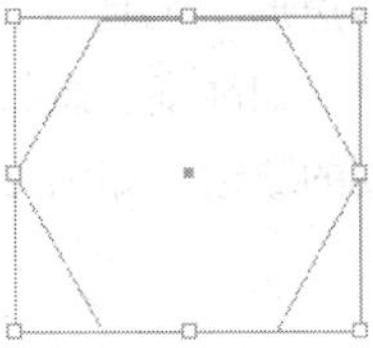

图 2-57

2．使用对话框精确绘制多边形

双击“多边形”工具，弹出“多边形设置”对话框，在“边数”选项中，可以通过改变数值框中的数值或单击微调按钮来设置多边形的边数。设置需要的数值，如图 2-58 所示，单击“确定”按钮，在页面中拖曳鼠标，绘制出需要的多边形，如图 2-59 所示。

选择“多边形”工具，在页面中单击，弹出“多边形”对话框，在对话框中可以设置所要绘制的多边形的宽度、高度和边数。设置需要的数值，如图 2-60 所示，单击“确定”按钮，在页面单击处出现需要的多边形，如图 2-61 所示。

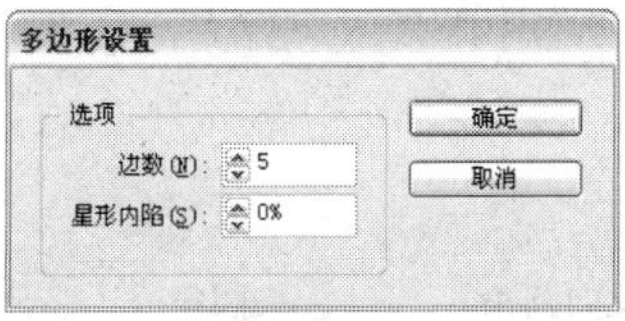

图 2-58

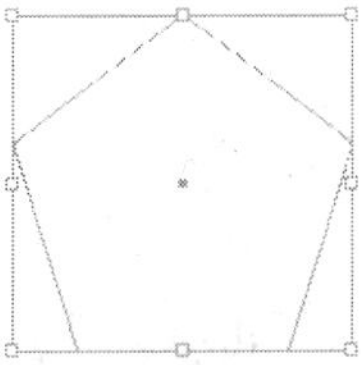

图 2-59

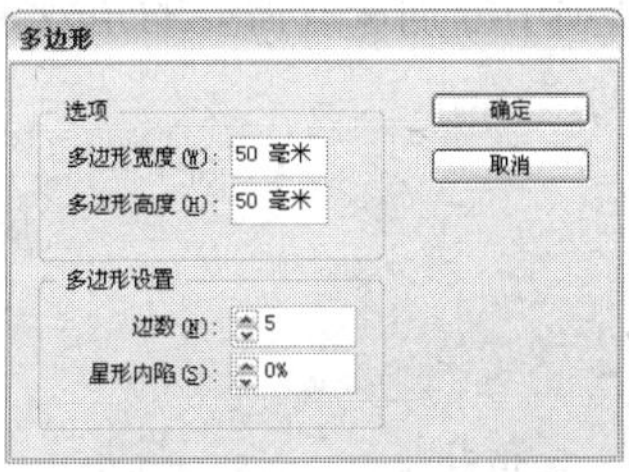

图 2-60

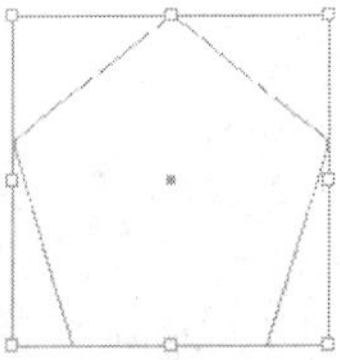

图 2-61

3．使用角选项制作多边形角的变形

选择“选择”工具，选取绘制好的多边形，选择“对象 > 角选项”命令，弹出“角选项”对话框，在“形状”选项中分别选取需要的角效果，单击“确定”按钮，效果如图 2-62 所示。

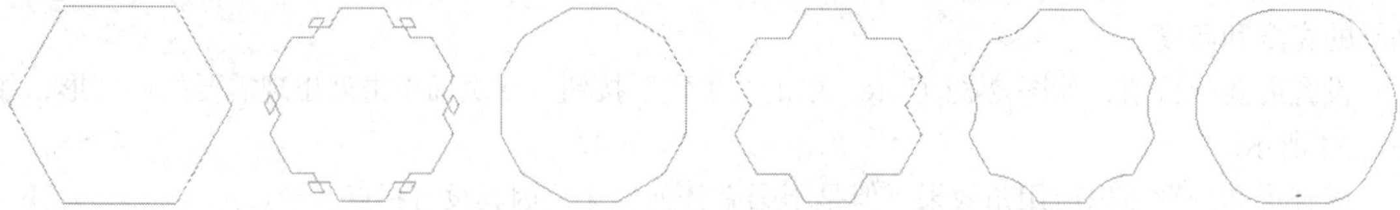

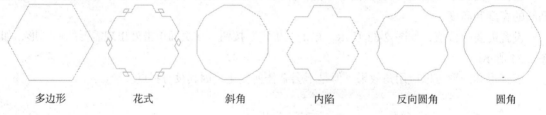

多边形　花式　斜角　内陷　反向圆角　圆角

图 2-62

2.1.5 星形

1．使用多边形工具绘制星形

双击“多边形”工具，弹出“多边形设置”对话框，在“边数”选项中，可以通过改变数值框中的数值或单击微调按钮来设置多边形的边数；在“星形内陷”选项中，可以通过改变数值框中的数值或单击微调按钮来设置多边形尖角的锐化程度。

设置需要的数值，如图 2-63 所示，单击“确定”按钮，在页面中拖曳鼠标指针，绘制出需要的五角形，如图 2-64 所示。

2．使用对话框精确绘制星形

选择“多边形”工具，在页面中单击，弹出“多边形”对话框，在对话框中可以设置所要绘制星形的宽度和高度、边数和星形内陷。

设置需要的数值，如图 2-65 所示，单击“确定”按钮，在页面单击处出现需要的八角形，如图 2-66 所示。

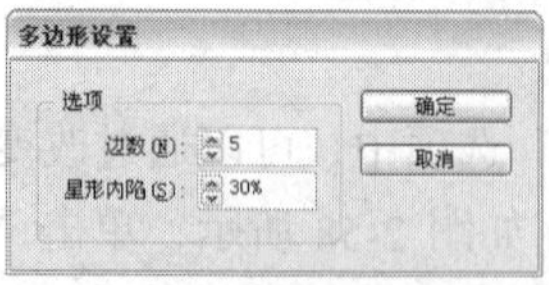

图 2-63

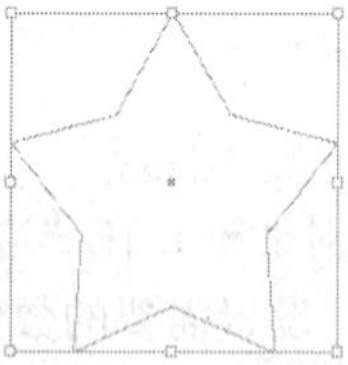

图 2-64

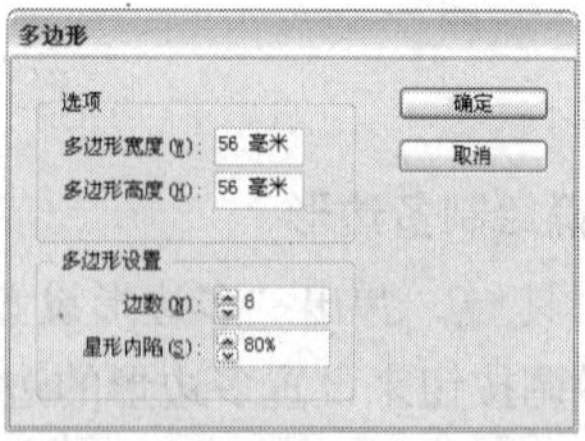

图 2-65

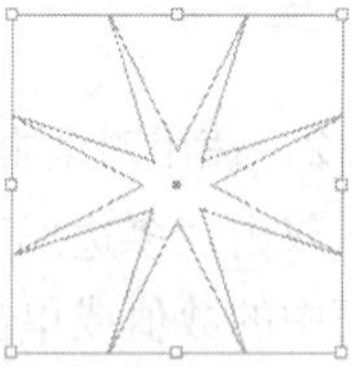

图 2-66

3．使用角选项制作星形角的变形

选择“选择”工具，选取绘制好的星形，选择“对象 > 角选项”命令，弹出“角选项”对话框，在“效果”选项中分别选取需要的角效果，单击“确定”按钮，效果如图 2-67 所示。

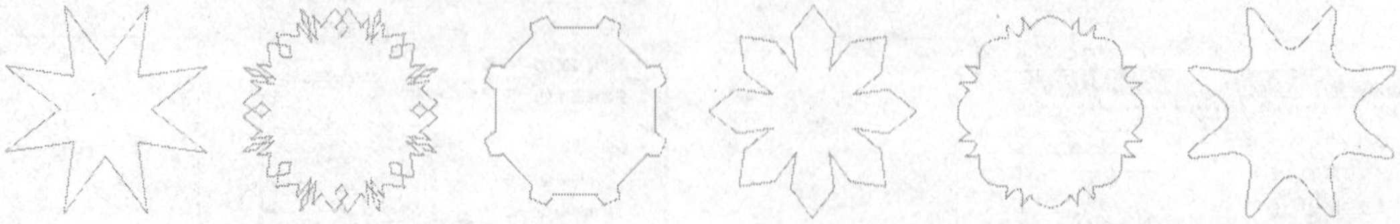

原图　花式　斜角　内陷　反向圆角　圆角

图 2-67

2.1.6 形状之间的转换

1. 使用菜单栏进行形状之间的转换

选择“选择”工具，选取需要转换的图形，选择“对象 > 转换形状”命令，在弹出的子菜单中包括矩形、圆角矩形、斜角矩形、反向圆角矩形、椭圆、三角形、多边形、线条和正交直线命令，如图 2-68 所示。

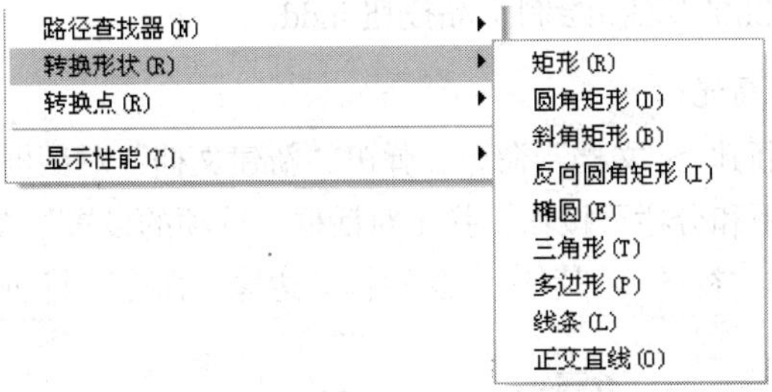

图 2-68

选择“选择”工具，选取需要转换的图形，选择“对象 > 转换形状”命令，分别选择其子菜单中的命令，效果如图 2-69 所示。

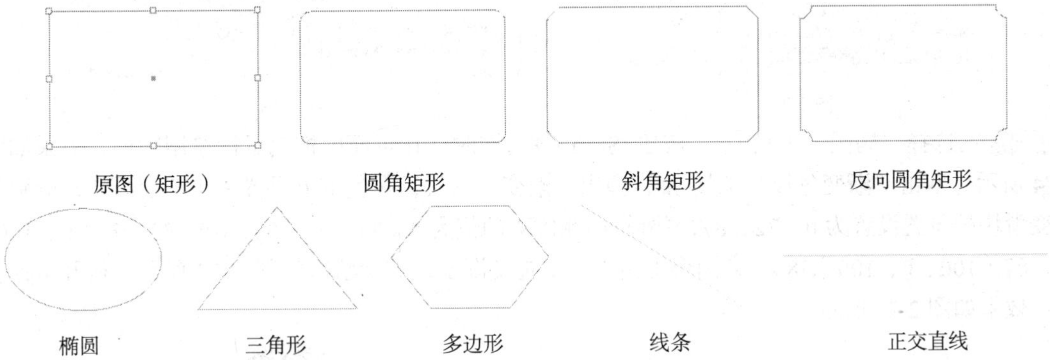

图 2-69

2. 使用面板在形状之间转换

选择“选择”工具，选取需要转换的图形，选择“窗口 > 对象和版面 > 路径查找器”命令，弹出“路径查找器”面板，如图 2-70 所示。单击“转换形状”选项组中的按钮，可在形状之间互相转换。

图 2-70

2.2 编辑对象

在 InDesign CS5 中，可以使用强大的图形对象编辑功能对图形对象进行编辑，其中包括对象的多种选取方法和对象的缩放、移动、镜像、复制等。

2.2.1 课堂案例——绘制水晶按钮

案例学习目标：学习使用绘制图形工具和编辑对象命令绘制图形。

案例知识要点：使用椭圆工具和渐变色板工具绘制渐变圆形，使用效果命令为圆形添加投影效果，使用渐变羽化命令制作圆形高光，使用矩形工具、旋转工具制作装饰图形。水晶按钮效果如图 2-71 所示。

效果所在位置：光盘/Ch02/效果/绘制水晶按钮.indd。

图 2-71

1．绘制水晶按钮及其高光

Step 01 选择“文件 > 新建 > 文档”命令，弹出“新建文档”对话框，如图 2-72 所示。单击“边距和分栏”按钮，弹出对话框，选项的设置如图 2-73 所示，单击“确定”按钮，新建一个页面。选择“视图 > 其他 > 隐藏框架边缘”命令，将所绘制图形的框架边缘隐藏。

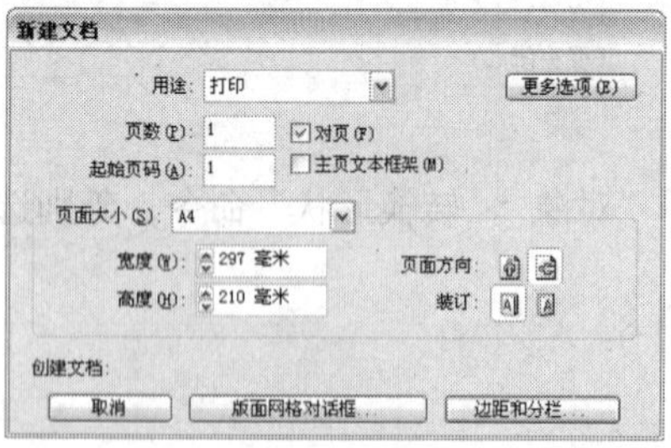

图 2-72

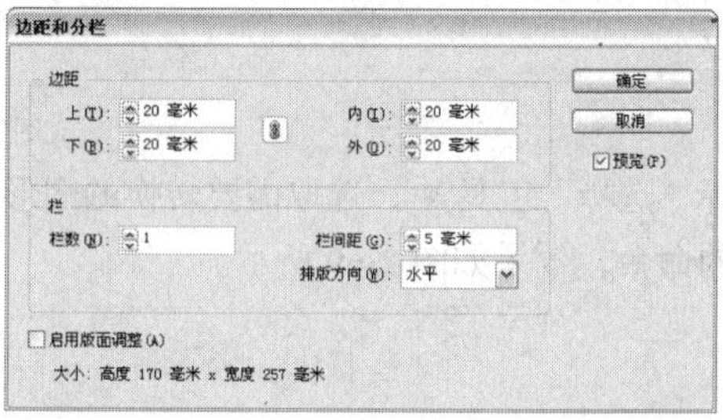

图 2-73

Step 02 选择“椭圆”工具，按住<Shift>键的同时，在页面中拖曳鼠标绘制圆形，效果如图 2-74 所示。双击“渐变色板”工具，弹出“渐变”面板，在色带上设置 3 个渐变滑块，分别将渐变滑块的位置设置为 0、72、87，并设置 CMYK 的值为 0（33、0、100、0），72（77、0、100、6），87（100、0、100、38），在圆形上由下至上拖曳渐变，编辑状态如图 2-75 所示，松开鼠标左键，效果如图 2-76 所示。

图 2-74

图 2-75

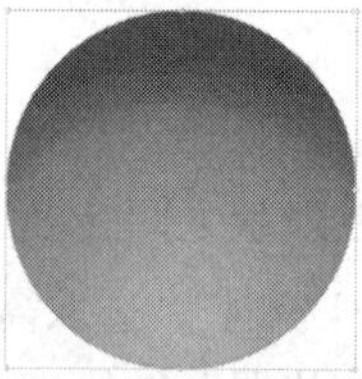

图 2-76

Step 03 保持图形的选取状态。双击“渐变色板”工具，弹出“渐变”面板，在色带上选中左侧的渐变滑块并设置为白色，选中右侧的渐变滑块并设置为黑色，其他选项设置如图 2-77 所示，按<Enter>键描边被填充，效果如图 2-78 所示。

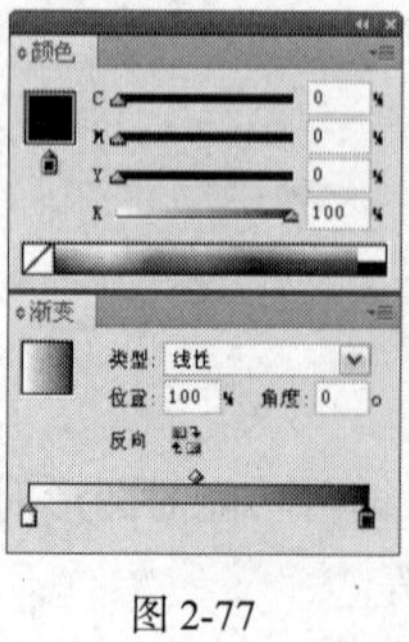

图 2-77

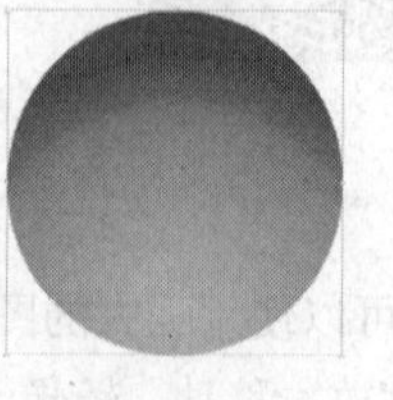

图 2-78

Step 04 单击“控制面板”中的“向选定的目标添加对象效果”按钮，在弹出的菜单中选择“投影”命令，在弹出的“效果”对话框中进行设置，如图 2-79 所示。单击“确定”按钮，效果如图 2-80 所示。

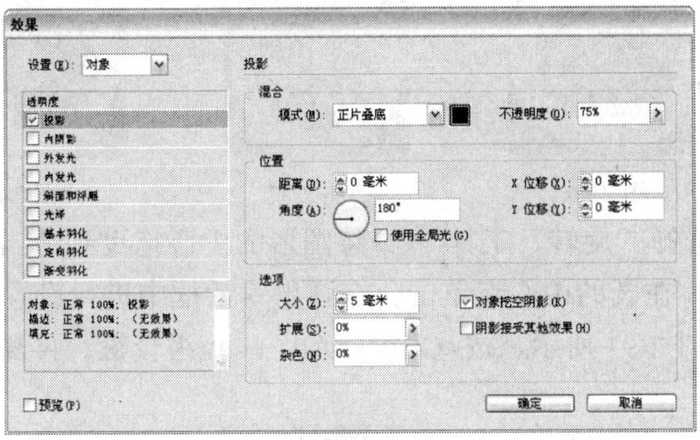

图 2-79

图 2-80

Step 05 选择“椭圆”工具，在页面中拖曳鼠标绘制椭圆形，如图 2-81 所示。填充图形为白色，并设置描边色为无，效果如图 2-82 所示。

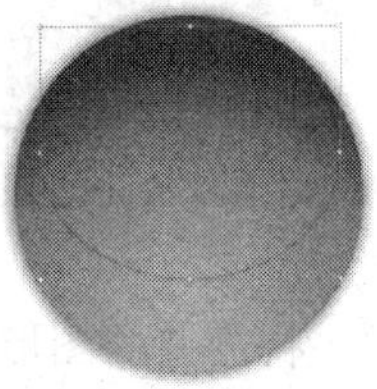

图 2-81

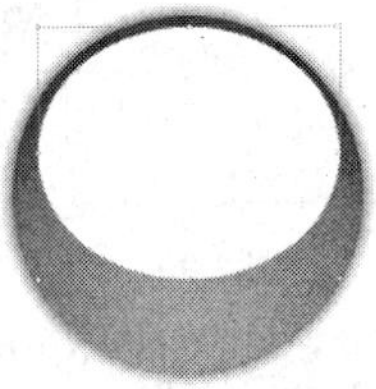

图 2-82

Step 06 保持图形的选取状态。单击“控制面板”中的“向选定的目标添加对象效果”按钮，在弹出的菜单中选择“渐变羽化”命令，在弹出的对话框中进行设置，如图 2-83 所示。单击“确定”按钮，效果如图 2-84 所示。

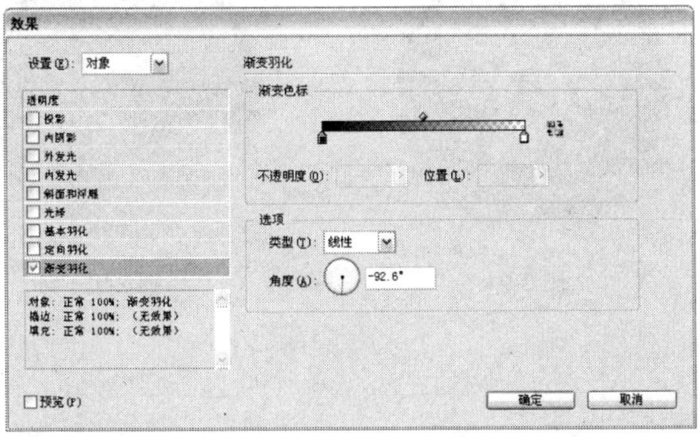

图 2-83

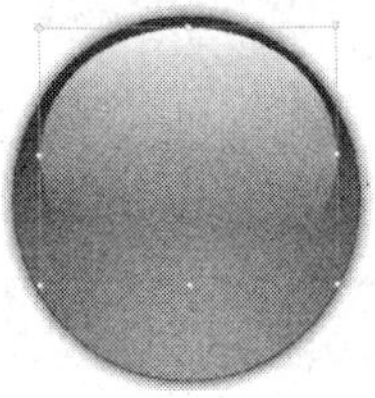

图 2-84

2. 绘制装饰图形

Step 01 选择“椭圆”工具，按住<Shift>键的同时，在页面中拖曳鼠标绘制圆形，如图 2-85 所示。在“控制面板”中将“描边粗细”选项设置为 11 点，按<Enter>键填充描边色为白色，效果如图 2-86 所示。

Step 02 选择“矩形”工具，在页面中拖曳鼠标绘制矩形，如图 2-87 所示。填充图形为白色，并设置描边色为无，效果如图 2-88 所示。

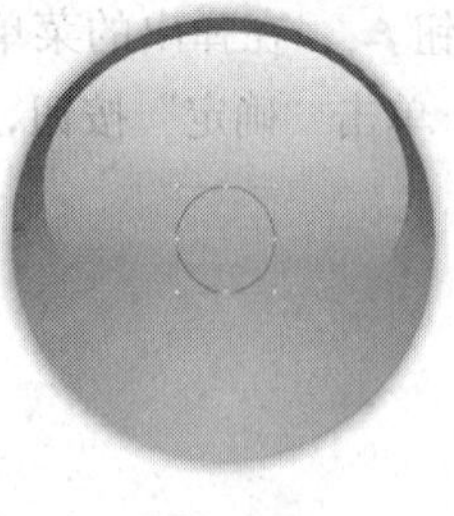

图 2-85

图 2-86

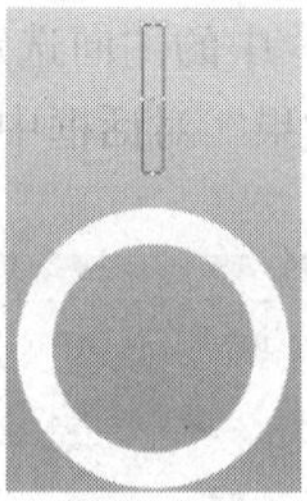

图 2-87

图 2-88

Step 03 保持图形的选取状态。选择“旋转”工具，将图形的中心拖曳到适当的位置，如图 2-89 所示。按住<Alt>键的同时，在圆的中心点单击，在弹出对话框中进行设置，如图 2-90 所示，单击“复制”按钮，效果如图 2-91 所示。按<Ctrl>+<Alt>+<4>组合键，再复制出多个矩形，效果如图 2-92 所示。

图 2-89

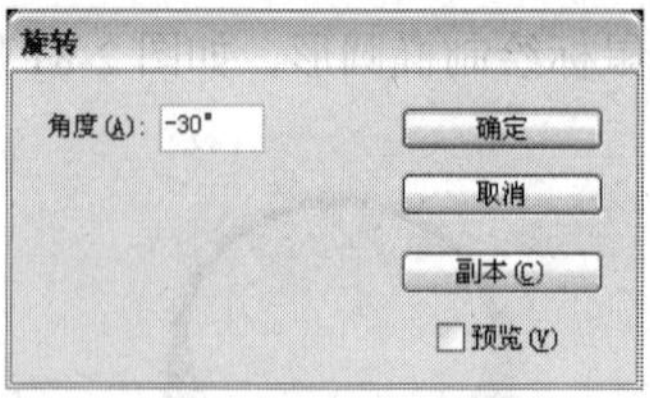

图 2-90

图 2-91

图 2-92

Step 04 选择“选择”工具，按住<Shift>键的同时，将需要的图形同时选取，如图 2-93 所示。选择“对象 > 编组”命令，将选取的图形编组，效果如图 2-94 所示。在“控制面板”中将“不透明度”选项设置为 60%，在页面空白处单击，取消选取状态，水晶按钮绘制完成，效果如图 2-95 所示。

图 2-93

图 2-94

图 2-95

2.2.2 选取对象和取消选取

在 InDesign CS5 中，当对象呈选取状态时，在对象的周围出现限位框（又称为外框）。限位框是代表对象水平和垂直尺寸的矩形框。对象的选取状态如图 2-96 所示。

当同时选取多个图形对象时，对象保留各自的限位框，选取状态如图 2-97 所示。

要取消对象的选取状态，只要在页面中的空白位置单击即可。

图 2-96

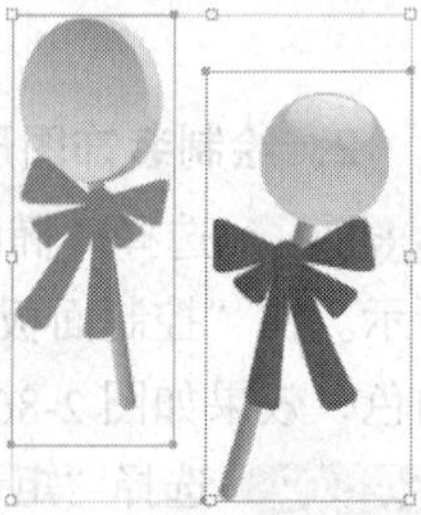

图 2-97

1. 使用"选择"工具选取对象

选择"选择"工具，在要选取的图形对象上单击，即可选取该对象。如果该对象是未填充的路径，则单击它的边缘即可选取。

选取多个图形对象时，按住<Shift>键的同时，依次单击选取多个对象，如图 2-98 所示。

选择"选择"工具，在页面中要选取的图形对象外围拖曳鼠标，出现虚线框，如图 2-99 所示，虚线框接触到的对象都将被选取，如图 2-100 所示。

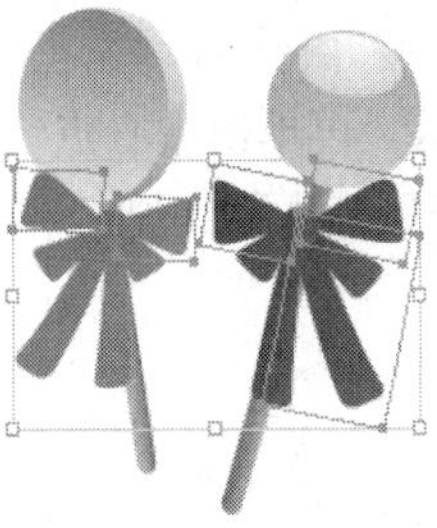

图 2-98

图 2-99

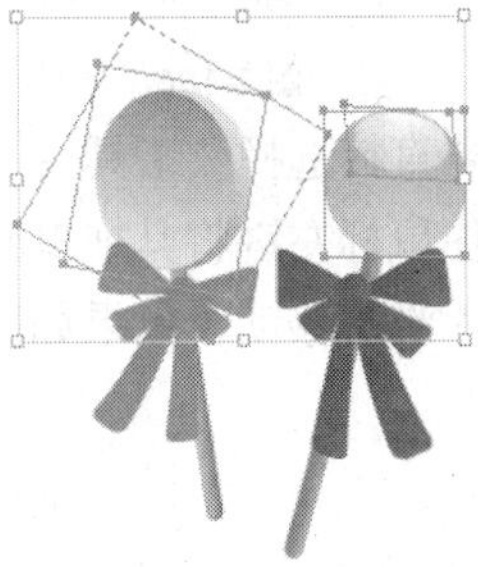

图 2-100

2. 使用"直接选择"工具选取对象

选择"直接选择"工具，拖曳鼠标圈选图形对象，如图 2-101 所示，对象被选取，但被选取的对象不显示限位框，只显示锚点，如图 2-102 所示。

图 2-101

图 2-102

选择"直接选择"工具，在图形对象的某个锚点上单击，该锚点被选取，如图 2-103 所示。按住鼠标左键并拖曳选取的锚点到适当的位置，如图 2-104 所示，松开鼠标左键，改变对象的形状，如图 2-105 所示。

按住<Shift>键的同时，单击需要的锚点，可选取多个锚点。

图 2-103

图 2-104

图 2-105

选择"直接选择"工具，在图形对象内单击，选取状态如图 2-106 所示。在中心点再次单击，选取整个图形，如图 2-107 所示。按住鼠标左键将其拖曳到适当的位置，如图 2-108 所示，松开鼠标左键，移动对象。

图 2-106

图 2-107

图 2-108

选择“直接选择”工具，单击图片的限位框，如图 2-109 所示，再单击中心点，如图 2-110 所示，按住鼠标左键将其拖曳到适当的位置，如图 2-111 所示。松开鼠标左键，则只移动限位框，框内的图片没有移动，效果如图 2-112 所示。

图 2-109

图 2-110

图 2-111

图 2-112

选择“直接选择”工具，当鼠标指针置于图片之上时，直接选择工具会自动变为抓手工具，如图 2-113 所示。在图形上单击，可选取限位框内的图片，如图 2-114 所示。按住鼠标左键拖曳图片到适当的位置，如图 2-115 所示。松开鼠标左键，则只移动图片，限位框没有移动，效果如图 2-116 所示。

图 2-113

图 2-114

图 2-115

图 2-116

2.2.3 缩放对象

1. 使用工具箱中的工具缩放对象

选择“选择”工具，选取要缩放的对象，对象的周围出现限位框，如图 2-117 所示。选择“自由变换”工具，拖曳对象右上角的控制手柄，如图 2-118 所示。松开鼠标左键，对象的缩放效果如图 2-119 所示。

图 2-117

图 2-118

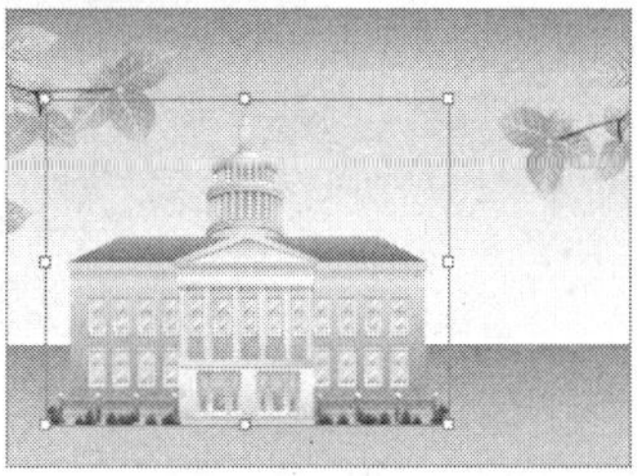

图 2-119

选择"选择"工具，选取要缩放的对象，选择"缩放"工具，对象的中心会出现缩放对象的中心控制点，单击鼠标并拖曳中心控制点到适当的位置，如图 2-120 所示，再拖曳对角线上的控制手柄到适当的位置，如图 2-121 所示，松开鼠标左键，对象的缩放效果如图 2-122 所示。

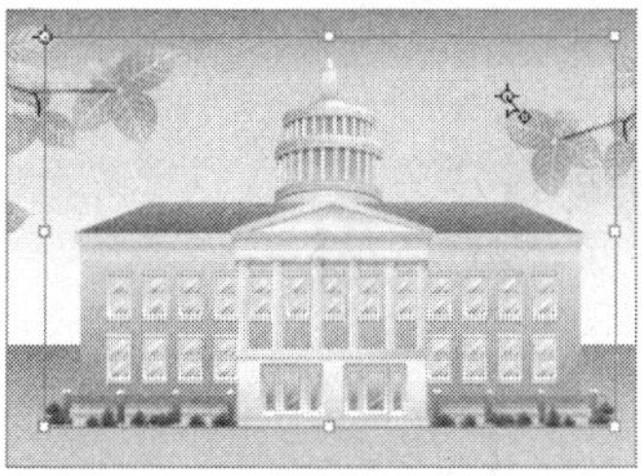

图 2-120

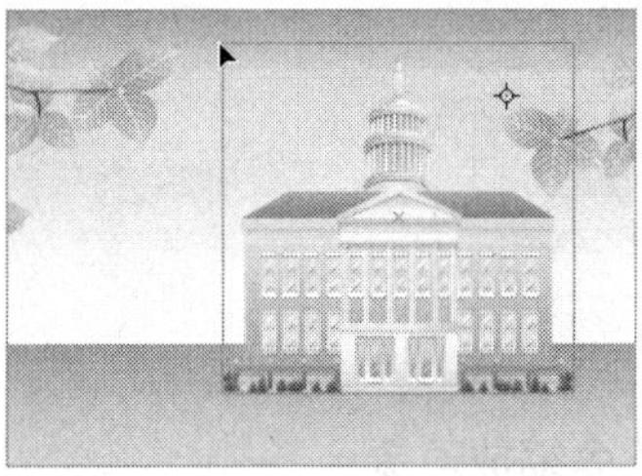

图 2-121

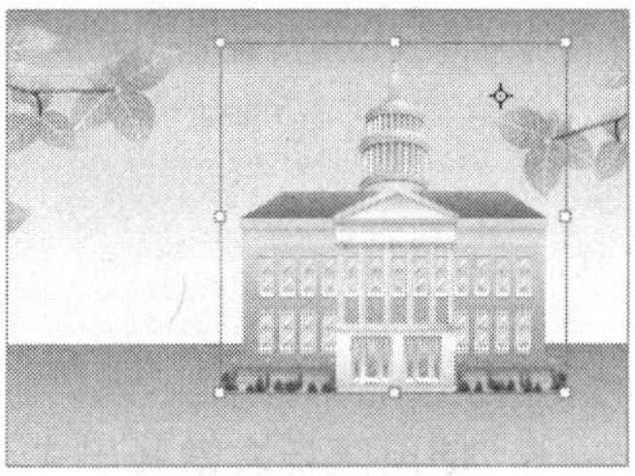

图 2-122

2．使用"变换"面板缩放对象

选择"选择"工具，选取要缩放的对象，如图 2-123 所示。选择"窗口 > 对象 >变换"命令，弹出"变换"面板，如图 2-124 所示。在面板中，设置"X 的缩放百分比"和"Y 的缩放百分比"文本框中的数值可以按比例缩放对象。设置"W"和"H"的数值可以缩放对象的限位框，但不能缩放限位框中的图片。

设置需要的数值，如图 2-125 所示，按<Enter>键确认操作，效果如图 2-126 所示。

图 2-123

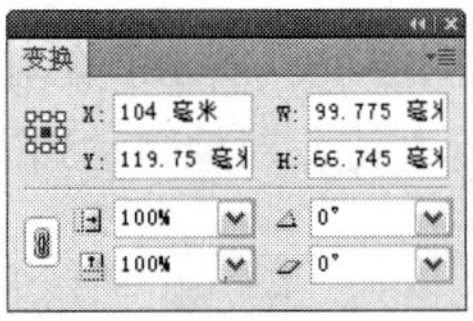

图 2-124

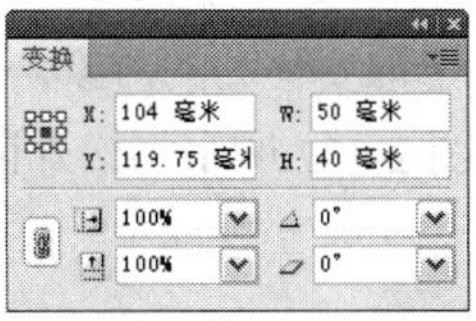

图 2-125

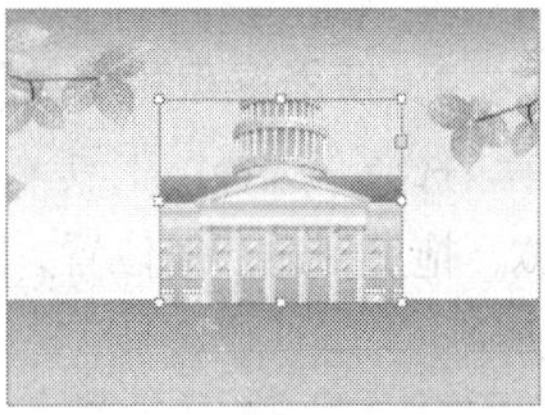

图 2-126

3．使用控制面板缩放对象

选择"选择"工具，选取要缩放的对象。在控制面板中，若单击"约束宽度和高度的比例"按钮，可以按比例缩放对象的限位框。其他选项的设置与"变换"面板中的相同，故这里不再赘述。

4．使用菜单命令缩放对象

选择"选择"工具，选取要缩放的对象，如图 2-127 所示。选择"对象 > 变换 > 缩放"命令，或双击"缩放"工具，弹出"缩放"对话框，如图 2-128 所示。在对话框中，设置"X 缩放"和"Y 缩放"文本框中的百分比数值可以按比例缩放对象。若单击"约束缩放比例"按钮，就可以不按比例缩放对象。单击"复制"按钮，可复制多个缩放对象。

图 2-127

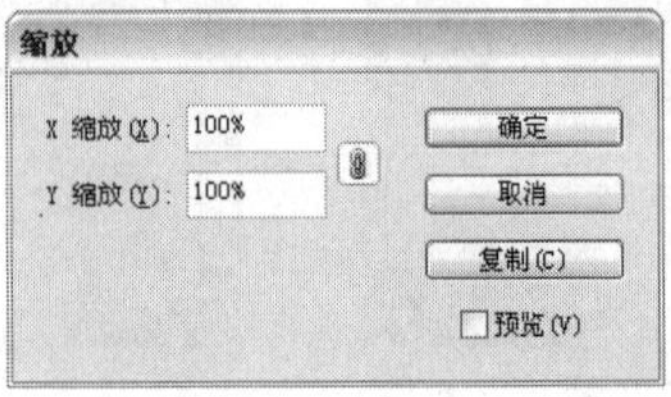

图 2-128

设置需要的数值，如图 2-129 所示，单击“确定”按钮，效果如图 2-130 所示。

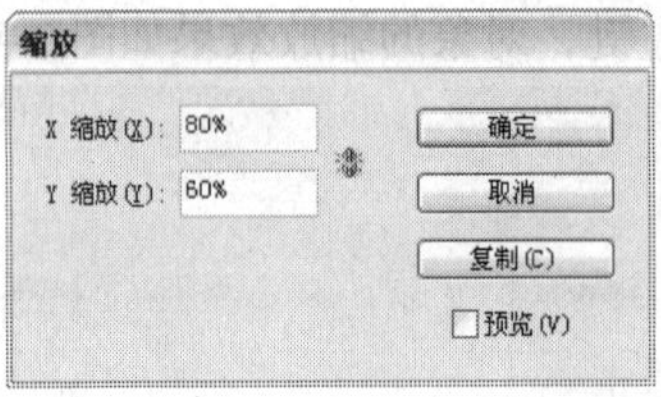

图 2-129

图 2-130

5．使用鼠标右键弹出式菜单命令缩放对象

在选取的图形对象上单击鼠标右键，弹出快捷菜单，选择“变换 > 缩放”命令，也可以对对象进行缩放（以下操作均可使用此方法）。

提示： 拖曳对角线上的控制手柄时，按住<Shift>键，对象会按比例缩放。按住<Shift>+<Alt>组合键，对象会安比例地从对象中心缩放。

2.2.4 移动对象

1．使用键盘和工具箱中的工具移动对象

选择“选择”工具，选取要移动的对象，如图 2-131 所示。在对象上单击并按住鼠标左键不放，拖曳到适当的位置，如图 2-132 所示。松开鼠标左键，对象移动到需要的位置，效果如图 2-133 所示。

图 2-131

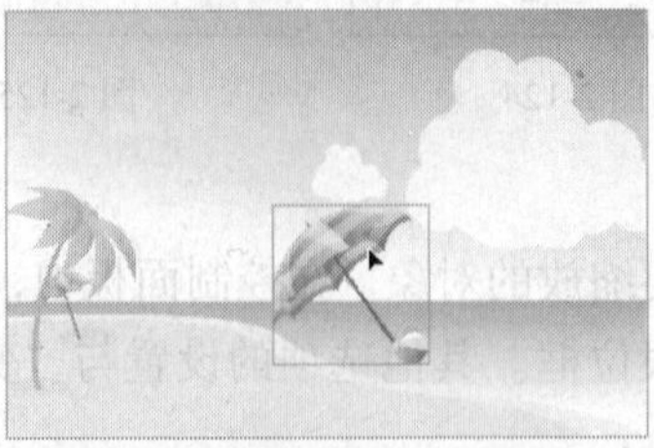

图 2-132

图 2-133

选择“选择”工具，选取要移动的对象，如图 2-134 所示。双击“选择”工具，弹出“移动”对话框，如图 2-135 所示。在对话框中，“水平”和“垂直”文本框分别可以设置对象在水平方向和垂直方向上移动的数值；“距离”文本框可以设置对象移动的距离；“角度”文本框可以设置对象移动或旋转的角度。若单击“复制”按钮，可复制出多个移动对象。

设置需要的数值，如图 2-136 所示，单击“确定”按钮，效果如图 2-137 所示。

图 2-134

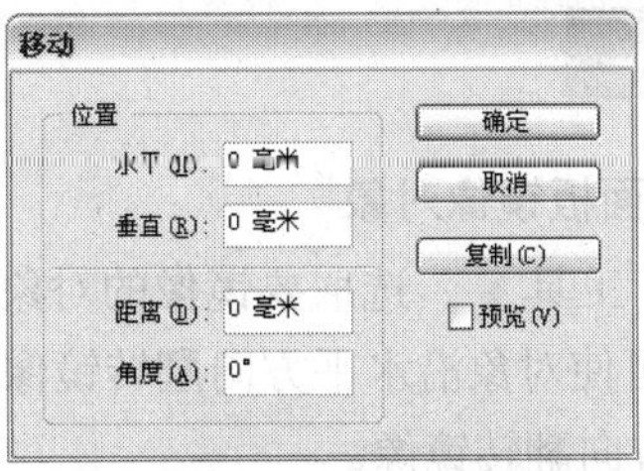

图 2-135

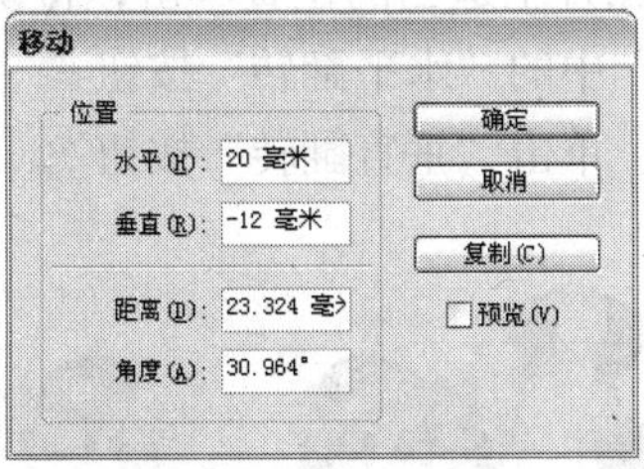

图 2-136

图 2-137

选取要移动的对象，用方向键可以微调对象的位置。

2．使用“变换”面板移动对象

选择“选择”工具，选取要移动的对象，如图 2-138 所示。选择“窗口 > 对象 > 变换”命令，弹出“变换”面板，如图 2-139 所示。在面板中，“X”和“Y”表示对象所在位置的横坐标值和纵坐标值。在文本框中输入需要的数值，如图 2-140 所示，按<Enter>键可移动对象，效果如图 2-141 所示。

图 2-138

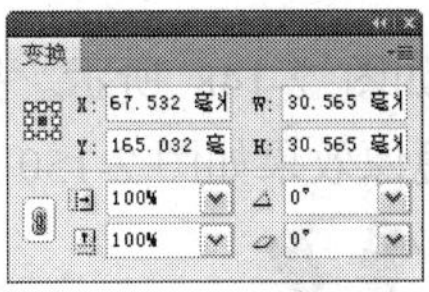

图 2-139

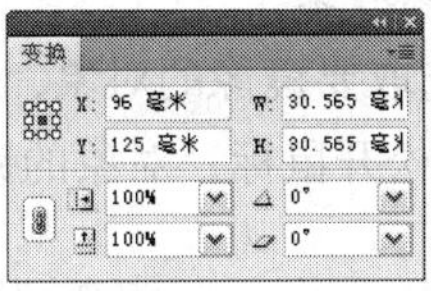

图 2-140

图 2-141

3．使用控制面板移动对象

选择“选择”工具，选取要移动的对象，控制面板如图 2-142 所示。在控制面板中，设置“X”和“Y”文本框中的数值可以移动对象。

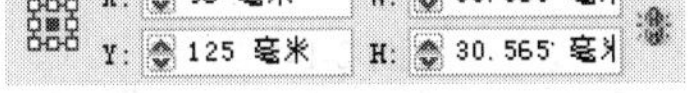

图 2-142

4．使用菜单命令移动对象

选择“选择”工具，选取要移动的对象。选择“对象 > 变换 > 移动”命令，或按<Shift>+<Ctrl>+<M>组合键，弹出“移动”对话框，如图 2-143 所示。与双击“选择”工具弹出的对话框相同，故这里不再赘述。设置需要的数值，单击“确定”按钮，可移动对象。

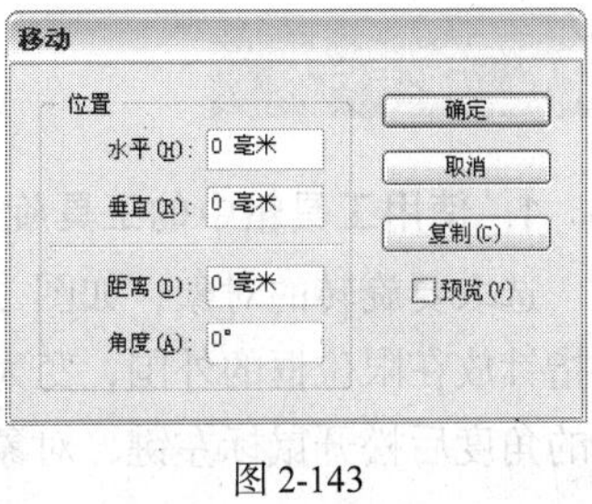

图 2-143

2.2.5 镜像对象

1．使用控制面板镜像对象

选择“选择”工具，选取要镜像的对象，如图 2-144 所示。单击“控制面板”中的“水平翻转”按钮，可使对象沿水平方向翻转镜像，效果如图 2-145 所示。单击“垂直翻转”按钮，可使对象沿垂直方向翻转镜像。

选取要镜像的对象，选择“缩放”工具，在图片上适当的位置单击，将镜像中心控制点置于适当的位置，如图 2-146 所示。单击“控制面板”中的“水平翻转”按钮，可使对象以中心控制点为中心水平翻转镜像，效果如图 2-147 所示。单击“垂直翻转”按钮，可使对象以中心控制点为中心垂直翻转镜像。

图 2-144

图 2-145

图 2-146

图 2-147

2．使用菜单命令镜像对象

选择“选择”工具，选取要镜像的对象。选择“对象 > 变换 > 水平翻转”命令，可使对象水平翻转；选择“对象 > 变换 > 垂直翻转”命令，可使对象垂直翻转。

3．使用“选择”工具镜像对象

选择“选择”工具，选取要镜像的对象，如图 2-148 所示。按住鼠标左键拖曳控制手柄到相对的边，如图 2-149 所示，松开鼠标，对象的镜像效果如图 2-150 所示。

图 2-148

图 2-149

图 2-150

直接拖曳左边或右边中间的控制手柄到相对的边，松开鼠标就可以得到原对象的水平镜像；直接拖曳上边或下边中间的控制手柄到相对的边，松开鼠标就可以得到原对象的垂直镜像。

2.2.6 旋转对象

1．使用工具箱中的工具旋转对象

选取要旋转的对象，如图 2-151 所示。选择“自由变换”工具，对象的四周出现限位框，将指针放在限位框的外围，变为旋转符号，按下鼠标左键拖曳对象，如图 2-152 所示。旋转到需要的角度后松开鼠标左键，对象的旋转效果如图 2-153 所示。

图 2-151

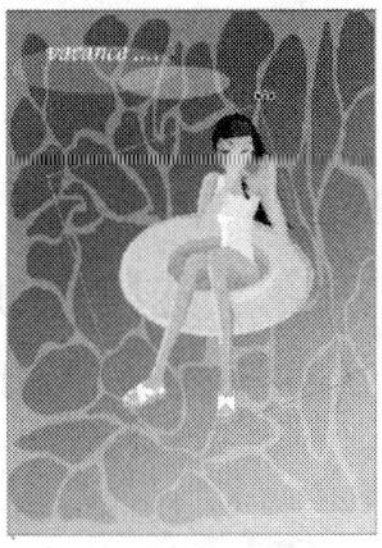

图 2-152

图 2-153

选取要旋转的对象，如图 2-154 所示。选择“旋转”工具，对象的中心点出现旋转中心图标⌖，如图 2-155 所示，将鼠标指针移动到旋转中心上，按下鼠标左键拖曳旋转中心到需要的位置，如图 2-156 所示，在所选对象外围拖曳鼠标旋转对象，效果如图 2-157 所示。

图 2-154

图 2-155

图 2-156

图 2-157

2．使用“变换”面板旋转对象

选择“窗口 > 对象和版面 > 变换”命令，弹出“变换”面板。“变换”面板的使用方法和“移动对象”中的使用方法相同，这里不再赘述。

3．使用控制面板旋转对象

选择“选择”工具，选取要旋转的对象，在控制面板中的“旋转角度” 0° 文本框中设置对象需要旋转的角度，按<Enter>键确认操作，对象被旋转。

单击“顺时针旋转 90°”按钮，可将对象顺时针旋转 90°；单击“逆时针旋转 90°”按钮，可将对象逆时针旋转 90°。

4．使用菜单命令旋转对象

选取要旋转的对象，如图 2-158 所示。选择“对象 > 变换 > 旋转”命令或双击“旋转”工具，弹出“旋转”对话框，如图 2-159 所示。在“角度”文本框中可以直接输入对象旋转的角度，旋转角度可以是正值也可以是负值，对象将按指定的角度旋转。

设置需要的数值，如图 2-160 所示，单击“确定”按钮，效果如图 2-161 所示。

图 2-158

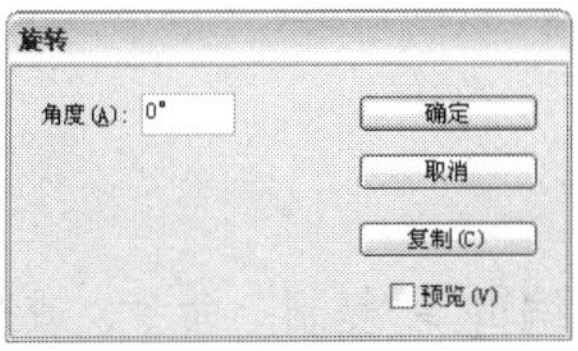

图 2-159

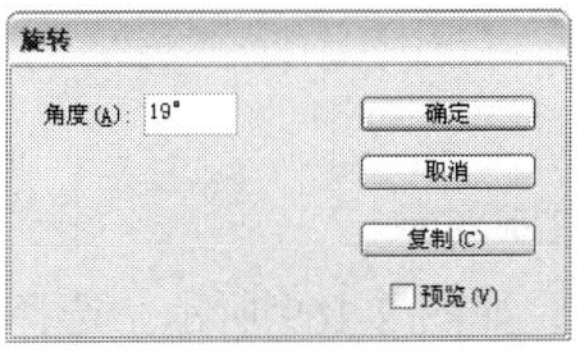

图 2-160

图 2-161

2.2.7 倾斜变形对象

1. 使用工具箱中的工具倾斜变形对象

选取要倾斜变形的对象，如图 2-162 所示。选择“切变”工具，用鼠标拖动变形对象，如图 2-163 所示。倾斜到需要的角度后松开鼠标左键，对象的倾斜变形效果如图 2-164 所示。

图 2-162

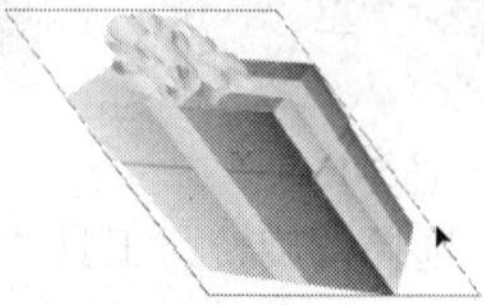
图 2-163

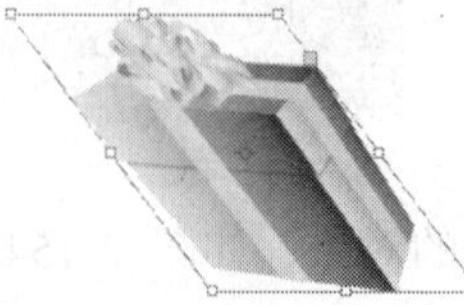
图 2-164

2. 使用“变换”面板倾斜变形对象

选择“窗口 > 对象和版面 > 变换”命令，弹出“变换”面板。“变换”面板的使用方法和“移动对象”中的使用方法相同，这里不再赘述。

3. 使用控制面板倾斜对象

选择“选择”工具，选取要倾斜的对象，在控制面板的“X 切变角度”文本框中设置对象需要倾斜的角度，按<Enter>键确定操作，对象按指定的角度倾斜。

4. 使用菜单命令倾斜变形对象

选取要倾斜变形的对象，如图 2-165 所示。选择“对象 > 变换 > 切变”命令，弹出“切变”对话框，如图 2-166 所示。在“切变角度”文本框中可以设置对象切变的角度。在“轴”选项组中，点选“水平”单选项，对象可以水平倾斜；点选“垂直”单选项，对象可以垂直倾斜。“复制”按钮用于在原对象上复制多个倾斜的对象。

图 2-165

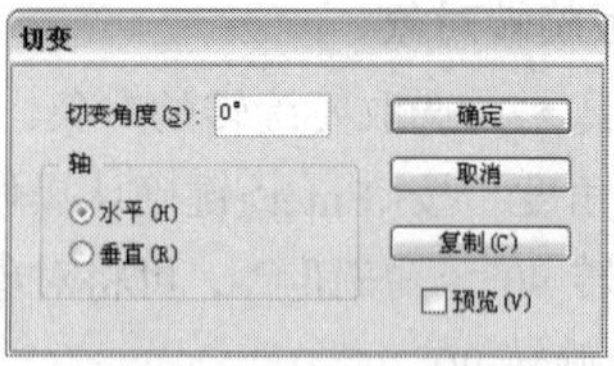

图 2-166

设置需要的数值，如图 2-167 所示，单击“确定”按钮，效果如图 2-168 所示。

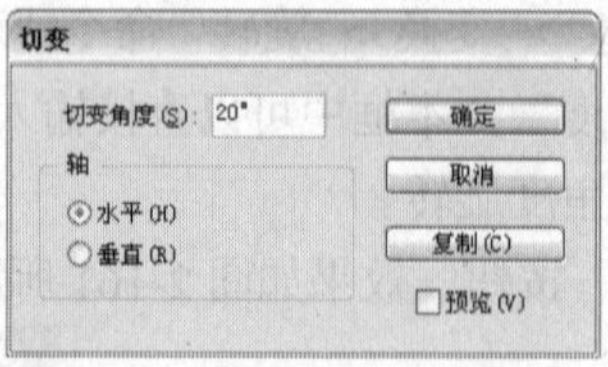

图 2-167

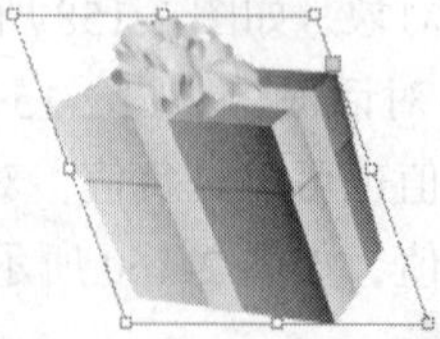
图 2-168

2.2.8 复制对象

1. 使用菜单命令复制对象

选取要复制的对象，如图 2-169 所示。选择“编辑 > 复制”命令，或按<Ctrl>+<C>组合键，对象的副本将被放置在剪贴板中。

选择“编辑 > 粘贴”命令，或按<Ctrl>+<V>组合键，对象的副本将被粘贴到页面中。选择“选择”工具，将其拖曳到适当的位置，效果如图 2-170 所示。

图 2-169

图 2-170

2．使用鼠标右键弹出式菜单命令复制对象

选取要复制的对象，如图 2-171 所示。在对象上单击鼠标右键，弹出快捷菜单，选择“变换 > 移动”命令，如图 2-172 所示，弹出“移动”对话框。设置需要的数值，如图 2-173 所示，单击“复制”按钮，可以在选中的对象上复制一个对象、效果如图 2-174 所示。

在对象上再次单击鼠标右键，弹出快捷菜单，选择“再次变换 > 再次变换”命令，或按<Ctrl>+<Alt>+<4>组合键，对象可按“移动”对话框中的设置再次进行复制，效果如图 2-175 所示。

图 2-171

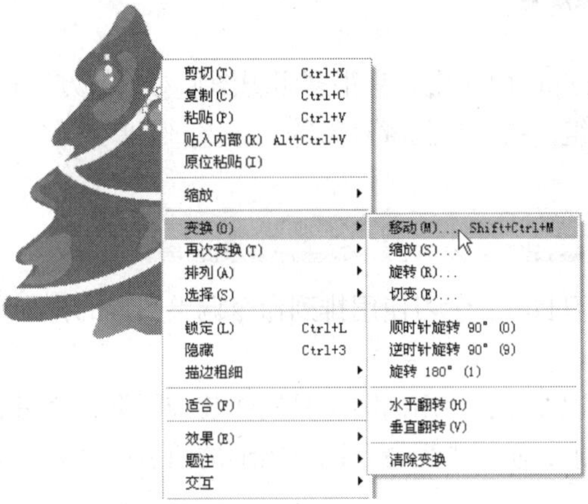

图 2-172

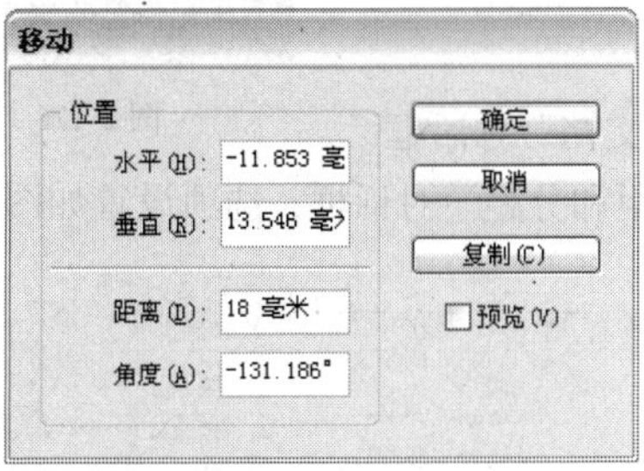

图 2-173

图 2-174

图 2-175

3．使用鼠标拖动方式复制对象

选取要复制的对象，按住<Alt>键的同时，在对象上拖动鼠标，对象的周围出现灰色框指示移动的位置，移动到需要的位置后，松开鼠标左键，再松开<Alt>键，可复制出一个选取对象。

2.2.9　删除对象

选取要删除的对象，选择“编辑 > 清除”命令，或按<Delete>键，可以把选取的对象删除。如果想删除多个或全部对象，首先要选取这些对象，再执行“清除”命令。

2.2.10　撤销和恢复对对象的操作

1. 撤销对对象的操作

选择“编辑 > 还原”命令，或按<Ctrl>+<Z>组合键，可以撤销上一次的操作。连续按快捷键，可以连续撤销原来的操作。

2. 恢复对对象的操作

选择“编辑 > 重做”命令，或按<Shift>+<Ctrl>+<Z>组合键，可以恢复上一次的操作。如果连续按两次快捷键，即恢复两步操作。

2.3 组织图形对象

在 InDesign CS5 中，有很多组织图形对象的方法，其中包括调整对象的前后顺序，对齐与分布对象，编组、锁定与隐藏对象等。

2.3.1　课堂案例——制作运动鞋海报

案例学习目标：学习使用排列命令调整图形的排列顺序，使用对齐面板对齐图形。

案例知识要点：使用椭圆工具制作装饰图案，使用对齐面板制作圆之间的对齐效果，使用排列命令调整图形的前后顺序。运动鞋海报效果如图 2-176 所示。

图 2-176

效果所在位置：光盘\Ch02\效果\制作运动鞋海报.indd。

1. 绘制背景及装饰图形

Step 01 选择“文件 > 新建 > 文档”命令，弹出“新建文档”对话框，如图 2-177 所示。单击“边距和分栏”按钮，弹出“新建边距和分栏”对话框，选项设置如图 2-178 所示，单击“确定”按钮，新建一个页面。

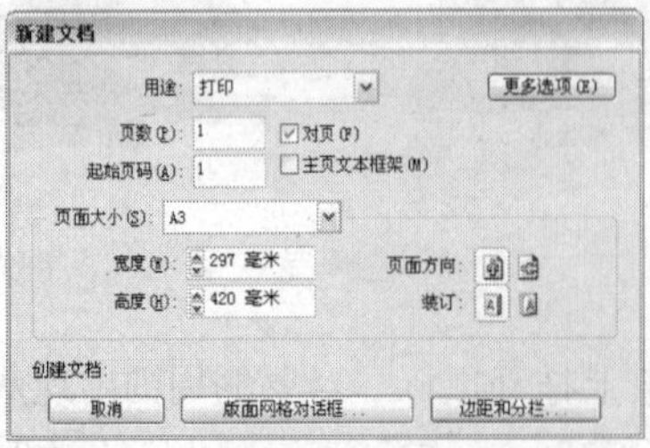

图 2-177

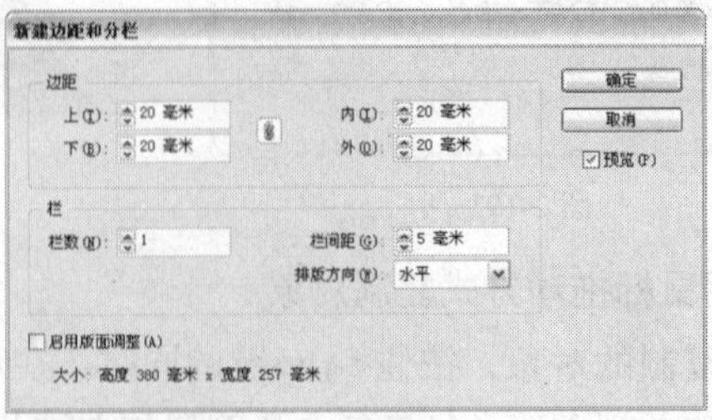

图 2-178

Step 02 选择“矩形”工具，在页面中单击鼠标，弹出“矩形”对话框，在对话框中进行设置，如图 2-179 所示。单击“确定”按钮，得到一个矩形，如图 2-180 所示。设置图形填充色的 CMYK 值为 48、0、86、0，填充图形，效果如图 2-181 所示。

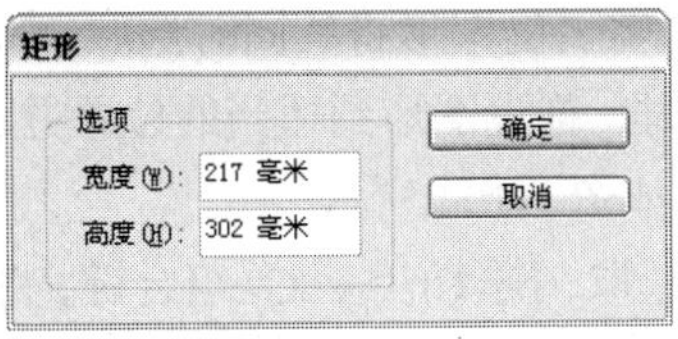

图 2-179

图 2-180

图 2-181

Step 03 选择“椭圆”工具，按住<Shift>键的同时，在适当的位置绘制一个圆形，如图 2-182 所示，填充图形为白色并设置描边色为无。在“控制面板”中的“不透明度”选项设置为 20%，效果如图 2-183 所示。

Step 04 再绘制一个圆形，设置填充色为无，设置描边色为白色，如图 2-184 所示。将“控制面板”中的“描边粗细”选项设置为 11 点，将“不透明度”选项设置为 30%，效果如图 2-185 所示。

图 2-182

图 2-183

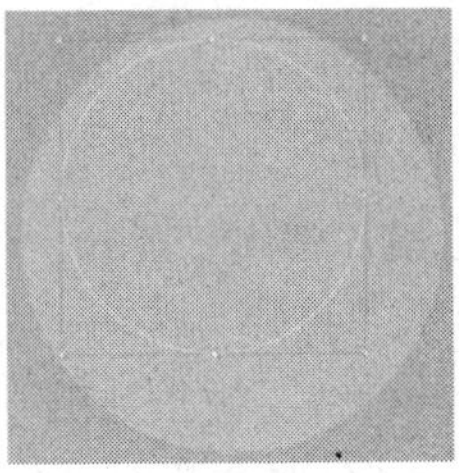
图 2-184

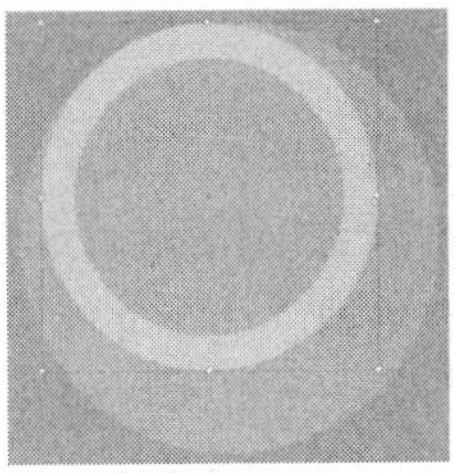
图 2-185

Step 05 按住<Shift>键的同时，单击需要的图形并将其同时选取，如图 2-186 所示。选择“窗口 > 对象和版面 > 对齐”命令，弹出“对齐”面板，如图 2-187 所示。单击“水平居中对齐”按钮和“垂直居中对齐”按钮，效果如图 2-188 所示。

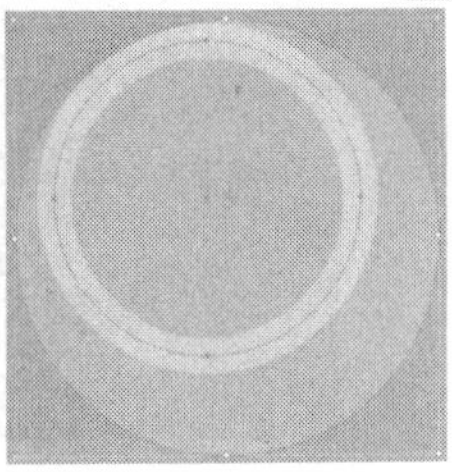
图 2-186

图 2-187

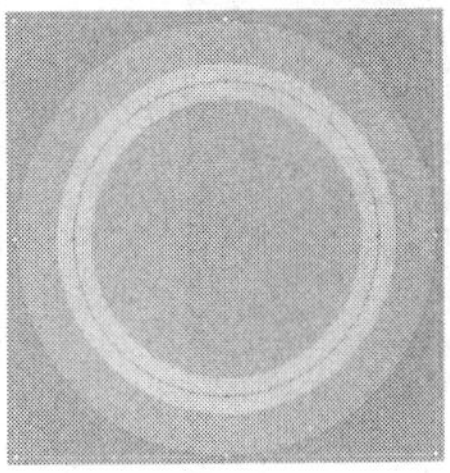
图 2-188

Step 06 再绘制一个圆形，填充图形为白色并设置描边色为无，在“控制面板”中将“不透明度”选项设置为 50，效果如图 2-189 所示。按住<Shift>键的同时，单击需要的图形将其同时选取，如图 2-190 所示。在“对齐”面板中单击“水平居中对齐”按钮和“垂直居中对齐”按钮，效果如图 2-191 所示。

图 2-189

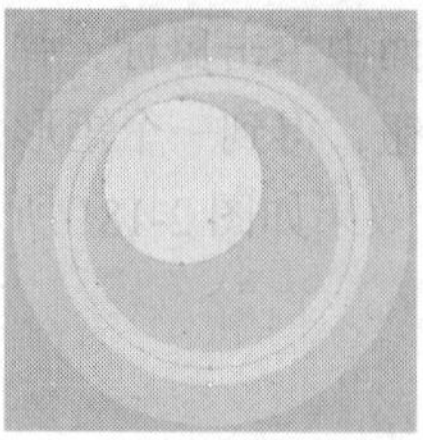

图 2-190

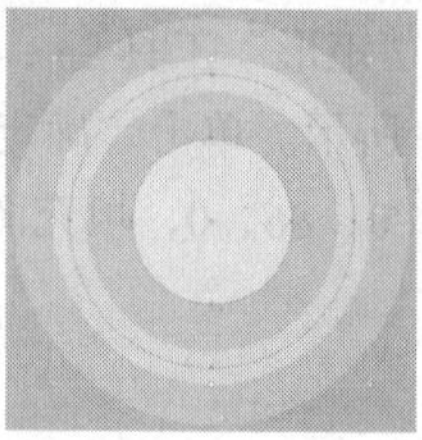

图 2-191

Step 07 选择“选择”工具，按住<Shift>键的同时，单击需要的图形将其同时选取，如图 2-192 所示，按<Ctrl>+<G>组合键，将其编组。按住<Alt>键的同时，拖曳图形到适当的位置并调整其大小，如图 2-193 所示。用相同的方法再复制两个图形，效果如图 2-194 所示。

Step 08 按住<Shift>键的同时，单击需要的图形将其同时选取，按<Ctrl>+<G>组合键，将其编组，如图 2-195 所示。按<Ctrl>+<X>组合键，将编组图形剪切到剪贴板上，选中下方的绿色背景，选择“编辑 > 贴入内部”命令，将编组图形贴入绿色背景的内部，效果如图 2-196 所示。

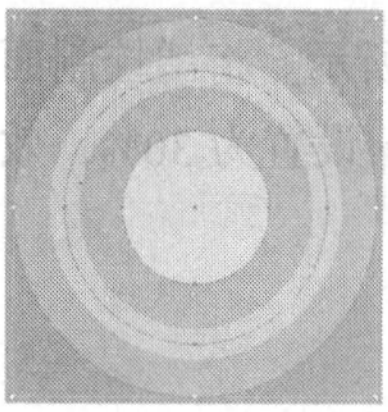

图 2-192

图 2-193

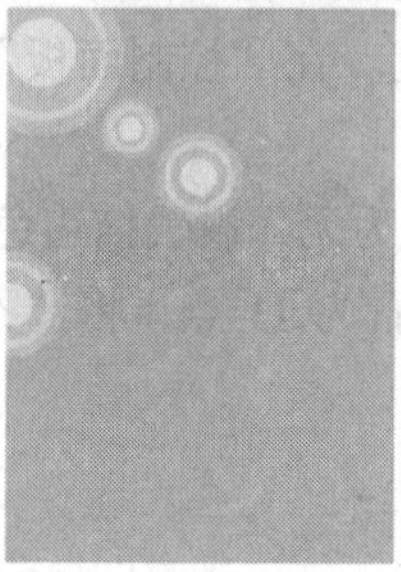

图 2-194

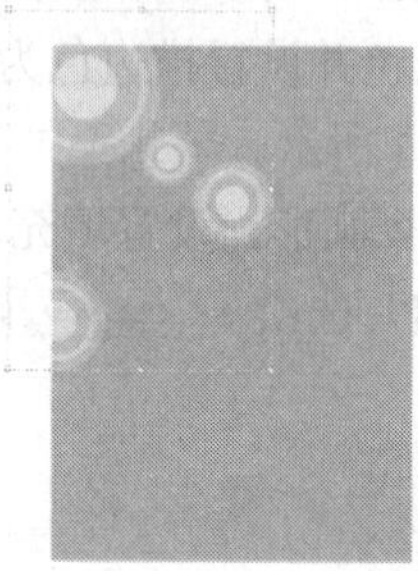

图 2-195

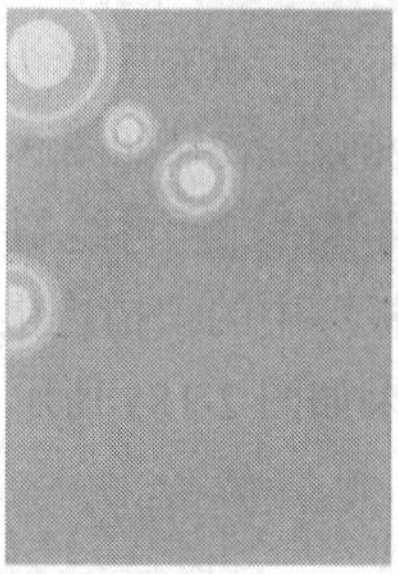

图 2-196

2．置入图片并制作装饰图案

Step 01 按<Ctrl>+<D>组合键，弹出“置入”对话框，选择光盘中的“Ch02 > 素材 > 制作运动鞋海报 > 01、02”文件，单击“打开”按钮，分别在页面中单击鼠标置入图片。选择“选择”工具，分别拖曳图片到适当的位置，效果如图 2-197 所示。选中 02 图片，选择“窗口 > 效果”命令，弹出“效果”面板，将混合模式设为“柔光”，如图 2-198 所示，效果如图 2-199 所示。

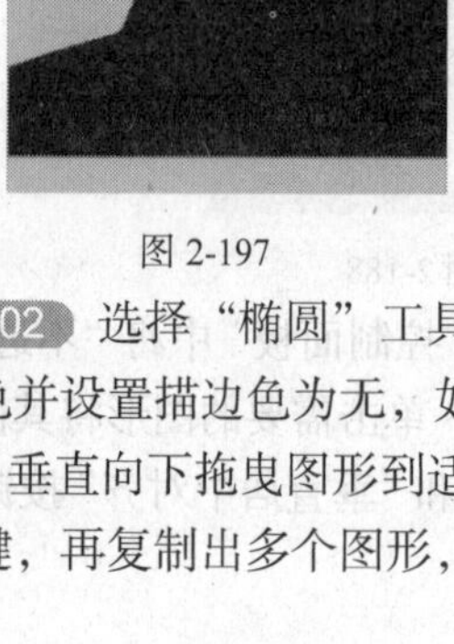

图 2-197

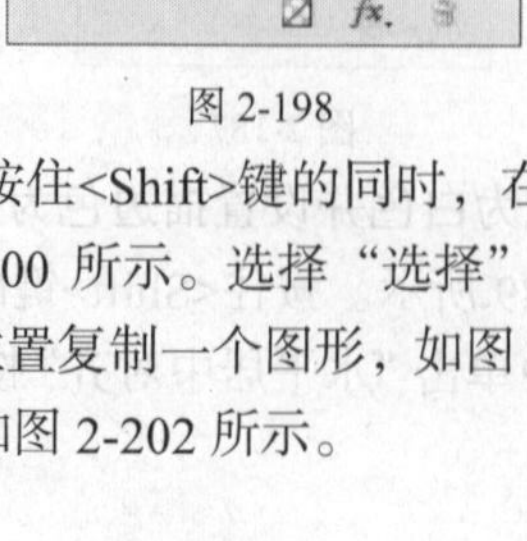

图 2-198

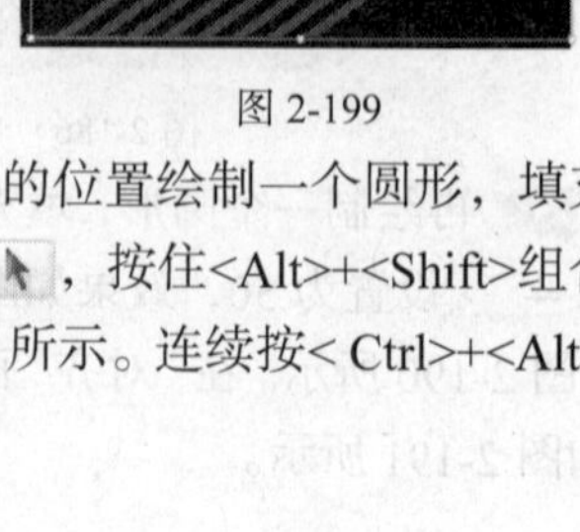

图 2-199

Step 02 选择“椭圆”工具，按住<Shift>键的同时，在适当的位置绘制一个圆形，填充图形为白色并设置描边色为无，如图 2-200 所示。选择“选择”工具，按住<Alt>+<Shift>组合键的同时，垂直向下拖曳图形到适当的位置复制一个图形，如图 2-201 所示。连续按< Ctrl>+<Alt>+<4>组合键，再复制出多个图形，效果如图 2-202 所示。

图 2-200

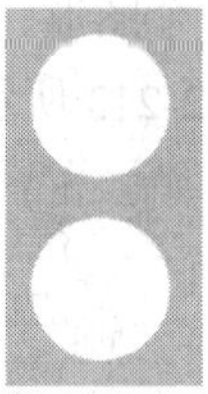

图 2-201

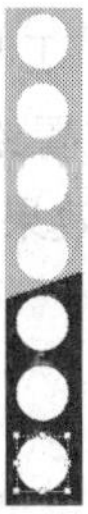

图 2-202

Step 03 按住<Shift>键的同时，单击需要的图形将其同时选取，按<Ctrl>+<G>组合键将其编组。按住<Alt>+<Shift>组合键的同时，水平向右拖曳图形到适当的位置复制一组图形，如图 2-203 所示。连续按<Ctrl>+<Alt>+<4>组合键，再复制出多组图形，效果如图 2-204 所示。按住<Shift>键的同时，单击需要的图形将其同时选取，按<Ctrl>+<G>组合键将其编组，如图 2-205 所示。

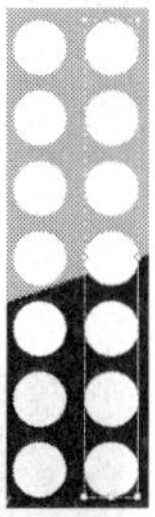

图 2-203

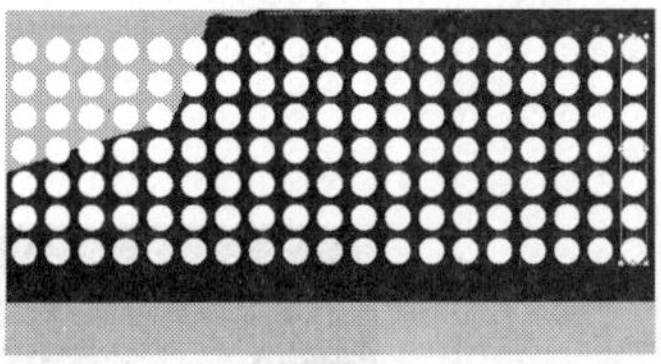

图 2-204

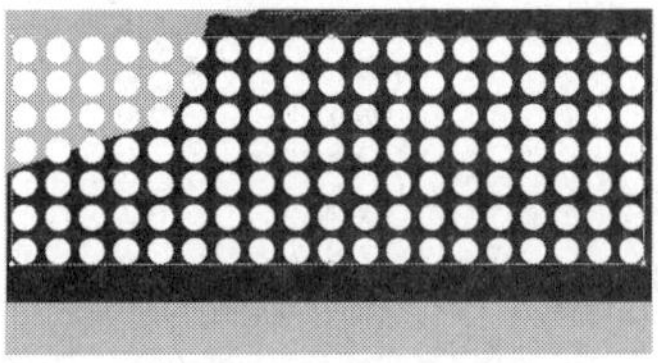

图 2-205

Step 04 选择"钢笔"工具，在编组的圆形上绘制一个图形，如图 2-206 所示。选择"选择"工具，选中编组图形，按<Ctrl>+<X>组合键，将编组图形剪切到剪贴板上。选取刚绘制的图形，选择"编辑 > 贴入内部"命令，将编组图形贴入图形中并设置描边色为无，效果如图 2-207 所示。在"控制面板"中将"不透明度"选项设置为 20，效果如图 2-208 所示。

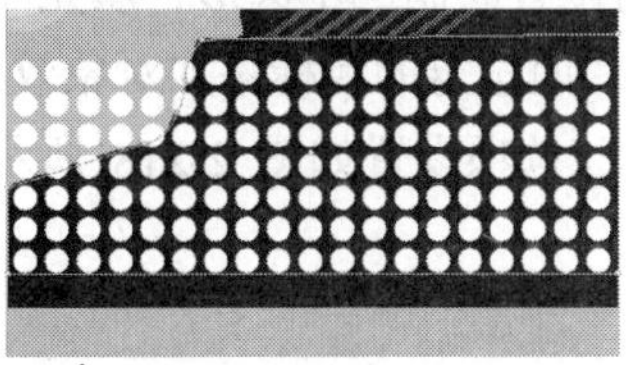

图 2-206

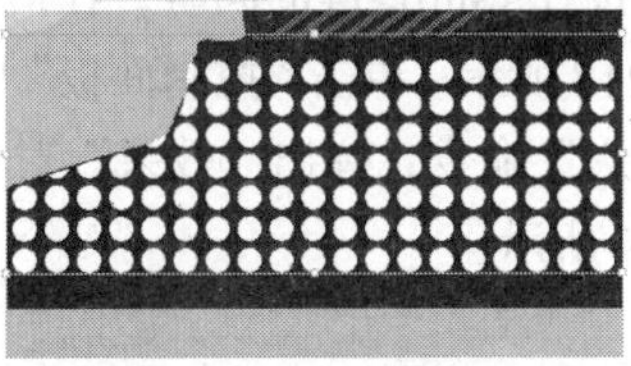

图 2-207

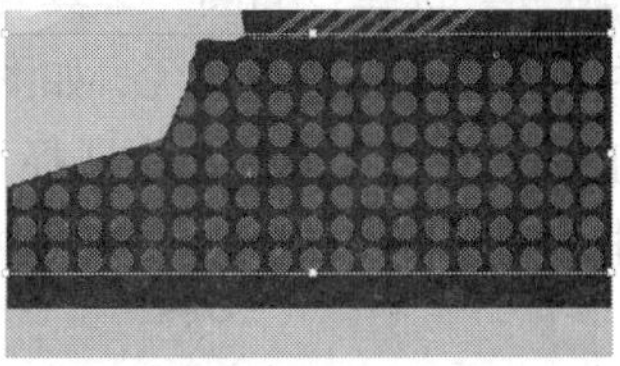

图 2-208

Step 05 选择"钢笔"工具，在适当的位置绘制一个图形，如图 2-209 所示。双击"渐变色板"工具，弹出"渐变"面板，在色带上选中左侧的渐变色标，设置 CMYK 的值为 30、0、100、0。选中右侧的渐变色标，设置 CMYK 的值为 61、0、100、0，如图 2-210 所示，图形被填充渐变色并设置描边色为无，效果如图 2-211 所示。

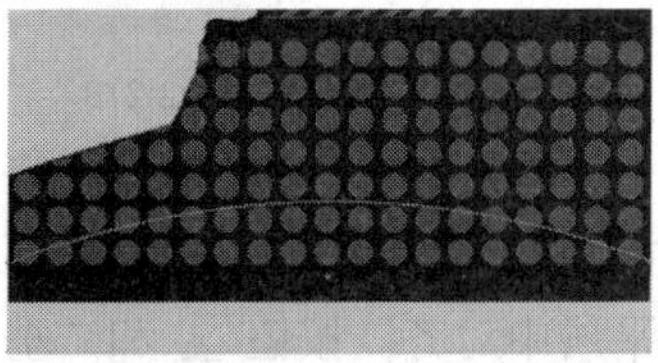

图 2-209

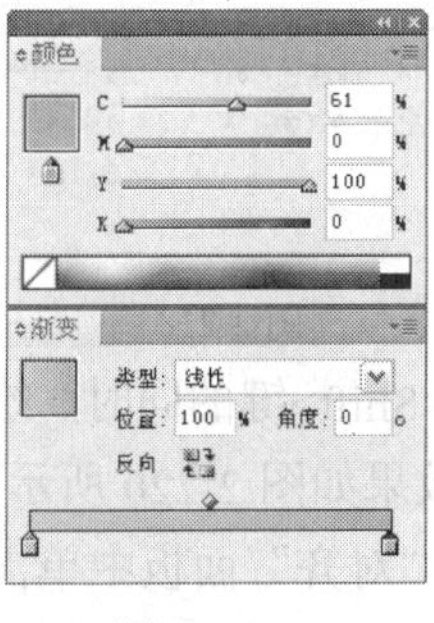

图 2-210

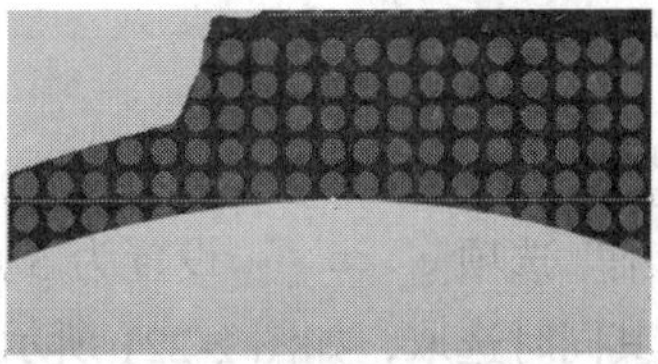

图 2-211

Step 06 双击“多边形”工具，弹出“多边形设置”对话框，选项设置如图 2-212 所示。单击“确定”按钮，在适当的位置绘制一个图形，设置图形填充色的 CMYK 值为 55、0、100、0，填充图形并设置描边色为无，效果如图 2-213 所示。

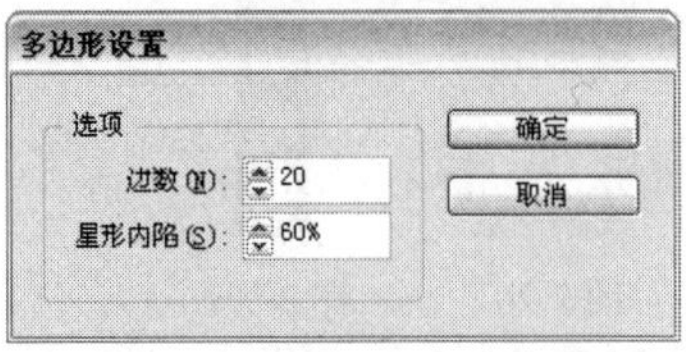

图 2-212

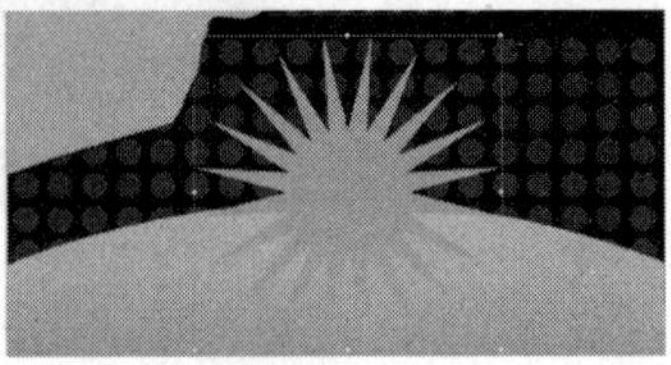
图 2-213

Step 07 单击“控制面板”中的“向选定的目标添加对象效果”按钮，在弹出的菜单中选择“基本羽化”命令，弹出“效果”对话框，选项设置如图 2-214 所示。单击“确定”按钮，效果如图 2-215 所示。选择“对象 > 排列 > 后移一层”命令，将其后移一层，效果如图 2-216 所示。

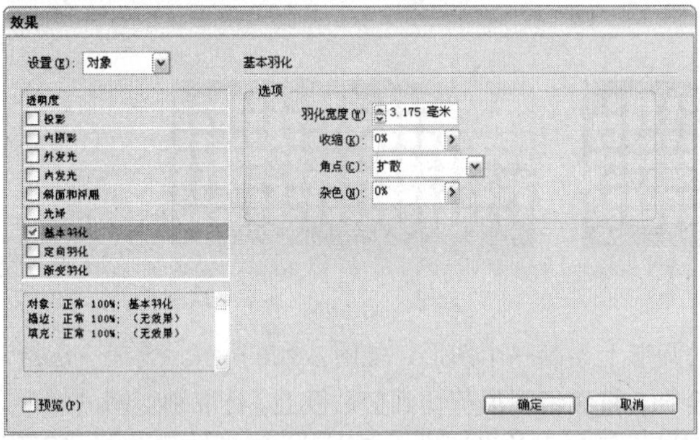

图 2-214

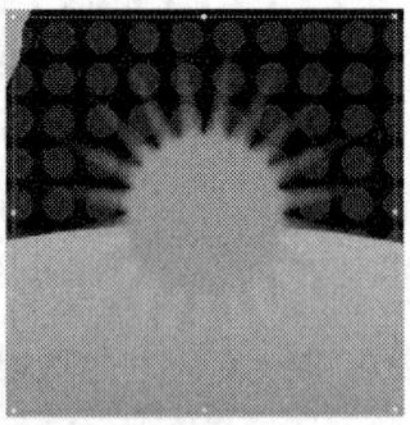
图 2-215

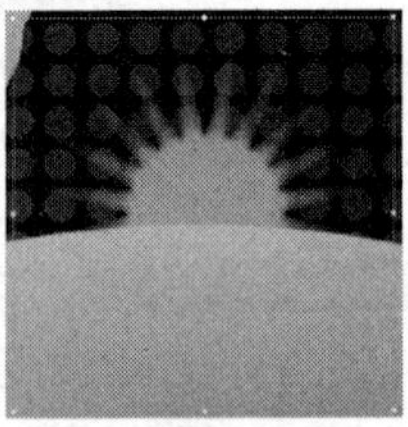
图 2-216

Step 08 选择“椭圆”工具，按住<Shift>键的同时，在适当的位置绘制一个圆形，填充图形为白色并设置描边色为无，如图 2-217 所示。单击“控制面板”中的“向选定的目标添加对象效果”按钮，在弹出的菜单中选择“投影”命令，弹出“效果”对话框，选项设置如图 2-218 所示。单击“确定”按钮，效果如图 2-219 所示。

图 2-217

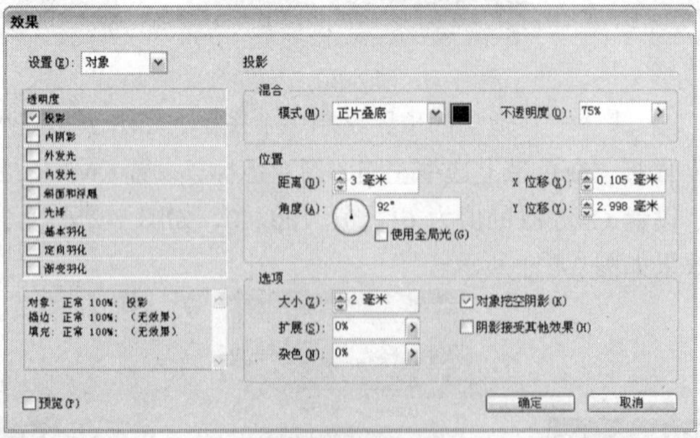

图 2-218

图 2-219

Step 09 选择“椭圆”工具，按住<Shift>键的同时，绘制一个圆形。在“控制面板”中将“描边粗细”选项设置为 5 点，效果如图 2-220 所示。按住<Shift>键的同时，单击需要的图形将其同时选取，如图 2-221 所示。在“对齐”面板中单击“水平居中对齐”按钮和“垂直居中对齐”按钮，效果如图 2-222 所示。

图 2-220

图 2-221

图 2-222

Step 10 按<Ctrl>+<D>组合键，弹出“置入”对话框，选择光盘中的“Ch02 > 素材 > 制作运动鞋海报 > 02”文件，单击“打开”按钮，在页面中单击鼠标置入图片。选择“选择”工具，拖曳图片到适当的位置并调整其大小，如图 2-223 所示。按<Ctrl>+<X>组合键，将图片剪切到剪贴板上，选中下方的黑色圆形边框，选择“编辑 > 贴入内部”命令，将图片贴入圆形边框的内部，效果如图 2-224 所示。

图 2-223

图 2-224

3．添加并编辑文字

Step 01 按<Ctrl>+<D>组合键，弹出“置入”对话框，选择光盘中的“Ch02 > 素材 > 制作运动鞋海报 > 03”文件，单击“打开”按钮，在页面中单击鼠标置入图片。选择“选择”工具，拖曳图片到适当的位置，效果如图 2-225 所示。

Step 02 选择“文字”工具，在页面中拖曳出一个文本框，输入需要的文字。将输入的文字选取，在“控制面板”中选择合适的字体并设置文字大小，填充文字为白色，效果如图 2-226 所示。选择“选择”工具，拖曳文字到适当的位置，在“控制面板”中将“旋转角度”选项 0° 设置为 7，效果如图 2-227 所示。

图 2-225

图 2-226

图 2-227

Step 03 选择“文字”工具，在页面中拖曳出一个文本框，输入需要的文字，将输入的文字选取，在“控制面板”中选择合适的字体并设置文字大小，效果如图 2-228 所示。设置文字填充色的 CMYK 值为 59、0、83、0，填充文字。选择“选择”工具，拖曳文字到适当的位置，在“控制面板”中将“旋转角度”选项 0° 设置为 8，效果如图 2-229 所示。

图 2-228

图 2-229

Step 04 选择“文字”工具T，在适当的位置拖曳出一个文本框，输入需要的文字。将输入的文字选取，在“控制面板”中选择合适的字体并设置文字大小，填充文字为白色，效果如图 2-230 所示。在“控制面板”中将“字符间距”选项设置为 100，取消选取状态，效果如图 2-231 所示。选择“选择”工具，单击选取需要的文字，单击“控制面板”中的“向选定的目标添加对象效果”按钮fx，在弹出的菜单中选择“投影”命令，弹出“效果”对话框，选项设置如图 2-232 所示。单击“确定”按钮，效果如图 2-233 所示。

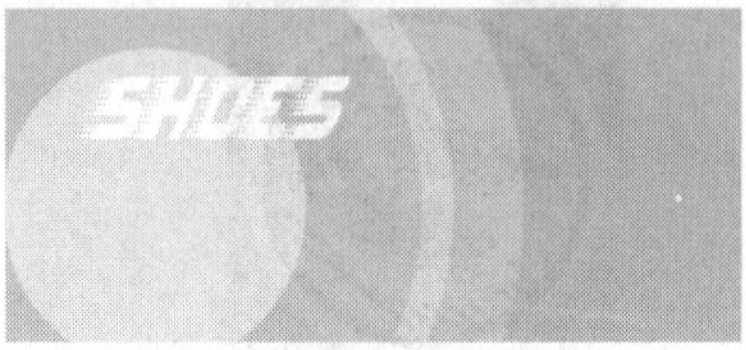

图 2-230

图 2-231

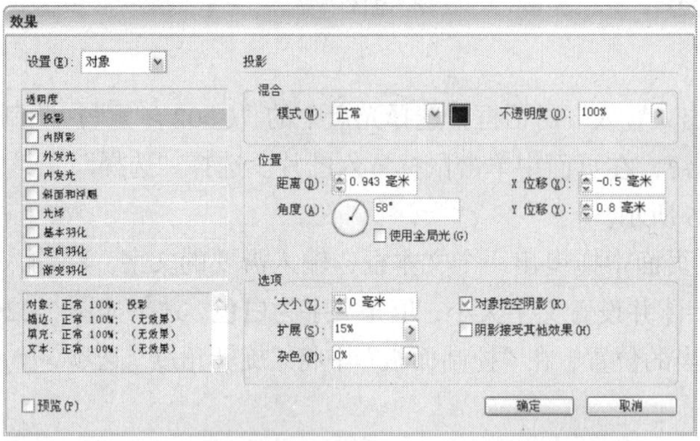

图 2-232

图 2-233

Step 05 选择“文字”工具T，在适当的位置拖曳出一个文本框，输入需要的文字。将输入的文字选取，在“控制面板”中选择合适的字体并设置文字大小，填充文字为白色，效果如图 2-234 所示。选择“窗口 > 文字和表 > 字符”命令，在弹出的面板中进行设置，如图 2-235 所示，效果如图 2-236 所示。运动鞋海报制作完成，效果如图 2-237 所示。

图 2-234

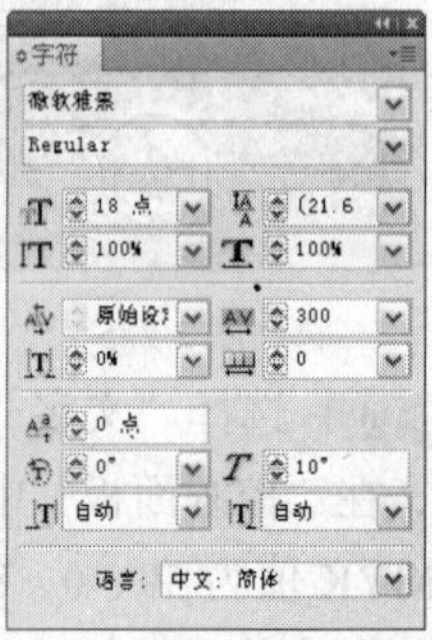

图 2-235

图 2-236

图 2-237

2.3.2　对齐对象

在“对齐”面板中的“对齐对象”选项组中，包括 6 个对齐命令按钮：“左对齐”按钮、“水平居中对齐”按钮、“右对齐”按钮、“顶对齐”按钮、“垂直居中对齐”按钮、“底对齐”按钮。

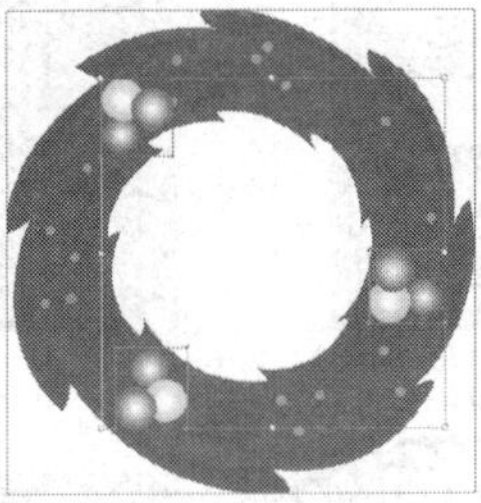

图 2-238

图 2-239

选取要对齐的对象，如图 2-238 所示。选择“窗口 > 对象和版面 > 对齐”命令，或按<Shift>+<F7>组合键，弹出“对齐”面板，如图 2-239 所示，单击需要的对齐按钮，对齐效果如图 2-240 所示。

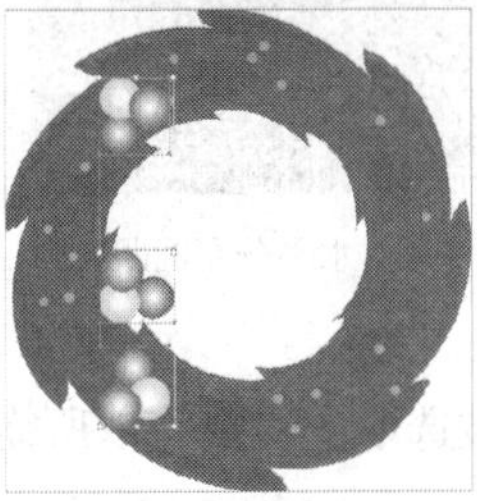

左对齐

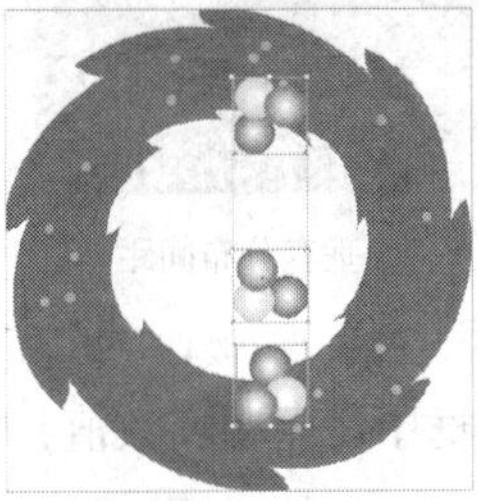

水平居中对齐

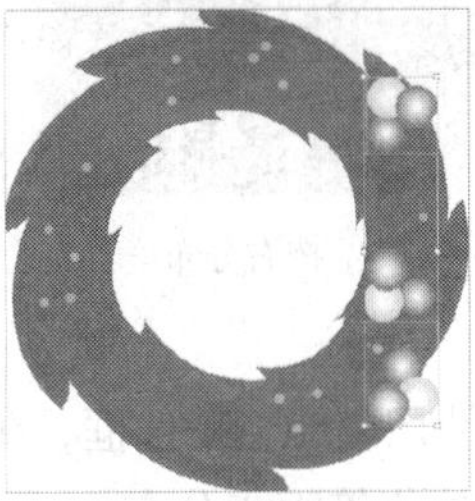

右对齐

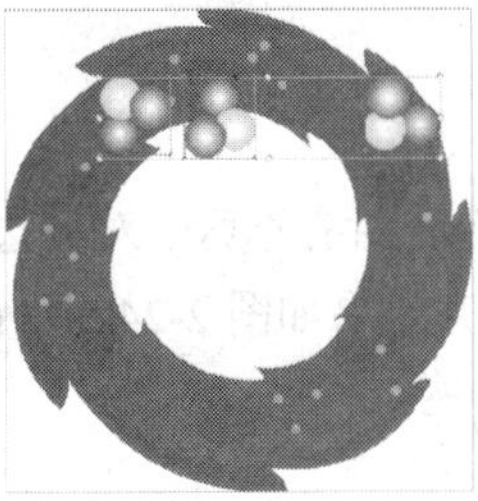

顶对齐

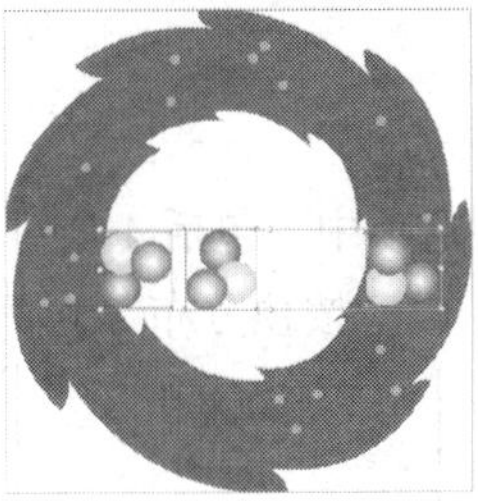

垂直居中对齐

底对齐

图 2-240

2.3.3　分布对象

在“对齐”面板中的“分布对象”选项组中，包括 6 个分布命令按钮：“按顶分布”按钮、“垂直居中分布”按钮、“按底分布”按钮、“按左分布”按钮、“水平居中分布”按钮和“按右分布”按钮。在“分布间距”选项组中有 2 个命令按钮：“垂直分布间距”按钮和“水平分布间距”按钮。单击需要的分布命令按钮，分布效果如图 2-241 所示。

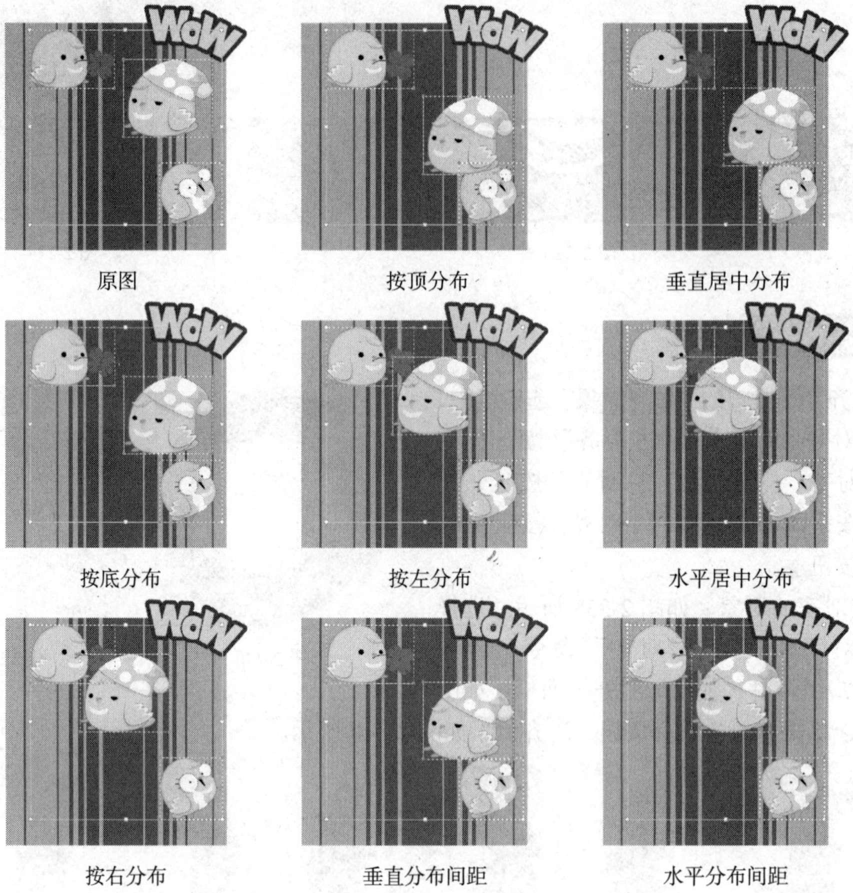

图 2-241

勾选“使用间距”复选框，在数值框中设置距离数值，所有被选取的对象将以所需要的分布方式按设置的数值等距离分布。

2.3.4 对齐基准

在“对齐”面板中的“对齐基准”选项中，包括 4 个对齐命令：对齐选区、对齐边距、对齐页面和对齐跨页。选择需要的对齐基准，以“按顶分布”为例，对齐效果如图 2-242 所示。

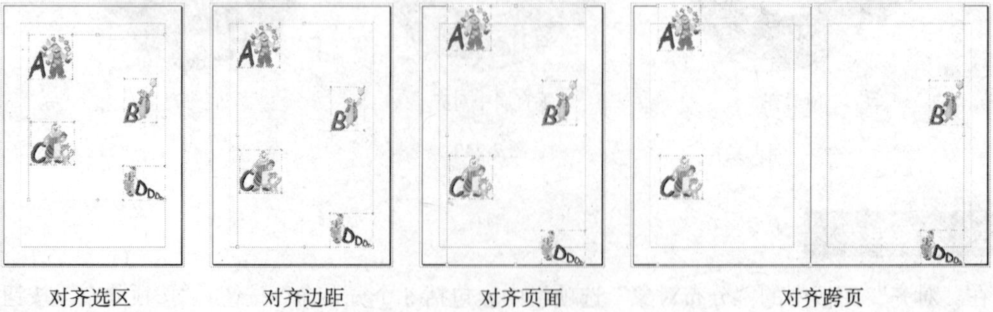

图 2-242

2.3.5　用辅助线对齐对象

选择"选择"工具，单击页面左侧的标尺，按住鼠标左键不放并向右拖曳，拖曳出一条垂直的辅助线，将辅助线放在要对齐对象的左边线上，如图 2-243 所示。

用鼠标单击下方图片并按住鼠标左键不放向左拖曳，使下方图片的左边线和上方图片的左边线垂直对齐，如图 2-244 所示。松开鼠标左键，对齐效果如图 2-245 所示。

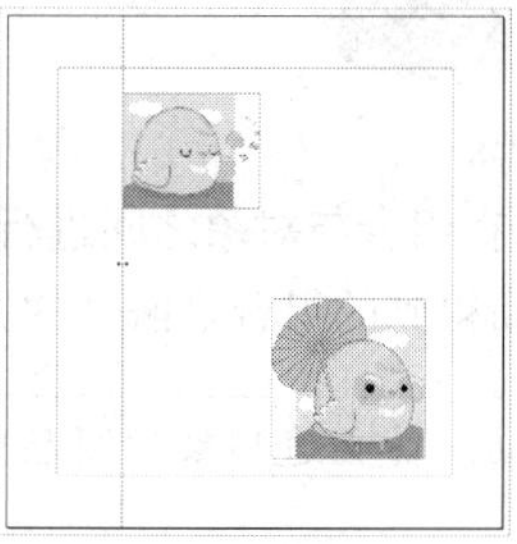

图 2-243

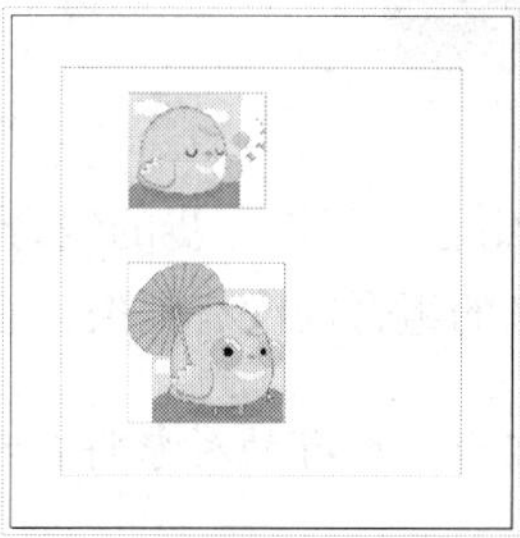

图 2-244

图 2-245

2.3.6　对象的排序

图形对象之间存在着堆叠的关系，后绘制的图像一般显示在先绘制的图像之上。在实际操作中，可以根据需要改变图像之间的堆叠顺序。

选取要移动的图像，选择"对象 > 排列"命令，其子菜单包括 4 个命令："置于顶层"、"前移一层"、"后移一层"和"置为底层"，使用这些命令可以改变图形对象的排序，效果如图 2-246 所示。

原图

置于顶层

前移一层

后移一层

置为底层

图 2-246

2.3.7　编组

1．创建编组

选取要编组的对象，如图 2-247 所示。选择"对象 > 编组"命令，或按<Ctrl>+<G>组合键，将选取的对象编组，如图 2-248 所示。编组后，选择其中的任何一个图像，其他的图像也会同时被选取。

将多个对象组合后，其外观并没有变化，当对任何一个对象进行编辑时，其他对象也随之产生相应的变化。

图 2-247

图 2-248

“编组”命令还可以将几个不同的组合进行进一步的组合，或在组合与对象之间进行进一步的组合。在几个组之间进行组合时，原来的组合并没有消失，它与新得到的组合是嵌套的关系。

提示： 组合不同图层上的对象，组合后所有的对象将自动移动到最上边对象的图层中，并形成组合。

2．取消编组

选取要取消编组的对象，如图 2-249 所示。选择“对象 > 取消编组”命令，或按<Shift>+<Ctrl>+<G>组合键，取消对象的编组。取消编组后的图像，可通过单击鼠标左键选取任意一个图形对象，如图 2-250 所示。

图 2-249

图 2-250

执行一次“取消编组”命令只能取消一层组合。例如，两个组合使用“编组”命令得到一个新的组合，应用“取消编组”命令取消这个新组合后，得到两个原始的组合。

2.3.8 锁定对象位置

使用锁定命令来锁定文档中不希望移动的对象。只要对象是锁定的，它便不能移动，但仍然可以选取该对象，并更改其他的属性（如颜色、描边等）。当文档被保存、关闭或重新打开时，锁定的对象会保持锁定。

选取要锁定的图形，如图 2-251 所示。选择“对象 > 锁定”命令，或按<Ctrl>+<L>组合键，将图形的位置锁定。锁定后，当移动图形时，则其他图形移动，该对象保持不动，如图 2-252 所示。

图 2-251

图 2-252

2.4 课堂练习——绘制太阳图标

练习知识要点：使用椭圆工具和钢笔工具绘制太阳头部，使用变换面板制作太阳光芒，使用描边命令制作装饰图形，效果如图 2-253 所示。

效果所在位置：光盘/Ch02/效果/绘制太阳图标.indd。

图 2-253

2.5 课后习题——绘制冠军奖牌

习题知识要点：使用椭圆工具和渐变色板工具绘制奖牌，使用对齐命令将两个圆形对齐，使用文字工具输入需要的文字，使用钢笔工具绘制挂线，使用置于底层命令将装饰图形置于底层，效果如图 2-254 所示。

效果所在位置：光盘/Ch02/效果/绘制冠军奖牌.indd。

图 2-254

第3章 路径的绘制与编辑

本章介绍 InDesign CS5 中路径的相关知识，讲解如何运用各种方法绘制和编辑路径。通过本章的学习，读者可以运用强大的绘制与编辑路径工具绘制出需要的自由曲线和创意图形。

【教学目标】

- 绘制并编辑路径。
- 复合形状。

3.1 绘制并编辑路径

在 InDesign CS5 中，可以使用绘图工具绘制直线和曲线路径，也可以将矩形、多边形、椭圆形和文本对象转换成路径。下面具体介绍绘图和编辑路径的方法与技巧。

3.1.1 课堂案例——绘制信封

案例学习目标：学习使用绘制图形工具、编辑对象命令和路径工具绘制信封。

案例知识要点：使用矩形工具、角选项命令和对齐命令绘制信封，使用钢笔工具、切变命令和复制命令制作信封边框，使用直线工具绘制线条。信封效果如图 3-1 所示。

效果所在位置：光盘/Ch03/效果/绘制信封.indd。

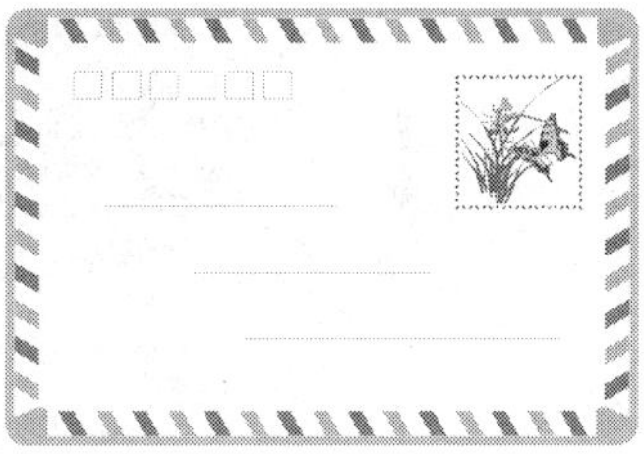

图 3-1

1. 绘制信封

Step 01 选择“文件 > 新建 > 文档”命令，弹出“新建文档”对话框，如图 3-2 所示。单击“边距和分栏”按钮，弹出如图 3-3 所示的对话框，单击“确定”按钮，新建一个页面。选择“视图 > 其他 >隐藏框架边缘”命令，将所绘制图形的框架边缘隐藏。

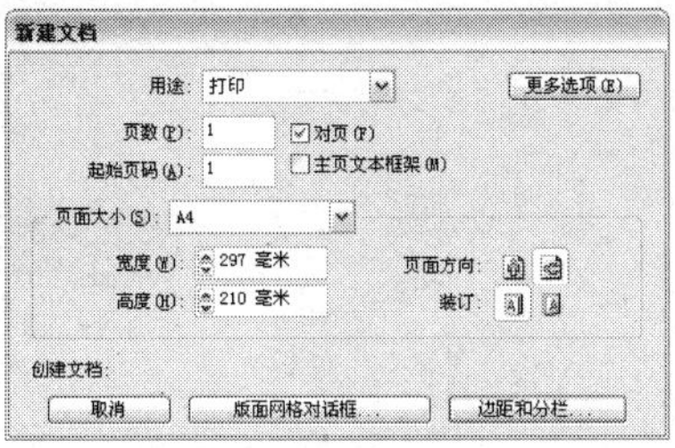

图 3-2

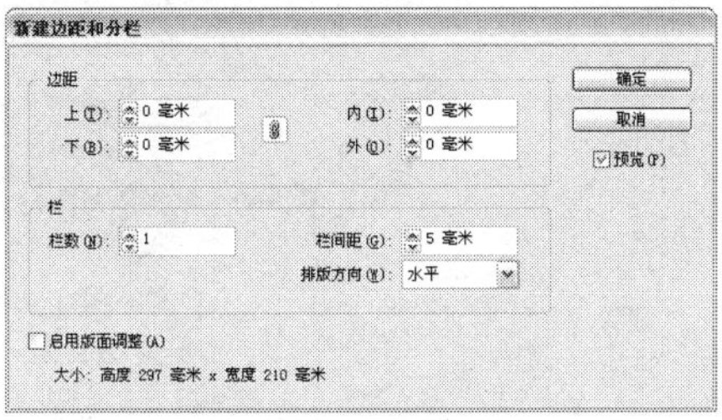

图 3-3

Step 02 选择“矩形”工具，在页面中拖曳鼠标绘制矩形，如图 3-4 所示。选择“对象 > 角选项”命令，在弹出的对话框中进行设置，如图 3-5 所示。单击“确定”按钮，效果如图 3-6 所示。

图 3-4

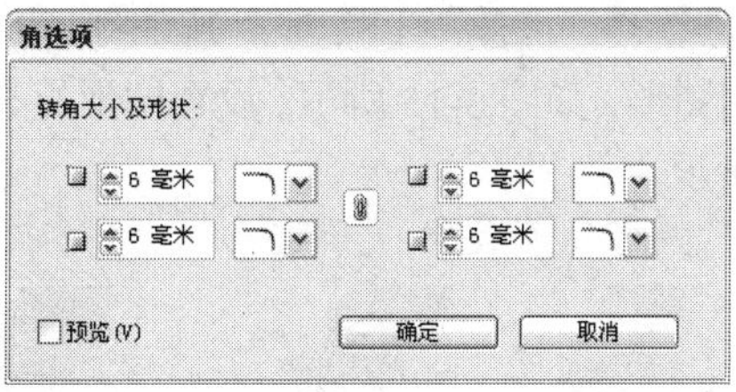

图 3-5

图 3-6

Step 03 保持图形的选取状态。设置填充色的 CMYK 值为 0、0、0、38，填充图形并设置描边色为无，效果如图 3-7 所示。按<Ctrl>+<C>组合键，复制图形。选择“编辑 > 原位粘贴”命令，原位粘贴图形。按住<Shift>键的同时，向内拖曳控制手柄，调整图形的大小。填充图形为白色，效果如图 3-8 所示。

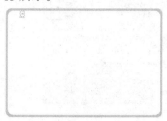

图 3-7

图 3-8

Step 04 选择“选择”工具，用圈选的方法将两个图形同时选取。选择“窗口 > 对象和版面 > 对齐”命令，弹出“对齐”面板，如图 3-9 所示，单击“水平居中对齐”按钮和“垂直居中对齐”按钮，对齐效果如图 3-10 所示。

图 3-9

图 3-10

2．绘制信封边框

Step 01 选择“矩形”工具，在页面中拖曳鼠标绘制矩形，如图 3-11 所示。选择“对象 > 变换 > 切变”命令，弹出“切变”对话框，选项的设置如图 3-12 所示。单击“确定”按钮，效果如图 3-13 所示。

图 3-11

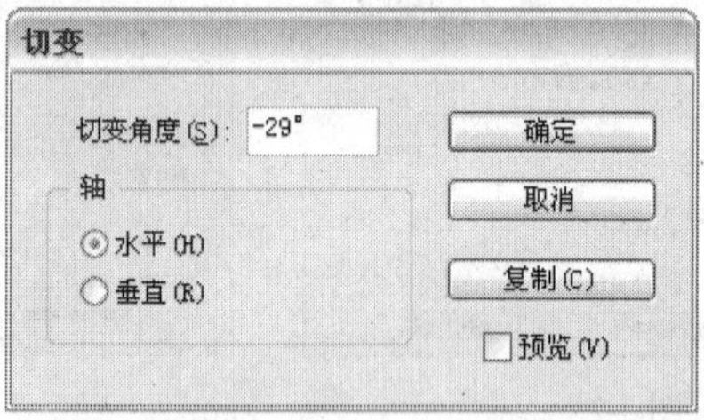

图 3-12

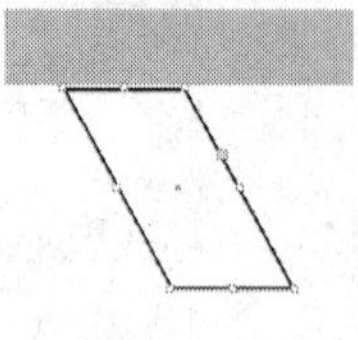

图 3-13

Step 02 保持图形的选取状态。设置填充色的 CMYK 值为 67、0、100、20，填充图形并设置描边色为无，效果如图 3-14 所示。选择“选择”工具，按住<Shift>+<Alt>组合键的同时，水平向右拖曳鼠标到适当的位置，复制图形，如图 3-15 所示。设置图形填充色的 CMYK 值为 0、37、100、0，填充图形，效果如图 3-16 所示。

图 3-14

图 3-15

图 3-16

Step 03 选择“选择”工具，按住<Shift>键的同时，将两个图形同时选取，如图 3-17 所示。按住<Shift>+<Alt>组合键的同时，水平向右拖曳图形到适当的位置，复制图形，效果如图 3-18 所示。按<Ctrl>+<Alt>+<4>组合键，再复制出多个图形，效果如图 3-19 所示。

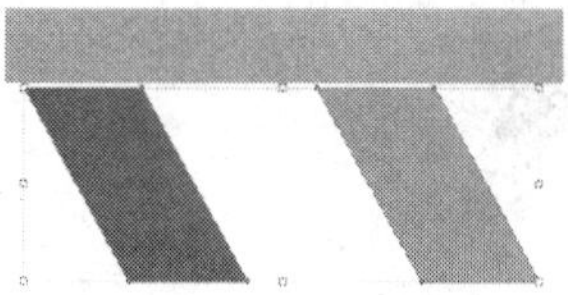

图 3-17

图 3-18

图 3-19

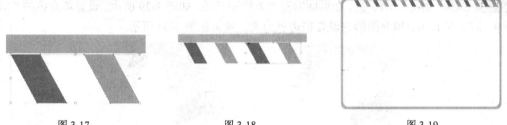

Step 04 选择“选择”工具，选中需要的图形，如图 3-20 所示，按<Delete>键，将其删除，效果如图 3-21 所示。

图 3-20

图 3-21

Step 05 选择“选择”工具，按住<Shift>键的同时，将图形同时选取，如图 3-22 所示。按住<Shift>+<Alt>组合键的同时，向下拖曳图形到适当的位置，复制图形，效果如图 3-23 所示。

图 3-22

图 3-23

Step 06 用上述所讲的方法，选取并复制需要的图形，如图 3-24 所示。在“控制面板”中单击“垂直翻转”按钮和“顺时针旋转 90°”按钮，垂直翻转并顺时针旋转图形，效果如图 3-25 所示。向左拖曳图形到适当的位置，效果如图 3-26 所示。

图 3-24

图 3-25

图 3-26

Step 07 保持图形的选取状态。按住<Shift>键的同时，水平向右拖曳图形到适当的位置，效果如图 3-27 所示。在“控制面板”中单击“垂直翻转”按钮，垂直翻转复制的图形，效果如图 3-28 所示。

图 3-27

图 3-28

Step 08 选择“钢笔”工具，在页面的左上方绘制路径，如图 3-29 所示。设置填充色的 CMYK 值为 0、37、100、0，填充图形并设置描边色为无，效果如图 3-30 所示。

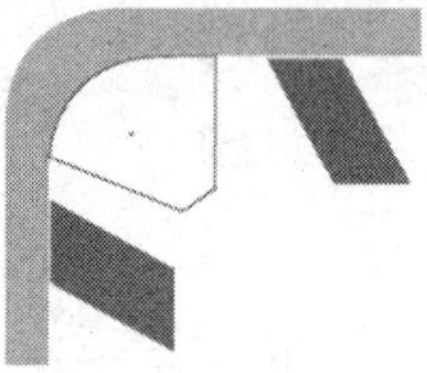
图 3-29

图 3-30

Step 09 选择“选择”工具，按住<Shift>+<Alt>组合键的同时，水平向右拖曳图形到适当的位置，复制图形，如图 3-31 所示。在“控制面板”中单击“水平翻转”按钮，水平翻转图形，效果如图 3-32 所示。

图 3-31

图 3-32

Step 10 选择“选择”工具，按住<Shift>键的同时，将两个图形同时选取，如图 3-33 所示。按住<Shift>+<Alt>组合键的同时，垂直向下拖曳图形到适当的位置，效果如图 3-34 所示。在“控制面板”中单击“垂直翻转”按钮，垂直翻转图形，效果如图 3-35 所示。

图 3-33

图 3-34

图 3-35

3．绘制装饰图形

Step 01 选择“矩形”工具，按住<Shift>键的同时，在页面中拖曳鼠标分别绘制 6 个矩形，如图 3-36 所示。

Step 02 选择“选择”工具，按住<Shift>键的同时，将 6 个矩形同时选取，如图 3-37 所示。在“对齐”面板中，单击“顶对齐”按钮和“水平居中分布”按钮，对齐效果如图 3-38 所示。选择“对象 > 编组”命令，将选取的图形编组，效果如图 3-39 所示。

图 3-36

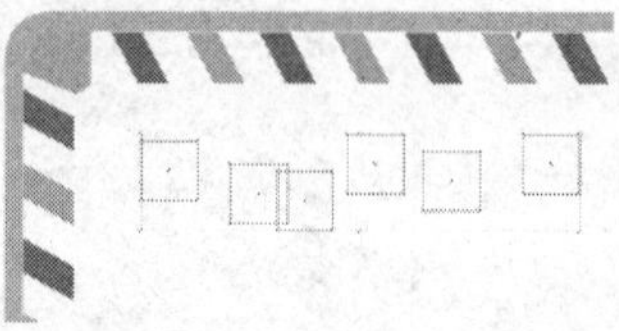
图 3-37

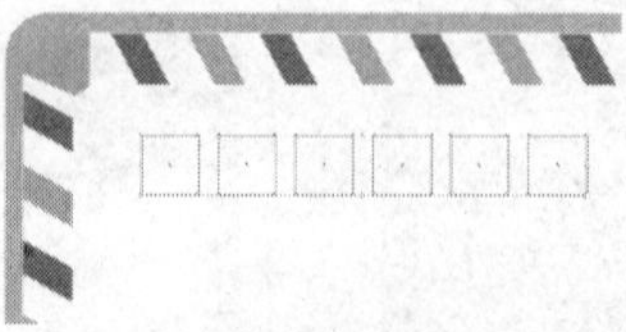
图 3-38

图 3-39

Step 03 选择“直线”工具，按住<Shift>键的同时，在页面中拖曳鼠标绘制 3 条直线，如图 3-40 所示。选择“矩形”工具，在页面右上角拖曳鼠标绘制矩形，如图 3-41 所示。

图 3-40

图 3-41

Step 04 保持图形的选取状态。在“控制面板”中将“描边粗细”选项设置为 1 点，将“类型”选项设置为“圆点”，效果如图 3-42 所示。设置图形描边色的 CMYK 值为 100、0、100、14，填充图形描边，效果如图 3-43 所示。

Step 05 选择“文件 > 置入”命令，弹出“置入”对话框。选择光盘中的“Ch03 > 素材 > 绘制信封 > 01”文件，单击“打开”按钮，在页面中单击鼠标左键置入图片。选择“选择”工具，拖曳图片到适当的位置，如图 3-44 所示。在页面空白处单击，取消选取状态，信封绘制完成，效果如图 3-45 所示。

图 3-42

图 3-43

图 3-44

图 3-45

3.1.2 路径

1. 路径的基本概念

路径分为开放路径、闭合路径和复合路径 3 种类型。开放路径的两个端点没有连接在一起，如图 3-46 所示。闭合路径没有起点和终点，是一条连续的路径，如图 3-47 所示，可对其进行内部填充或描边填充。复合路径是将几个开放或闭合路径进行组合而形成的路径，如图 3-48 所示。

图 3-46

图 3-47

图 3-48

2. 路径的组成

路径由锚点和线段组成，可以通过调整路径上的锚点或线段来改变路径的形状。在曲线路径上，每一个锚点有一条或两条控制线，在曲线中间的锚点有两条控制线，在曲线端点的锚点有一条控制线。控制线总是与曲线上锚点所在的圆相切，控制线呈现的角度和长度决定了曲线的形状。控制线的端点称为控制点，可以通过调整控制点来对整个曲线进行调整，如图 3-49 所示。

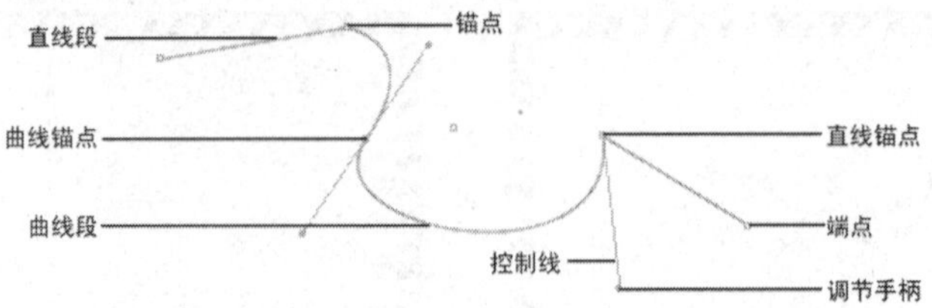

图 3-49

锚点：由钢笔工具创建，是一条路径中两条线段的交点。路径是由锚点组成的。

直线锚点：单击刚建立的锚点，可以将锚点转换为带有一个独立调节手柄的直线锚点。直线锚点是一条直线段与一条曲线段的连接点。

曲线锚点：曲线锚点是带有两个独立调节手柄的锚点。曲线锚点是两条曲线段之间的连接点。调节手柄可以改变曲线的弧度。

控制线和调节手柄：通过调节控制线和调节手柄，可以更精准地绘制出路径。

直线段：用钢笔工具在图像中单击两个不同的位置，将在两点之间创建一条直线段。

曲线段：拖动曲线锚点可以创建一条曲线段。

端点：路径的结束点就是路径的端点。

3.1.3 直线工具

选择“直线”工具，鼠标指针会变成-¦-形状，按下鼠标左键并拖曳到适当的位置可以绘制出一条任意角度的直线，如图 3-50 所示。松开鼠标左键，绘制出选取状态的直线，效果如图 3-51 所示。选择“选择”工具，在选中的直线外单击，取消选取状态，直线的效果如图 3-52 所示。

按住<Shift>键的同时，再进行绘制，可以绘制水平、垂直或 45° 及 45° 倍数的直线，如图 3-53 所示。

图 3-50

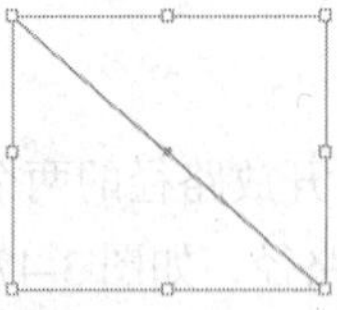

图 3-51

图 3-52

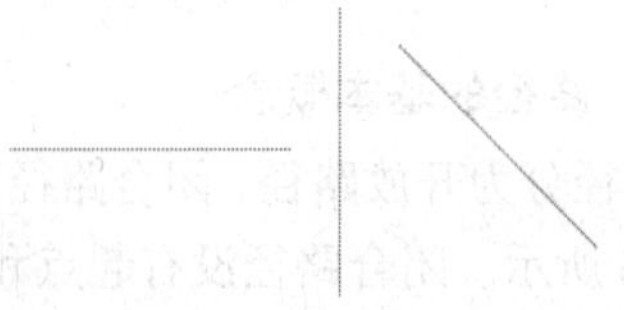

图 3-53

3.1.4 铅笔工具

1. 使用铅笔工具绘制开放路径

选择“铅笔”工具，当光标显示为图标时，在页面中拖曳鼠标绘制路径，如图 3-54 所示，松开鼠标后，效果如图 3-55 所示。

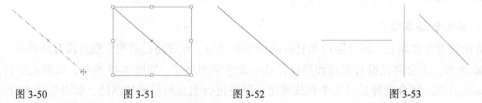

图 3-54

图 3-55

2. 使用铅笔工具绘制封闭路径

选择“铅笔”工具，按住鼠标左键在页面中拖曳鼠标，按住<Alt>键，当铅笔工具显示为图

标 时，表示正在绘制封闭路径，如图 3-56 所示。松开鼠标左键，再松开<Alt>键，绘制出封闭的路径，效果如图 3-57 所示。

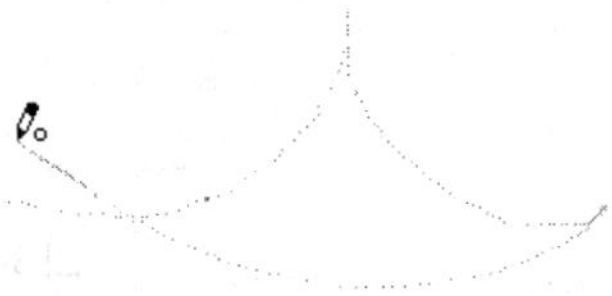

图 3-56

图 3-57

3．使用铅笔工具链接两条路径

选择"选择"工具，选取两条开放的路径，如图 3-58 所示。选择"铅笔"工具，按住鼠标左键，将光标从一条路径的端点拖曳到另一条路径的端点处，如图 3-59 所示。

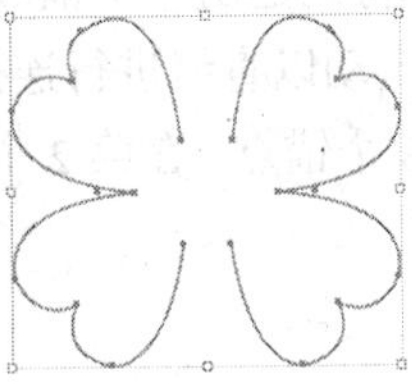

图 3-58

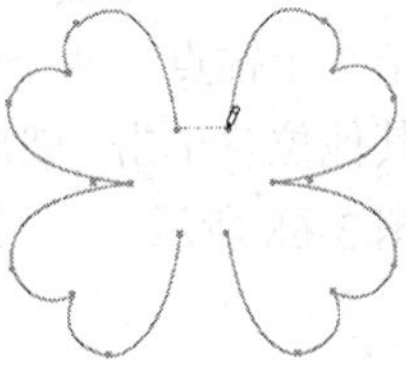

图 3-59

按住<Ctrl>键，铅笔工具显示为合并图标，表示将合并两个锚点或路径，如图 3-60 所示。松开鼠标左键，再松开<Ctrl>键，效果如图 3-61 所示。

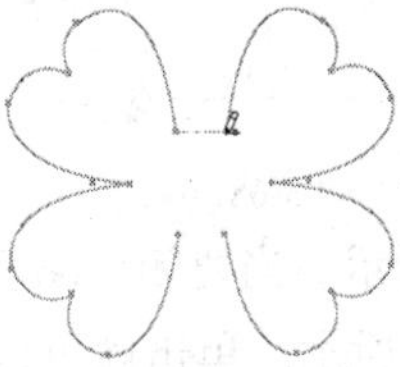

图 3-60

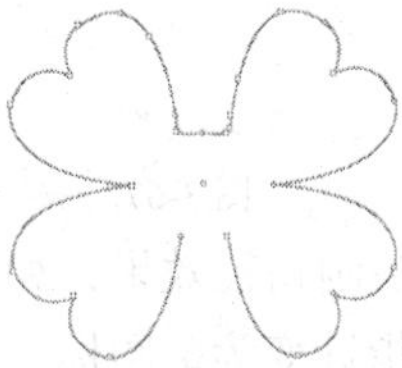

图 3-61

3.1.5　平滑工具

选择"直接选择"工具，选取要进行平滑处理的路径。选择"平滑"工具，沿着要进行平滑处理的路径线段拖曳，如图 3-62 所示，继续进行平滑处理，直到描边或路径达到所需的平滑度，效果如图 3-63 所示。

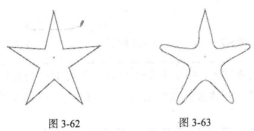

图 3-62

图 3-63

3.1.6　抹除工具

选择"直接选择"工具，选取要抹除的路径，如图 3-64 所示。选择"抹除"工具，沿要抹除的路径段拖曳，如图 3-65 所示，抹除后的路径断开，生成两个端点，效果如图 3-66 所示。

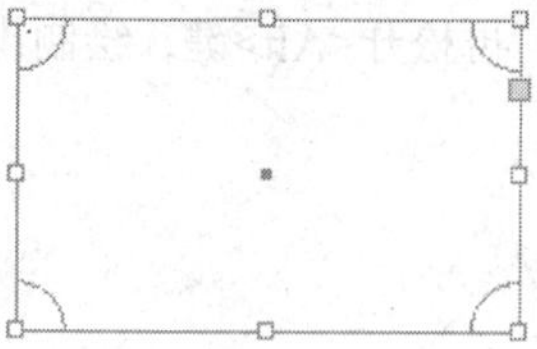

图 3-64

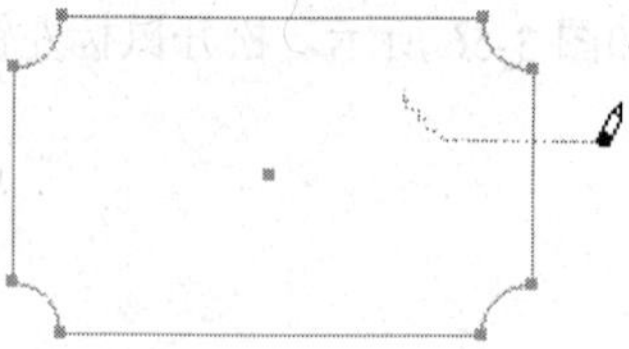

图 3-65

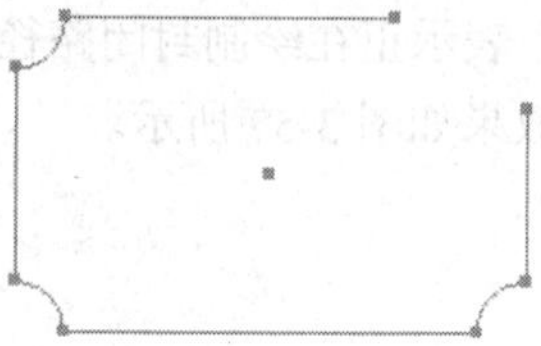

图 3-66

3.1.7 钢笔工具

1．使用钢笔工具绘制直线和折线

选择“钢笔”工具，在页面中任意位置单击，将创建出一个锚点。将鼠标指针移动到需要的位置再单击，可以创建第 2 个锚点。两个锚点之间自动以直线进行连接，效果如图 3-67 所示。

再将鼠标指针移动到其他位置单击，就出现了第 3 个锚点，在第 2 个和第 3 个锚点之间生成一条新的直线路径，效果如图 3-68 所示。

图 3-67

图 3-68

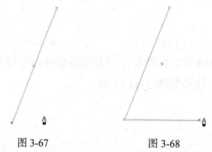

使用相同的方法继续绘制路径效果，如图 3-69 所示。当要闭合路径时，将鼠标指针定位于创建的第 1 个锚点上，鼠标指针变为图标，如图 3-70 所示。单击就可以闭合路径，效果如图 3-71 所示。

绘制一条路径并保持路径开放，如图 3-72 所示。按住<Ctrl>键的同时，在对象外的任意位置单击，可以结束路径的绘制，开放路径效果如图 3-73 所示。

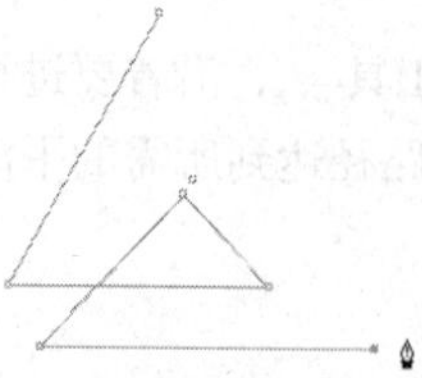

图 3-69

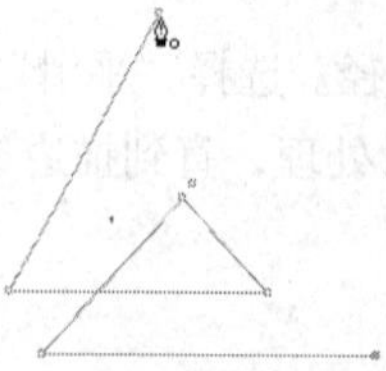

图 3-70

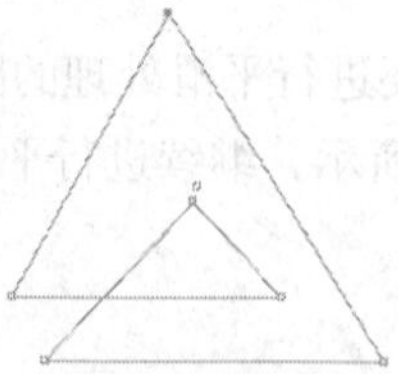

图 3-71

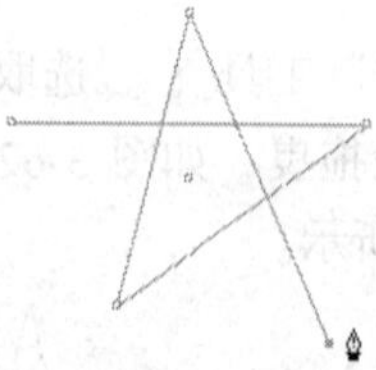

图 3-72

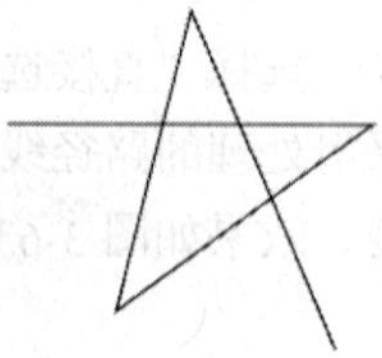

图 3-73

提示：按住<Shift>键创建锚点，将强迫系统以 45° 角或 45° 的倍数绘制路径。按住<Alt>键，“钢笔”工具将暂时转换成“转换方向点”工具。按住<Ctrl>键的同时，“钢笔”工具将暂时转换成“直接选择”工具。

2．使用钢笔工具绘制路径

选择“钢笔”工具，在页面中单击，并按住鼠标左键拖曳鼠标来确定路径的起点。起点的两端分别出现了一条控制线，松开鼠标左键，其效果如图 3-74 所示。

移动鼠标指针到需要的位置，再次单击并按住鼠标左键拖曳鼠标，出现了一条路径段。拖曳鼠标的同时，第 2 个锚点两端也出现了控制线。按住鼠标左键不放，随着鼠标的移动，路径段的形状也随之发生变化，如图 3-75 所示。松开鼠标左键，移动鼠标继续绘制。

如果连续地单击并拖曳鼠标，就会绘制出连续平滑的路径，如图 3-76 所示。

图 3-74

图 3-75

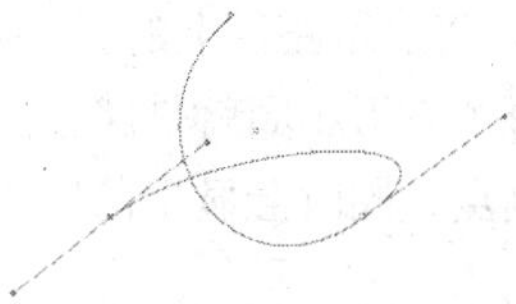
图 3-76

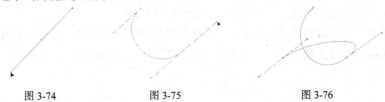

3．使用钢笔工具绘制混合路径

选择"钢笔"工具，在页面中需要的位置单击两次绘制出直线，如图 3-77 所示。

移动鼠标指针到需要的位置，再次单击并按住鼠标左键拖曳鼠标，绘制出一条路径段，如图 3-78 所示，松开鼠标左键。移动鼠标到需要的位置，再次单击并按住鼠标左键拖曳鼠标，又绘制出一条路径段，松开鼠标左键，如图 3-79 所示。

图 3-77

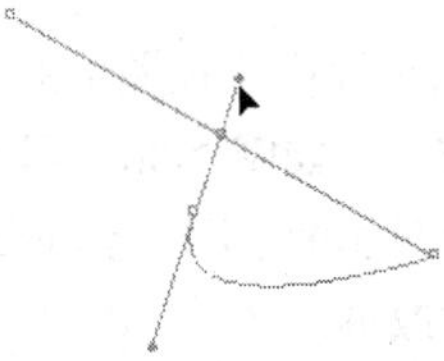
图 3-78

图 3-79

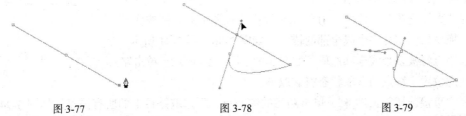

将"钢笔"工具的光标定位于刚建立的路径锚点上，一个转换图符会出现在钢笔工具旁，在路径锚点上单击，将路径锚点转换为直线锚点，如图 3-80 所示。移动鼠标到需要的位置，再次单击，在路径段后绘制出直线段，如图 3-81 所示。

将鼠标指针定位于创建的第 1 个锚点上，鼠标指针变为图标，单击并按住鼠标左键拖曳鼠标，如图 3-82 所示。松开鼠标左键，绘制出路径并闭合路径，如图 3-83 所示。

图 3-80

图 3-81

图 3-82

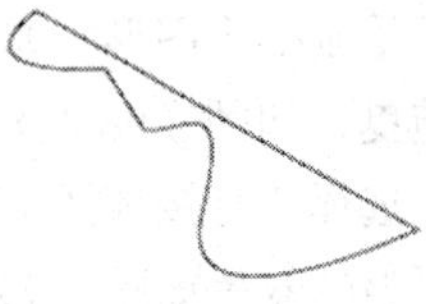
图 3-83

4．调整路径

选择"直接选择"工具，选取希望调整的路径，如图 3-84 所示。使用"直接选择"工具，在要调整的锚点上单击并拖曳鼠标，可以移动锚点到需要的位置，如图 3-85 所示。拖曳锚点两端的控制线上的调节手柄，可以调整路径的形状，如图 3-86 所示。

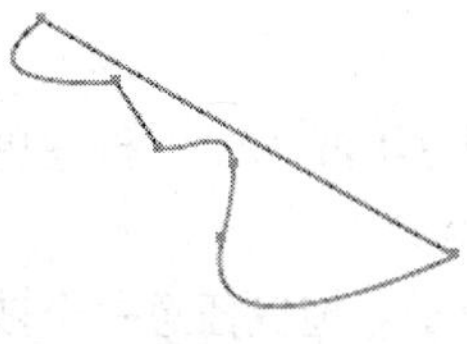
图 3-84

图 3-85

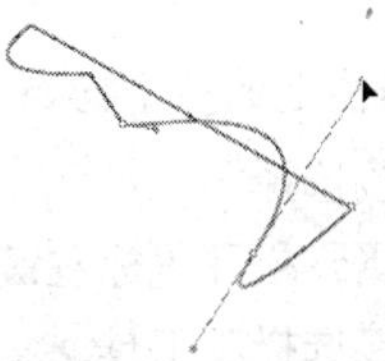
图 3-86

3.1.8 选取、移动锚点

1. 选中路径上的锚点

对路径或图形上的锚点进行编辑时，必须首先选中要编辑的锚点。绘制一条路径，选择“直接选择”工具，将显示路径上的锚点和线段，如图 3-87 所示。

路径中的每个方形小圈就是路径的锚点，在需要选取的锚点上单击，锚点上会显示控制线和控制线两端的控制点，同时会显示前后锚点的控制线和控制点，效果如图 3-88 所示。

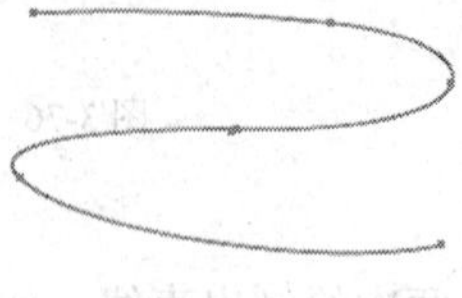
图 3-87

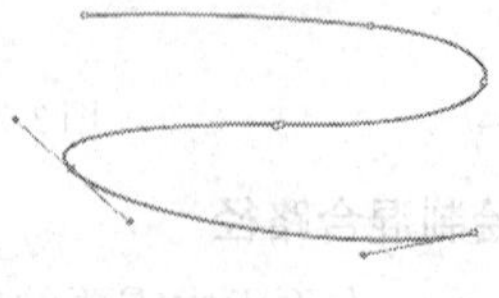
图 3-88

2. 选中路径上的多个或全部锚点

选择“直接选择”工具，按住<Shift>键，单击需要的锚点，可选取多个锚点，如图 3-89 所示。

图 3-89

选择“直接选择”工具，在绘图页面中路径图形的外围按住鼠标左键，拖曳鼠标圈住多个或全部的锚点，如图 3-90、图 3-91 所示，被圈住的锚点将被多个或全部选取，如图 3-92、图 3-93 所示。单击路径外的任意位置，锚点的选取状态将被取消。

选择“直接选择”工具，单击路径的中心点，可选取路径上的所有锚点，如图 3-94 所示。

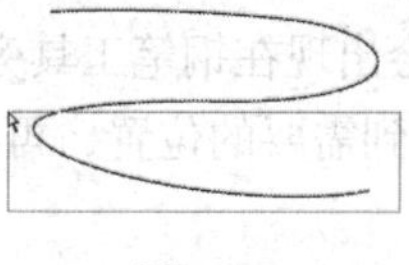
图 3-90

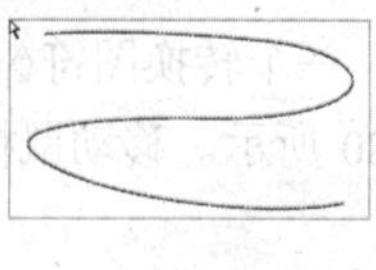
图 3-91

图 3-92

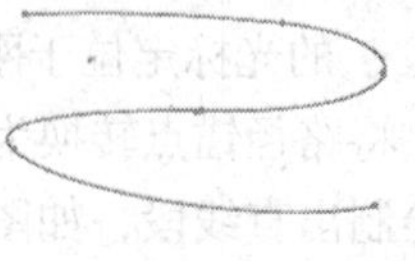
图 3-93

图 3-94

3. 移动路径上的单个锚点

绘制一个图形，如图 3-95 所示。选择“直接选择”工具，单击要移动的锚点并按住鼠标左键拖曳，如图 3-96 所示。松开鼠标左键，图形调整的效果如图 3-97 所示。

选择“直接选择”工具，选取并拖曳锚点上的控制点，如图 3-98 所示。松开鼠标左键，图形调整的效果如图 3-99 所示。

图 3-95

图 3-96

图 3-97

图 3-98

图 3-99

4. 移动路径上的多个锚点

选择“直接选择”工具，圈选图形上的部分锚点，如图 3-100 所示。按住鼠标左键将其拖曳到适当的位置，松开鼠标左键，移动后的锚点如图 3-101 所示。

选择“直接选择”工具，锚点的选取状态如图 3-102 所示。拖曳任意一个被选取的锚点，其他被选取的锚点也会随着移动，如图 3-103 所示。松开鼠标左键，效果如图 3-104 所示。

图 3-100

图 3-101

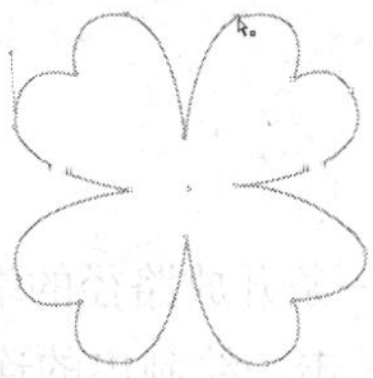

图 3-102

图 3-103

图 3-104

3.1.9　增加、删除、转换锚点

选择“直接选择”工具，选取要增加锚点的路径，如图 3-105 所示。选择“钢笔”工具或“添加锚点”工具，将光标定位到要增加锚点的位置，如图 3-106 所示。单击鼠标左键增加一个锚点，如图 3-107 所示。

图 3-105

图 3-106

图 3-107

选择“直接选择”工具，选取需要删除锚点的路径，如图 3-108 所示。选择“钢笔”工具或“删除锚点”工具，将光标定位到要删除的锚点的位置，如图 3-109 所示，单击鼠标左键可以删除这个锚点，效果如图 3-110 所示。

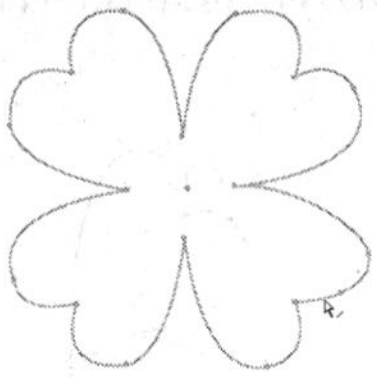

图 3-108

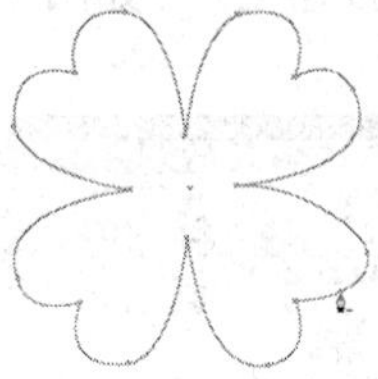

图 3-109

图 3-110

提示：如果需要在路径和图形中删除多个锚点，可以先按住<Shift>键，再用鼠标选择要删除的多个锚点，选择好后按<Delete>键就可以了。也可以使用圈选的方法选择需要删除的多个锚点，选择好后按<Delete>键。

选择“直接选择”工具，选取路径，如图 3-111 所示。选择“转换方向点”工具，将光标定位到要转换的锚点上，如图 3-112 所示。拖曳鼠标可转换锚点，编辑路径的形状，效果如图 3-113 所示。

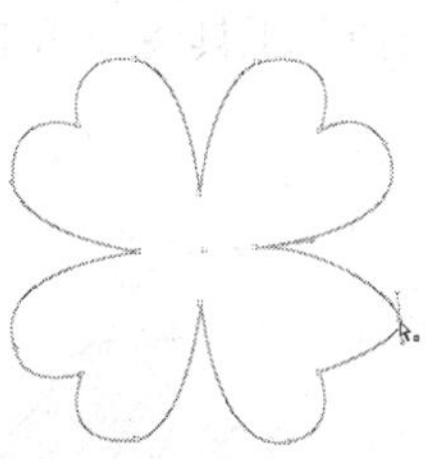

图 3-111

图 3-112

图 3-113

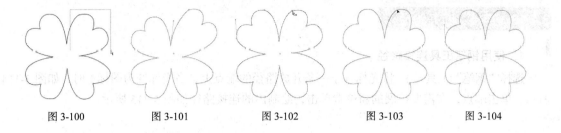

3.1.10 连接、断开路径

1．使用钢笔工具连接路径

选择“钢笔”工具，将光标置于一条开放路径的端点上，当光标变为图标时，如图 3-114 所示，单击端点，在需要扩展的新位置单击，绘制出的连接路径如图 3-115 所示。

图 3-114

图 3-115

选择“钢笔”工具，将光标置于一条路径的端点上，当光标变为图标时，如图 3-116 所示，单击端点。再将光标置于另一条路径的端点上，当光标变为图标时，如图 3-117 所示，单击端点，将两条路径连接，效果如图 3-118 所示。

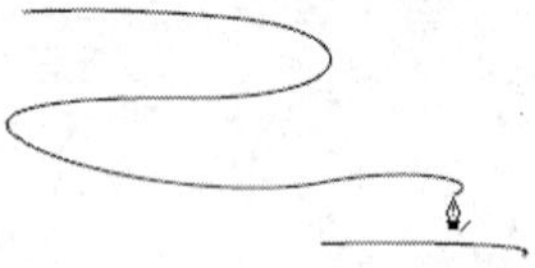

图 3-116

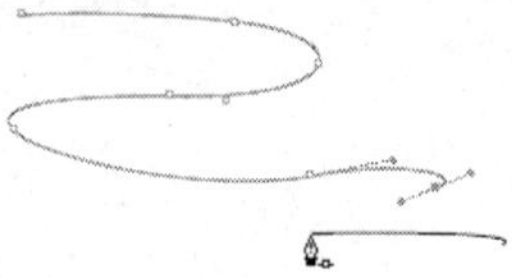

图 3-117

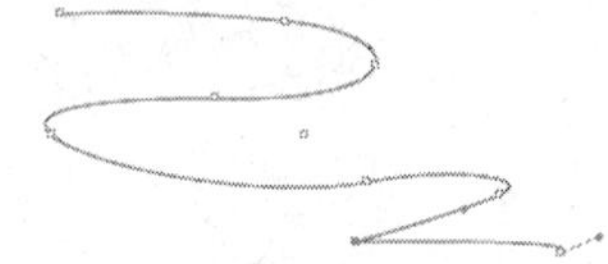

图 3-118

2．使用面板连接路径

选择一条开放路径，如图 3-119 所示。选择“窗口 > 对象和版面 > 路径查找器”命令，弹出“路径查找器”面板。单击“封闭路径”按钮，如图 3-120 所示，将路径闭合，效果如图 3-121 所示。

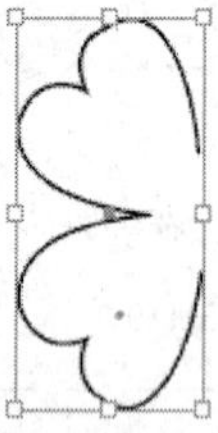

图 3-119

图 3-120

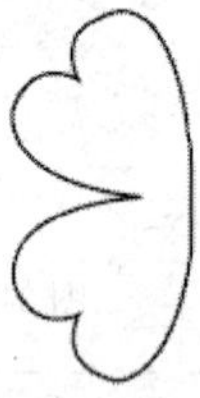

图 3-121

3．使用菜单命令连接路径

选择一条开放路径，选择“对象 > 路径 > 封闭路径”命令，也可将路径封闭。

4．使用剪刀工具断开路径

选择“直接选择”工具，选取要断开路径的锚点，如图 3-122 所示。选择“剪刀”工具，在锚点处单击，可将路径剪开，如图 3-123 所示。选择“直接选择”工具，单击并拖曳断开的锚点，效果如图 3-124 所示。

图 3-122

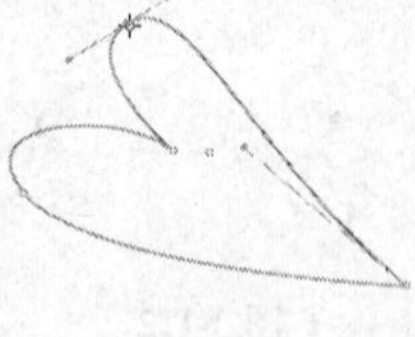

图 3-123

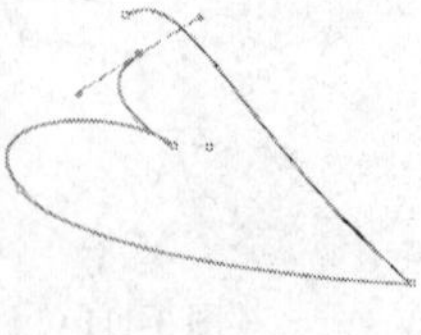

图 3-124

选择“选择”工具，选取要断开的路径，如图 3-125 所示。选择“剪刀”工具，在要断开的路径处单击，可将路径剪开，单击处将生成呈选中状态的锚点，如图 3-126 所示。选择“直接选择”工具，单击并拖曳断开的锚点，效果如图 3-127 所示。

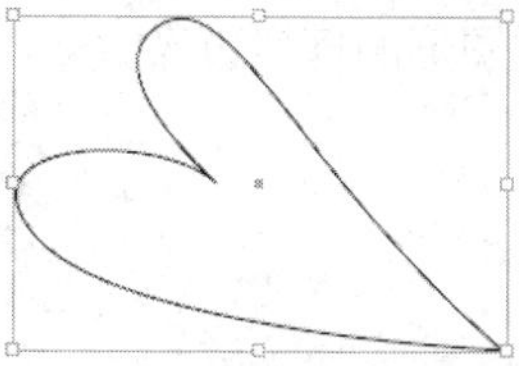
图 3-125

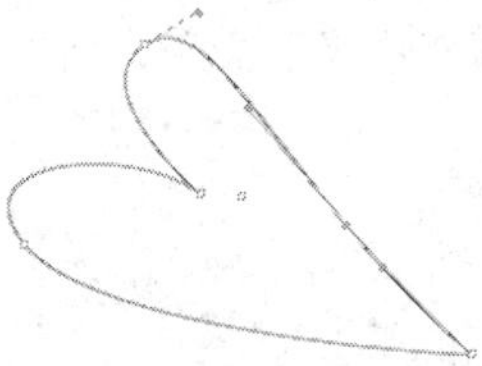
图 3-126

图 3-127

5．使用面板断开路径

选择“选择”工具，选取需要断开的路径，如图 3-128 所示。选择“窗口 > 对象和版面 > 路径查找器”命令，弹出“路径查找器”面板，单击“开放路径”按钮，如图 3-129 所示，将封闭的路径断开，如图 3-130 所示。呈选中状态的锚点是断开的锚点，选取并拖曳锚点，效果如图 3-131 所示。

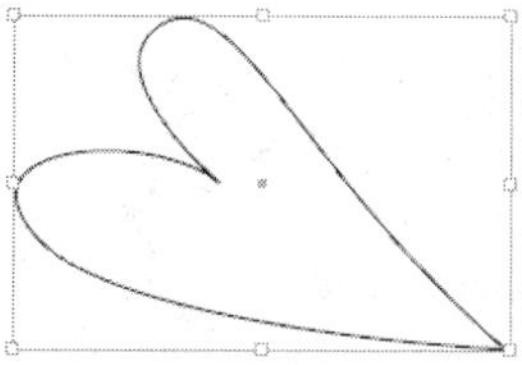
图 3-128

图 3-129

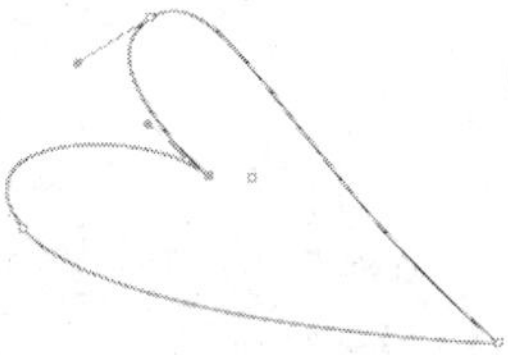
图 3-130

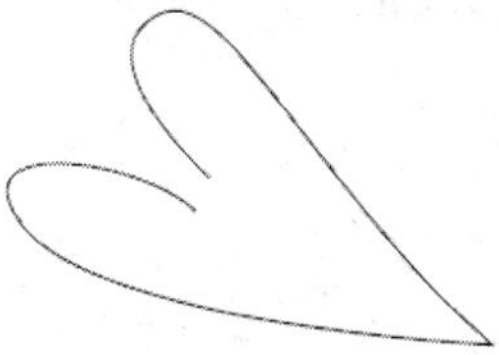
图 3-131

6．使用菜单命令断开路径

选择一条封闭路径，选择“对象 > 路径 > 开放路径”命令，可将路径断开，呈现选中状态的锚点为路径的断开点。

3.2 复合形状

在 InDesign CS5 中，使用复合形状来编辑图形对象是非常重要的手段。复合形状是由简单路径、文本框、文本外框或其他形状通过添加、减去、交叉、排除重叠或减去后方对象制作而成的。

3.2.1　课堂案例——绘制卡通汽车

案例学习目标：学习使用绘制图形工具和复合形状命令绘制卡通汽车。

案例知识要点：使用矩形工具和渐变色板工具绘制渐变背景，使用钢笔工具和相减命令制作卡通汽车，使用文字工具输入需要的文字。卡通汽车效果如图 3-132 所示。

效果所在位置：光盘/Ch03/效果/绘制卡通汽车.indd。

图 3-132

1. 制作渐变背景

Step 01 选择“文件 > 新建 > 文档”命令，弹出“新建文档”对话框，设置如图 3-133 所示。单击“边距和分栏”按钮，弹出对话框，选项的设置如图 3-134 所示，单击“确定”按钮，新建一个页面。选择“视图 > 其他 > 隐藏框架边缘”命令，将所绘制图形的框架边缘隐藏。

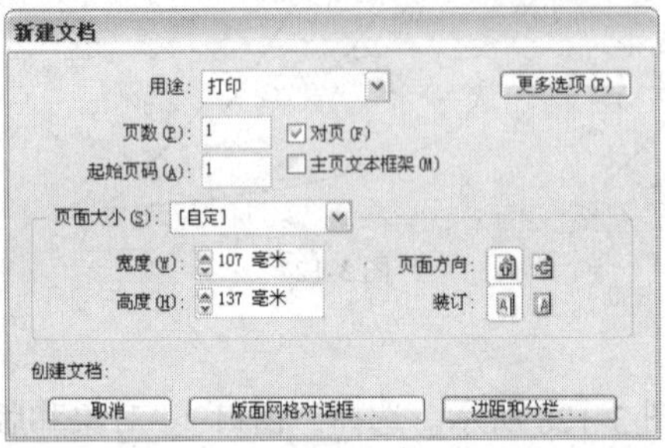

图 3-133

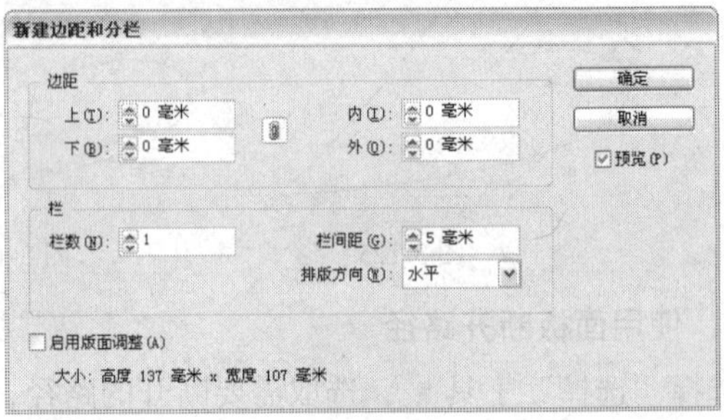

图 3-134

Step 02 选择“矩形”工具，在页面中绘制一个与页面大小相等的矩形，效果如图 3-135 所示。选择“对象 > 角选项”命令，在弹出的对话框中进行设置，如图 3-136 所示。单击“确定”按钮，效果如图 3-137 所示。

图 3-135

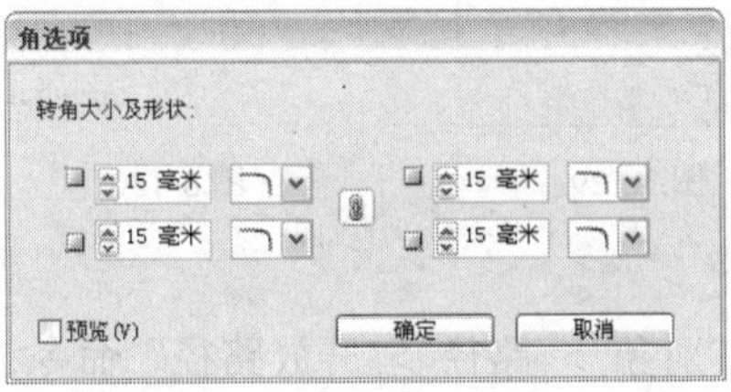

图 3-136

图 3-137

Step 03 双击“渐变色板”工具，弹出“渐变”面板，在色带上选中左侧的渐变色标，设置 CMYK 的值为 0、0、100、0，选中右侧的渐变色标，设置 CMYK 的值为 0、100、100、0，其他选项的设置如图 3-138 所示。图形被填充渐变色，并设置描边色为无，效果如图 3-139 所示。

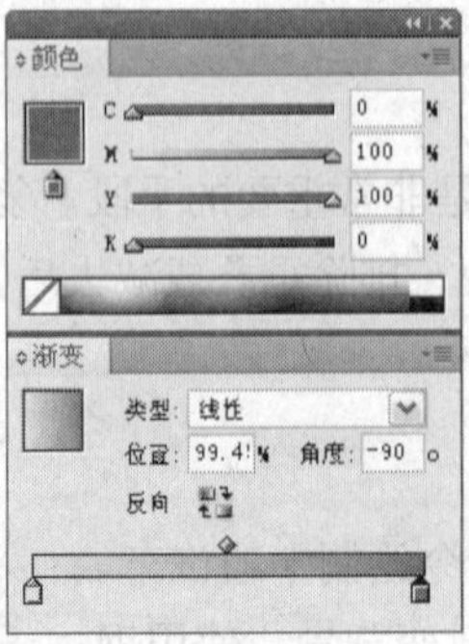

图 3-138

图 3-139

2. 绘制卡通汽车

Step 01 选择“钢笔”工具，在页面中绘制路径，如图 3-140 所示。用相同的方法再次绘制一个路径，如图 3-141 所示。

图 3-140

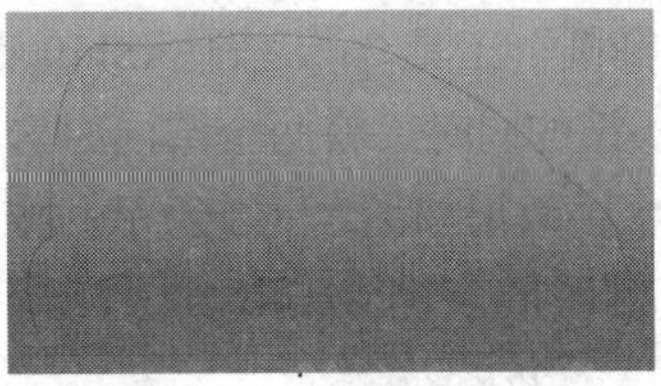

图 3-141

Step 02 选择“选择”工具，按住<Shift>键的同时，将两个路径同时选取，如图 3-142 所示。选择“窗口 > 对象和版面 > 路径查找器”命令，弹出“路径查找器”面板，如图 3-143 所示。单击“减去”按钮，效果如图 3-144 所示。

图 3-142

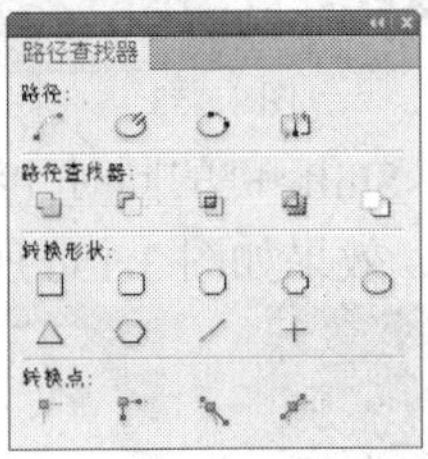

图 3-143

图 3-144

Step 03 选择“钢笔”工具，在页面中分别绘制两个路径，效果如图 3-145 所示。选择“选择”工具，按住<Shift>键的同时，将 3 个路径同时选取，如图 3-146 所示。在“路径查找器”面板中，单击“减去”按钮，效果如图 3-147 所示。

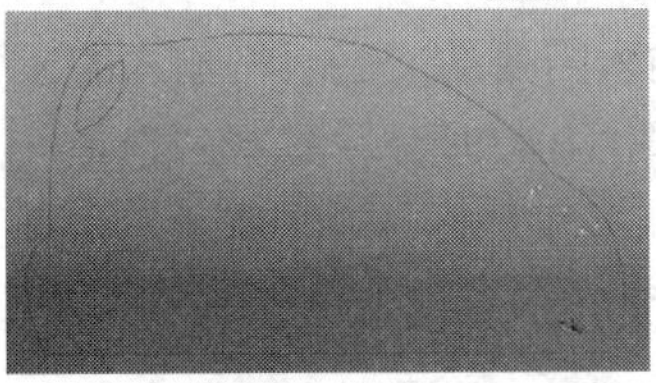

图 3-145

图 3-146

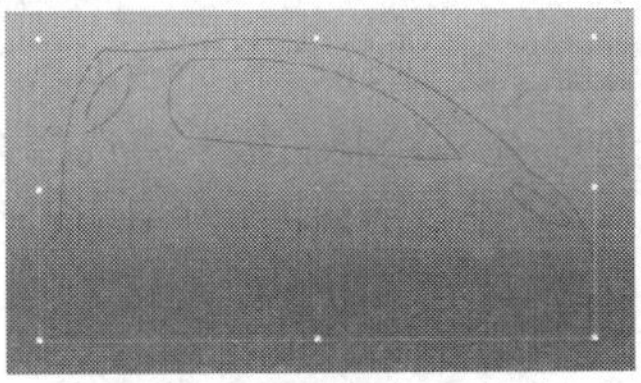

图 3-147

Step 04 选择“椭圆”工具，按住<Shift>键的同时，在页面中绘制圆形，如图 3-148 所示。选择“选择”工具，按住<Shift>+<Alt>组合键的同时，水平向右拖曳圆形到适当的位置，复制图形，效果如图 3-149 所示。

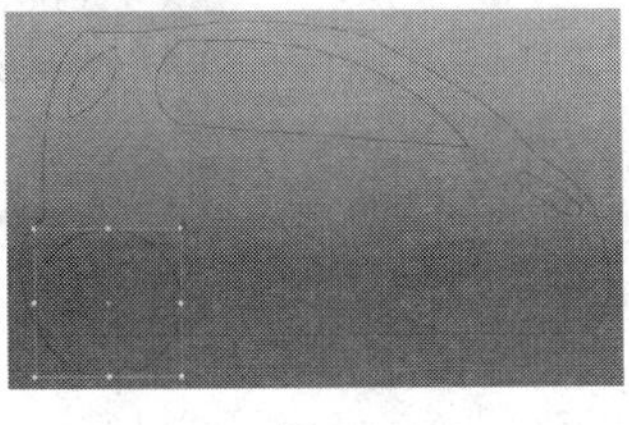

图 3-148

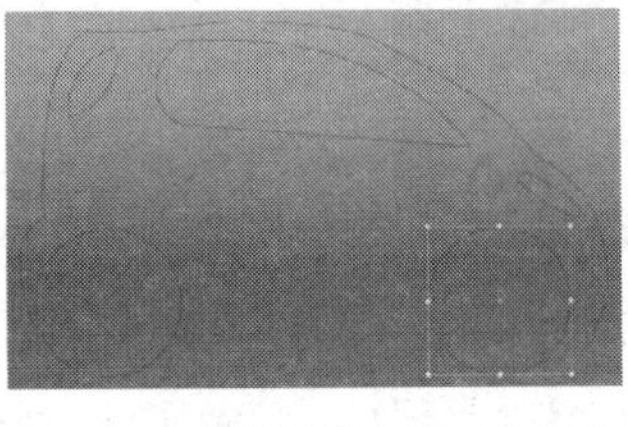

图 3-149

Step 05 保持图形的选取状态，按住<Shift>键的同时，单击选取其他两个图形，将其同时选取，如图 3-150 所示。单击“路径查找器”面板中的“减去”按钮，效果如图 3-151 所示。

图 3-150

图 3-151

Step 06 选择“椭圆”工具，按住<Shift>键的同时，在页面中绘制两个圆。选择“选择”工具，按住<Shift>键的同时，将两个圆同时选取，如图 3-152 所示。单击“路径查找器”面板中的“减去”按钮，效果如图 3-153 所示。按住<Shift>+<Alt>组合键的同时，水平向右拖曳鼠标到适当的位置，复制图形，效果如图 3-154 所示。

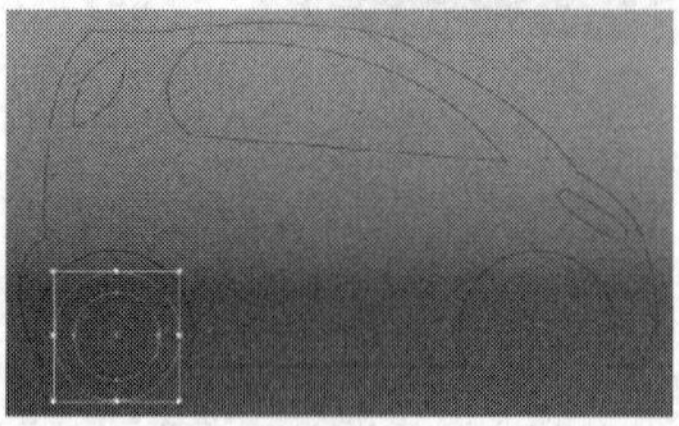

图 3-152

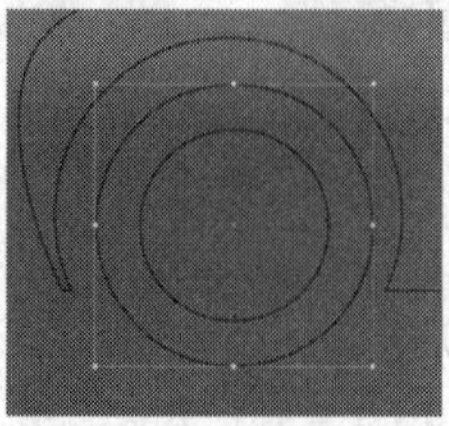

图 3-153

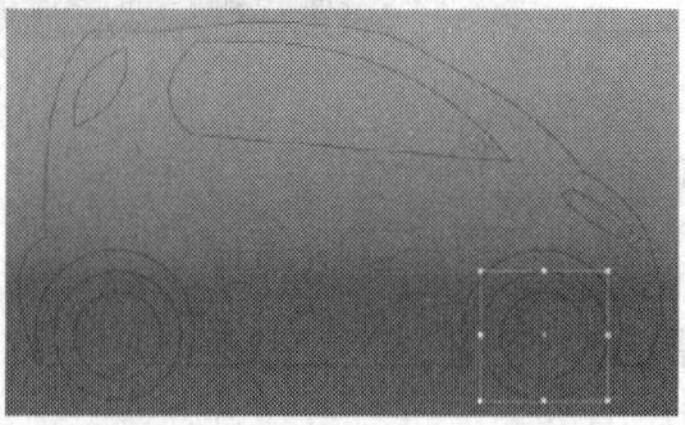

图 3-154

Step 07 选择“选择”工具，按住<Shift>键的同时，将 3 个路径同时选取，如图 3-155 所示。将图形填充为白色，并设置描边色为无，效果如图 3-156 所示。

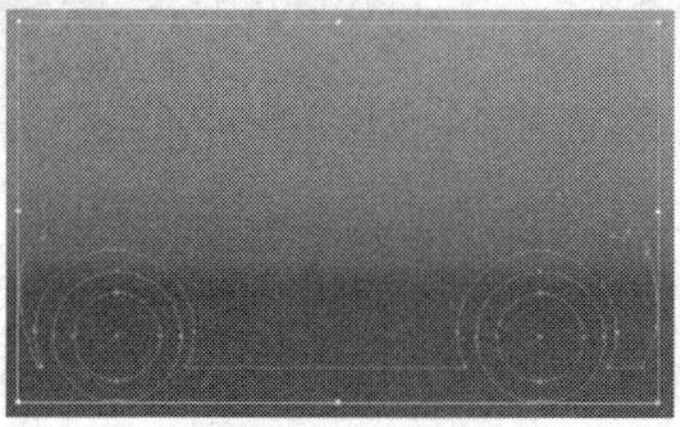

图 3-155

图 3-156

Step 08 选择“文字”工具，在页面中拖曳出一个文本框，输入需要的文字。将输入的文字选取，在“控制面板”中选择合适的字体并设置文字大小，效果如图 3-157 所示。选择“选择”工具，在“控制面板”中将“不透明度”选项设置为 20%，效果如图 3-158 所示。在页面空白处单击，取消选取状态，卡通汽车绘制完成，效果如图 3-159 所示。

图 3-157

图 3-158

图 3-159

3.2.2 复合形状

1．添加

添加是将多个图形结合成一个图形，新的图形轮廓由被添加图形的边界组成，被添加图形的交叉线都将消失。

选择“选择”工具，选取需要的图形对象，如图 3-160 所示。选择“窗口 > 对象和版面 > 路径查找器”命令，弹出“路径查找器”面板，单击“相加”按钮，如图 3-161 所示，将两个图形相加。相加后图形对象的边框和颜色与最前方的图形对象相同，效果如图 3-162 所示。

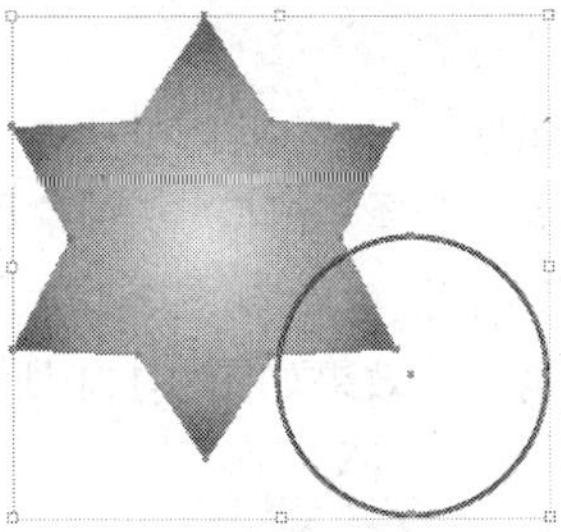

图 3-160

图 3-161

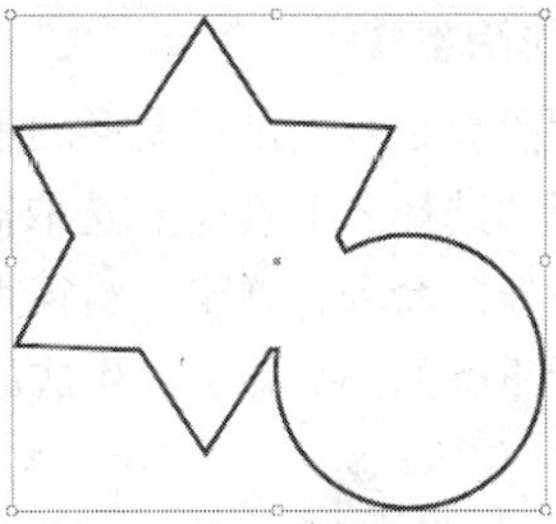

图 3-162

选择“选择”工具，选取需要的图形对象。选择“对象 > 路径查找器 > 添加”命令，也可以将两个图形相加。

2．减去

减去是从最底层的对象中减去最顶层的对象，被剪后的对象保留其填充和描边属性。

选择“选择”工具， 选取需要的图形对象，如图 3-163 所示。选择“窗口 > 对象和版面 > 路径查找器”命令，弹出“路径查找器”面板，单击“减去”按钮，如图 3-164 所示，将两个图形相减。相减后的对象保持底层对象的属性，效果如图 3-165 所示。

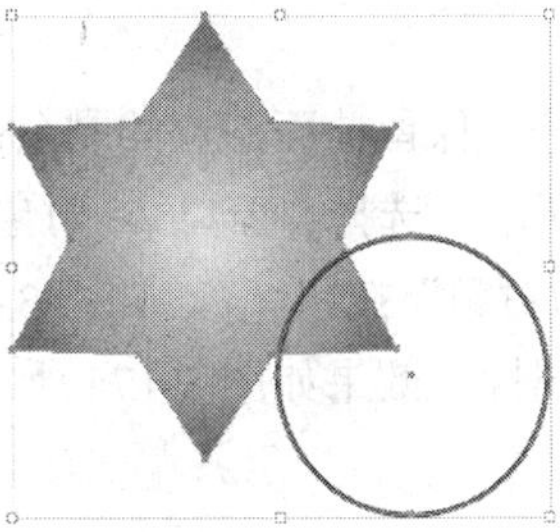

图 3-163

图 3-164

图 3-165

选择“选择”工具，选取需要的图形对象。选择“对象 > 路径查找器 > 减去”命令，也可以将两个图形相减。

3．交叉

交叉是将两个或两个以上对象的相交部分保留，使相交的部分成为一个新的图形对象。

选择“选择”工具，选取需要的图形对象，如图 3-166 所示。选择“窗口 > 对象和版面 > 路径查找器”命令，弹出“路径查找器”面板，单击“交叉”按钮，如图 3-167 所示，将两个图形交。相交后的对象保持顶层对象的属性，效果如图 3-168 所示。

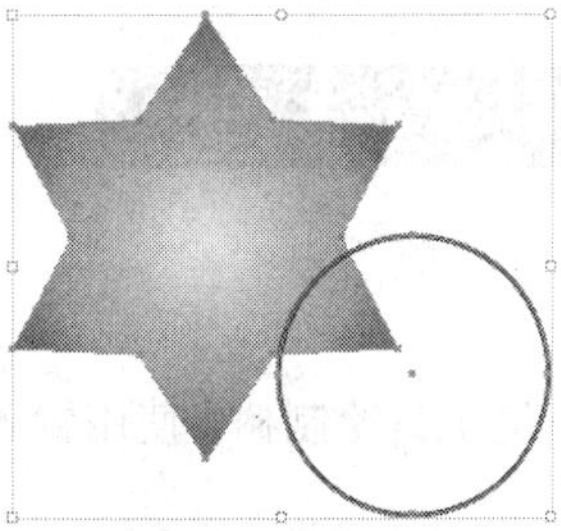

图 3-166

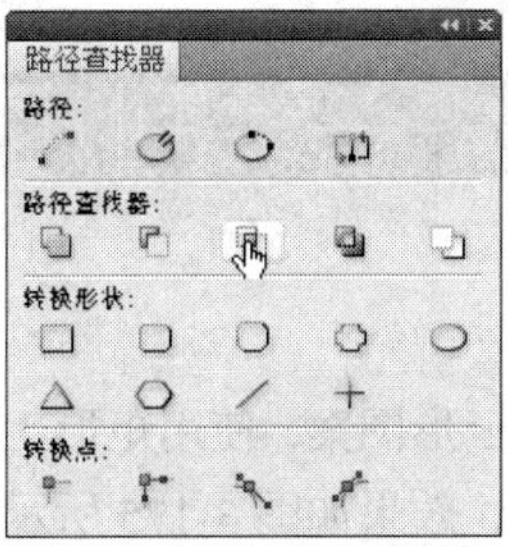

图 3-167

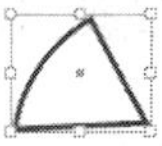

图 3-168

选择“选择”工具，选取需要的图形对象。选择“对象 > 路径查找器 > 交叉”命令，也可以将两个图形相交。

4．排除重叠

排除重叠是减去前后图形的重叠部分，将不重叠的部分创建图形。

选择“选择”工具，选取需要的图形对象，如图 3-169 所示。选择“窗口 > 对象和版面 > 路径查找器”命令，弹出“路径查找器”面板，单击“排除重叠”按钮，如图 3-170 所示，将两个图形重叠的部分减去。生成的新对象保持最前方图形对象的属性，效果如图 3-171 所示。

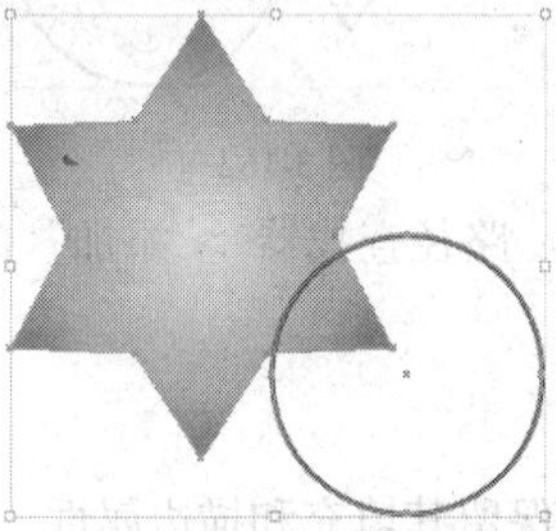

图 3-169

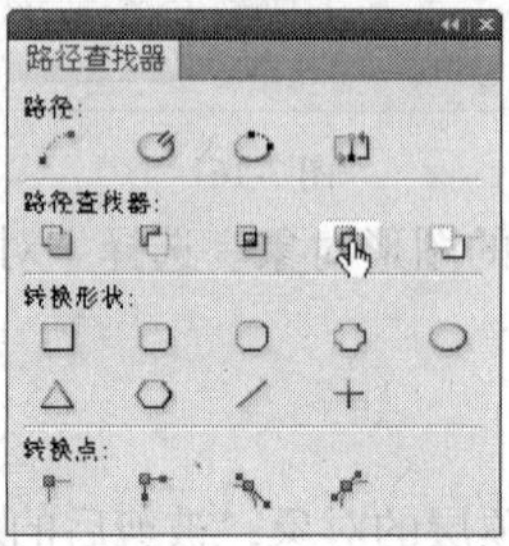

图 3-170

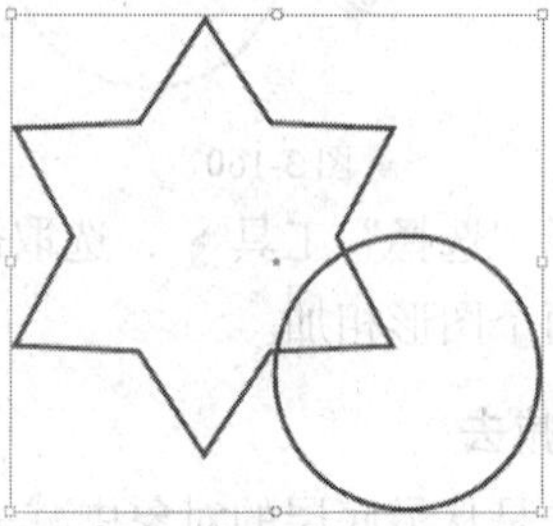

图 3-171

选择“选择”工具，选取需要的图形对象。选择“对象 > 路径查找器 > 排除重叠”命令，将两个图形重叠的部分减去。

5．减去后方对象

减去后方对象是减去后面图形，并减去前后图形的重叠部分，保留前面图形的剩余部分。

选择“选择”工具，选取需要的图形对象，如图 3-172 所示。选择“窗口 > 对象和版面 > 路径查找器”命令，弹出“路径查找器”面板，单击“减去后方对象”按钮，如图 3-173 所示，将后方的图形对象减去。生成的新对象保持最前方图形对象的属性，效果如图 3-174 所示。

图 3-172

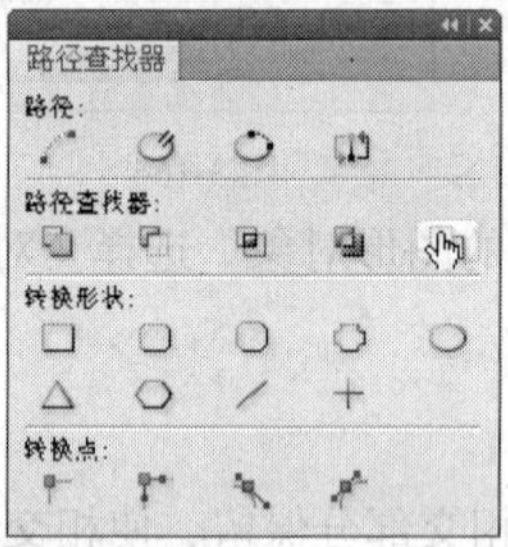

图 3-173

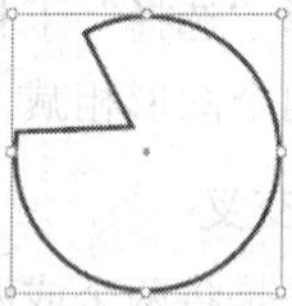

图 3-174

选择“选择”工具，选取需要的图形对象。选择“对象 > 路径查找器 > 减去后方对象”命令，将后方的图形对象减去。

3.3 课堂练习——绘制儿童书籍插画

使用椭圆工具和相加命令制作云形图案，使用矩形工具、工笔工具绘制树，使用置入命令添加装饰图片，使用矩形工具绘制背景，效果如图 3-175 所示。

效果所在位置：光盘/Ch03/效果/绘制太阳图标.indd。

图 3-175

3.4 课后习题——绘制海岸插画

习题知识要点：使用椭圆工具、多边形工具、不透明度命令和渐变羽化命令制作星形。使用椭圆工具和相加命令制作云图形，使用铅笔工具和平滑工具绘制海岸线，效果如图 3-176 所示。

效果所在位置：光盘/Ch03/效果/绘制海岸插画.indd。

图 3-176

第4章 编辑描边与填充

本章详细讲解 InDesign CS5 中编辑图形描边和填充图形颜色的方法，并对“效果”面板进行重点介绍。通过本章的学习，读者可以制作出不同的图形描边和填充效果，还可以根据设计制作需要添加混合模式和特殊效果。

【教学目标】

- 编辑填充与描边。
- “效果”面板。

4.1 编辑描边与填充

在 InDesign CS5 中，提供了丰富的描边和填充设置，可以制作出精美的效果。下面具体介绍编辑图形填充与描边的方法和技巧。

4.1.1 课堂案例——绘制春天插画

案例学习目标：学习使用渐变色板为图形填充渐变色。

案例知识要点：使用矩形工具、角选项命令和描边面板制作插画外框。使用椭圆工具、矩形工具和相加命令制作背景效果。使用钢笔工具、椭圆工具和渐变色板工具制作花和叶子图形。使用叠加混合模式制作特殊花形。春天插画效果如图 4-1 所示。

效果所在位置：光盘/Ch04/效果/绘制春天插画.indd。

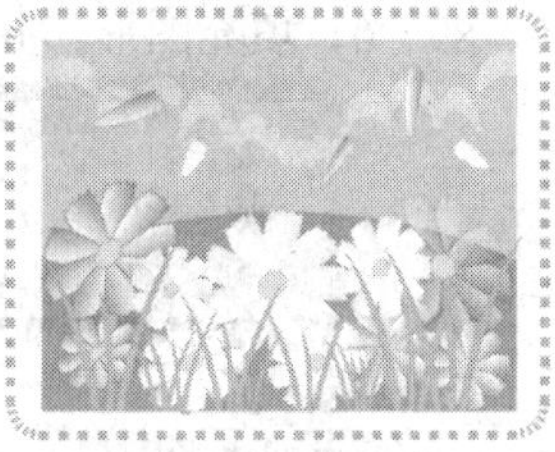

图 4-1

1. 绘制背景图形

Step 01 选择“文件 > 新建 > 文档”命令，弹出“新建文档”对话框，如图 4-2 所示。单击“边距和分栏”按钮，弹出“新建边距和分栏”对话框，选项设置如图 4-3 所示，单击“确定”按钮，新建一个页面。选择“视图 > 其他 > 隐藏框架边缘”命令，将所绘制图形的框架边缘隐藏。

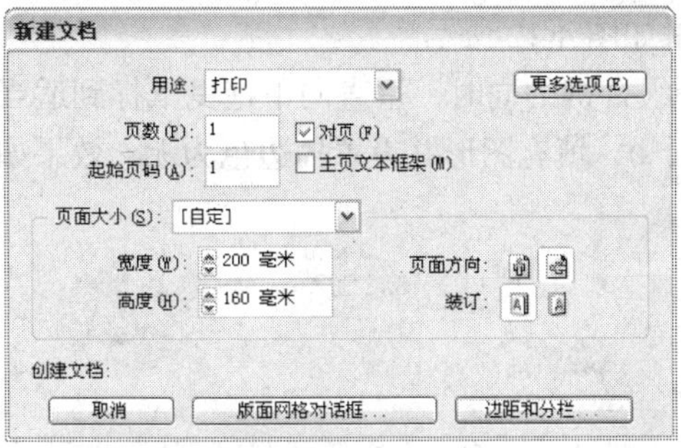

图 4-2

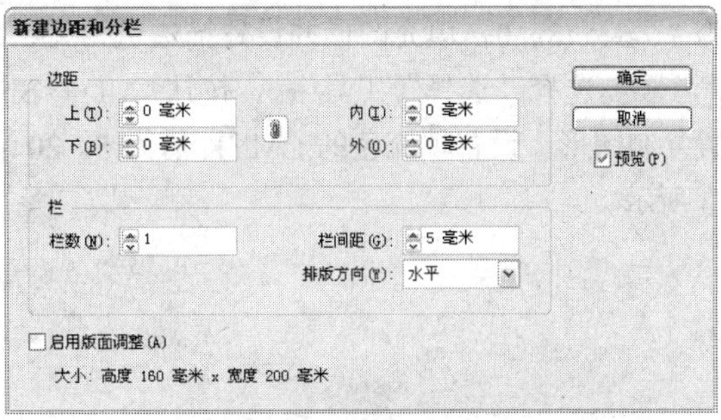

图 4-3

Step 02 选择“矩形”工具，在页面中拖曳鼠标绘制矩形，如图 4-4 所示。选择“对象 > 角选项”命令，弹出“角选项”对话框，选项设置如图 4-5 所示，单击“确定”按钮，效果如图 4-6 所示。在“控制面板”中的“描边粗细”选项文本框中输入 9 点，设置图形描边色的 CMYK 值为 0、0、0、47，填充图形描边，效果如图 4-7 所示。

图 4-4

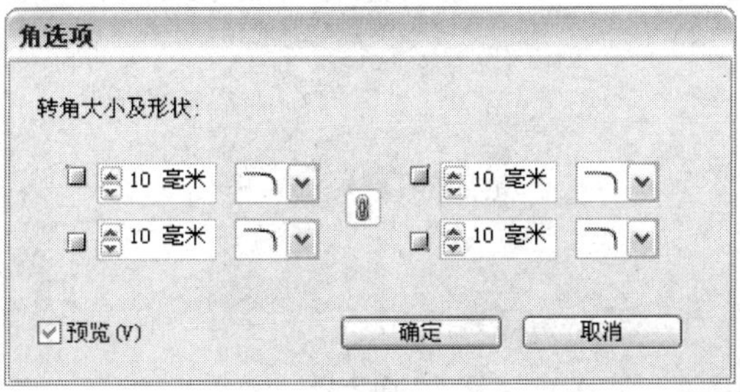

图 4-5

图 4-6

图 4-7

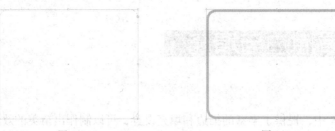

Step 03 保持图形的选取状态。选择“窗口 > 描边”命令，弹出“描边”面板，将“类型”选项 设为“虚线”，其他选项设置如图 4-8 所示，效果如图 4-9 所示。

Step 04 选择“矩形”工具，在页面中拖曳鼠标绘制矩形。设置图形填充色的 CMYK 值为 5、20、89、0，填充图形，并设置描边色为无，效果如图 4-10 所示。

图 4-8

图 4-9

图 4-10

Step 05 选择“钢笔”工具，在页面中拖曳鼠标绘制路径，如图 4-11 所示。设置填充色的 CMYK 值为 7、6、78、0，填充图形并设置描边色为无，效果如图 4-12 所示。

Step 06 选择“选择”工具，按住<Alt>+<Shift>组合键的同时，垂直向下拖曳鼠标到适当的位置复制图形。设置填充色的 CMYK 值为 5、20、87、0，填充图形并设置描边色为无，效果如图 4-13 所示。

图 4-11

图 4-12

图 4-13

Step 07 选择“钢笔”工具，在页面中拖曳鼠标绘制图形，如图 4-14 所示。设置填充色的 CMYK 值为 22、48、98、0，填充图形并设置描边色为无，效果如图 4-15 所示。

图 4-14

图 4-15

2．绘制白色花朵图形

Step 01 选择“钢笔”工具，在页面中拖曳鼠标绘制路径，如图 4-16 所示。双击“渐变色板”工具，弹出“渐变”面板，在色带上选中左侧的渐变色标，设置 CMYK 的值为 0、0、0、0，选中右侧的渐变色标，设置 CMYK 的值为 0、0、64、0，其他选项的设置如图 4-17 所示，图形被填充渐变色。设置图形描边色的 CMYK 值为 4、11、58、0，填充图形描边，效果如图 4-18 所示。

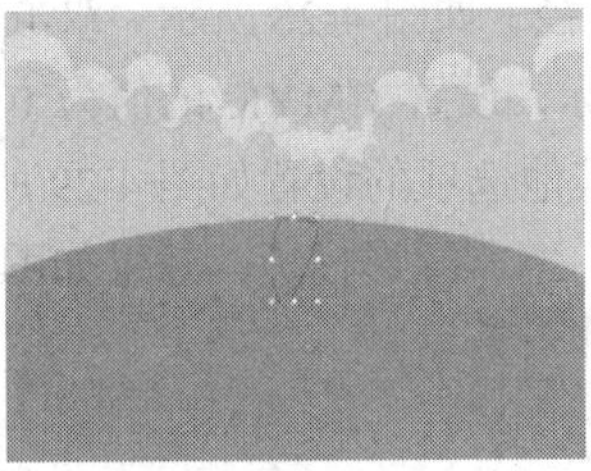

图 4-16

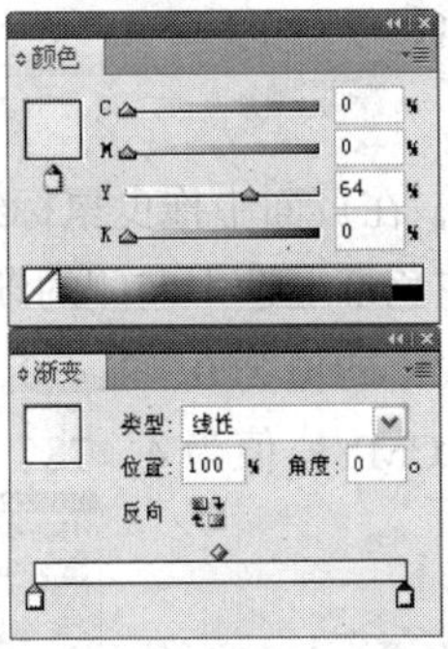

图 4-17

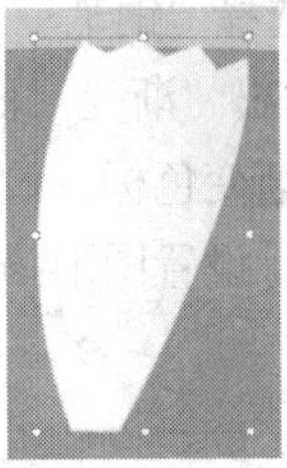

图 4-18

Step 02 选择“旋转”工具，将光标放置在需要的位置处，如图 4-19 所示。按住<Alt>键的同时，单击鼠标，弹出“旋转”对话框，选项设置如图 4-20 所示。单击“复制”按钮，效果如图 4-21 所示。

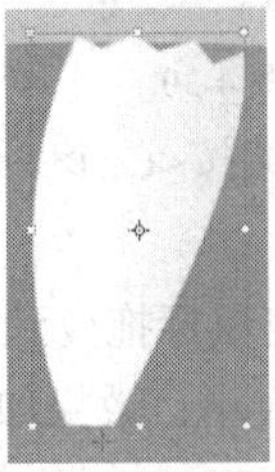

图 4-19

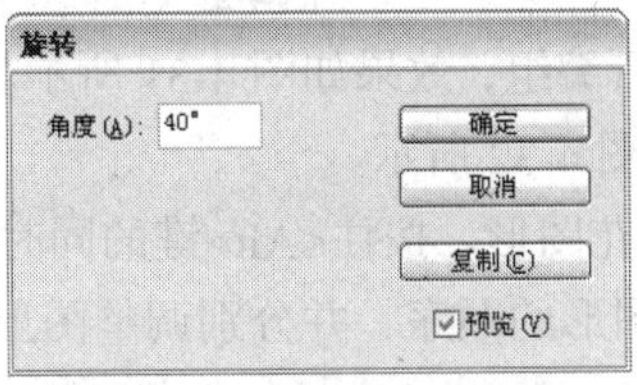

图 4-20

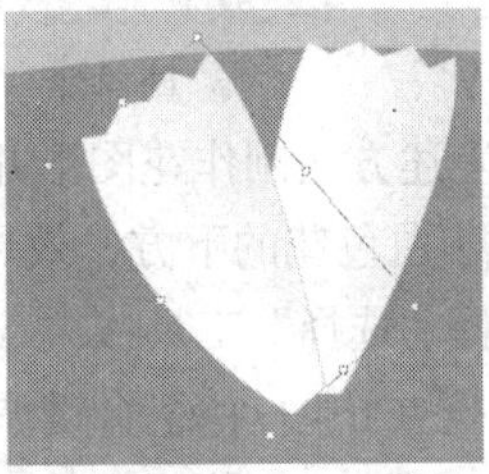

图 4-21

Step 03 保持图形的选取状态，按<Ctrl>+<Alt>+<4>组合键，再制出多个图形，效果如图 4-22 所示。选择“椭圆”工具，在页面中拖曳鼠标绘制圆形，如图 4-23 所示。

Step 04 保持图形的选取状态，设置图形填充色的 CMYK 值为 0、0、100、0，填充图形，并设置描边色的 CMYK 值为 0、40、100、0，填充图形描边，效果如图 4-24 所示。在“控制面板”中的“旋转角度”选项的文本框中输入-47，按<Enter>键，效果如图 4-25 所示。

图 4-22

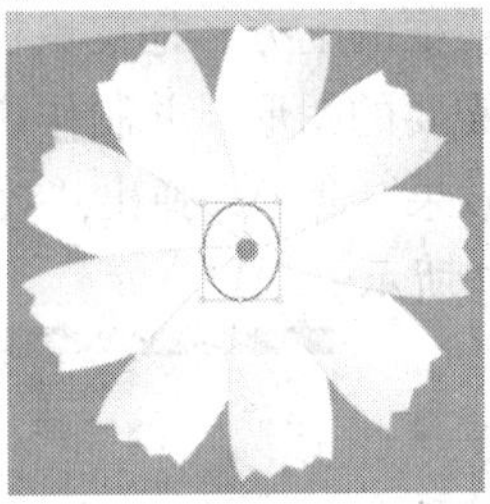

图 4-23

图 4-24

图 4-25

Step 05 选择“选择”工具，按住<Shift>键的同时，选取需要的花图形，如图 4-26 所示。按<Ctrl>+<G>组合键将其编组。单击编组图形，按住 Alt 键的同时，将鼠标拖曳到适当的位置复制多个图形，并分别拖曳变换框，调整图形的大小，效果如图 4-27 所示。

图 4-26

图 4-27

3．绘制粉色花朵图形

Step 01 选择“钢笔”工具，在页面中拖曳鼠标绘制路径，如图 4-28 所示。双击“渐变色板”工具，弹出“渐变”面板，在色带上选中左侧的渐变色标，设置 CMYK 的值为 0、0、0、0，选中右侧的渐变色标，设置 CMYK 的值为 0、81、0、0，其他选项的设置如图 4-29 所示，图形被填充渐变色。设置图形描边色的 CMYK 值为 4、78、0、0，填充图形描边，效果如图 4-30 所示。

图 4-28

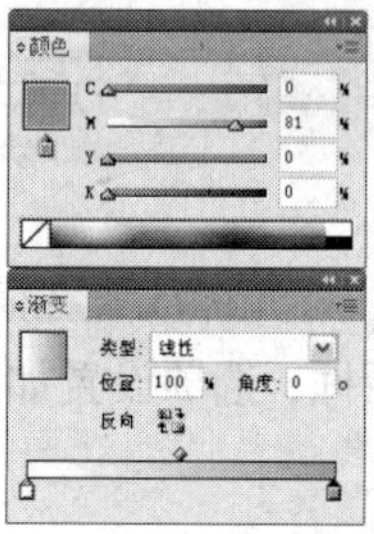

图 4-29

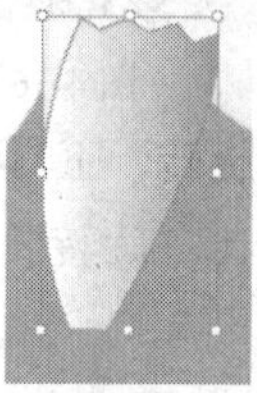

图 4-30

Step 02 用上述方法制作花图形并进行编组，效果如图 4-31 所示。连续按<Ctrl>+<[>组合键，将粉色花图形置于白色花的下方，效果如图 4-32 所示。

Step 03 选择“选择”工具，选取花图形。按住<Alt>键的同时，将鼠标拖曳到适当的位置复制多个图形，按<Ctrl>+<[>组合键调整图形的顺序，并分别调整图形的大小，效果如图 4-33 所示。

图 4-31

图 4-32

图 4-33

Step 04 选择“切变”工具，将光标置入变换框的上方，拖曳鼠标到适当的位置，扭曲变形图形，效果如图 4-34 所示。用相同的方法，选取需要的图形，并制作切变效果，如图 4-35 所示。

Step 05 保持图形的选取状态，选择“窗口 > 效果”命令，弹出“效果”面板，将“混合模式”选项设为“叠加”，如图 4-36 所示，效果如图 4-37 所示。

图 4-34

图 4-35

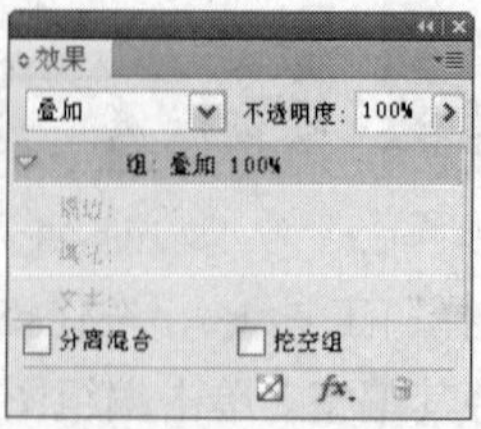

图 4-36

图 4-37

Step 06 选择“选择”工具，选取需要的花图形，制作切变效果，如图 4-38 所示。在“效果”

面板中，将“混合模式”选项设为“颜色减淡”，效果如图 4-39 所示。用上述方法，分别制作需要的花瓣图形，并旋转适当的角度，如图 4-40 所示。

图 4-38

图 4-39

图 4-40

4．绘制小草图形

Step 01 选择“钢笔”工具，在页面左下方拖曳鼠标绘制 3 个路径，效果如图 4-41 所示。选择“选择”工具，按住<Shift>键的同时，将 3 个路径同时选取，设置图形填充色的 CMYK 值为 35、7、84、0，填充图形并设置描边色的 CMYK 值为 58、22、100、0，填充图形描边色，效果如图 4-42 所示。

Step 02 保持图形的选取状态，按<Ctrl>+<G>组合键将其编组。选取编组图形，按住<Alt>键的同时，将鼠标向右拖曳到适当的位置复制图形。按住<Shift>+<Alt>组合键的同时，拖曳变换框，调整图形的大小，效果如图 4-43 所示。

图 4-41

图 4-42

图 4-43

Step 03 用相同的方法复制多个图形，并调整图形的大小，取消选取状态，效果如图 4-44 所示。在页面空白处单击，取消选取状态，春天插画绘制完成的效果如图 4-45 所示。

图 4-44

图 4-45

4.1.2 编辑描边

描边是指一个图形对象的边缘或路径。在系统默认的状态下，InDesign CS5 中绘制出的图形基本上已画出了细细的黑色描边。通过调整描边的宽度，可以绘制出不同宽度的描边线，如图 4-46 所示。还可以将描边设置为无。

应用工具面板下方的“描边”按钮，如图 4-47 所示，可以指定所选对象的描边颜色。当单击按钮或按<X>键时，可以切换填充显示框和描边显示框的位置。

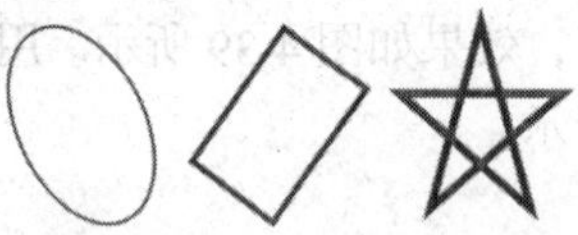

图 4-46

图 4-47

在工具面板下方有 3 个按钮，分别是“应用颜色”按钮■、“应用渐变”按钮▣和“应用无”按钮☒。

1．设置描边的粗细

选择“选择”工具▶，选取需要的图形，如图 4-48 所示。在“控制面板”中的“描边粗细”选项 0.283 点 文本框中输入需要的数值，如图 4-49 所示，按<Enter>键确认操作，效果如图 4-50 所示。

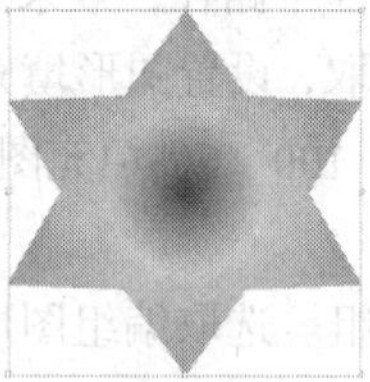

图 4-48

图 4-49

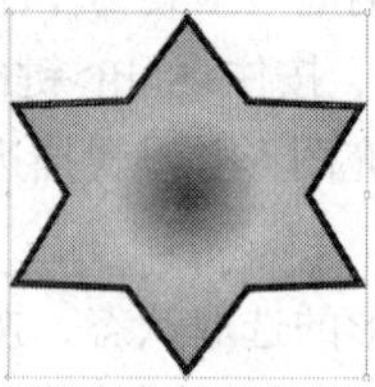

图 4-50

选择“选择”工具▶，选取需要的图形，如图 4-51 所示。选择“窗口 > 描边”命令或按<F10>键，弹出“描边”面板，在“粗细”选项文本框下拉列表中选择需要的笔画宽度值，或者直接输入合适的数值。本例宽度数值设置为 3 毫米，如图 4-52 所示，图形的笔画宽度被改变，效果如图 4-53 所示。

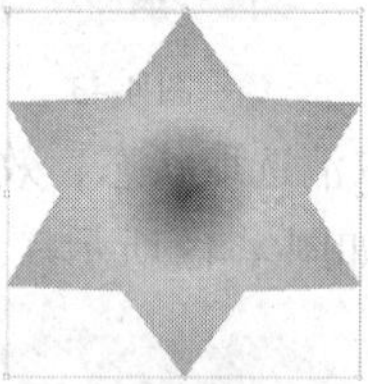

图 4-51

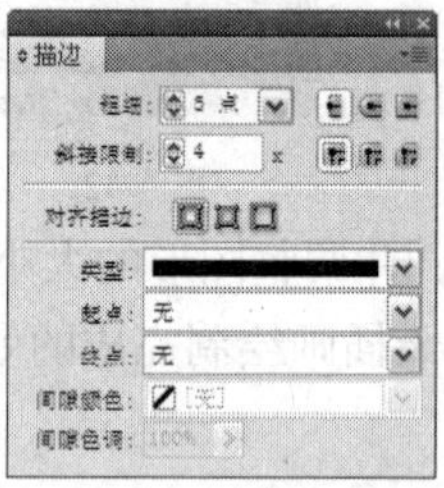

图 4-52

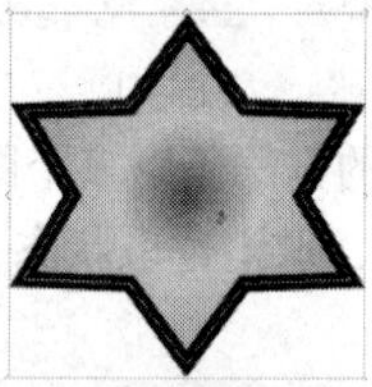

图 4-53

2．设置描边的填充

保持图形被选取的状态，如图 4-54 所示。选择“窗口 > 颜色 > 色板”命令，弹出“色板”面板，单击“描边”按钮，如图 4-55 所示。单击面板右上方的图标☰，在弹出的菜单中选择“新建颜色色板”命令，弹出“新建颜色色板”对话框，选项设置如图 4-56 所示。单击“确定”按钮，对象笔画的填充效果如图 4-57 所示。

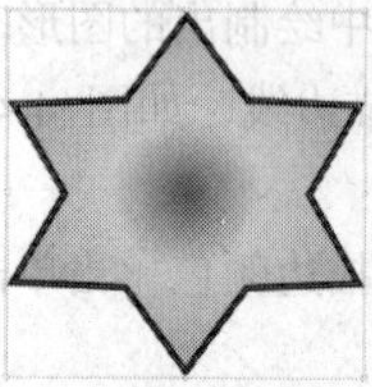

图 4-54

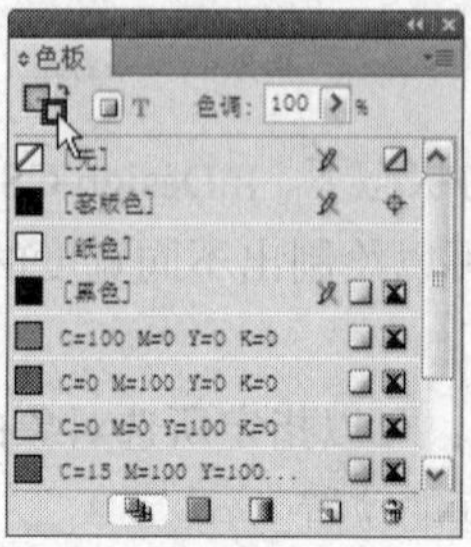

图 4-55

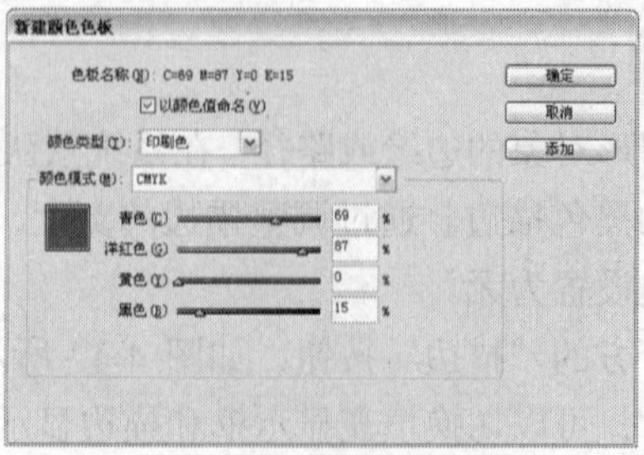

图 4-56

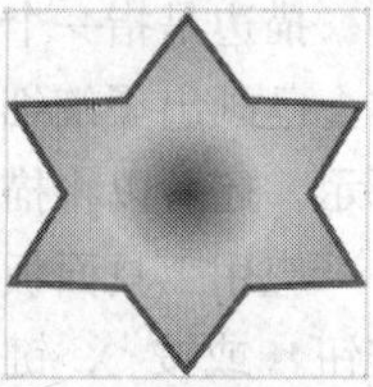

图 4-57

保持图形被选取的状态，如图 4-58 所示。选择“窗口 > 颜色 > 颜色”命令，弹出“颜色”面板，设置如图 4-59 所示。或双击工具面板下方的“描边”按钮，弹出“拾色器”对话框，如图 4-60 所示。在对话框中可以调配所需的颜色，单击“确定”按钮，对象笔画的颜色填充效果如图 4-61 所示。

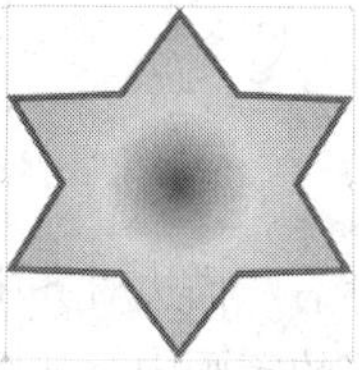
图 4-58

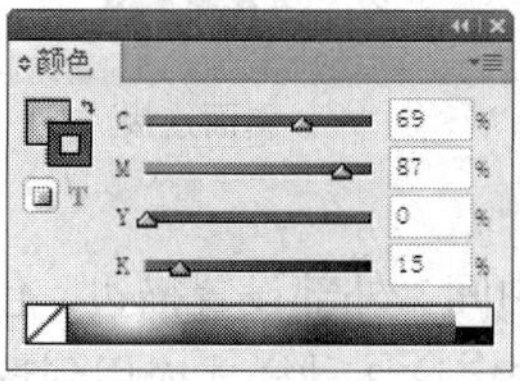

图 4-59

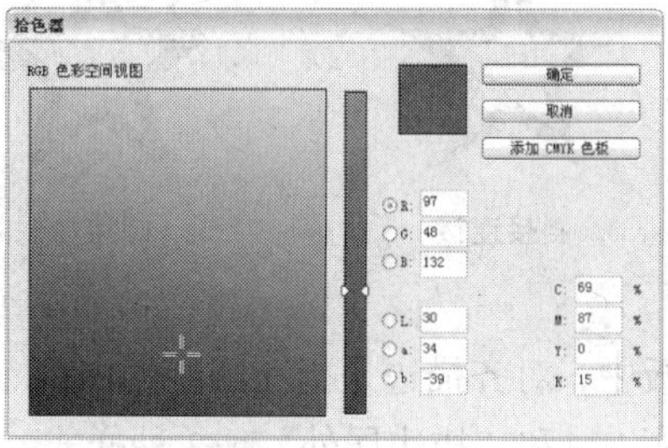

图 4-60

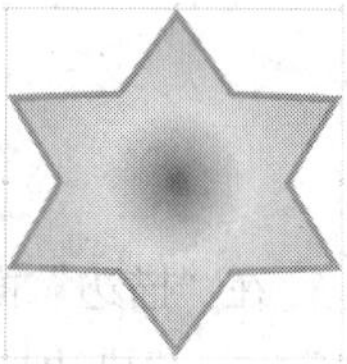
图 4-61

保持图形被选取的状态，如图 4-62 所示。选择“窗口 > 颜色 >渐变”命令，在弹出的“渐变”面板中调配所需的渐变色，如图 4-63 所示，图形的描边渐变效果如图 4-64 所示。

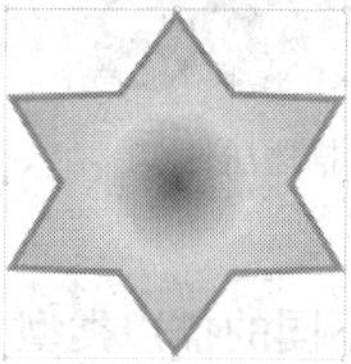
图 4-62

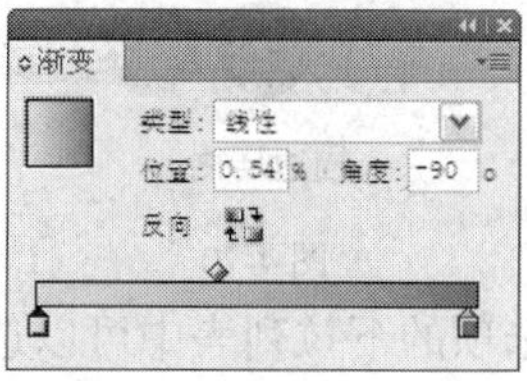

图 4-63

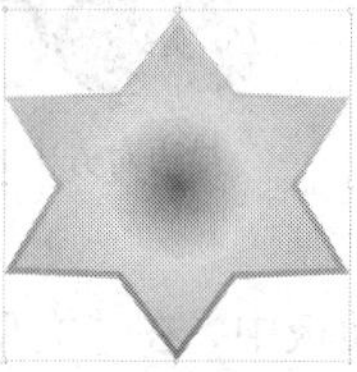
图 4-64

3．使用描边面板

选择“窗口 > 描边”命令，或按<F10>键，弹出“描边”面板，如图 4-65 所示。“描边”面板主要用来设置对象笔画的属性，如粗细、形状等。

在“描边”面板中，“斜接限制”选项可以设置笔画沿路径改变方向时的伸展长度。可以在其下拉列表中选择所需的数值，也可以在数值框中直接输入合适的数值。分别将“斜接限制”选项设置为“2”和“20”时的对象笔画效果如图 4-66、图 4-67 所示。

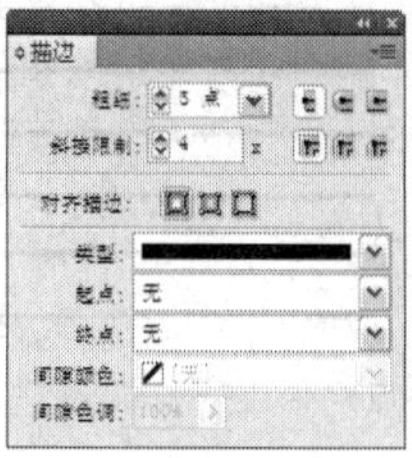

图 4-65

图 4-66

图 4-67

在“描边”面板中，末端是指一段笔画的首端和尾端，可以为笔画的首端和尾端选择不同的顶点样式来改变笔画末端的形状。使用“钢笔”工具绘制一段笔画，单击“描边”面板中的 3 个不同顶点样式的按钮，选定的顶点样式会应用到选定的笔画中，如图 4-68 所示。

平头端点　　圆头端点　　投射末端

图 4-68

结合是指一段笔画的拐点，结合样式就是指笔画拐角处的形状。该选项有斜接连接、圆角连接和斜面连接 3 种不同的转角结合样式。绘制多边形的笔画，单击“描边”面板中的 3 个不同转角结合样式按钮，选定的转角结合样式会应用到选定的笔画中，如图 4-69 所示。

图 4-69

在“描边”面板中，对齐描边是指在路径的内部、中间、外部设置描边，包括有“描边对齐中心”、“描边居内”和“描边居外”3 种样式。选定这 3 种样式应用到选定的笔画中，如图 4-70 所示。

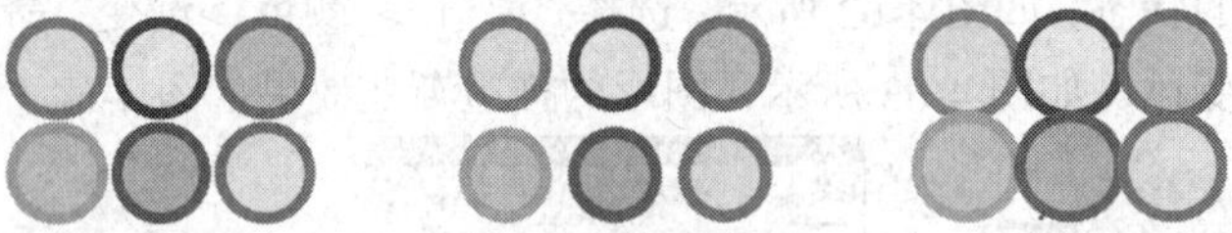

图 4-70

在“描边”面板中，在“类型”选项的下拉列表中可以选择不同的描边类型，如图 4-71 所示。在“起点”和“终点”选项的下拉列表中可以选择线段的首端和尾端的形状样式，如图 4-72 所示。

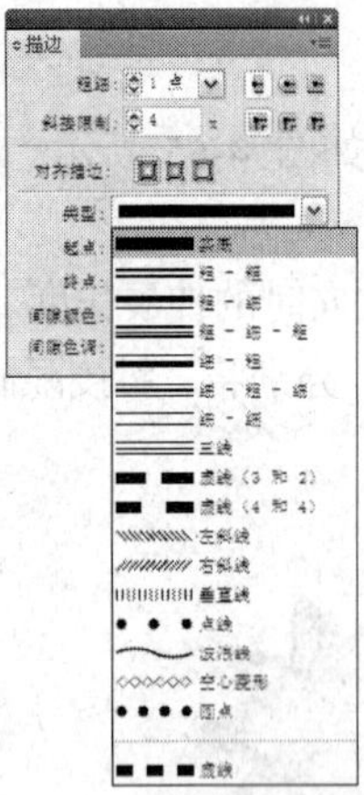

起点

图 4-71

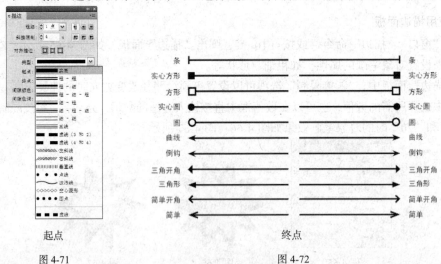

终点

图 4-72

在“描边”面板中，间隙颜色是设置除实线外的其他线段类型的间隙之间的颜色，如图 4-73 所示，间隙颜色的多少由“色板”面板中的颜色决定。间隙色调是设置所填充间隙颜色的饱和度，如图 4-74 所示。

图 4-73

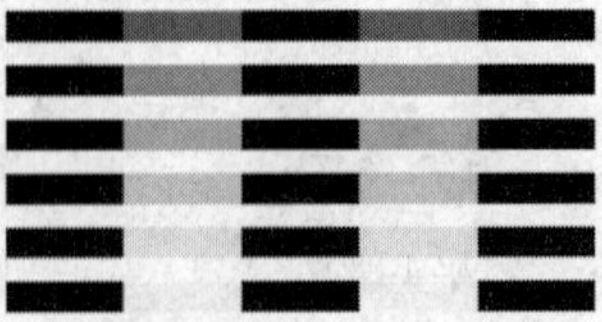

图 4-74

在“描边”面板中，在“类型”选项下拉列表中选择“虚线”，“描边”面板下方会自动弹出虚线选项，可以创建描边的虚线效果。

“虚线”选项用来设置每一虚线段的长度。数值框中输入的数值越大，虚线的长度就越长；反之，输入的数值越小，虚线的长度就越短。

“间隔”选项用来设置虚线段之间的距离。输入的数值越大，虚线段之间的距离越大；反之，输入的数值越小，虚线段之间的距离就越小。

“角点”选项用来设置虚线中拐点的调整方法。其中包括无、调整线段、调整间隙、调整线段和间隙 4 种调整方法。

4.1.3 标准填充

应用工具面板中的“填色”按钮可以指定所选对象的填充颜色。

1．使用工具面板填充

选择“选择”工具，选取需要填充的图形，如图 4-75 所示。双击工具面板下方的“填充”按钮，弹出“拾色器”对话框，调配所需的颜色，如图 4-76 所示。单击“确定”按钮，取消图形的描边色，对象的颜色填充效果如图 4-77 所示。

图 4-75

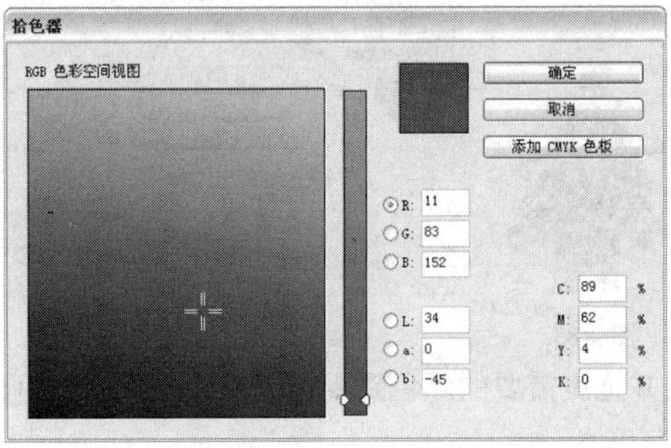

图 4-76

图 4-77

在“填充”按钮上按住鼠标左键将颜色拖曳到需要填充的路径或图形上，也可填充图形。

2．使用“颜色”面板填充

InDesign CS5 也可以通过“颜色”面板设置对象的填充颜色，单击“颜色”面板右上方的图标，在弹出的菜单中选择当前取色时使用的颜色模式。无论选择哪一种颜色模式，面板中都将显示出相关的颜色内容，如图 4-78 所示。

图 4-78

选择“窗口 > 颜色 >颜色”命令，弹出“颜色”面板。“颜色”面板上的按钮用来进行填充颜色和描边颜色之间的互相切换，操作方法与工具面板中的按钮的使用方法相同。

将光标移动到取色区域，光标变为吸管形状，单击可以选取颜色，如图 4-79 所示。拖曳各个颜色滑块或在各个数值框中输入有效的数值，可以调配出更精确的颜色。

更改或设置对象的颜色时，单击选取已有的对象，在“颜色”面板中调配出新颜色，如图 4-80 所示。新选的颜色被应用到当前选定的对象中，效果如图 4-81 所示。

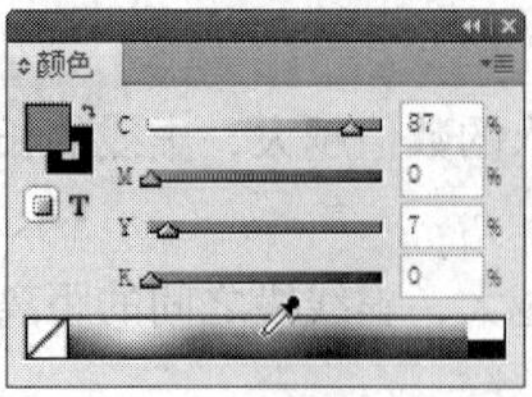

图 4-79

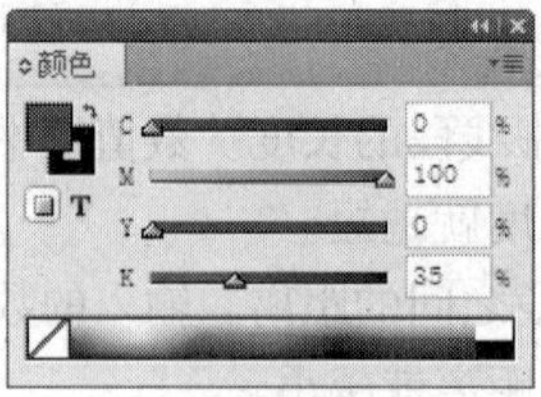

图 4-80

图 4-81

3．使用“色板”面板填充

选择“窗口 > 颜色 > 色板”命令，弹出“色板”面板，如图 4-82 所示。在“色板”面板中单击需要的颜色，可以将其选中并填充选取的图形。

选择“选择”工具，选取需要填充的图形，如图 4-83 所示。选择“窗口 > 颜色 > 色板”命令，弹出“色板”面板。单击面板右上方的图标，在弹出的菜单中选择“新建颜色色板”命令，弹出“新建颜色色板”对话框，设置如图 4-84 所示。单击“确定”按钮，对象的填充效果如图 4-85 所示。

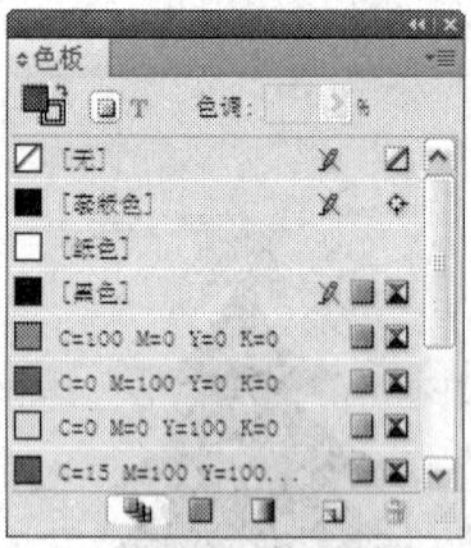

图 4-82

图 4-83

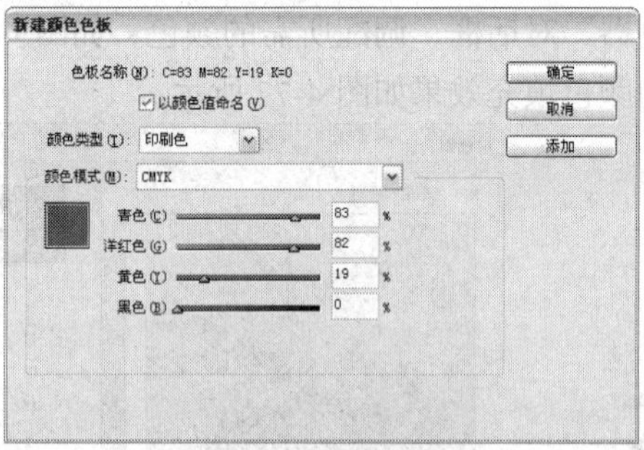

图 4-84

图 4-85

在“色板”面板中单击并拖曳需要的颜色到要填充的路径或图形上，松开鼠标，也可以填充图形或描边。

4.1.4 渐变填充

1．创建渐变填充

选取需要的图形，如图 4-86 所示。选择“渐变色板”工具，在图形中需要的位置单击设置渐变的起点并按住鼠标左键拖动，再次单击确定渐变的终点，如图 4-87 所示。松开鼠标，渐变填充的效果如图 4-88 所示。

图 4-86

图 4-87

图 4-88

选取需要的图形，如图 4-89 所示。选择“渐变羽化”工具，在图形中需要的位置单击设置渐变的起点并按住鼠标左键拖曳，再次单击确定渐变的终点，如图 4-90 所示，渐变羽化的效果如图 4-91 所示。

图 4-89

图 4-90

图 4-91

2．“渐变”面板

在“渐变”面板中可以设置渐变参数，可选择“线性”渐变或“径向”渐变，设置渐变的起始、中间和终止颜色，还可以设置渐变的位置和角度。

选择“窗口 > 颜色 > 渐变”命令，弹出“渐变”面板，如图 4-92 所示。从“类型”选项的下拉列表中可以选择“线性”或“径向”渐变方式，如图 4-93 所示。

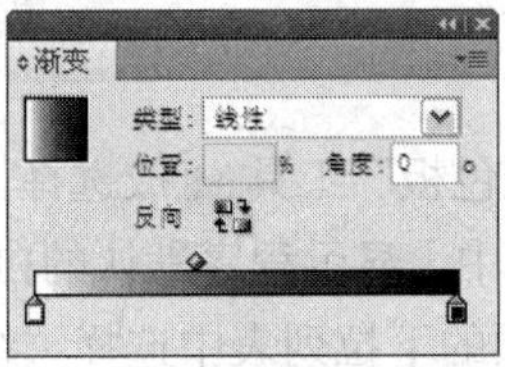

图 4-92

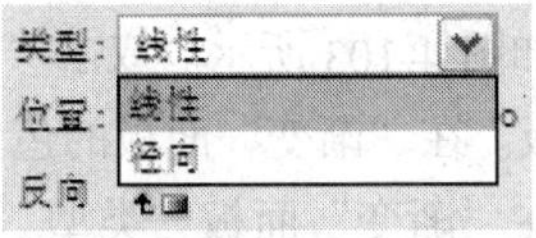

图 4-93

在“角度”选项的文本框中显示当前的渐变角度，如图 4-94 所示。重新输入数值，如图 4-95 所示，按<Enter>键确认操作，可以改变渐变的角度，效果如图 4-96 所示。

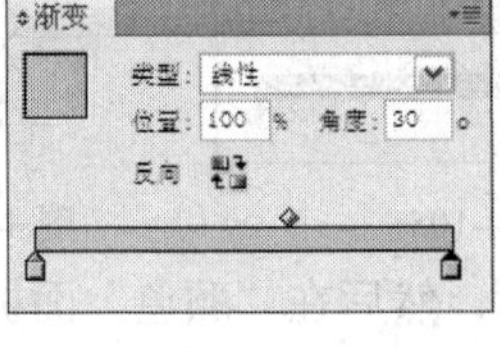

图 4-94

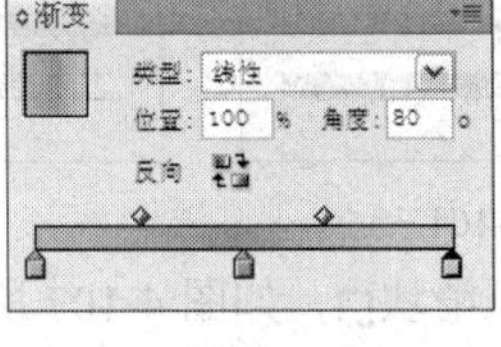

图 4-95

图 4-96

单击“渐变”面板下面的颜色滑块，在“位置”选项的文本框中显示出该滑块在渐变颜色中的颜色位置百分比，如图 4-97 所示。拖曳该滑块，改变该颜色的位置，将改变颜色的渐变梯度，如图 4-98 所示。

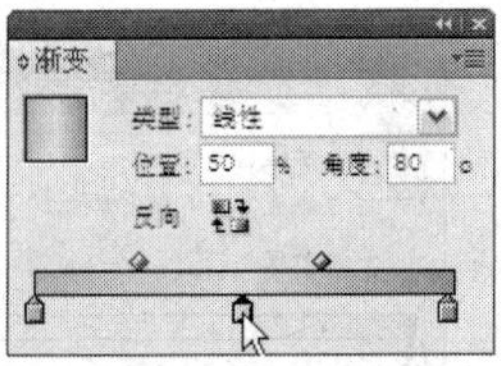

图 4-97

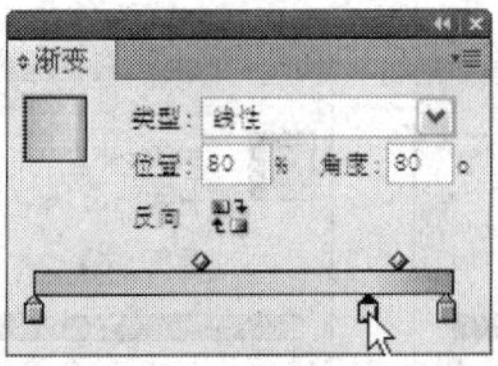

图 4-98

单击“渐变”面板中的“反向渐变”按钮，可将色谱条中的渐变反转，如图 4-99 所示。

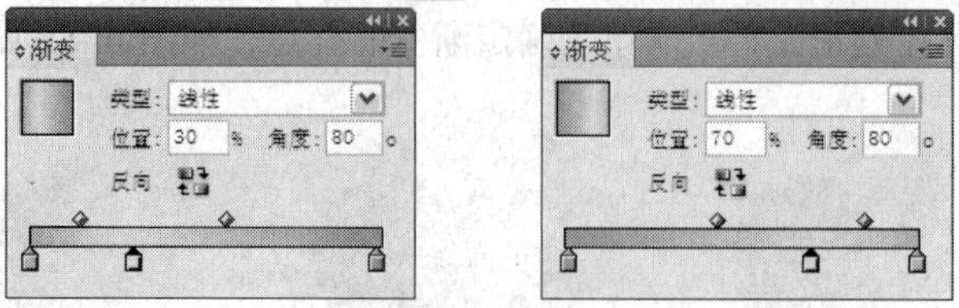

原面板　　反向后的面板

图 4-99

在渐变色谱条底边单击，可以添加一个颜色滑块，如图 4-100 所示。在“颜色”面板中调配颜色，如图 4-101 所示，可以改变添加滑块的颜色，如图 4-102 所示。用鼠标按住颜色滑块不放并将其拖出到“渐变”面板外，可以直接删除颜色滑块。

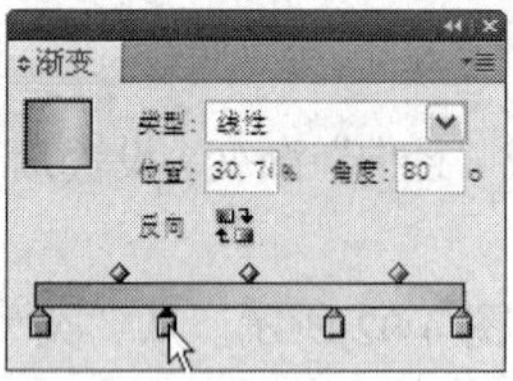

图 4-100

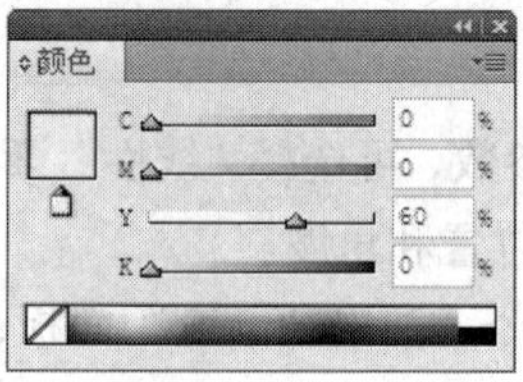

图 4-101

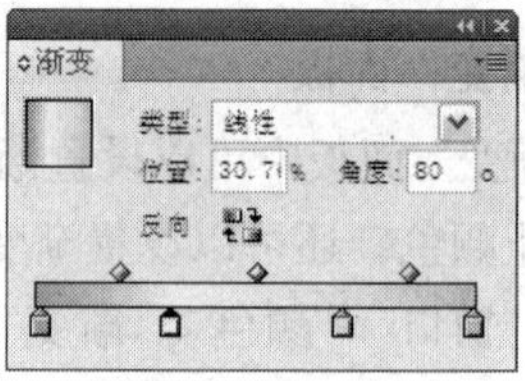

图 4-102

3．渐变填充的样式

选择需要的图形，如图 4-103 所示。双击“渐变色板”工具或选择“窗口 > 颜色 > 渐变”命令，弹出“渐变”面板。在“渐变”面板的色谱条中，显示程序默认的白色到黑色的线性渐变样式，如图 4-104 所示。在“渐变”面板“类型”选项的下拉列表中选择“线性”渐变，如图 4-105 所示，图形将被线性渐变填充，效果如图 4-106 所示。

图 4-103

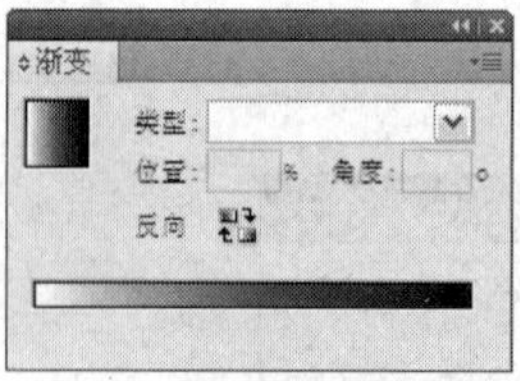

图 4-104

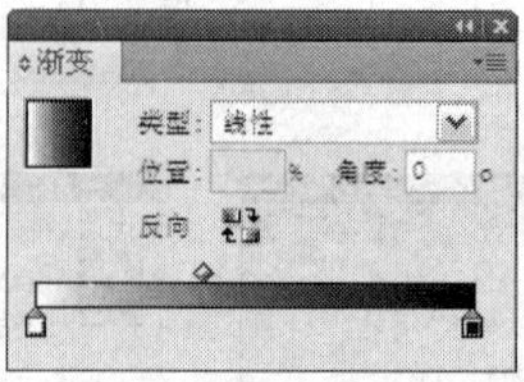

图 4-105

图 4-106

单击“渐变”面板中的起始颜色滑块，如图 4-107 所示，然后在“颜色”面板中调配所需的颜色，设置渐变的起始颜色。再单击终止颜色滑块，如图 4-108 所示，设置渐变的终止颜色，效果如图 4-109 所示，图形的线性渐变填充效果如图 4-110 所示。

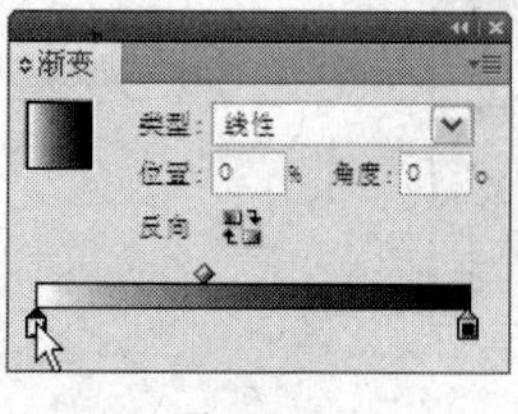

图 4-107

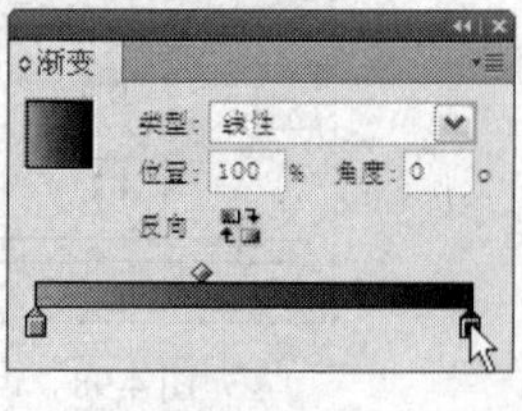

图 4-108

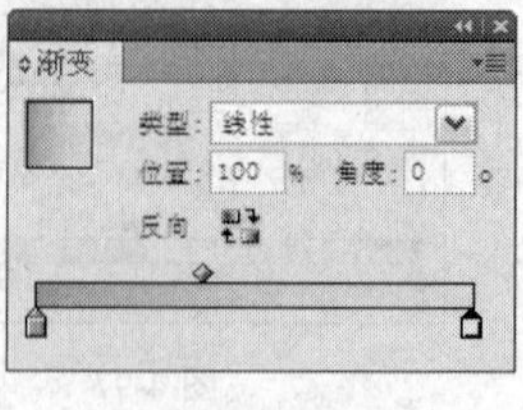

图 4-109

图 4-110

拖曳色谱条上边的控制滑块，可以改变颜色的渐变位置，如图 4-111 所示，这时在“位置”选项的文本框中的数值也会随之发生变化。设置“位置”选项的文本框中的数值也可以改变颜色的渐变位置，图形的线性渐变填充效果也将改变，如图 4-112 所示。

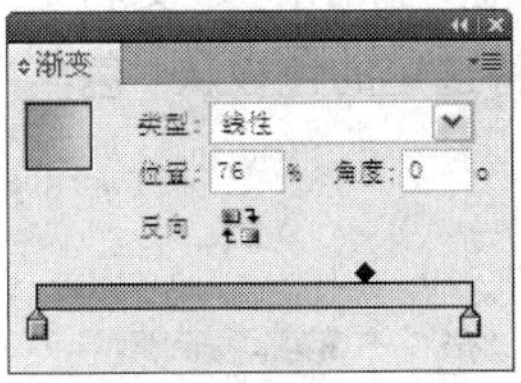

图 4-111

图 4-112

如果要改变颜色渐变的方向，可选择“渐变色板”工具直接在图形中拖曳即可。当需要精确地改变渐变方向时，可通过“渐变”面板中的“角度”选项来控制图形的渐变方向。

选择绘制好的图形，如图 4-113 所示。双击“渐变色板”工具或选择“窗口 > 颜色 > 渐变”命令，弹出“渐变”面板。在“渐变”面板的色谱条中，显示程序默认的从白色到黑色的线性渐变样式，如图 4-114 所示。在“渐变”面板的“类型”选项的下拉列表中选择“径向”渐变类型，如图 4-115 所示，图形将被径向渐变填充，效果如图 4-116 所示。

图 4-113

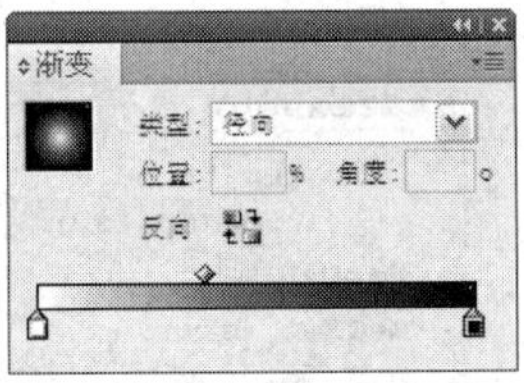

图 4-114

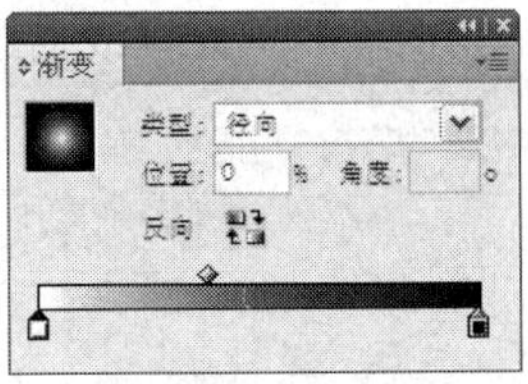

图 4-115

图 4-116

单击“渐变”面板中的起始颜色滑块或终止颜色滑块，然后在“颜色”面板中调配颜色，可改变图形的渐变颜色，效果如图 4-117 所示。拖曳色谱条上边的控制滑块，可以改变颜色的中心渐变位置，效果如图 4-118 所示。使用“渐变色板”工具拖曳，可改变径向渐变的中心位置，效果如图 4-119 所示。

图 4-117

图 4-118

图 4-119

4.1.5 “色板”面板

选择“窗口 > 颜色 > 色板”命令，弹出“色板”面板，如图 4-120 所示。“色板”面板提供了多种颜色，并且允许添加和存储自定义的色板。单击“显示全部色板”按钮可以使所有的色板显示出来；“显示颜色色板”按钮仅显示颜色色板；“显示渐变色板”按钮仅显示渐变色板；“新建色板”按钮用于定义和新建一个新的色板；“删除色板”按钮可以将选定的色板从“色板”面板中删除。

图 4-120

1. 添加色板

选择“窗口 > 颜色 > 色板”命令，弹出“色板”面板，单击面板右上方的图标，在弹出的菜单中选择“新建颜色色板”命令，弹出“新建颜色色板”对话框，如图 4-121 所示。

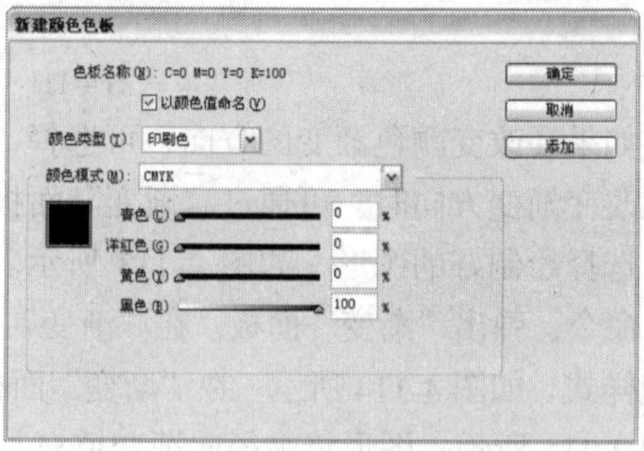

图 4-121

在“颜色类型”选项的下拉列表中选择新建的颜色是印刷色还是原色。“色彩模式”选项用来定义颜色的模式。拖曳滑尺来改变色值，也可以在滑尺旁的文本框中直接输入数字，如图 4-122 所示。勾选“以颜色值命名”复选框，添加的色板将以改变的色值命名；若不勾选，可直接在“色板名称”选项中输入新色板的名称，如图 4-123 所示。单击“添加”按钮，可以添加色板并定义另一个色板，定义完成后，单击“确定”按钮即可。选定的颜色会出现在“色板”面板及工具面板的填充框或描边框中。

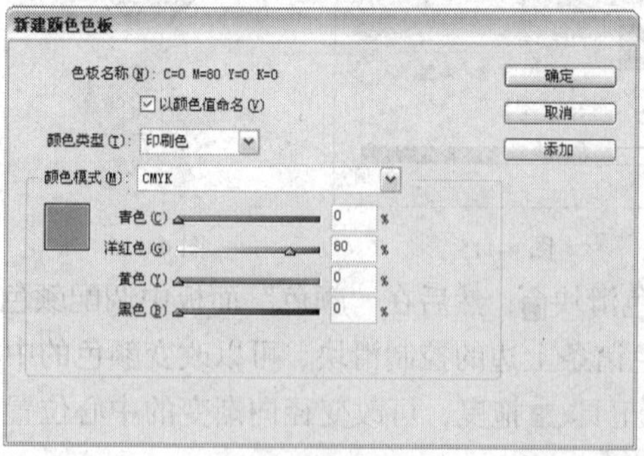

图 4-122

图 4-123

选择“窗口 > 颜色 > 色板”命令，弹出“色板”面板，单击面板右上方的图标，在弹出的菜单中选择“新建渐变色板”命令，弹出“新建渐变色板”对话框，如图 4-124 所示。

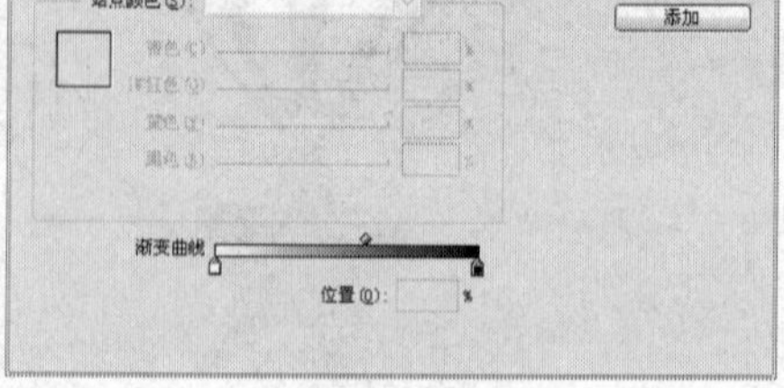

图 4-124

在“渐变曲线”的色谱条上单击终止颜色滑块或起始颜色滑块，然后拖曳滑尺或在滑尺旁的文本框中直接输入数字改变颜色，即可改变渐变颜色，如图 4-125 所示。单击色谱条也可以添加颜色滑块，设置颜色，如图 4-126 所示。在“色板名称”选项中输入新色板的名称。单击“添加”按钮，可以添加色板并定义另一个色板，定义完成后，单击“确定”按钮即可。选定的渐变会出现在色板面板以及工具面板的填充框或笔画框中。

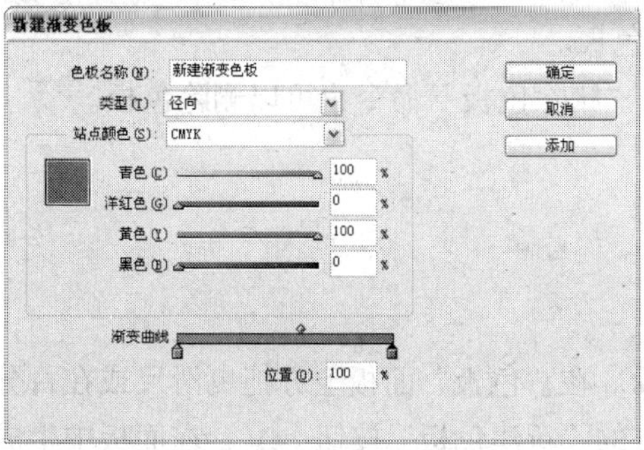

图 4-125

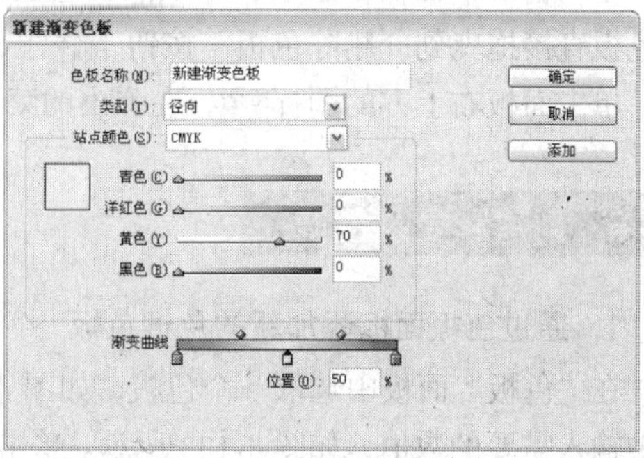

图 4-126

选择“窗口 > 颜色 > 颜色”命令，弹出“颜色”面板，拖曳各个颜色滑块或在各个数值框中输入需要的数值，如图 4-127 所示。单击面板右上方的图标，在弹出的菜单中选择“添加到色板”命令，如图 4-128 所示，在“色板”面板中将自动生成新的色板，如图 4-129 所示。

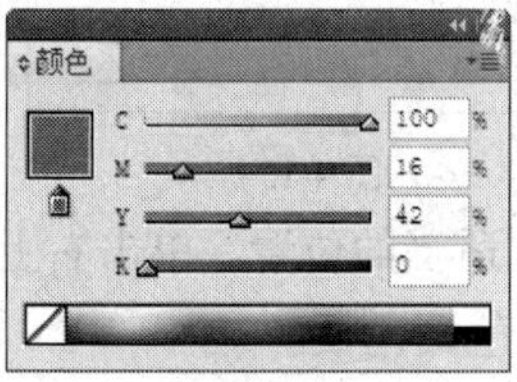

图 4-127

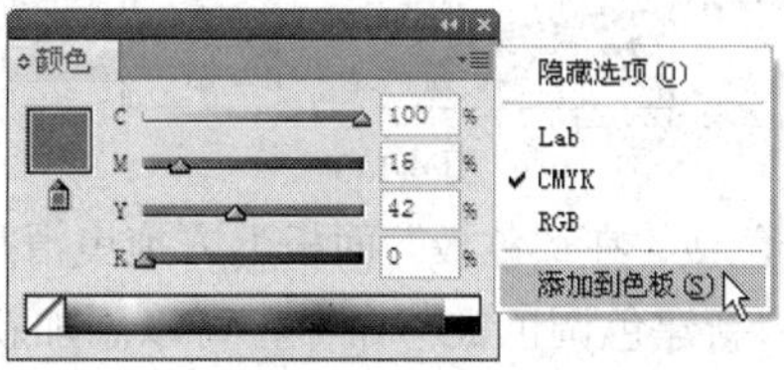

图 4-128

图 4-129

2．复制色板

选取一个色板，如图 4-130 所示。单击面板右上方的图标，在弹出的菜单中选择“复制色板”命令，“色板”面板中将生成色板的副本，如图 4-131 所示。

图 4-130

图 4-131

选取一个色板，单击面板下方的“新建色板”按钮或拖曳色板到“新建色板”按钮上，均可复制色板。

3．编辑色板

在“色板”面板中选取一个色板，双击色板，可弹出“色板选项”对话框，在对话框中进行需要的设置，单击“确定”按钮即可编辑色板。

单击面板右上方的图标，在弹出的菜单中选择“色板选项”命令也可以编辑色板。

4．删除色板

在“色板”面板中选取一个或多个色板，在“色板”面板下方单击“删除色板”按钮 或将色板直接拖曳到“删除色板”按钮 上，可删除色板。

单击面板右上方的图标，在弹出的菜单中选择“删除色板”命令也可以删除色板。

4.1.6 创建和更改色调

1．通过色板面板添加新的色调色板

在“色板”面板中选取一个色板，如图 4-132 所示。在“色板”面板上方拖曳滑尺或在百分比框中输入需要的数值，如图 4-133 所示。单击面板下方的“新建色板”按钮 ，在面板中生成以基准颜色的名称和色调的百分比为名称的色板，如图 4-134 所示。

图 4-132

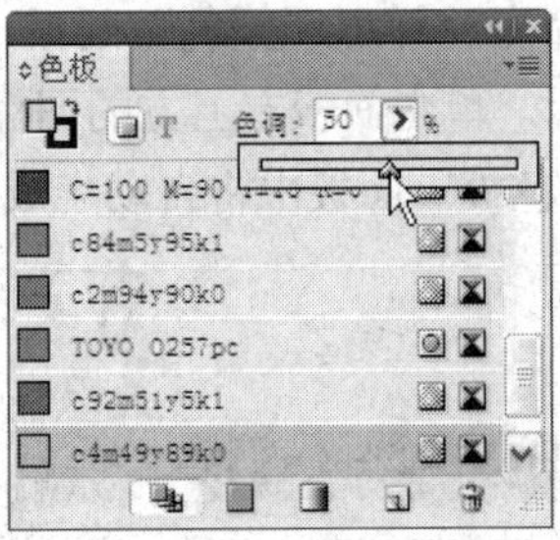

图 4-133

图 4-134

在“色板”面板中选取一个色板，在“色板”面板上方拖曳滑尺到适当的位置，单击右上方的图标，在弹出的菜单中选择“新建色调色板”命令也可以添加新的色调色板。

2．通过颜色面板添加新的色调色板

在“色板”面板中选取一个色板，如图 4-135 所示。在“颜色”面板中拖曳滑尺或在百分比框中输入需要的数值，如图 4-136 所示。单击面板右上方的图标，在弹出的菜单中选择“添加到色板”命令，如图 4-137 所示，在“色板”面板中自动生成新的色调色板，如图 4-138 所示。

图 4-135

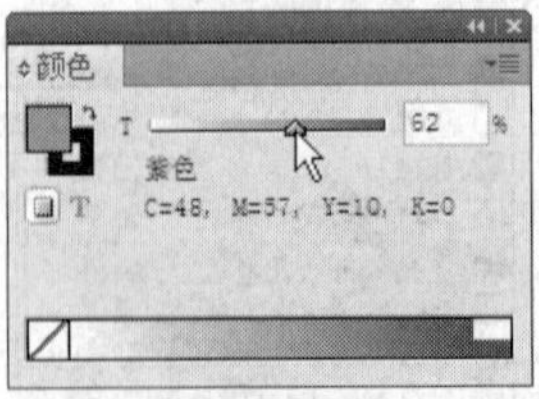

图 4-136

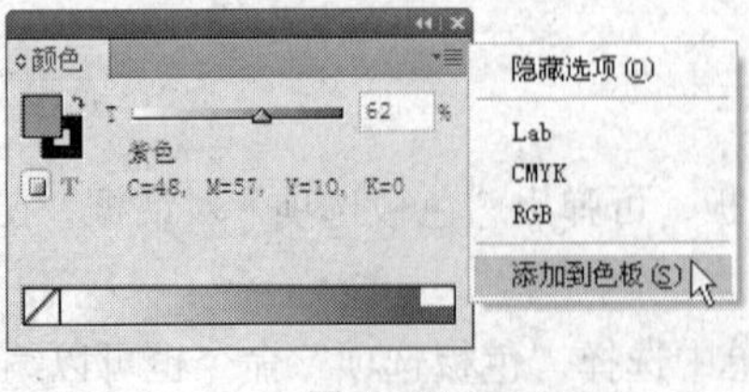

图 4-137

图 4-138

4.1.7　在对象之间拷贝属性

使用吸管工具可以将一个图形对象的属性（如笔画、颜色和透明属性等）拷贝到另一个图形对像，可以快速、准确地编辑属性相同的图形对象。

原图形效果如图 4-139 所示。选择“选择”工具，选取需要的图形。选择“吸管”工具，将光标放在被复制属性的图形上，如图 4-140 所示，单击吸取图形的属性，选取的图形属性发生改变，效果如图 4-141 所示。

当使用“吸管”工具吸取对象属性后，按住<Alt>键，吸管会转变方向并显示为空吸管，表示可以去吸新的属性，不松开<Alt>键，单击新的对象，如图 4-142 所示，吸取新对象的属性，松开鼠标和<Alt>键，效果如图 4-143 所示。

图 4-139

图 4-140

图 4-141

图 4-142

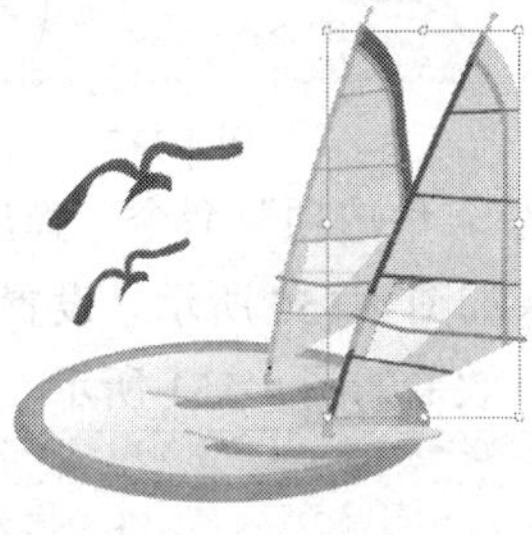
图 4-143

4.2 效果面板

在 InDesign CS5 中，使用“效果”面板可以制作出多种不同的特殊效果。下面具体介绍“效果”面板的使用方法和编辑技巧。

4.2.1　课堂案例——制作 MP3 宣传单

案例学习目标：学习使用绘制图形工具和编辑对象命令绘制图形。

案例知识要点：使用外发光命令为图片添加发光效果，使用字形命令添加装饰字符，使用椭圆工具添加装饰图形。MP3 宣传单效果如图 4-144 所示。

效果所在位置：光盘/Ch04/效果/制作 MP3 宣传单.indd。

图 4-144

1. 绘制背景图形

Step 01 选择“文件 > 新建 > 文档”命令，弹出“新建文档”对话框，如图 4-145 所示。单击“边距和分栏”按钮，弹出“新建边距和分栏”对话框，选项设置如图 4-146 所示。单击“确定”按钮，新建一个页面。选择“视图 > 其他 > 隐藏框架边缘”命令，将所绘制图形的框架边缘隐藏。

图 4-145

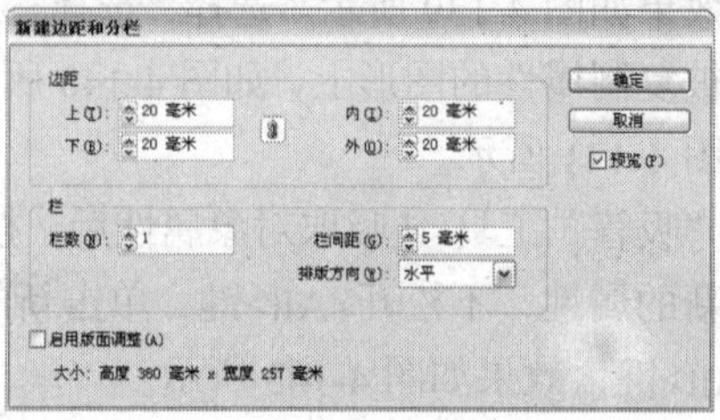
图 4-146

Step 02 选择“矩形”工具，在页面中单击鼠标，弹出“矩形”对话框，选项设置如图 4-147 所示。单击“确定”按钮，得到一个矩形，如图 4-148 所示。

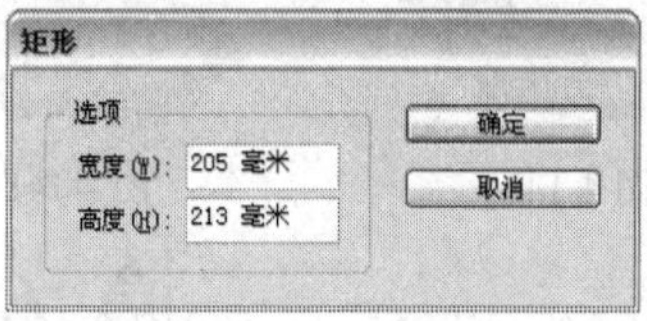

图 4-147

图 4-148

Step 03 选择“对象 > 角选项”命令，弹出“角选项”对话框，选项设置如图 4-149 所示。单击“确定”按钮，效果如图 4-150 所示。设置图形填充色的 CMYK 值为 0、100、100、0，填充图形并设置描边色为无，效果如图 4-151 所示。

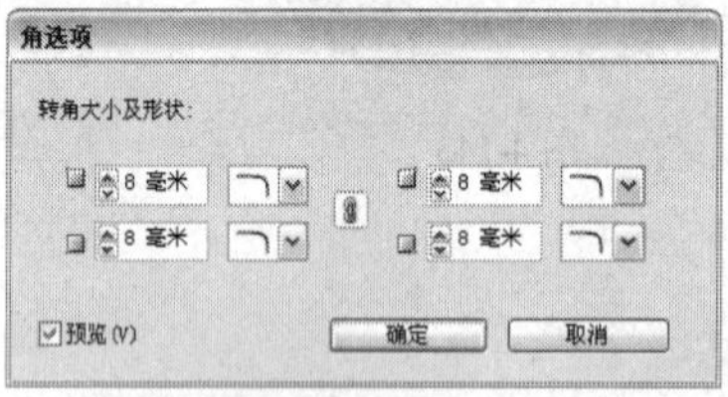
图 4-149

图 4-150

图 4-151

Step 04 单击“控制面板”中的“向选定的目标添加对象效果”按钮，在弹出的菜单中选择“投影”命令，弹出“效果”对话框，选项设置如图 4-152 所示。单击“确定”按钮，效果如图 4-153 所示。

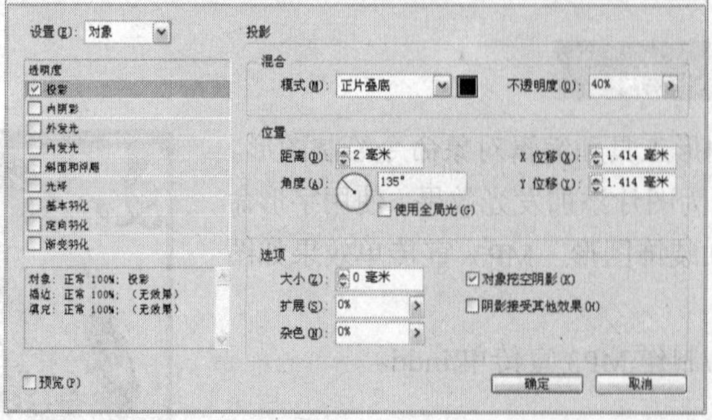
图 4-152

图 4-153

2. 置入图片并添加发光效果

Step 01 按<Ctrl>+<D>组合键，弹出“置入”对话框。选择光盘中的“Ch04 > 素材 > 制作 MP3 宣传单 > 01、02”文件，单击“打开”按钮，分别在页面中单击鼠标，将图片置入到页面中。拖曳图片到适当的位置，选择“自由变换”工具，调整图片的大小，效果如图 4-154 所示。

Step 02 选择“选择”工具，选中人物图片，按<Ctrl+C>组合键复制选取的图片，选择“编辑 > 原位粘贴”命令，将图片原位粘贴。选择“窗口 > 效果”命令，弹出“效果”面板，将“混合模式”设为“叠加”，如图 4-155 所示。按方向键微调图片的位置，效果如图 4-156 所示。按<Ctrl>+<[>组合键，将复制的图片后移一层，效果如图 4-157 所示。

图 4-154

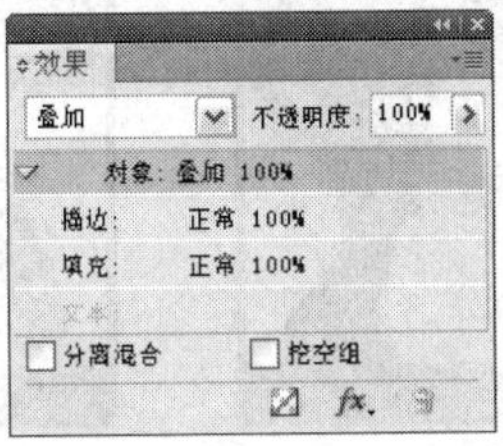

图 4-155

图 4-156

图 4-157

Step 03 选择“钢笔”工具，分别在适当的位置绘制两条白色的曲线。选择“选择”工具，按住<Shift>键的同时，单击需要的曲线将其同时选取，按<Ctrl>+<G>组合键将其编组，在“控制面板”中的“描边粗细”选项 0.283 文本框中输入 2 点，效果如图 4-158 所示。

Step 04 按<Ctrl>+<D>组合键，弹出“置入”对话框，选择光盘中的“Ch04 > 素材 > 制作 MP3 招贴 > 03”文件，单击“打开”按钮，在页面中单击鼠标，将图片置入到页面中。拖曳图片到适当的位置，选择“自由变换”工具，调整图片的大小，在“控制面板”中的“旋转角度”选项 0° 文本框中输入 40，效果如图 4-159 所示。

图 4-158

图 4-159

Step 05 单击“控制面板”中的“向选定的目标添加对象效果”按钮，在弹出的菜单中选择“外发光”命令，弹出“效果”对话框。单击“设置发光颜色”图标□，弹出“效果颜色”对话框，在对话框中选择需要的颜色，如图 4-160 所示。单击“确定”按钮，回到“效果”对话框中，选项设置如图 4-161 所示。单击“确定”按钮，效果如图 4-162 所示。

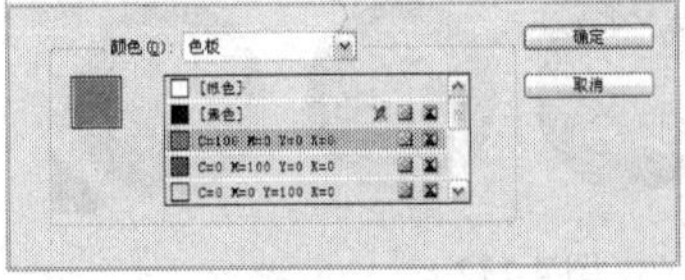

图 4-160

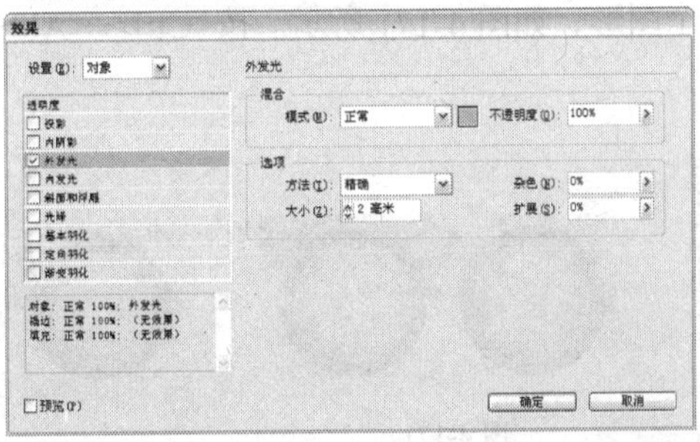

图 4-161

图 4-162

Step 06 按<Ctrl>+<D>组合键，弹出“置入”对话框。选择光盘中的“Ch04 > 素材 > 制作 MP3 宣传单 > 04”文件，单击“打开”按钮，在页面中单击鼠标，将图片置入到页面中。拖曳图片到适当的位置，选择“自由变换”工具，调整图片的大小，如图 4-163 所示。连续按<Ctrl>+<[>组合键，将其置于 MP3 图形的后方，效果如图 4-164 所示。

Step 07 按<Ctrl>+<D>组合键，弹出“置入”对话框。选择光盘中的“Ch04 > 素材 > 制作 MP3 宣传单 > 05”文件，单击“打开”按钮，在页面中单击鼠标，将图片置入到页面中。拖曳图片到适当的位置，选择“自由变换”工具，调整图片的大小，如图 4-165 所示。

图 4-163

图 4-164

图 4-165

3．绘制装饰圆形

Step 01 选择“椭圆”工具，按住 Shift 键的同时，在适当的位置绘制一个圆形。设置图形填充色的 CMYK 值为 0、100、0、0，填充图形并设置描边色为无，如图 4-166 所示。按<Ctrl>+<C>组合键复制图形，选择“编辑 > 原位粘贴”命令，将复制的图形原位粘贴。设置图形填充色的 CMYK 值为 0、69、0、0，填充图形，效果如图 4-167 所示。

Step 02 选择“自由变换”工具，按住<Shift>+<Alt>组合键的同时，向内拖曳鼠标等比例缩小图形，效果如图 4-168 所示。用相同的方法再复制一个图形，设置图形填充色的 CMYK 值为 0、37、0、0，填充图形并调整其大小，效果如图 4-169 所示。

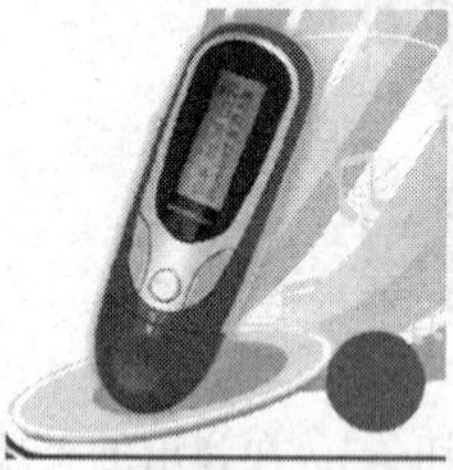
图 4-166

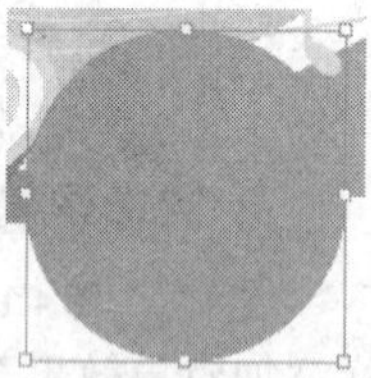
图 4-167

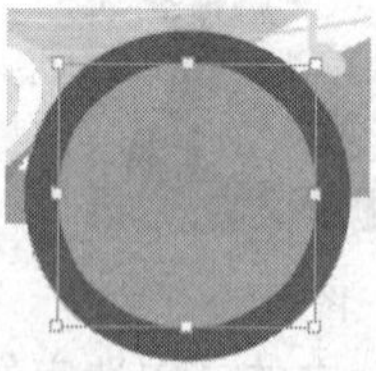
图 4-168

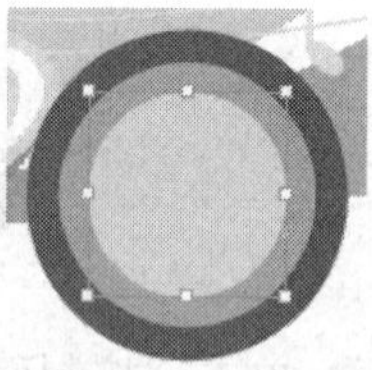
图 4-169

Step 03 选择“选择”工具，按住<Shift>键的同时，单击需要的图形将其同时选取，按<Ctrl>+<G>组合键将其编组，如图 4-170 所示。按<Alt>+<Shift>组合键的同时，水平向右拖曳图形到适当的位置复制一个图形，如图 4-171 所示。按<Ctrl>+<Alt>+<4>组合键，再制出两个图形，效果如图 4-172 所示。

图 4-170

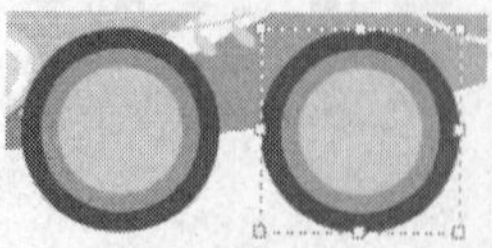
图 4-171

图 4-172

4．添加其他宣传性文字

Step 01 选择“文字”工具 T，分别在适当的位置拖曳文本框，在文本框中输入需要的文字。分别选取文本框中的文字，在“控制面板”中选择合适的字体并设置文字大小，如图 4-173 所示。

图 4-173

Step 02 选择“文字”工具 T，在适当的位置拖曳出一个文本框，在文本框中输入需要的文字。将文字同时选取，在“控制面板”中选择合适的字体并设置文字大小，填充文字为白色，效果如图 4-174 所示。选择“选择”工具，按<Ctrl>+<T>组合键，弹出“字符”面板，在“字符间距”选项 AV 文本框中输入“90”，如图 4-175 所示，效果如图 4-176 所示。

图 4-174

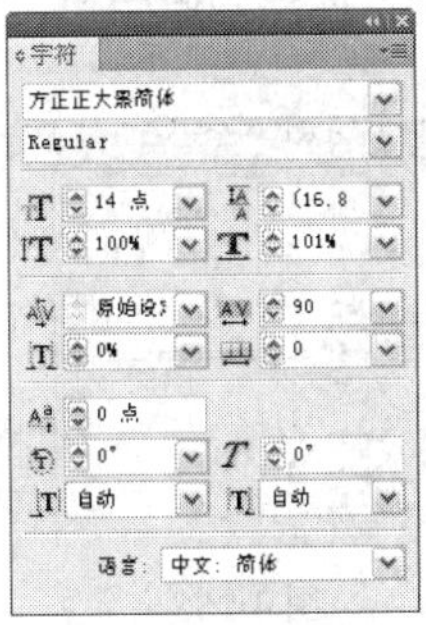

图 4-175

图 4-176

Step 03 选择“椭圆”工具，按住<Shift>键的同时，在适当的位置绘制一个圆形，填充图形为白色并设置描边色为无，效果如图 4-177 所示。选择“选择”工具，按住<Alt>+<Shift>组合键的同时，水平向右拖曳图形到适当的位置复制一个图形，如图 4-178 所示。连续按<Ctrl>+<Alt>+<4>组合键再复制出 4 个图形，效果如图 4-179 所示。

图 4-177

图 4-178

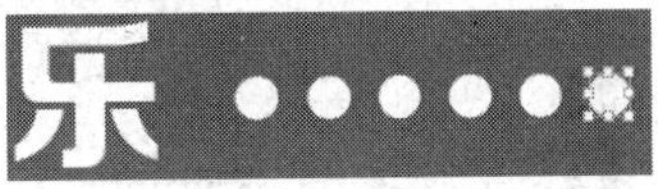

图 4-179

Step 04 选择“文字”工具 T，在适当的位置拖曳出一个文本框，在文本框中输入需要的文字。将输入的文字选取，在“控制面板”中选择合适的字体并设置文字大小，填充文字为白色，效果如图 4-180 所示。

Step 05 选择“文字”工具 T，在页面空白处拖曳出一个文本框。选择“文字 > 字形”命令，弹出“字形”面板，在面板中双击需要的字形，如图 4-181 所示。字形会自动插入到文本框中，效果如图 4-182 所示。

图 4-180

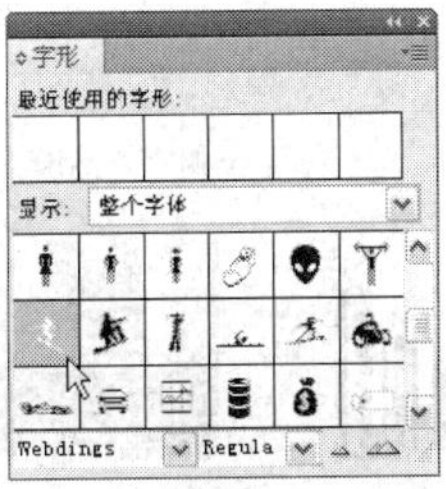

图 4-181

图 4-182

Step 06 选择“选择”工具，按<Ctrl>+<Shift>+<O>组合键创建字形轮廓，填充字形为白色并拖曳字形到适当的位置，选择“自由变换”工具，调整字形的大小，如图 4-183 所示。选择“矩形”工具，在适当的位置绘制一个矩形，设置描边色为白色，在“控制面板”中的“描边粗细”选项 0.283 文本框中输入 3 点，效果如图 4-184 所示。

图 4-183

图 4-184

5．绘制装饰线条

Step 01 选择“直线”工具，按住<Shift>键的同时，在页中绘制一个直线，如图 4-185 所示。在“描边”面板中的“类型”下拉列表中，选择“粗－粗”样式，其他选项的设置如图 4-186 所示，效果如图 4-187 所示。

图 4-185

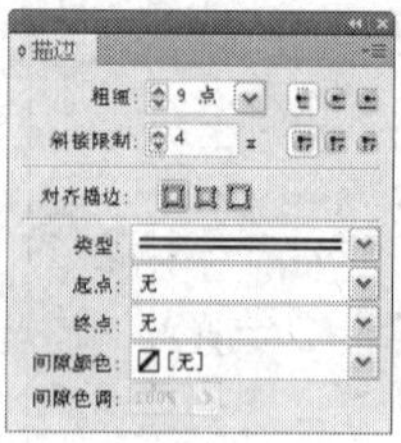

图 4-186

图 4-187

Step 02 选择“选择”工具，选中图形，按住<Alt>键的同时，复制一条直线。选中复制的直线上方的控制点向下拖曳到适当的位置，如图 4-188 所示。在“描边”面板中的“类型”下拉列表中选择“粗－细－粗”样式，其他选项的设置如图 4-189 所示，效果如图 4-190 所示。用相同的方法复制多条直线并设置不同的样式，效果如图 4-191 所示。

图 4-188

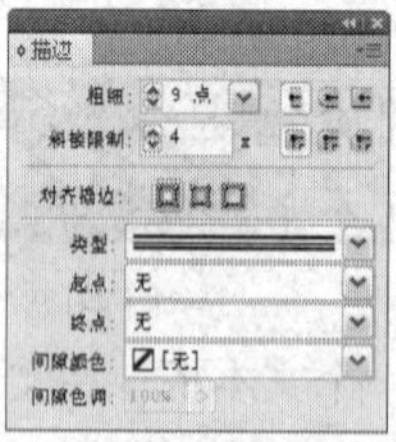

图 4-189

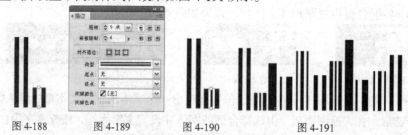

图 4-190

图 4-191

Step 03 选择“选择”工具，用圈选的方法将需要的图形同时选取，按<Ctrl>+<G>组合键将其编组，如图 4-192 所示。拖曳编组图形到适当的位置，选择“自由变换”工具，调整图形的大小，设置描边色为白色，效果如图 4-193 所示。MP3 宣传单制作完成，效果如图 4-194 所示。

图 4-192

图 4-193

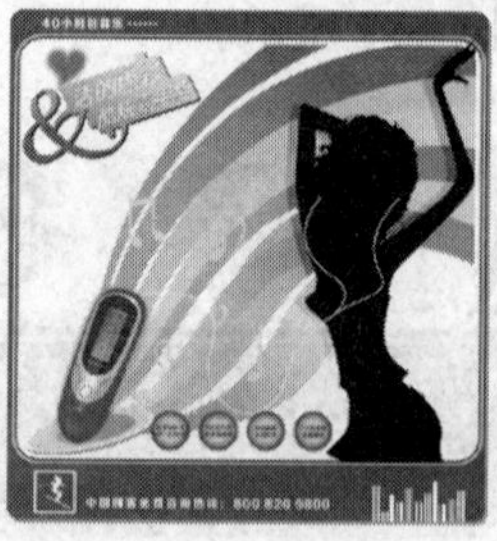

图 4-194

4.2.2 透明度

选择“选择”工具 ，选取需要的图形对象，如图 4-195 所示。选择“窗口 > 效果”命令或按<Ctrl>+<Shift>+<F10>组合键，弹出“效果”面板，在“不透明度”选项中拖曳滑尺或在百分比框中输入需要的数值，“对象：正常”选项的百分比自动显示为设置的数值，如图 4-196 所示。对象的不透明度效果如图 4-197 所示。

图 4-195

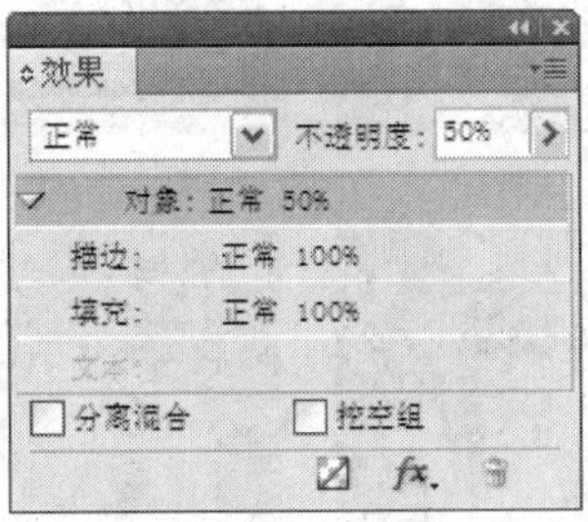

图 4-196

图 4-197

单击“描边：正常 100%”选项，在“不透明度”选项中拖曳滑尺或在百分比框中输入需要的数值，“描边：正常”选项的百分比自动显示为设置的数值，如图 4-198 所示。对象描边的不透明度效果如图 4-199 所示。

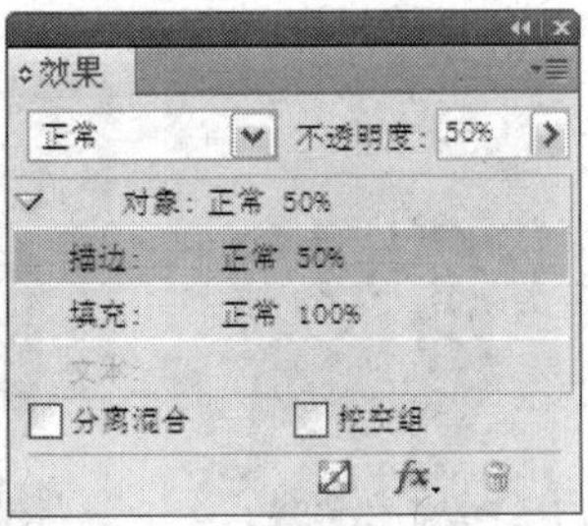

图 4-198

图 4-199

单击“填充：正常 100%”选项，在“不透明度”选项中拖曳滑尺或在百分比框中输入需要的数值，“填充：正常”选项的百分比自动显示为设置的数值，如图 4-200 所示。对象填充的不透明度效果如图 4-201 所示。

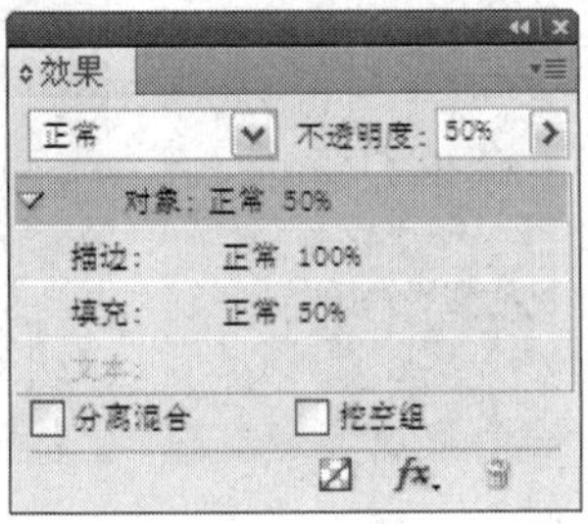

图 4-200

图 4-201

4.2.3 混合模式

使用混合模式选项可以在两个重叠对象间混合颜色，更改上层对象与底层对象间颜色的混合方式。使用混合模式制作出的效果如图 4-202 所示。

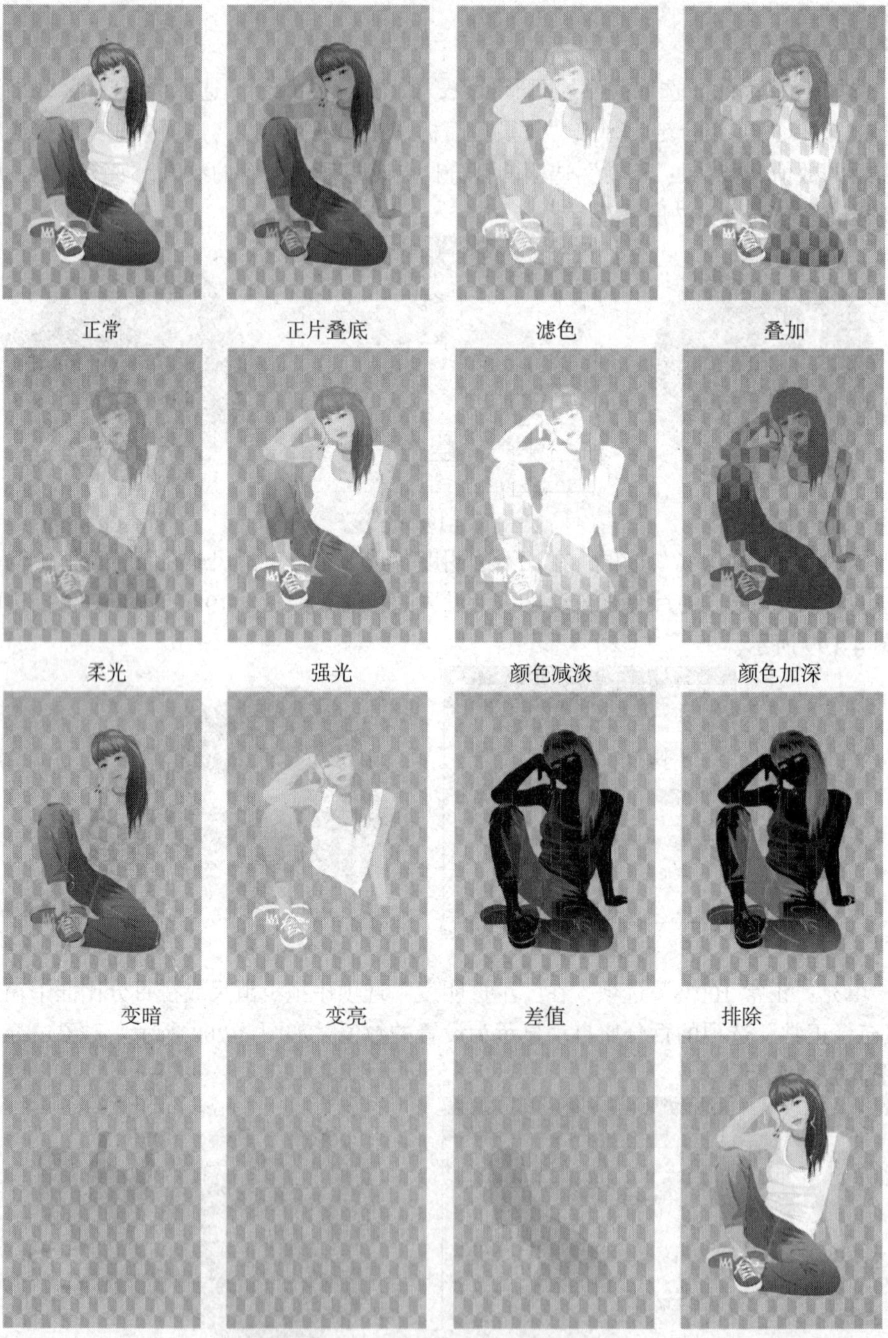

图 4-202

4.2.4 特殊效果

特殊效果用于向选定的目标添加特殊的对象效果，使图形对象产生变化。单击“效果”面板下方的“向选定的目标添加对象效果”按钮 fx，在弹出的菜单中选择需要的命令，如图 4-203 所示。为对象添加不同的效果，如图 4-204 所示。

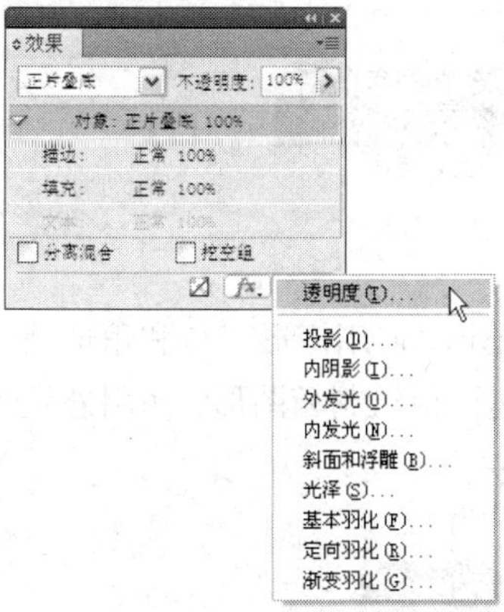

图 4-203

透明度

投影

内阴影

外发光

内发光

斜面和浮雕

光泽

基本羽化

定向羽化

渐变羽化

图 4-204

4.2.5　清除效果

选取应用效果的图形，在“效果”面板中单击“清除所有效果并使对象变为不透明”按钮，清除对象应用的效果。

选择“对象 > 效果”命令或单击“效果”面板右上方的图标，在弹出的菜单中选择“清除效果”命令，可以清除图形对象的特殊效果；单击“清除全部透明度”命令，可以清除图形对象应用的所有效果。

4.3 课堂练习——绘制新年贺卡

练习知识要点：使用椭圆工具和基本羽化命令绘制装饰图形，使用矩形工具和角选项命令绘制树图形，使用投影命令添加图片的投影，使用钢笔工具和描边面板绘制云图形，使用外发光命令添加文字的白色发光效果，效果如图 4-205 所示。

效果所在位置：光盘/Ch04/效果/绘制新年贺卡.indd。

图 4-205

4.4 课后习题——制作食品标签

习题知识要点：使用钢笔工具和渐变色板工具绘制装饰图形，使用矩形工具、描边面板制作装饰边框，使用文字工具、钢笔工具制作路径文字效果，使用置入命令、矩形工具添加并编辑图片，使用文字工具、渐变色板工具添加标题及说明性文字，效果如图 4-206 所示。

效果所在位置：光盘/Ch04/效果/制作食品标签.indd。

图 4-206

第5章 编辑文本

InDesign CS5 具有强大的编辑和处理文本功能。通过本章的学习，读者可以了解并掌握应用 InDesign CS5 处理文本的方法和技巧，为在排版工作中快速处理文本打下良好的基础。

【教学目标】

- 编辑文本及文本框。
- 文本效果。

5.1 编辑文本及文本框

在 InDesign CS5 中，所有的文本都位于文本框内，通过编辑文本及文本框可以快捷地进行排版操作。下面具体介绍编辑文本及文本框的方法和技巧。

5.1.1 课堂案例——制作茶叶宣传册封面

案例学习目标：学习使用文字工具和使框架适合内容命令制作茶叶宣传册封面。

案例知识要点：使用文字工具创建文本框，并输入需要的文字；使用使框架适合内容命令调整文字的文本框为合适的大小；使用置入命令和对齐命令制作图片对齐效果。茶叶宣传册封面效果如图 5-1 所示。

效果所在位置：光盘/Ch05/效果/制作茶叶宣传册封面.indd。

图 5-1

1．制作宣传册背景效果

Step 01 选择“文件 > 新建 > 文档”命令，弹出“新建文档”对话框，如图 5-2 所示。单击“边距和分栏”按钮，弹出如图 5-3 所示的对话框，单击“确定”按钮，新建一个页面。选择“视图 > 其他 > 隐藏框架边缘”命令，将所绘制图形的框架边缘隐藏。

图 5-2

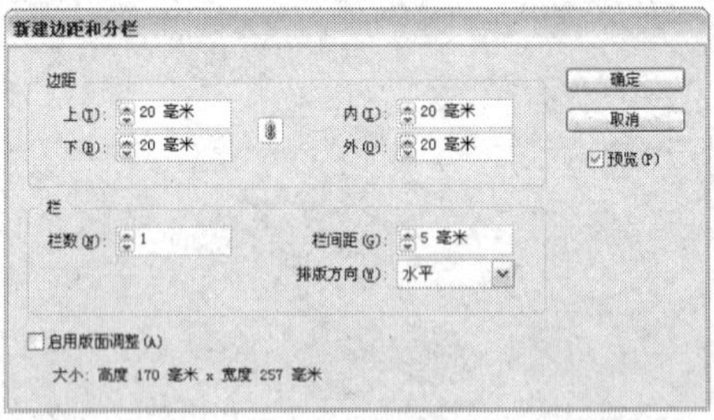

图 5-3

Step 02 选择“矩形”工具，在页面中适当的位置绘制一个矩形，如图 5-4 所示。选择“添加锚点”工具，在矩形右上角的适当位置单击鼠标左键添加一个锚点，效果如图 5-5 所示。选择“直接选择”工具，拖曳右上角的锚点到适当的位置，效果如图 5-6 所示。

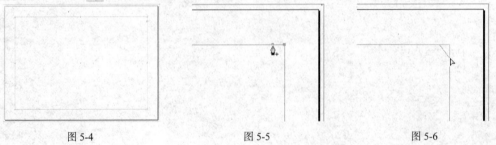

图 5-4

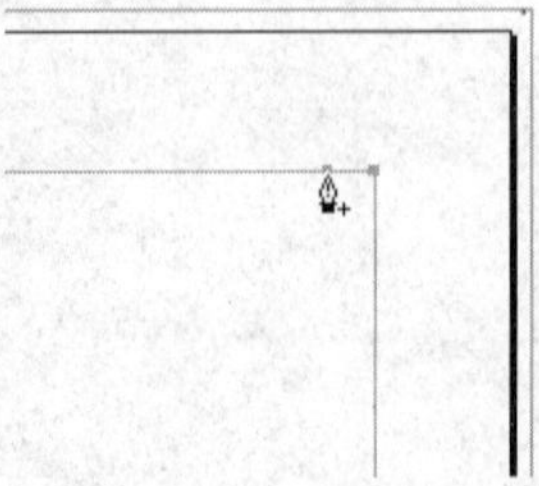

图 5-5

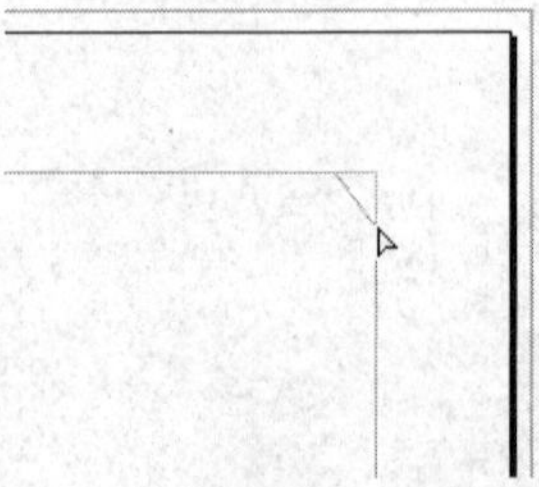

图 5-6

Step 03 保持图形的选取状态，设置填充色的 CMYK 值为 0、47、100、0，填充矩形，并设置描边色为无，效果如图 5-7 所示。

Step 04 选择“选择”工具，单击页面左侧的标尺，按住鼠标左键不放，向右拖曳出一条垂直的辅助线。在“控制面板”中将“X”位置选项设置为 148.5 毫米，如图 5-8 所示。在页面空白处单击，页面效果如图 5-9 所示。

图 5-7

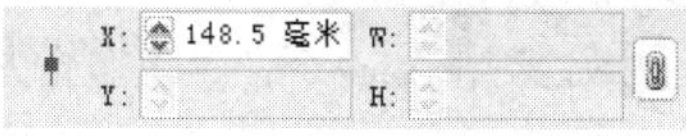

图 5-8

图 5-9

Step 05 选择“文字”工具，在页面中拖曳一个文本框，输入需要的文字。将输入的文字选取，在“控制面板”中选择合适的字体并设置文字大小，填充文字为白色，效果如图 5-10 所示。选择“选择”工具，按<Shift>+<Ctrl>+<O>组合键创建文字轮廓，效果如图 5-11 所示。在“控制面板”中的“不透明度”100%选项中设置数值为 17%，按<Enter>键确认操作，效果如图 5-12 所示。

图 5-10

图 5-11

图 5-12

2．添加并编辑图片

Step 01 选择“矩形”工具，在页面中适当的位置绘制 3 个矩形。选择“选择”工具，按住<Shift>键的同时，将 3 个矩形同时选取，设置填充色的 CMYK 值为 0、0、100、0，填充矩形为黄色，并设置描边色为无。取消选取状态，效果如图 5-13 所示。

Step 02 按<Ctrl>+<D>组合键，弹出“置入”对话框，选择光盘中的“Ch05 > 素材 > 制作茶叶宣传册封面 > 01、02、03”文件，单击“打开”按钮，分别在页面中单击置入图片，并分别调整其大小和位置，效果如图 5-14 所示。

图 5-13

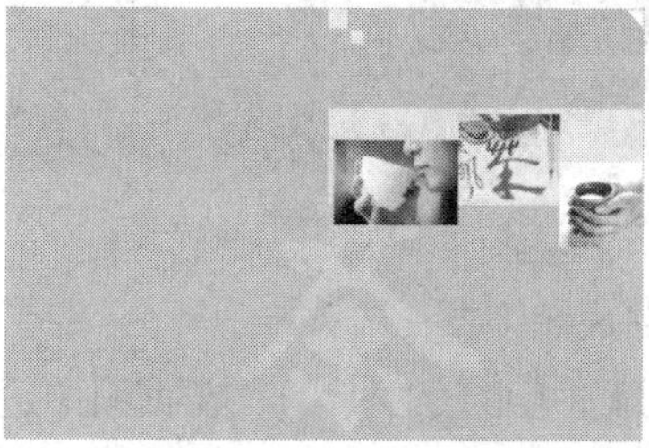
图 5-14

Step 03 选择“选择”工具，按住<Shift>键的同时，单击置入的图片将其同时选取，如图 5-15 所示。按<Shift>+<F7>组合键，弹出“对齐”面板，单击“垂直居中对齐”按钮，如图 5-16 所示，效果如图 5-17 所示。按<Ctrl>+<G>组合键将其编组。

Step 04 选择“选择”工具，按住<Shift>键的同时，单击黄色矩形，将其与编组图形同时选取，在“对齐”面板中单击“右对齐”按钮、“顶对齐”按钮和“垂直居中对齐”按钮，对齐效果如图 5-18 所示。

图 5-15

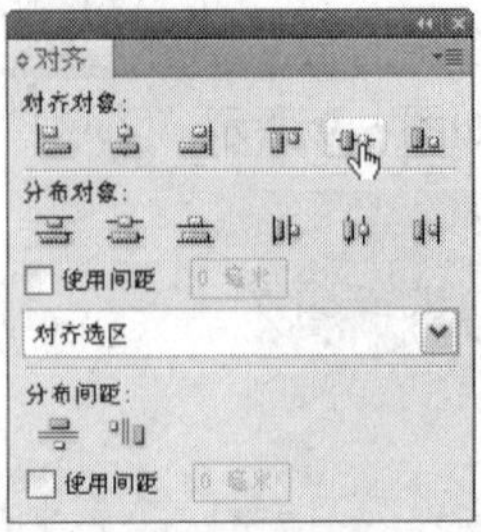

图 5-16

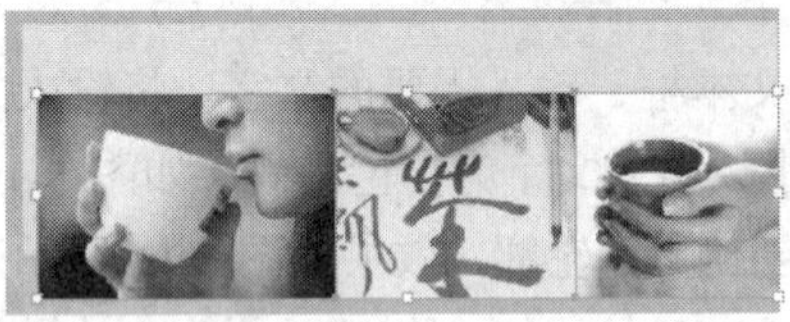

图 5-17

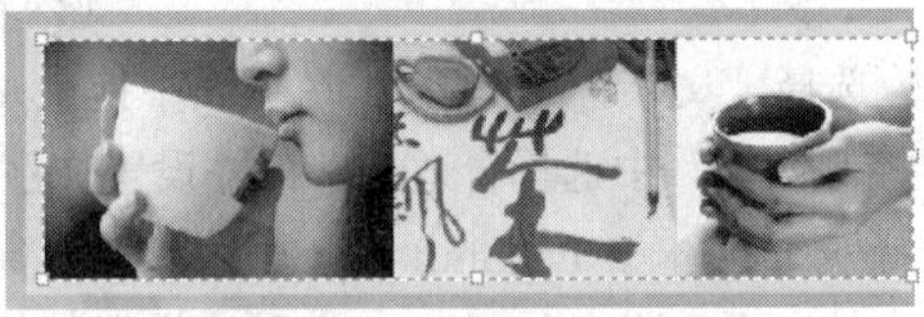

图 5-18

Step 05 打开光盘中的“Ch05 > 素材 > 制作茶叶宣传册封面 > 04”文件，按<Ctrl>+<A>组合键将其全选，按<Ctrl>+<C>组合键复制选取的图形，返回到 InDesign 页面中，按<Ctrl>+<V>组合键，将其粘贴到页面中并拖曳到适当的位置，调整其大小并填充图形为白色，效果如图 5-19 所示。

Step 06 选择“文字”工具，在页面中拖曳出一个文本框，输入需要的文字。将输入的文字选取，在“控制面板”中选择合适的字体并设置文字大小，填充文字为白色，效果如图 5-20 所示。

图 5-19

图 5-20

Step 07 保持文字的选取状态，选择“对象 > 适合 > 使框架适合内容”命令，使文本框适合文字，如图 5-21 所示。使用相同的方法输入需要的文字，并填充文字为白色，效果如图 5-22 所示。

图 5-21

图 5-22

3．制作封底装饰框

Step 01 选择“矩形”工具，在页面中适当的位置绘制一个矩形。设置填充色的 CMYK 值为 0、0、100、0，填充矩形为黄色，并设置描边色为无，效果如图 5-23 所示。

Step 02 选择“对象 > 角选项”命令，在弹出的对话框中进行设置，如图 5-24 所示。单击“确定”按钮，效果如图 5-25 所示。

图 5-23

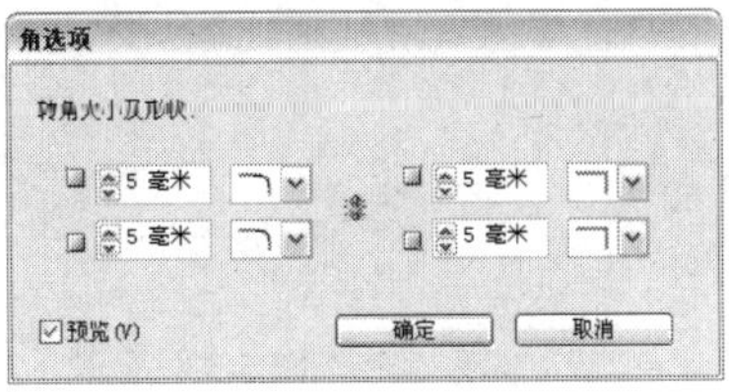

图 5-24

图 5-25

4．添加说明性文字

Step 01 选择“文字”工具T，在页面中拖曳出一个文本框，输入需要的文字。将输入的文字选取，在“控制面板”中选择合适的字体并设置文字大小，填充文字为白色。取消选取状态，效果如图 5-26 所示。使用相同的方法在页面中的适当位置输入需要的黑色文字，效果如图 5-27 所示。

Step 02 按<Ctrl>+<D>组合键，弹出“置入”对话框，选择光盘中的“Ch05 > 素材 > 制作茶叶宣传册封面 > 05”文件，单击“打开”按钮，在页面中单击置入图片。选择“选择”工具，调整图片的大小及位置，效果如图 5-28 所示。

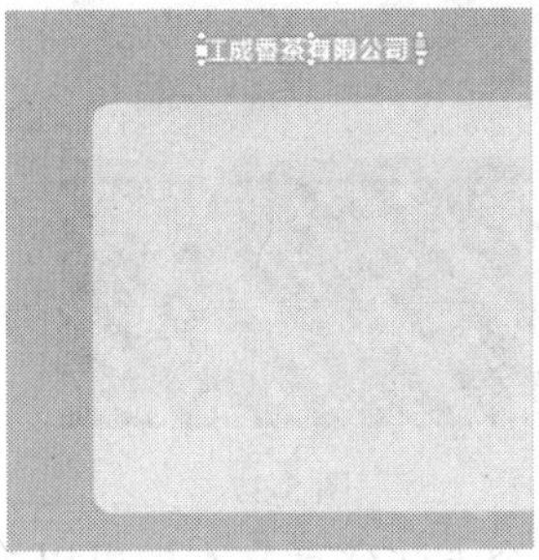

图 5-26

图 5-27

图 5-28

Step 03 选择“窗口 > 文本绕排”命令，弹出“文本绕排”面板，单击“沿对象形状绕排”按钮，选项设置如图 5-29 所示，按<Enter>键确认操作，效果如图 5-30 所示。在空白页面中单击，取消图形的选取状态，茶叶宣传册封面制作完成，效果如图 5-31 所示。

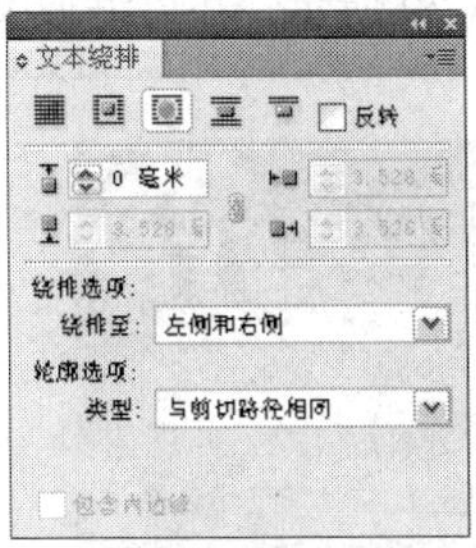

图 5-29

图 5-30

图 5-31

5.1.2　使用文本框

1．创建文本框

选择“文字”工具T，在页面中适当的位置单击并按住鼠标左键不放，拖曳出一个文本框，如图 5-32 所示。松开鼠标左键，文本框中会出现插入点光标，如图 5-33 所示。在拖曳时按住<Shift>键，可以拖曳出一个正方形的文本框，如图 5-34 所示。

图 5-32

图 5-33

图 5-34

2．移动和缩放文本框

选择“选择”工具，直接拖曳文本框至需要的位置。

使用“文字”工具，按住<Ctrl>键的同时，将光标置于已有的文本框上，光标变为选择工具，如图 5-35 所示。单击并拖曳文本框至适当的位置，如图 5-36 所示。松开鼠标左键和<Ctrl>键，被移动的文本框处于选取状态，如图 5-37 所示。

图 5-35

图 5-36

图 5-37

在文本框中编辑文本时，也可按住<Ctrl>键移动文本框。用这个方法移动文本框可以不用切换工具，也不会丢失当前的文本插入点或选中的文本。

选择“选择”工具，选取需要的文本框，拖曳文本框上的任何控制手柄，可缩放文本框。

选择“文字”工具，按住<Ctrl>键，将光标置于要缩放的文本上，将自动显示该文本的文本框，如图 5-38 所示。拖曳文本框上的控制手柄到适当的位置，如图 5-39 所示，并可缩放文本框，效果如图 5-40 所示。

图 5-38

图 5-39

图 5-40

提示： 选择“选择”工具，选取需要的文本框，按住<Ctrl>键或选择“缩放”工具，可缩放文本框及文本框中的文本。

5.1.3　添加文本

1．输入文本

选择“文字”工具T，在页面中适当的位置拖曳鼠标创建文本框，当松开鼠标左键时，文本框中会出现插入点光标，直接输入文本即可。

选择“选择”工具或选择“直接选择”工具，在已有的文本框内双击，文本框中会出现插入点光标，直接输入文本即可。

2．粘贴文本

可以从 InDesign 文档或是从其他应用程序中粘贴文本。当从其他程序中粘贴文本时，通过设置“编辑 > 首选项 > 剪贴板处理”命令弹出的对话框中的选项，决定 Indesign 是否保留原来的格式，以及是否将用于文本格式的任意样式都添加到段落样式面板中。

3．置入文本

选择“文件 > 置入”命令，弹出“置入”对话框。在“查找范围”选项的下拉列表中选择要置入的文件所在的位置并单击文件名，如图 5-41 所示。单击“打开”按钮，在适当的位置拖曳鼠标置入文本，效果如图 5-42 所示。

图 5-41

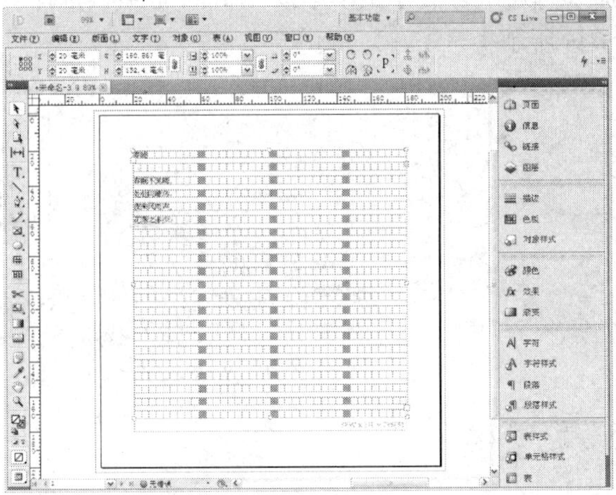

图 5-42

在“置入”对话框中，各复选框介绍如下。

勾选“显示导入选项”复选框：显示出包含所置入文件类型的导入选项对话框。单击“打开”按钮，弹出“导入选项”对话框，设置需要的选项。单击“确定”按钮，即可置入文本。

勾选“替换所选项目”复选框：置入的文本将替换当前所选文本框的内容。单击“打开”按钮，可置入替换所有项目的文本。

勾选“创建静态题注”复选框：置入图片时会自动生成题注。

勾选“应用网格格式”复选框：置入的文本将自动嵌套在网格中。单击“打开”按钮，可置入嵌套与网格中的文本。

如果没有指定接收文本框，光标会变为载入文本图符，单击或拖动鼠标可置入文本。

4．使框架适合文本

选择“选择”工具，选取需要的文本框，如图 5-43 所示。选择“对象 > 适合 > 使框架适合内容”命令，可以使文本框适合文本，效果如图 5-44 所示。

图 5-43

图 5-44

如果文本框中有过剩文本，可以使用“使框架适合内容”命令自动扩展文本框的底部来适应文本内容。但若文本框是串接的一部分，便不能使用此命令扩展文本框。

5.1.4 串接文本框

文本框中的文字可以独立于其他的文本框，或是在相互连接的文本框中流动。相互连接的文本框可以在同一个页面或跨页，也可以在不同的页面。文本串接是指在文本框之间连接文本的过程。

选择“视图 > 显示文本串接”命令，选择“选择”工具，选取任意文本框，显示文本串接，如图 5-45 所示。

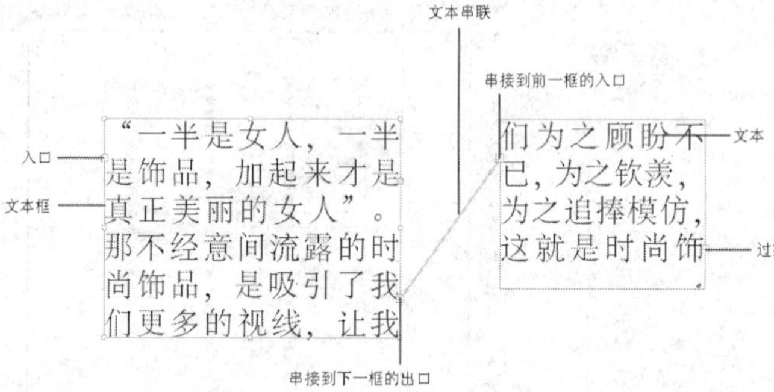

图 5-45

1．创建串接文本框

选择“选择”工具，选取需要的文本框，如图 5-46 所示。单击它的出口调出加载文本图符，在文档中适当的位置拖曳出新的文本框，如图 5-47 所示。松开鼠标左键，创建串接文本框，过剩的文本自动流入新创建的文本框中，效果如图 5-48 所示。

图 5-46

图 5-47

图 5-48

选择“选择”工具，将鼠标置于要创建串接的文本框的出口，如图 5-49 所示。单击调出加载文本图符，将其置于要连接的文本框之上，加载文本图符变为串接图符，如图 5-50 所示。单击创建两个文本框间的串接，效果如图 5-51 所示。

图 5-49

图 5-50

图 5-51

2．取消文本框串接

选择“选择”工具，单击一个与其他框串接的文本框的出口（或入口），如图 5-52 所示。出现加载图符后，将其置于文本框内，使其显示为解除串接图符，如图 5-53 所示，单击该文本框，取消文本框之间的串接，效果如图 5-54 所示。

图 5-52

图 5-53

图 5-54

选择“选择”工具，选取一个串接文本框，双击该文本框的出口，可取消文本框之间的串接。

3．手工或自动排文

在置入文本或是单击文本框的出入口后，光标会变为载入文本图符，就可以在页面上排文了。当载入文本图符位于辅助线或网格的捕捉点时，黑色的光标变为白色图符。

选择“选择”工具，单击文本框的出口，光标会变为载入文本图符，拖曳到适当的位置，如图 5-55 所示。单击创建一个与栏宽等宽的文本框，文本自动排入框中，效果如图 5-56 所示。

图 5-55

图 5-56

选择“选择”工具，单击文本框的出口，如图 5-57 所示，光标会变为载入文本图符。按住<Alt>键，光标会变为半自动排文图符，将其拖曳到适当的位置，如图 5-58 所示。单击创建一个与栏宽等宽的文本框，文本排入框中，如图 5-59 所示。不松开<Alt>键，重复在适当的位置单击，可继续置入过剩的文本，效果如图 5-60 所示。松开<Alt>键后，光标会自动变为载入文本图符。

图 5-57

图 5-58

图 5-59

图 5-60

选择“选择”工具，单击文本框的出口，光标会变为载入文本图符。按住<Shift>键的同时，光标会变为自动排文图符，拖曳其到适当的位置，如图 5-61 所示。单击鼠标左键，自动创建与栏宽等宽的多个文本框，效果如图 5-62 所示。若文本超出文档页面，将自动新建文档页面，直到所有的文本都排入文档中。

图 5-61

图 5-62

> **提示**：单击进行自动排文本时，光标变为载入文本图符后，按住<Shift>+<Alt>组合键，光标会变为固定页面自动排文图符。在页面中单击排文时，将所有文本都自动排列到当前页面中，但不添加页面，任何剩余的文本都将成为溢流文本。

5.1.5　设置文本框属性

选择"选择"工具，选取一个文本框，如图 5-63 所示。选择"对象 > 文本框架选项"命令，弹出"文本框架选项"对话框，如图 5-64 所示。设置需要的数值可改变文本框属性。

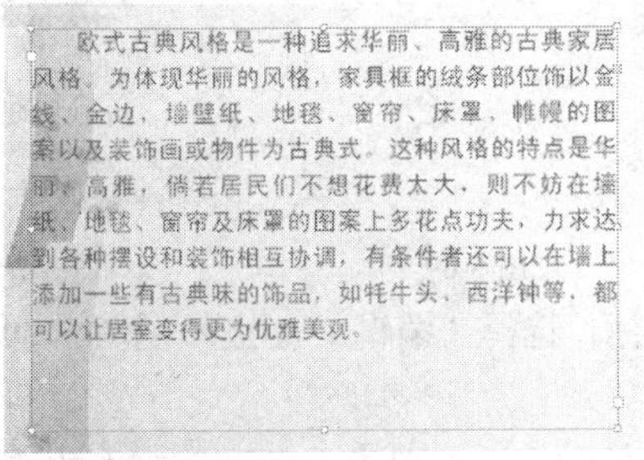

图 5-63

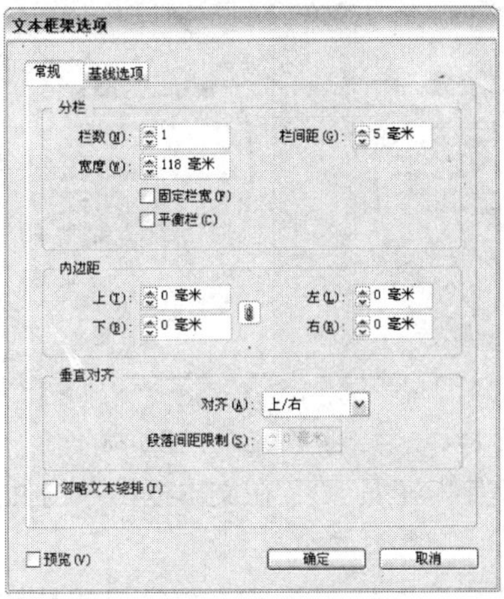

图 5-64

设置"分栏"选项组中的"栏数"、"栏间距"和"宽度"选项，如图 5-65 所示。单击"确定"按钮，效果如图 5-66 所示。

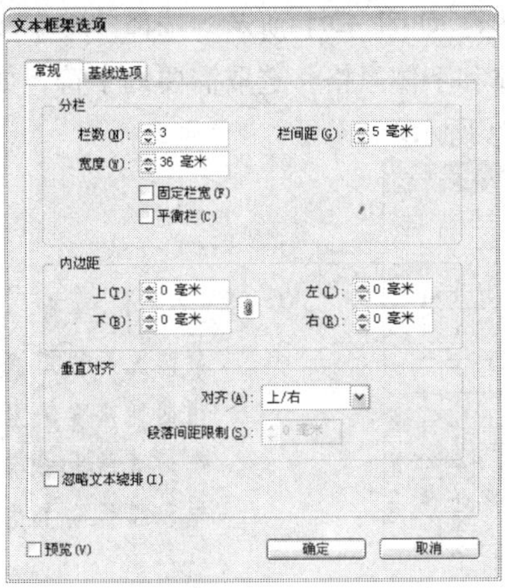

图 5-65

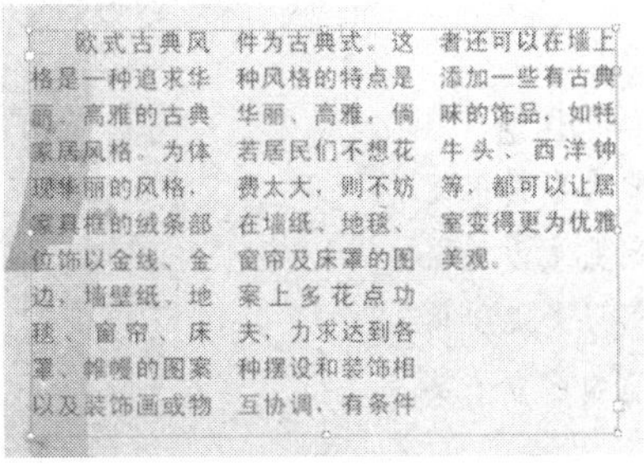

图 5-66

"固定栏宽"复选框：指在改变文本框大小时是否保持栏宽不变。

"内边距"选项组：设置文本框上、下、左、右边距的偏离值。

"垂直对齐"选项组中的"对齐"选项设置文本框与文本的对齐方式，包括上/右、居中、下/左和对齐。

5.1.6 编辑文本

1．选取文本

选择“文字”工具 T，在文本框中单击并拖曳鼠标，选取需要的文本后，松开鼠标左键，选取文本。

选择“文字”工具 T，在文本框中单击插入光标，双击可选取在任意标点符号间的文字，如图 5-67 所示；三击可选取一行文字，如图 5-68 所示；四击可选取整个段落，如图 5-69 所示；五击可选取整个文章，如图 5-70 所示。

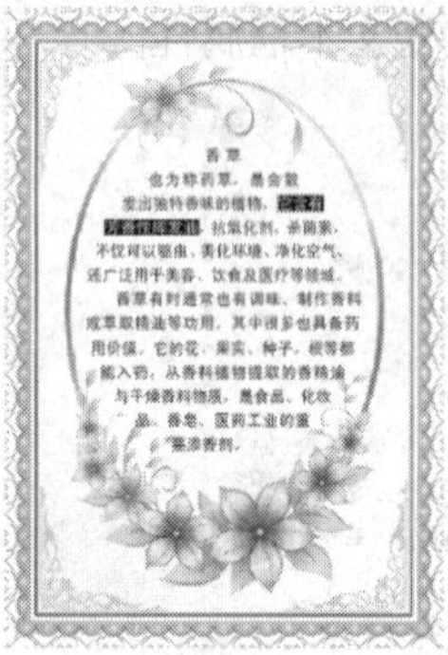

图 5-67

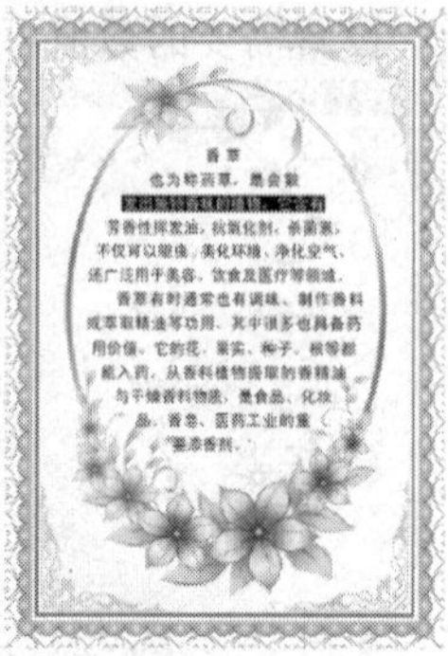

图 5-68

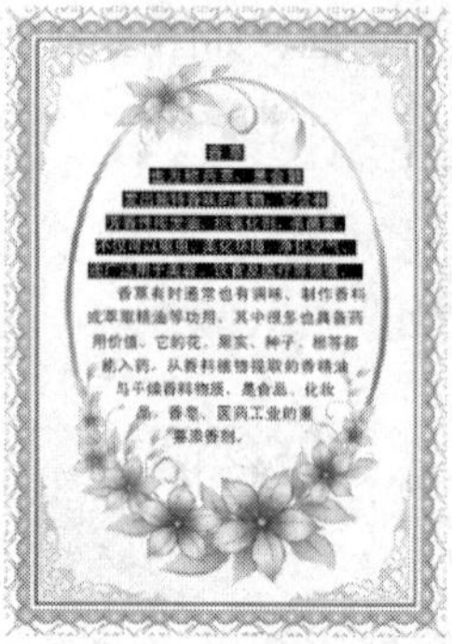

图 5-69

图 5-70

选择“文字”工具 T，在文本框中单击插入光标，选择“编辑 > 全选”命令，可选取文章中的所有文本。

选择“文字”工具 T，在文档窗口或是粘贴板的空白区域单击，可取消文本的选取状态。

单击选取工具或选择“编辑 > 全部取消选取”命令，可取消文本的选取状态。

2．插入字形

选择“文字”工具 T，在文本框中单击插入光标，如图 5-71 所示。选择“文字 > 字形”命令，弹出“字形”面板，在面板下方设置需要的字体和字体风格，选取需要的字符，如图 5-72 所示。双击字符图标在文本中插入字形，效果如图 5-73 所示。

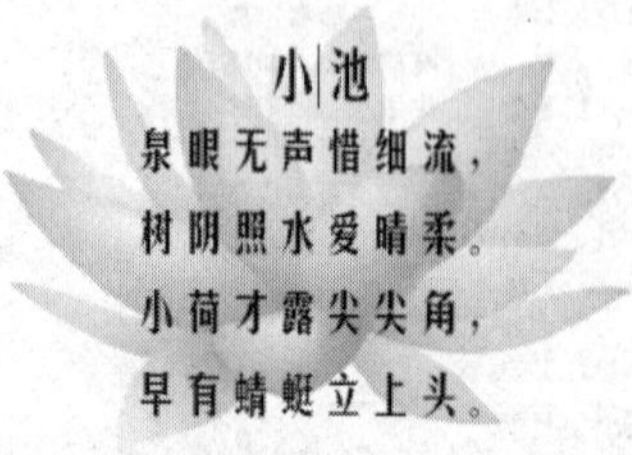

图 5-71

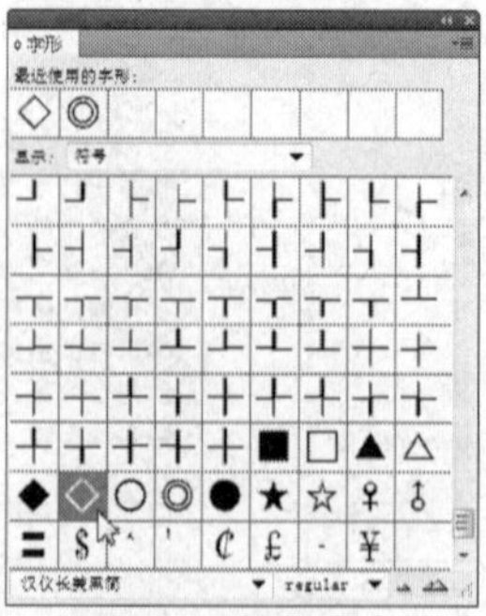

图 5-72

图 5-73

5.1.7 随文框

1．创建随文框

选择“选择”工具 ↖，选取需要的图形，如图 5-74 所示。按<Ctrl>+<X>组合键（或按<Ctrl>+<C>

组合键）剪切（或复制）图形。选择“文字”工具T，在文本框中单击插入光标，如图 5-75 所示。按<Ctrl>+<V>组合键创建随文框，效果如图 5-76 所示。

图 5-74

图 5-75

图 5-76

选择“文字”工具T，在文本框中单击插入光标，如图 5-77 所示。选择“文件 > 置入”命令，在弹出的对话框中选取要导入的图形文件，单击“打开”按钮，创建随文框，效果如图 5-78 所示。

图 5-77

图 5-78

提示：随文框是将框贴入或置入文本，或是将字符转换为外框。随文框可以包含文本或图形，可以用文字工具选取。

2．移动随文框

选择“文字”工具T，选取需要移动的随文框，如图 5-79 所示。在“控制面板”中的“基线偏移”选项 0 点 中输入需要的数值，如图 5-80 所示。取消选取状态，随文框的移动效果如图 5-81 所示。

图 5-79

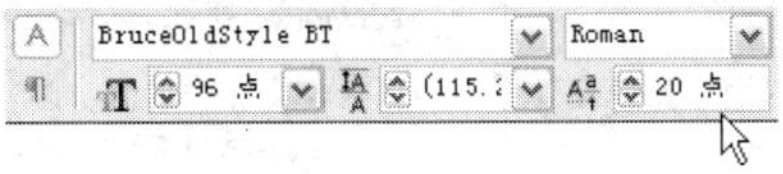

图 5-80

图 5-81

选择“文字”工具T，选取需要移动的随文框，如图 5-82 所示。在“控制面板”中的“字符间距”选项 0 中输入需要的数值，如图 5-83 所示。取消选取状态，随文框的移动效果如图 5-84 所示。

图 5-82

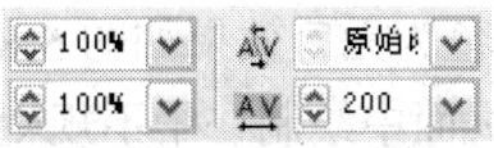

图 5-83

图 5-84

选择“选择”工具或“直接选择”工具，选取随文框，沿与基线垂直的方向向上（或向下）拖曳，可移动随文框。不能沿水平方向拖曳随文框，也不能将框底拖曳至基线以上或是将框顶拖曳至基线以下。

3．清除随文框

选择“选择”工具或“直接选择”工具，选取随文框，选择“编辑 > 清除”命令或按<Delete>键或按<Backspace>键，即可清除随文框。

5.2 文本效果

在 InDesign CS5 中，提供了多种方法制作文本效果，包括文本绕排、路径文字和从文本创建路径。下面具体介绍制作文本效果的方法和技巧。

5.2.1 课堂案例——制作茶叶宣传册内页

案例学习目标：学习使用文字工具、文本绕排面板和路径文字工具制作茶叶宣传册内页效果。

案例知识要点：使用钢笔工具和路径文字工具制作路径文字。使用文字工具、置入命令和文本绕排面板制作文本绕图效果。茶叶宣传册内页效果如图 5-85 所示。

效果所在位置：光盘/Ch05/效果/制作茶叶宣传册内页.indd。

图 5-85

1．制作背景效果

Step 01 选择“文件 > 新建 > 文档”命令，弹出“新建文档”对话框，如图 5-86 所示。单击“边距和分栏”按钮，弹出如图 5-87 所示的对话框，单击“确定”按钮，新建一个页面。选择“视图 > 其他 > 隐藏框架边缘”命令，将所绘制图形的框架边缘隐藏。

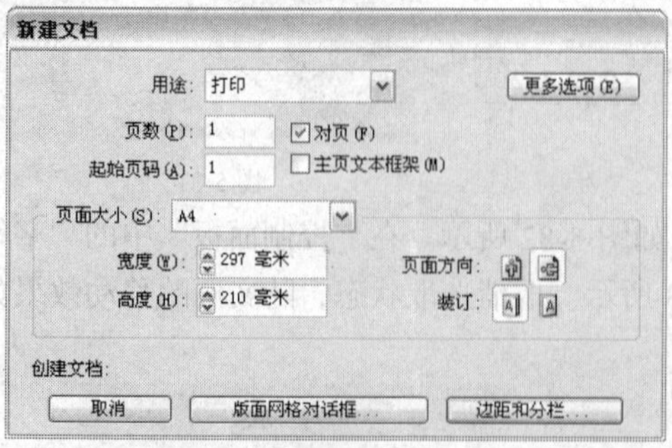

图 5-86

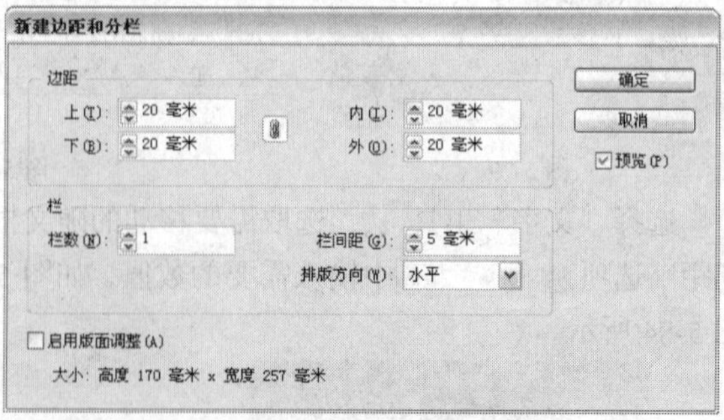

图 5-87

Step 02 选择“矩形”工具，在页面中适当的位置绘制一个矩形。设置填充色的 CMYK 值为 0、0、10、0，填充矩形，并设置描边色为无，效果如图 5-88 所示。

Step 03 选择“钢笔”工具，在页面中绘制一个不规则图形，如图 5-89 所示。设置图形填充色的 CMYK 值为 0、47、100、0，填充矩形，并设置描边色为无，效果如图 5-90 所示。

图 5-88

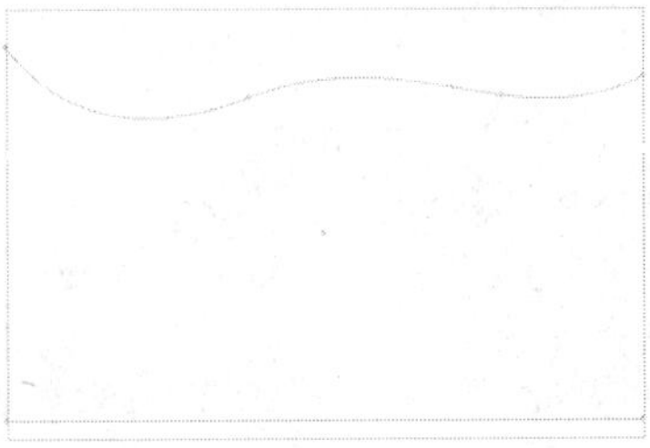

图 5-89

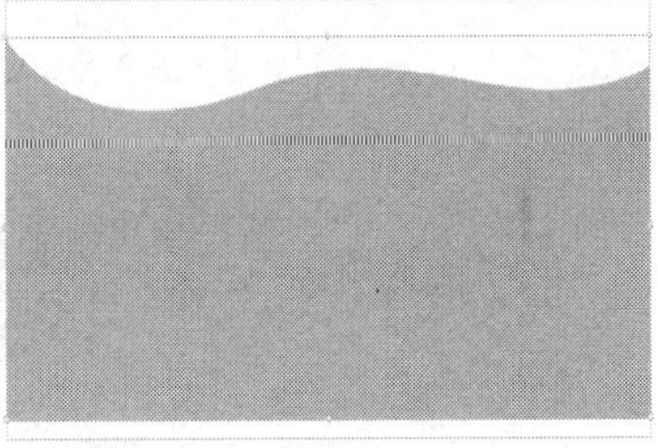

图 5-90

Step 04 打开光盘中的“Ch05 > 素材 > 制作茶叶宣传册内页 > 01”文件，按<Ctrl>+<A>组合键将其全选，按<Ctrl>+<C>组合键复制选取的图形。返回到 InDesign 页面中，按<Ctrl>+<V>组合键，将其粘贴到页面中，并拖曳到适当的位置，调整其大小并填充图形为白色，效果如图 5-91 所示。

Step 05 选择“文字”工具 T，在页面中拖曳出一个文本框，输入需要的文字。将输入的文字选取，在“控制面板”中选择合适的字体并设置文字大小，填充文字为白色，效果如图 5-92 所示。

图 5-91

图 5-92

Step 06 在打开的 01 素材文件中，选取并复制所有图形，然后返回到 InDesign 页面中，按<Ctrl>+<V>组合键，将其粘贴到页面中。选择“选择”工具，将其拖曳到适当的位置并调整其大小，如图 5-93 所示。选择“文字”工具 T，在页面中拖曳出一个文本框，输入需要的文字。将输入的文字选取，在“控制面板”中选择合适的字体并设置文字大小，取消选取状态，效果如图 5-94 所示。

图 5-93

图 5-94

2．添加路径文字

Step 01 选择“钢笔”工具，在页面中绘制一条路径，如图 5-95 所示。选择“路径文字”工具，将鼠标移动到路径边缘，当鼠标指针变为图标时，如图 5-96 所示。单击鼠标左键在路径上插入光标，输入需要的文字，如图 5-97 所示。

图 5-95

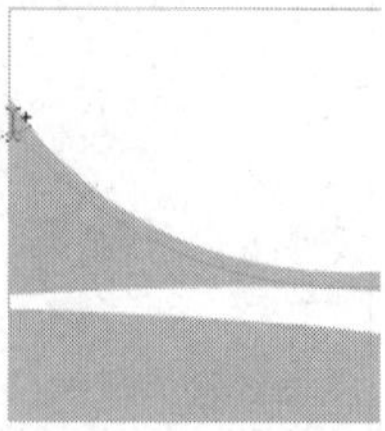

图 5-96

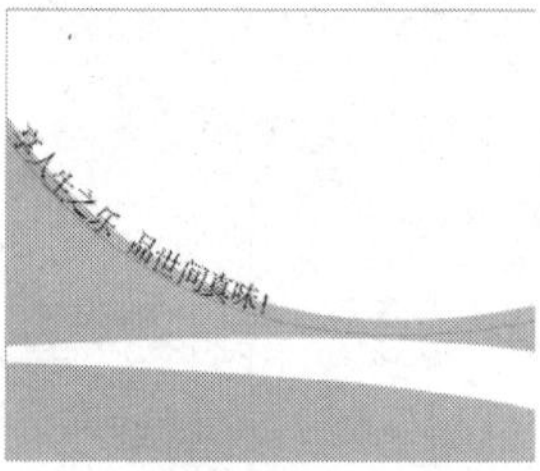

图 5-97

Step 02 选择“路径文字”工具，将输入的文字选取。在“控制面板”中选择合适的字体并分别设置文字大小，效果如图 5-98 所示。选取文字，在“控制面板”中将“字符间距调整”选项设为 280，效果如图 5-99 所示。

图 5-98

图 5-99

Step 03 选择“选择”工具，选取路径文字，将光标置于路径文字的起始线处，光标变为图标，如图 5-100 所示。拖曳起始线至需要的位置，如图 5-101 所示。松开鼠标，效果如图 5-102 所示。设置路径描边色为无，效果如图 5-103 所示。

图 5-100

图 5-101

图 5-102

图 5-103

3．制作文本绕图

Step 01 选择“文字”工具，在页面中拖曳出两个文本框，输入需要的文字。分别选择合适的字体并设置文字大小，填充文字为白色，然后取消选取状态，效果如图 5-104 所示。

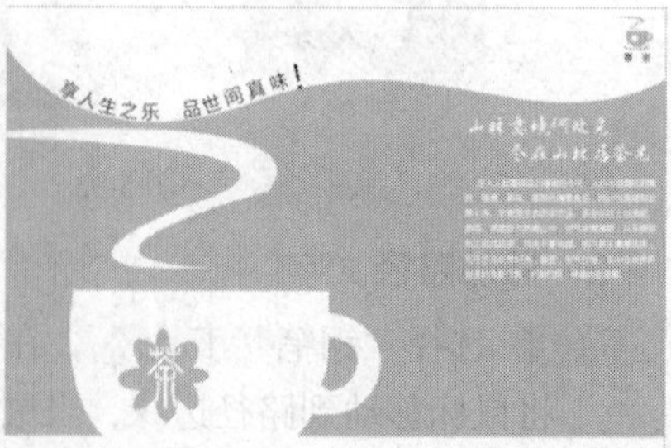

图 5-104

Step 02 选择“矩形”工具，在页面中绘制一个矩形，填充矩形为白色，效果如图 5-105 所示。按<Ctrl>+<D>组合键，弹出“置入”对话框，选择光盘中的“Ch05 > 素材 > 制作茶叶宣传册内页 > 02、03、04、05、06”文件，单击“打开”按钮，在页面中分别单击鼠标左键置入图片。选择“选择”工具，适当调整图片的大小和位置，效果如图 5-106 所示。

图 5-105

图 5-106

Step 03 使用相同方法再绘制一个白色矩形，按<Ctrl>+<D>组合键，弹出“置入”对话框，选择光盘中的“Ch05 > 素材 > 制作茶叶宣传册内页 > 07”文件，单击“打开”按钮，在页面中单击鼠标左键置入图片。选择“选择”工具，适当调整图片的大小，并将其移至适当的位置，效果如图 5-107 所示。

Step 04 选择“选择”工具，按住<Shift>键同时，将矩形和图片同时选取，按<Ctrl>+<G>组合键将其编组。选择选择“窗口 > 文本绕排”命令，弹出“文本绕排”面板，单击“沿对象形状绕排”按钮，选项的设置如图 5-108 所示，效果如图 5-109 所示。在空白页面中单击，取消图形的选取状态，茶叶宣传册封面制作完成，效果如图 5-110 所示。

图 5-107

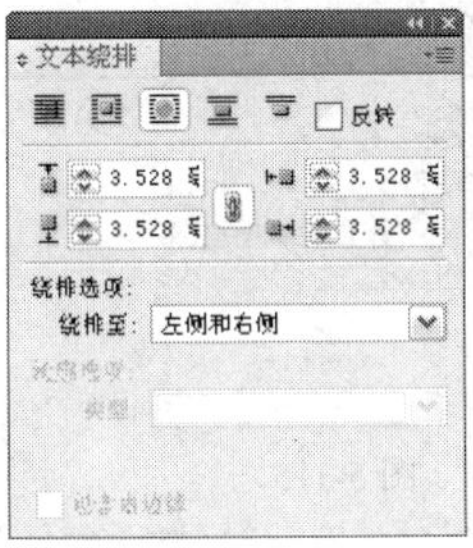

图 5-108

图 5-109

图 5-110

5.2.2 文本绕排

1. 文本绕排面板

选择“选择”工具，选取需要的图形，如图 5-111 所示。选择“窗口 > 文本绕排”命令，弹出“文本绕排”面板，如图 5-112 所示。单击需要的绕排按钮，制作出的文本绕排效果如图 5-113 所示。

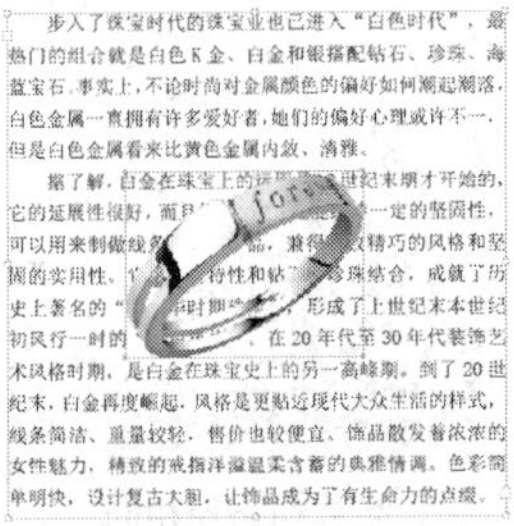

图 5-111

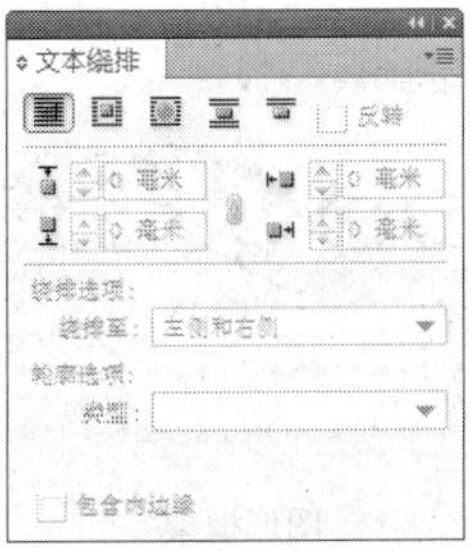

图 5-112

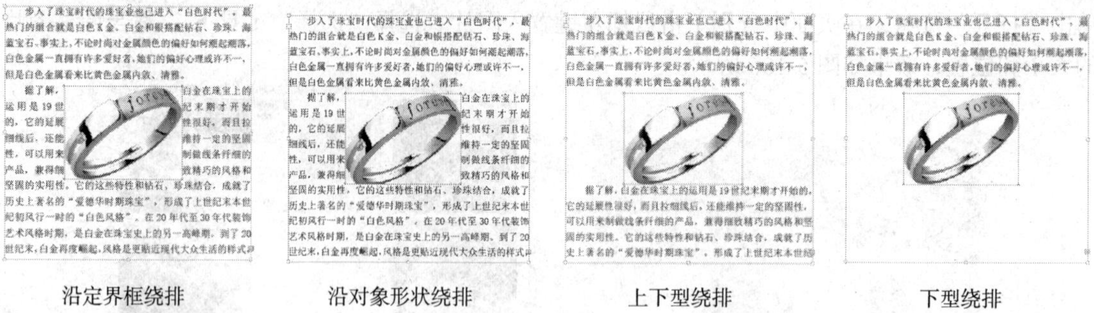

图 5-113

在绕排位移参数中输入正值，绕排将远离边缘；若输入负值，绕排边界将位于框架边缘内部。

2. 沿对象形状绕排

当选取“沿对象形状绕排”时，“轮廓选项”被激活，可对绕排轮廓“类型”进行选择。这种绕排形式通常是针对导入的图形来绕排文本。

选择“选择”工具，选取导入的图形，如图 5-114 所示。在“文本绕排”面板中单击“沿对象形状绕排”按钮，在“类型”选项中选择需要的命令，如图 5-115 所示，文本绕排效果如图 5-116 所示。

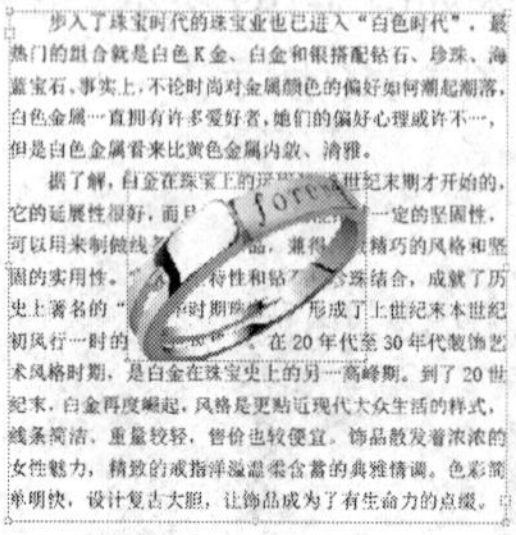

图 5-114

图 5-115

图 5-116

勾选“包含内边缘”复选框，如图 5-117 所示，使文本显示在导入的图形的内边缘，效果如图 5-118 所示。

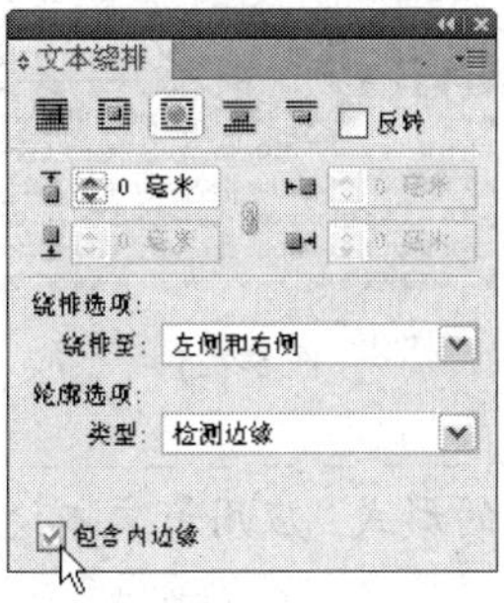

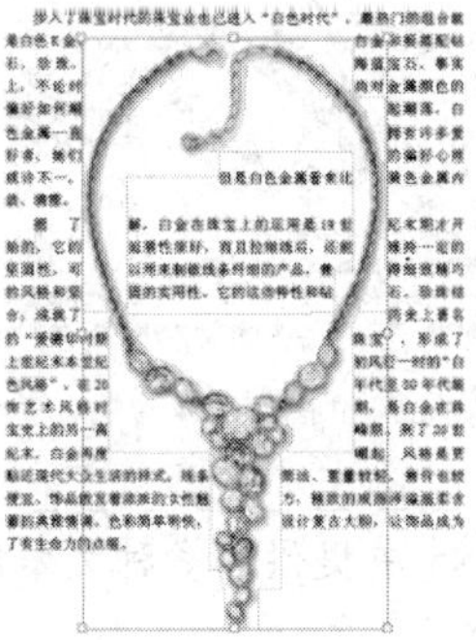

图 5-117　　　　图 5-118

3．反转文本绕排

选择“选择”工具，选取一个绕排对象，如图 5-119 所示。选择“窗口 > 文本绕排”命令，弹出“文本绕排”面板，设置需要的数值，勾选“反转”复选框，如图 5-120 所示，效果如图 5-121 所示。

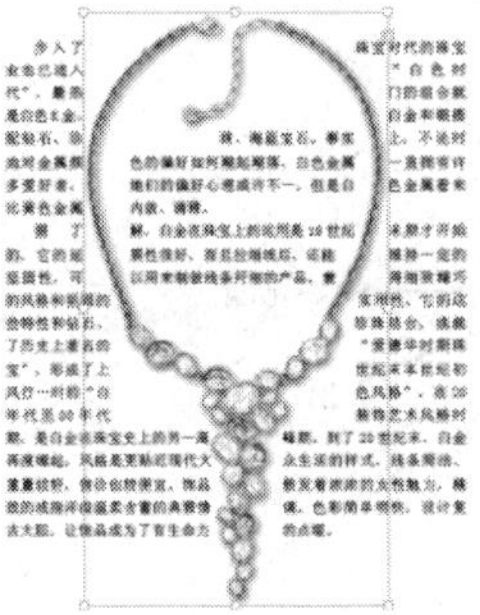

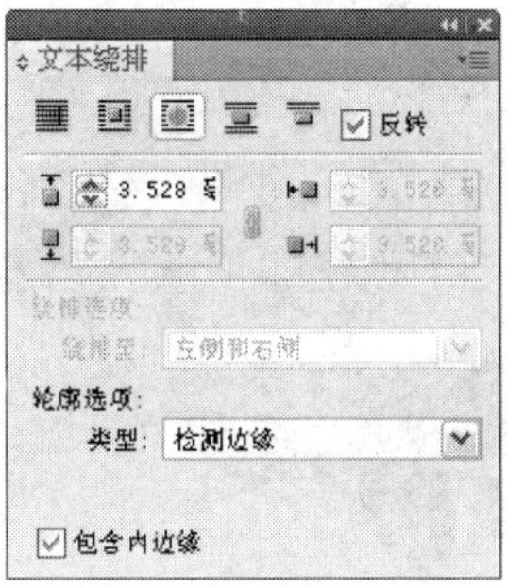

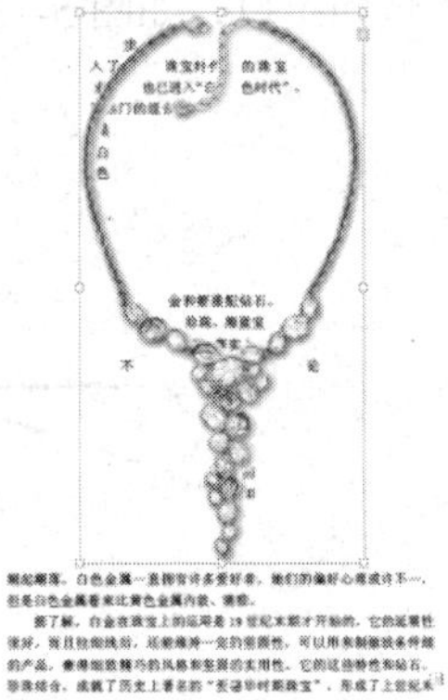

图 5-119　　　　图 5-120　　　　图 5-121

4．改变文本绕排的形状

选择“直接选择”工具，选取一个绕排对象，如图 5-122 所示。使用“钢笔”工具在路径上添加锚点，按住<Ctrl>键，单击选取需要的锚点，如图 5-123 所示，将其拖曳至需要的位置，如图 5-124 所示。用相同的方法将其他需要的锚点拖曳到适当的位置，改变文本绕排的形状，效果如图 5-125 所示。

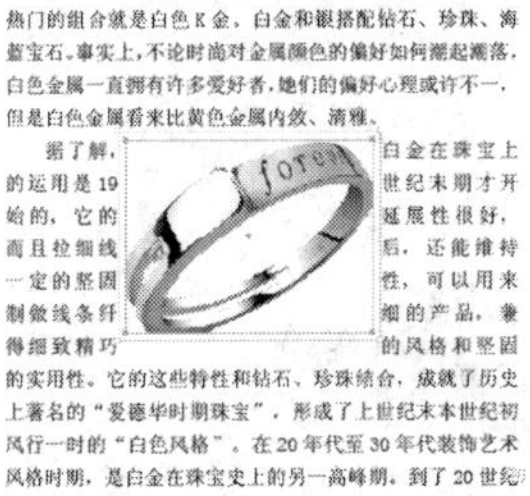

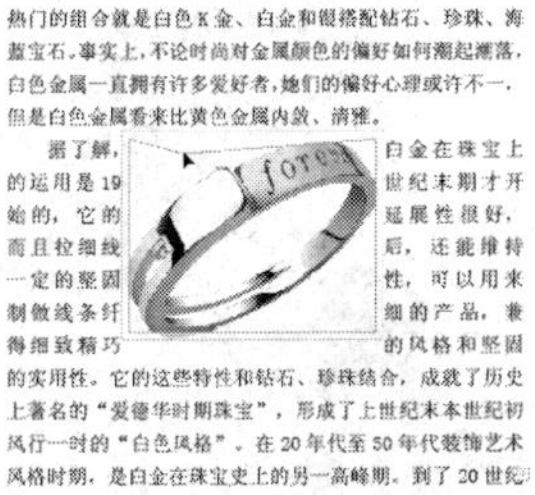

图 5-122　　　　图 5-123

步入了珠宝时代的珠宝业也已进入“白色时代”，最热门的组合就是白色 K 金、白金和银搭配钻石、珍珠、海蓝宝石。事实上，不论时尚对金属颜色的偏好如何潮起潮落，白色金属一直拥有许多爱好者，她们的偏好心理或许不一，但是白色金属看来比黄色金属内敛、清雅。

据了解，白金在珠宝上的运用是 19 世纪末期才开始的，它的延展性很好，而且拉细线后，还能维持一定的坚固性，可以用来制做线条纤细的产品，兼得细致精巧的风格和坚固的实用性。它的这些特性和钻石、珍珠结合，成就了历史上著名的“爱德华时期珠宝”，形成了上世纪末本世纪初风行一时的“白色风格”。在 20 年代至 30 年代装饰艺术风格时期，是白金在珠宝史上的另一高峰期。到了 20 世纪

图 5-124

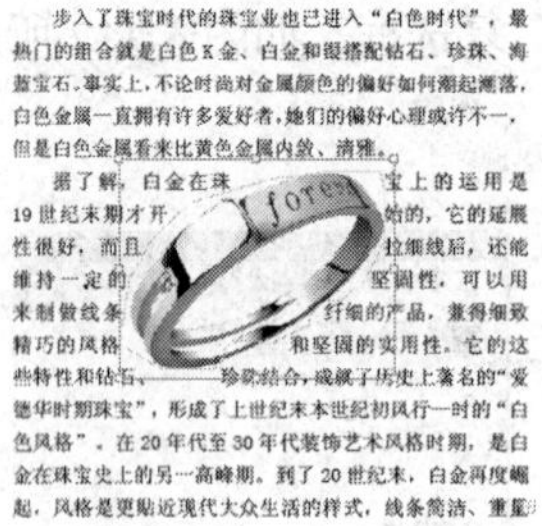

步入了珠宝时代的珠宝业也已进入“白色时代”，最热门的组合就是白色 K 金、白金和银搭配钻石、珍珠、海蓝宝石。事实上，不论时尚对金属颜色的偏好如何潮起潮落，白色金属一直拥有许多爱好者，她们的偏好心理或许不一，但是白色金属看来比黄色金属内敛、清雅。

据了解，白金在珠宝上的运用是 19 世纪末期才开始的，它的延展性很好，而且拉细线后，还能维持一定的坚固性，可以用来制做线条纤细的产品，兼得细致精巧的风格和坚固的实用性。它的这些特性和钻石、珍珠结合，成就了历史上著名的“爱德华时期珠宝”，形成了上世纪末本世纪初风行一时的“白色风格”。在 20 年代至 30 年代装饰艺术风格时期，是白金在珠宝史上的另一高峰期。到了 20 世纪末，白金再度崛起，风格是更贴近现代大众生活的样式，线条简洁、重量

图 5-125

提示：在 InDesign CS5 中提供了多种文本绕图的形式。应用好文本绕图可以使设计制作的杂志或报刊更加生动美观。

5.2.3 路径文字

使用“路径文字”工具和“垂直路径文字”工具，在创建文本时，可以将文本沿着一个开放或闭合路径的边缘进行水平或垂直方向排列，路径可以是规则或不规则的。路径文字和其他文本框一样有入口和出口，如图 5-126 所示。

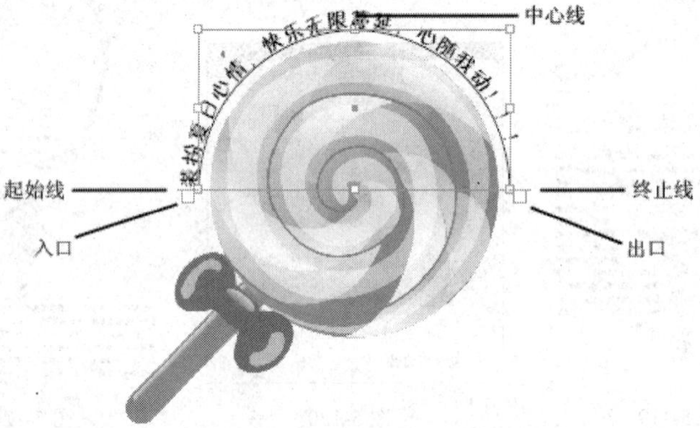

图 5-126

1．创建路径文字

选择“钢笔”工具，绘制一条路径，如图 5-127 所示。选择“路径文字”工具，将光标定位于路径上方，光标变为图标，如图 5-128 所示。在路径上单击插入光标，如图 5-129 所示。输入需要的文本，效果如图 5-130 所示。

图 5-127

图 5-128

图 5-129

图 5-130

提示： 若路径是有描边的，在添加文字之后会保持描边。要隐藏路径，用选取工具或是直接选择工具选取路径，将填充和描边颜色都设置为无即可。

2．编辑路径文字

选择“选择”工具，选取路径文字，如图 5-131 所示。将光标置于路径文字的起始线（或终止线）处，直到光标变为图标，拖曳起始线（或终止线）至需要的位置，如图 5-132 所示。松开鼠标，改变路径文字的起始线位置，而终止线位置保持不变，效果如图 5-133 所示。

图 5-131

图 5-132

图 5-133

选择“选择”工具，选取路径文字，如图 5-134 所示。将光标置于路径文字的中心线处，直到光标变为图标，拖曳中心线至需要的位置，如图 5-135 所示。松开鼠标，起始线和终止线的位置都发生改变，效果如图 5-136 所示。

图 5-134

图 5-135

图 5-136

选择“选择”工具，选取路径文字，如图 5-137 所示。选择“文字 > 路径文字 > 选项”命令，弹出“路径文字选项”对话框，如图 5-138 所示。

图 5-137

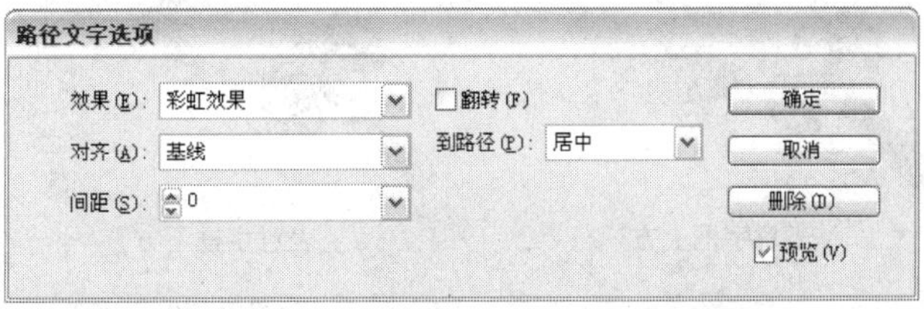

图 5-138

在“效果”选项中分别设置不同的效果，如图 5-139 所示。

彩虹效果　　倾斜

3 D 带状效果　　阶梯效果　　重力效果

图 5-139

“效果”选项不变（以彩虹效果为例），在“对齐”选项中分别设置不同的对齐方式，效果如图 5-140 所示。

全角字框上方　　居中　　全角字框下方

表意字框上方　　表意字框下方　　基线

图 5-140

“对齐”选项不变（以基线对齐为例），可以在“对齐到”选项中设置上、下或居中 3 种对齐参照，如图 5-141 所示。

上　　下　　居中

图 5-141

“间距”是调整字符沿弯曲较大的曲线或锐角散开时的补偿，对于直线上的字符没有作用。“间距”选项可以是正值，也可以是负值。分别设置需要的数值，效果如图 5-142 所示。

0　　负值　　正值

图 5-142

选择“选择”工具，选取路径文字，如图 5-143 所示。将光标置于路径文字的中心线处，直到光标变为图标，拖曳中心线至内部，如图 5-144 所示。松开鼠标，效果如图 5-145 所示。

图 5-143

图 5-144

图 5-145

选择“文字 > 路径文字 > 选项”命令，弹出“路径文字选项”对话框，勾选“翻转”选项，可将文字翻转。

5.2.4　从文本创建路径

在 InDesign CS5 中，将文本转化为轮廓后，可以像对其他图形对象一样进行编辑和操作。通过这种方式，可以创建多种特殊文字效果。

1．将文本转为路径

选择“直接选择”工具，选取需要的文本框，如图 5-146 所示。选择“文字 > 创建轮廓”命令，或按<Ctrl>+<Shift>+<O>组合键，文本会转为路径，效果如图 5-147 所示。

选择“文字”工具，选取需要的一个或多个字符，如图 5-148 所示。选择“文字 > 创建轮廓”命令，或按<Ctrl>+<Shift>+<O>组合键，字符会转为路径。选择“直接选择”工具，选取转化后的文字，效果如图 5-149 所示。

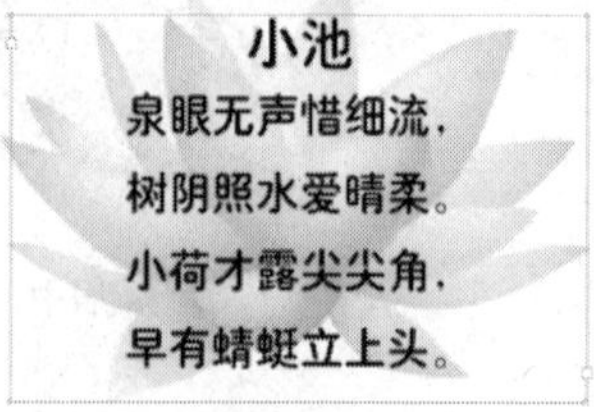

图 5-146

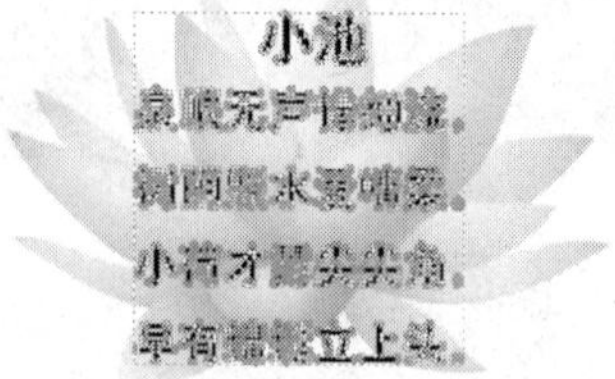

图 5-147

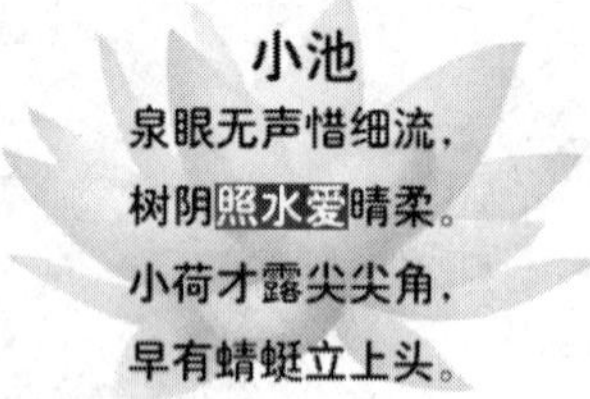

图 5-148

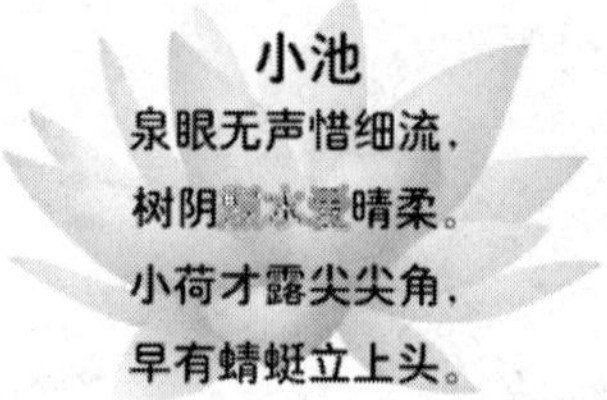

图 5-149

2. 创建文本外框

选择“直接选择”工具，选取转化后的文字，如图 5-150 所示。拖曳需要的锚点到适当的位置，如图 5-151 所示，可创建不规则的文本外框。

图 5-150

图 5-151

选择“选择”工具，选取一张置入的图片，如图 5-152 所示，按<Ctrl>+<X>组合键将其剪切。选择“选择”工具，选取转化为轮廓的文字，如图 5-153 所示。选择“编辑 > 粘入内部”命令，将图片粘入转化后的文字中，效果如图 5-154 所示。

图 5-152

图 5-153

图 5-154

选择“选择”工具，选取转化为轮廓的文字，如图 5-155 所示。选择“文字”工具，将光标置于路径内部单击，插入光标，如图 5-156 所示，输入需要的文字，效果如图 5-157 所示。取消填充后的效果如图 5-158 所示。

图 5-155

图 5-156

图 5-157

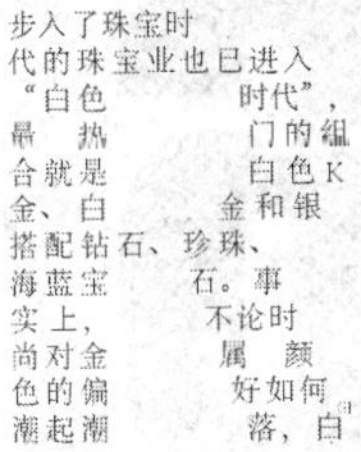

图 5-158

5.3 课堂练习——制作中秋节广告

练习知识要点：使用矩形工具、渐变色板工具和置入命令制作背景，使用钢笔工具、置入命令添加装饰图案，使用椭圆工具、渐变羽化命令绘制月亮图形，使用文字工具添加宣传性文字，效果如图 5-159 所示。

效果所在位置：光盘/Ch05/效果/制作中秋节广告.indd。

图 5-159

5.4 课后习题——绘制果汁标签

习题知识要点：使用钢笔工具、椭圆工具、路径查找器面板和不透明度命令绘制装饰图案，使用矩形工具和角选项命令绘制文字底图，使用投影命令为文字添加投影效果，使用路径文字命令制作路径文字，效果如图 5-160 所示。

效果所在位置：光盘/Ch05/效果/绘制果汁标签.indd。

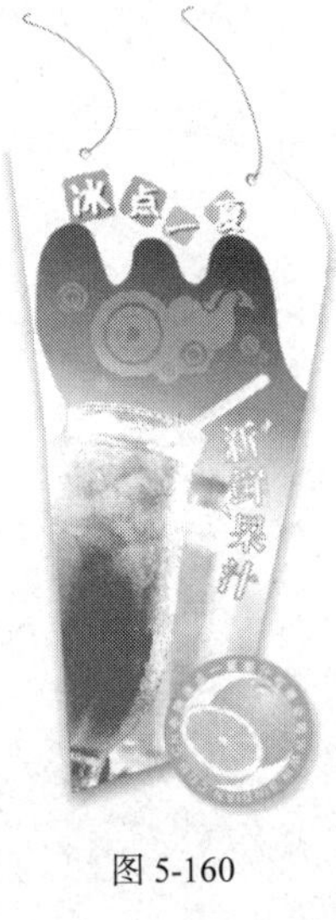

图 5-160

第6章 处理图像

InDesign CS5 支持多种图像格式，可以很方便地与多种应用软件协同工作，并通过链接面板和库面板来管理图像文件。通过本章的学习，读者可以了解并掌握图像的导入方法，熟练应用链接面板和库面板。

【教学目标】

- 置入图像。
- 管理链接和嵌入图像。
- 使用库。

6.1 置入图像

在 InDesign CS5 中，可以通过“置入”命令将图形图像导入到 InDesign 的页面中，再通过编辑命令对导入的图形图像进行处理。

6.1.1 课堂案例——制作饮料广告

案例学习目标：学习使用置入命令添加图片素材。

案例知识要点：使用矩形工具、渐变色板工具和效果面板制作背景效果，使用椭圆工具和路径文字工具制作路径文字，饮料广告效果如图 6-1 所示。

效果所在位置：光盘/Ch06/效果/制作饮料广告.indd。

图 6-1

1．制作背景效果

Step 01 选择“文件 > 新建 > 文档”命令，弹出“新建文档”对话框，如图 6-2 所示。单击“边距和分栏”按钮，弹出“新建边距和分栏”对话框，如图 6-3 所示；单击“确定”按钮，新建一个页面。选择“视图 > 其他 > 隐藏框架边缘”命令，将所绘制图形的框架边缘隐藏。

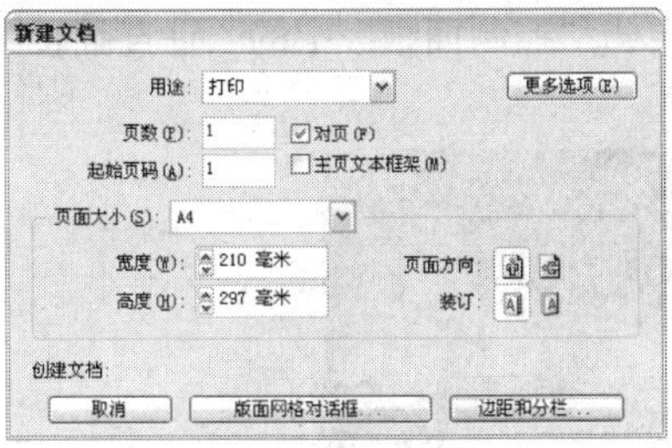

图 6-2

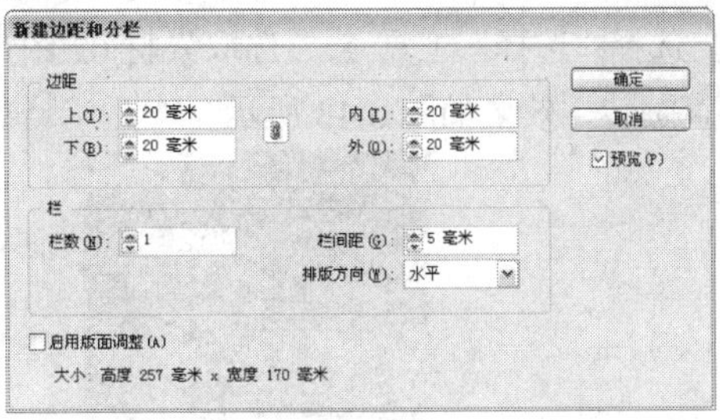

图 6-3

Step 02 选择“矩形”工具，在页面中单击鼠标，弹出“矩形”对话框，选项设置如图 6-4 所示，单击“确定”按钮，得到一个矩形。选择“选择”工具，将其拖曳到适当的位置，效果如图 6-5 所示。

Step 03 双击“渐变色板”工具，弹出“渐变”面板。在色带上选中左侧的渐变滑块，设置 CMYK 的值为 45、0、0、0；选中右侧的渐变滑块，设置 CMYK 的值为 100、48、0、0；其他选项的设置如图 6-6 所示。图形被填充渐变色，并设置描边色为无，效果如图 6-7 所示。

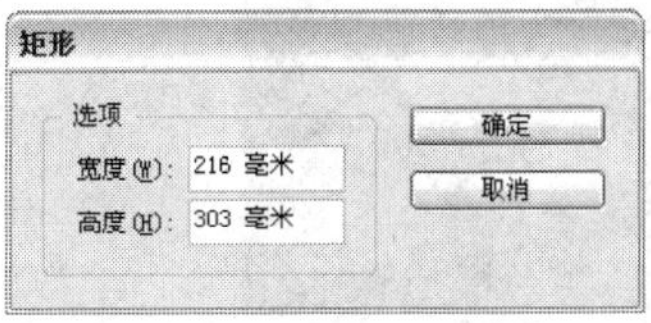

图 6-4

图 6-5

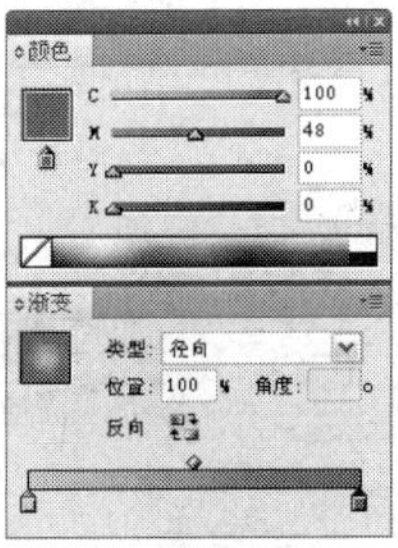

图 6-6

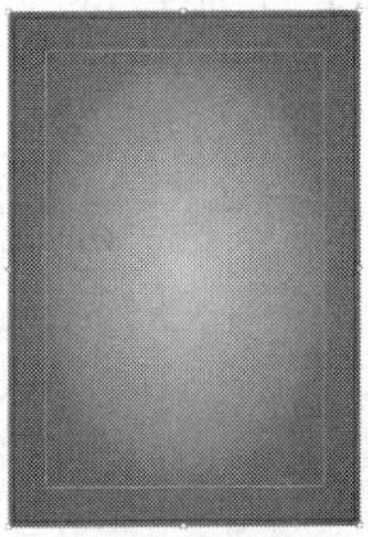

图 6-7

Step 04 按<Ctrl>+<D>组合键，弹出“置入”对话框，选择光盘中的“Ch06 > 素材 > 制作饮料广告 > 01”文件，单击“打开”按钮，在页面中单击鼠标置入图片。选择“自由变换”工具，拖曳图片到适当的位置并调整其大小，效果如图 6-8 所示。

Step 05 选择“选择”工具，选中 01 图片，按<Shift>+<Ctrl>+<F10>组合键，弹出“效果”面板，选项设置如图 6-9 所示，效果如图 6-10 所示。

Step 06 按<Ctrl>+<X>组合键，剪切素材 01 图片。选取渐变背景，在页面中单击鼠标右键，在弹出的菜单中选择“贴入内部”命令，将图片贴入背景图内部，效果如图 6-11 所示。

图 6-8

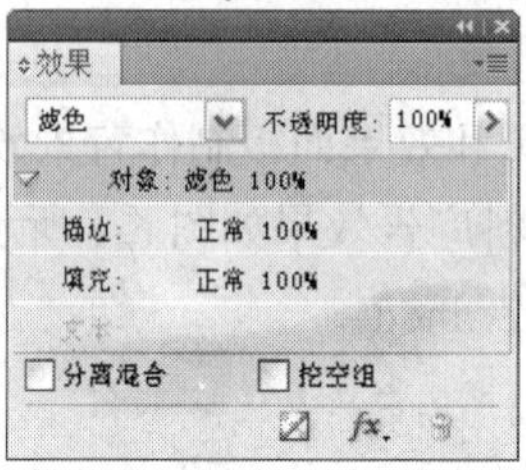

图 6-9

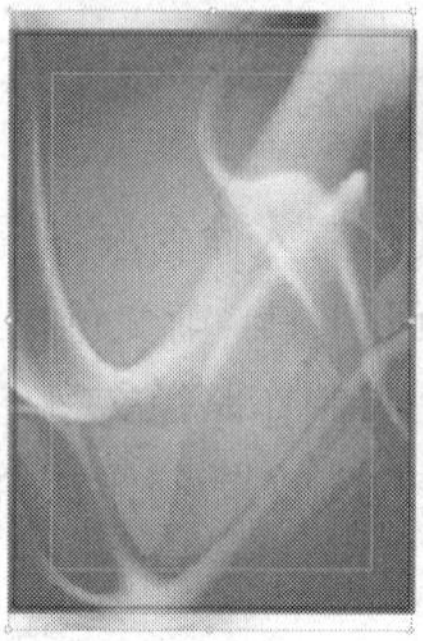
图 6-10

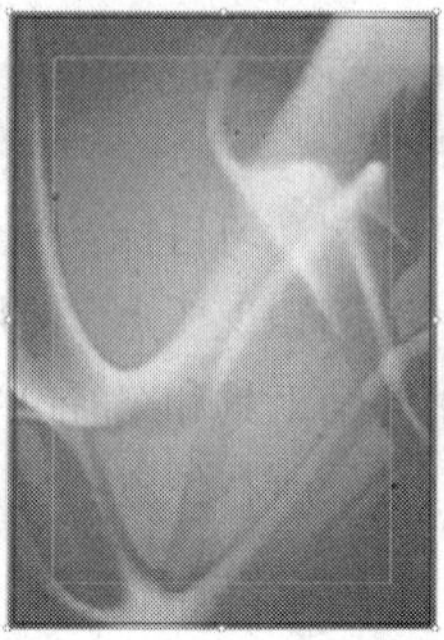
图 6-11

Step 07 按<Ctrl>+<D>组合键，弹出“置入”对话框，选择光盘中的“Ch06 > 素材 > 制作饮料广告 > 02”文件，单击“打开”按钮，在页面中单击鼠标置入图片。选择“自由变换”工具，拖曳图片到适当的位置并调整其大小，效果如图 6-12 所示。

Step 08 选择“选择”工具，选取素材 02 图片，单击“控制面板”中的“垂直翻转”按钮，将图片垂直翻转，效果如图 6-13 所示。

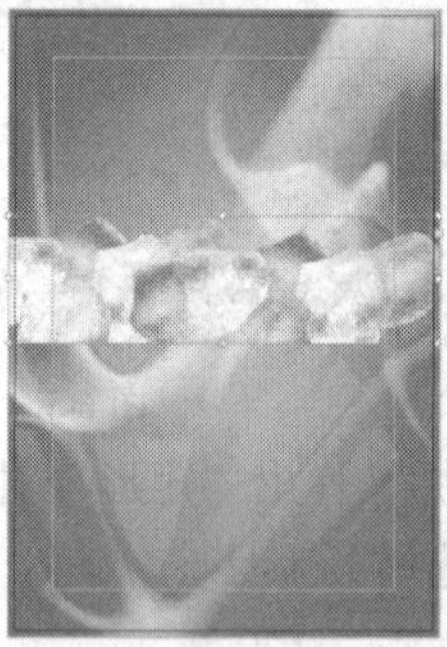
图 6-12

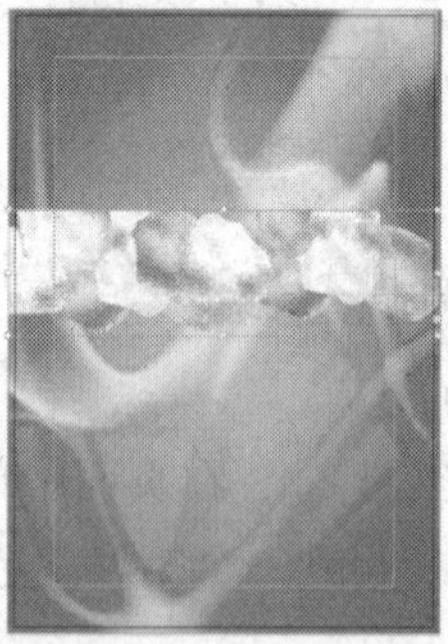
图 6-13

Step 09 选择“矩形”工具，在页面中单击鼠标，弹出“矩形”对话框，选项设置如图 6-14 所示。单击“确定”按钮，绘制一个矩形。选择“选择”工具，将矩形拖曳到页面的顶部，效果如图 6-15 所示。

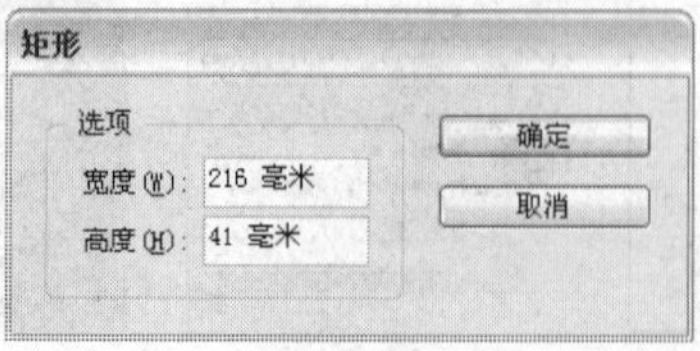

图 6-14

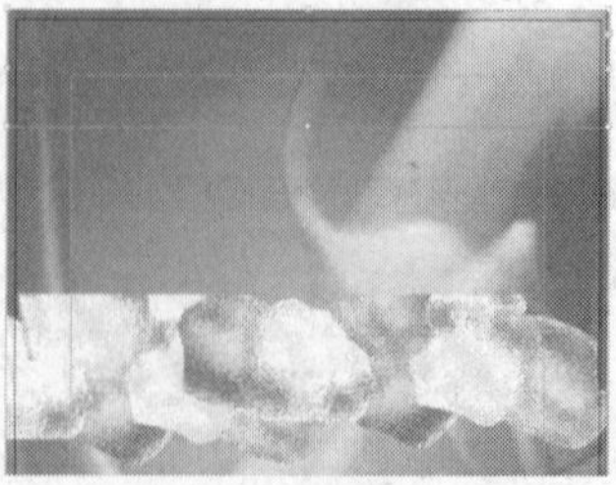
图 6-15

Step 10 按<Ctrl>+<X>组合键，剪切素材 02 图片。选取矩形；按<Alt>+<Ctrl>+<V>组合键，将图片贴入矩形内部，并将矩形的描边色设为无，效果如图 6-16 所示。

Step 11 保持图片的选取状态，单击“控制面板”中的“选择内容”按钮，适当调整图片的位置及大小，效果如图 6-17 所示。

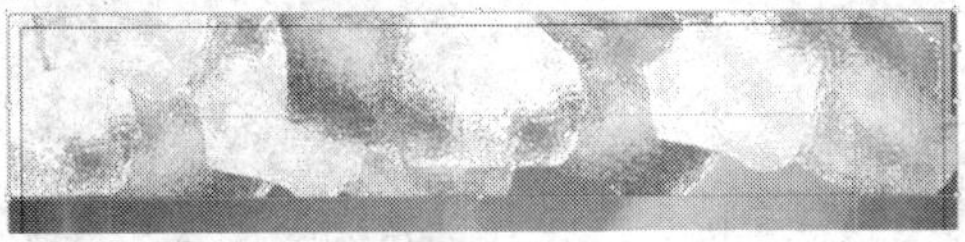

图 6-16

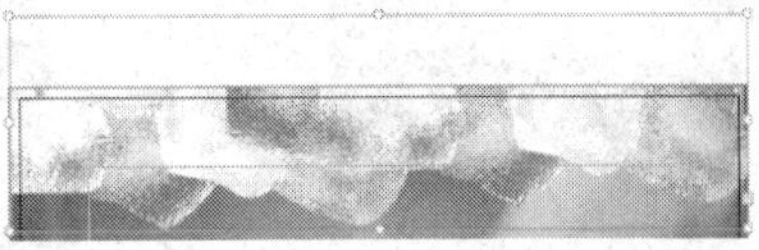

图 6-17

Step 12 选择“选择”工具，选中 02 图片，按<Shift>+<Ctrl>+<F10>组合键，弹出“效果”面板，选项设置如图 6-18 所示，效果如图 6-19 所示。用相同的方法制作背景图下方的冰块效果，如图 6-20 所示。

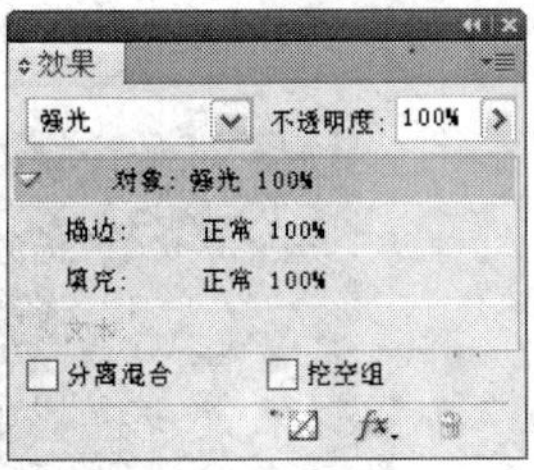

图 6-18

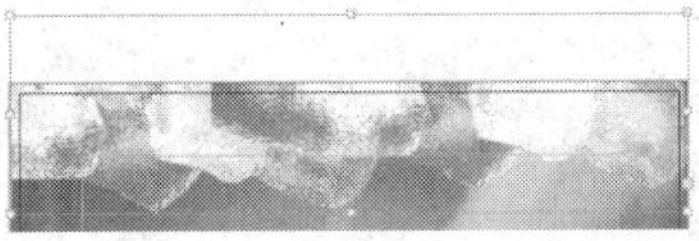

图 6-19

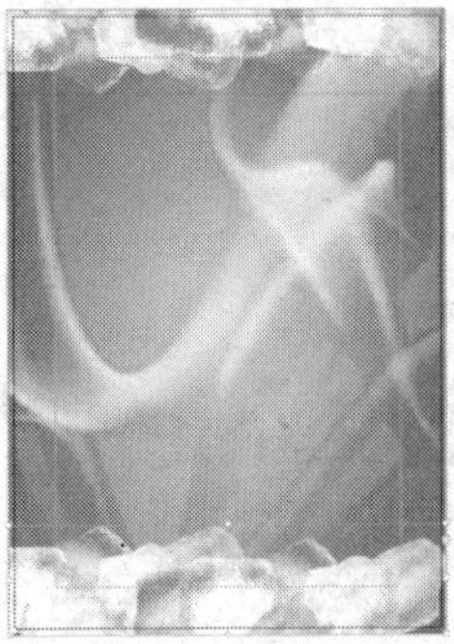

图 6-20

Step 13 按<Ctrl>+<C>组合键，复制素材 02 图片，选择“编辑 > 原位粘贴”命令，将图片复制并原位粘贴，效果如图 6-21 所示。

Step 14 选择“选择”工具，选取复制的图片，按<Shift>+<Ctrl>+<F10>组合键，弹出“效果”面板，选项设置如图 6-22 所示，效果如图 6-23 所示。单击“控制面板”中的“水平翻转”按钮，将图片水平翻转，效果如图 6-24 所示。

图 6-21

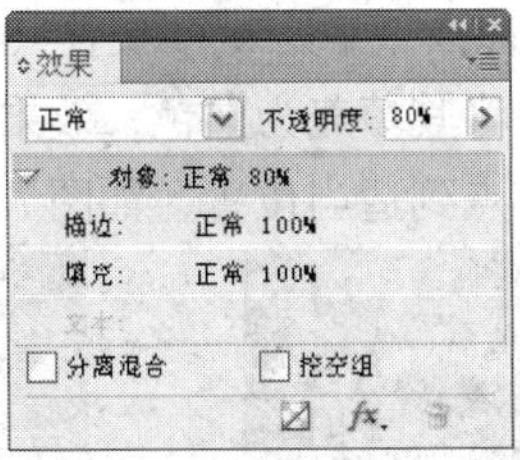

图 6-22

图 6-23

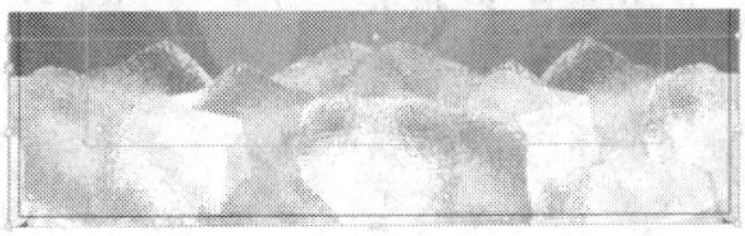

图 6-24

Step 15 选择“椭圆”工具，按住<Shift>键的同时，在适当的位置绘制一个圆形，如图 6-25 所示。双击“渐变色板”工具，弹出“渐变”面板。在色带上选中左侧的渐变滑块，设置 CMYK 的值为 45、0、0、0；选中右侧的渐变滑块，设置 CMYK 的值为 100、79、0、0；其他选项的设置如图 6-26 所示。图形被填充渐变色，并设置描边色为无，效果如图 6-27 所示。

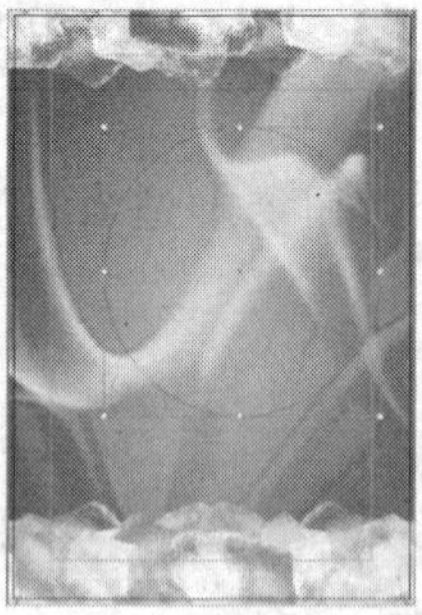

图 6-25

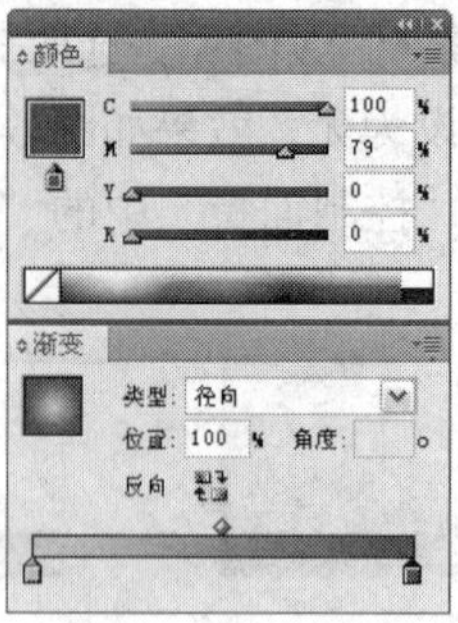

图 6-26

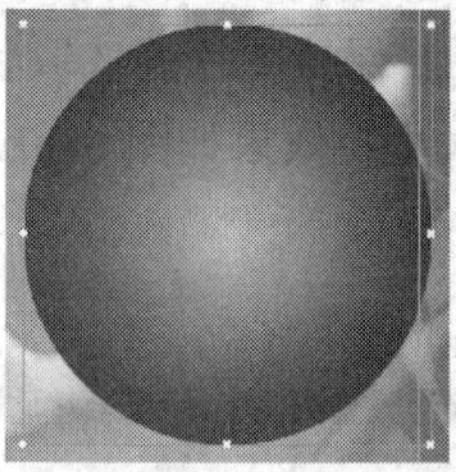

图 6-27

Step 16 双击“渐变羽化”工具，弹出“效果”对话框，选项设置如图 6-28 所示。单击“确定”按钮，效果如图 6-29 所示。

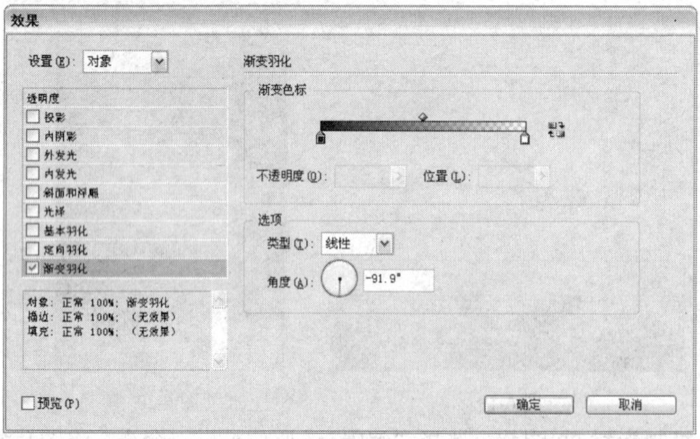

图 6-28

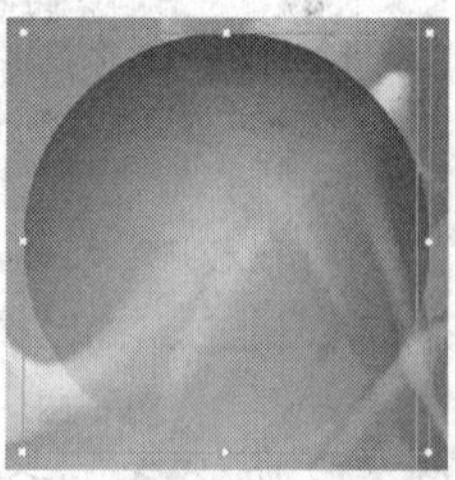

图 6-29

2．制作文字效果

Step 01 选择“文字”工具，在页面中分别拖曳出两个文本框，分别输入需要的文字。将输入的文字分别选取，在“控制面板”中分别选择合适的字体并设置文字大小，效果如图 6-30 所示。

Step 02 选择“选择”工具，按住<Shift>键的同时选中文字，按<Ctrl>+<Shift>+<O>组合键为文字创建轮廓，并将其填充为白色，效果如图 6-31 所示。选择“直接选择”工具，分别拖曳两个文字中需要的节点到适当位置，如图 6-32 所示。

图 6-30

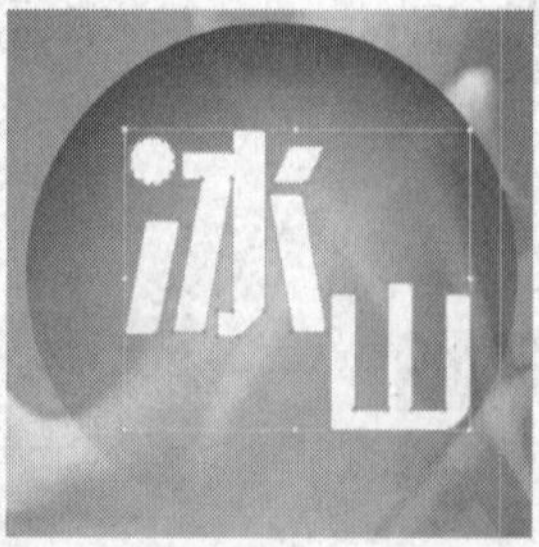

图 6-31

图 6-32

Step 03 选择“选择”工具，同时选中两个文字。单击“控制面板”中的“向选定的目标添加对象效果”按钮，在弹出的菜单中选择“外发光”命令，弹出“效果”对话框，选项设置如图 6-33 所示。单击“确定”按钮，效果如图 6-34 所示。

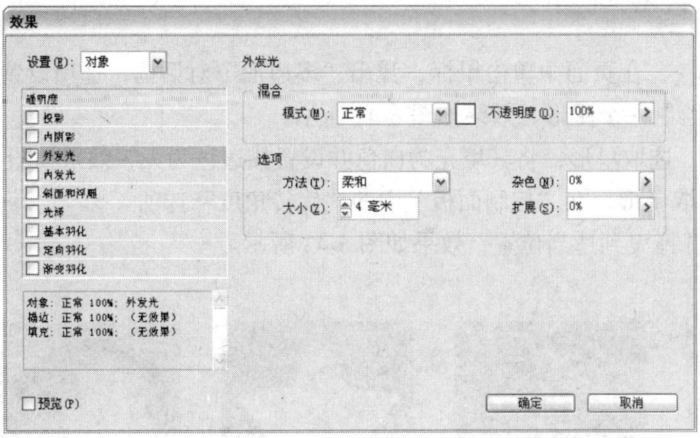

图 6-33

图 6-34

Step 04 选择“文字”工具，在页面中拖曳出一个文本框，在文本框中输入需要的英文，然后选取输入的英文，在“控制面板”中选择合适的字体并设置文字大小。设置文字填充色的 CMYK 值为 100、100、0、0，填充文字，效果如图 6-35 所示。

Step 05 按<Ctrl>+<C>组合键复制一组文字，选择“编辑 > 原位粘贴”命令，将文字复制并原位粘贴。设置文字填充色为白色，填充文字。选择“选择”工具，将白色文字拖曳到适当位置，效果如图 6-36 所示。按住<Shift>键的同时选取两组英文，按<Ctrl>+<G>组合键将两组文字编组。

图 6-35

图 6-36

Step 06 选择“椭圆”工具，按住<Shift>键的同时，绘制一个圆形。选择“选择”工具，将圆形拖曳到适当位置，如图 6-37 所示。

Step 07 选择“路径文字”工具，在绘制的圆形上输入需要的文字并将其选取，在“控制面板”中选择合适的字体并设置文字大小，设置文字填充色的 CMYK 值为 0、30、100、0，填充文字，效果如图 6-38 所示。

Step 08 选择“选择”工具，选取路径文字。在“控制面板”中的“旋转角度”选项中输入-8°，适当调整文字的角度，并设置圆形的描边色为无，效果如图 6-39 所示。

图 6-37

图 6-38

图 6-39

3．制作装饰星形

Step 01 选择“多边形”工具，在页面中单击鼠标，弹出“多边形”对话框，选项设置如图 6-40 所示。单击“确定”按钮，绘制一个星形，效果如图 6-41 所示。

Step 02 选择“选择”工具，选取星形，将其填充为白色并设置描边色为无，效果如图 6-42 所示。选择“选择”工具，选取星形，在“控制面板”中的“旋转角度”选项中输入-166°，适当调整星形的角度并拖曳到适当位置，效果如图 6-43 所示。

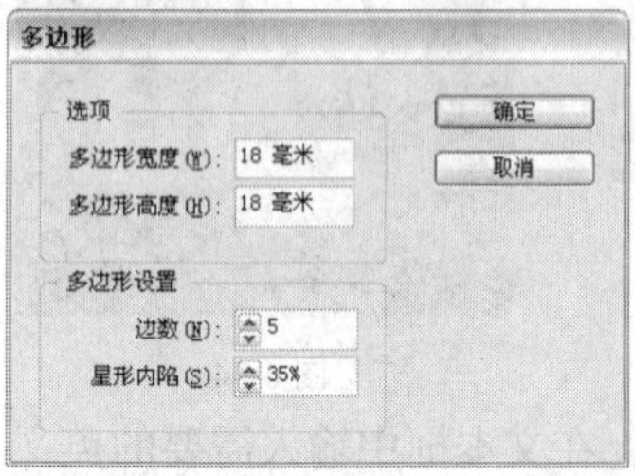

图 6-40

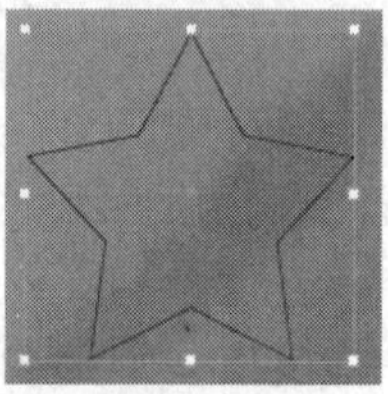

图 6-41

图 6-42

图 6-43

Step 03 选择“选择”工具，选取星。按<Shift>+<Ctrl>+<F10>组合键，弹出“效果”面板，选项设置如图 6-44 所示，效果如图 6-45 所示。

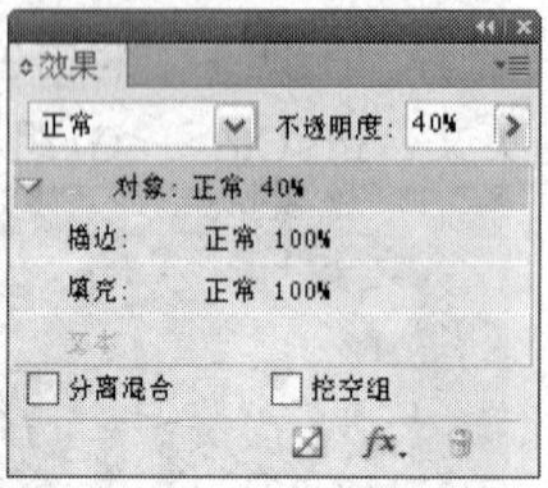

图 6-44

图 6-45

Step 04 单击“控制面板”中的“向选定的目标添加对象效果”按钮，在弹出的菜单中选择“投影”命令，弹出“效果”对话框，选项设置如图 6-46 所示。单击“确定”按钮，效果如图 6-47 所示。

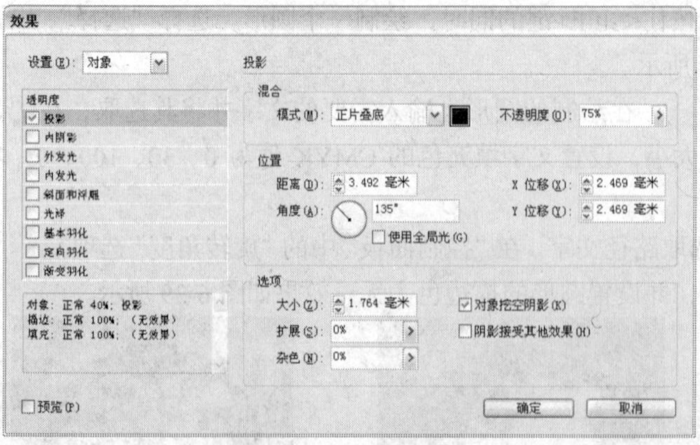

图 6-46

图 6-47

Step 05 按<Ctrl>+<C>组合键复制星形，连续按两次<Ctrl>+<V>组合键，粘贴两个星形。选择“自由变换”工具，分别适当调整星形的大小并分别将其拖曳到适当位置，效果如图 6-48 所示。选择“选择”工具，按住<Shift>键的同时，将 3 个星形同时选取。按<Ctrl>+<G>组合键将其编组；按<Ctrl>+<[>组合键，后移一层，效果如图 6-49 所示。

图 6-48

图 6-49

4．制作小商标

Step 01 选择“选择”工具，选择文字下的渐变圆形，按住<Alt>键的同时，将其拖曳至适当的位置复制图形。选择“自由变换”工具，调整其大小，效果如图 6-50 所示。

Step 02 选择“椭圆”工具，按住<Shift>键的同时，在复制的渐变圆形上绘制一个圆形，如图 6-51 所示。设置图形填充色的 CMYK 值为 32、0、0、0，填充图形。在“控制面板”中的“描边粗细”选项中输入 5 点，设置描边色的 CMYK 值为 0、49、100、0，填充描边，效果如图 6-52 所示。

图 6-50

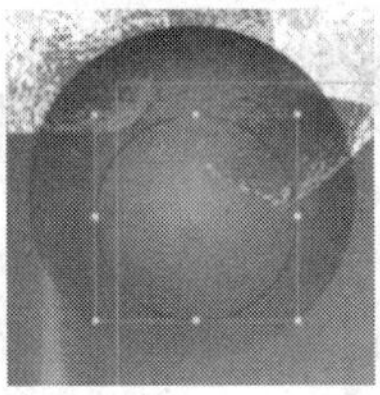

图 6-51

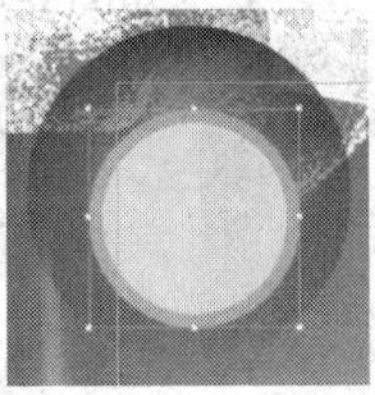

图 6-52

Step 03 按<Ctrl>+<D>组合键，弹出“置入”对话框，选择光盘中的“Ch06 > 素材 > 制作饮料广告 > 03”文件，单击“打开”按钮，在页面中单击鼠标置入图片。选择“自由变换”工具，拖曳图片到适当的位置并调整其大小，效果如图 6-53 所示。

Step 04 选择“钢笔”工具，在页面中适当的位置绘制一条弧线，如图 6-54 所示。选择“路径文字”工具，在绘制的弧形上输入需要的文字并将输入的文字同时选取，在“控制面板”中选择合适的字体并设置文字大小，设置文字填充色为白色，填充文字。取消弧线的描边填充，效果如图 6-55 所示。

Step 05 选择“选择”工具，按住<Shift>键的同时，将所绘制的图形同时选取，按<Ctrl+G>组合键将其编组，效果如图 6-56 所示。

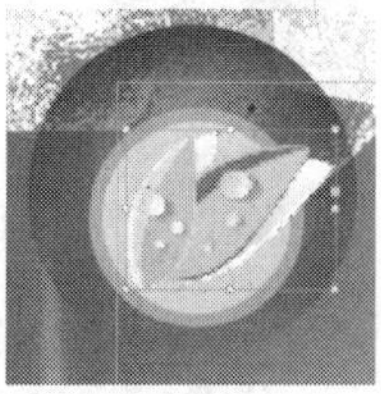

图 6-53

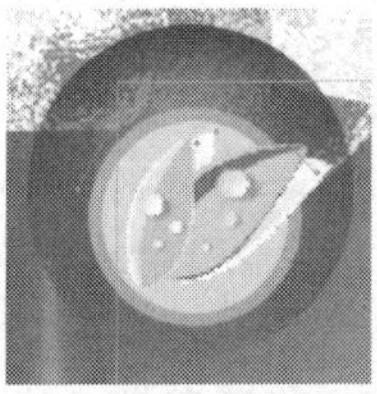

图 6-54

图 6-55

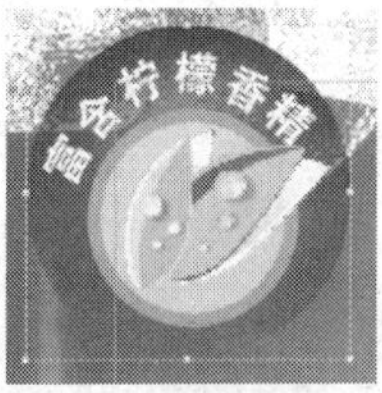

图 6-56

5．添加素材图片

Step 01 打开光盘中的“Ch06 > 素材 > 制作饮料广告 > 04”文件，将其复制并粘贴到页面中。选择“选择”工具，将图片拖曳到适当的位置并调整其大小，效果如图 6-57 所示。

Step 02 按<Ctrl>+<D>组合键，弹出“置入”对话框，选择光盘中的“Ch06 > 素材 > 制作饮料广告 > 05”文件，单击“打开”按钮，在页面中单击鼠标置入图片。选择“自由变换”工具，拖曳图片到适当的位置并调整其大小，效果如图 6-58 所示。

图 6-57

图 6-58

Step 03 按<Ctrl>+<C>组合键复制 05 图片，选择“编辑 > 原位粘贴”命令，原位粘贴图片。单击“控制面板”中的“垂直翻转”按钮，将复制的图片垂直翻转，效果如图 6-59 所示。选择“选择”工具，将翻转的图片拖曳到适当位置并调整图框大小，效果如图 6-60 所示。

Step 04 保持复制图片的选取状态，按<Shift>+<Ctrl>+<F10>组合键，弹出“效果”面板，选项设置如图 6-61 所示，效果如图 6-62 所示。

图 6-59

图 6-60

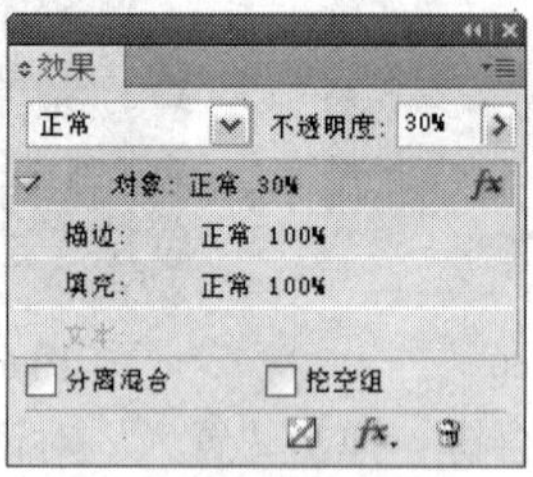

图 6-61

图 6-62

Step 05 双击“渐变羽化工具”，弹出“效果”对话框，选项设置如图 6-63 所示。单击“确定”按钮，效果如图 6-64 所示。选择“选择”工具，按住<Shift>键的同时，将素材 03 图片及其复制的图片同时选取；按<Ctrl>+<G>组合键将其编组。

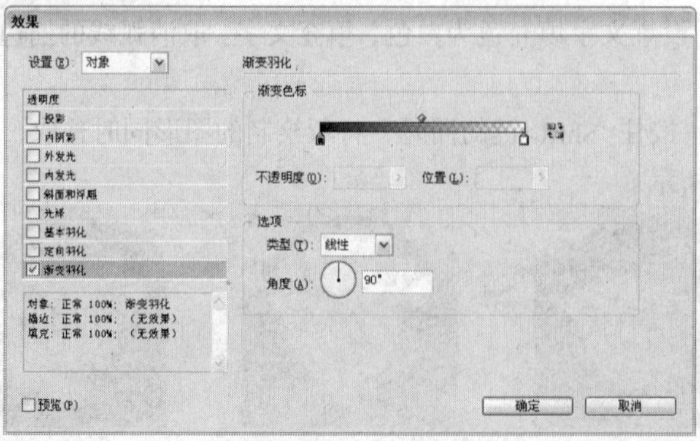

图 6-63

图 6-64

Step 06 选择“选择”工具，选中编组的星形，按住<Alt>键的同时，将其拖曳到适当位置复制星形。单击“控制面板”中的“水平翻转”按钮，将复制的星形水平翻转，如图 6-65 所示。

Step 07 选择“文字”工具T，在页面中拖曳出一个文本框，输入需要的文字，然后选取输入的文字，在“控制面板”中选择合适的字体并设置文字大小，填充文字为白色，效果如图 6-66 所示。

Step 08 选择“文字”工具T，在页面中拖曳出一个文本框，输入需要的文字，然后选取输入的文字，在“控制面板”中选择合适的字体并设置文字大小。设置文字填充色的 CMYK 值为 0、21、100、0，填充文字，效果如图 6-67 所示。

图 6-65

图 6-66

图 6-67

Step 09 选择“文字”工具T，选取需要的文字，按<Ctrl>+<T>组合键，弹出“字符”面板，选项设置如图 6-68 所示。按<Alt>+<Ctrl>+<T>组合键，弹出“段落”面板，选项设置如图 6-69 所示，效果如图 6-70 所示。饮料广告制作完成的效果如图 6-71 所示。

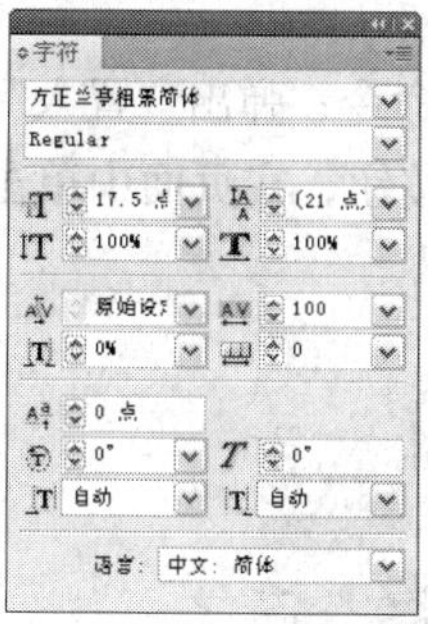

图 6-68

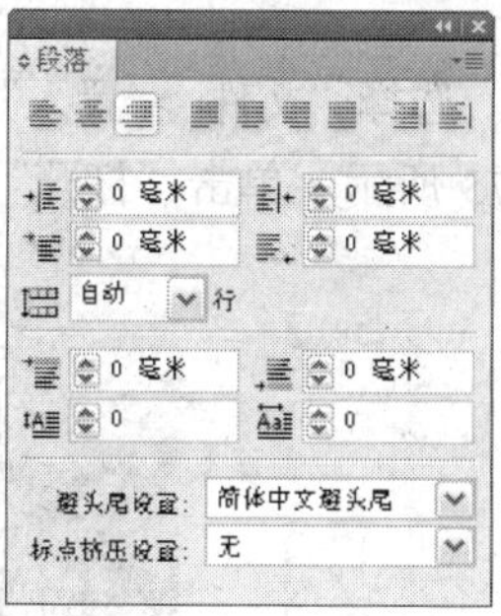

图 6-69

图 6-70

图 6-71

6.1.2　关于位图和矢量图形

在计算机中，图像大致可以分为两种：位图图像和矢量图像。位图图像效果如图 6-72 所示，矢量图像效果如图 6-73 所示。

图 6-72

图 6-73

位图图像又称为点阵图，是由许多点组成的，这些点称为像素。许许多多不同色彩的像素组合在一起便构成了一幅图像。由于位图采取了点阵的方式，使每个像素都能够记录图像的色彩信息，因而可以精确地表现色彩丰富的图像。但图像的色彩越丰富，图像的像素就越多（即分辨率越高），文件也就越大，因此处理位图图像时，对计算机硬盘和内存的要求也较高。同时，由于位图本身的特点，图像在缩放和旋转变形时会产生失真的现象。

矢量图像是相对位图图像而言的，也称为向量图像，它是以数学的矢量方式来记录图像内容的。矢量图像中的图形元素称为对象，每个对象都是独立的，具有各自的属性（如颜色、形状、轮廓、大小和位置等）。矢量图像在缩放时不会产生失真的现象，并且它的文件占用的内存空间较小。这种图像的缺点是不易制作色彩丰富的图像，无法像位图图像那样精确地描绘各种绚丽的色彩。

这两种类型的图像各具特色，也各有优缺点，并且两者之间具有良好的互补性。因此，在图像处理和绘制图形的过程中，将这两种图像交互使用，取长补短，一定能使创作出来的作品更加完美。

6.1.3 置入图像的方法

“置入”命令是将图形导入 InDesign 中的主要方法，因为它可以在分辨率、文件格式、多页面 PDF 和颜色方面提供最高级别的支持。如果所创建文档并不十分注重这些特性，则可以通过复制和粘贴操作将图形导入 InDesign 中。

1. 置入图像

在页面区域中未选取任何内容，如图 6-74 所示。选择“文件 > 置入”命令，弹出“置入”对话框，在弹出的对话框中选择需要的文件，如图 6-75 所示。单击“打开”按钮，在页面中单击鼠标左键置入图像，效果如图 6-76 所示。

图 6-74

图 6-75

图 6-76

选择“选择”工具，在页面区域中选取图框，如图 6-77 所示。选择“文件 > 置入”命令，弹出“置入”对话框，在对话框中选择需要的文件，如图 6-78 所示。单击“打开”按钮，在页面中单击鼠标左键置入图像，效果如图 6-79 所示。

图 6-77

图 6-78

图 6-79

选择“选择”工具，在页面区域中选取图像，如图 6-80 所示。选择“文件 > 置入”命令，弹出“置入”对话框。在对话框中选择需要的文件，在对话框下方勾选“替换所选项目”复选框，如图 6-81 所示。单击“打开”按钮，在页面中单击鼠标左键置入图像，效果如图 6-82 所示。

图 6-80

图 6-81

图 6-82

2．拷贝和粘贴图像

在 InDesign 或其他程序中，选取原始图形，如图 6-83 所示。选择“编辑 > 复制”命令复制图形，切换到 InDesign 文档窗口，选择“编辑 > 粘贴”命令粘贴图像，效果如图 6-84 所示。

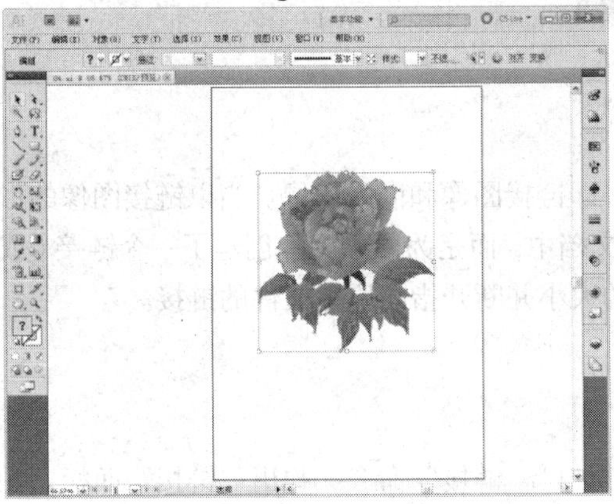
图 6-83

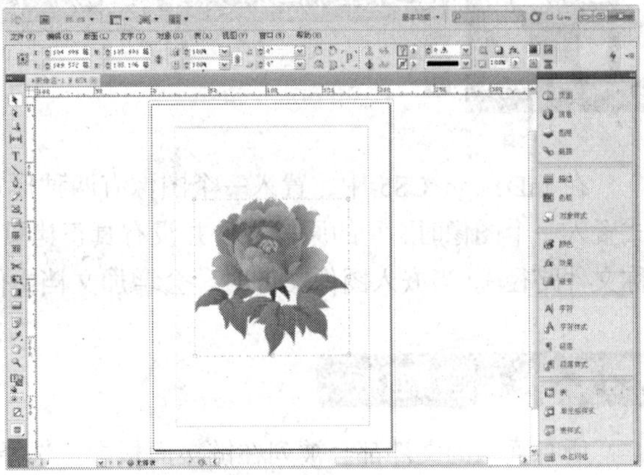
图 6-84

3．拖放图像

选择“选择”工具，选取需要的图形，如图 6-85 所示。按住鼠标左键将其拖曳到打开的 InDesign 文档窗口中，如图 6-86 所示，松开鼠标左键，效果如图 6-87 所示。

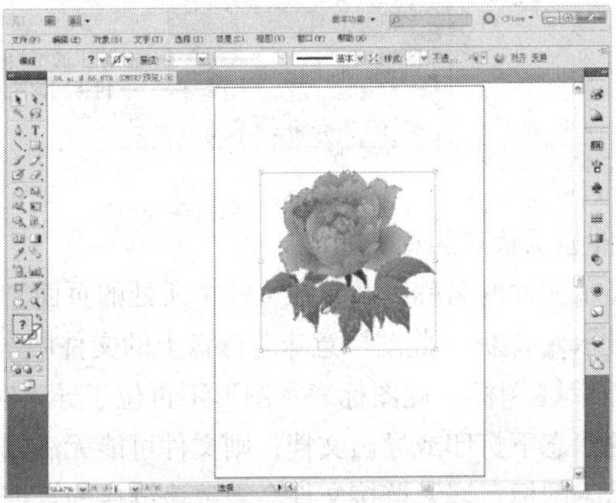
图 6-85

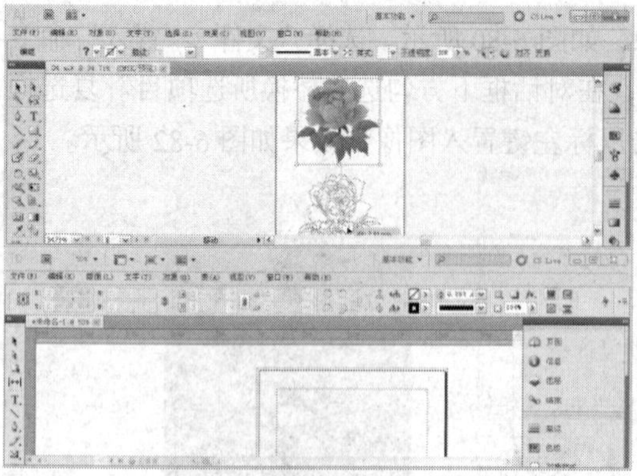

图 6-86

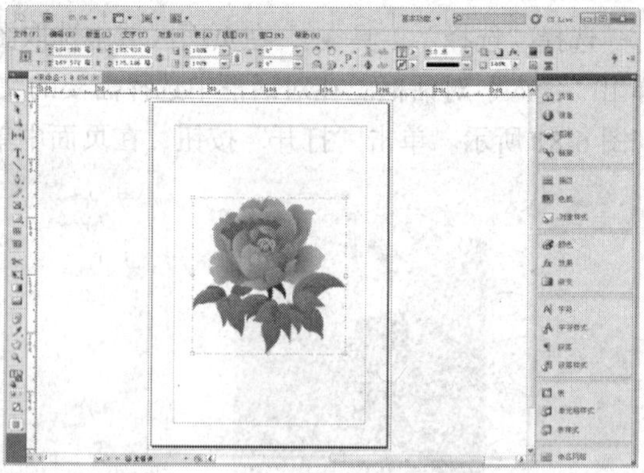

图 6-87

提示：在 Windows 中，如果尝试从不支持拖放操作的应用程序中拖曳项目，指针将显示"禁止"图标。

6.2 管理链接和嵌入图

在 InDesign CS5 中，置入一个图像有两种形式，即链接图像和嵌入图像。当以链接图像的形式置入一个图像时，它的原始文件并没有真正拷贝到文档中，而是为原始文件创建了一个链接（或称文件路径）。当嵌入图像文件时，会增加文档文件的大小并断开指向原始文件的链接。

6.2.1 关于链接面板

所有置入的文件都会被列在链接面板中。选择"窗口 > 链接"命令，弹出"链接"面板，如图 6-88 所示。

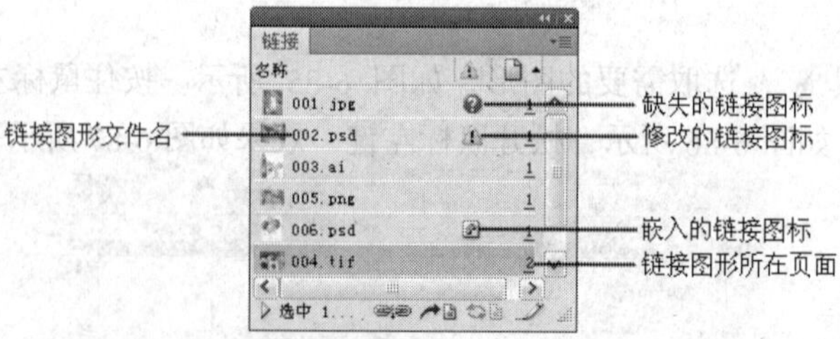

图 6-88

"链接"面板中链接文件显示状态的意义如下。

最新：最新的文件只显示文件的名称以及它在文档中所处的页面。

修改：修改的文件会显示⚠图标。此图标意味着磁盘上的文件版本比文档中的版本新。

缺失：丢失的文件会显示❓图标。此图标表示图形不再位于导入时的位置，但仍存在于某个地方。如果在显示此图标的状态下打印或导出文档，则文件可能无法以全分辨率打印或导出。

嵌入：嵌入的文件显示▣图标。嵌入链接文件会导致该链接的管理操作暂停。

6.2.2　使用链接面板

1．选取并将链接的图像调入文档窗口中

在“链接”面板中选取一个链接文件，如图 6-89 所示。单击“转到链接”按钮，或单击面板右上方的图标，在弹出的菜单中选择“转到链接”命令，如图 6-90 所示。选取并将链接的图像调入活动的文档窗口中，如图 6-91 所示。

图 6-89

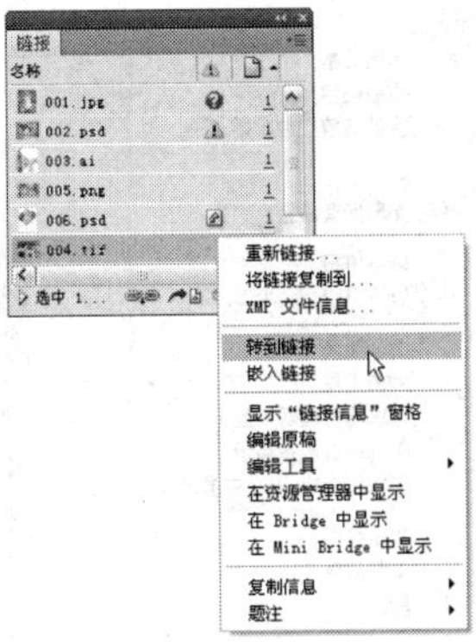

图 6-90

图 6-91

2．在原始应用程序中修改链接

在“链接”面板中选取一个链接文件，如图 6-92 所示。单击“编辑原稿”按钮，或单击面板右上方的图标，在弹出的菜单中选择“编辑原稿”命令，如图 6-93 所示。打开并编辑原文件，如图 6-94 所示。保存并关闭原文件，在 InDesign 中的效果如图 6-95 所示。

图 6-92

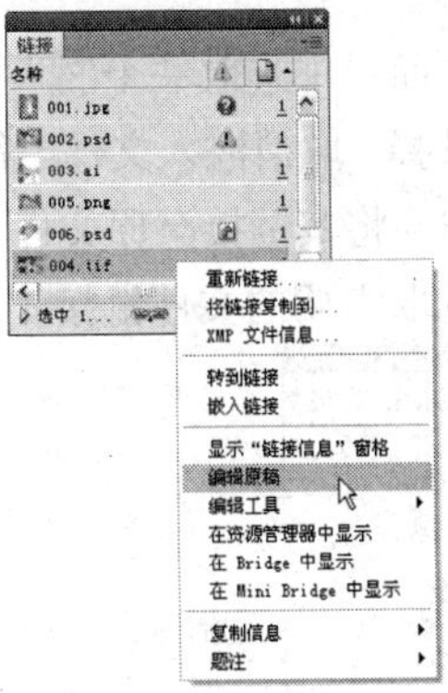

图 6-93

图 6-94

图 6-95

6.2.3 将图像嵌入文件

1. 嵌入文件

在“链接”面板中选取一个链接文件，如图 6-96 所示。单击面板右上方的图标，在弹出的菜单中选择“嵌入文件”命令，如图 6-97 所示。文件名保留在链接面板中，并显示嵌入链接图标，如图 6-98 所示。

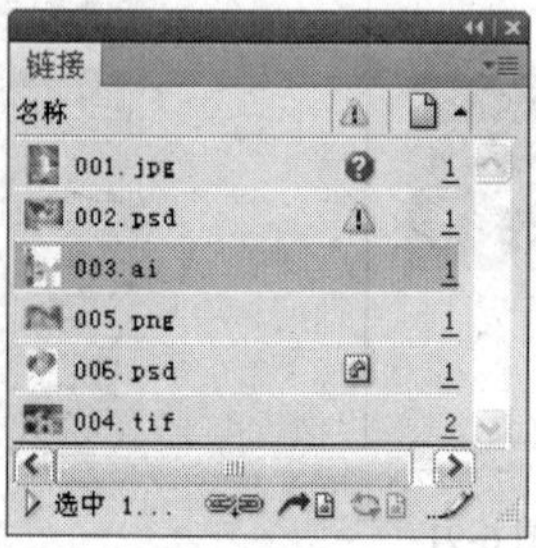

图 6-96

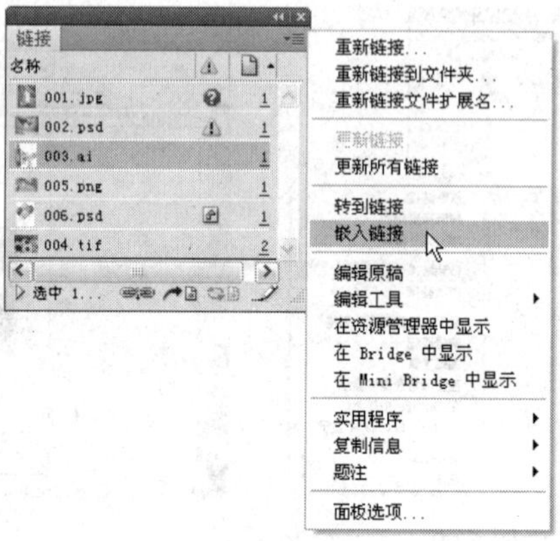

图 6-97

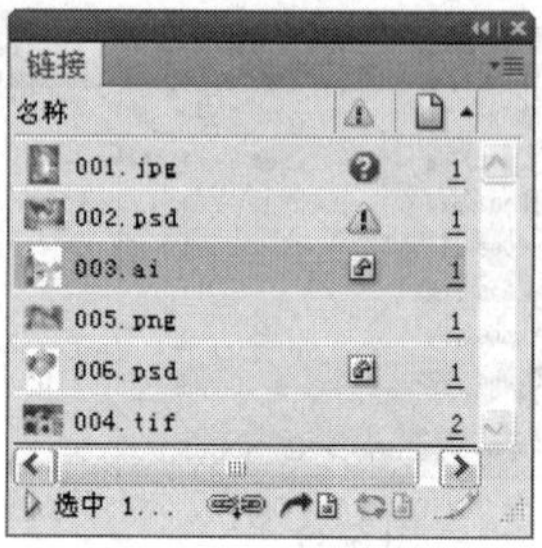

图 6-98

提示：如果置入的位图图像小于或等于 48KB，InDesign 将自动嵌入图像。如果图像没有链接，当原始文件发生更改时，“链接”面板不会发出警告，并且无法自动更新相应文件。

2. 解除嵌入

在“链接”面板中选取一个嵌入的链接文件，如图 6-99 所示。单击面板右上方的图标，在弹出的菜单中选择“取消嵌入文件”命令，弹出如图 6-100 所示的对话框，选择是否链接至原文件。单击“是”铵钮，将其链接至原文件，面板如图 6-101 所示；单击“否”按钮，将弹出“浏览文件夹”对话框，选取需要的文件链接。

图 6-99

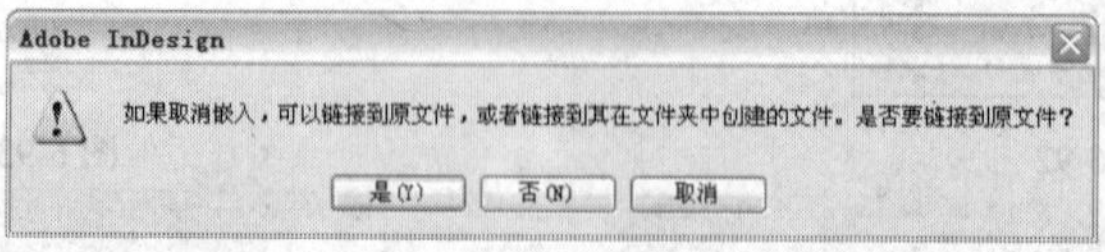

图 6-100

图 6-101

6.2.4 更新、恢复和替换链接

1. 更新修改过的链接

在“链接”面板中选取一个或多个带有修改链接图标的链接，如图 6-102 所示。单击面板下方的“更新链接”按钮，或单击面板右上方的图标，在弹出的菜单中选择“更新链接”命令，如图 6-103 所示。更新选取的链接，面板如图 6-104 所示。

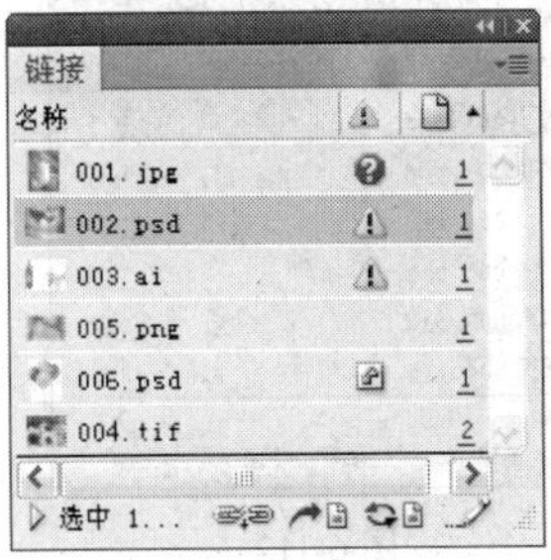

图 6-102

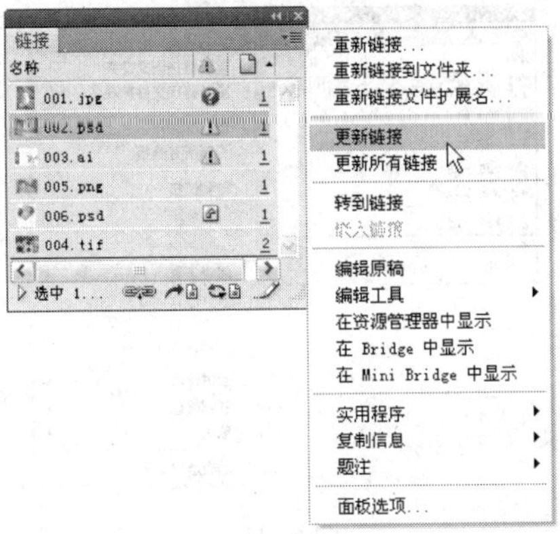

图 6-103

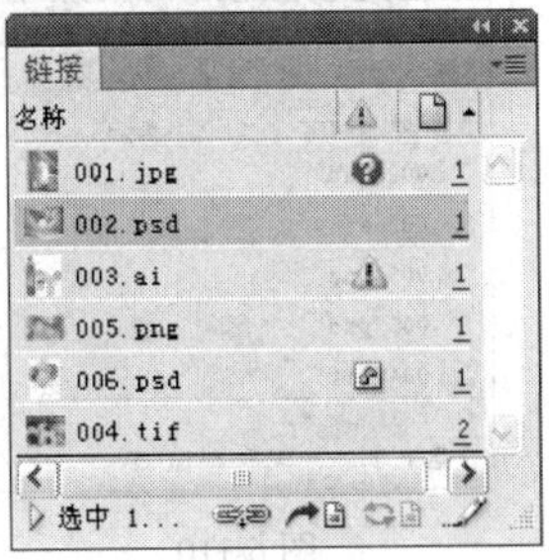

图 6-104

2．一次更改所有修改过的链接

在“链接”面板中，按住<Shift>键的同时，选取需要的链接，如图 6-105 所示。单击面板下方的“更新链接”按钮，如图 6-106 所示。更新所有修改过的链接，效果如图 6-107 所示。

图 6-105

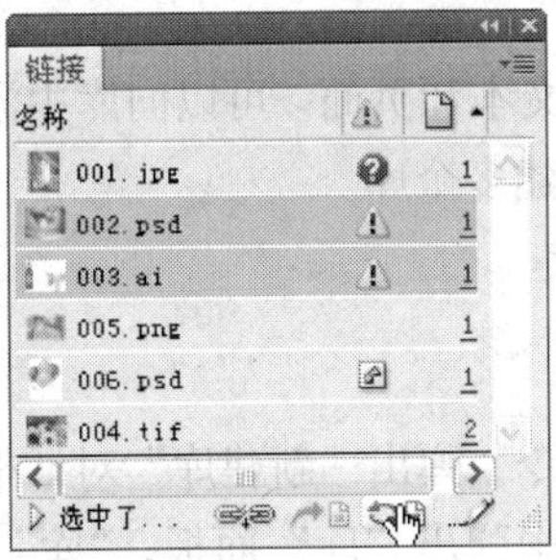

图 6-106

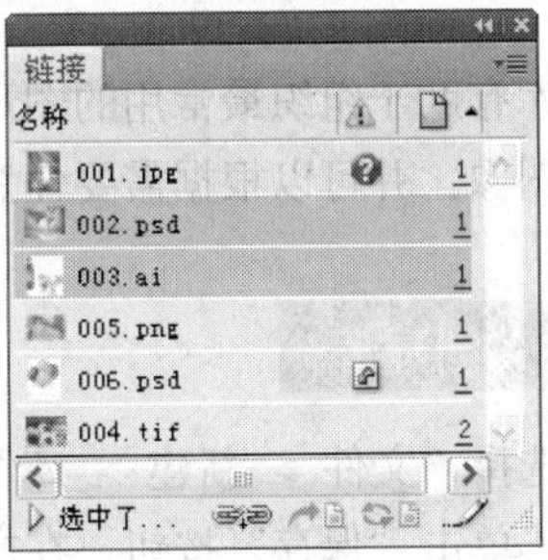

图 6-107

在“链接”面板中，选取带有修改图标的所有链接文件，如图 6-108 所示。单击面板右上方的图标，在弹出的菜单中选择“更新链接”命令，更新所有修改过的链接，效果如图 6-109 所示。

图 6-108

图 6-109

3．恢复丢失的链接或用不同的源文件替换链接

在“链接”面板中选取一个或多个带有丢失链接图标的链接，如图 6-110 所示。单击“重新链接”按钮，或单击面板右上方的图标，在弹出的菜单中选择“重新链接”命令，如图 6-111 所示，弹出“定位”对话框，选取要重新链接的文件，单击“打开”按钮，文件重新链接，“链接”面板如图 6-112 所示。如果所有缺失文件位于相同的文件夹中，则可以一次恢复所有缺失文件。首先选择所有缺失的链接（或不选择任何链接），然后恢复其中的一个链接，其余的缺失链接将自动恢复。

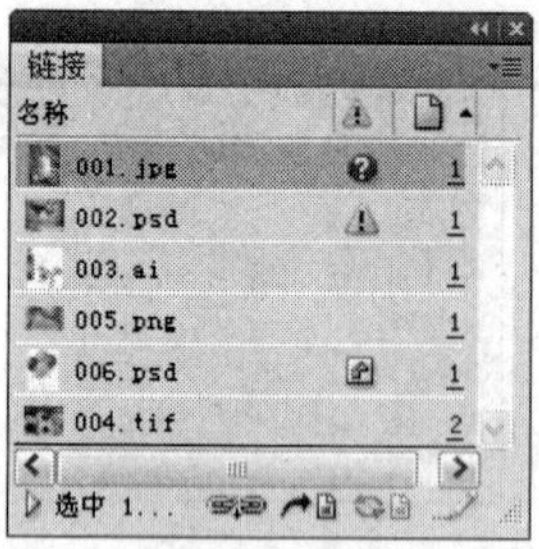

图 6-110

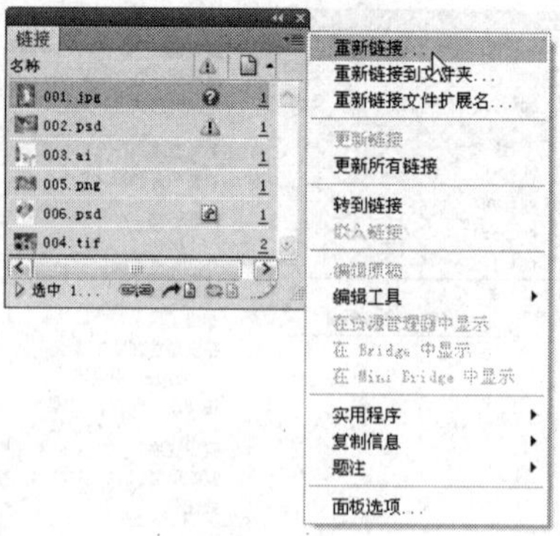

图 6-111

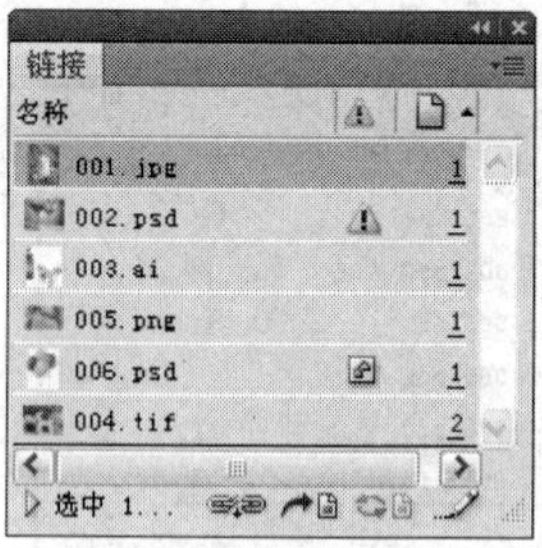

图 6-112

6.3 使用库

库有助于组织最常用的图形、文本和页面。可以向库中添加标尺参考线、网格、绘制的形状和编组图像，并可以根据需要任意创建多个库。

6.3.1 创建库

选择“文件 > 新建 > 库”命令，弹出“新建库”对话框，如图 6-113 所示。为库指定位置和名称，单击“保存”按钮，在文档中弹出“库”面板，“库”面板的名称是由新建库时所指定的名称决定的，如图 6-114 所示。

图 6-113

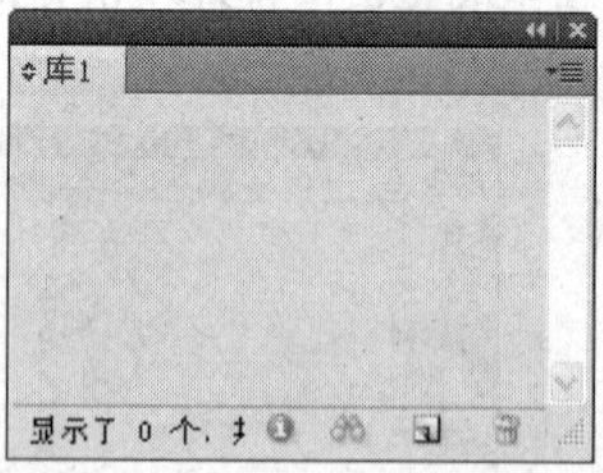

图 6-114

选择“文件 > 打开”命令，在弹出的对话框中选取要打开的一个或多个库，单击“打开”按钮即可。

单击“库”面板中的关闭按钮，或单击面板右上方的图标，在弹出的菜单中选择“关闭库”命令，可关闭库。在“窗口”菜单中选择“库”的文件名，也可以关闭库。

直接将“库”文件拖曳到桌面的“回收站”中，可删除库。

6.3.2 将对象或页面添加到库中

选择“选择”工具，选取需要图形，如图 6-115 所示。按住鼠标左键将其拖曳到“库”面板中，如图 6-116 所示。松开鼠标左键，所有的对象将作为一个库对象添加到库中，如图 6-117 所示。

图 6-115

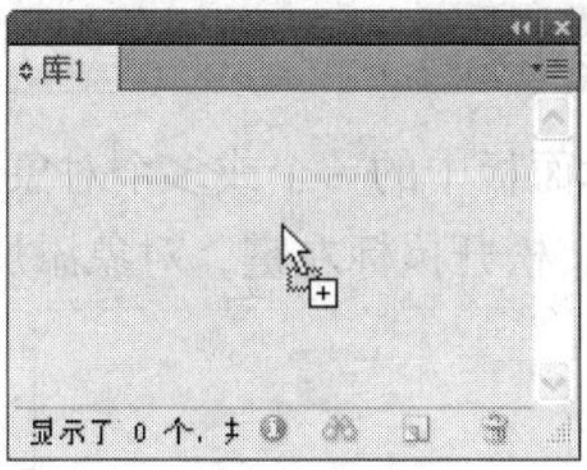

图 6-116

图 6-117

选择“选择”工具，选取需要图形，如图 6-118 所示。单击“新建库项目”按钮，或单击面板右上方的图标，在弹出的菜单中选择“添加项目”命令，如图 6-119 所示。将所有的对象作为一个库对象添加到库中，效果如图 6-120 所示。

图 6-118

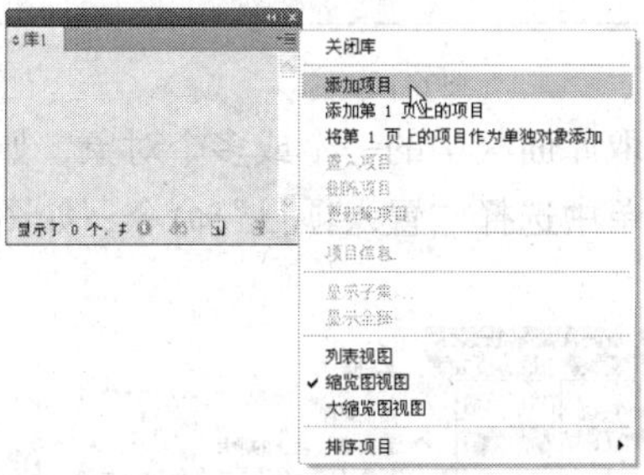

图 6-119

图 6-120

在要添加对象的页面空白处单击，如图 6-121 所示。单击“库”面板右上方的图标，在弹出的菜单中选择“添加第 1 页上的项目”命令，如图 6-122 所示。将所有的对象作为一个库对象添加到库中，效果如图 6-123 所示。

图 6-121

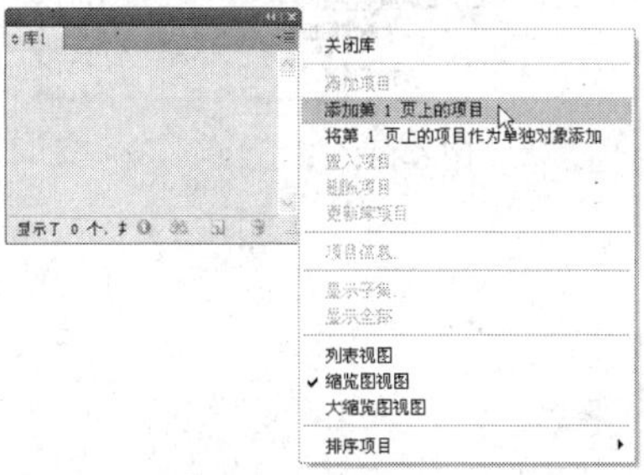

图 6-122

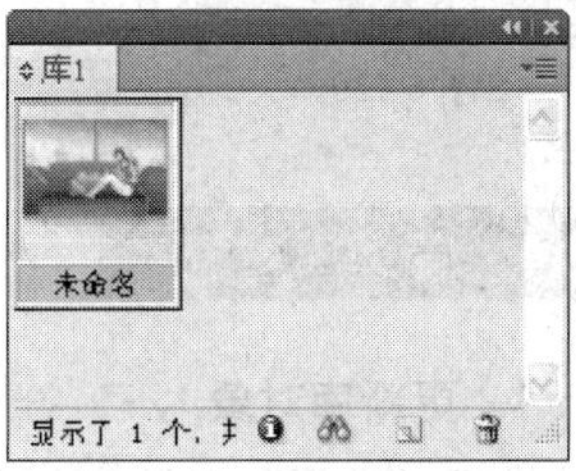

图 6-123

在要添加对象的页面空白处单击，如图 6-124 所示。单击“库”面板右上方的图标，在弹出的菜单中选择“将第 1 页上的项目作为单独对象添加”命令，如图 6-125 所示。将所有的对象作为单独的库对象添加到库中，效果如图 6-126 所示。

图 6-124

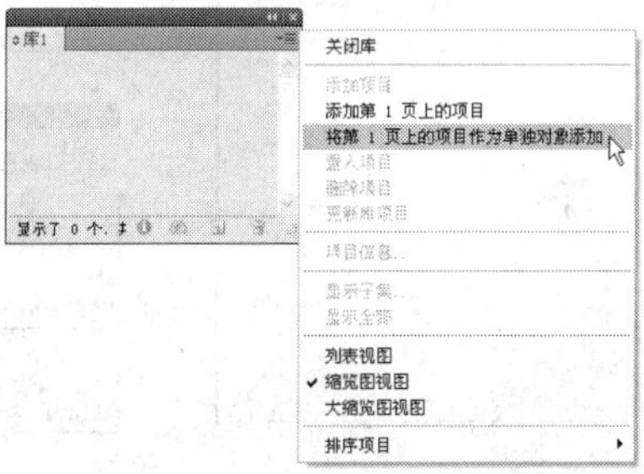

图 6-125

图 6-126

6.3.3 将库中的对象添加到文档中

选择“选择”工具，选取库面板中的一个或多个对象，如图 6-127 所示。按住鼠标左键将其拖曳到文档中，如图 6-128 所示。松开鼠标左键，对象添加到文档中，效果如图 6-129 所示。

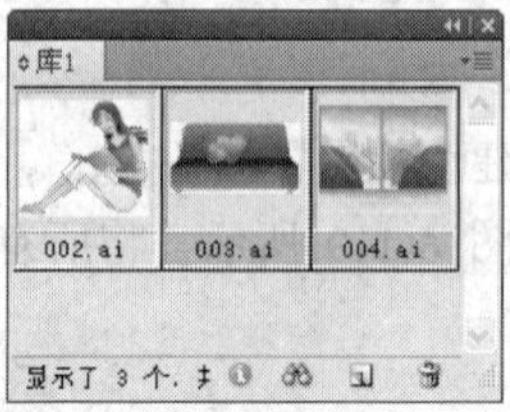

图 6-127

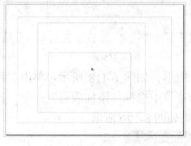

图 6-128

图 6-129

选择“选择”工具，选取库面板中的一个或多个对象，如图 6-130 所示。单击“库”面板右上方的图标，在弹出的菜单中选择“置入项目”命令，如图 6-131 所示。对象按其原 x、y 坐标置入，效果如图 6-132 所示。

图 6-130

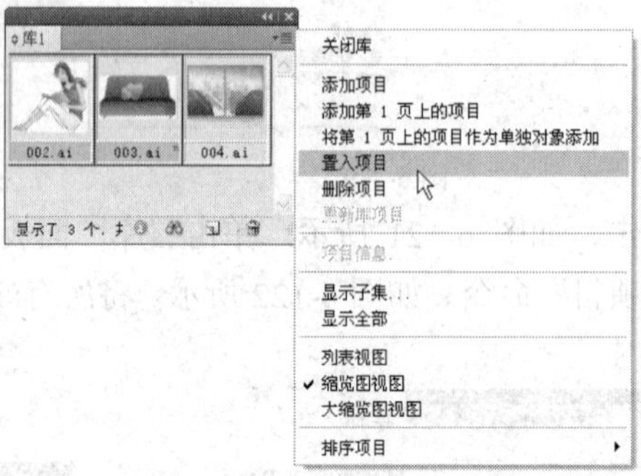

图 6-131

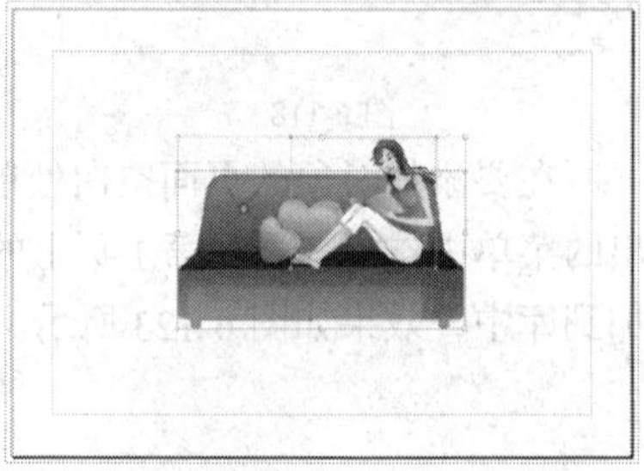

图 6-132

6.3.4 管理库对象

1. 更新库对象

选择“选择”工具，选取要添加到“库”面板中的图形，如图 6-133 所示。在“库”面板中选取要替换的对象，如图 6-134 所示。单击面板右上方的图标，在弹出的菜单中选择“更新库项目”命令，如图 6-135 所示。新项目替换库中的对象，面板如图 6-136 所示。

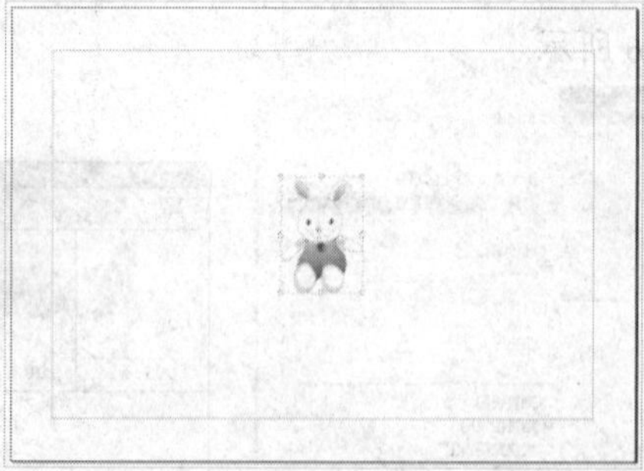

图 6-133

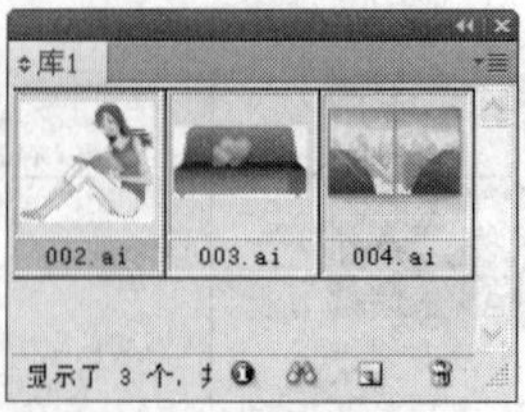

图 6-134

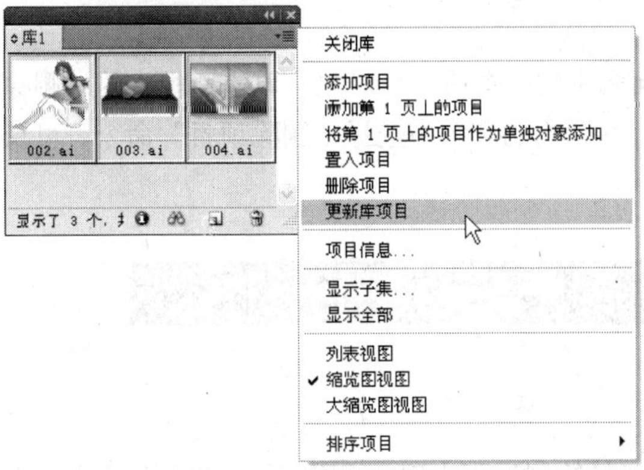

图 6-135

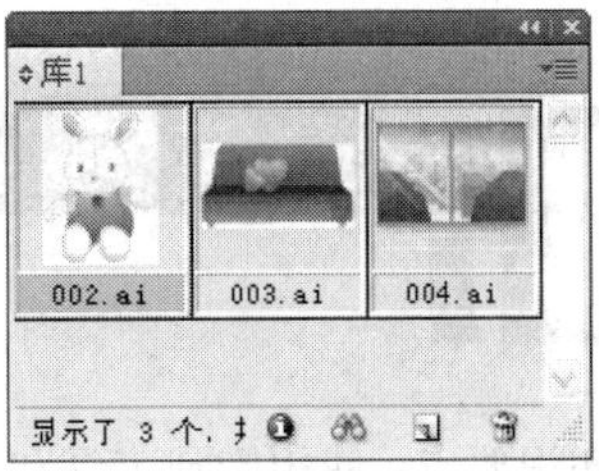

图 6-136

2．从一个库拷贝或移动对象到另一个库

选择“选择”工具，选取“库”面板中要拷贝的对象，如图 6-137 所示。按住鼠标左键将其拖曳到“库 2”面板中，如图 6-138 所示。松开鼠标左键，对象拷贝到“库 2”面板中，如图 6-139 所示。

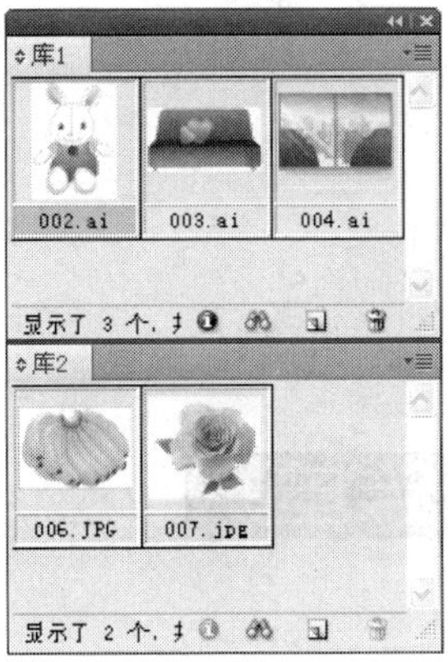

图 6-137

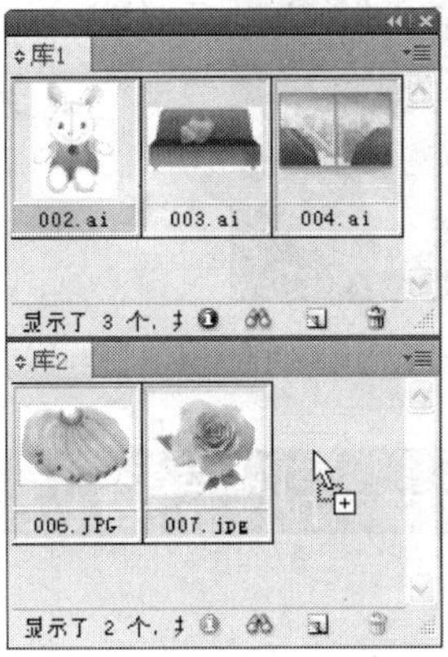

图 6-138

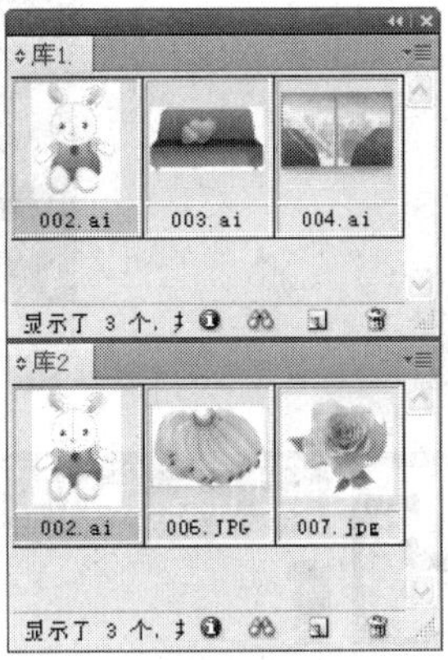

图 6-139

选择“选择”工具，选取“库”面板中要移动的对象，如图 6-140 所示。按住<Alt>键的同时，将其拖曳到“库 2”面板中，如图 6-141 所示。松开鼠标左键，对象移动到“库 2”面板中，效果如图 6-142 所示。

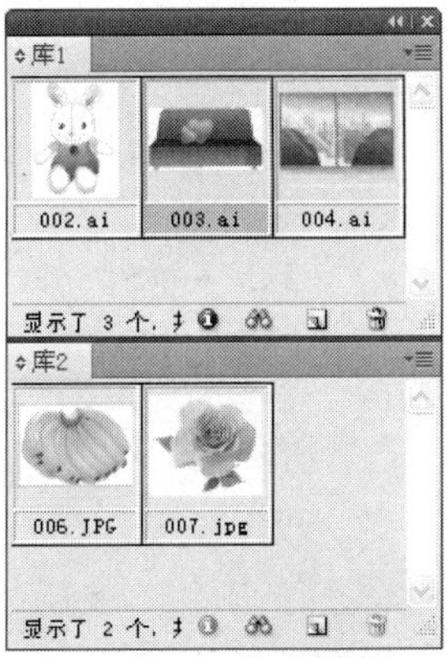

图 6-140

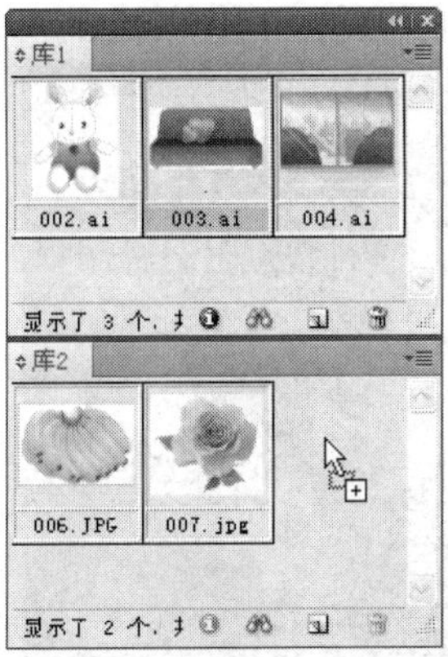

图 6-141

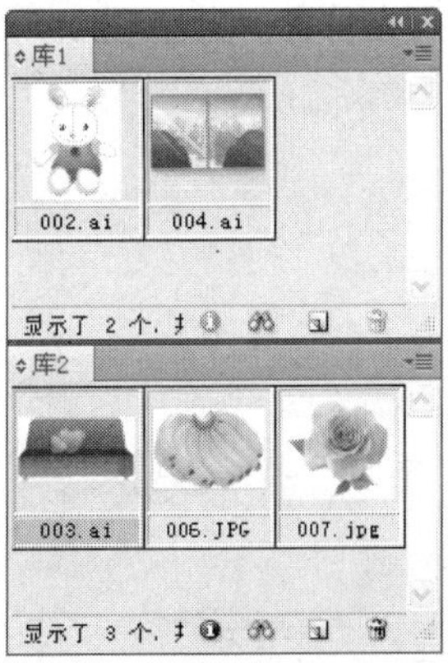

图 6-142

3. 从库中删除对象

选择"选择"工具，选取"库"面板中的一个或多个对象。单击面板中的"删除库项目"按钮，或单击面板右上方的图标，在弹出的菜单中选择"删除项目"命令，可从库中删除对象。

6.4 课堂练习——制作宣传册内页

练习知识要点：使用椭圆工具和钢笔工具绘制太阳头部，使用变换面板制作太阳光芒，使用描边命令制作装饰图形，效果如图 6-143 所示。

效果所在位置：光盘/Ch06/效果/制作宣传册内页.indd。

图 6-143

6.5 课后习题——制作餐厅宣传单

习题知识要点：使用椭圆工具和渐变色板工具绘制奖牌，使用对齐命令将两个圆形对齐，使用文字工具输入需要的文字，使用钢笔工具绘制挂线，使用置于底层命令将装饰图形置于底层，效果如图 6-144 所示。

效果所在位置：光盘/Ch06/效果/制作餐厅宣传单.indd。

图 6-144

第7章 版式编排

在 InDesign CS3 中，可以便捷地设置字符的格式和段落的样式。通过本章的学习，读者可以了解格式化字符和段落、设置项目符号以及使用定位符的方法和技巧，并能熟练掌握字符样式和段落样式面板的操作，为今后快捷地进行版式编排打下坚实的基础。

【教学目标】

- 格式化字符。
- 设置段落格式化。
- 对齐文本。

7.1 格式化字符

在 InDesign CS5 中，可以通过“控制面板”和“字符”面板设置字符的格式。这些格式包括文字的字体、字号、颜色、字符间距等。

选择“文字”工具 T，“控制面板”如图 7-1 所示。

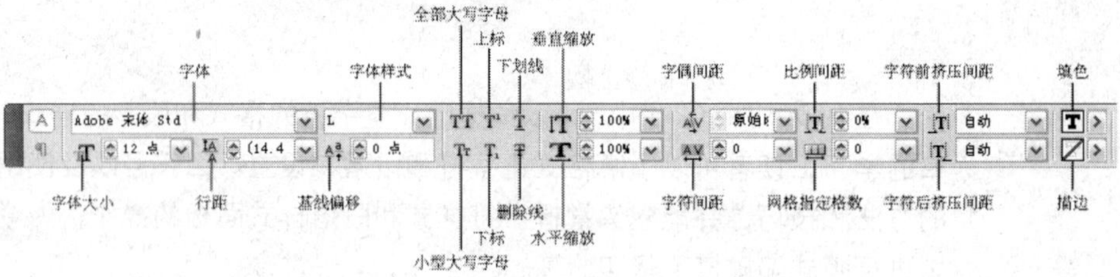

图 7-1

选择“窗口 > 文字和表 > 字符”命令，或按 <Ctrl>+<T> 组合键，弹出“字符”面板，如图 7-2 所示。

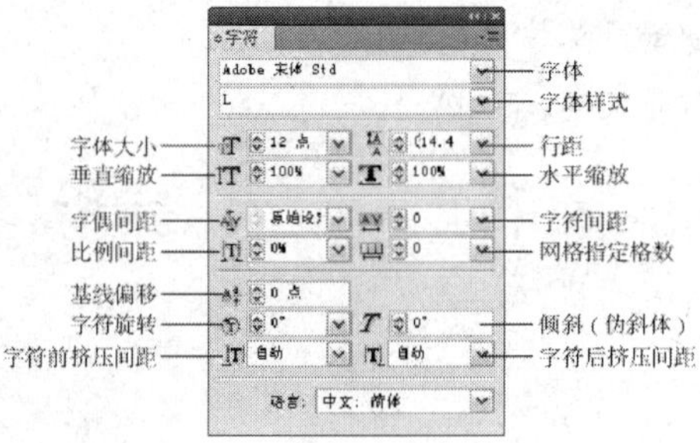

图 7-2

7.1.1 课堂案例——制作购物招贴

案例学习目标：学习使用绘制图形工具绘制图标。

案例知识要点：使用多边形工具制作星形和三角形。使用文字工具和复制命令添加广告语。使用文字工具、字符面板和段落面板添加其他相关信息。购物招贴效果如图 7-3 所示。

效果所在位置：光盘/Ch07/效果/制作购物招贴.indd。

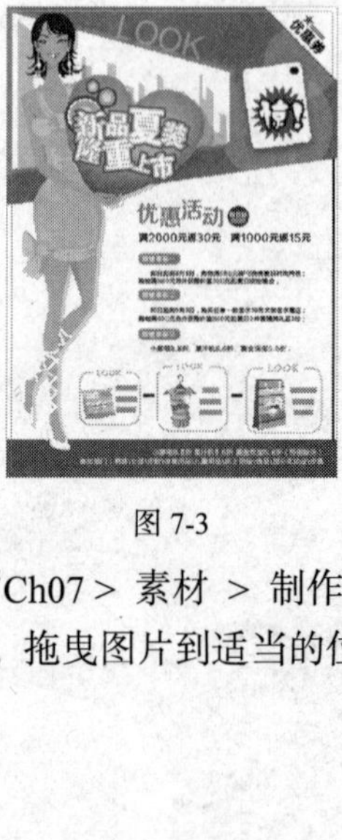

图 7-3

1. 制作背景效果

Step 01 选择“文件 > 新建 > 文档”命令，弹出“新建文档”对话框，如图 7-4 所示。单击“边距和分栏”按钮，弹出对话框，选项的设置如图 7-5 所示，单击“确定”按钮，新建一个页面。

Step 02 按<Ctrl>+<D>组合键，弹出“置入”对话框，选择光盘中的“Ch07 > 素材 > 制作购物招贴 > 01”文件，单击“打开”按钮，在页面中单击鼠标左键置入图片，拖曳图片到适当的位置，效果如图 7-6 所示。

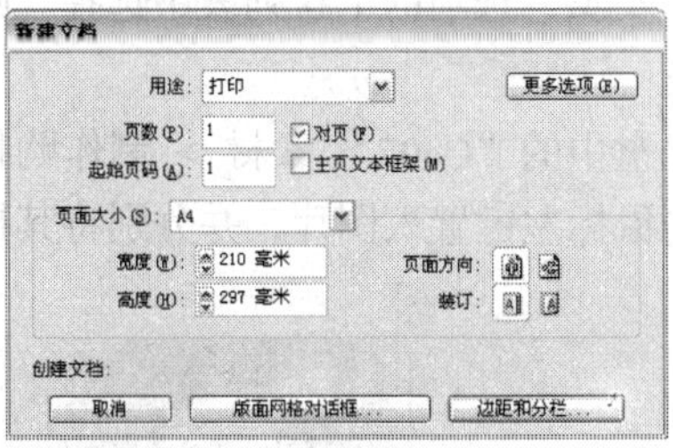

图 7-4

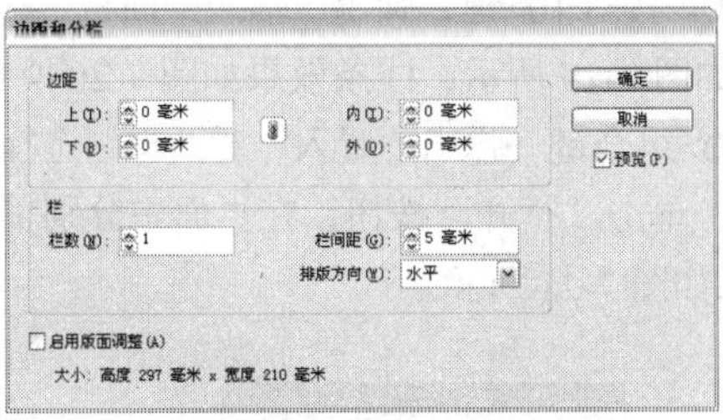

图 7-5

图 7-6

Step 03 选择“文字”工具T，在页面中拖曳出一个文本框，输入需要的文字。将输入的文字选取，在“控制面板”中选择合适的字体并设置文字大小，如图 7-7 所示。填充文字为白色，效果如图 7-8 所示。选择“选择”工具，在“控制面板”中将“旋转角度”选项设置为-15°，“不透明度”选项设置为 28%，按<Enter>键确认操作，效果如图 7-9 所示。

图 7-7

图 7-8

图 7-9

Step 04 选择“文字”工具T，在页面的右上角拖曳一个文本框，输入需要的文字。将输入的文字选取，在“控制面板”中选择合适的字体并设置文字大小，效果如图 7-10 所示。在“控制面板”中将“字符间距”选项设置为 40，取消选取状态，效果如图 7-11 所示。选择“选择”工具，单击选取需要的文字，在“控制面板”中将“旋转角度”选项设置为-45°，按<Enter>键确认操作，效果如图 7-12 所示。使用相同的方法输入其他文字，效果如图 7-13 所示。

图 7-10

图 7-11

图 7-12

图 7-13

Step 05 选择“多边形”工具，在页面的空白处单击，弹出“多边形”对话框，选项的设置如图 7-14 所示。单击“确定”按钮，在页面中生成一个星形，效果如图 7-15 所示。设置星形填充色的 CMYK 值为 0、100、100、0，填充图形，并设置描边色为无，效果如图 7-16 所示。选择“选择”工具，在“控制面板”中将“旋转角度”选项设置为-45°，按<Enter>键确认操作，旋转星形，并将其拖曳到适当的位置，效果如图 7-17 所示。

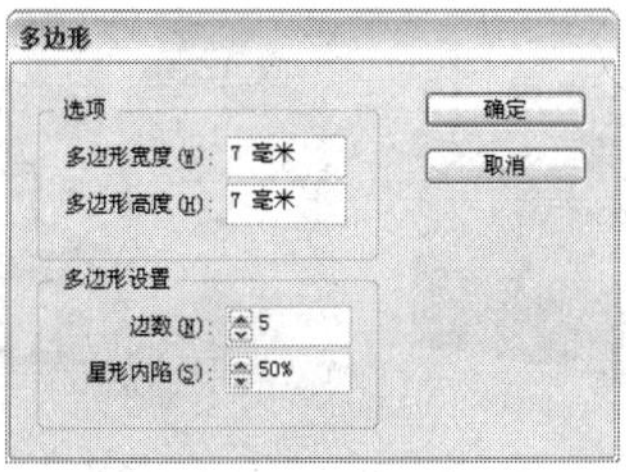

图 7-14

图 7-15

图 7-16

图 7-17

Step 06 选择“直线”工具，在页面中适当的位置上绘制一条直线，如图 7-18 所示。选择“选择”工具，选取直线。按<F10>键，弹出“描边”面板，在“类型”选项的下拉列表中选择“圆点”，其他选项的设置如图 7-19 所示，线条效果如图 7-20 所示。

Step 07 按<Ctrl>+<D>组合键，弹出“置入”对话框，选择光盘中的“Ch07 > 素材 > 制作购物招贴 > 02、03”文件，单击“打开”按钮，在页面中分别单击鼠标左键置入图片，并分别将其拖曳到适当的位置，效果如图 7-21 所示。

图 7-18

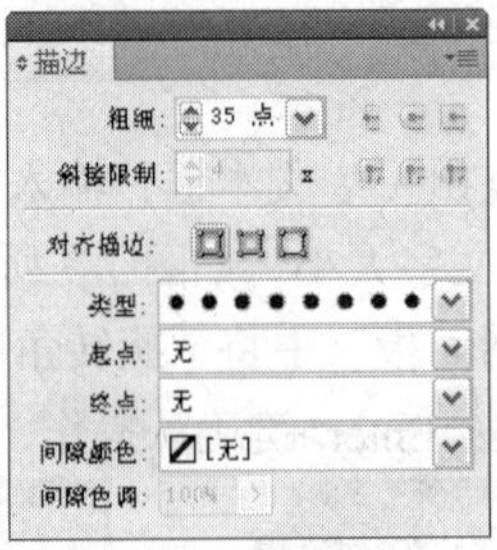

图 7-19

图 7-20

图 7-21

2．制作广告语

Step 01 选择“文字”工具，在页面中拖曳出一个文本框，输入需要的文字。将输入的文字选取，在“控制面板”中选择合适的字体并设置文字大小，填充文字为白色，效果如图 7-22 所示。选择“选择”工具，单击工具箱中的“格式针对文本”按钮，设置文字描边色的 CMYK 值为 37、0、100、0，填充文字描边。在“控制面板”中将“旋转角度”选项设置为 6°，“描边粗细”选项设置为 3 点，按<Enter>键确认操作，效果如图 7-23 所示。

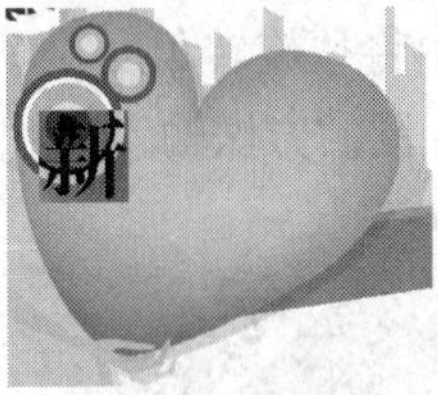

图 7-22

图 7-23

Step 02 用相同的方法制作其他文字的效果，如图 7-24 所示。选择“选择”工具，按住<Shift>键的同时，将所有文字同时选中，如图 7-25 所示。按<Ctrl>+<C>组合键复制文字，选择“编辑 > 原位粘贴”命令，将文字原位粘贴。

Step 03 保持文字的选取状态，单击工具箱中的“格式针对文本”按钮，在“控制面板”中将“描边粗细”选项设置为 2 毫米，将文字填充色和描边色的 CMYK 值均设置为 100、0、100、30，效果如图 7-26 所示。按<Ctrl>+<G>组合键将其编组，连续按<Ctrl>+<[>组合键，将其移至所有文字的后方，效果如图 7-27 所示。

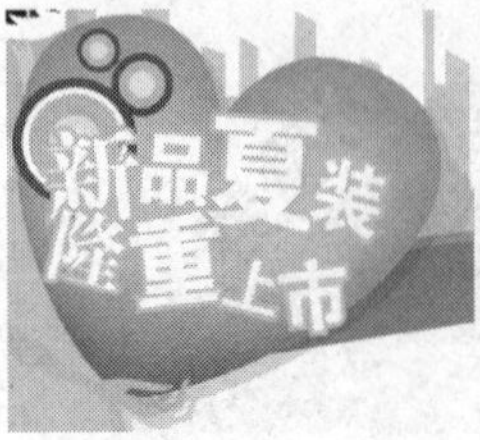

图 7-24

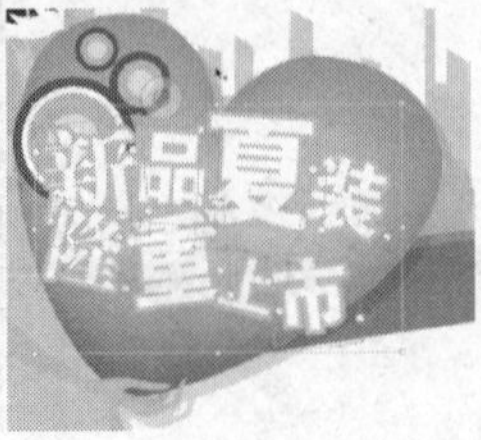

图 7-25

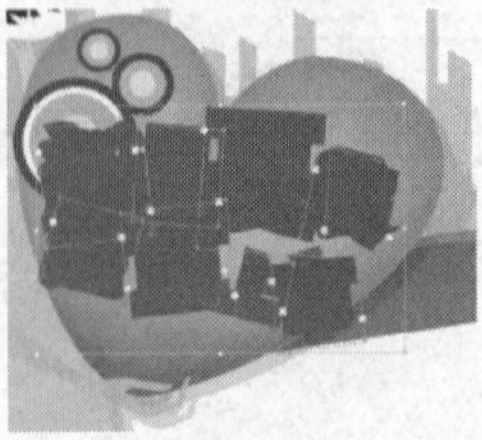
图 7-26

图 7-27

3．添加宣传性文字

Step 01 选择“文字”工具 T，在页面中分别拖曳出 4 个文本框，分别输入需要的文字。分别将输入的文字选取，在“控制面板”中分别选择合适的字体并分别设置文字大小，设置文字颜色的 CMYK 值设置为 100、0、0、0，填充文字。取消选取状态，效果如图 7-28 所示。

Step 02 选择“椭圆”工具，按住<Shift>键的同时，在页面中绘制一个圆形。设置图形填充色的 CMYK 值为 0、100、100、40，填充图形，并设置描边色为无，效果如图 7-29 所示。选择“文字”工具 T，在圆上分别拖曳出 2 个文本框，分别输入需要的文字。将输入的文字分别选取，在“控制面板”中选择合适的字体并设置文字大小，填充文字为白色，效果如图 7-30 所示。

图 7-28

图 7-29

图 7-30

Step 03 选择“文字”工具 T，在页面中拖曳出一个文本框，输入需要的文字。将输入的文字选取，在“控制面板”中选择合适的字体并设置文字大小，取消选取状态，效果如图 7-31 所示。

图 7-31

Step 04 选择“文字”工具 T，选取数字“2000”。在“控制面板”中将“字符间距”选项 AV 0 设置为 45，设置文字填充色的 CMYK 值为 0、100、100、40，填充文字颜色。取消选取状态，效果如图 7-32 所示。用相同的方法设置其他数字，效果如图 7-33 所示。

图 7-32

图 7-33

Step 05 选择“矩形”工具，在页面中绘制一个矩形。设置图形填充色的 CMYK 值为 100、0、0、0，填充图形，并设置描边色为无，效果如图 7-34 所示。选择“对象 > 角选项”命令，弹出“角选项”对话框，选项的设置如图 7-35 所示。单击“确定”按钮，效果如图 7-36 所示。

图 7-34

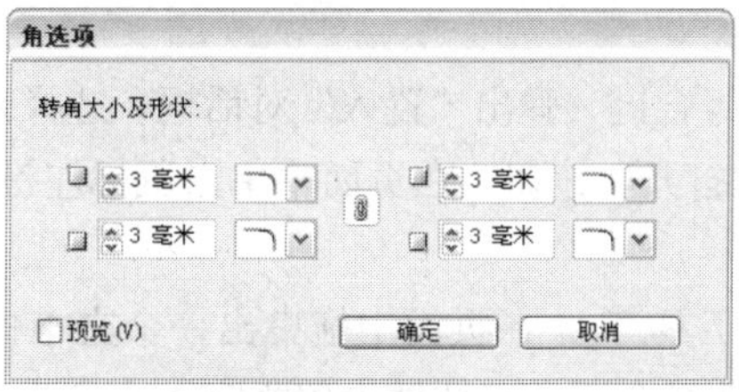

图 7-35

图 7-36

Step 06 选择“文字”工具 T，在页面中拖曳出一个文本框，输入需要的文字。将输入的文字选取，在“控制面板”中选择合适的字体并设置文字大小，填充文字为白色。在“控制面板”中将“字符间距”选项 AV 0 设置为 50，取消选取状态，效果如图 7-37 所示。

Step 07 选择“选择”工具，选取文字。选择“对象 > 适合 > 使框架适合内容”命令，使文字框架适合内容，如图 7-38 所示。选择“选择”工具，将圆角矩形和白色文字同时选取，按<Shift>+<F7>组合键，弹出“对齐”面板，如图 7-39 所示。单击“水平居中对齐”按钮和“垂直居中对齐”按钮，效果如图 7-40 所示。

倾情奉献一
图 7-37

倾情奉献一
图 7-38

图 7-39

倾情奉献一
图 7-40

Step 08 选择“文字”工具，在页面中拖曳出一个文本框，输入需要的文字。将输入的文字选取，在“控制面板”中选择合适的字体并设置文字大小。在“控制面板”中将“字符间距”选项设置为 40，取消选取状态，如图 7-41 所示。

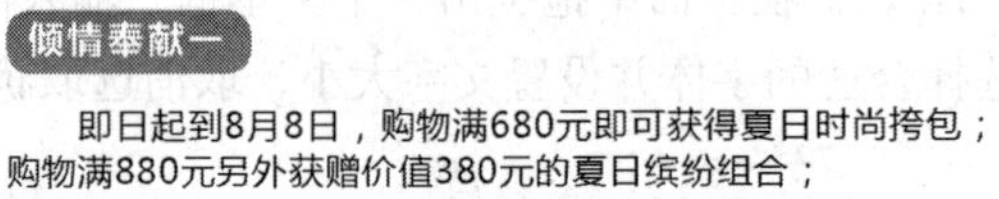
倾情奉献一
即日起到8月8日，购物满680元即可获得夏日时尚挎包；
购物满880元另外获赠价值380元的夏日缤纷组合；
图 7-41

Step 09 选择“文字”工具，分别选取需要数字。在“控制面板”中选择合适的字体并设置文字大小，设置文字填充色的 CMYK 值为 0、100、100、40，填充文字颜色。取消选取状态，效果如图 7-42 所示。用相同的方法制作其他文字，效果如图 7-43 所示。

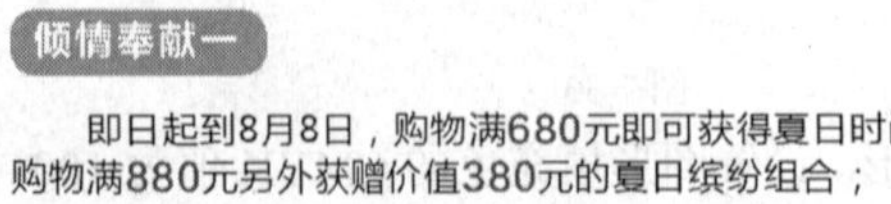
倾情奉献一
即日起到8月8日，购物满680元即可获得夏日时尚挎包；
购物满880元另外获赠价值380元的夏日缤纷组合；
图 7-42

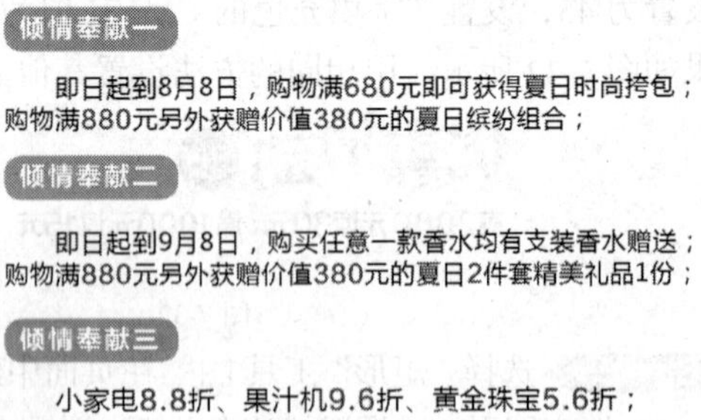
倾情奉献一
即日起到8月8日，购物满680元即可获得夏日时尚挎包；
购物满880元另外获赠价值380元的夏日缤纷组合；
倾情奉献二
即日起到9月8日，购买任意一款香水均有支装香水赠送；
购物满880元另外获赠价值380元的夏日2件套精美礼品1份；
倾情奉献三
小家电8.8折、果汁机9.6折、黄金珠宝5.6折；
图 7-43

4．添加其他相关信息

Step 01 按<Ctrl>+<D>组合键，弹出“置入”对话框，选择光盘中的“Ch07 > 素材 > 制作购物招贴 > 04”文件，单击“打开”按钮，在页面中单击鼠标左键置入图片，将其拖曳到适当的位置，效果如图 7-44 所示。

Step 02 选择“文字”工具，在页面中拖曳出一个文本框，输入需要的文字。将输入的文字选取，在“控制面板”中选择合适的字体并设置文字大小，单击“下画线”按钮，效果如图 7-45 所示。按<Ctrl>+<T>组合键，弹出“字符”面板，将“行距”选项设置为 20.4，“倾斜”选项设置为 20°，如图 7-46 所示。按<Enter>键确认操作，效果如图 7-47 所示。使用相同方法制作出其他文字，效果如图 7-48 所示。

图 7-44

图 7-45

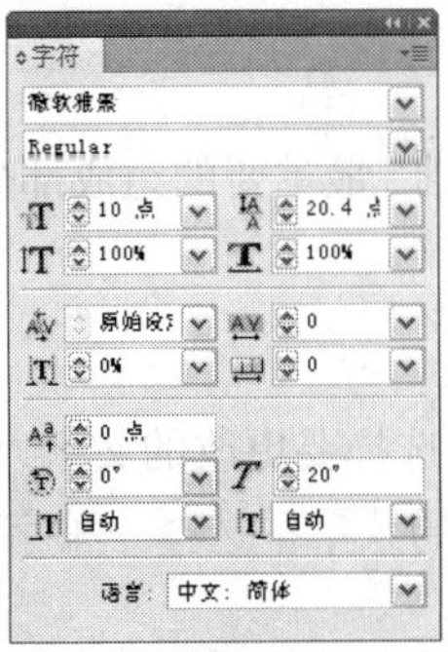

图 7-46

图 7-47

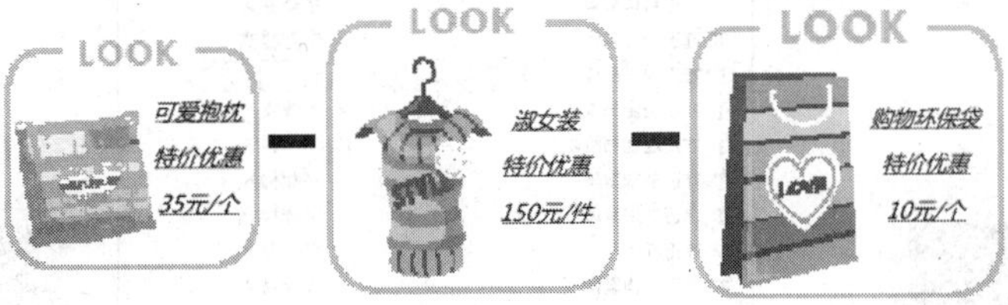

图 7-48

Step 03 选择“矩形”工具，在页面中绘制一个矩形。设置矩形填充色的 CMYK 值为 1、100、26、0，填充图形，并设置描边色为无，效果如图 7-49 所示。按<Ctrl>+<Shift>+<[> 组合键，将其置到底层，效果如图 7-50 所示。

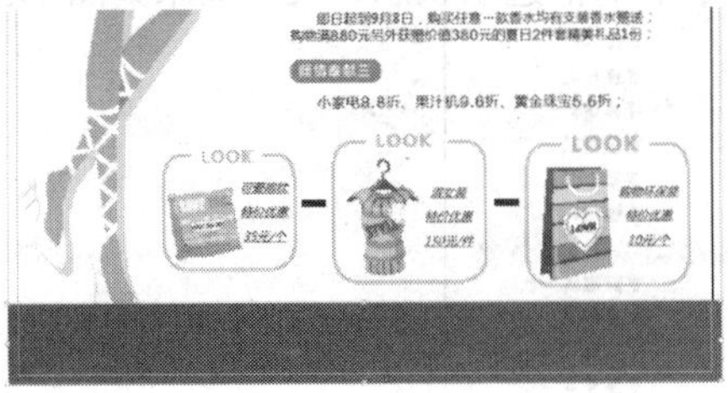

图 7-49

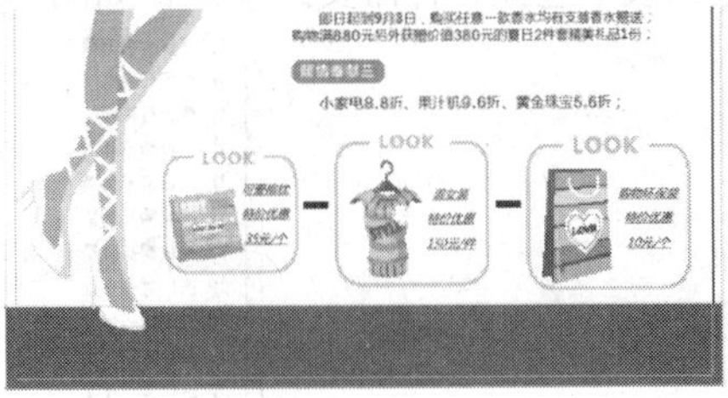

图 7-50

Step 04 选择“文字”工具，在页面中拖曳出一个文本框，输入需要的文字。将输入的文字选取，在“控制面板”中选择合适的字体并设置文字大小，填充文字为白色。在“控制面板”中将“字符间距”选项设置为 60，效果如图 7-51 所示。在“段落”面板中单击“右对齐”按钮，文字效果如图 7-52 所示。在页面空白处单击，取消文字的选取状态，购物招贴制作完成，效果如图 7-53 所示。

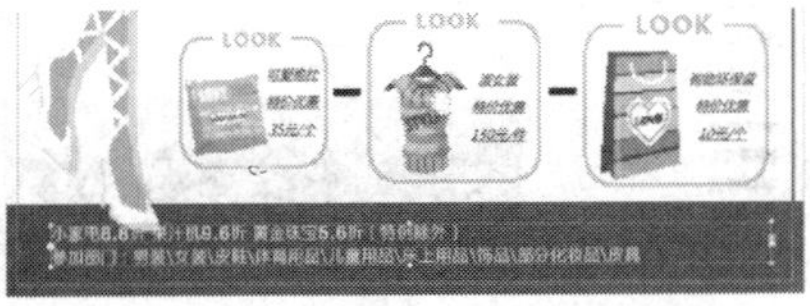

图 7-51

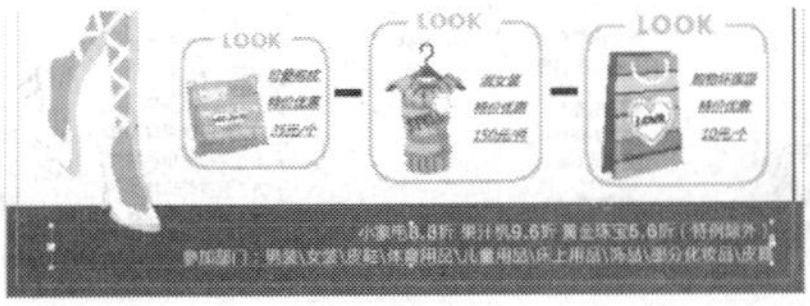

图 7-52

图 7-53

7.1.2 字体

字体是版式编排中最基础、最重要的组成部分。下面具体介绍设置字体和复合字体的方法和技巧。

1．设置字体

选择“文字”工具T，选择要更改的文字，如图 7-54 所示。在“控制面板”中单击“字体”选项右侧的按钮，在弹出的菜单中选择一种字体，如图 7-55 所示，改变字体，取消文字的选取状态，效果如图 7-56 所示。

图 7-54

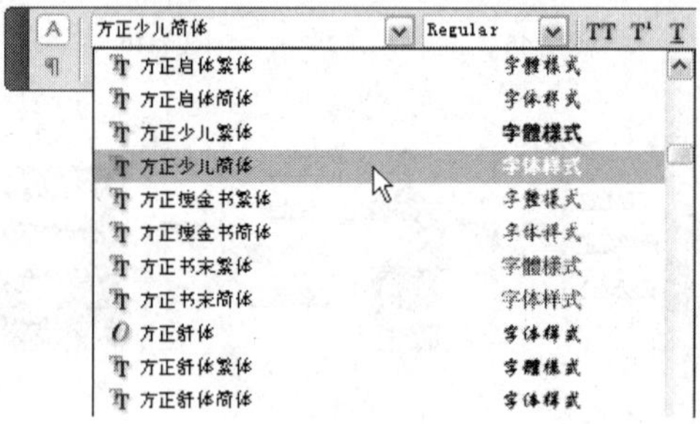

图 7-55

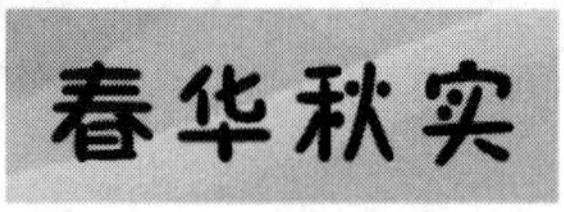

图 7-56

选择“文字”工具T，选择要更改的文本，如图 7-57 所示。选择“窗口 > 文字和表 > 字符”命令，或按<Ctrl>+<T>组合键，弹出“字符”面板，单击“字体”选项右侧的按钮，可以从弹出的下拉列表中选择一种需要的字体，如图 7-58 所示。取消选取状态，文字效果如图 7-59 所示。

图 7-57

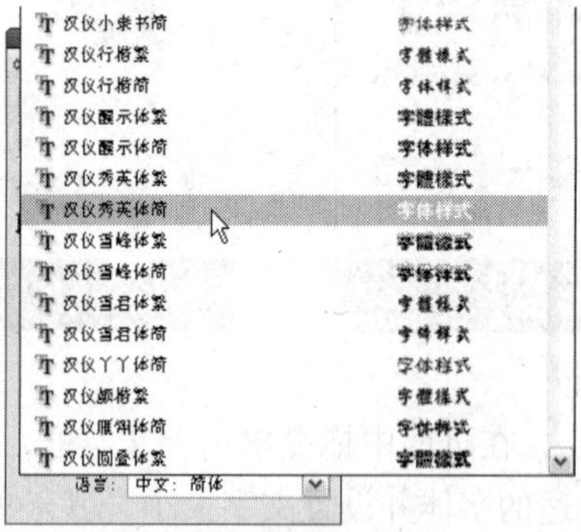

图 7-58

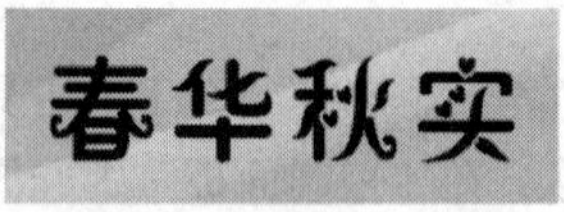

图 7-59

选择“文字”工具T，选择要更改的文本，如图 7-60 所示。选择“文字 > 字体”命令，在弹出的子菜单中选择一种需要的字体，如图 7-61 所示，效果如图 7-62 所示。

图 7-60

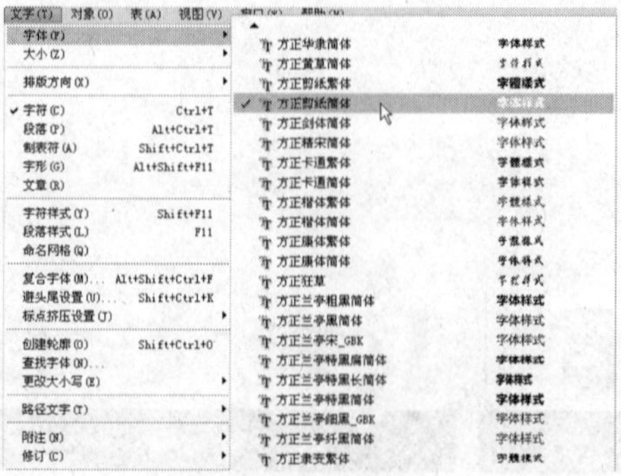

图 7-61

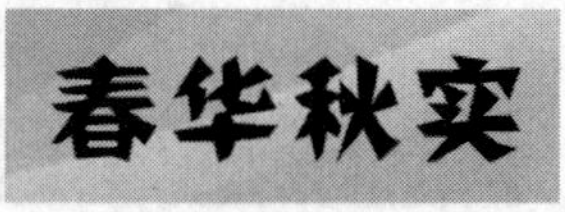

图 7-62

2. 复合字体

选择"文字 > 复合字体"命令，或按<Alt+<Shift>+<Ctrl>+<F>组合键，弹出"复合字体编辑器"对话框，如图 7-63 所示。单击"新建"按钮，弹出"新建复合字体"对话框，如图 7-64 所示。在"名称"选项的文本框中输入复合字体的名称，如图 7-65 所示，单击"确定"按钮。返回到"复合字体编辑器"对话框中，在列表框下方选取字体，如图 7-66 所示。单击列表框中的其他选项，分别设置需要的字体，如图 7-67 所示。单击"存储"按钮，将复合字体存储，再单击"确定"按钮，复合字体制作完成，在字体列表的最上方显示，如图 7-68 所示。

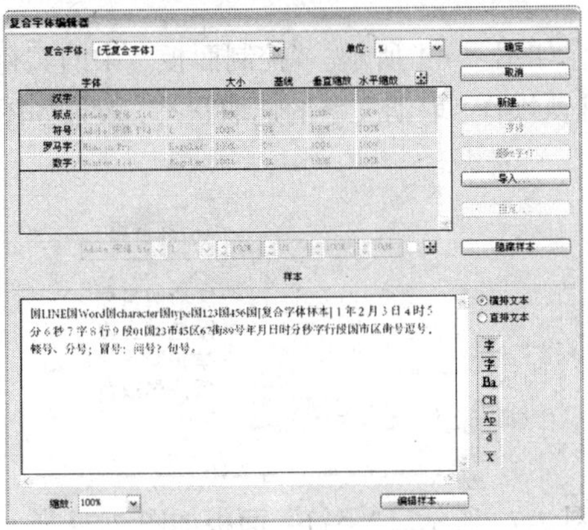

图 7-63

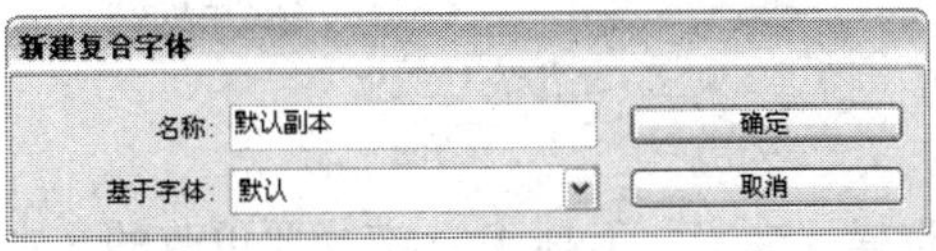

图 7-64

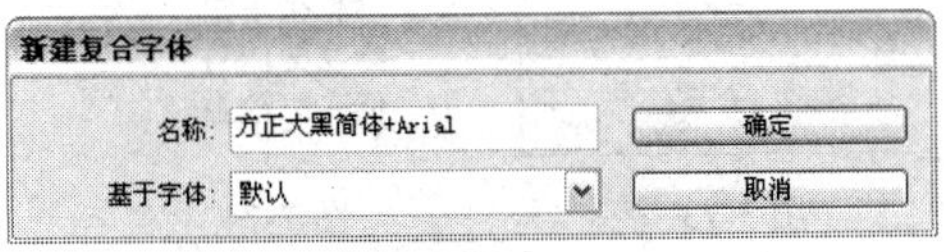

图 7-65

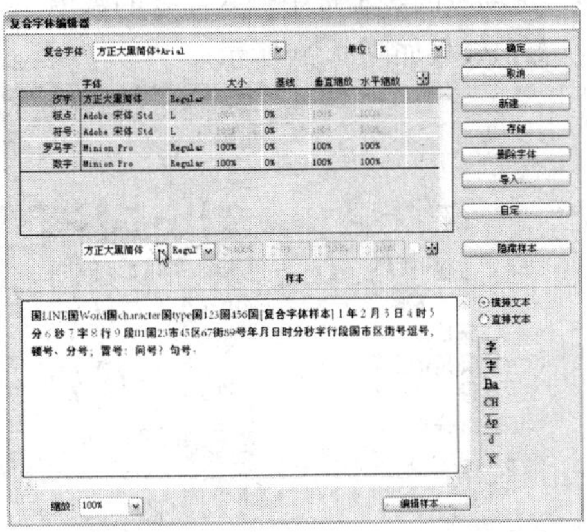

图 7-66

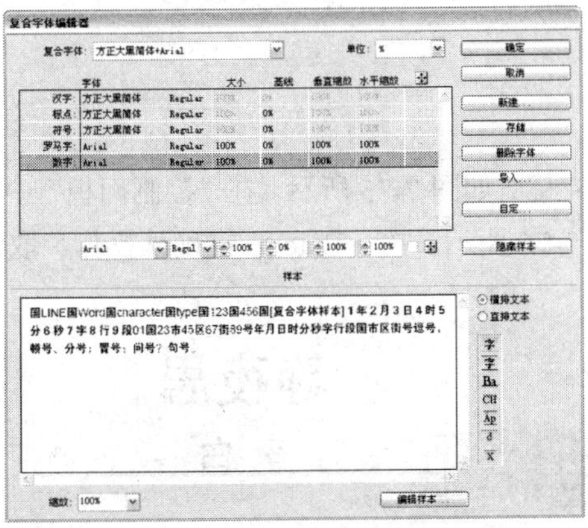

图 7-67

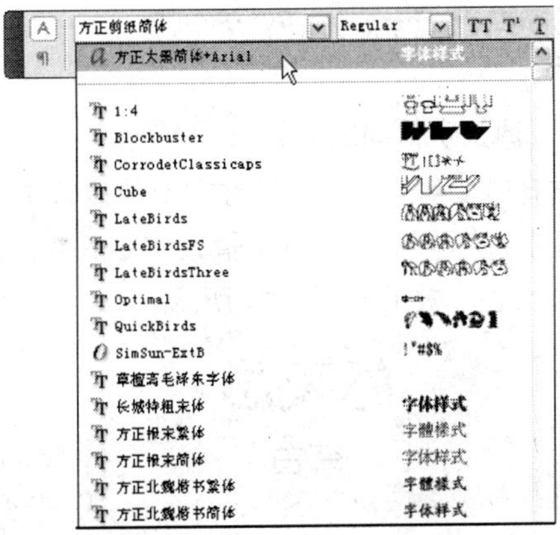

图 7-68

在“复合字体编辑器”对话框的右侧，可进行如下操作。

单击“导入”按钮，可导入其他文本中的复合字体。

选取不需要的复合字体，单击“删除字体”按钮，可删除复合字体。

可以通过点选“横排文本”和“直排文本”单选钮切换样本文本的文本方向，使其以水平或垂直方式显示。还可以选择“显示”或“隐藏”指示表意字框、全角字框、基线等彩线。

7.1.3 行距

选择“文字”工具T，选择要更改行距的文本，如图 7-69 所示。“控制面板”中的“行距”选项的文本框中输入需要的数值后，按<Enter>键确认操作。取消文字的选取状态，效果如图 7-70 所示。

图 7-69

图 7-70

选择“文字”工具T，选择要更改的文本，如图 7-71 所示。“字符”面板如图 7-72 所示，在“行距”选项的文本框中输入需要的数值，如图 7-73 所示，按<Enter>键确认操作，取消文字的选取状态，效果如图 7-74 所示。

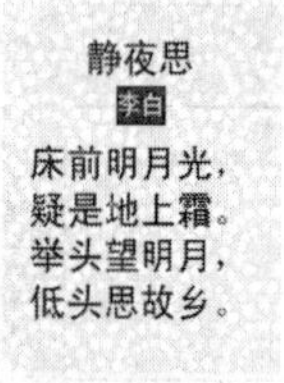

图 7-71

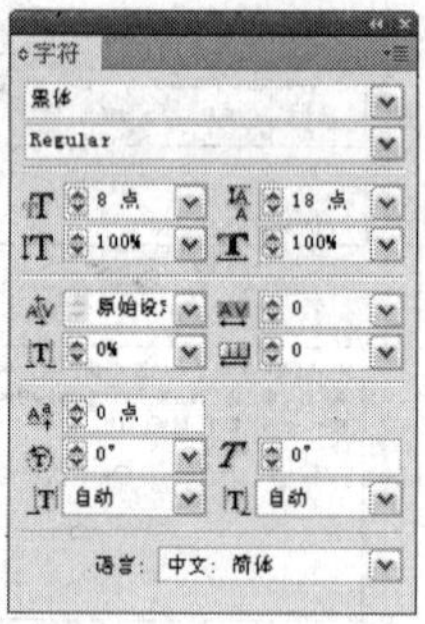

图 7-72

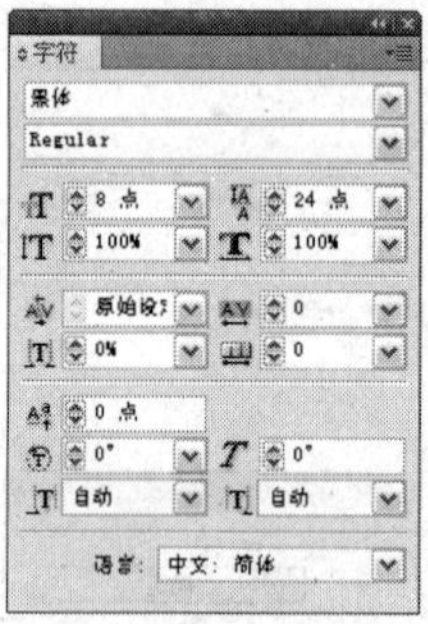

图 7-73

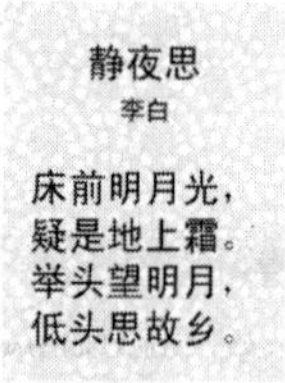

图 7-74

7.1.4 调整字偶间距和字距

1．调整字偶间距

选择“文字”工具T，在需要的位置单击插入光标，如图 7-75 所示。在“控制面板”中的“字偶间距”选项的文本框中输入需要的数值，如图 7-76 所示。按 <Enter> 键确认操作，取消文字的选取状态，效果如图 7-77 所示。

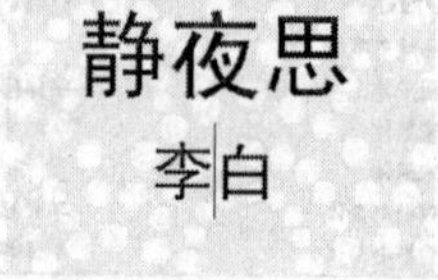

图 7-75

图 7-76

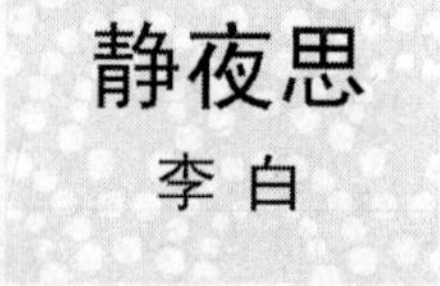

图 7-77

提示：选择“文字”工具，在需要的位置单击插入光标，按住<Alt>键的同时，单击向左（或向右）方向键可减小（或增大）两个字符之间的字偶间距。

2．调整字距

选择“文字”工具，选择需要的文本，如图 7-78 所示。在“控制面板”中的“字符间距”选项的文本框中输入需要的数值，如图 7-79 所示。按<Enter>键确认操作，取消文字的选取状态，效果如图 7-80 所示。

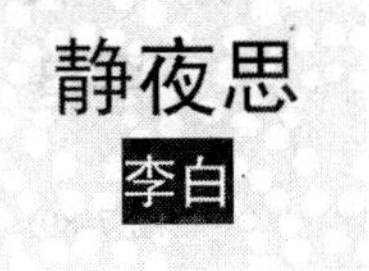

图 7-78

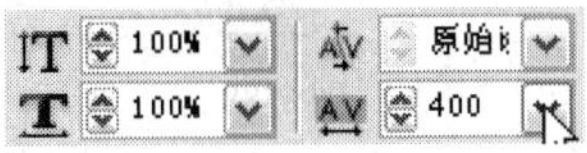

图 7-79

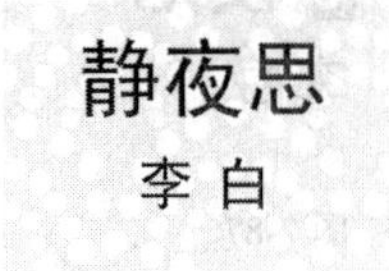

图 7-80

提示：选择“文字”工具，选择需要的文本，按住<Alt>键的同时，单击向左（或向右）方向键可减小（或增大）字符间距。

7.1.5 基线偏移

选择“文字”工具，选择需要的文本，如图 7-81 所示。在“控制面板”中的“基线偏移”选项的文本框中输入需要的数值，正值将使该字符的基线移动到这一行中其余字符基线的上方，如图 7-82 所示；负值将使其移动到这一行中其余字符基线的下方，如图 7-83 所示。

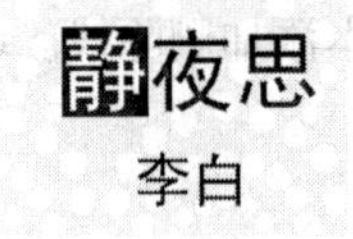

图 7-81

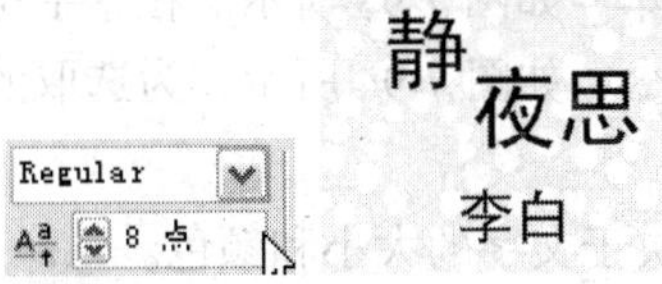

图 7-82

图 7-83

在“基线偏移”选项的文本框中单击，按向上（或向下）方向键，可增大（或减小）基线偏移值。按住<Shift>键的同时，再按向上或向下方向键，可以按更大的增量（或减量）更改基线偏移值。

7.1.6 使字符上标或下标

选择“文字”工具，选择需要的文本，如图 7-84 所示。在“控制面板”中单击“上标”按钮，如图 7-85 所示，选取的文本变为上标。取消文字的选取状态，效果如图 7-86 所示。

图 7-84

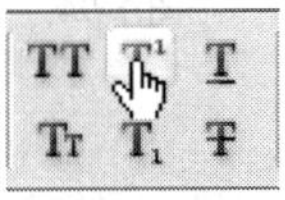
图 7-85

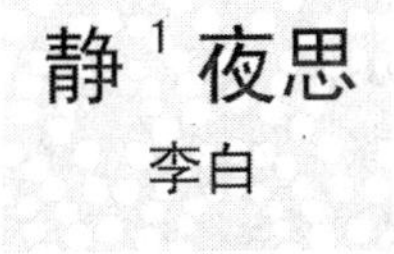

图 7-86

选择“文字”工具，选择需要的文本，如图 7-87 所示。在“字符”面板中单击右上方的图标，在弹出的菜单中选择“下标”命令，如图 7-88 所示，选取的文本变为下标。取消文字的选取状态，效果如图 7-89 所示。

图 7-87

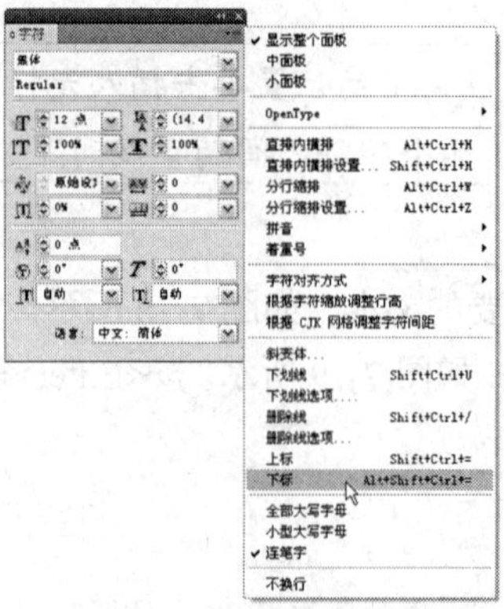

图 7-88

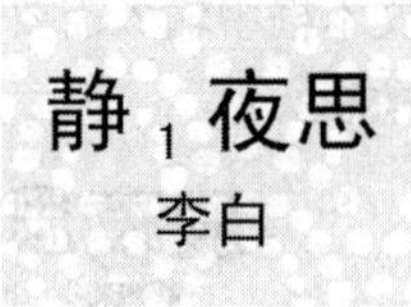

图 7-89

7.1.7 下划线和删除线

选择“文字”工具，选择需要的文本，如图 7-90 所示。在“控制面板”中单击“下划线”按钮，如图 7-91 所示，为选取的文本添加下划线。取消文字的选取状态，效果如图 7-92 所示。

图 7-90

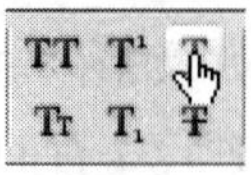

图 7-91

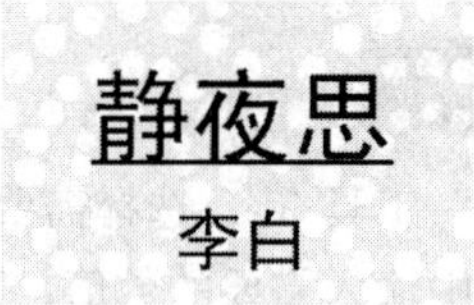

图 7-92

选择“文字”工具，选择需要的文本，如图 7-93 所示。在“字符”面板中单击右上方的图标，在弹出的菜单中选择“删除线”命令，如图 7-94 所示，为选取的文本添加删除线。取消文字的选取状态，效果如图 7-95 所示。

下划线和删除线的默认粗细、颜色取决于文字的大小和颜色。

图 7-93

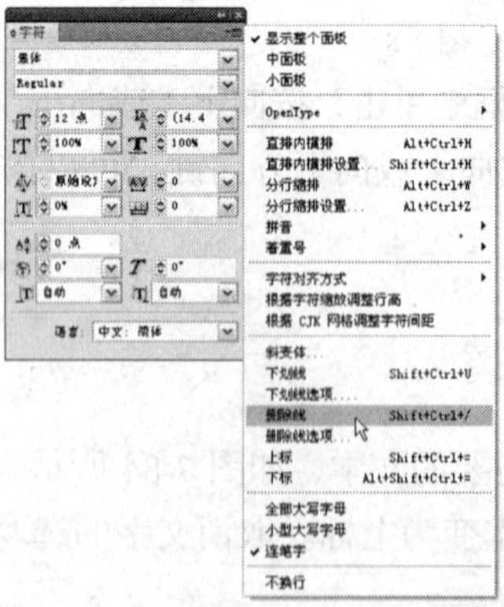

图 7-94

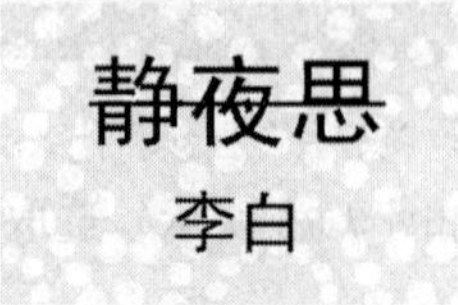

图 7-95

7.1.8 缩放文字

选择“选择”工具，选取需要的文本框，如图 7-96 所示。按<Ctrl>+<T>组合键，弹出“字符”面板，在“垂直缩放”选项的文本框中输入需要的数值，如图 7-97 所示。按 <Enter>键确认操作，垂直缩放文字，取消文本框的选取状态，效果如图 7-98 所示。

图 7-96

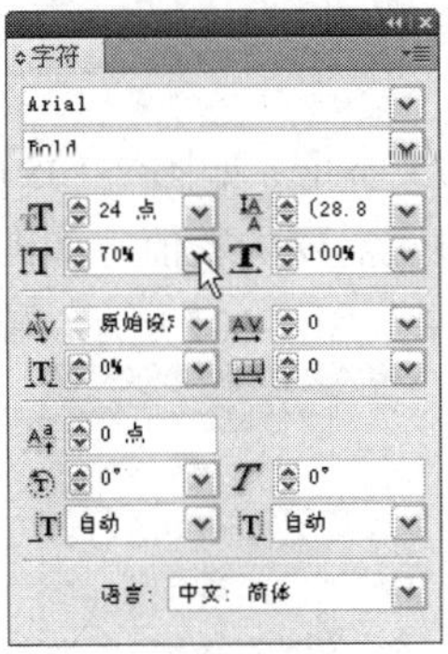

图 7-97

图 7-98

选择“选择”工具，选取需要的文本框，如图 7-99 所示。在“字符”面板中的“水平缩放”选项的文本框中输入需要的数值，如图 7-100 所示。按<Enter>键确认操作，水平缩放文字，取消文本框的选取状态，效果如图 7-101 所示。

图 7-99

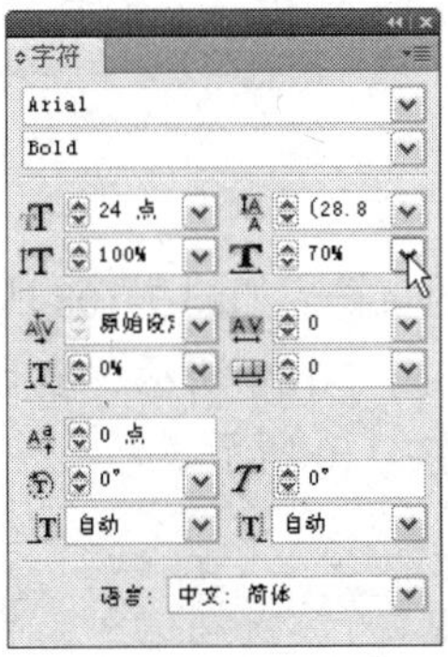

图 7-100

图 7-101

选择“文字”工具，选择需要的文字。在“控制面板”的“垂直缩放”选项或“水平缩放”选项的文本框中分别输入需要的数值，也可缩放文字。

7.1.9 倾斜文字

选择“选择”工具，选取需要的文本框，如图 7-102 所示。按 <Ctrl>+<T> 组合键，弹出“字符”面板，在“倾斜”选项的文本框中输入需要的数值，如图 7-103 所示。按<Enter>键确认操作，倾斜文字，取消文本框的选取状态，效果如图 7-104 所示。

图 7-102

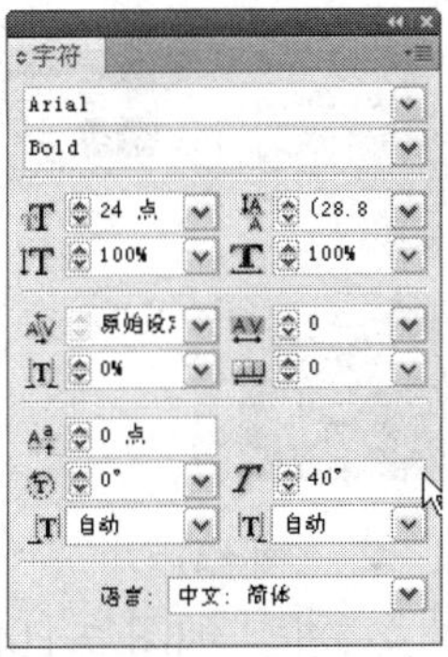

图 7-103

图 7-104

7.1.10 旋转文字

选择“选择”工具，选取需要的文本框，如图 7-105 所示。按<Ctrl>+<T>组合键，弹出“字符”面板，在“字符旋转”选项中输入需要的数值，如图 7-106 所示。按<Enter>键确认操作，旋转文字，取消文本框的选取状态，效果如图 7-107 所示。输入负值可以向右（顺时针）旋转字符。

图 7-105

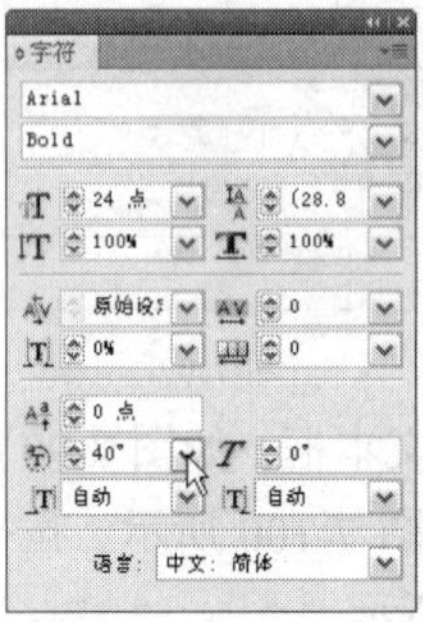

图 7-106

图 7-107

7.1.11 调整字符前后的间距

选择“文字”工具，选择需要的字符，如图 7-108 所示。在“控制面板”中的“比例间距”选项的文本框中输入需要的数值，如图 7-109 所示。按<Enter>键确认操作，可调整字符的前后间距，取消文字的选取状态，效果如图 7-110 所示。

图 7-108

图 7-109

图 7-110

调整“控制面板”或“字符”面板中的“字符前挤压间距”选项和“字符后挤压间距”选项，也可调整字符前后的间距。

7.1.12 更改文本的颜色和渐变

选择“文字”工具，选择需要的文字，如图 7-111 所示。双击工具箱下方的“填色”按钮，弹出“拾色器”对话框，在对话框中调配需要的颜色，如图 7-112 所示。单击“确定”按钮，对象的颜色填充效果如图 7-113 所示。

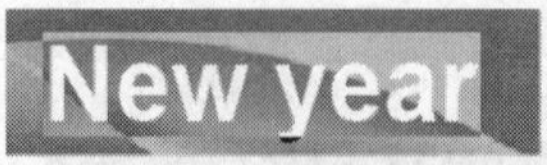

图 7-111

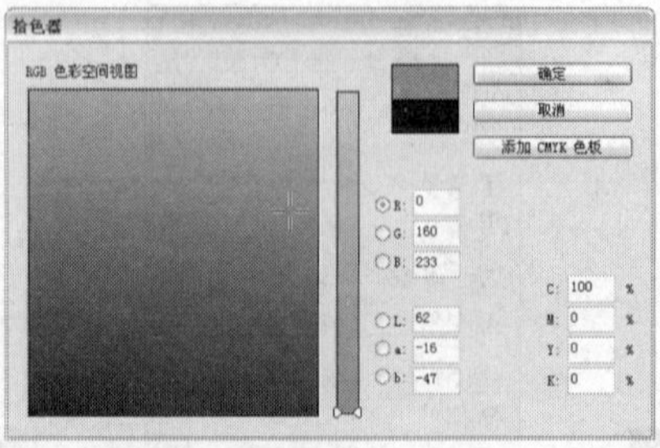

图 7-112

图 7-113

选择“选择”工具，选取需要的文本框，如图 7-114 所示。在工具箱下方单击“格式针对文本”按钮，如图 7-115 所示。双击“描边”按钮，弹出“拾色器”对话框，在对话框中调配需要的颜色，如图 7-116 所示。单击“确定”按钮，对象的描边填充效果如图 7-117 所示。

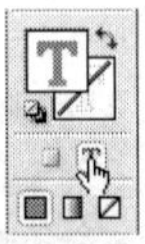

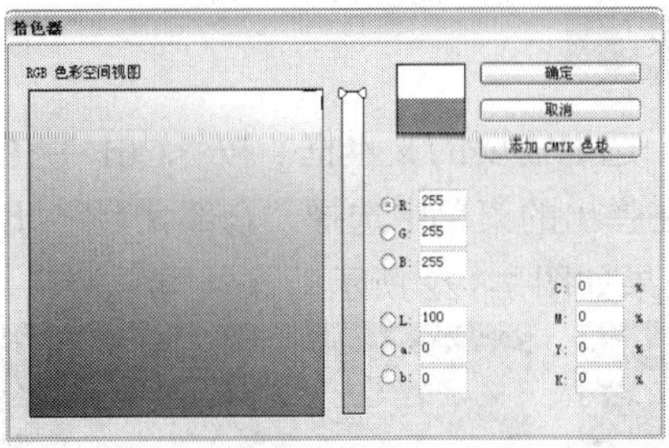

图 7-114　图 7-115　图 7-116　图 7-117

还可以通过“颜色”面板、“色板”面板、“渐变色板”工具和“渐变羽化”工具填充文本及其描边。

7.1.13　为文本添加效果

选择“选择”工具，选取需要的文本框，如图 7-118 所示。选择“对象 > 效果 > 透明度”命令，弹出“效果”对话框，在“设置”选项中选取“文本”，如图 7-119 所示。选择“投影”选项，切换到相应的对话框，设置如图 7-120 所示。单击“确定”按钮，为文本添加阴影效果，如图 7-121 所示。可以用相同的方法添加其他效果。

图 7-118

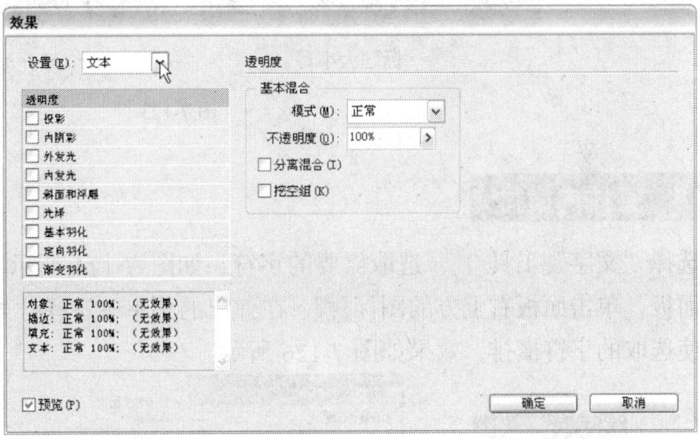

图 7-119

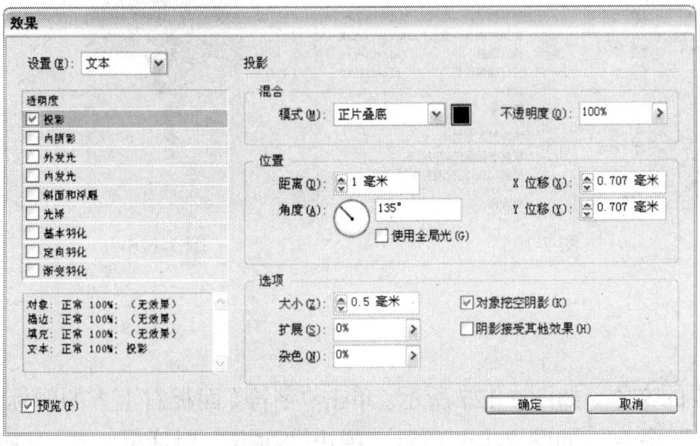

图 7-120

图 7-121

7.1.14 更改文字的大小写

选择“选择”工具，选取需要的文本框。按 <Ctrl>+<T> 组合键，弹出“字符”面板，单击面板右上方的图标，在弹出的菜单中选择“全部大写字母/小型大写字母”命令，使选取的文字全部大写或小型大写，效果如图 7-122 所示。

原文字　全部大写字母　小型大写字母

图 7-122

选择“选择”工具，选取需要的文本框。选择“文字 > 更改大小写”命令，在弹出的子菜单中选取需要的命令，效果如图 7-123 所示。

原文字　大写　小写

标题大小写　句子大小写

图 7-123

7.1.15 直排内横排

选择“文字”工具，选取需要的字符，如图 7-124 所示。按<Ctrl>+<T>组合键，弹出“字符”面板，单击面板右上方的图标，在弹出的菜单中选择“直排内横排”命令，如图 7-125 所示，使选取的字符横排，效果如图 7-126 所示。

图 7-124

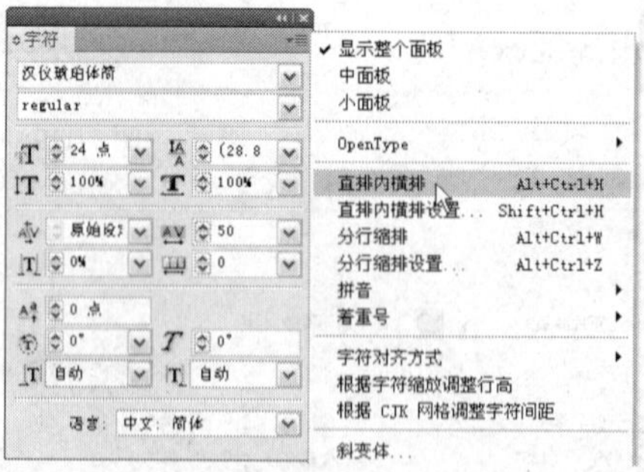

图 7-125

图 7-126

7.1.16 为文本添加拼音

选择“文字”工具，选择需要的文本，如图 7-127 所示。单击“字符”面板右上方的图标，在弹出的菜单中选择“拼音 > 拼音”命令，如图 7-128 所示，弹出“拼音”对话框。在“拼音”选项中输入拼音字符，要更改“拼音”设置，单击对话框左侧的选项并指定设置，如图 7-129 所示。单击“确定”按钮，效果如图 7-130 所示。

图 7-127

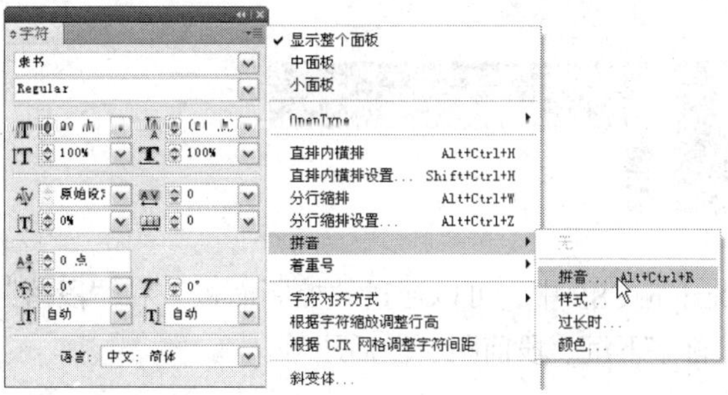

图 7-128

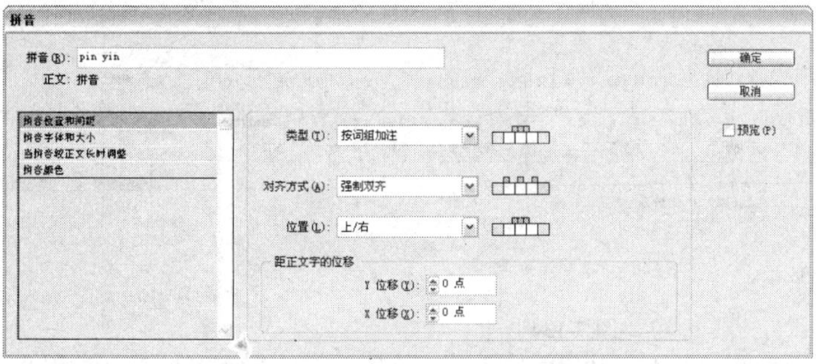

图 7-129

图 7-130

7.1.17 对齐不同大小的文本

选择"选择"工具，选取需要的文本框，如图 7-131 所示。单击"字符"面板右上方的图标，在弹出的菜单中选择"字符对齐方式"命令，弹出子菜单，如图 7-132 所示。

图 7-131

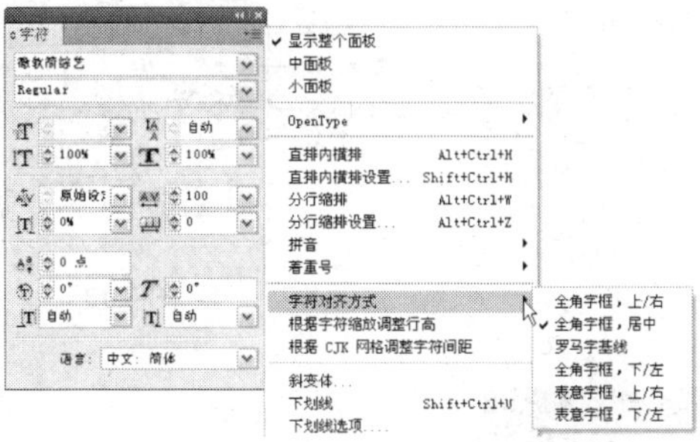

图 7-132

在弹出的子菜单中选择需要的对齐方式，为大小不同的文字对齐，效果如图 7-133 所示。

全角字框，居中

全角字框，上/右

罗马字基线

全角字框，下/左

表意字框，上/右

表意字框，下/左

图 7-133

7.2 段落格式化

在 InDesign CS5 中，可以通过“控制面板”和“段落”面板设置段落的格式。这些格式包括段落间距、首字下沉、段前距、段后距等。

选择“文字”工具 T，单击“控制面板”中的“段落格式控制”按钮 ¶，显示如图 7-134 所示。

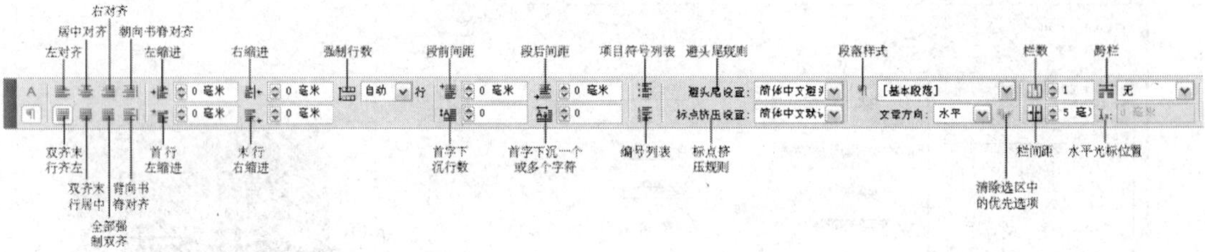

图 7-134

选择“窗口 > 文字和表 > 段落”命令，或按<Ctrl>+<Alt>+<T>组合键，弹出“段落”面板，如图 7-135 所示。

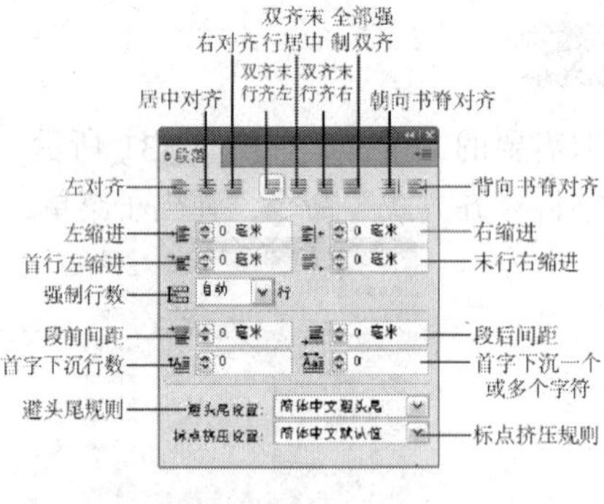

图 7-135

7.2.1 调整段落间距

选择“文字”工具 T，在需要的段落文本中单击插入光标，如图 7-136 所示。在“段落”面板中的“段前间距”的文本框中输入需要的数值，如图 7-137 所示。按<Enter>键确认操作，按可调整段落前的间距，效果如图 7-138 所示。

图 7-136

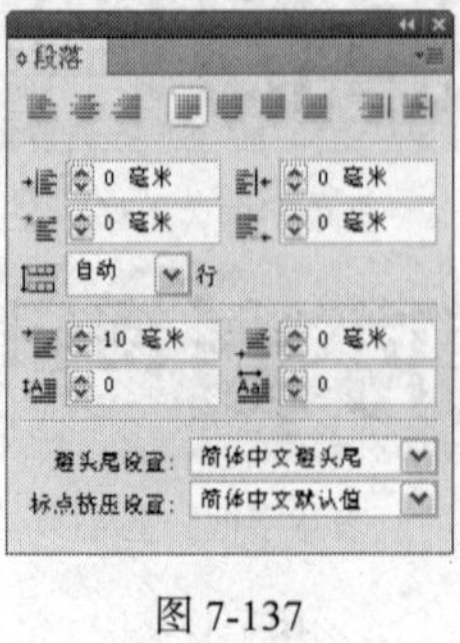

图 7-137

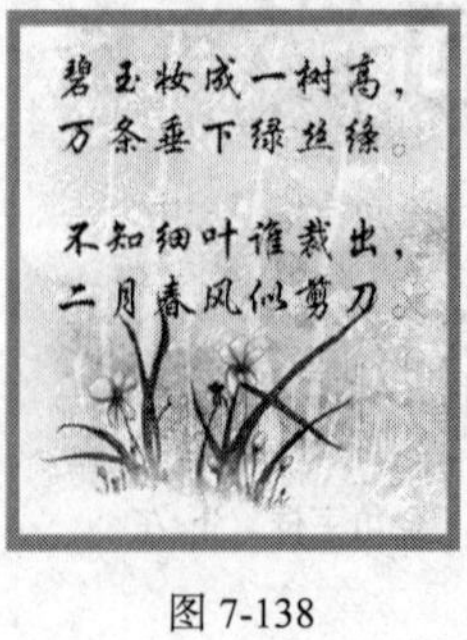

图 7-138

选择“文字”工具 T，在需要的段落文本中单击插入光标，如图 7-139 所示。在“控制面板”中的“段后间距”的文本框中输入需要的数值，如图 7-140 所示。按<Enter>键确认操作，可调整段落后的间距，效果如图 7-141 所示。

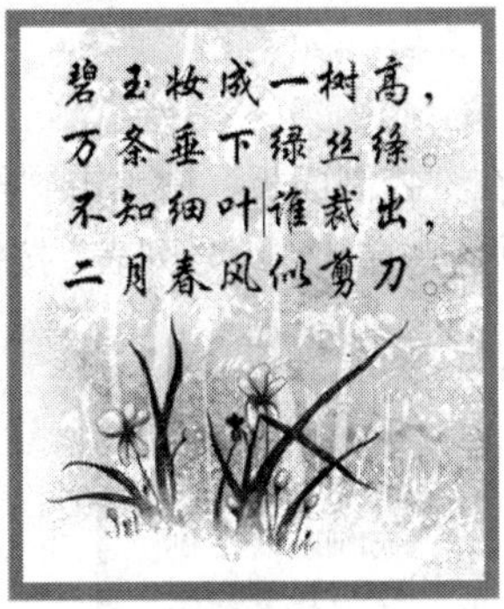

图 7-139

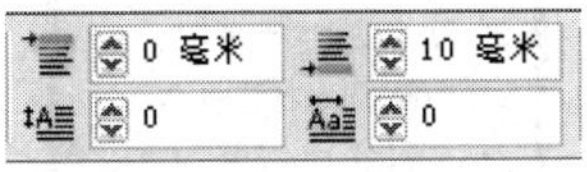

图 7-140

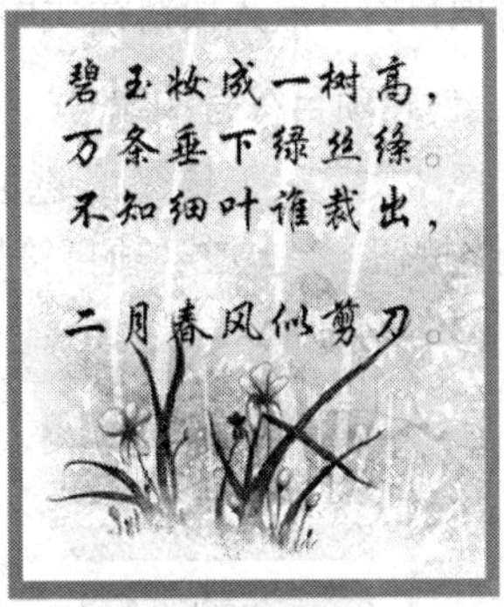

图 7-141

7.2.2 首字下沉

选择“文字”工具 T，在段落文本中单击插入光标，如图 7-142 所示。在“段落”面板中的“首字下沉行数”的文本框中输入需要的数值，如图 7-143 所示。按<Enter>键确认操作，效果如图 7-144 所示。在“首字下沉一个或多个字符”的文本框中输入需要的数值，如图 7-145 所示。按<Enter>键确认操作，效果如图 7-146 所示。

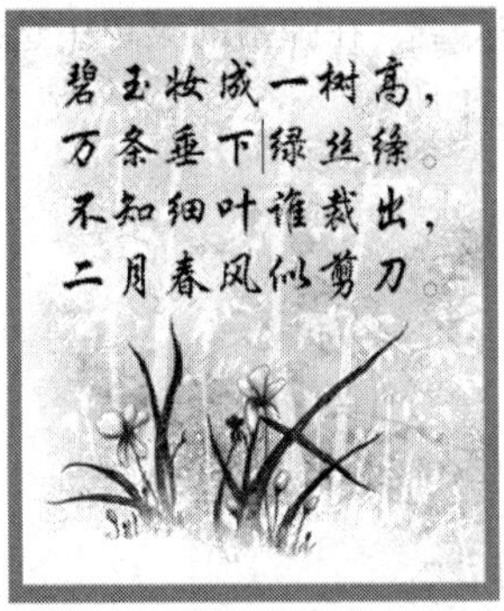

图 7-142

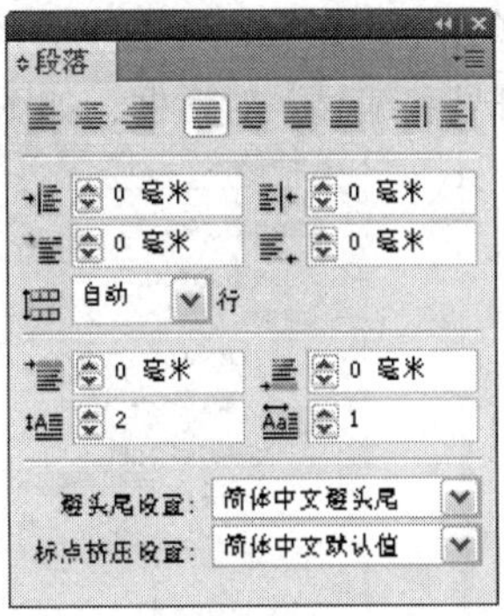

图 7-143

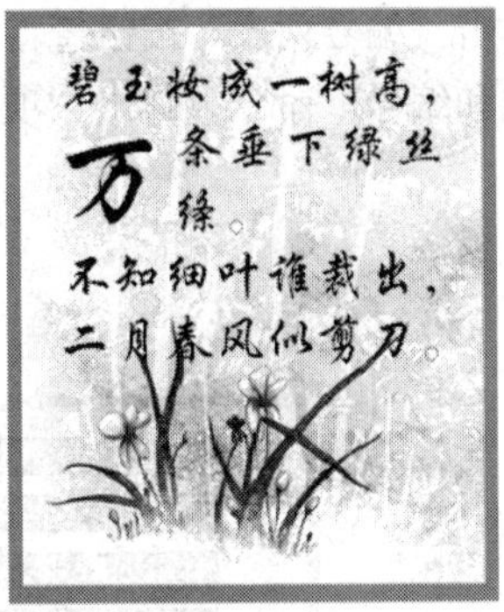

图 7-144

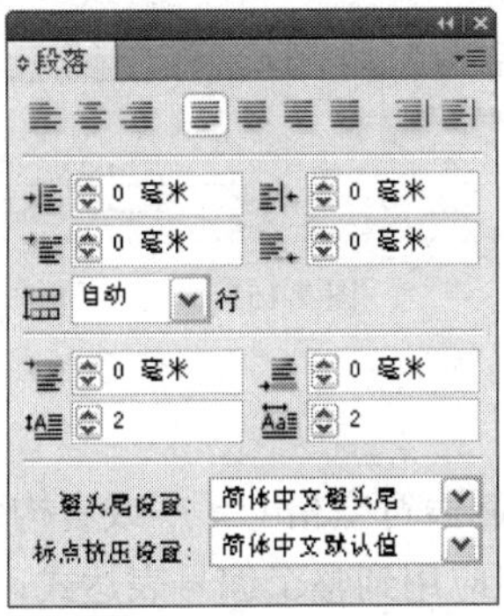

图 7-145

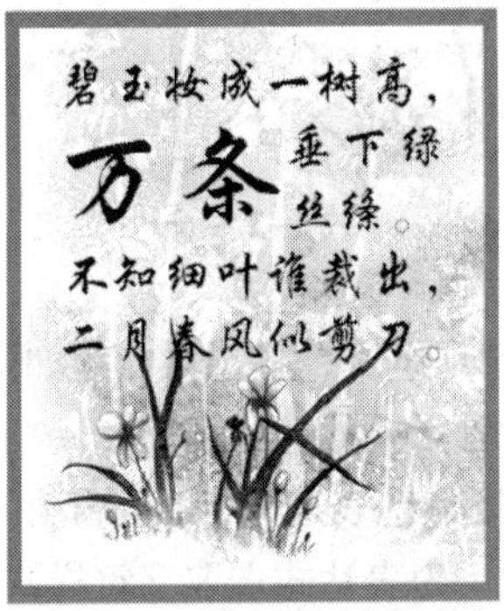

图 7-146

在“控制面板”中的“首字下沉行数”或“首字下沉一个或多个字符”的文本框中分别输入需要的数值也可设置首字下沉。

7.2.3 项目符号和编号

项目符号和编号可以让文本看起来更有条理，在 InDesign 中可以轻松地创建并修改它们，并可以将项目符号嵌入段落样式中。

1. 创建项目符号和编号

选择“文字”工具，选取需要的文本，如图 7-147 所示。在“控制面板”中单击“段落格式控制”按钮，单击“项目符号列表”按钮，效果如图 7-148 所示。单击“编号列表”按钮，效果如图 7-149 所示。

图 7-147

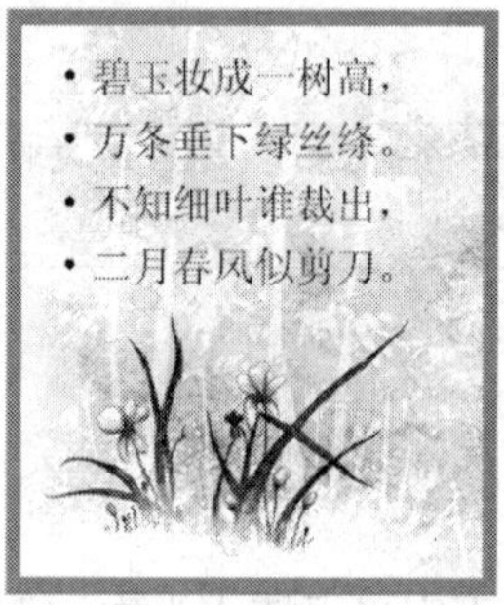

图 7-148

图 7-149

2. 设置项目符号和编号选项

选择“文字”工具，选取要重新设置的含编号的文本，如图 7-150 所示。按住<Alt>键的同时，单击“编号列表”按钮，或单击“段落”面板右上方的图标，在弹出的菜单中选择“项目符号和编号”命令，弹出“项目符号和编号”对话框，如图 7-151 所示。

图 7-150

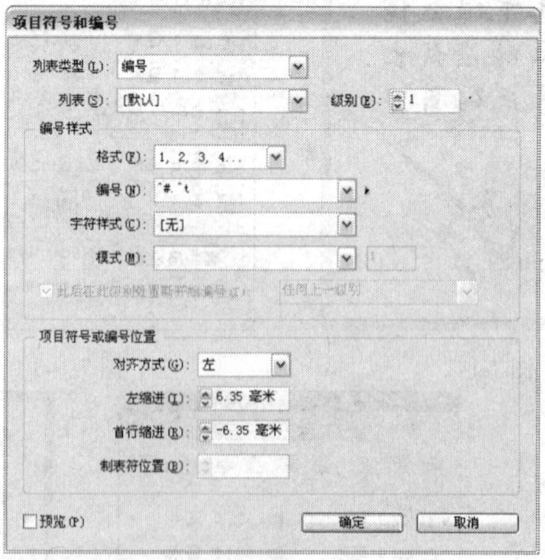

图 7-151

在“编号样式”选项组中，各选项介绍如下。

“格式”选项：设置需要的编号类型。

“编号”选项：使用默认表达式，即句号（.）加制表符空格（^t），或者构建自己的编号表达式。

“字符样式”选项：为表达式选取字符样式，将应用到整个编号表达式，而不只是数字。

“模式”选项：“从上一个编号继续”按顺序对列表进行编号；“开始位置”从一个数字或在文本框中输入的其他值处开始进行编号。输入数字而非字母，即使列表使用字母或罗马数字来进行编号也是如此。

在“项目符号和编号位置”选项组中，各选项介绍如下。

“对齐方式”选项：在为编号分配的水平间距内左对齐、居中对齐或右对齐项目符号或编号。

“左缩进”选项：指定第一行之后的行缩进量。

“首行缩进”选项：控制项目符号或编号的位置。

“定位符位置”选项：在项目符号或编号与列表项目的起始处之间生成空格。

设置需要的样式，如图 7-152 所示。单击“确定”按钮，效果如图 7-153 所示。

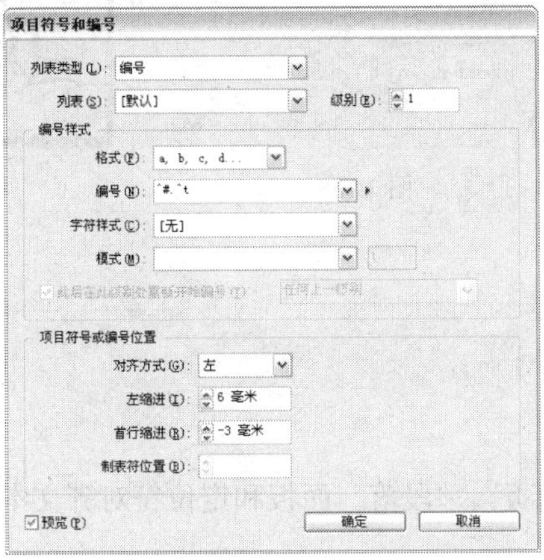

图 7-152

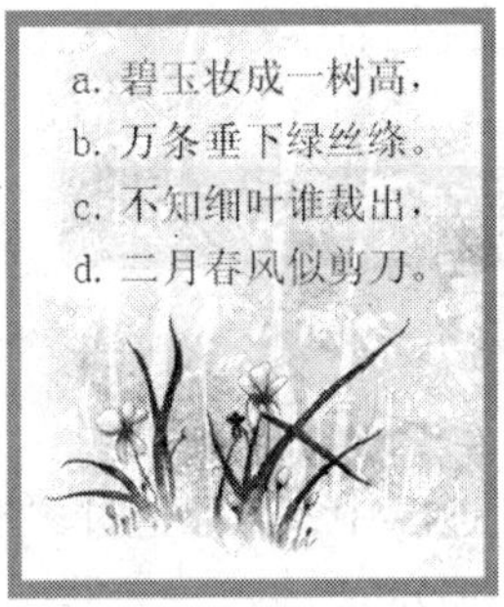

图 7-153

选择“文字”工具 T，选取要重新设置的含项目符号和编号的文本，如图 7-154 所示。按住<Alt>键的同时，单击“项目符号列表”按钮，或单击“段落”面板右上方的图标，在弹出的菜单中选择“项目符号和编号”命令，弹出“项目符号和编号”对话框，如图 7-155 所示。

在“项目符号字符”选项中，可进行如下操作。

单击“添加”按钮，弹出“添加项目符号”对话框，如图 7-156 所示。根据不同的字体和字体样式设置不同的符号，选取需要的字符，单击“确定”按钮，即可添加项目符号字符。

图 7-154

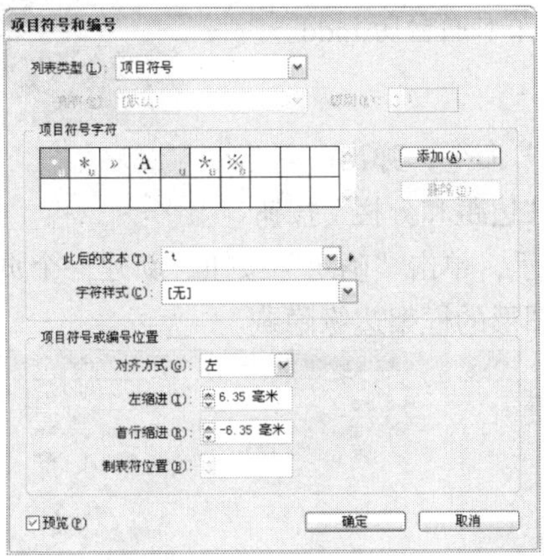

图 7-155

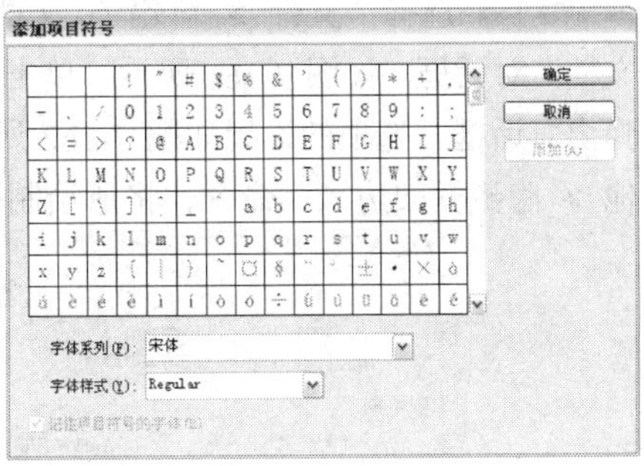

图 7-156

选取要删除的字符，单击“删除”按钮，可删除字符。

其他选项的设置与编号选项对话框中的设置相同，这里不再赘述。

在“添加项目符号”对话框中的设置如图 7-157 所示。单击“确定”按钮，返回到“项目符号和编号”对话框中，设置需要的符号样式，如图 7-158 所示。单击“确定”按钮，效果如图 7-159 所示。

图 7-157

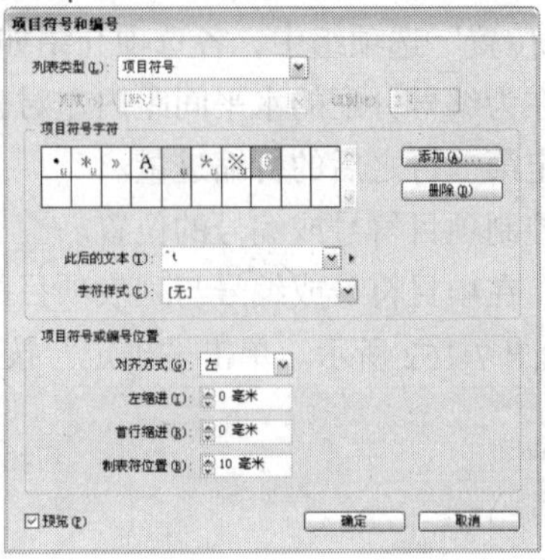

图 7-158

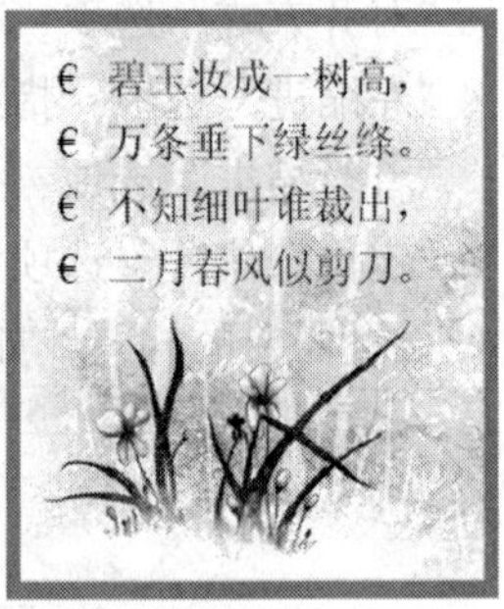

图 7-159

7.3 对齐文本

在 InDesign CS5 中，可以通过“控制面板”、“段落”面板和定位符对齐文本。下面具体介绍对齐文本的方法和技巧。

7.3.1 课堂案例——制作卡通台历

案例学习目标：学习使用定位符制作卡通台历效果。

案例知识要点：使用钢笔工具和路径文字工具制作路径文字效果，使用文字工具和定位符面板制作台历日期。卡通台历效果如图 7-160 所示。

效果所在位置：光盘\Ch07\效果\制作卡通台历.indd。

图 7-160

1. 制作路径文字

Step 01 选择“文件 > 新建 > 文档”命令，弹出“新建文档”对话框，如图 7-161 所示。单击“边距和分栏”按钮，弹出对话框，选项的设置如图 7-162 所示，单击“确定”按钮，新建一个页面。选择“视图 > 其他 > 隐藏框架边缘”命令，将所绘制图形的框架边缘隐藏。

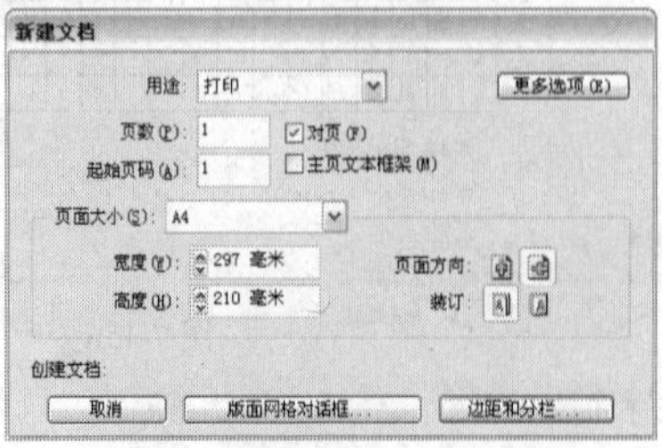

图 7-161

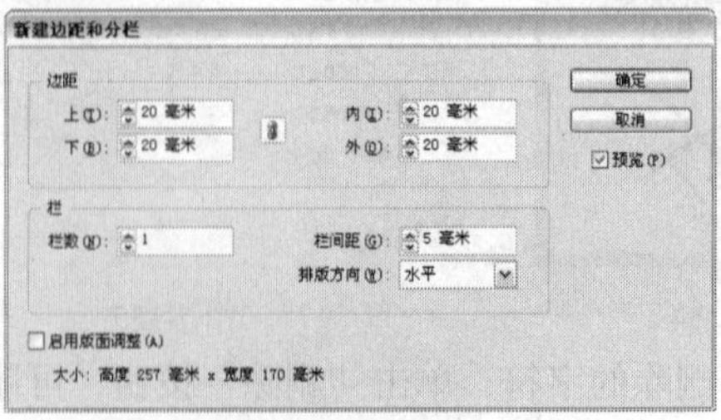

图 7-162

Step 02 按<Ctrl>+<D>组合键，弹出“置入”对话框。选择光盘中的“Ch07 > 素材 > 制作卡通台历 > 01”文件，单击“打开”按钮，在页面中单击置入图片，将其拖曳到适当的位置，效果如图 7-163 所示。

Step 03 打开光盘中的“Ch07 > 素材 > 制作卡通台历 > 02”文件，按<Ctrl>+<A>组合键将其全选，按<Ctrl>+<C>组合键复制选取的图形，返回到 InDesign 页面中，按<Ctrl>+<V>组合键，将其粘贴到页面中，并调整其大小和位置，效果如图 7-164 所示。

图 7-163

图 7-164

Step 04 选择“钢笔”工具，在页面中绘制一条弧线，如图 7-165 所示。选择“路径文字”工具，用鼠标拖曳到圆形的边缘，当光标变为图标时，如图 7-166 所示，单击鼠标左键在弧线上插入光标，输入需要的文字，如图 7-167 所示。

图 7-165

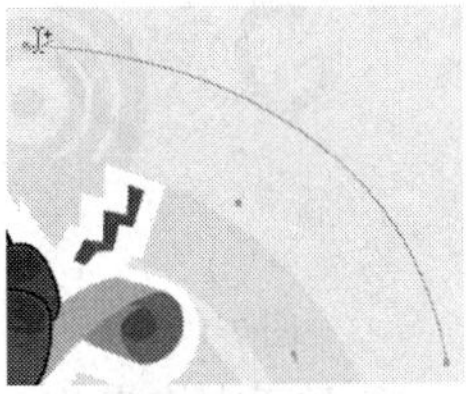

图 7-166

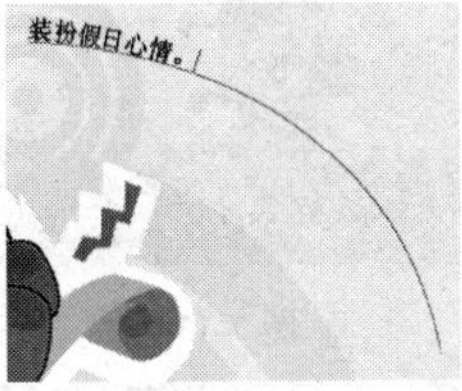

图 7-167

Step 05 选择“路径文字”工具，将输入的文字同时选取。在“控制面板”中选择合适的字体并设置文字大小，设置文字填充色的 CMYK 值为 100、0、0、21，填充文字，效果如图 7-168 所示。选择“选择”工具，设置路径描边色为无，在“控制面板”中将“旋转角度”选项设置为-11°，取消选取状态，效果如图 7-169 所示。使用相同的方法制作另一组路径文字，效果如图 7-170 所示。

图 7-168

图 7-169

图 7-170

2．添加台历日期

Step 01 选择“矩形”工具，在页面中绘制一个矩形，设置矩形填充色的 CMYK 值为 20、0、0、0，填充图形，并设置描边色为无，效果如图 7-171 所示。选择“对象 > 角选项”命令，在弹出的对话框中进行设置，如图 7-172 所示。单击“确定”按钮，效果如图 7-173 所示。选择“选择”工具，在空白页面处单击，取消矩形的选取状态。

图 7-171

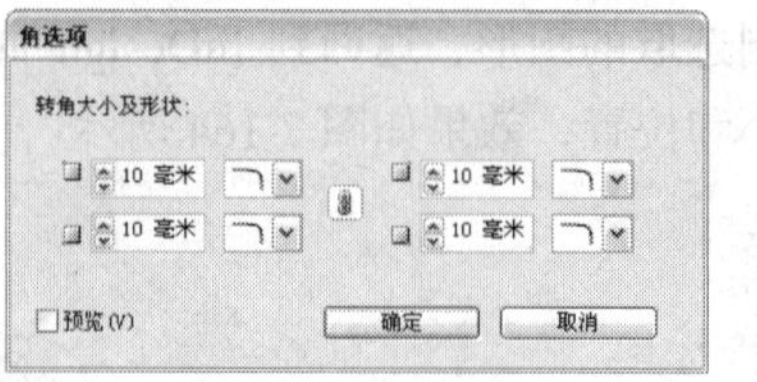

图 7-172

图 7-173

Step 02 按<Ctrl>+<D>组合键，弹出“置入”对话框。选择光盘中的“Ch07 > 素材 > 制作卡通台历 > 03”文件，单击“打开”按钮，在页面中单击置入图片，将其拖曳到适当的位置，效果如图 7-174 所示。选择“文字”工具 T，在图片上拖曳出一个文本框，输入需要的文字。将输入的文字同时选取，在“控制面板”中选择合适的字体并设置文字大小，设置文字颜色的 CMYK 值为 100、18、0、0，填充文字，取消选取状态，效果如图 7-175 所示。

Step 03 选择“文字”工具 T，选取文字“月”，单击“控制面板”中的“下标”按钮 T，效果如图 7-176 所示。设置适当的文字大小，取消选取状态，效果如图 7-177 所示。

图 7-174

图 7-175

图 7-176

图 7-177

Step 04 选择“文字”工具 T，在页面中拖曳出一个文本框，输入需要的文字。将输入的文字选取，在“控制面板”中选择合适的字体并设置文字大小，设置文字填充色的 CMYK 值分别为 0、27、39、0，填充文字，并取消选区状态，效果如图 7-178 所示。分别选取需要的文字，设置文字填充色的 CMYK 值为 100、32、0、0，填充文字，效果如图 7-179 所示。

Step 05 将文字同时选取，如图 7-180 所示。按<Ctrl>+<Shift>+<T>组合键，弹出“制表符”面板，在标尺上单击添加定位符，在“X”文本框中输入 9 毫米，如图 7-181 所示。单击面板右上方的图标，在弹出的菜单中选择“重复制表符”命令，“制表符”面板如图 7-182 所示。

图 7-178

图 7-179

图 7-180

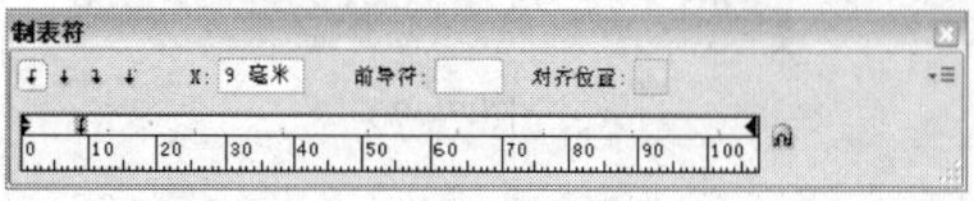

图 7-181

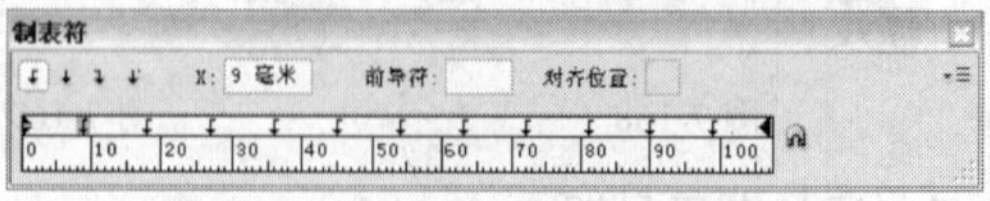

图 7-182

Step 06 在适当的位置单击鼠标左键插入光标，如图 7-183 所示。按<Tab>键，调整文字的间距，如图 7-184 所示。用相同的方法分别在适当的位置插入光标，按<Tab>键，调整文字的间距，效果如图 7-185 所示。将所有文字同时选取，在“控制面板”中将“行距”选项设置为 50，取消选取状态，效果如图 7-186 所示。

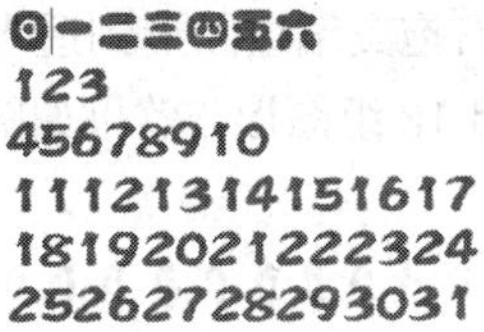

图 7-183

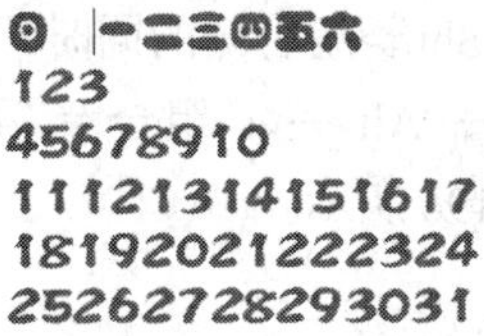

图 7-184

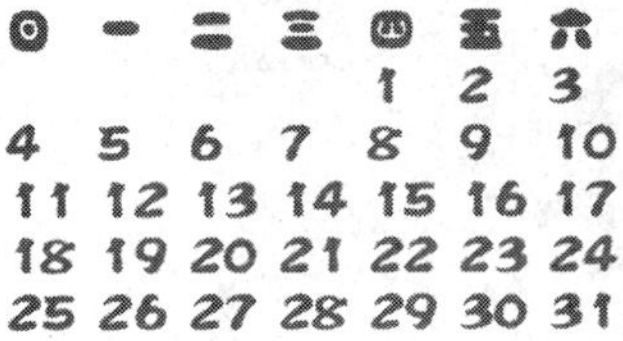

图 7-185

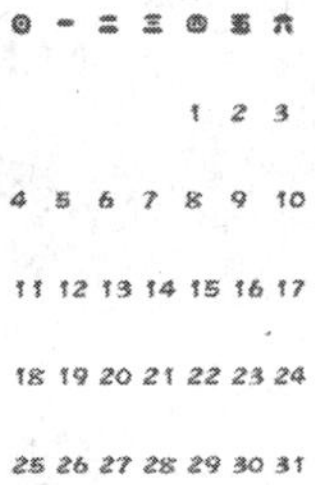

图 7-186

Step 07 选择“选择”工具，拖曳文本到适当的位置，如图 7-187 所示。选择“直线”工具，按住<Shift>键的同时，在文字下方绘制一条直线，设置直线描边色的 CMYK 值为 100、18、0、0，在空白页面中单击，取消直线的选取状态，效果如图 7-188 所示。

图 7-187

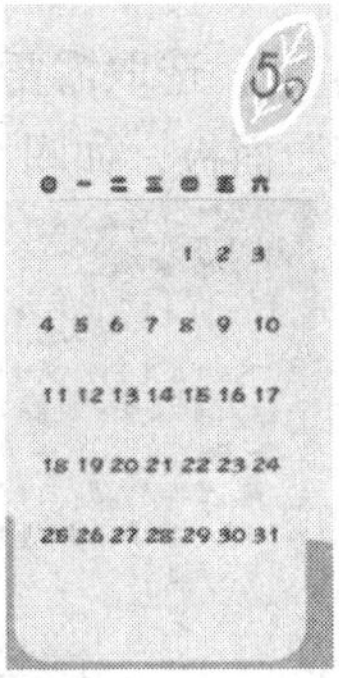

图 7-188

3．绘制台历装饰挂环

Step 01 选择“矩形”工具，在页面的左上角绘制一个矩形，填充矩形为白色，并设置描边色为无，效果如图 7-189 所示。

Step 02 选择“钢笔”工具，在适当的位置绘制一条曲线，在“控制面板”中将“描边粗细”选项设置为 3 点，按<Enter>键确认操作，效果如图 7-190 所示。选择“选择”工具，选中曲线，按住<Alt>键的同时，将其拖曳到适当的位置，复制一条曲线，如图 7-191 所示。按住<Shift>键的同时，将曲线和矩形同时选取，如图 7-192 所示。按<Ctrl>+<G>组合键将其编组，效果如图 7-193 所示。

图 7-189

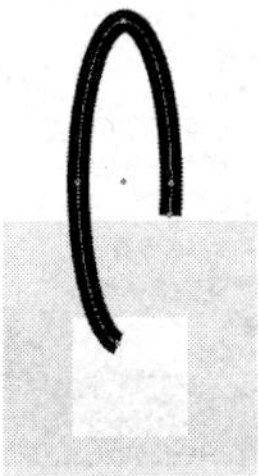

图 7-190

图 7-191

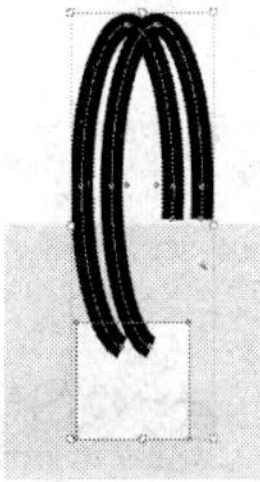

图 7-192

图 7-193

Step 03 按住<Alt>+<Shift>组合键的同时，水平向右拖曳编组图形到适当的位置，复制图形，如图 7-194 所示。按<Ctrl>+<Alt>+<4>组合键，再复制出 18 组图形，效果如图 7-195 所示。卡通台历制作完成，效果如图 7-196 所示。

图 7-194

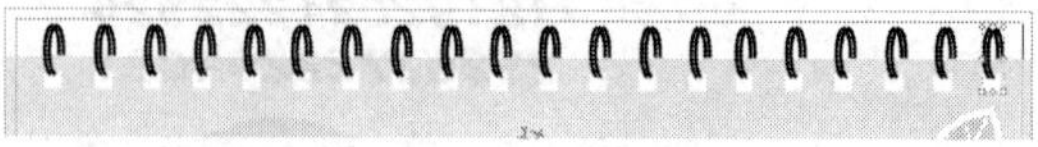

图 7-195

图 7-196

7.3.2 对齐文本

选择“选择”工具，选取需要的文本框，如图 7-197 所示。选择“窗口 > 文字和表 > 段落”命令，弹出“段落”面板，如图 7-198 所示。单击需要的按钮，效果如图 7-199 所示。

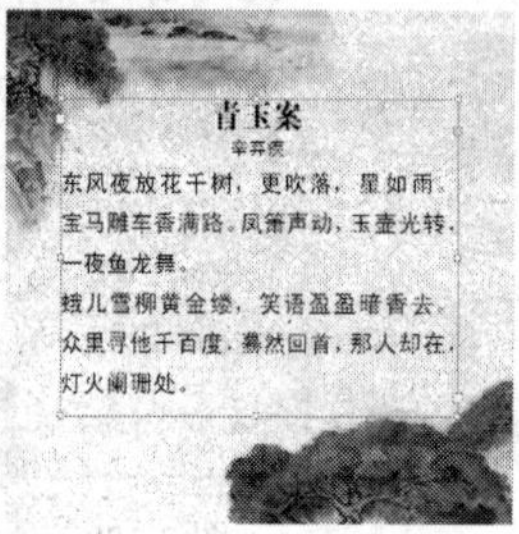
青玉案
辛弃疾
东风夜放花千树，更吹落，星如雨。
宝马雕车香满路。凤箫声动，玉壶光转，
一夜鱼龙舞。
蛾儿雪柳黄金缕，笑语盈盈暗香去。
众里寻他千百度，蓦然回首，那人却在，
灯火阑珊处。

图 7-197

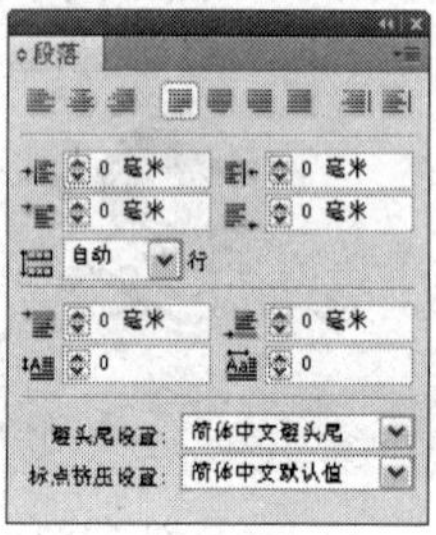
段落
0 毫米
0 毫米
0 毫米
0 毫米
自动
行
0 毫米
0 毫米
0
0
避头尾设置:
简体中文避头尾
标点挤压设置:
简体中文默认值

图 7-198

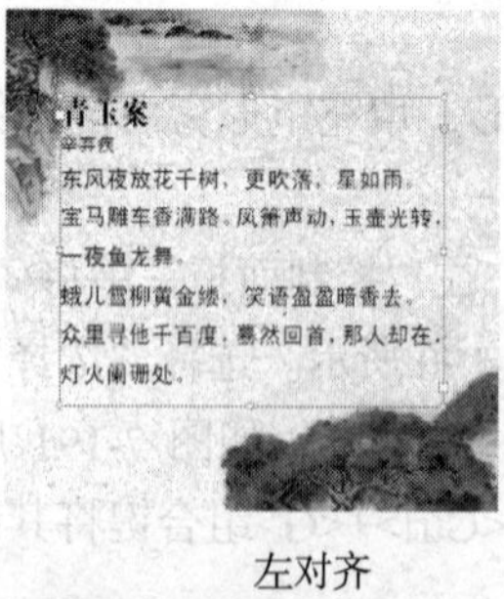

左对齐

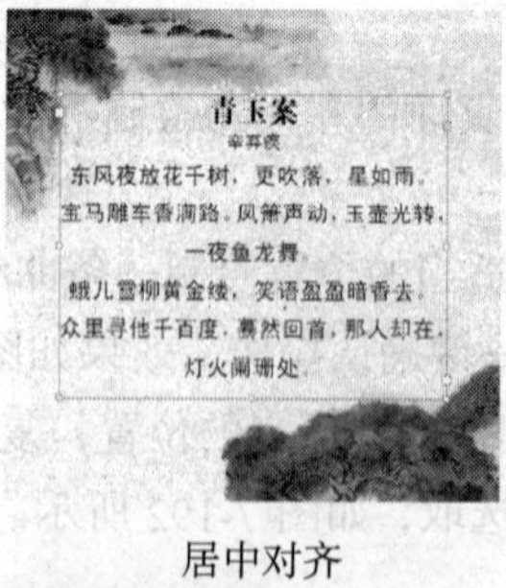

居中对齐

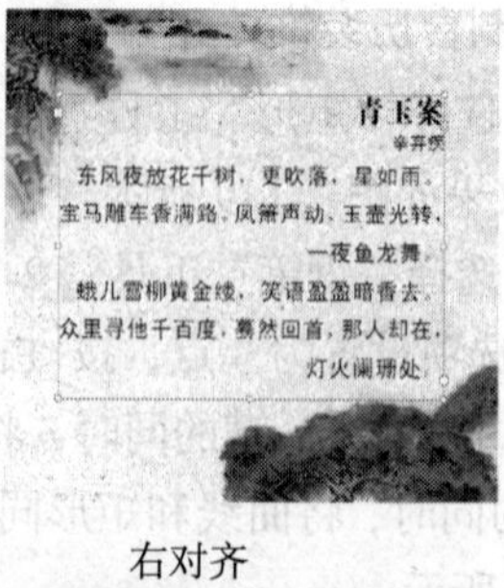

右对齐

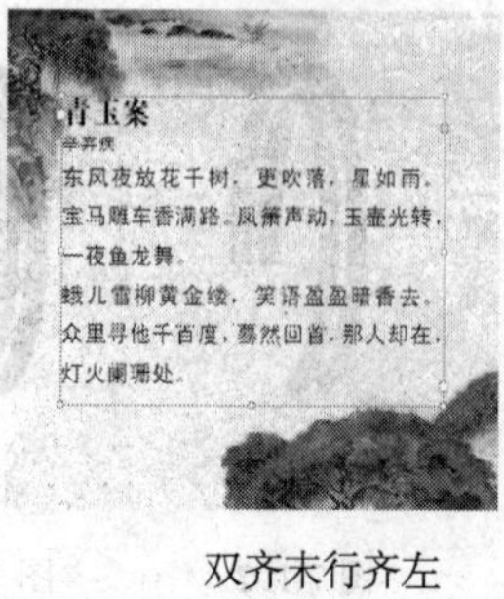

双齐末行齐左

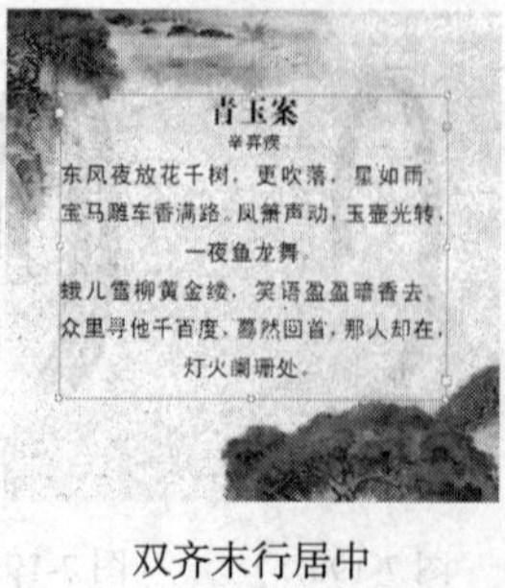

双齐末行居中

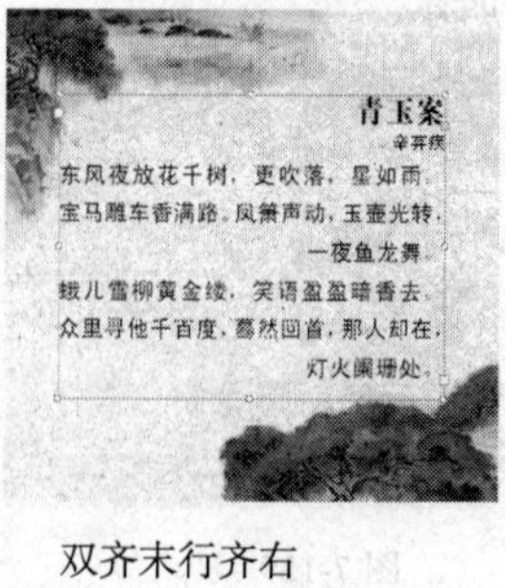

双齐末行齐右

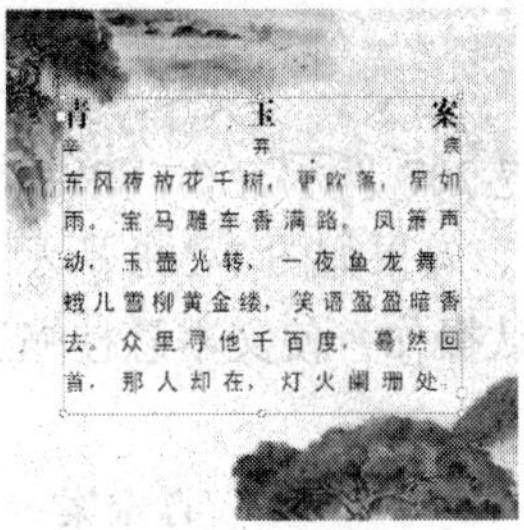
青 玉 案
辛 弃 疾
东风夜放花千树，更吹落，星如雨。宝马雕车香满路，凤箫声动，玉壶光转，一夜鱼龙舞。蛾儿雪柳黄金缕，笑语盈盈暗香去。众里寻他千百度，蓦然回首，那人却在，灯火阑珊处。

全部强制双齐

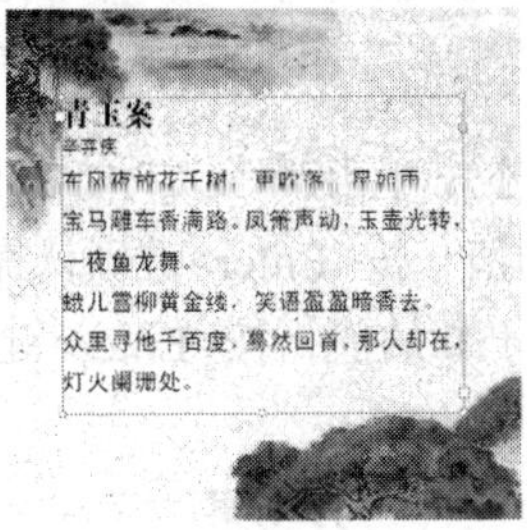
青玉案
辛弃疾
东风夜放花千树，更吹落，星如雨。
宝马雕车香满路。凤箫声动，玉壶光转，
一夜鱼龙舞。
蛾儿雪柳黄金缕，笑语盈盈暗香去。
众里寻他千百度，蓦然回首，那人却在，
灯火阑珊处。

朝向书籍对齐

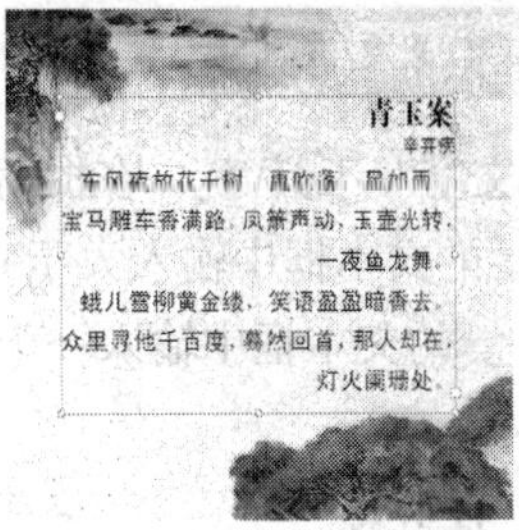
青玉案
辛弃疾
东风夜放花千树，更吹落，星如雨。
宝马雕车香满路。凤箫声动，玉壶光转，
一夜鱼龙舞。
蛾儿雪柳黄金缕，笑语盈盈暗香去。
众里寻他千百度，蓦然回首，那人却在，
灯火阑珊处。

背向书籍对齐

图 7-199

7.3.3 设置缩进

选择“文字”工具 T，在段落文本中单击插入光标，如图 7-200 所示。在“段落”面板中的“左缩进” 的文本框中输入需要的数值，如图 7-201 所示。按<Enter>键确认操作，效果如图 7-202 所示。

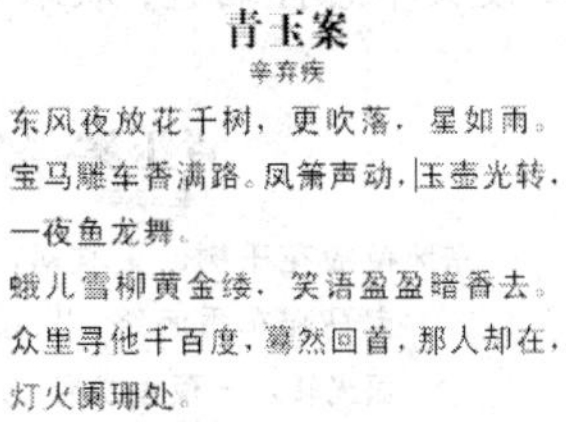
青玉案
辛弃疾
东风夜放花千树，更吹落，星如雨。
宝马雕车香满路。凤箫声动，玉壶光转，
一夜鱼龙舞。
蛾儿雪柳黄金缕，笑语盈盈暗香去。
众里寻他千百度，蓦然回首，那人却在，
灯火阑珊处。

图 7-200

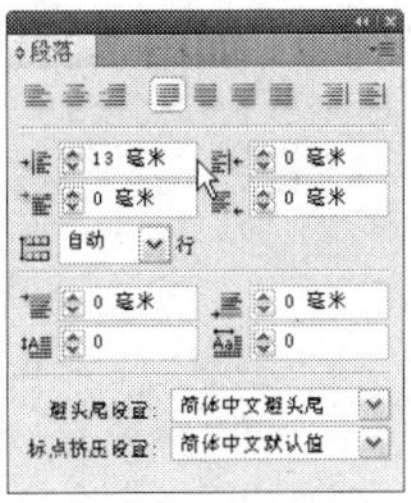
段落
13 毫米
0 毫米
0 毫米
0 毫米
自动
行
0 毫米
0 毫米
0
0
避头尾设置
简体中文避头尾
标点挤压设置
简体中文默认值

图 7-201

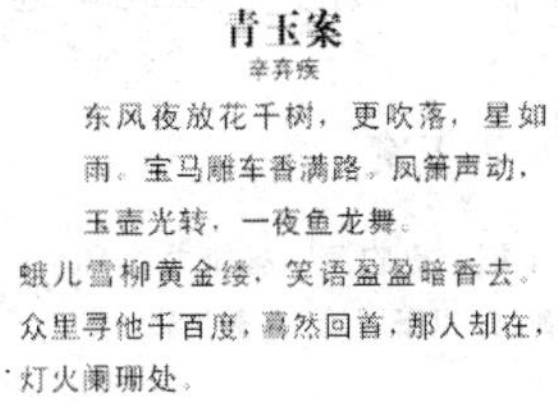
青玉案
辛弃疾
东风夜放花千树，更吹落，星如
雨。宝马雕车香满路。凤箫声动，
玉壶光转，一夜鱼龙舞。
蛾儿雪柳黄金缕，笑语盈盈暗香去。
众里寻他千百度，蓦然回首，那人却在，
灯火阑珊处。

图 7-202

在其他缩进文本框中输入需要的数值，效果如图 7-203 所示。

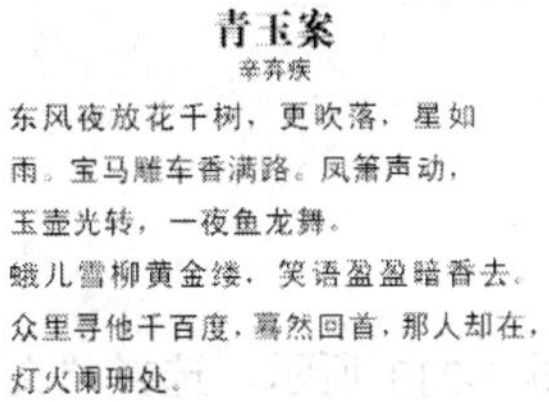
青玉案
辛弃疾
东风夜放花千树，更吹落，星如
雨。宝马雕车香满路。凤箫声动，
玉壶光转，一夜鱼龙舞。
蛾儿雪柳黄金缕，笑语盈盈暗香去。
众里寻他千百度，蓦然回首，那人却在，
灯火阑珊处。

右缩进

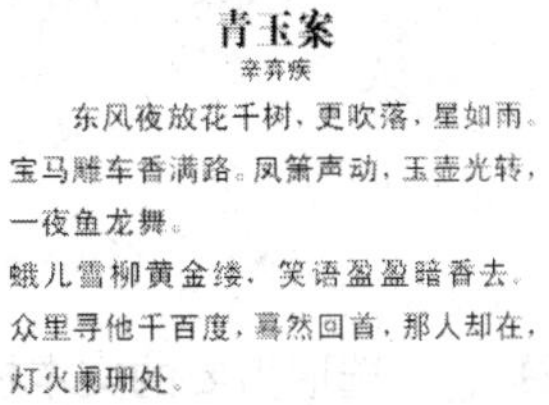
青玉案
辛弃疾
东风夜放花千树，更吹落，星如雨。
宝马雕车香满路。凤箫声动，玉壶光转，
一夜鱼龙舞。
蛾儿雪柳黄金缕，笑语盈盈暗香去。
众里寻他千百度，蓦然回首，那人却在，
灯火阑珊处。

首行左缩进

图 7-203

选择“文字”工具 T，在段落文字中单击插入光标，如图 7-204 所示。在“段落”面板中的“末行右缩进” 的文本框中输入需要的数值，如图 7-205 所示。按<Enter>键确认操作，效果如图 7-206 所示。

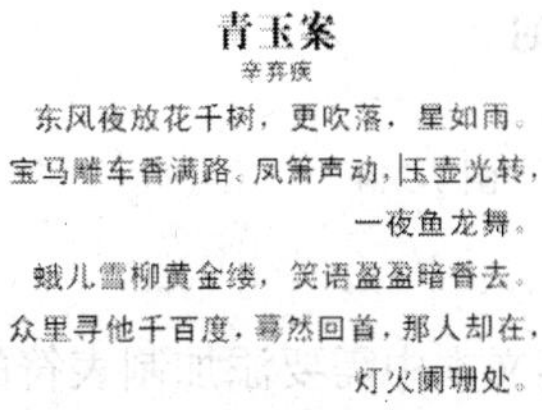
青玉案
辛弃疾
东风夜放花千树，更吹落，星如雨。
宝马雕车香满路。凤箫声动，玉壶光转，
一夜鱼龙舞。
蛾儿雪柳黄金缕，笑语盈盈暗香去。
众里寻他千百度，蓦然回首，那人却在，
灯火阑珊处。

图 7-204

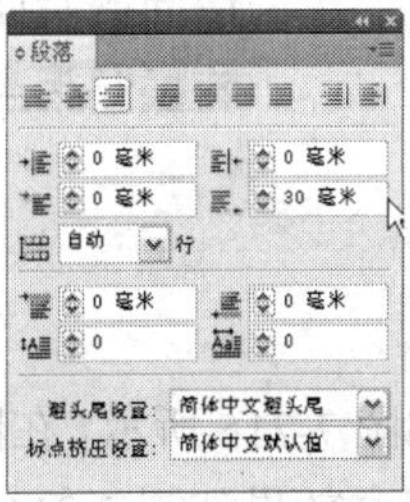
段落
0 毫米
0 毫米
0 毫米
30 毫米
自动
行
0 毫米
0 毫米
0
0
避头尾设置
简体中文避头尾
标点挤压设置
简体中文默认值

图 7-205

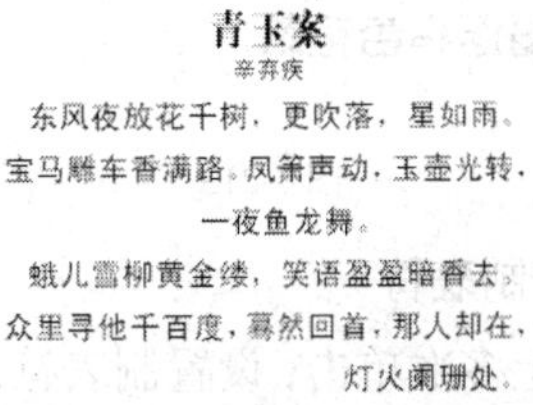
青玉案
辛弃疾
东风夜放花千树，更吹落，星如雨。
宝马雕车香满路。凤箫声动，玉壶光转，
一夜鱼龙舞。
蛾儿雪柳黄金缕，笑语盈盈暗香去
众里寻他千百度，蓦然回首，那人却在，
灯火阑珊处。

图 7-206

7.3.4 创建悬挂缩进

选择“文字”工具T，在段落文本中单击插入光标，如图 7-207 所示。在“控制面板”中的“左缩进”的文本框中输入大于 0 的值，按<Enter>键确认操作，效果如图 7-208 所示。再在“首行左缩进”的文本框中输入一个小于 0 的值，按<Enter>键确认操作，使文本悬挂缩进，效果如图 7-209 所示。

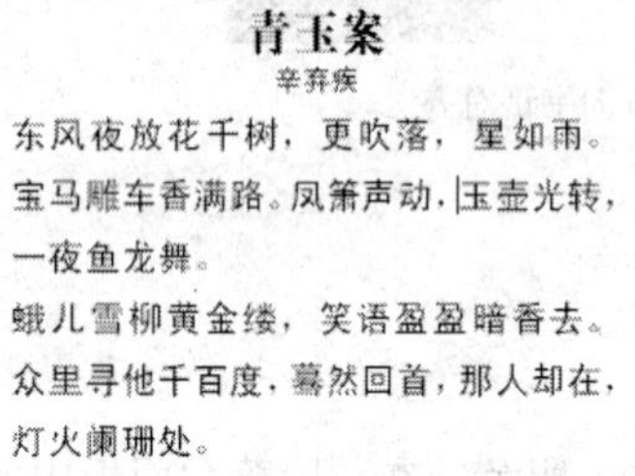
青玉案
辛弃疾
东风夜放花千树，更吹落，星如雨。
宝马雕车香满路。凤箫声动，玉壶光转，
一夜鱼龙舞。
蛾儿雪柳黄金缕，笑语盈盈暗香去。
众里寻他千百度，蓦然回首，那人却在，
灯火阑珊处。

图 7-207

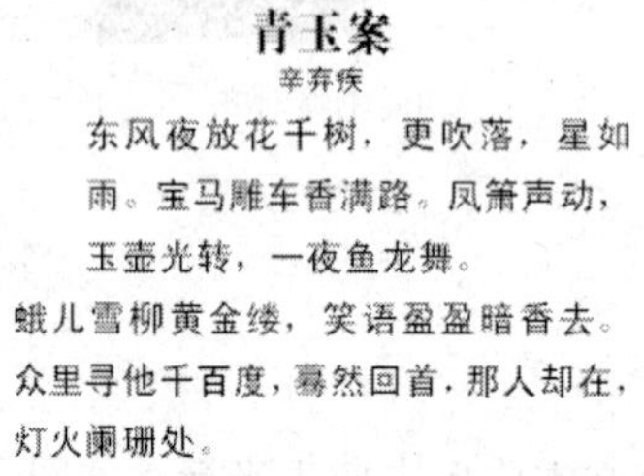
青玉案
辛弃疾
东风夜放花千树，更吹落，星如
雨。宝马雕车香满路。凤箫声动，
玉壶光转，一夜鱼龙舞。
蛾儿雪柳黄金缕，笑语盈盈暗香去。
众里寻他千百度，蓦然回首，那人却在，
灯火阑珊处。

图 7-208

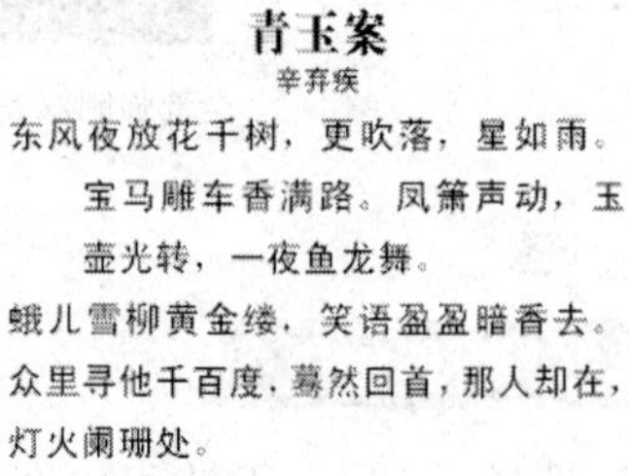
青玉案
辛弃疾
东风夜放花千树，更吹落，星如雨。
宝马雕车香满路。凤箫声动，玉
壶光转，一夜鱼龙舞。
蛾儿雪柳黄金缕，笑语盈盈暗香去。
众里寻他千百度，蓦然回首，那人却在，
灯火阑珊处。

图 7-209

选择“文字”工具T，在要缩进的段落文字前单击插入光标，如图 7-210 所示。选择“文字 > 插入特殊字符 > 其他 > 在此缩进对齐”命令，如图 7-211 所示，使文本悬挂缩进，效果如图 7-212 所示。

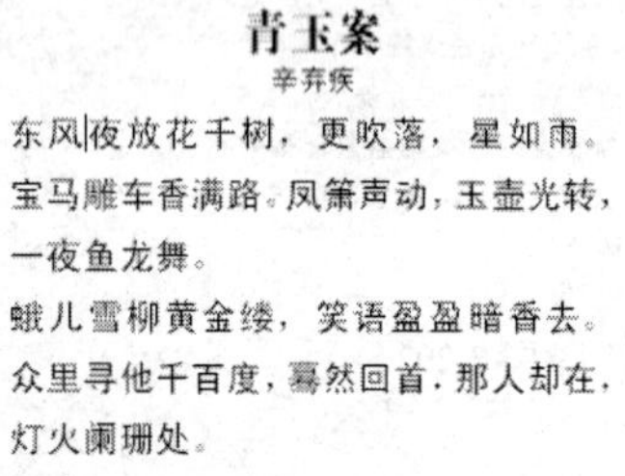
青玉案
辛弃疾
东风夜放花千树，更吹落，星如雨。
宝马雕车香满路。凤箫声动，玉壶光转，
一夜鱼龙舞。
蛾儿雪柳黄金缕，笑语盈盈暗香去。
众里寻他千百度，蓦然回首，那人却在，
灯火阑珊处。

图 7-210

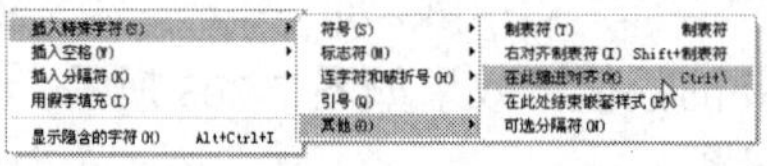

图 7-211

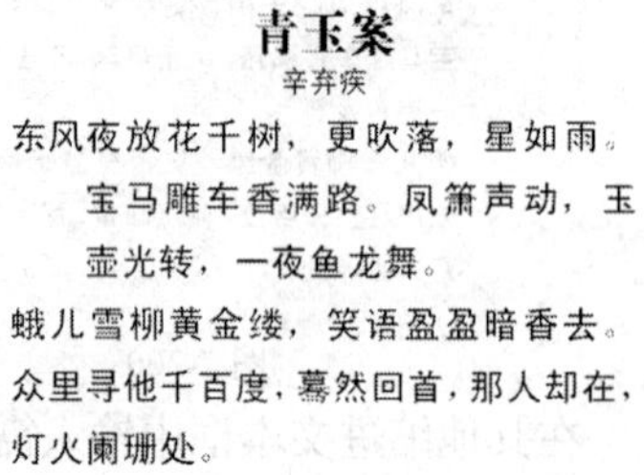
青玉案
辛弃疾
东风夜放花千树，更吹落，星如雨。
宝马雕车香满路。凤箫声动，玉
壶光转，一夜鱼龙舞。
蛾儿雪柳黄金缕，笑语盈盈暗香去。
众里寻他千百度，蓦然回首，那人却在，
灯火阑珊处。

图 7-212

7.3.5 制表符

选择“文字”工具T，选取需要的文本框，如图 7-213 所示。选择“文字 >制表符”命令，或按< Shift>+<Ctrl>+<T>组合键，弹出“制表符”面板，如图 7-214 所示。

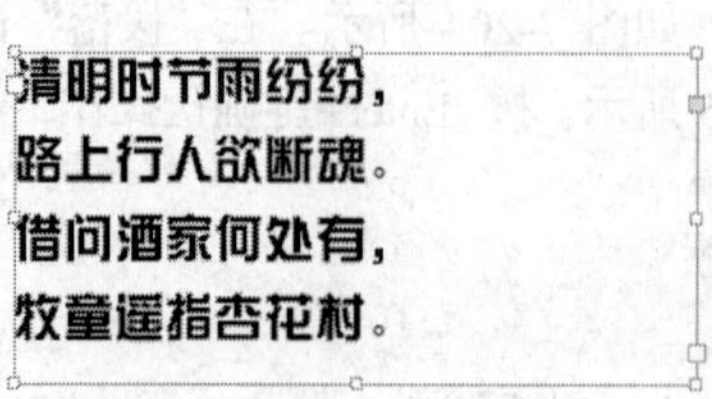
清明时节雨纷纷，
路上行人欲断魂。
借问酒家何处有，
牧童遥指杏花村。

图 7-213

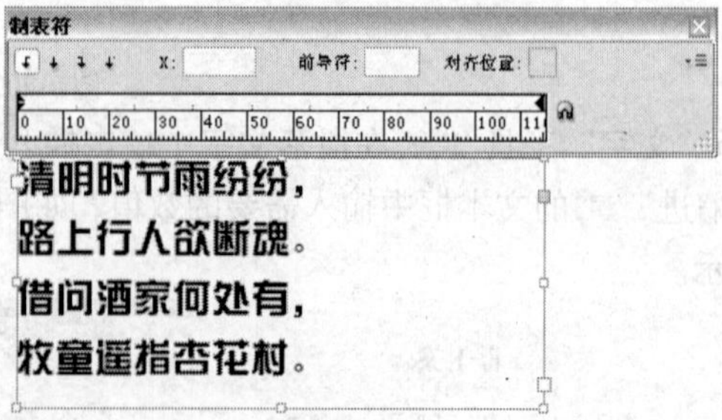
制表符
X:
前导符:
对齐位置:
清明时节雨纷纷，
路上行人欲断魂。
借问酒家何处有，
牧童遥指杏花村。

图 7-214

1．设置制表符

在标尺上多次单击，设置制表符，如图 7-215 所示。在段落文本中需要添加制表符的位置单击，插入光标，按<Tab>键，调整文本的位置，效果如图 7-216 所示。

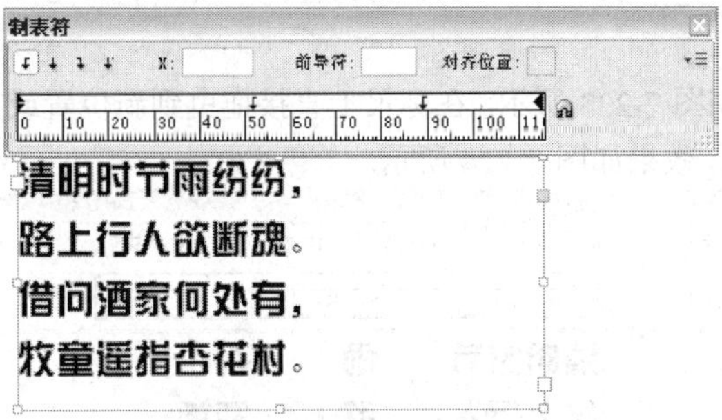

图 7-215

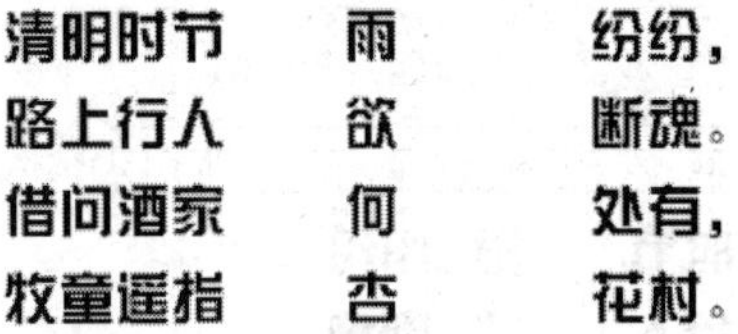

图 7-216

2．添加前导符

将所有文字同时选取，在标尺上单击选取一个已有的制表符，如图 7-217 所示。在对话框上方的“前导符”文本框中输入需要的字符，按<Enter>键确认操作，效果如图 7-218 所示。

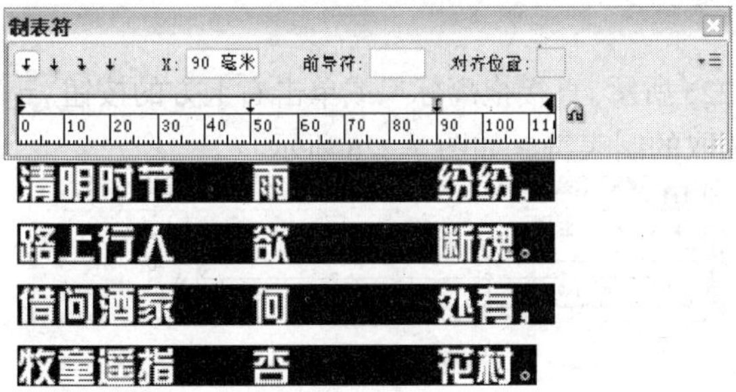

图 7-217

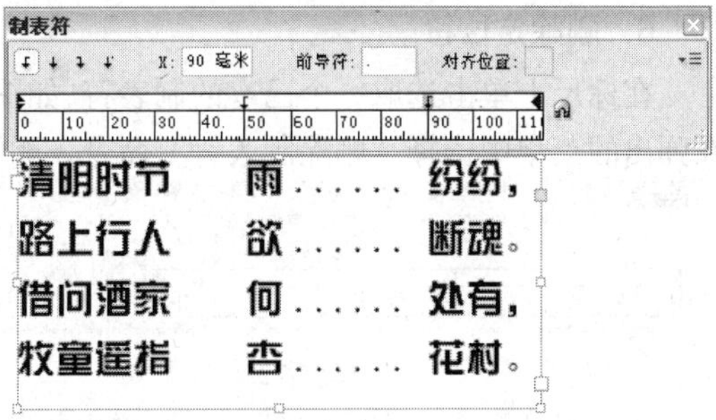

图 7-218

3．重复制表符

在标尺上单击选取一个已有的制表符，如图 7-219 所示。单击右上方的按钮，在弹出的菜单中选择“重复制表符”命令，在标尺上重复选取的制表符设置，效果如图 7-220 所示。

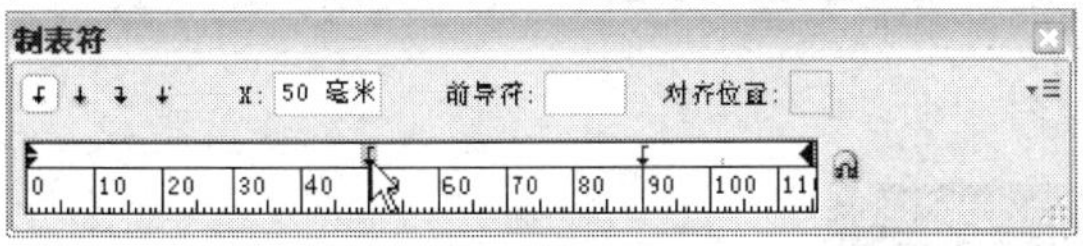

图 7-219

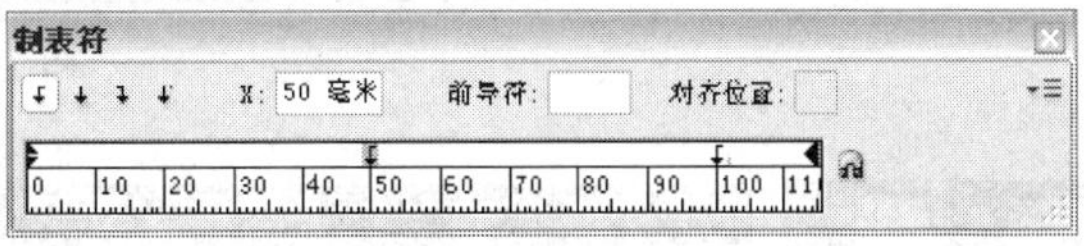

图 7-220

4．更改制表符对齐方式

在标尺上单击选取一个已有的制表符，如图 7-221 所示。单击标尺上方的制表符对齐按钮（这里单击“右对齐制表符”按钮），更改制表符的对齐方式，效果如图 7-222 所示。

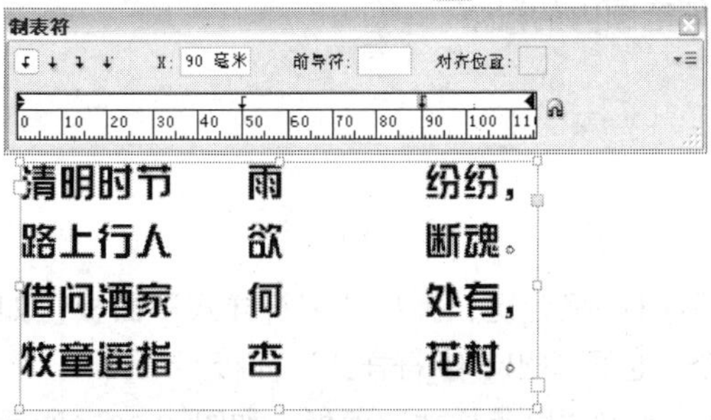

图 7-221

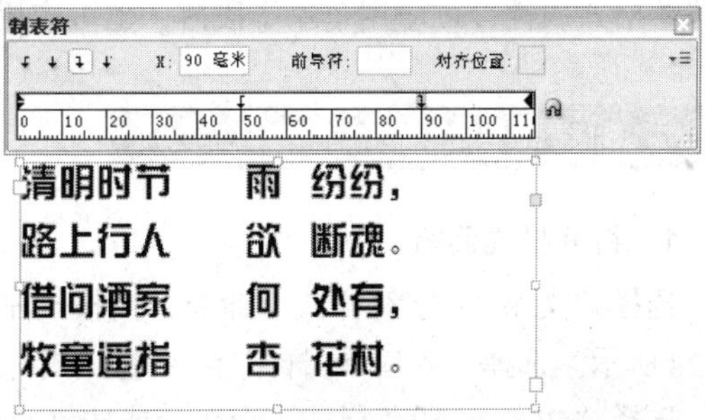

图 7-222

5．移动制表符位置

在标尺上单击选取一个已有的制表符，如图 7-223 所示。在标尺上直接拖曳到新位置或在“X”文本框中输入需要的数值，移动制表符位置，效果如图 7-224 所示。

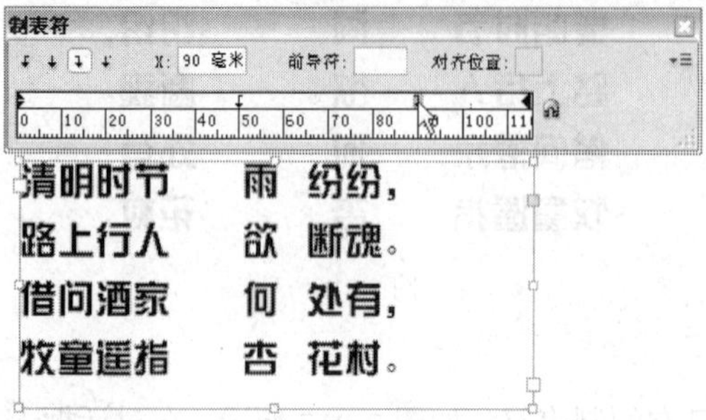

图 7-223

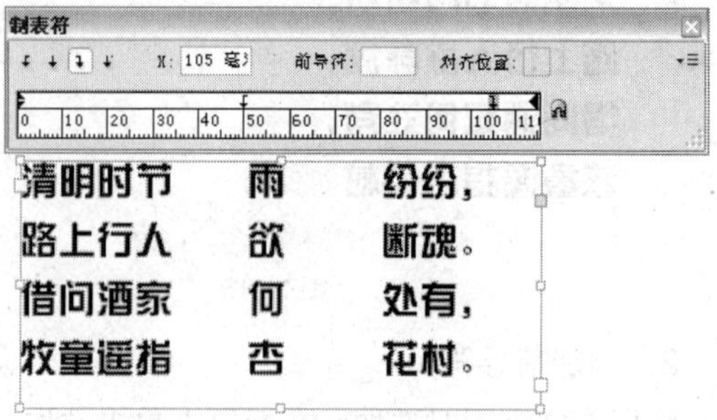

图 7-224

6．删除定位符

在标尺上单击选取一个已有的制表符，如图 7-225 所示。直接拖离标尺或单击右上方的按钮，在弹出的菜单中选择“删除制表符”命令，删除选取的制表符，如图 7-226 所示。

图 7-225

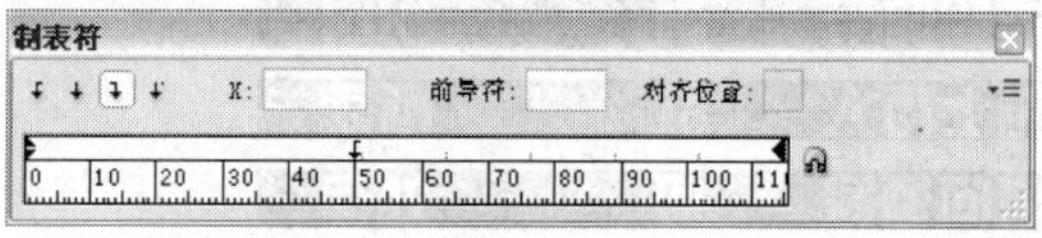

图 7-226

单击对话框右上方的按钮，在弹出的菜单中选择“清除全部”命令，恢复为默认的制表符，效果如图 7-227 所示。

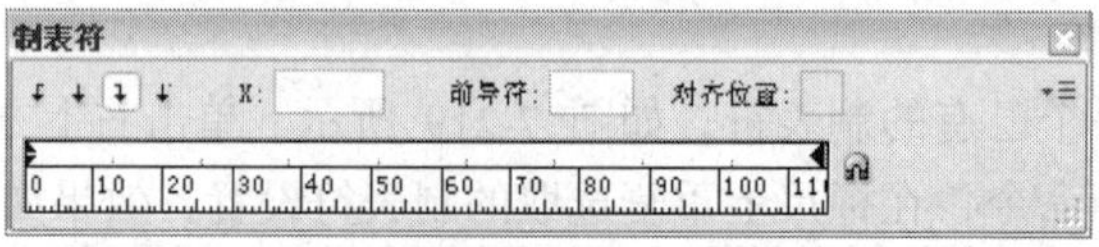

图 7-227

7.4 字符样式和段落样式

字符样式是通过一个步骤就可以应用于文本的一系列字符格式属性的集合。段落样式包括字符和段落格式属性，可应用于一个段落，也可应用于某范围内的段落。

7.4.1 创建字符样式和段落样式

1．打开样式面板

选择“文字 > 字符样式”命令，或按<Shift>+<F11>组合键，弹出“字符样式”面板，如图 7-228 所示。选择“窗口 > 样式 > 字符样式”命令，也可弹出“字符样式”面板。

选择“文字 > 段落样式”命令，或按<F11>键，弹出“段落样式”面板，如图 7-229 所示。选择“窗口 > 样式 > 段落样式”命令，也可弹出“段落样式”面板。

图 7-228

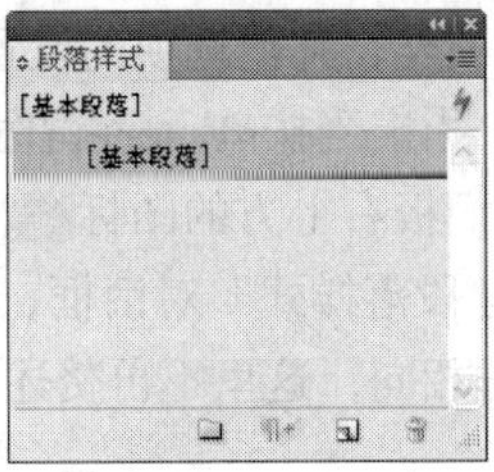

图 7-229

2．定义字符样式

单击“字符样式”面板下方的“创建新样式”按钮，在面板中生成新样式，如图 7-230 所示。双击新样式的名称，弹出“字符样式选项”对话框，如图 7-231 所示。

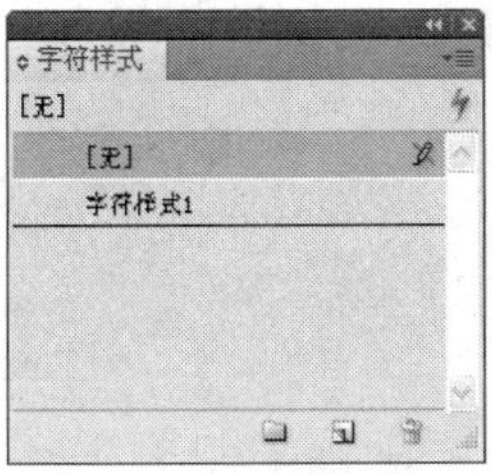

图 7-230

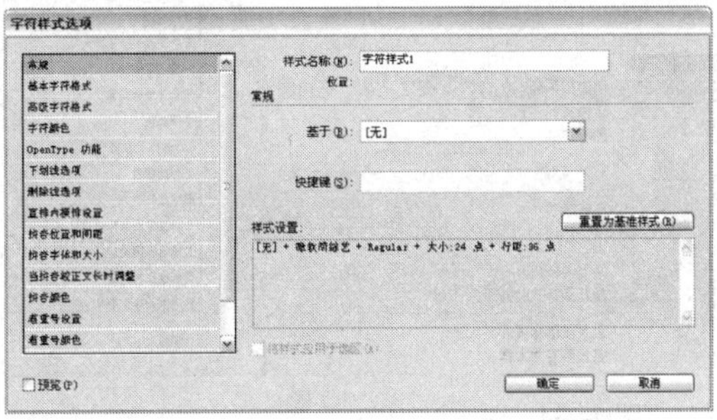

图 7-231

“样式名称”选项：输入新样式的名称。

“基于”选项：选择当前样式所基于的样式。使用此选项，可以将样式相互链接，以便一种样式中的变化可以反映到基于它的子样式中。默认情况下，新样式基于[无]或当前任何选定文本的样式。

“快捷键”选项：用于添加键盘快捷键。

勾选“将样式应用于选区”复选框：将新样式应用于选定文本。

在其他选项中指定格式属性，单击左侧的某个类别，指定要添加到样式中的属性。完成设置后，单击“确定”按钮即可。

3．定义段落样式

单击“段落样式”面板下方的“创建新样式”按钮，在面板中生成新样式，如图 7-232 所示。双击新样式的名称，弹出“段落样式选项”对话框，如图 7-233 所示。

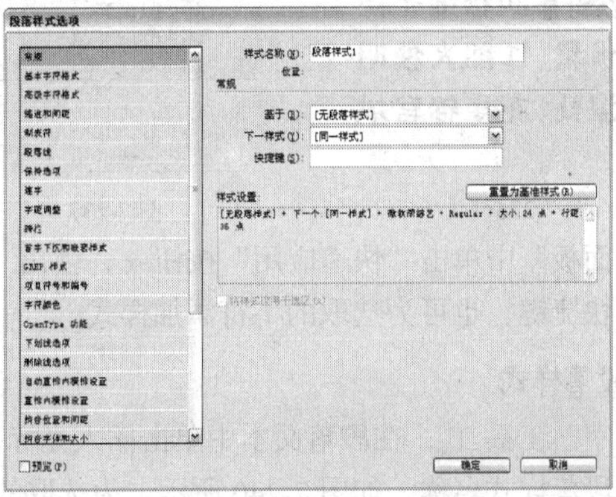

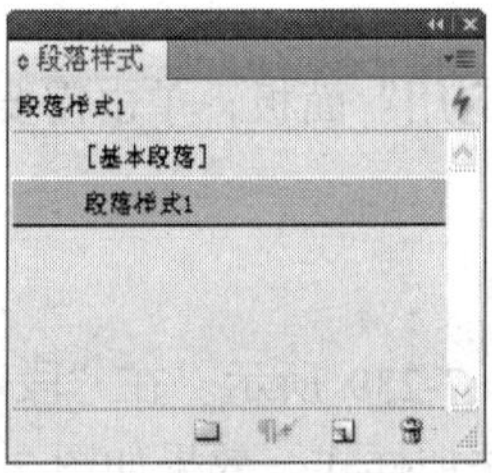

图 7-232

图 7-233

除“下一样式”选项外，其他选项的设置与“字符样式选项”对话框相同，这里不再赘述。

“下一样式”选项：指定当按<Enter>键时在当前样式之后应用的样式。

单击“段落样式”面板右上方的图标，在弹出的菜单中选择“新建段落样式”命令，如图 7-234 所示，弹出“新建段落样式”对话框，如图 7-235 所示，也可新建段落样式。其中的选项与“段落样式选项”对话框相同，这里不再赘述。

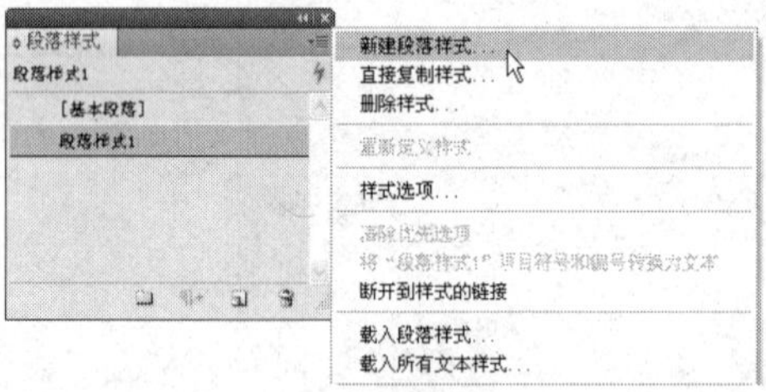

图 7-234

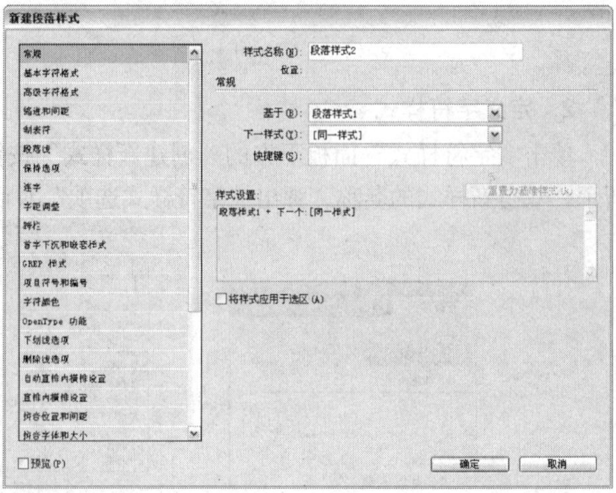

图 7-235

提示：若想在现有文本格式的基础上创建一种新的样式，选择该文本或在该文本中单击插入光标，单击“段落样式”面板下方的“创建新样式”按钮即可。

7.4.2 编辑字符样式和段落样式

1．应用字符样式

选择“文字”工具，选取需要的字符，如图 7-236 所示。在“字符样式”面板中单击需要的字符样式名称，如图 7-237 所示。为选取的字符添加样式，取消文字的选取状态，效果如图 7-238 所示。

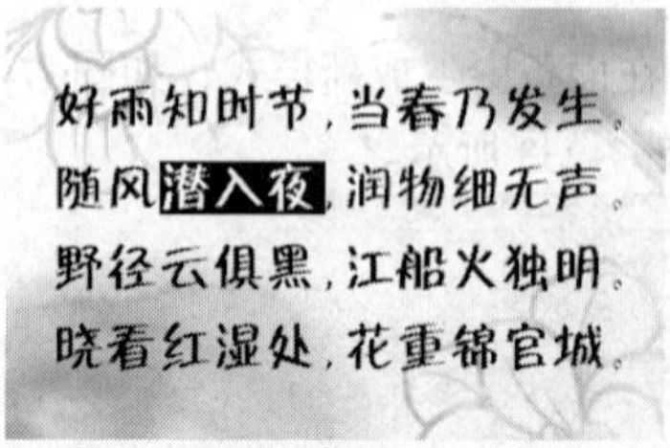
好雨知时节，当春乃发生。
随风潜入夜，润物细无声。
野径云俱黑，江船火独明。
晓看红湿处，花重锦官城。

图 7-236

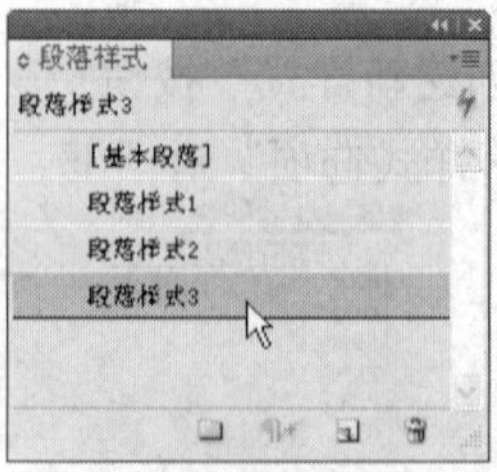

图 7-237

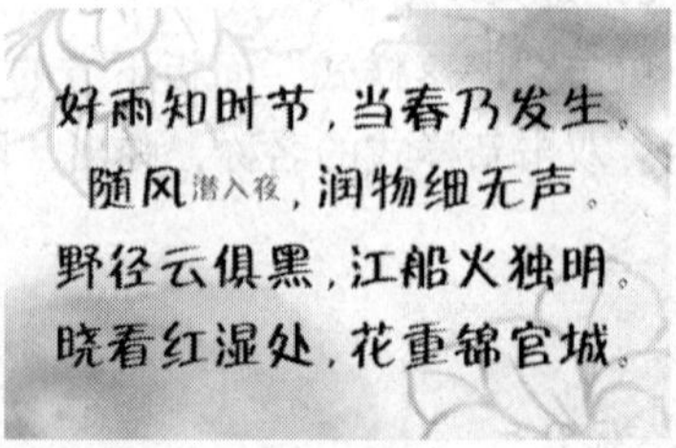
好雨知时节，当春乃发生。
随风潜入夜，润物细无声。
野径云俱黑，江船火独明。
晓看红湿处，花重锦官城。

图 7-238

在“控制面板”中单击“快速应用”按钮，弹出“快速应用”面板，单击需要的段落样式，或按下定义的快捷键，也可为选取的字符添加样式。

2．应用段落样式

选择“文字”工具，在段落文本中单击插入光标，如图 7-239 所示。在“段落样式”面板中单击需要的段落样式名称，如图 7-240 所示。为选取的段落添加样式，效果如图 7-241 所示。

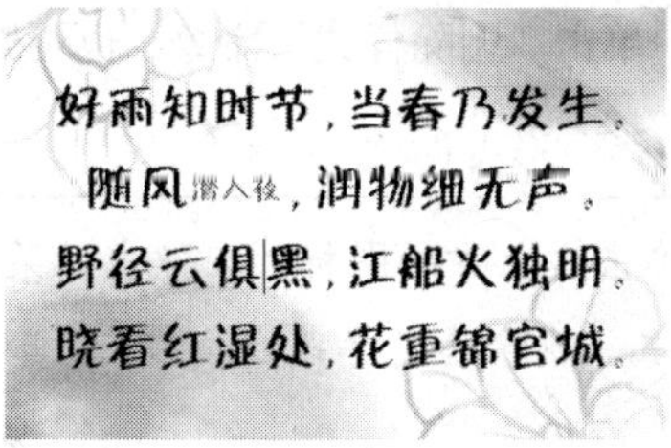

图 7-239

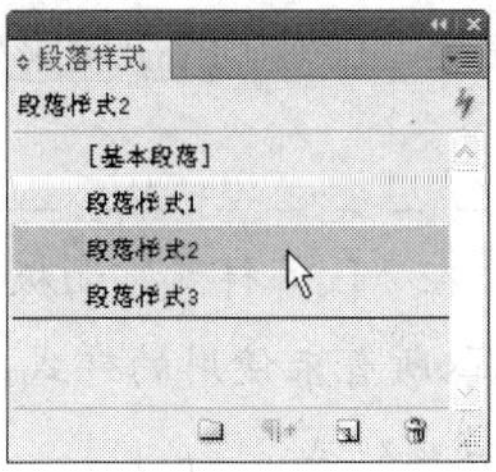

图 7-240

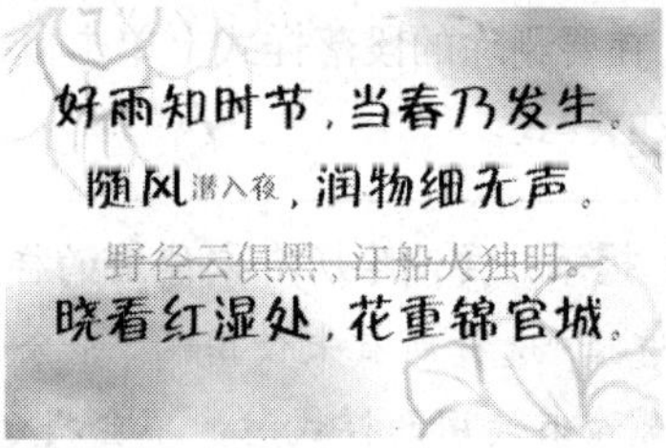

图 7-241

在“控制面板”中单击“快速应用”按钮，弹出“快速应用”面板，单击需要的段落样式，或按下定义的快捷键，也可为选取的段落添加样式。

3．编辑样式

在“段落样式”面板中，用鼠标右键单击要编辑的样式名称，在弹出的快捷菜单中选择“编辑‘段落样式 1’”命令，如图 7-242 所示，弹出“段落样式选项”对话框，如图 7-243 所示。设置需要的选项，单击“确定”按钮即可。

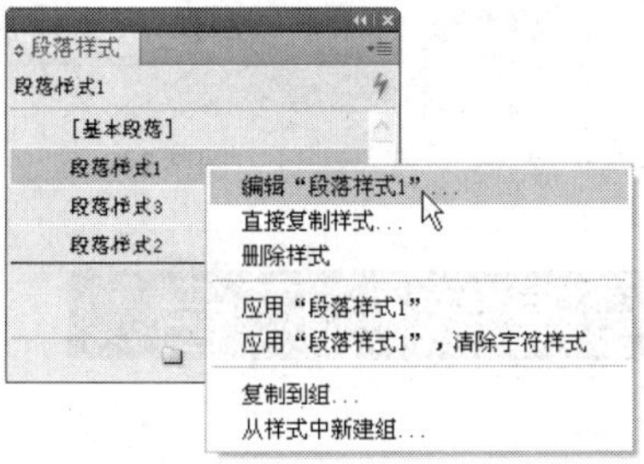

图 7-242

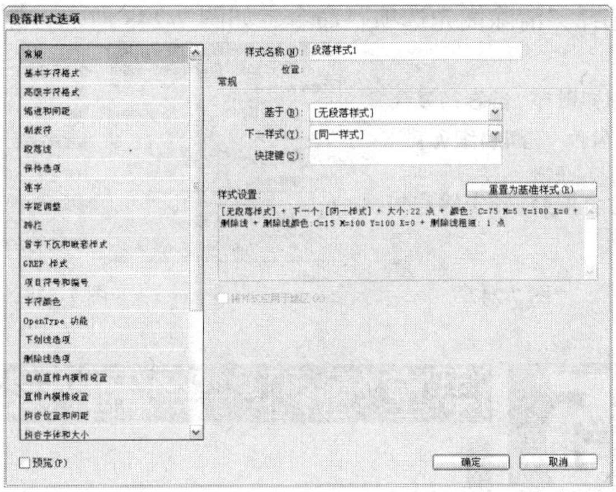

图 7-243

在“段落样式”面板中，双击要编辑的样式名称，或者在选择要编辑的样式后，单击面板右上方的图标，在弹出的菜单中选择“样式选项”命令，弹出“段落样式选项”对话框，设置需要的选项，单击“确定”按钮即可。

字符样式的编辑与段落样式相似，故这里不再赘述。

4．删除样式

在“段落样式”面板中，选取需要删除的段落样式，如图 7-244 所示。单击面板下方的“删除选定样式/组”按钮，或单击右上方的图标，在弹出的菜单中选择“删除样式”命令，如图 7-245 所示，删除选取的段落样式，面板如图 7-246 所示。

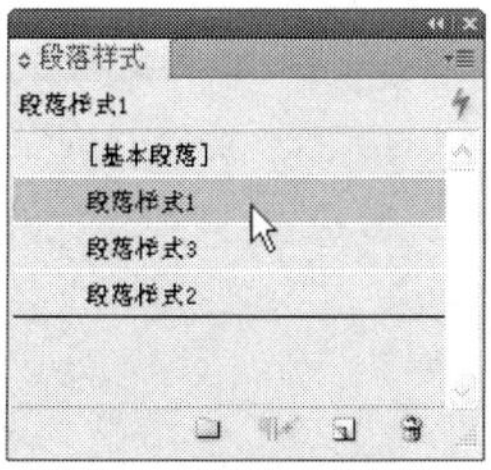

图 7-244

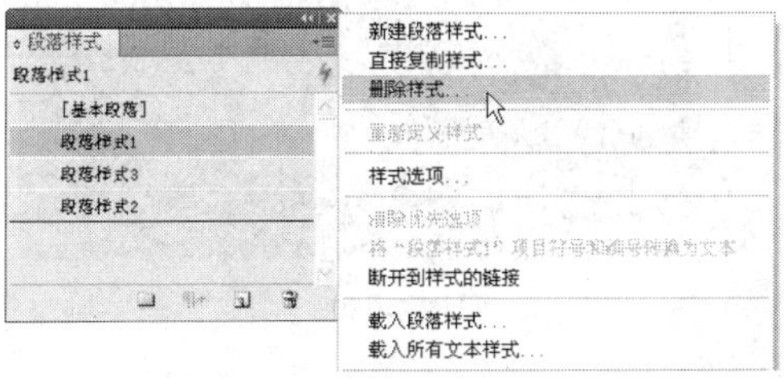

图 7-245

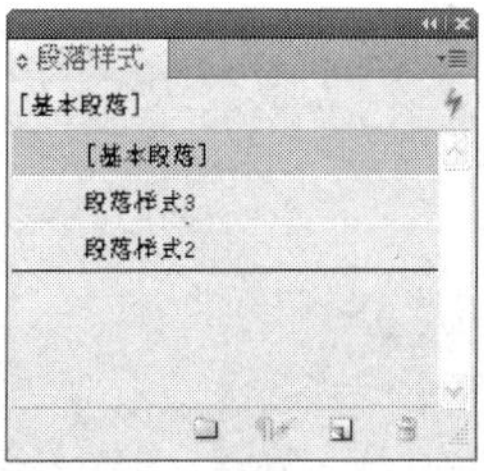

图 7-246

在要删除的段落样式上单击鼠标右键，在弹出的快捷菜单中单击“删除样式”命令，也可删除选取的样式。

> **提示**：要删除所有未使用的样式，在“段落样式”面板中单击右上方的图标，在弹出的菜单中选择“选择所有未使用的”命令，选取所有未使用的样式，单击“删除选定样式/组”按钮。当删除未使用的样式时，不会提示替换该样式。。

在“字符样式”面板中“删除样式”的方法与段落样式相似，故这里不再赘述。

5．清除段落样式优先选项

当将不属于某个样式的格式应用于这种样式的文本时，此格式称为优先选项。当选择含优先选项的文本时，样式名称旁会显示一个加号（+）。

选择“文字”工具，在有优先选项的文本中单击插入光标，如图 7-247 所示。单击“段落样式”面板中的“清除选区中的优先选项”按钮，或单击面板右上方的图标，在弹出的菜单中选择“清除优先选项”命令，如图 7-248 所示，删除段落样式的优先选项，如图 7-249 所示。

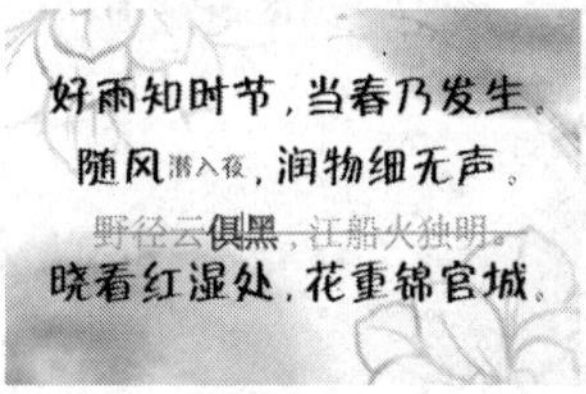

图 7-247

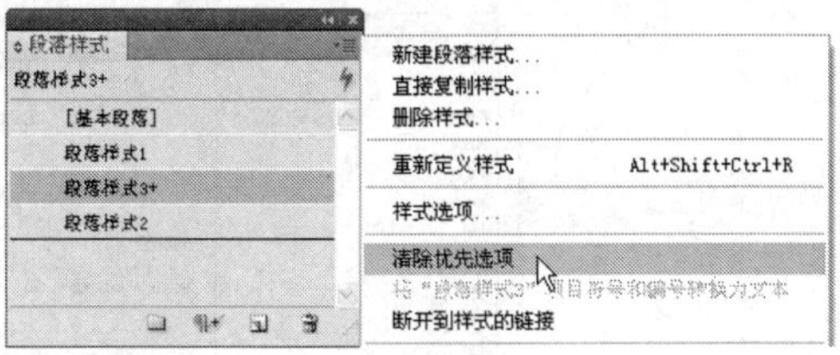

图 7-248

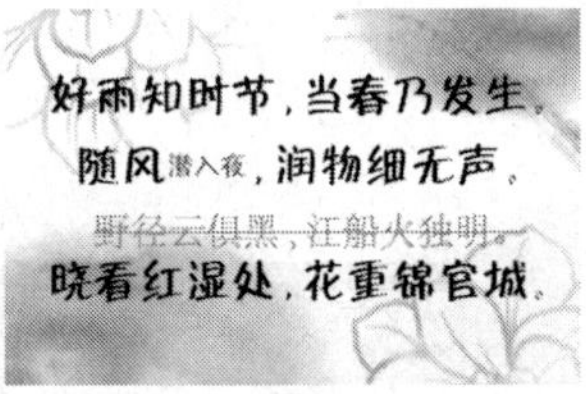

图 7-249

7.5 课堂练习——制作数码摄像机广告

练习知识要点：使用矩形工具、不透明度选项命令和贴入内部命令制作背景效果，使用椭圆工具绘制装饰圆形，使用直接选择工具和路径查找器面板制作变形文字，使用投影命令为文字添加投影，效果如图 7-250 所示。

效果所在位置：光盘/Ch07/效果/制作数码摄像机广告.indd。

图 7-250

7.6 课后习题——制作商场促销海报

习题知识要点：使用复制命令和方向键制作立体文字效果。使用对齐面板制作文字与圆角矩形的对齐效果。使用段落面板制作段落的首行缩进，效果如图 7-251 所示。

效果所在位置：光盘/Ch07/效果/制作商场促销海报.indd。

图 7-251

第8章 表格与图层

InDesign CS5 具有强大的表格和图层编辑功能。通过本章的学习，读者可以了解并掌握表格绘制和编辑的方法以及图层的操作技巧，还可以快速地创建复杂而美观的表格，并准确地使用图层编辑出需要的版式文件。

【教学目标】

- 表格。
- 图层的操作。

8.1 表格

表格是由单元格的行和列组成的。单元格类似于文本框架，可在其中添加文本、随文图等。下面具体介绍表格的创建和使用方法。

8.1.1　课堂案例——制作汽车广告

案例学习目标：学习使用文字工具和表格制作汽车广告。

案例知识要点：使用文字工具添加广告语，使用矩形工具制作装饰矩形。使用插入表命令插入表格并添加文字，使用合并单元格命令合并选取的单元格。汽车广告效果如图 8-1 所示。

图 8-1

效果所在位置：光盘/Ch08/效果/制作汽车广告.indd。

1. 置入图片并绘制装饰图形

Step 01 选择“文件 > 新建 > 文档”命令，弹出“新建文档”对话框，如图 8-2 所示。单击“边距和分栏”按钮，弹出“新建边距和分栏”对话框，选项设置如图 8-3 所示，单击“确定”按钮，新建一个页面。选择“视图 > 其他 > 隐藏框架边缘”命令，将所绘制图形的框架边缘隐藏。

Step 02 按<Ctrl>+<D>组合键，弹出“置入”对话框，选择光盘中的“Ch08 > 素材 > 制作汽车广告 > 01”文件，单击“打开”按钮，在页面中单击鼠标置入图片。选择“选择”工具，拖曳图片到适当的位置，效果如图 8-4 所示。

图 8-2

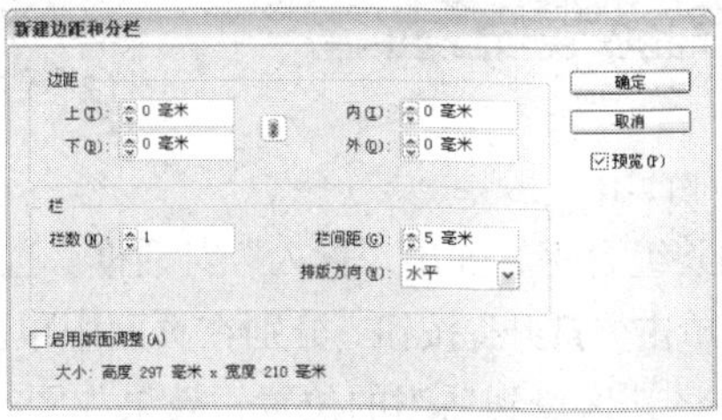

图 8-3

图 8-4

Step 03 选择“矩形”工具，在适当的位置绘制一个矩形，填充颜色及描边均为白色，效果如图 8-5 所示。选择“选择”工具，按<Ctrl>+<Shift>+<F10>组合键，弹出“效果”面板，选项设置如图 8-6 所示。按<Enter>键确认操作，效果如图 8-7 所示。

Step 04 用同样的方法绘制其他矩形，效果如图 8-8 所示。

图 8-5

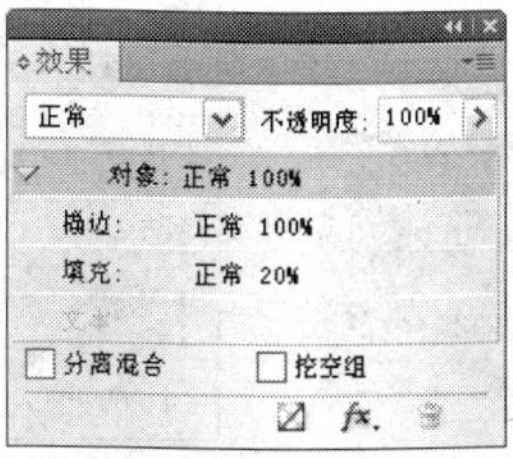

图 8-6

图 8-7

图 8-8

2．置入并编辑图片

图 8-9

Step 01 按<Ctrl>+<D>组合键，弹出“置入”对话框。选择光盘中的“Ch08 > 素材 > 制作汽车广告 > 02、03”文件，单击“打开”按钮，分别在页面中单击鼠标置入图片。选择“选择”工具，拖曳图片到适当的位置，效果如图 8-9 所示。

Step 02 选择“文字”工具，在页面中拖曳出一个文本框，输入需要的文字。选中输入的文字，在“控制面板”中选择合适的字体并设置文字大小，效果如图 8-10 所示。按<Ctrl>+<T>组合键，弹出“字符”面板，在“行距”的文本框中输入 18，效果如图 8-11 所示。

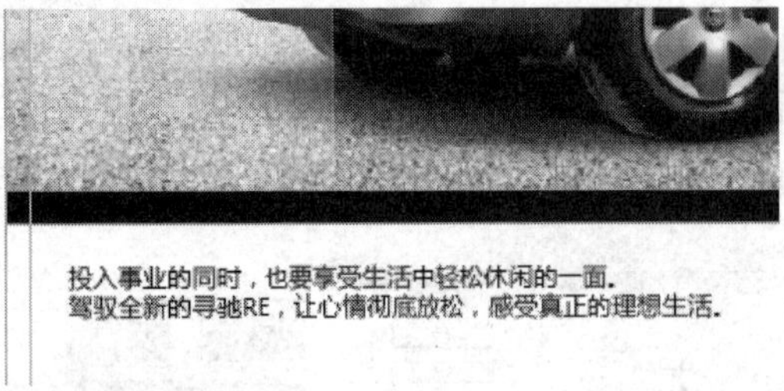

图 8-10

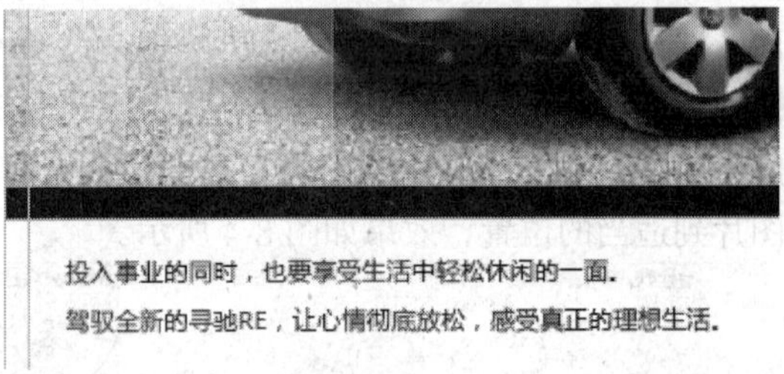

图 8-11

Step 03 按<Ctrl>+<D>组合键，弹出“置入”对话框。选择光盘中的“Ch08 > 素材 > 制作汽车广告 > 04、05”文件，单击“打开”按钮，分别在页面中单击鼠标置入图片。选择“选择”工具，分别调整图片的大小并将其拖曳到适当的位置，效果如图 8-12 所示。

Step 04 按住<Shift>键的同时，单击需要的图片将其选取，选择“窗口 > 对象和版面 > 对齐”命令，弹出“对齐”面板，如图 8-13 所示。单击“垂直居中对齐”按钮和“水平居中分布”按钮，效果如图 8-14 所示。

图 8-12

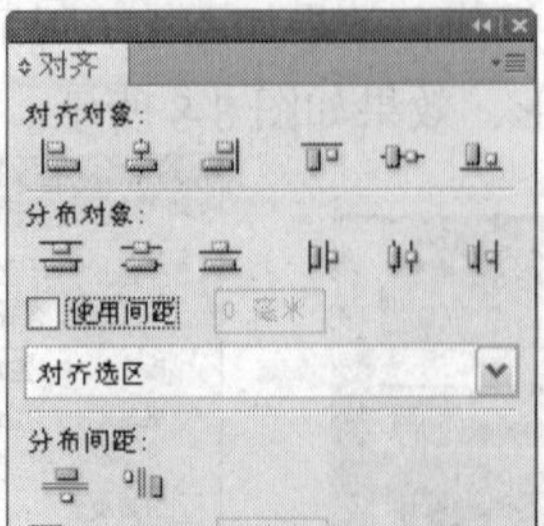

图 8-13

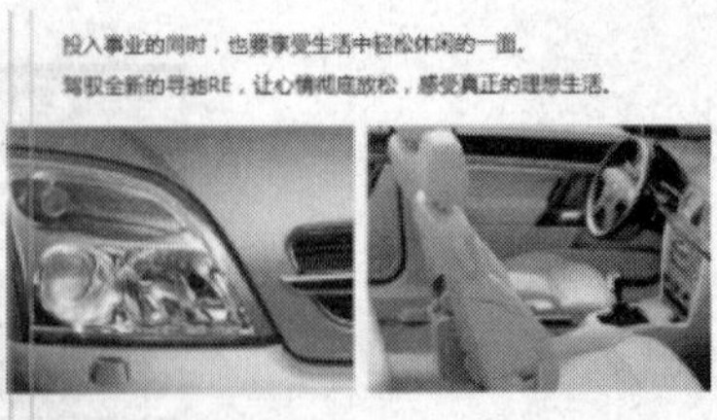

图 8-14

Step 05 选择“直线”工具，按住<Shift>键的同时，绘制一条直线，如图 8-15 所示。

图 8-15

3．绘制并编辑表格

Step 01 选择“文字”工具T，在页面中拖曳出一个文本框。选择“表 > 插入表”命令，在弹出的对话框中进行设置，如图 8-16 所示。单击“确定”按钮，效果如图 8-17 所示。

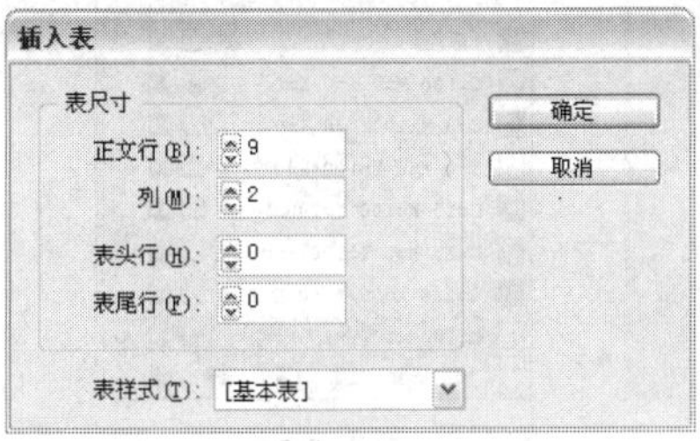

图 8-16

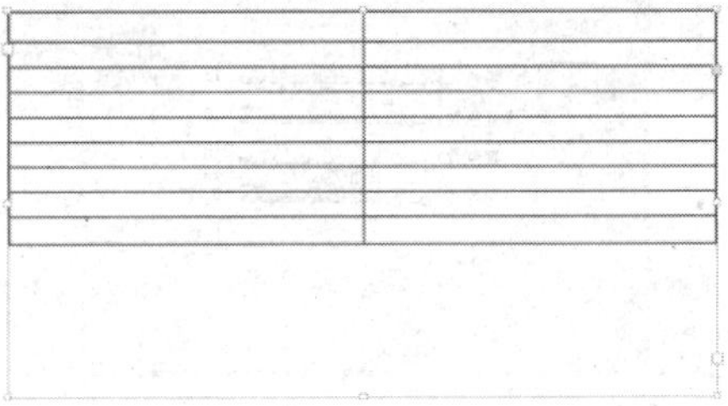

图 8-17

Step 02 将鼠标移到表的下边缘，当鼠标指针变为图标↕时，按住鼠标向下拖曳，松开鼠标左键，效果如图 8-18 所示。

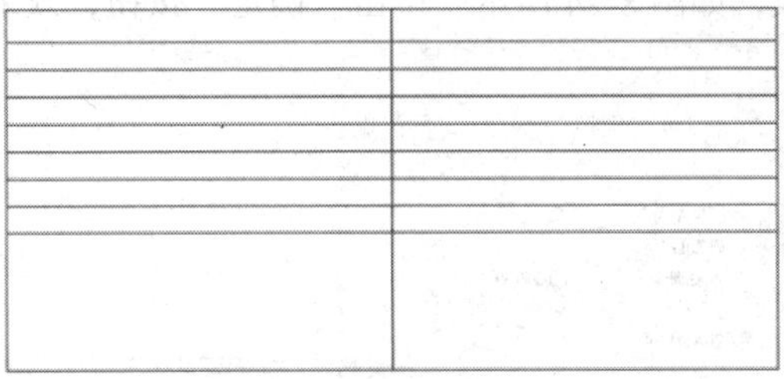

图 8-18

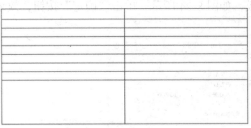

Step 03 将鼠标移到表第一行的左边缘，当鼠标指针变为图标➡时，单击鼠标左键，第一行被选中，如图 8-19 所示。选择“表 > 合并单元格”命令，将选取的表格合并，效果如图 8-20 所示。

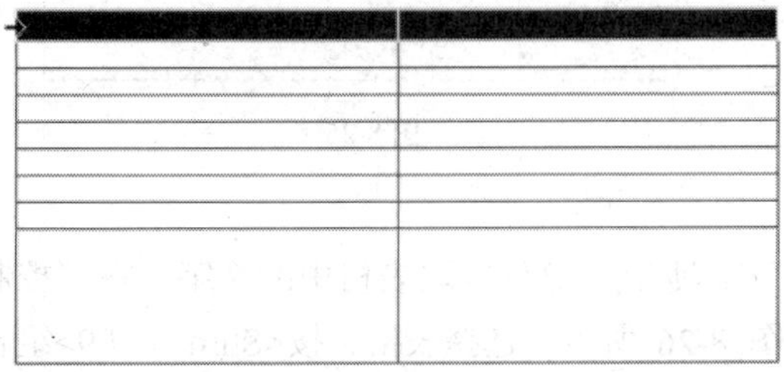

图 8-19

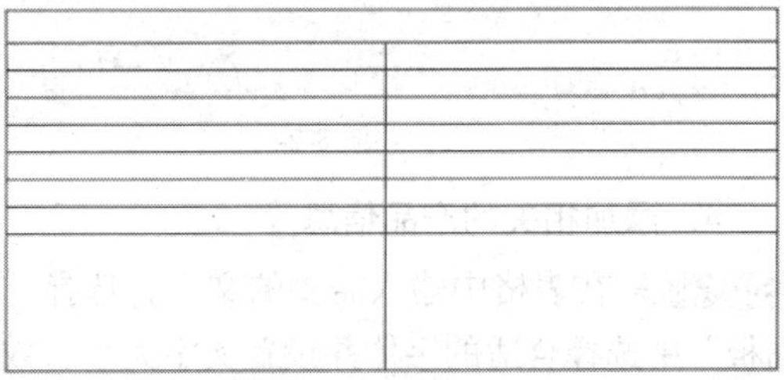

图 8-20

Step 04 将鼠标移到表的中心线上，鼠标指针变为图标↔，向左拖曳鼠标，松开鼠标左键，效果如图 8-21 所示。

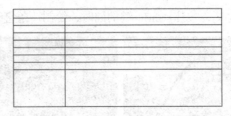

图 8-21

Step 05 选择“窗口 > 色板”命令，弹出“色板”面板，单击面板右上方的图标，在弹出的菜单中选择“新建颜色色板”命令，弹出“新建颜色色板”对话框，选项设置如图 8-22 所示。单击“确定”按钮，在“色板”面板中生成新的色板，如图 8-23 所示。

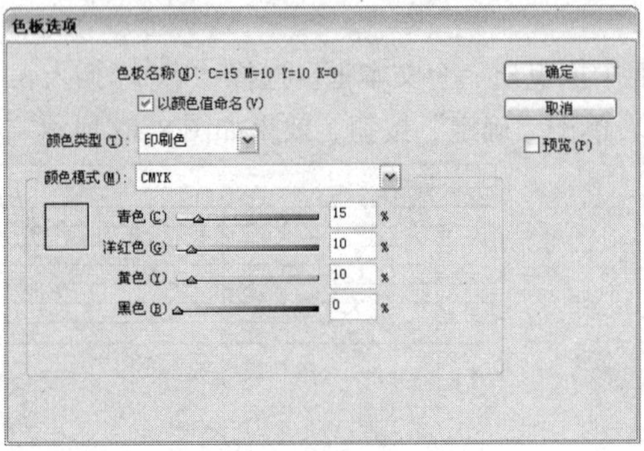

图 8-22

图 8-23

Step 06 选择“表 > 表选项 > 交替填色”命令，弹出“表选项”对话框，单击“交替模式”选项右侧的按钮，在下拉列表中选择“每隔一行”选项。单击“颜色”选项右侧的按钮，在弹出的色板中选择刚设置的色板，如图 8-24 所示。单击“确定”按钮，效果如图 8-25 所示。

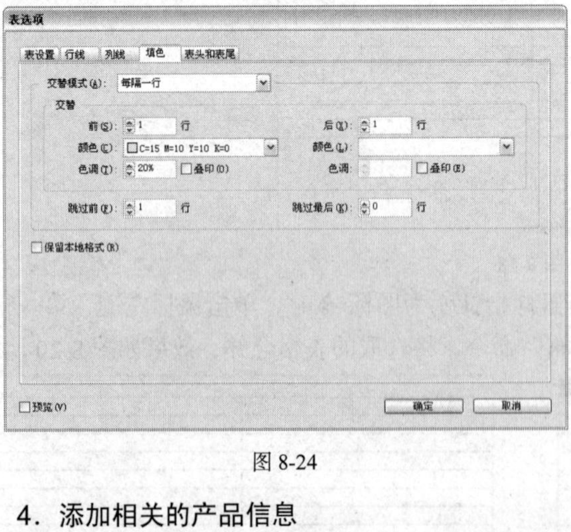

图 8-24

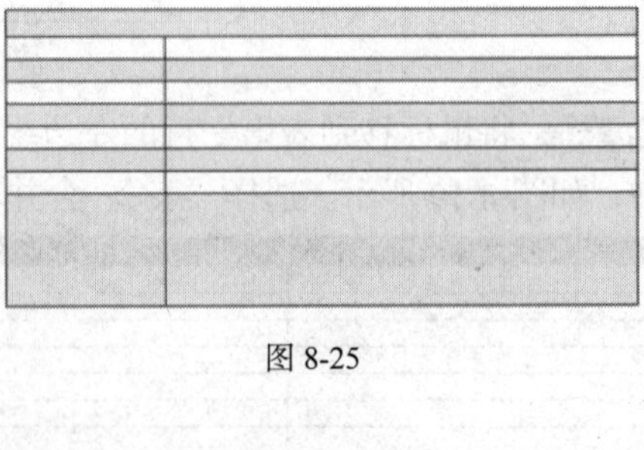

图 8-25

4．添加相关的产品信息

Step 01 在表格中输入需要的文字，选择“文字”工具，分别选取表格中的文字，在“控制面板”中选择合适的字体并设置文字大小，效果如图 8-26 所示。选择表格，按<Shift>+<F9>组合键，弹出“表”面板，单击“居中对齐”按钮，文字效果如图 8-27 所示

Step 02 选取需要的文字，如图 8-28 所示。按<Ctrl>+<Alt>+<T>组合键，弹出“段落”面板，单击“居中对齐”按钮，设置文字填充色的 CMYK 值为 0、100、100、49，填充文字，效果如图 8-29 所示。

寻驰RE	
公告型号	PCR-3
发动机型号	4YME、5JBC
外形尺寸（mm）	4915*1800*1819
轴距（mm）	2760
车身颜色	橙色+黑色等多种颜色可供选择
轮胎规格	250
额定乘坐人数	5人
主要配置	平顶、动力转向、圆动窗、自动闭窗器、电动后视镜、第三辅助倒车镜、电动天线、冷光仪表、发动机转速表、倒车雷达及内外温度显示器，CD-体机、前空调、仿桃木仪表盘和方向盘、铝轮、255轮胎、背负式备胎、儿童门轴、5座座椅。

图 8-26

寻驰RE	
公告型号	PCR-3
发动机型号	4YME、5JBC
外形尺寸（mm）	4915*1800*1819
轴距（mm）	2760
车身颜色	橙色+黑色等多种颜色可供选择
轮胎规格	250
额定乘坐人数	5人
主要配置	平顶、动力转向、圆动窗、自动闭窗器、电动后视镜、第三辅助倒车镜、电动天线、冷光仪表、发动机转速表、倒车雷达及内外温度显示器，CD-体机、前空调、仿桃木仪表盘和方向盘、铝轮、255轮胎、背负式备胎、儿童门轴、5座座椅。

图 8-27

寻驰RE	
公告型号	PCR-3
发动机型号	4YME、5JBC
外形尺寸（mm）	4915*1800*1819
轴距（mm）	2760
车身颜色	橙色+黑色等多种颜色可供选择
轮胎规格	250
额定乘坐人数	5人
主要配置	平顶、动力转向、圆动窗、自动闭窗器、电动后视镜、第三辅助倒车镜、电动天线、冷光仪表、发动机转速表、倒车雷达及内外温度显示器，CD-体机、前空调、仿桃木仪表盘和方向盘、铝轮、255轮胎、背负式备胎、儿童门轴、5座座椅。

图 8-28

寻驰RE	
公告型号	PCR-3
发动机型号	4YME、5JBC
外形尺寸（mm）	4915*1800*1819
轴距（mm）	2760
车身颜色	橙色+黑色等多种颜色可供选择
轮胎规格	250
额定乘坐人数	5人
主要配置	平顶、动力转向、圆动窗、自动闭窗器、电动后视镜、第三辅助倒车镜、电动天线、冷光仪表、发动机转速表、倒车雷达及内外温度显示器，CD-体机、前空调、仿桃木仪表盘和方向盘、铝轮、255轮胎、背负式备胎、儿童门轴、5座座椅。

图 8-29

Step 03 选取需要的文字，如图 8-30 所示。在“段落”面板中的“首行左缩进”的文本框中输入 4 毫米，文字效果如图 8-31 所示。

寻驰RE	
公告型号	PCR-3
发动机型号	4YME、5JBC
外形尺寸（mm）	4915*1800*1819
轴距（mm）	2760
车身颜色	橙色+黑色等多种颜色可供选择
轮胎规格	250
额定乘坐人数	5人
主要配置	平顶、动力转向、圆动窗、自动闭窗器、电动后视镜、第三辅助倒车镜、电动天线、冷光仪表、发动机转速表、倒车雷达及内外温度显示器，CD-体机、前空调、仿桃木仪表盘和方向盘、铝轮、255轮胎、背负式备胎、儿童门轴、5座座椅。

图 8-30

寻驰RE	
公告型号	PCR-3
发动机型号	4YME、5JBC
外形尺寸（mm）	4915*1800*1819
轴距（mm）	2760
车身颜色	橙色+黑色等多种颜色可供选择
轮胎规格	250
额定乘坐人数	5人
主要配置	平顶、动力转向、圆动窗、自动闭窗器、电动后视镜、第三辅助倒车镜、电动天线、冷光仪表、发动机转速表、倒车雷达及内外温度显示器，CD-体机、前空调、仿桃木仪表盘和方向盘、铝轮、255轮胎、背负式备胎、儿童门轴、5座座椅。

图 8-31

Step 04 选取需要的文字，如图 8-32 所示。在“段落”面板中的“首行左缩进”的文本框中输入 20 毫米，文字效果如图 8-33 所示。将表格同时选取，设置描边色为无，取消选取状态，效果如图 8-34 所示。

寻驰RE	
公告型号	PCR-3
发动机型号	4YME、5JBC
外形尺寸（mm）	4915*1800*1819
轴距（mm）	2760
车身颜色	橙色+黑色等多种颜色可供选择
轮胎规格	250
额定乘坐人数	5人
主要配置	平顶、动力转向、圆动窗、自动闭窗器、电动后视镜、第三辅助倒车镜、电动天线、冷光仪表、发动机转速表、倒车雷达及内外温度显示器，CD-体机、前空调、仿桃木仪表盘和方向盘、铝轮、255轮胎、背负式备胎、儿童门轴、5座座椅。

图 8-32

寻驰RE	
公告型号	PCR-3
发动机型号	4YME、5JBC
外形尺寸（mm）	4915*1800*1819
轴距（mm）	2760
车身颜色	橙色+黑色等多种颜色可供选择
轮胎规格	250
额定乘坐人数	5人
主要配置	平顶、动力转向、圆动窗、自动闭窗器、电动后视镜、第三辅助倒车镜、电动天线、冷光仪表、发动机转速表、倒车雷达及内外温度显示器，CD-体机、前空调、仿桃木仪表盘和方向盘、铝轮、255轮胎、背负式备胎、儿童门轴、5座座椅。

图 8-33

寻驰RE	
公告型号	PCR-3
发动机型号	4YME、5JBC
外形尺寸（mm）	4915*1800*1819
轴距（mm）	2760
车身颜色	橙色+黑色等多种颜色可供选择
轮胎规格	250
额定乘坐人数	5人
主要配置	平顶、动力转向、圆动窗、自动闭窗器、电动后视镜、第三辅助倒车镜、电动天线、冷光仪表、发动机转速表、倒车雷达及内外温度显示器，CD-体机、前空调、仿桃木仪表盘和方向盘、铝轮、255轮胎、背负式备胎、儿童门轴、5座座椅。

图 8-34

5．添加并编辑宣传性文字

Step 01 按<Ctrl>+<D>组合键，弹出“置入”对话框，选择光盘中的“Ch08 > 素材 > 制作汽车广告 > 06”文件，单击“打开”按钮，在页面中单击鼠标置入图片。选择“选择”工具，拖曳图片到适当的位置，效果如图 8-35 所示。

Step 02 单击“控制面板”中的“向选定的目标添加对象效果”按钮，在弹出的菜单中选择“渐变羽化”命令，弹出“效果”对话框。在色带上选中左侧的渐变滑块并将位置设为 76%，选中右侧的渐变滑块并将位置设为 93%，如图 8-36 所示。单击“确定”按钮，效果如图 8-37 所示。

图 8-35

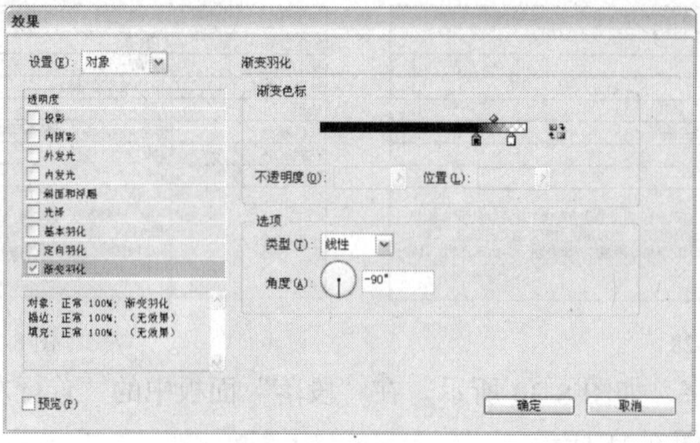

图 8-36

图 8-37

Step 03 按<Ctrl>+<D>组合键，弹出“置入”对话框，选择光盘中的“Ch08 > 素材 > 制作汽车广告 > 07”文件，单击“打开”按钮，在页面中单击鼠标置入图片。选择“选择”工具，拖曳图片到适当的位置，效果如图 8-38 所示。

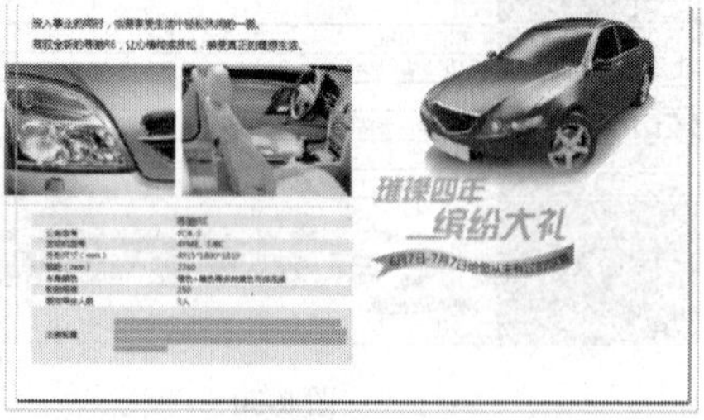

图 8-38

Step 04 选择“文字”工具，在适当的位置拖曳出一个文本框，输入需要的文字，然后选取输入的文字，在“控制面板”中选择合适的字体并设置文字大小，效果如图 8-39 所示。

Step 05 保持文字的选取状态，单击“控制面板”右上方的按钮，在弹出的菜单中选择“项目符号和编号”命令，弹出“项目符号和编号”对话框。在“列表类型”下拉列表中选择“项目符号”，激活下方选项，单击“添加”按钮，弹出“添加项目符号”对话框，选项设置如图 8-40 所示。单击“确定”按钮，返回到“项目符号和编号”对话框中，选项的设置如图 8-41 所示。单击“确定”按钮，效果如图 8-42 所示。

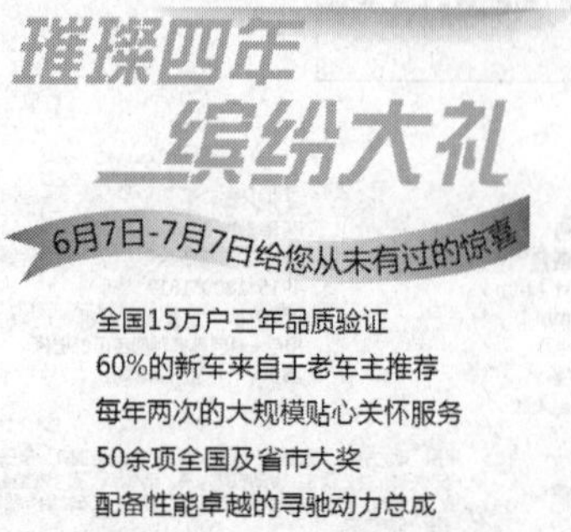

璀璨四年
缤纷大礼
6月7日-7月7日给您从未有过的惊喜
全国15万户三年品质验证
60%的新车来自于老车主推荐
每年两次的大规模贴心关怀服务
50余项全国及省市大奖
配备性能卓越的寻驰动力总成

图 8-39

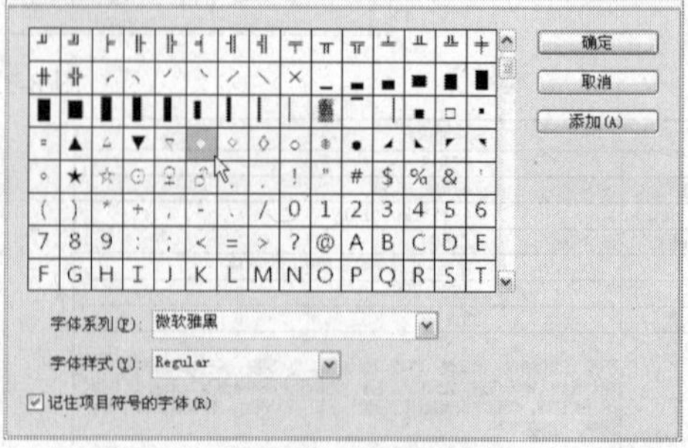

图 8-40

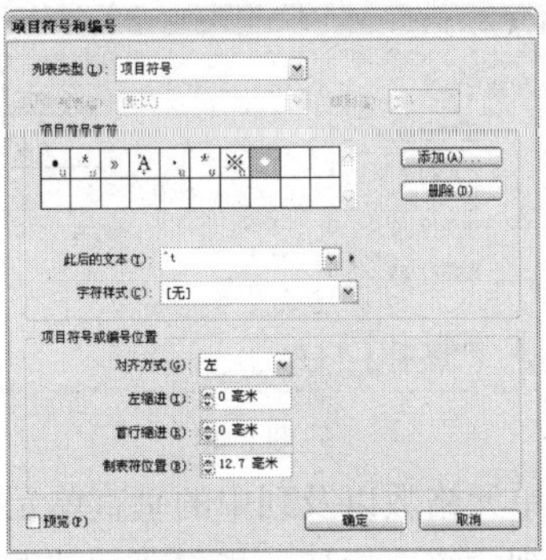

图 8-41

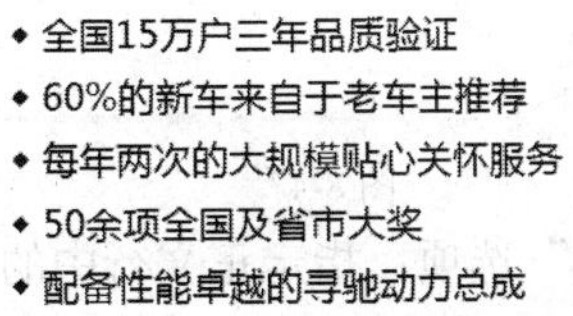
• 全国15万户三年品质验证
• 60%的新车来自于老车主推荐
• 每年两次的大规模贴心关怀服务
• 50余项全国及省市大奖
• 配备性能卓越的寻驰动力总成

图 8-42

Step 06 按<Ctrl>+<D>组合键，弹出“置入”对话框，选择光盘中的“Ch08 > 素材 > 制作汽车广告 > 08、09”文件，单击“打开”按钮，在页面中单击鼠标置入图片。选择“选择”工具，拖曳图片到适当的位置，效果如图 8-43 所示。

Step 07 选择“矩形”工具，在适当的位置绘制一个矩形，设置图形填充色的 CMYK 值为 0、0、0、40，填充图形并设置描边色无为，效果如图 8-44 所示。

图 8-43

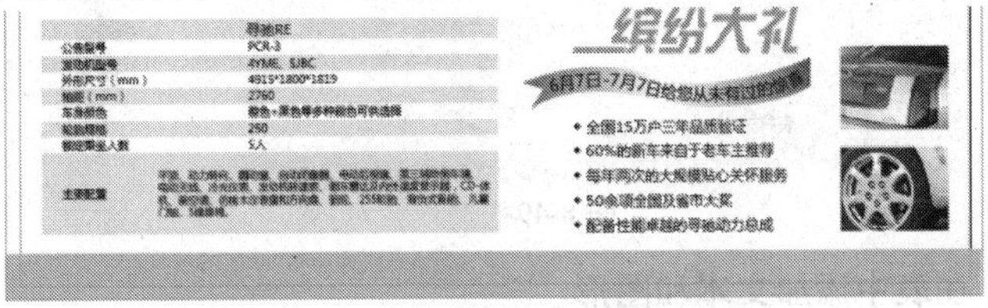

图 8-44

Step 08 选择“文字”工具 T，在适当的位置拖曳出一个文本框，输入需要的文字，然后选取输入的文字，在“控制面板”中选择合适的字体并设置文字大小，填充文字为白色。取消选取状态，效果如图 8-45 所示。汽车广告制作完成的效果如图 8-46 所示。

图 8-45

图 8-46

8.1.2 表的创建

1．创建表

选择“文字”工具 T，在需要的位置拖曳文本框或在要创建表的文本框中单击插入光标，如图 8-47 所示。选择“表 > 插入表”命令，或按<Ctrl>+<Shift>+<Alt>+<T>组合键，弹出“插入表”对话框，如图 8-48 所示。

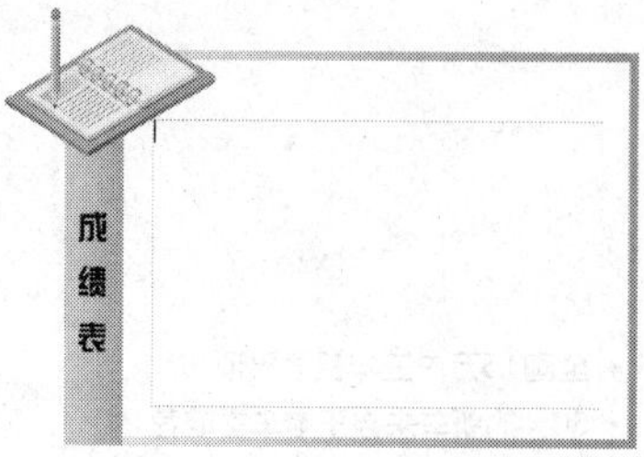

图 8-47

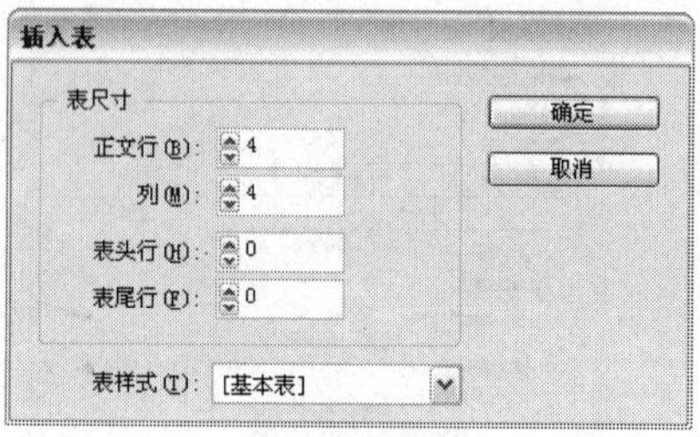

图 8-48

“正文行”、“列”选项：指定正文行中的水平单元格数以及列中的垂直单元格数。

“表头行”、“表尾行”选项：若表内容跨多个列或多个框架，指定要在其中重复信息的表头行或表尾行的数量。

设置需要的数值，如图 8-49 所示。单击“确定”按钮，效果如图 8-50 所示。

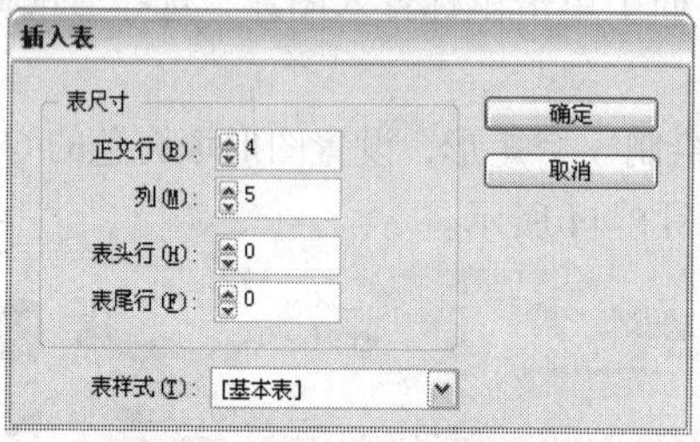

图 8-49

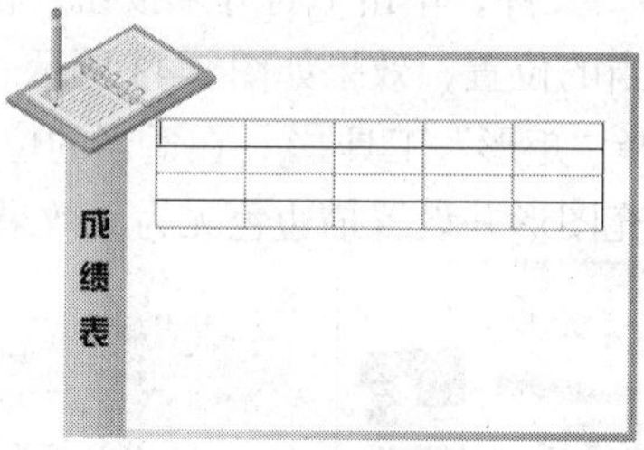

图 8-50

2. 在表中添加文本和图形

选择“文字”工具 T，在单元格中单击插入光标，输入需要的文本。在需要的单元格中单击插入光标，如图 8-51 所示。选择“文件 > 置入”命令，弹出“置入”对话框。选取需要的图形，单击“打开”按钮，置入需要的图形，效果如图 8-52 所示。

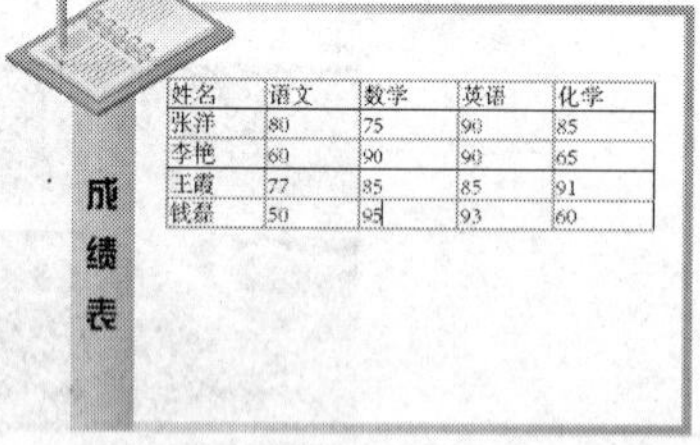

图 8-51

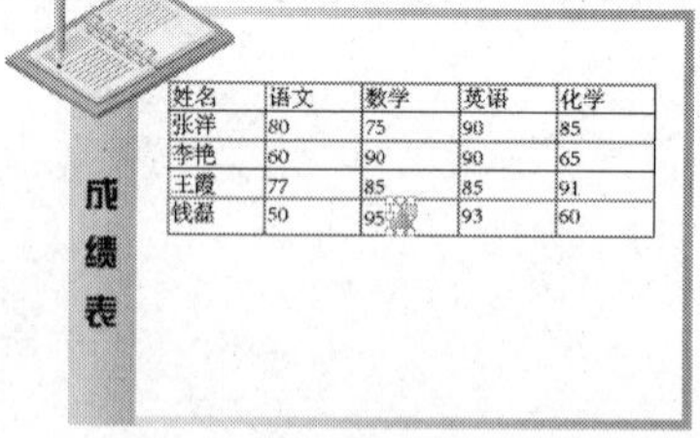

图 8-52

选择“选择”工具 ，选取需要的图形，如图 8-53 所示。按<Ctrl>+<X>组合键（或按<Ctrl>+<C>组合键），剪切（或复制）需要的图形，选择“文字”工具 T，在单元格中单击插入光标，如图 8-54 所示。按<Ctrl>+<V>组合键，将图形粘入表中，效果如图 8-55 所示。

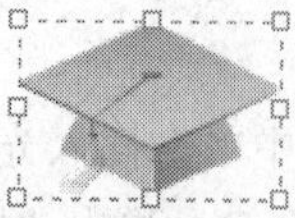

图 8-53

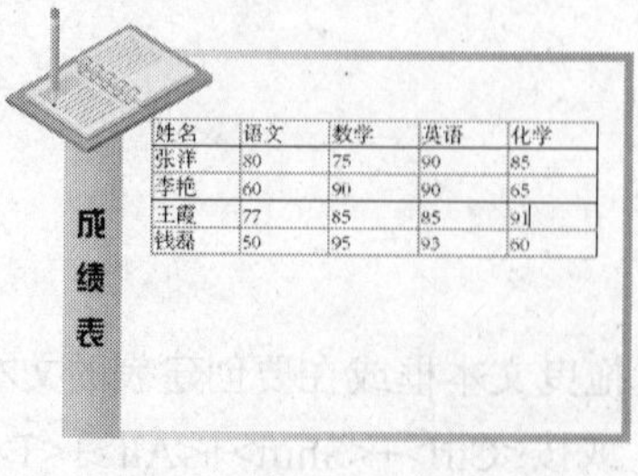

图 8-54

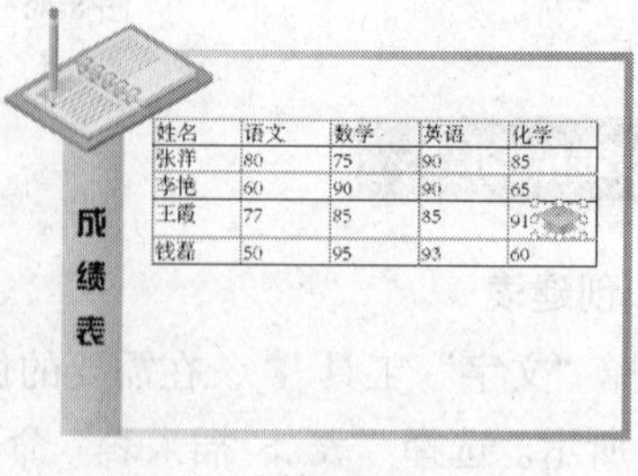

图 8-55

3．在表中移动光标

按<Tab>键可以后移一个单元格。若在最后一个单元格中按<Tab>键，则会新建一行。

按<Shift>+<Tab>组合键可以前移一个单元格。如果在第一个单元格中按<Shift>+<Tab>键，插入点将移至最后一个单元格。

如果在插入点位于直排表中某行的最后一个单元格的末尾时按向下方向键，则插入点会移至同一行中第一个单元格的起始位置。同样，如果在插入点位于直排表中某列的最后一个单元格的末尾时按向左方向键，则插入点会移至同一列中第一个单元格的起始位置。

选择“文字”工具T，在表中单击插入光标，如图 8-56 所示。选择“表 > 转至行”命令，弹出“转至行”对话框，指定要转到的行，如图 8-57 所示。单击“确定”按钮，效果如图 8-58 所示。

若当前表中定义了表头行或表尾行，则在菜单中选择“表头”或“表尾”，单击“确定”按钮即可。

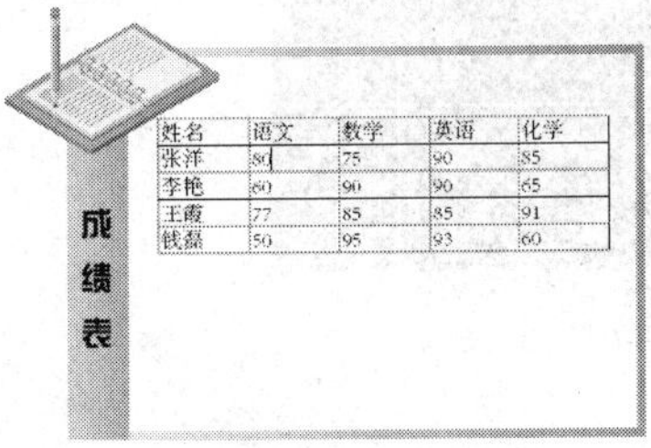

图 8-56

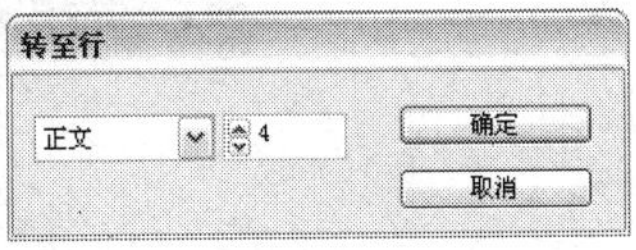

图 8-57

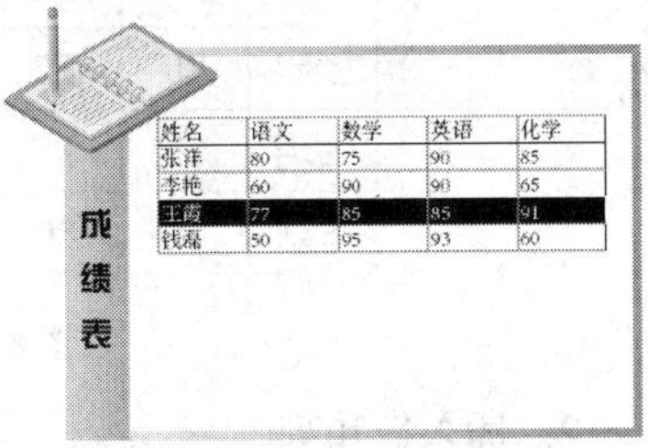

图 8-58

8.1.3　选择并编辑表

1．选择表单元格、行和列或整个表

选择“文字”工具T，在要选取的单元格内单击，或选取单元格中的文本，选择“表 > 选择 > 单元格”命令，选取单元格。

选择“文字”工具T，在单元格中拖动，选取需要的单元格。注意不要拖动行线或列线，否则会改变表的大小。

选择“文字”工具T，在要选取的单元格内单击，或选取单元格中的文本，选择“表 > 选择 > 行/列”命令，选取整行或整列。

选择“文字”工具T，将鼠标指针移至表中需要选取的列的上边缘，当指针变为箭头形状↓时，如图 8-59 所示，单击鼠标左键选取整列，效果如图 8-60 所示。

姓名	数学	政治	外语	语文
张欣	80	75	90	85
古玥	95	75	90	60
朱钛	60	80	72	69

图 8-59

姓名	数学	政治	外语	语文
张欣	80	75	90	85
古玥	95	75	90	60
朱钛	60	80	72	69

图 8-60

选择“文字”工具T，将指针移至表中行的左边缘，当指针变为箭头形状➡时，如图 8-61 所示，单击鼠标左键选取整行，如图 8-62 所示。

姓名	数学	政治	外语	语文
张欣	80	75	90	85
→古玥	95	75	90	60
朱钛	60	80	72	69

图 8-61

姓名	数学	政治	外语	语文
张欣	80	75	90	85
古玥	95	75	90	60
朱钛	60	80	72	69

图 8-62

选择“文字”工具T，直接选取单元格中的文本或在要选取的单元格内单击，插入光标，选择“表 > 选择 > 表”命令，或按<Ctrl>+<Alt>+<A>组合键，选取整个表。

选择“文字”工具T，将指针移至表的左上方，当指针变为箭头形状↘时，如图 8-63 所示，单击鼠标左键选取整个表，如图 8-64 所示。

姓名	数学	政治	外语	语文
张欣	80	75	90	85
古玥	95	75	90	60
朱钛	60	80	72	69

图 8-63

姓名	数学	政治	外语	语文
张欣	80	75	90	85
古玥	95	75	90	60
朱钛	60	80	72	69

图 8-64

2．插入行和列

选择“文字”工具T，在要插入行的前一行或后一行中的任一单元格中单击，插入光标，如图 8-65 所示。选择“表 > 插入 > 行”命令，或按<Ctrl>+<9>组合键，弹出“插入行”对话框，如图 8-66 所示。

姓名	数学	政治	外语	语文
张欣	80	75	90	85
古玥	95	75	90	60
朱钛	60	80	72	69

图 8-65

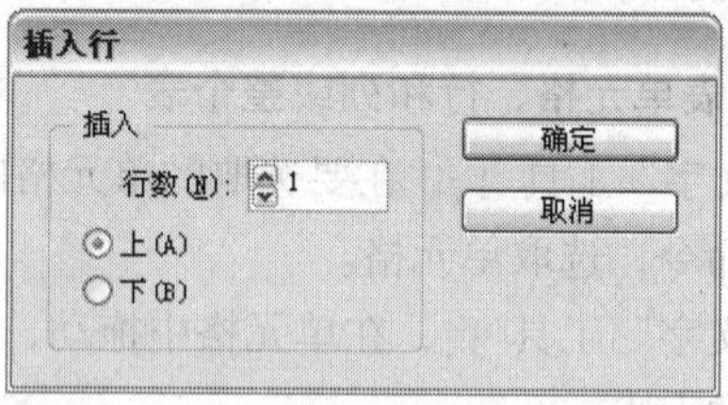

图 8-66

在“行数”选项中输入需要插入的行数，指定新行应该显示在当前行的上方还是下方。设置需要的数值，如图 8-67 所示。单击“确定”按钮，效果如图 8-68 所示。

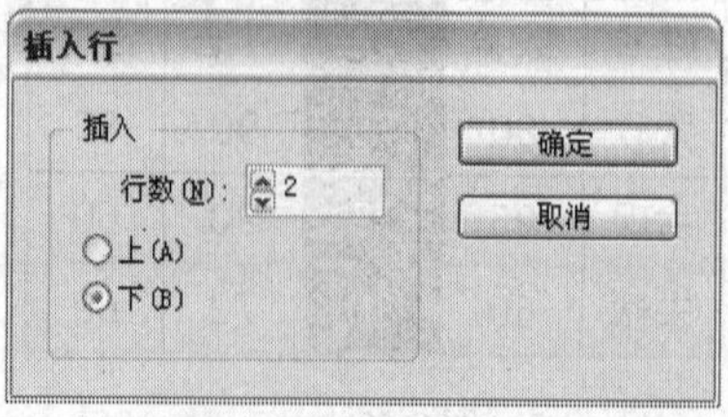

图 8-67

姓名	数学	政治	外语	语文
张欣	80	75	90	85
古玥	95	75	90	60
朱钛	60	80	72	69

图 8-68

选择“文字”工具T，在表中的最后一个单元格中单击插入光标，如图 8-69 所示。按<Tab>键可插入一行，效果如图 8-70 所示。

姓名	数学	政治	外语	语文
张欣	80	75	90	85
古玥	95	75	90	60
朱钛	60	80	72	69

图 8-69

姓名	数学	政治	外语	语文
张欣	80	75	90	85
古玥	95	75	90	60
朱钛	60	80	72	69

图 8-70

选择“文字”工具 T，在要插入列的前一列或后一列中的任一单元格中单击，插入光标，如图 8-71 所示。选择“表 > 插入 > 列”命令，或按<Ctrl>+<Alt>+<9>组合键，弹出“插入列”对话框，如图 8-72 所示。

姓名	数学	政治	外语
张欣	80	75	90
古玥	95	75	90
朱钛	60	80	72

图 8-71

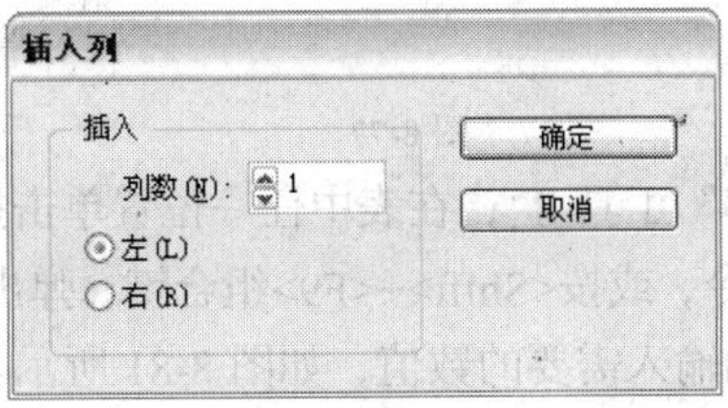

图 8-72

在“列数”选项中输入需要插入的列数，指定新列应该显示在当前列的左侧还是右侧。

设置需要的数值，如图 8-73 所示。单击“确定”按钮，效果如图 8-74 所示。

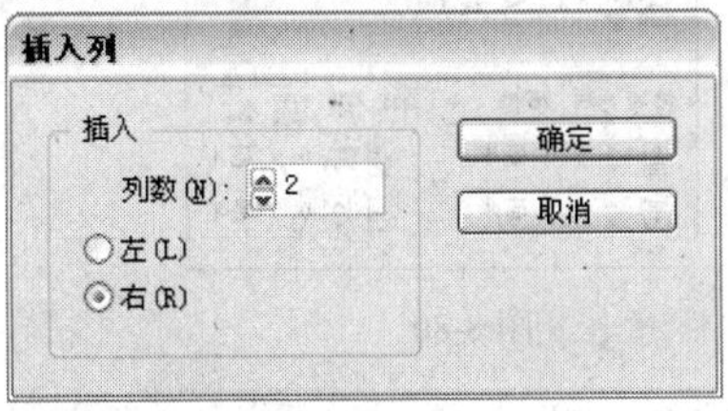

图 8-73

姓名	数学	政治			外语
张欣	80	75			90
古玥	95	75			90
朱钛	60	80			72

图 8-74

选择“文字”工具 T，在表中任一位置单击插入光标，如图 8-75 所示。选择“表 > 表选项 > 表设置”命令，弹出“表选项”对话框，如图 8-76 所示。

姓名	数学	政治	外语
张欣	80	75	90
古玥	95	75	90
朱钛	60	80	72

图 8-75

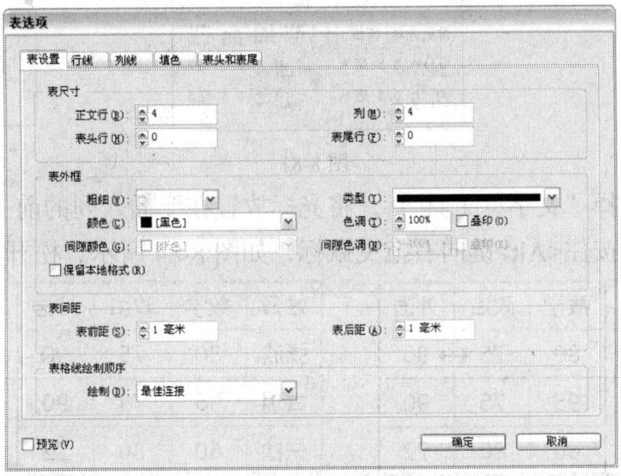

图 8-76

在“表尺寸”选项组中的“正文行”、“表头行”、“列”和“表尾行”选项中输入新表的行数和列数，可将新行添加到表的底部，新列则添加到表的右侧。

设置需要的数值，如图 8-77 所示。单击“确定”按钮，效果如图 8-78 所示。

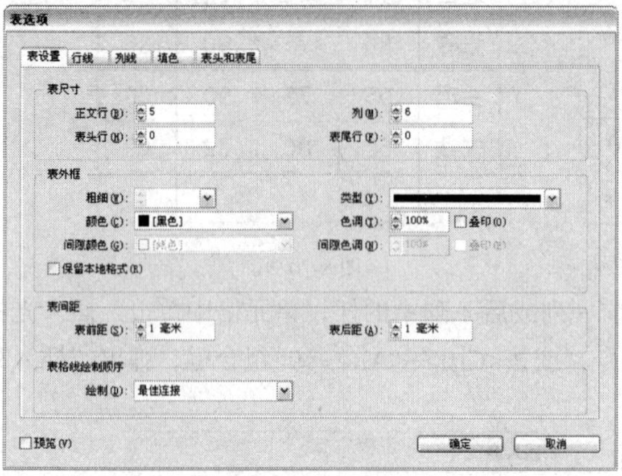

图 8-77

姓名	数学	政治	外语		
张欣	80	75	90		
古玥	95	75	90		
朱钛	60	80	72		

图 8-78

选择“文字”工具 T，在表中任一位置单击插入光标，如图 8-79 所示。选择“窗口 > 文字和表 > 表”命令，或按<Shift>+<F9>组合键，弹出“表”面板，如图 8-80 所示。在“行数”和“列数”选项中分别输入需要的数值，如图 8-81 所示。按<Enter>键确认，效果如图 8-82 所示。

姓名	数学	政治	外语
张欣	80	75	90
古玥	95	75	90
朱钛	60	80	72

图 8-79

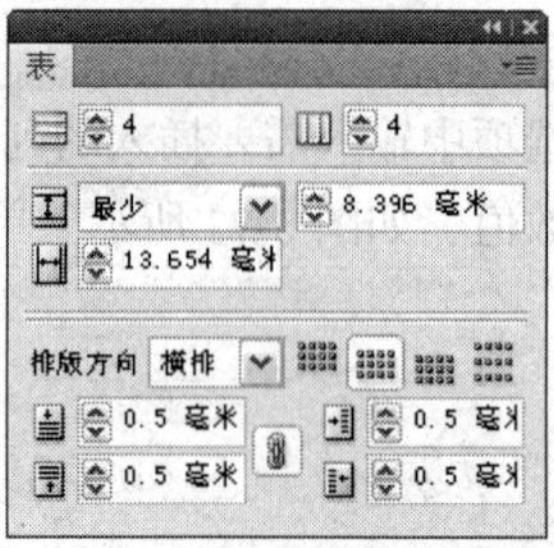

图 8-80

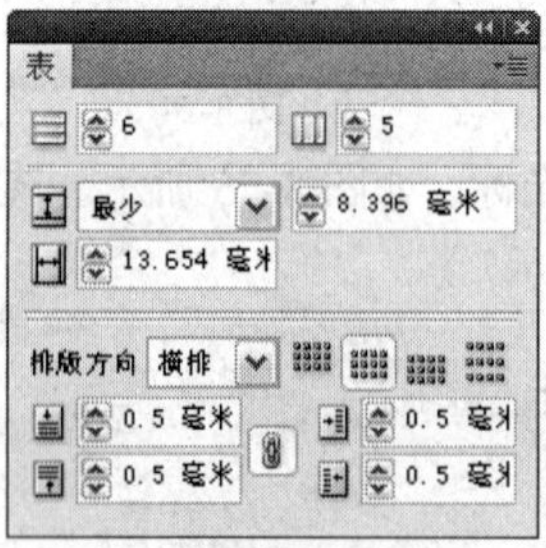

图 8-81

姓名	数学	政治	外语	
张欣	80	75	90	
古玥	95	75	90	
朱钛	60	80	72	

图 8-82

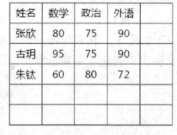

选择“文字”工具 T，将光标放置在要插入列的前一列边框上，光标变为图标↔，如图 8-83 所示。按住<Alt>键向右拖曳鼠标，如图 8-84 所示，松开鼠标后的效果如图 8-85 所示。

姓名	数学	政治	外语
张欣	80	75 ↔	90
古玥	95	75	90
朱钛	60	80	72

图 8-83

姓名	数学	政治	外语	
张欣	80	75	90↔	
古玥	95	75	90	
朱钛	60	80	72	

图 8-84

姓名	数学	政治		外语
张欣	80	75		90
古玥	95	75		90
朱钛	60	80		72

图 8-85

选择“文字”工具 T，将光标放置在要插入行的前一行的边框上，光标变为图标↕，如图 8-86 所示。按住<Alt>键向下拖曳鼠标，如图 8-87 所示，松开鼠标后的效果如图 8-88 所示。

姓名	数学	政治	外语
张欣	80	75	90
古玥	95	75	90
朱钛	60	80	72

图 8-86

姓名	数学	政治	外语
张欣	80	75	90
古玥	95	75	90
朱钛	60	80	72

图 8-87

姓名	数学	政治	外语
张欣	80	75	90
古玥	95	75	90
朱钛	60	80	72

图 8-88

提示：对于横排表中表的上边缘或左边缘，或者对于直排表中表的上边缘或右边缘，不能通过拖动来插入行或列，这些区域用于选择行或列。

3. 删除行、列或表

选择“文字”工具 T，在要删除的行、列或表中单击，或选取表中的文本。选择“表 > 删除 > 行、列或表”命令，删除行、列或表。

选择“文字”工具 T，在表中任一位置单击插入光标。选择“表 > 表选项 > 表设置”命令，弹出“表选项”对话框，在“表尺寸”选项组中输入新的行数和列数，单击“确定”按钮，可删除行、列和表。行从表的底部被删除，列从表的左侧被删除。

选择“文字”工具 T，将指针放置在表的下边框或右边框上，当光标显示为图标↕ 或 ↔时。按住鼠标左键，在向上拖曳或向左拖曳时按住<Alt>键，分别删除行或列。

8.1.4　设置表的格式

1. 调整行、列或表的大小

选择“文字”工具 T，在要调整行或列的任一单元格中单击插入光标，如图 8-89 所示。选择“表 > 单元格选项 > 行和列”命令，弹出“单元格选项”对话框，如图 8-90 所示。在“行高”和“列宽”选项中输入需要的行高和列宽数值，如图 8-91 所示。单击“确定”按钮，效果如图 8-92 所示。

姓名	数学	政治	外语
张欣	80	75	90
古玥	95	75	90
朱钛	60	80	72

图 8-89

图 8-90

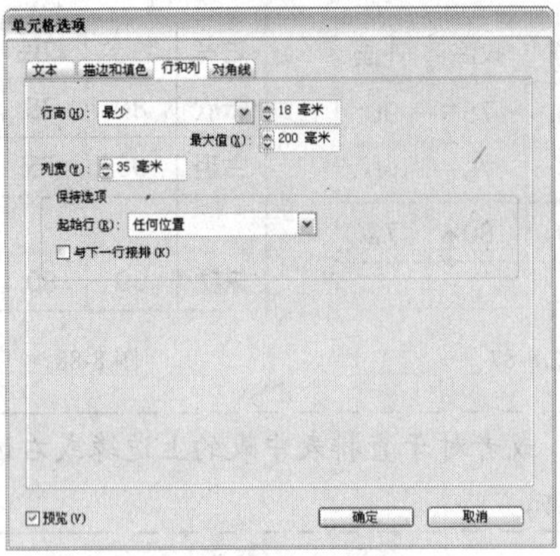

图 8-91

姓名	数学	政治	外语
张欣	80	75	90
古玥	95	75	90
朱钛	60	80	72

图 8-92

选择“文字”工具 T，在行或列的任一单元格中单击插入光标，如图 8-93 所示。选择“窗口 > 文字和表 > 表”命令，或按<Shift>+<F9>组合键，弹出“表”面板，如图 8-94 所示。在“行高”和“列宽”选项中分别输入需要的数值，如图 8-95 所示。按<Enter>键确认操作，效果如图 8-96 所示。

姓名	数学	政治	外语
张欣	80	75	90
古玥	95	75	90
朱钛	60	80	72

图 8-93

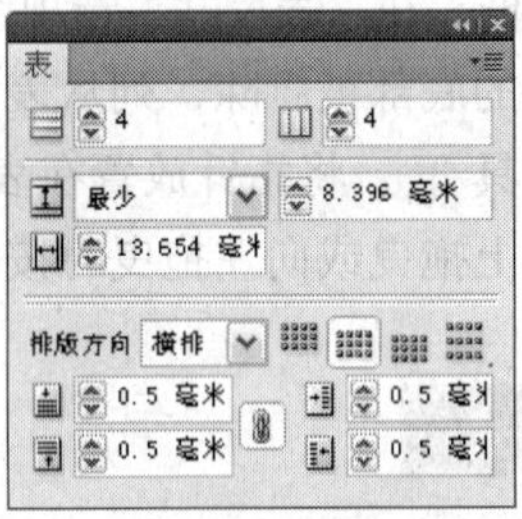

图 8-94

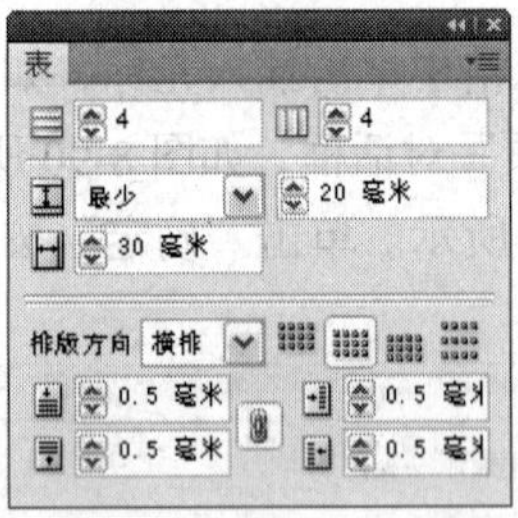

图 8-95

姓名	数学	政治	外语
张欣	80	75	90
古玥	95	75	90
朱钛	60	80	72

图 8-96

选择“文字”工具 T，将指针放置在列或行的边缘上，当光标变为图标↔或↕时，向左或向右拖曳以增加或减小列宽，向上或向下拖曳以增加或减小行高。

选择“文字”工具 T，将指针放置在要调整列宽的列边缘上，光标变为图标↔，如图 8-97 所示。按住<Shift>键的同时，向右（或向左）拖曳鼠标，如图 8-98 所示，增大（或减小）列宽，效果如图 8-99 所示。

姓名	数学	政治	外语
张欣	80	75	90
古玥	95 ↔	75	90
朱钛	60	80	72

图 8-97

姓名	数学	政治	外语
张欣	80	75	90
古玥	95	↔75	90
朱钛	60	80	72

图 8-98

姓名	数学	政治	外语
张欣	80	75	90
古玥	95	75	90
朱钛	60	80	72

图 8-99

选择“文字”工具 T，将指针放置在要调整行高的行边缘上，用相同的方法上下拖曳鼠标，可在不改变表高的情况下改变行高。

选择“文字”工具 T，将指针放置在表的下边缘，光标变为图标↕，如图 8-100 所示。按住<Shift>键向下（或向上）拖曳鼠标，如图 8-101 所示，增大（或减小）行高，效果如图 8-102 所示。

姓名	数学	政治	外语
张欣	80	75	90
古玥	95	75	90
朱钛	60	80	72

图 8-100

姓名	数学	政治	外语
张欣	80	75	90
古玥	95	75	90
朱钛	60	80	72

图 8-101

姓名	数学	政治	外语
张欣	80	75	90
古玥	95	75	90
朱钛	60	80	72

图 8-102

选择“文字”工具 T，将指针放置在表的右边缘，用相同的方法左右拖曳鼠标，可在不改变表高的情况下按比例改变列宽。

选择“文字”工具 T，将指针放置在表的右下角，光标变为图标⤡，如图 8-103 所示。向右下方（或向左上方）拖曳鼠标，如图 8-104 所示，增大（或减小）表的大小，效果如图 8-105 所示。

姓名	数学	政治	外语
张欣	80	75	90
古玥	95	75	90
朱钛	60	80	72

图 8-103

姓名	数学	政治	外语
张欣	80	75	90
古玥	95	75	90
朱钛	60	80	72

图 8-104

姓名	数学	政治	外语
张欣	80	75	90
古玥	95	75	90
朱钛	60	80	72

图 8-105

选择“文字”工具 T，选取要均匀分布的行，如图 8-106 所示。选择“表 > 均匀分布行”命令，均匀分布选取的单元格所在的行，取消文字的选取状态，效果如图 8-107 所示。

姓名	数学	政治	外语
张欣	80	75	90
古玥	95	75	90
朱钛	60	80	72

图 8-106

姓名	数学	政治	外语
张欣	80	75	90
古玥	95	75	90
朱钛	60	80	72

图 8-107

选择“文字”工具 T，选取要均匀分布的列，如图 8-108 所示。选择“表 > 均匀分布列”命令，均匀分布选取的单元格所在的列，取消文字的选取状态，效果如图 8-109 所示。

姓名	数学	政治	外语
张欣	80	75	90
古玥	95	75	90
朱钛	60	80	72

图 8-108

姓名	数学	政治	外语
张欣	80	75	90
古玥	95	75	90
朱钛	60	80	72

图 8-109

2．设置表中文本的格式

选择“文字”工具 T，选取要更改文字对齐方式的单元格，如图 8-110 所示。选择“表 > 单元格选项 > 文本”命令，弹出“单元格选项”对话框，如图 8-111 所示。在“垂直对齐”选项组中分别选取需要的对齐方式，单击“确定”按钮，效果如图 8-112 所示。

姓名	数学	政治	外语
张欣	80	75	90
古玥	95	75	90
朱钛	60	80	72

图 8-110

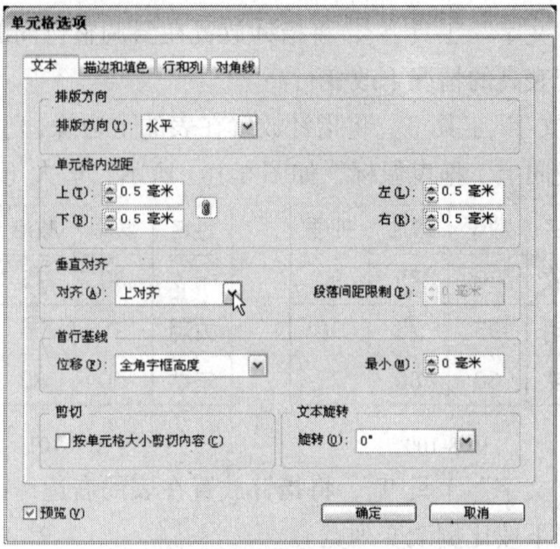

图 8-111

姓名	数学	政治	外语
张欣	80	75	90
古玥	95	75	90
朱钛	60	80	72

上对齐（原）

姓名	数学	政治	外语
张欣	80	75	90
古玥	95	75	90
朱钛	60	80	72

居中对齐

姓名	数学	政治	外语
张欣	80	75	90
古玥	95	75	90
朱钛	60	80	72

下对齐

姓名	数学	政治	外语
张欣	80	75	90
古玥	95	75	90
朱钛	60	80	72

撑满

图 8-112

选择“文字”工具 T，选取要旋转文字的单元格，如图 8-113 所示。选择“表 > 单元格选项 > 文本”命令，弹出“单元格选项”对话框，在“文本旋转”选项组中的“旋转”选项中选取需要的旋转角度，如图 8-114 所示。单击“确定”按钮，效果如图 8-115 所示。

姓名	数学	政治	外语
张欣	80	75	90
古玥	95	75	90
朱钛	60	80	72

图 8-113

图 8-114

姓名	数学	政治	外语
张欣	80	75	90
古玥	95	75	90
朱钛	60	80	72

图 8-115

3. 合并和拆分单元格

选择“文字”工具 T，选取要合并的单元格，如图 8-116 所示。选择“表 > 合并单元格”命令，合并选取的单元格，取消选取状态，效果如图 8-117 所示。

选择“文字”工具 T，在合并后的单元格中单击插入光标，如图 8-118 所示。选择“表 > 取消合并单元格”命令，可取消单元格的合并，效果如图 8-119 所示。

成绩单			
姓名	数学	政治	外语
张欣	80	75	90
古玥	95	75	90
朱钛	60	80	72

图 8-116

成绩单			
姓名	数学	政治	外语
张欣	80	75	90
古玥	95	75	90
朱钛	60	80	72

图 8-117

成绩单			
姓名	数学	政治	外语
张欣	80	75	90
古玥	95	75	90
朱钛	60	80	72

图 8-118

成绩单			
姓名	数学	政治	外语
张欣	80	75	90
古玥	95	75	90
朱钛	60	80	72

图 8-119

选择“文字”工具 T，选取要拆分的单元格，如图 8-120 所示。选择“表 > 水平拆分单元格”命令，水平拆分选取的单元格，取消选取状态，效果如图 8-121 所示。

选择“文字”工具 T，选取要拆分的单元格，如图 8-122 所示。选择“表 > 垂直拆分单元格”命令，垂直拆分选取的单元格，取消选取状态，效果如图 8-123 所示。

成绩单			
姓名	数学	政治	外语
张欣	80	75	90
古玥	95	75	90
朱钛	60	80	72

图 8-120

成绩单			
姓名	数学	政治	外语
张欣	80	75	90
古玥	95	75	90
朱钛	60	80	72

图 8-121

成绩单			
姓名	数学	政治	外语
张欣	80	75	90
古玥	95	75	90
朱钛	60	80	72

图 8-122

成绩单						
姓名	数学		政治		外语	
张欣	80		75		90	
古玥	95		75		90	
朱钛	60		80		72	

图 8-123

8.1.5　表格的描边和填色

1．更改表边框的描边和填色

选择“文字”工具 T，在表中单击插入光标，如图 8-124 所示。选择“表 > 表选项 > 表设置”命令，弹出“表选项”对话框，如图 8-125 所示。

成绩单			
姓名	数学	政治	外语
张欣	80	75	90
古玥	95	75	90
朱钛	60	80	72

图 8-124

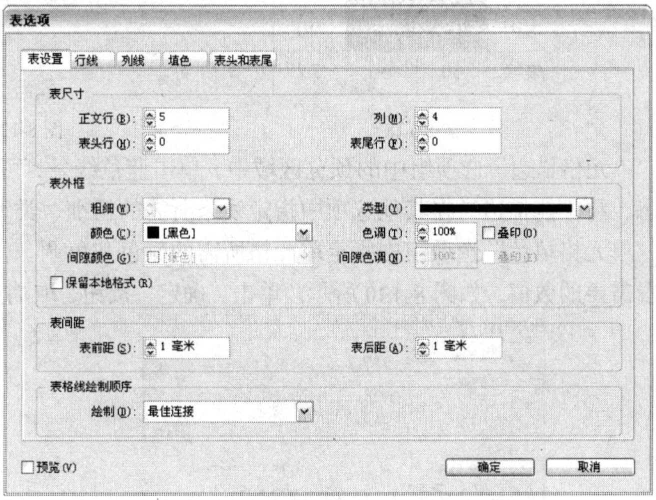

图 8-125

“表外框”选项组：指定表框所需的粗细、类型、颜色、色调和间隙颜色。

“保留本地格式”选项：个别单元格的描边格式不被覆盖。

设置需要的数值，如图 8-126 所示，单击“确定”按钮，效果如图 8-127 所示。

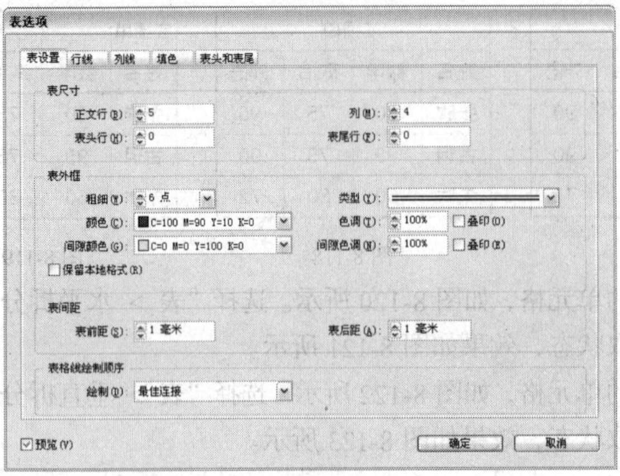

图 8-126

成绩单			
姓名	数学	政治	外语
张欣	80	75	90
古玥	95	75	90
朱钛	60	80	72

图 8-127

2．为单元格添加描边和填色

选择“文字”工具 T，在表中选取需要的单元格，如图 8-128 所示。选择“表 > 单元格选项 > 描边和填色”命令，弹出“单元格选项”对话框，如图 8-129 所示。

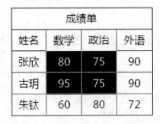

成绩单			
姓名	数学	政治	外语
张欣	80	75	90
古玥	95	75	90
朱钛	60	80	72

图 8-128

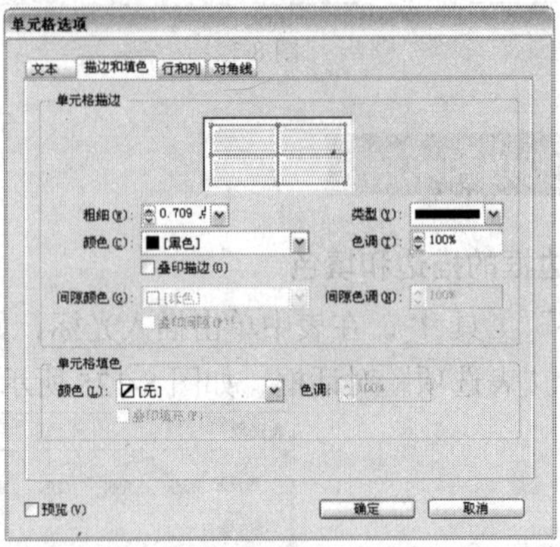

图 8-129

在“单元格描边”选项组中的预览区域中，单击蓝色线条，可以取消线条的选取状态，线条呈灰色状态，将不能描边。在其他选项中指定线条所需的粗细、类型、颜色、色调和间隙颜色。

在“单元格填色”选项组中指定单元格所需的颜色和色调。

设置需要的数值，如图 8-130 所示。单击“确定”按钮，取消选取状态，效果如图 8-131 所示。

图 8-130

成绩单			
姓名	数学	政治	外语
张欣	80	75	90
古玥	95	75	90
朱钛	60	80	72

图 8-131

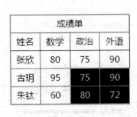

选择“文字”工具 T，在表中选取需要的单元格，如图 8-132 所示。选择“窗口 > 描边”命令，或按<F10>键，弹出“描边”面板，在预览区域中取消不需要添加描边的线条，其他选项的设置如图 8-133 所示。按<Enter>键确认操作，取消选取状态，效果如图 8-134 所示。

成绩单

姓名	数学	政治	外语
张欣	80	75	90
古玥	95	75	90
朱钛	60	80	72

图 8-132

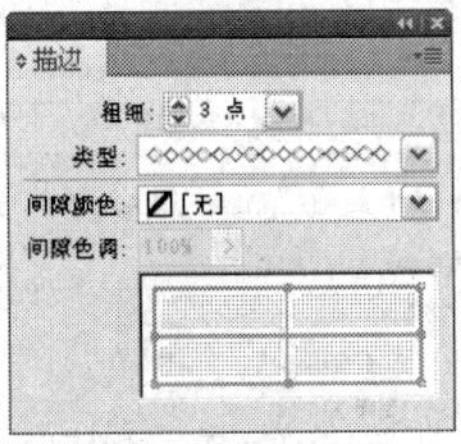

图 8-133

成绩单

姓名	数学	政治	外语
张欣	80	75	90
古玥	95	75	90
朱钛	60	80	72

图 8-134

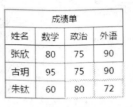

3．为单元格添加对角线

选择“文字”工具 T，在要添加对角线的单元格中单击插入光标，如图 8-135 所示。选择“表 > 单元格选项 > 对角线”命令，弹出“单元格选项”对话框，如图 8-136 所示。

成绩单

	数学	政治	外语
张欣	80	75	90
古玥	95	75	90
朱钛	60	80	72

图 8-135

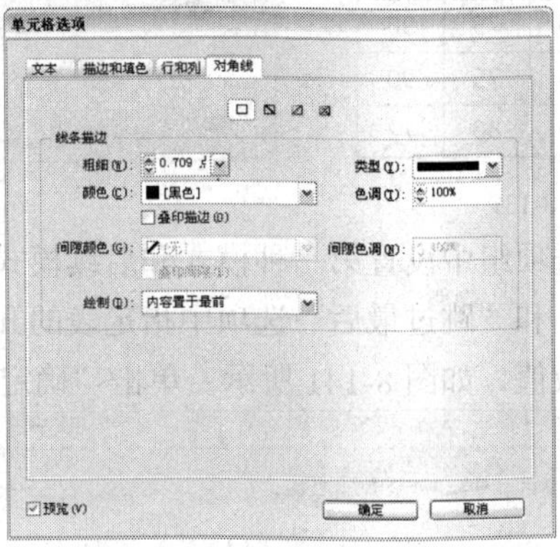

图 8-136

单击要添加的对角线类型按钮：从左上角到右下角的对角线按钮、从右上角到左下角的对角线按钮、交叉对角线按钮。

在“线条描边”选项组中指定对角线所需的粗细、类型、颜色和间隙；指定“色调”百分比和“叠印描边”选项。

“绘制”选项：选择“对角线置于最前”将对角线放置在单元格内容的前面；选择“内容置于最前”将对角线放置在单元格内容的后面。

设置需要的数值，如图 8-137 所示。单击“确定”按钮，效果如图 8-138 所示。

图 8-137

成绩单

	数学	政治	外语
张欣	80	75	90
古玥	95	75	90
朱钛	60	80	72

图 8-138

4. 在表中交替进行描边和填色

选择“文字”工具T，在表中单击插入光标，如图 8-139 所示。选择“表 > 表选项 > 交替行线”命令，弹出“表选项”对话框，在“交替模式”选项中选取需要的模式类型，激活下方选项，如图 8-140 所示。

成绩单			
姓名	数学	政治	外语
张欣	80	75	90
古玥	95	75	90
朱钛	60	80	72

图 8-139

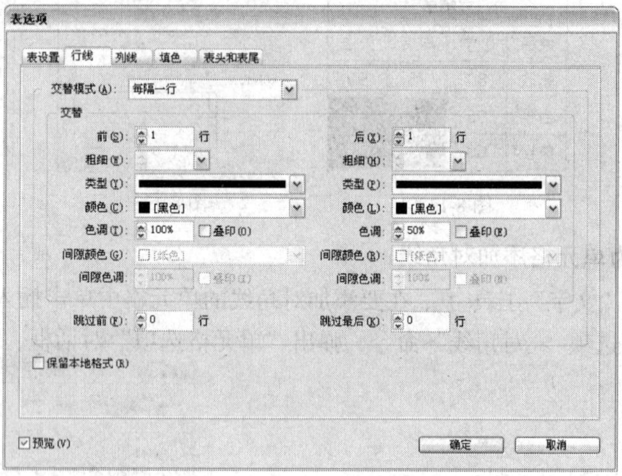

图 8-140

在“交替”选项组中设置第一种模式和后续模式描边或填色选项。

在“跳过前”和“跳过最后”选项中指定表的开始和结束处不显示描边属性的行数或列数。

设置需要的数值，如图 8-141 所示。单击“确定”按钮，效果如图 8-142 所示。

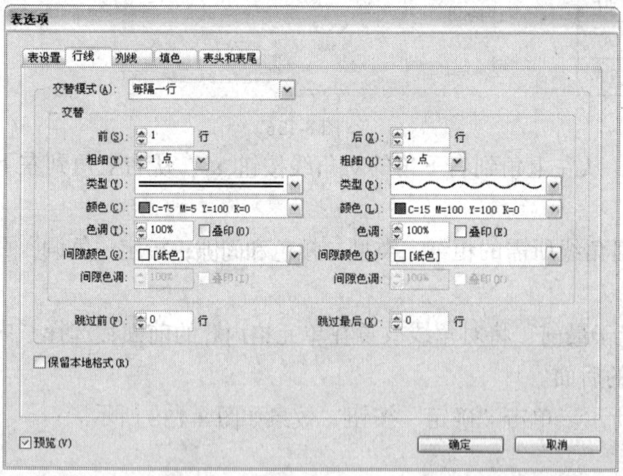

图 8-141

成绩单			
姓名	数学	政治	外语
张欣	80	75	90
古玥	95	75	90
朱钛	60	80	72

图 8-142

选择“文字”工具T，在表中单击插入光标，选择“表 > 表选项 > 交替列线”命令，弹出“表选项”对话框，用相同的方法设置选项，可以为表添加交替列线。

选择“文字”工具T，在表中单击插入光标，如图 8-143 所示。选择“表 > 表选项 > 交替填色”命令，弹出“表选项”对话框，在“交替模式”选项中选取需要的模式类型，激活下方选项。设置需要的数值，如图 8-144 所示。单击“确定”按钮，效果如图 8-145 所示。

选择“文字”工具T，在表中单击插入光标，选择“表 > 表选项 > 交替填色”命令，弹出“表选项”对话框，在“交替模式”选项中选取“无”，单击“确定”按钮，即可关闭表中的交替填色。

成绩单			
姓名	数学	政治	外语
张欣	80	75	90
古玥	95	75	90
朱钛	60	80	72

图 8-143

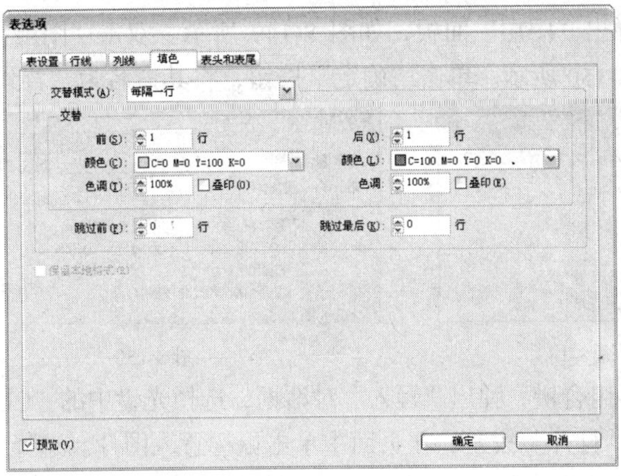

图 8-144

成绩单			
姓名	数学	政治	外语
张欣	80	75	90
古玥	95	75	90
朱钛	60	80	72

图 8-145

8.2 图层的操作

在 InDesign CS5 中，通过使用多个图层，可以创建和编辑文档中的特定区域，而不会影响其他区域或其他图层的内容。下面具体介绍图层的使用方法和操作技巧。

8.2.1　课堂案例——制作楼盘广告

案例学习目标：学习使用图层面板、文字工具和置入命令制作楼盘广告。

案例知识要点：使用置入命令和效果面板置入并编辑图片，使用文字工具添加广告语。楼盘广告效果如图 8-146 所示。

效果所在位置：光盘/Ch08/效果/制作楼盘广告.indd。

图 8-146

1．置入并编辑图片

Step 01 选择“文件 > 新建 > 文档”命令，弹出“新建文档”对话框，如图 8-147 所示。单击“边距和分栏”按钮，弹出“新建边距和分栏”对话框，如图 8-148 所示，单击“确定”按钮，新建一个页面。选择“视图 > 其他 > 隐藏框架边缘”命令，将所绘制图形的框架边缘隐藏。

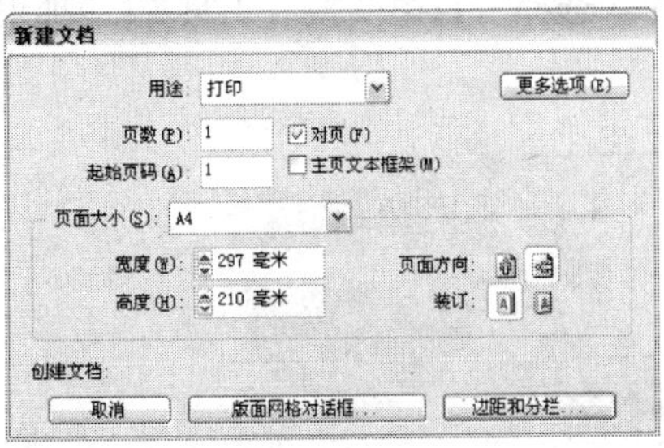

图 8-147

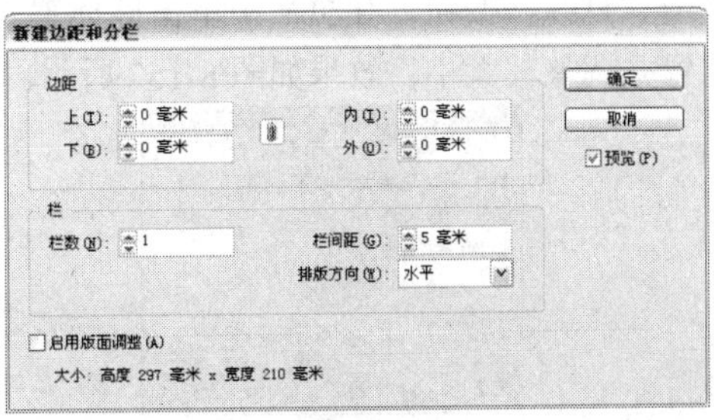

图 8-148

Step 02 按<F7>键，弹出“图层”面板，如图 8-149 所示。双击“图层 1”，弹出“图层选项”对话框，选项设置如图 8-150 所示。单击“确定”按钮，将其命名为“背景图”图层。

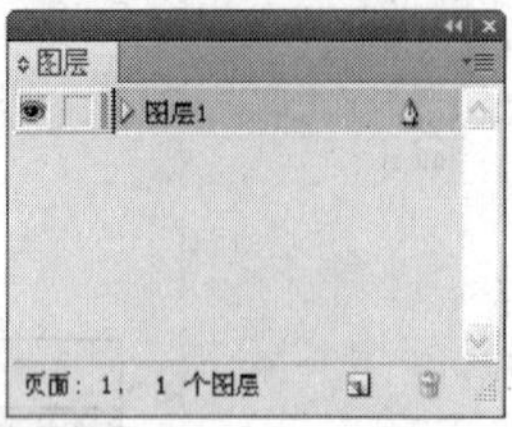

图 8-149

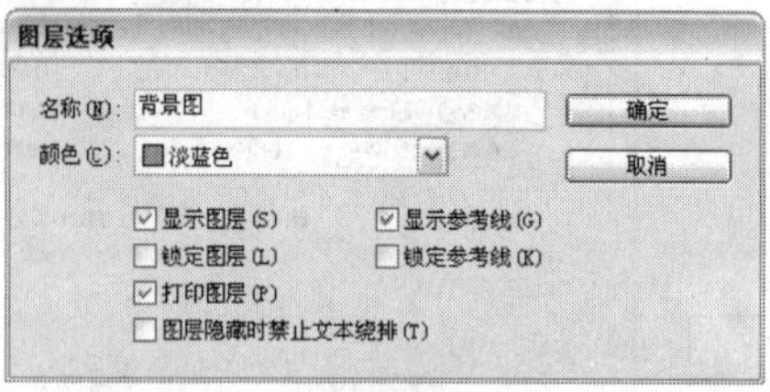

图 8-150

Step 03 按<Ctrl>+<D>组合键，弹出“置入”对话框，选择光盘中的“Ch08 > 素材 > 制作楼盘广告 > 01”文件，单击“打开”按钮，在页面中单击鼠标置入图片。选择“自由变换”工具，拖曳图片到适当的位置并调整其大小，效果如图 8-151 所示。

Step 04 单击“图层”面板右上方的图标，在弹出菜单中选择“新建图层”命令，弹出“新建图层”对话框，设置如图 8-152 所示。单击“确定”按钮，新建“圆形”图层。

图 8-151

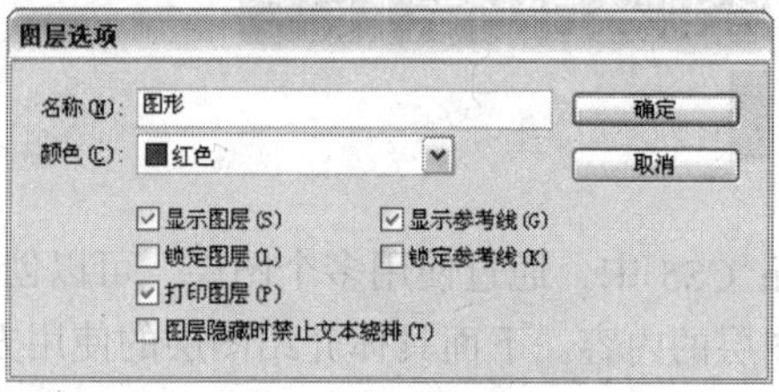

图 8-152

Step 05 选择“椭圆”工具，在页面中单击鼠标右键，弹出“椭圆”对话框，选项设置如图 8-153 所示，单击“确定”按钮，得到一个圆形。选择“选择”工具，将其拖曳到适当的位置，效果如图 8-154 所示。设置图形填充色的 CMYK 值为 48、25、78、0，填充图形并设置描边色为无，效果如图 8-155 所示。

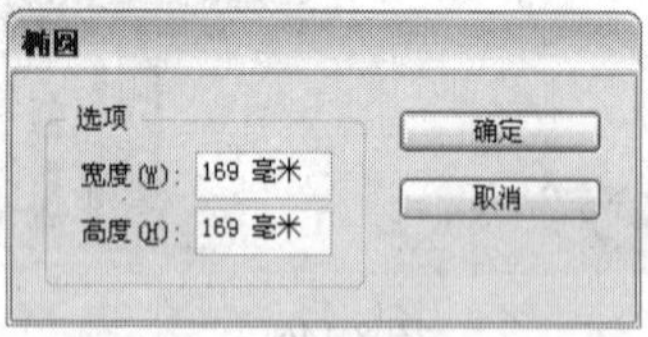

图 8-153

图 8-154

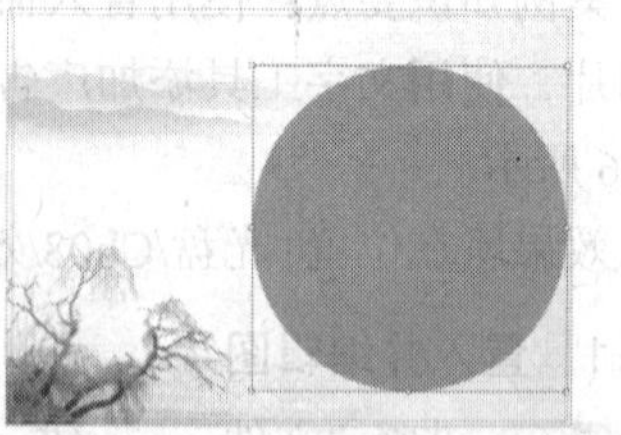

图 8-155

Step 06 单击“图层”面板下方的“创建新图层”按钮，新建一个图层，如图 8-156 所示。按<Ctrl>+<D>组合键，弹出“置入”对话框，选择光盘中的“Ch08 > 素材 > 制作楼盘广告 > 02”文件，单击“打开”按钮，在页面中单击鼠标置入图片。选择“自由变换”工具，拖曳图片到适当的位置并调整其大小，效果如图 8-157 所示。

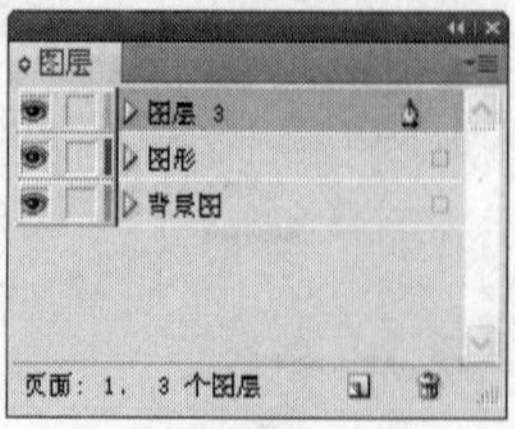

图 8-156

图 8-157

Step 07 双击“渐变羽化工具”，弹出“效果”对话框。在渐变色带上选中左侧的渐变滑块，将“位置”选项设为 14.5，“不透明度”选项设为 0；在渐变色带上单击，生成一个渐变滑块，将“位置”选项设为 53.5，“不透明度”选项设为 100；选中右侧的渐变滑块，将“位置”选项设为 91.5，“不透明度”选项设为 0，其他选项的设置如图 8-158 所示。单击“确定”按钮，效果如图 8-159 所示。

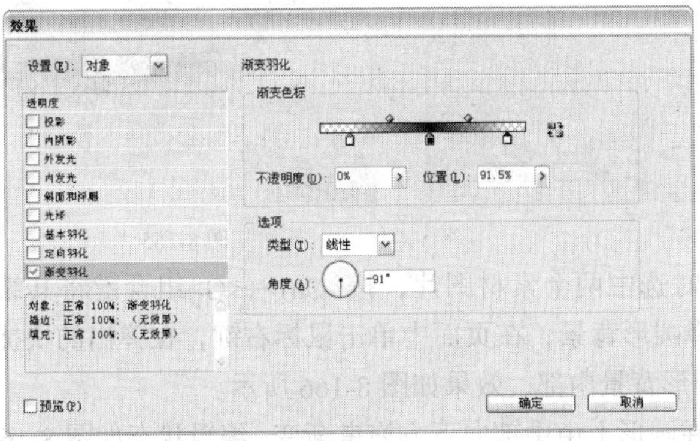

图 8-158

图 8-159

Step 08 单击“图层”面板下方的“创建新图层”按钮，新建一个图层。按<Ctrl>+<D>组合键，弹出“置入”对话框，选择光盘中的“Ch08 > 素材 > 制作楼盘广告 > 03”文件，单击“打开”按钮，在页面中单击鼠标置入图片。选择“自由变换”工具，拖曳图片到适当的位置并调整其大小，效果如图 8-160 所示。

Step 09 选择“选择”工具，选中 03 图片，单击“控制面板”中的“水平翻转”按钮，将 03 图片水平翻转，效果如图 8-161 所示。

图 8-160

图 8-161

Step 10 保持“03”图片的选中状态，按<Shift>+<Ctrl>+<F10>组合键，弹出“效果”面板，选项设置如图 8-162 所示，效果如图 8-163 所示。

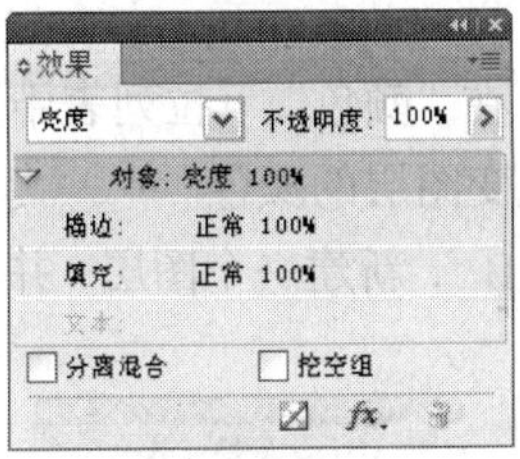

图 8-162

图 8-163

Step 11 双击“渐变羽化”工具，弹出“效果”对话框。在渐变色带上选中左侧的渐变滑块，将“位置”选项设为 0，“不透明度”选项设为 0；在渐变色带上单击，生成一个渐变滑块，将“位置”选项设为 35，“不透明度”选项设为 100；选中右侧的渐变滑块，将“位置”选项设为 79.5，“不透明度”选项设为 0；其他选项的设置如图 8-164 所示。单击“确定”按钮，效果如图 8-165 所示。

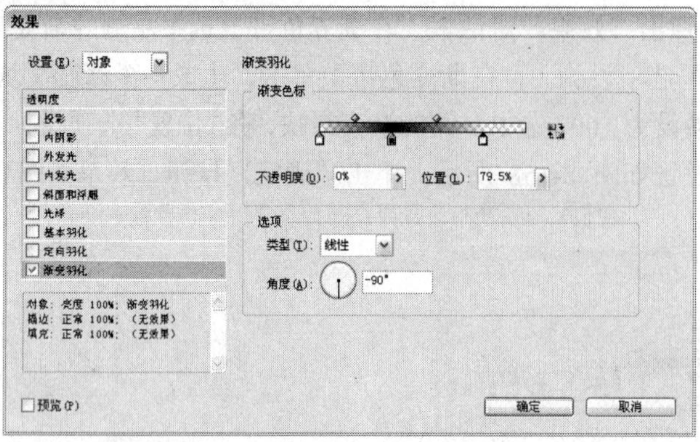

图 8-164

图 8-165

Step 12 选择"选择"工具，同时选中两个素材图片，按<Ctrl>+<G>组合键将其编组。按<Ctrl>+<X>组合键剪切编组图形，选择圆形背景，在页面中单击鼠标右键，在弹出的快捷菜单中选择"贴入内部"命令，将图形贴入圆形背景内部，效果如图 8-166 所示。

Step 13 选择"渐变羽化"工具，在圆形上由中部向下方拖曳渐变，编辑状态如图 8-167 所示，松开鼠标后的效果如图 8-168 所示。

图 8-166

图 8-167

图 8-168

Step 14 在"图层"面板中将所需要的图层同时选取，如图 8-169 所示。单击"图层"面板右上方的图标，在弹出菜单中选择"合并图层"命令，"图层"面板如图 8-170 所示。

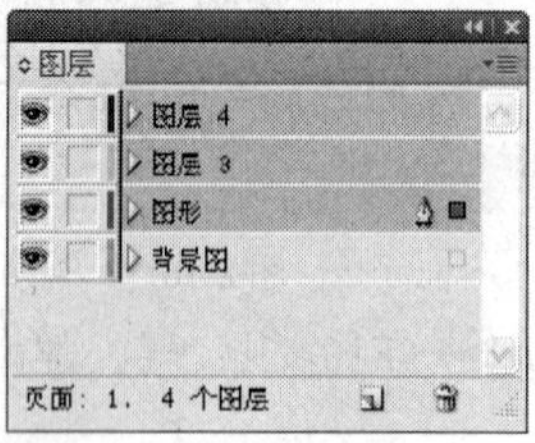

图 8-169

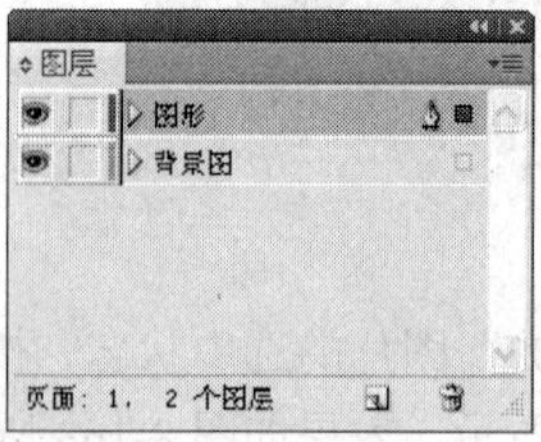

图 8-170

Step 15 双击"圆形"图层，弹出"图层选项"对话框，在"颜色"下拉列表中选择"橄榄绿色"，其他选项的设置如图 8-171 所示。单击"确定"按钮，改变图层的颜色。

Step 16 单击"图层"面板下方的"创建新图层"按钮，新建一个图层，并将其重命名为"楼房"，如图 8-172 所示。

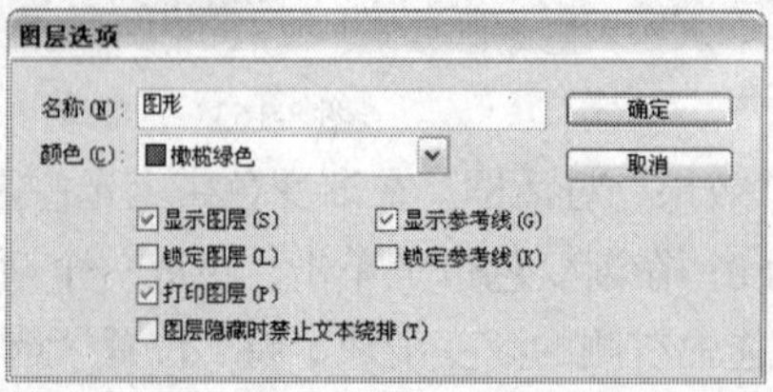

图 8-171

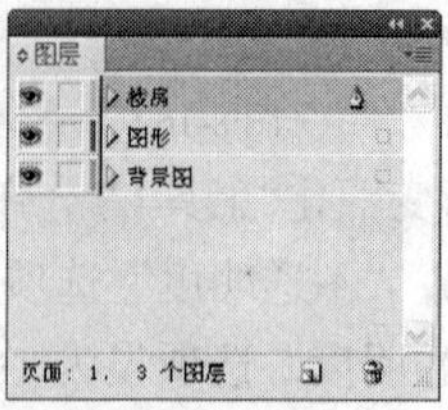

图 8-172

Step 17 按<Ctrl>+<D>组合键，弹出“置入”对话框，选择光盘中的“Ch08 > 素材 > 制作楼盘广告 > 04”文件，单击“打开”按钮，在页面中单击鼠标置入图片。选择“自由变换”工具，拖曳图片到适当的位置并调整其大小，效果如图 8-173 所示。

Step 18 单击“图层”面板下方的“创建新图层”按钮，新建一个图层，并将其重命名为“文字”，如图 8-174 所示。

图 8-173

图 8-174

Step 19 按<Ctrl>+<D>组合键，弹出“置入”对话框，选择光盘中的“Ch08 > 素材 > 制作楼盘广告 > 05”文件，单击“打开”按钮，在页面中单击鼠标置入图片。选择“自由变换”工具，拖曳图片到适当的位置并调整其大小，效果如图 8-175 所示。选中“05 图片”，按<Shift>+<Ctrl>+<F10>组合键，弹出“效果”面板，选项设置如图 8-176 所示，效果如图 8-177 所示。

图 8-175

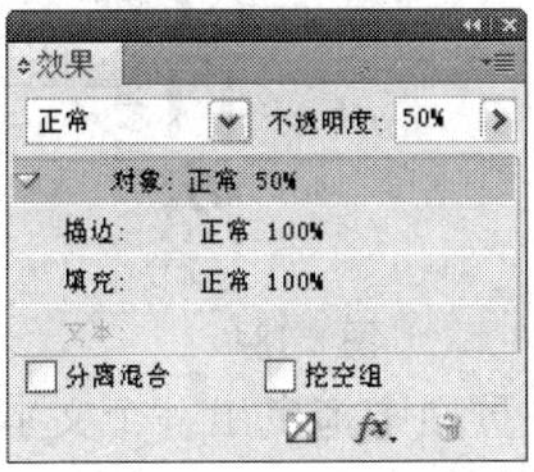

图 8-176

图 8-177

2. 添加宣传性文字

Step 01 选择“文字”工具，在页面中拖曳出两个文本框，输入需要的文字。选取输入的文字，在“控制面板”中选择合适的字体并设置文字大小。设置文字填充色的 CMYK 值为 0、38、60、42，填充文字，效果如图 8-178 所示。

Step 02 选择“椭圆”工具，按住<Shift>键的同时，在适当的位置绘制一个圆形，如图 8-179 所示。设置圆形描边色的 CMYK 值为 20、31、78、0，填充描边，效果如图 8-180 所示。

Step 03 选择“直线”工具，按住<Shift>键的同时，在适当的位置绘制 2 条直线。设置线条描边色的 CMYK 值为 20、31、78、0，填充线条，效果如图 8-181 所示。

图 8-178

图 8-179

图 8-180

图 8-181

Step 04 选择“直排文字”工具，在页面中拖曳出一个文本框，输入需要的文字。选取输入的文字，在“控制面板”中选择合适的字体并设置文字大小，在“控制面板”中将“字符间距”选项设置为 50，取消选取状态，效果如图 8-182 所示。

Step 05 选择“直排文字”工具，在页面中拖曳出一个文本框，输入需要的文字。选取输入的文字，在“控制面板”中选择合适的字体并设置文字大小，在“控制面板”中将“字符间距”选项设置为 100，取消选取状态，效果如图 8-183 所示。

Step 06 选择“直排文字”工具，在页面中拖曳出一个文本框，输入需要的文字。选取输入的文字，在“控制面板”中选择合适的字体并设置文字大小，取消选取状态，效果如图 8-184 所示。

Step 07 选择“文字”工具，在页面中拖曳出一个文本框，输入需要的文字。选取输入的文字，在“控制面板”中选择合适的字体并设置文字大小，在“控制面板”中将“字符间距”选项设置为 100，取消选取状态，如图 8-185 所示。

图 8-182

图 8-183

图 8-184

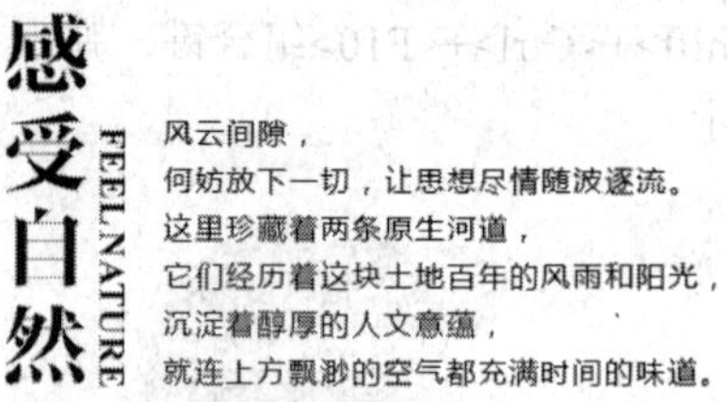

图 8-185

Step 08 选择“文字”工具，在页面中拖曳出一个文本框，输入需要的文字。选取输入的文字，在“控制面板”中选择合适的字体并设置文字大小。设置文字填充色的 CMYK 值为 31、0、90、71，填充文字。按<Ctrl>+<T>组合键，弹出“字符”面板，选项设置如图 8-186 所示，效果如图 8-187 所示。

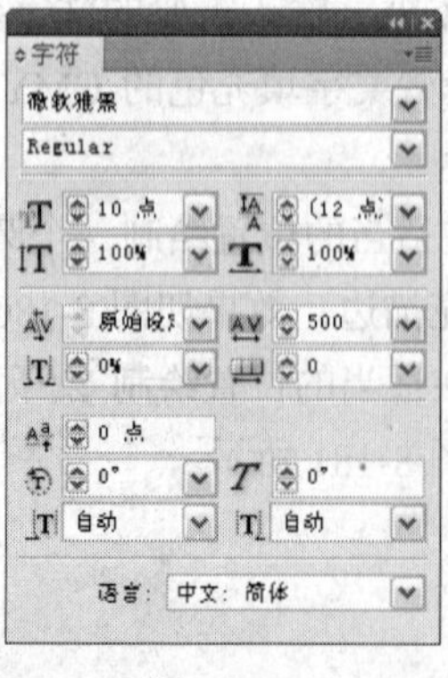

图 8-186

图 8-187

Step 09 选择“文字”工具，在页面中拖曳出一个文本框，输入需要的文字。选取输入的文字，在“控制面板”中选择合适的字体并设置文字大小，效果如图 8-188 所示。楼盘广告制作完成，效果如图 8-189 所示。

图 8-188

图 8-189

8.2.2　创建图层并指定图层选项

选择“窗口 > 图层”命令，弹出“图层”面板，如图 8-190 所示。单击面板右上方的图标，在弹出的菜单中选择“新建图层”命令，如图 8-191 所示，弹出“新建图层”对话框，如图 8-192 所示。设置需要的选项，单击“确定”按钮，“图层”面板如图 8-193 所示。

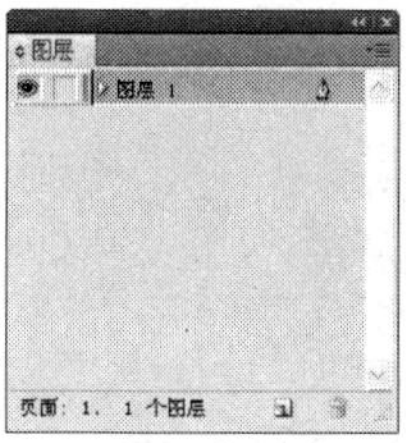

图 8-190

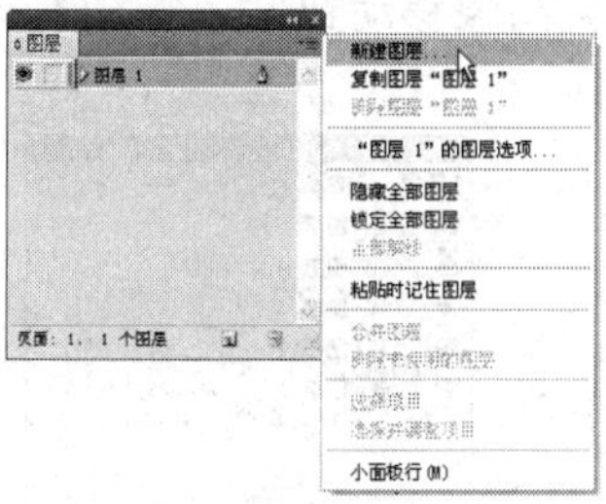

图 8-191

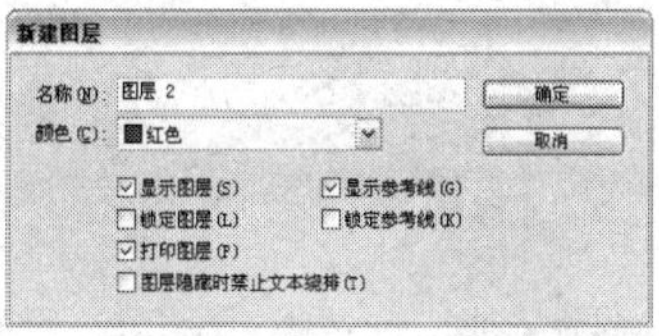

图 8-192

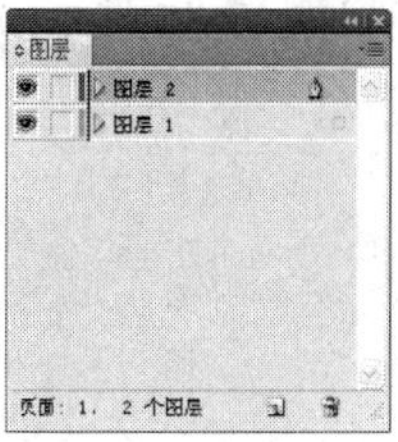

图 8-193

在“新建图层”对话框中，各选项介绍如下。

“名称”选项：输入图层的名称。

“颜色”选项：指定颜色以标识该图层上的对象。

“显示图层”选项：使图层可见并可打印。与在“图层”面板中使眼睛图标可见的效果相同。

“显示参考线”选项：使图层上的参考线可见。如果未选此选项，即选择“视图 > 网格和参考线 > 显示参考线”命令，参考线不可见。

“锁定图层”选项：可以防止对图层上的任何对象进行更改。与在“图层”面板中使交叉铅笔图标可见的效果相同。

“锁定参考线”选项：可以防止对图层上的所有标尺参考线进行更改。

“打印图层”选项：可允许图层被打印。当打印或导出至 PDF 时，可以决定是否打印隐藏图层和非打印图层。

“图层隐藏时禁止文本绕排”选项：在图层处于隐藏状态并且该图层包含应用了文本绕排的文本时，若选择此选项，可使其他图层上的文本正常排列。

在“图层”面板中单击“创建新图层”按钮，可以创建新图层。双击该图层，弹出“图层选项”对话框，设置需要的选项，单击“确定”按钮，可编辑图层。

提示： 若要在选定图层下方创建一个新图层，按住<Ctrl>键的同时，单击“创建新图层”按钮即可。

8.2.3 在图层上添加对象

在“图层”面板中选取要添加对象的图层，使用置入命令可以在选取的图层上添加对象。直接在页面中绘制需要的图形，也可添加对象。

提示： 在隐藏或锁定的图层上是无法绘制或置入新对象的。

8.2.4 编辑图层上的对象

1．选择图层上的对象

选择“选择”工具，可选取任意图层上的图形对象。

按住<Alt>键的同时，单击“图层”面板中的图层，可选取当前图层上的所有对象。

2．移动图层上的对象

选择“选择”工具，选取要移动的对象，如图 8-194 所示。在“图层”面板中拖曳图层列表右侧的彩色点到目标图层，如图 8-195 所示，将选定对象移动到另一个图层。当再次选取对象时，选取状态如图 8-196 所示，“图层”面板如图 8-197 所示。

图 8-194

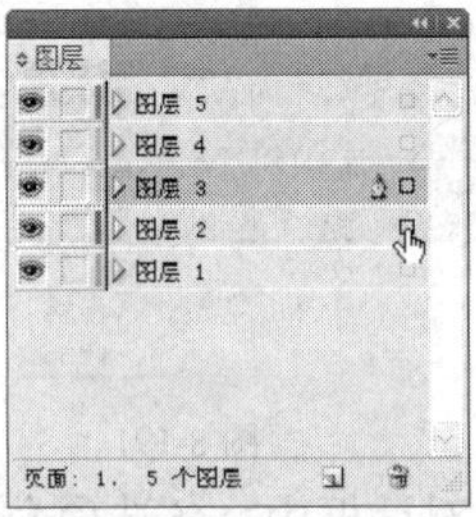

图 8-195

图 8-196

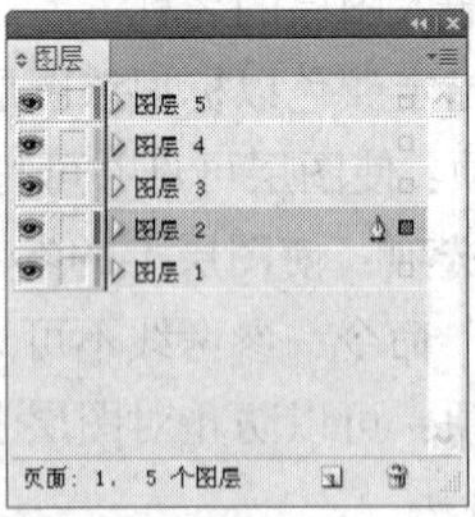

图 8-197

选择“选择”工具，选取要移动的对象，如图 8-198 所示。按<Ctrl>+<X>组合键剪切图形，在“图层”面板中选取要移动到的目标图层，如图 8-199 所示。按<Ctrl>+<V>组合键粘贴图形，效果如图 8-200 所示。

图 8-198

图 8-199

图 8-200

3. 复制图层上的对象

选择“选择”工具，选取要复制的对象，如图 8-201 所示。按住<Alt>键的同时，在“图层”面板中拖曳图层列表右侧的彩色点到目标图层，如图 8-202 所示，将选定对象复制到另一个图层。微移复制的图形，效果如图 8-203 所示。

图 8-201

图 8-202

图 8-203

> **提示**：按住<Ctrl>键的同时，拖曳图层列表右侧的彩色点，可将选定对象移动到隐藏或锁定的图层；按住<Ctrl>+<Alt>组合键的同时，拖曳图层列表右侧的彩色点，可将选定对象复制到隐藏或锁定的图层。

8.2.5 更改图层的顺序

在“图层”面板中选取要调整的图层，如图 8-204 所示。按住鼠标左键拖曳到需要的位置，如图 8-205 所示，松开鼠标后的效果如图 8-206 所示。

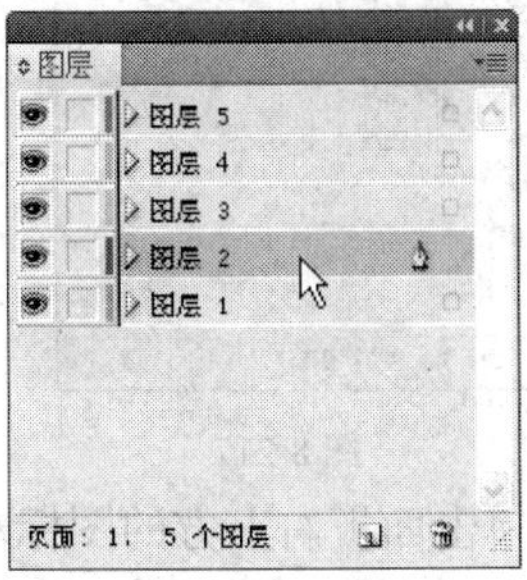

图 8-204

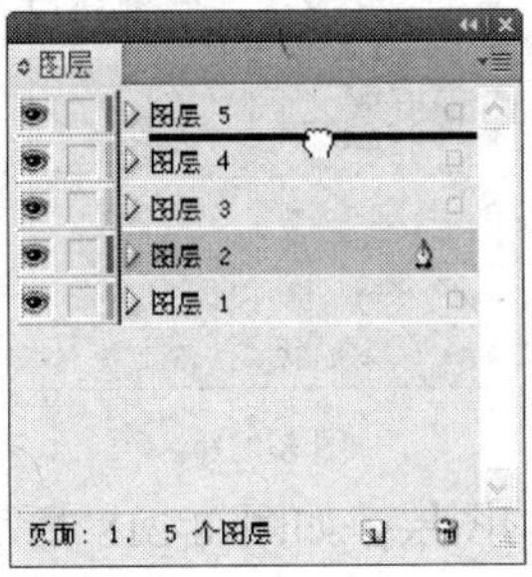

图 8-205

图 8-206

也可同时选取多个图层，调整图层的顺序。

8.2.6 显示或隐藏图层

在“图层”面板中选取要隐藏的图层，如图 8-207 所示，原效果如图 8-208 所示。单击图层列表左侧的眼睛图标，隐藏该图层，“图层”面板如图 8-209 所示，效果如图 8-210 所示。

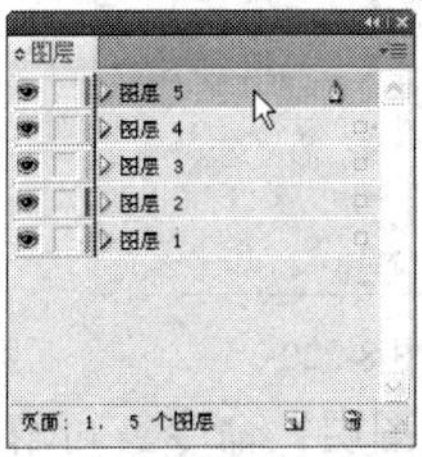

图 8-207

图 8-208

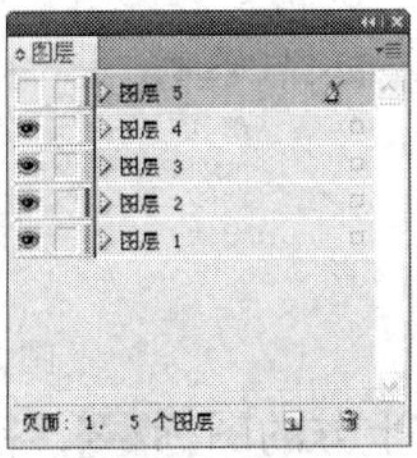

图 8-209

图 8-210

在“图层”面板中选取要显示的图层，如图 8-211 所示，原效果如图 8-212 所示。单击面板右上方的图标，在弹出的菜单中选择“隐藏其他”命令，可隐藏除选取图层外的所有图层。“图层”面板如图 8-213 所示，效果如图 8-214 所示。

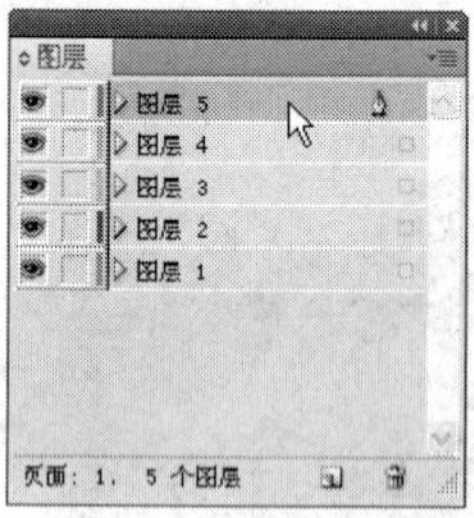

图 8-211

图 8-212

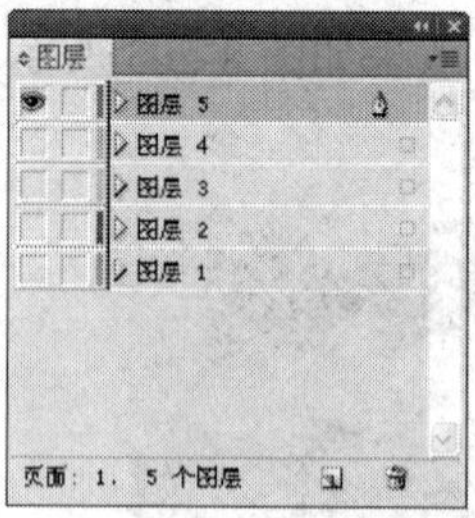

图 8-213

图 8-214

在“图层”面板中单击右上方的图标，在弹出的菜单中选择“显示全部”命令，可显示所有图层。

隐藏的图层不能编辑，且不会显示在屏幕上，打印时也不显示。

8.2.7　锁定或解锁图层

在“图层”面板中选取要锁定的图层，如图 8-215 所示。单击图层列表左侧的空白方格，如图 8-216 所示，显示锁定图标锁定图层，面板如图 8-217 所示。

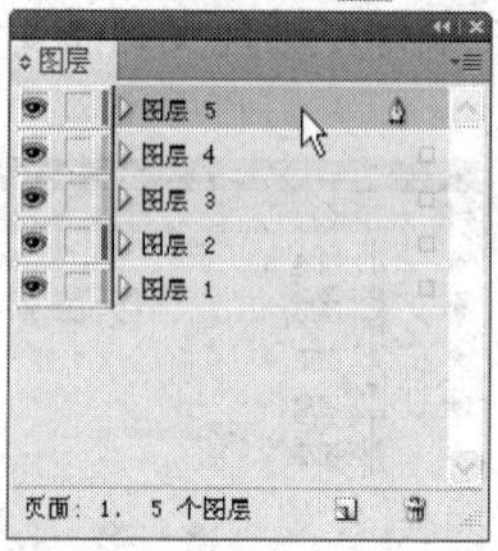

图 8-215

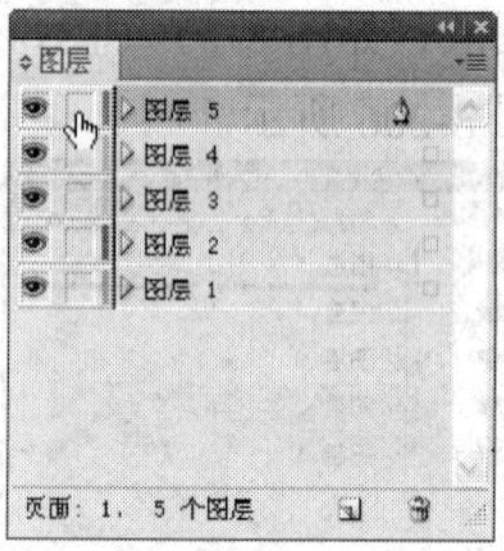

图 8-216

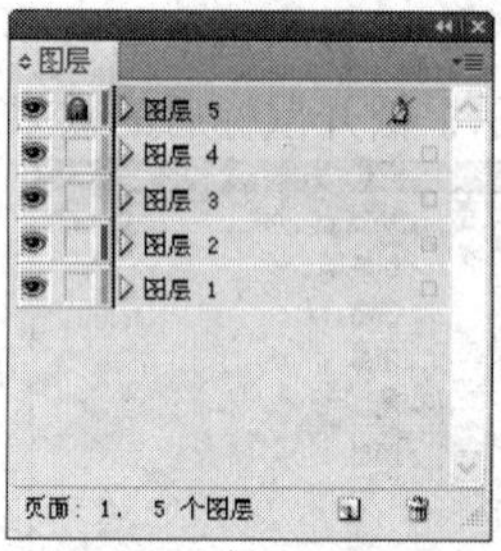

图 8-217

在“图层”面板中选取不要锁定的图层，如图 8-218 所示。单击面板右上方的图标，在弹出的菜单中选择“锁定其他”命令，如图 8-219 所示，可锁定除选取图层外的所有图层。“图层”面板如图 8-220 所示。

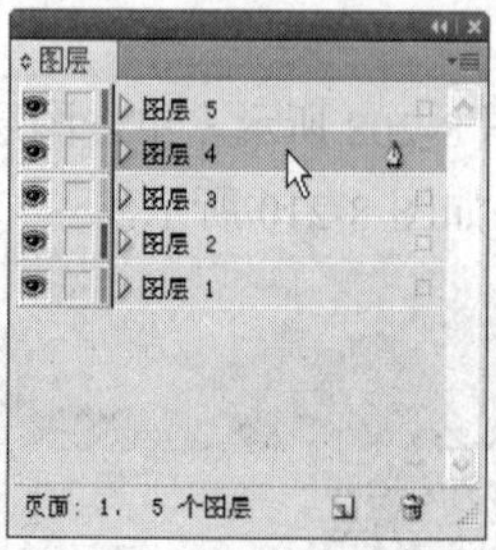

图 8-218

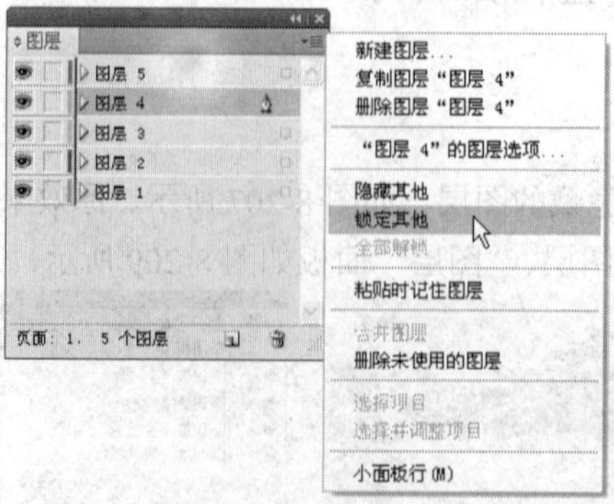

图 8-219

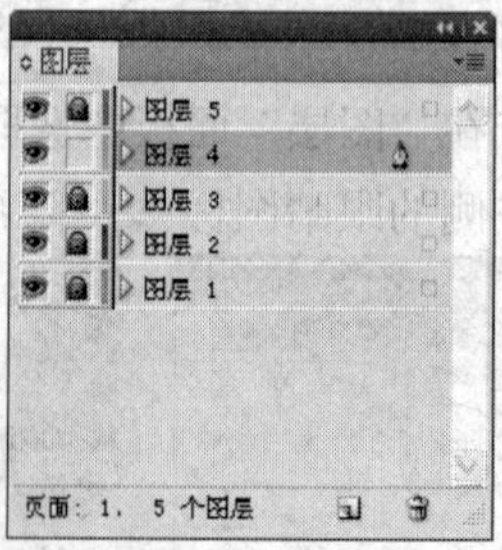

图 8-220

在“图层”面板中单击右上方的图标，在弹出的菜单中选择“解锁全部图层”命令，可解除所有图层的锁定。

8.2.8　删除图层

在“图层”面板中选取要删除的图层，如图 8-221 所示，原效果如图 8-222 所示。单击面板下方的“删除选定图层”按钮，删除选取的图层。“图层”面板如图 8-223 所示，效果如图 8-224 所示。

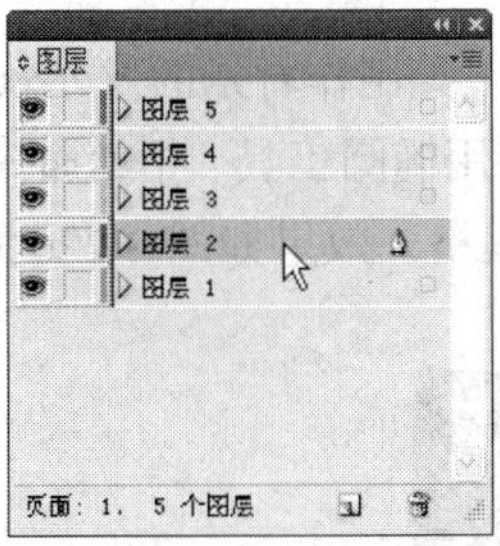

图 8-221

图 8-222

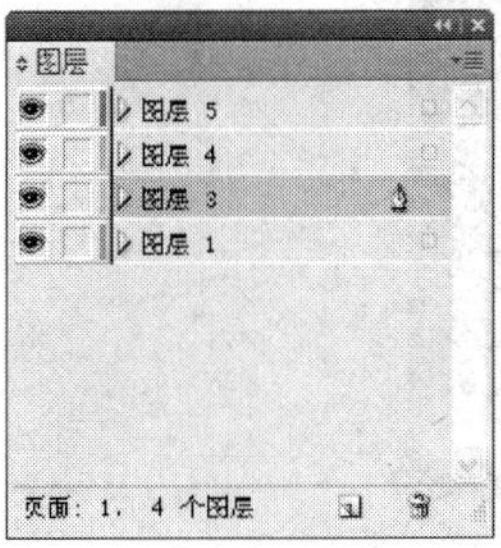

图 8-223

图 8-224

在“图层”面板中选取要删除的图层，单击面板右上方的图标，在弹出的菜单中选择“删除图层‘图层名称’”命令，可删除选取的图层。

按住<Ctrl>键的同时，在“图层”面板中单击选取多个要删除的图层，单击面板中的“删除选定图层”按钮或使用面板菜单中的“删除图层‘图层名称’”命令，可删除多个图层。

提示：要删除所有空图层，可单击“图层”面板右上方的图标，在弹出的菜单中选择“删除未使用的图层”命令。

8.3 课堂练习——制作夏日饮品广告

练习知识要点：使用矩形工具和渐变色板工具绘制背景，使用文字工具和渐变色板工具制作标题文字，使用钢笔工具、椭圆工具和描边面板制作装饰图案，使用置入命令、效果面板添加图片，使用文字工具添加宣传性文字，效果如图 8-225 所示。

效果所在位置：光盘/Ch08/效果/制作夏日饮品广告.indd。

图 8-225

8.4 课后习题——制作旅游宣传单

习题知识要点：使用直线工具、旋转工具和渐变羽化工具制作背景的发光效果，使用文字工具、钢笔工具、路径查找器面板和多边形工具制作广告语，使用椭圆工具、相加命令和效果面板制作云图形，使用插入表命令、表面板和段落面板添加并编辑表格，效果如图 8-226 所示。

效果所在位置：光盘/Ch08/效果/绘制太阳图标.indd。

图 8-226

第9章 页面编排

本章介绍在 InDesign CS5 中编排页面的方法。讲解页面、跨页和主页的概念，以及页码、章节页码的设置和页面面板的使用方法。通过本章的学习，读者可以快捷地编排页面，减少不必要的重复工作，使排版工作变得更加高效。

【教学目标】

- 版面布局。
- 使用主页。
- 页面和跨页。

9.1 版面布局

InDesign CS5 的版面布局包括基本布局和精确布局两种。建立新文档，设置页面、版心和分栏，指定出血和辅助信息域等为基本版面布局。标尺、网格和参考线可以给出对象的精确位置，为精确版面布局。

9.1.1 课堂案例——制作家具宣传册封面

案例学习目标：学习使用文字工具、置入命令、书籍对页制作宣传册封面。

案例知识要点：使用文字工具制作宣传册名称，使用钢笔工具添加装饰图形，图标效果如图 9-1 所示。

效果所在位置：光盘/Ch09/效果/制作家具宣传册封面.indd。

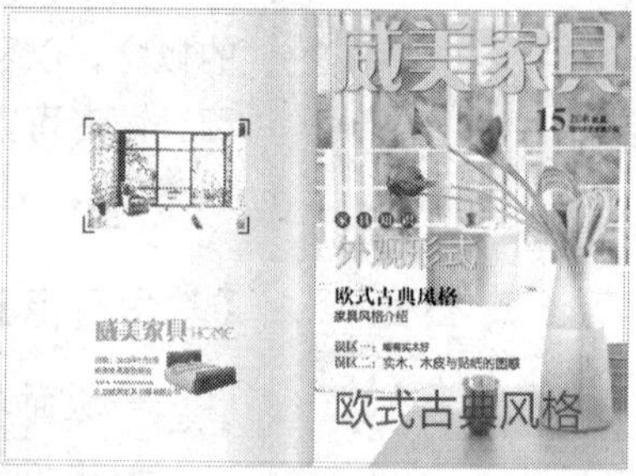

图 9-1

1. 置入并编辑图片

Step 01 选择“文件 > 新建 > 文档”命令，弹出“新建文档”对话框，设置如图 9-2 所示。单击“边距和分栏”按钮，弹出“新建边距和分栏”对话框，选项设置如图 9-3 所示，单击“确定”按钮，新建一个页面。选择“视图 > 其他 > 隐藏框架边缘”命令，将所绘制图形的框架边缘。

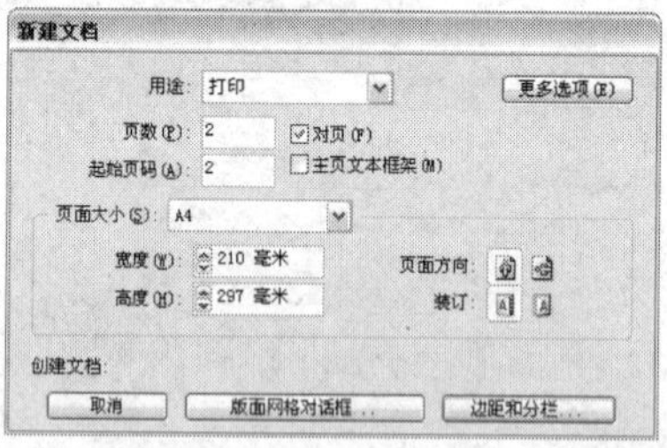

图 9-2

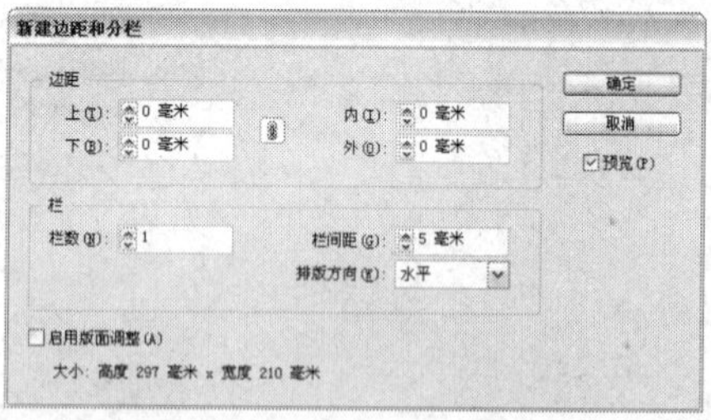

图 9-3

Step 02 按<Ctrl>+<D>组合键，弹出“置入”对话框，选择光盘中的“Ch09 > 素材 > 制作家具宣传册封面 > 01”文件，单击“打开”按钮，在页面中单击鼠标置入图片，如图 9-4 所示。选择“自由变换”工具，将图片拖曳到适当的位置并调整其大小，效果如图 9-5 所示。

图 9-4

图 9-5

2．添加宣传册名称

Step 01 在记事本文档中，选取并复制需要的文字，返回 InDesign 页面中。选择“文字”工具，在页面中适当的位置拖曳出一个文本框，将复制的文字粘贴到文本框中。选取复制的文字，在“控制面板”中选择合适的字体并设置文字大小。设置文字填充色的 CMYK 值为 0、0、100、0，填充文字，效果如图 9-6 所示。

图 9-6

Step 02 选择“选择”工具，单击“控制面板”中的“向选定的目标添加对象效果”按钮，在弹出的菜单中选择“投影”命令，弹出“效果”对话框，选项设置如图 9-7 所示。单击“确定”按钮，效果如图 9-8 所示。

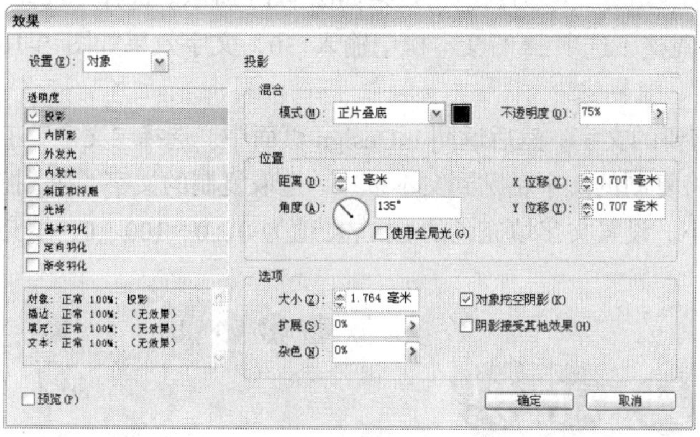

图 9-7

图 9-8

3．添加栏目名称及装饰图形

Step 01 在记事本文档中，选取并复制需要的文字，然后返回 InDesign 页面中。选择“文字”工具，在适当的位置拖曳出一个文本框，将复制的文字粘贴到文本框中。选取复制的文字，在“控制面板”中选择合适的字体并设置文字大小，效果如图 9-9 所示。

Step 02 分别在记事本文档中，选取并复制需要的文字，然后返回 InDesign 页面中。选择“文字”工具，分别在适当的位置拖曳出文本框，将复制的文字分别粘贴到文本框中。分别选取复制的文字，在“控制面板”中选择合适的字体并设置文字大小，取消选取状态，如图 9-10 所示。选取需要的文字，设置文字填充色的 CMYK 值为 0、100、100、40，填充文字，效果如图 9-11 所示。

图 9-9

图 9-10

图 9-11

Step 03 选择“椭圆”工具，按住<Shift>键的同时，在适当的位置绘制一个圆形。设置图形填充色的 CMYK 值为 50、100、0、0，填充图形并设置描边色为无，效果如图 9-12 所示。

Step 04 选择“选择”工具，选中图形，按住<Alt>+<Shift>组合键的同时，水平向右拖曳圆形到适当的位置复制一个圆形，如图 9-13 所示。连续按<Ctrl>+<Alt>+<4>组合键，再复制出两个圆形，效果如图 9-14 所示。

图 9-12

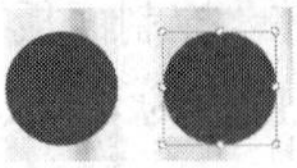

图 9-13

图 9-14

Step 05 在记事本文档中，选取并复制需要的文字，然后返回 InDesign 页面中。选择“文字”工具T，在适当的位置拖曳出一个文本框，将复制的文字粘贴到文本框中。选取需要的文字，在“控制面板”中选择合适的字体并设置文字大小，填充文字为白色，效果如图 9-15 所示。选择“选择”工具，在“字符”面板中的“字符间距调整”选项的文本框中输入 30，文字效果如图 9-16 所示。

Step 06 在记事本文档中，选取并复制需要的文字，然后返回 InDesign 页面中。选择“文字”工具T，在适当的位置拖曳出一个文本框，将复制的文字粘贴到文本框中。选取复制的文字，在“控制面板”中选择合适的字体并设置文字大小。设置文字填充色的 CMYK 值为 0、0、100、0，填充文字，效果如图 9-17 所示。

图 9-15

图 9-16

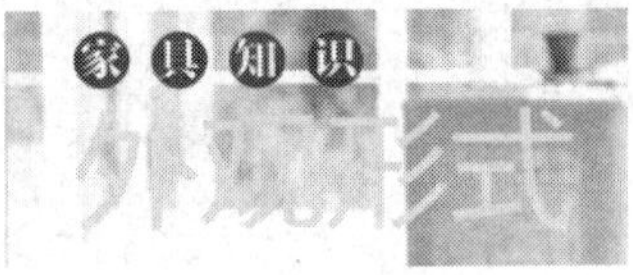

图 9-17

Step 07 选择“选择”工具，单击“控制面板”中的“向选定的目标添加对象效果”按钮fx，在弹出的菜单中选择“投影”命令，弹出“效果”对话框，选项设置如图 9-18 所示。单击“确定”按钮，效果如图 9-19 所示。

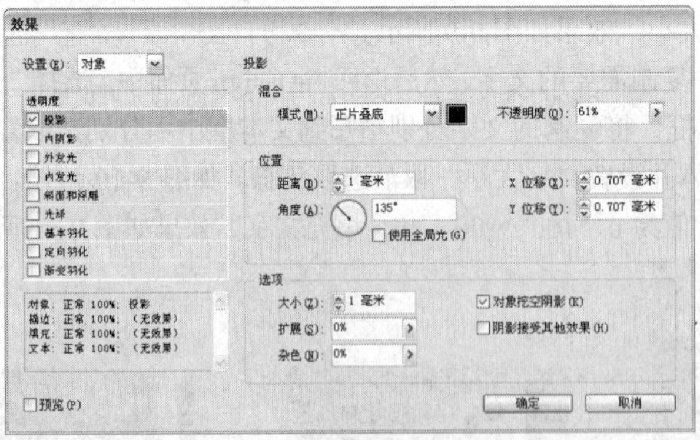

图 9-18

图 9-19

Step 08 在记事本文档中，分别选取并复制需要的文字，然后返回 InDesign 页面中。选择“文字”工具T，分别在适当的位置拖曳文本框，将复制的文字分别粘贴到文本框中。分别选取复制的文字，在“控制面板”中选择合适的字体并设置文字大小，效果如图 9-20 所示。

Step 09 在记事本文档中，分别选取并复制需要的文字，然后返回 InDesign 页面中。选择“文字”工具T，分别在适当的位置拖曳文本框，将复制的文字分别粘贴到文本框中。分别选取复制的文字，在“控制面板”中选择合适的字体并设置文字大小。设置文字填充色的 CMYK 值为 0、100、100、40，填充文字，效果如图 9-21 所示。

Step 10 在记事本文档中，选取并复制需要的文字，然后返回 InDesign 页面中。选择“文字”工具 T，在适当的位置拖曳出一个文本框，将复制的文字粘贴到文本框中。选取复制的文字，在“控制面板”中选择合适的字体并设置文字大小。设置文字填充色的 CMYK 值为 0、100、100、0，填充文字，效果如图 9-22 所示。

图 9-20

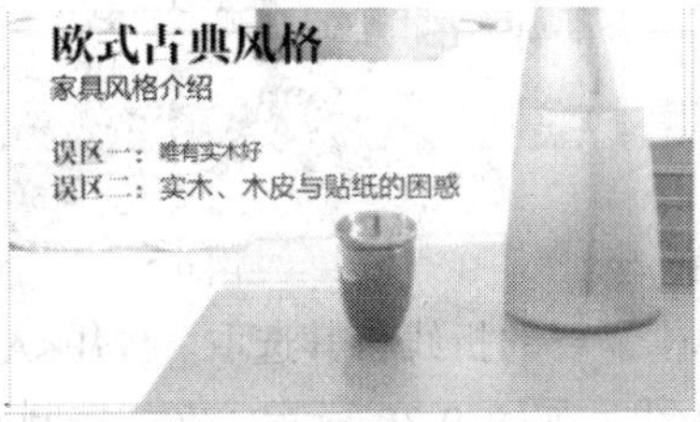

图 9-21

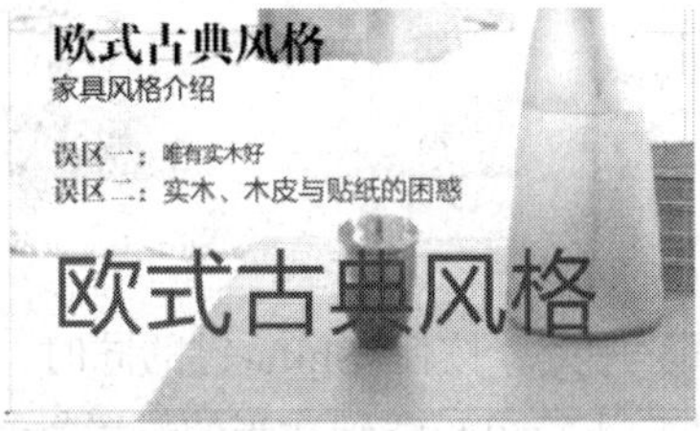

图 9-22

4．置入图片并添加装饰折线

Step 01 选择“矩形”工具，在适当的位置绘制一个矩形，如图 9-23 所示。双击“渐变色板”工具，弹出“渐变”面板，在色带上设置 5 个渐变滑块，分别将渐变滑块的位置设为 0、70、87、94、100，并设置 CMYK 的值为 0（0、0、0、0）、70（0、0、0、6）、87（0、0、0、20）、94（0、0、0、9）、100（0、0、0、36），其他选项的设置如图 9-24 所示。图形被填充渐变色并设置描边色为无，效果如图 9-25 所示。

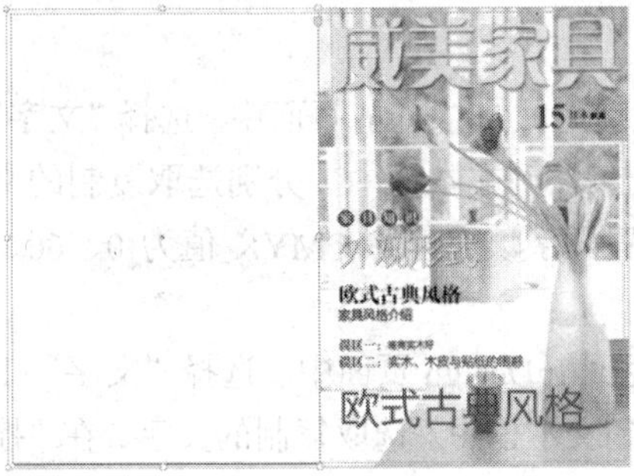

图 9-23

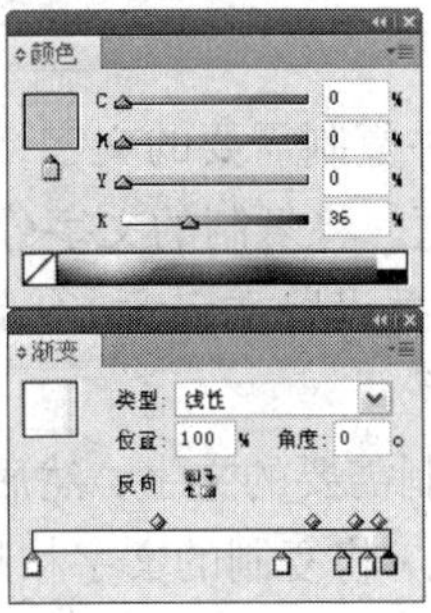

图 9-24

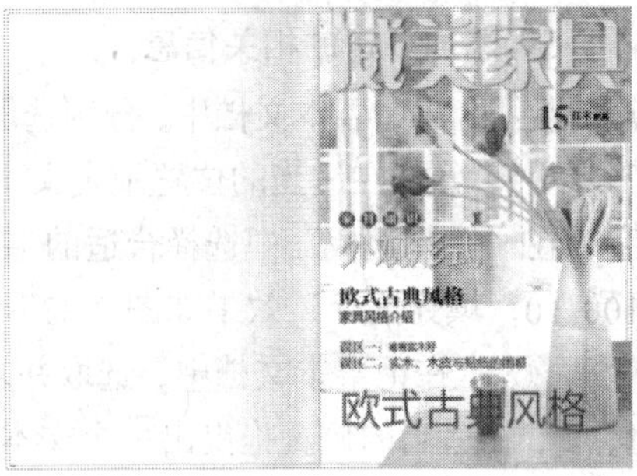

图 9-25

Step 02 按<Ctrl>+<D>组合键，弹出“置入”对话框，选择光盘中的“Ch09 > 素材 > 制作家具宣传册封面 > 02”文件，单击“打开”按钮，在页面中单击鼠标置入图片。选择“选择”工具，拖曳图片到适当的位置并调整其大小，效果如图 9-26 所示。

Step 03 选择“钢笔”工具，在适当的位置绘制一条折线。在“控制面板”中的“描边粗细”选项 文本框中输入 1，效果如图 9-27 所示。

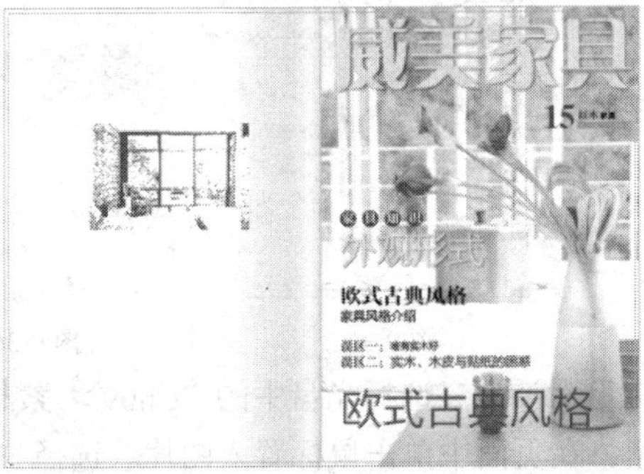

图 9-26

图 9-27

Step 04 选择“选择”工具，选中折线，按住<Alt>+<Shift>组合键的同时，水平向右拖曳折线到适当的位置复制一条折线，如图 9-28 所示。选择“对象 > 变换 > 水平翻转”命令，水平翻转复制的图形，效果如图 9-29 所示。

图 9-28

图 9-29

Step 05 按住<Shift>键的同时，单击需要的折线将其选取。按住<Alt>+<Shift>组合键的同时，垂直向下拖曳折线到适当的位置复制折线，如图 9-30 所示。在“控制面板”中的“旋转角度”选项文本框中输入 180，效果如图 9-31 所示。用同样的方法复制并旋转左上角的图形，效果如图 9-32 所示。

图 9-30

图 9-31

图 9-32

5. 添加公司的相关信息

Step 01 在记事本文档中，分别选取并复制需要的文字，然后返回 InDesign 页面中。选择“文字”工具，分别在适当的位置拖曳文本框，将复制的文字分别粘贴到文本框中。分别选取复制的文字，在“控制面板”中选择合适的字体并设置文字大小。设置文字填充色的 CMYK 值为 0、60、100、0，填充文字，效果如图 9-33 所示。

Step 02 在记事本文档中，选取并复制需要的文字，然后返回 InDesign 页面中。选择“文字”工具，在适当的位置拖曳出一个文本框，将复制的文字粘贴到文本框中。选取复制的文字，在“控制面板”中选择合适的字体并设置文字大小。设置文字填充色的 CMYK 值为 0、0、0、70，填充文字，效果如图 9-34 所示。

Step 03 选择“选择”工具，在“字符”面板中的“行距”选项的文本框中输入 20，如图 9-35 所示，文字效果如图 9-36 所示。

图 9-33

图 9-34

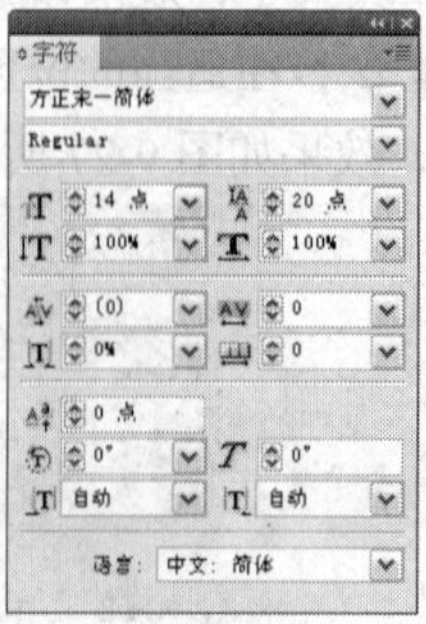

图 9-35

图 9-36

Step 04 按<Ctrl>+<D>组合键，弹出“置入”对话框，选择光盘中的“Ch09 > 素材 > 制作家具宣传册封面 > 03”文件，单击“打开”按钮，在页面中单击鼠标置入图片。选择“自由变换”工具，拖曳图片到适当的位置并调整其大小，效果如图 9-37 所示。

Step 05 家具宣传手册封面制作完成的效果如图 9-38 所示。按<Ctrl>+<S>组合键，弹出“存储为”对话框，将其命名为“家具宣传册封面”，单击“保存”按钮将其存储。

图 9-37

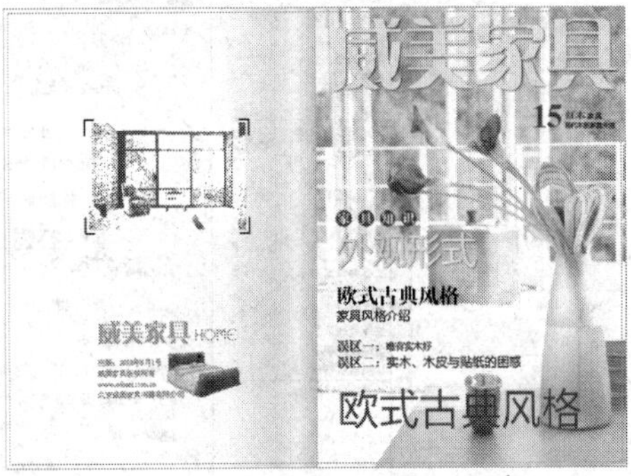

图 9-38

9.1.2 设置基本布局

1. 文档窗口一览

在文档窗口中，新建一个页面，如图 9-39 所示。

页面的结构性区域由以下的颜色标出。

黑线标明了跨页中每个页面的尺寸。细的阴影有助于从粘贴板中区分出跨页。

围绕页面外的红色线代表出血区域。

围绕页面外的蓝色线代表辅助信息区域。

品红色的线是边空线（或称版心线）。

紫色线是分栏线。

其他颜色的线条是辅助线。当辅助线出现时，在被选取的情况下，辅助线的颜色显示为所在图层的颜色。

提示： 分栏线出现在版心线的前面。当分栏线正好在版心线之上时，会遮住版心线。

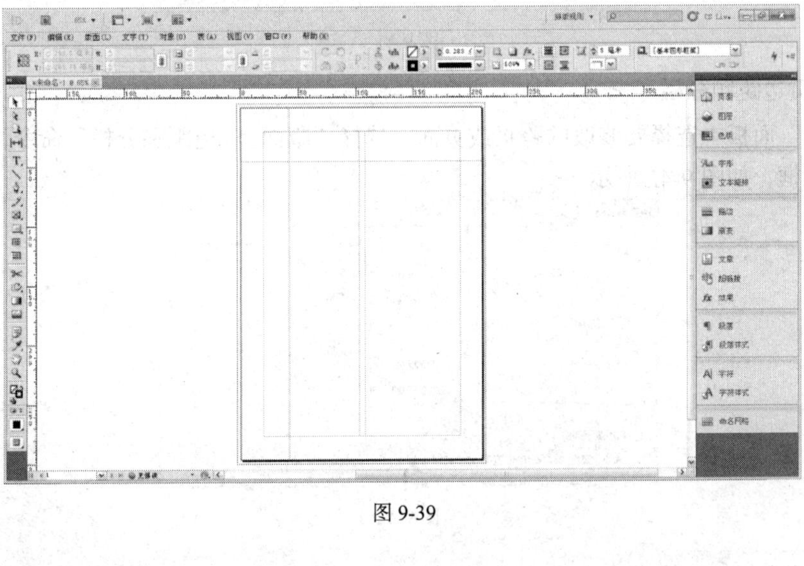

图 9-39

选择“编辑 > 首选项 > 参考线和粘贴板”命令，弹出“首选项”对话框，如图 9-40 所示。

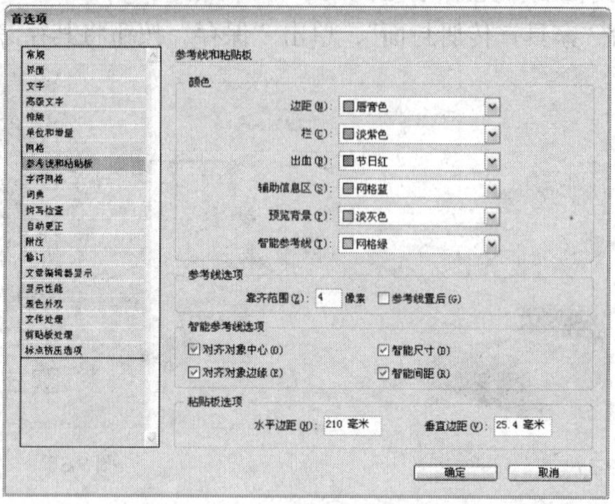

图 9-40

可以设置页边距和分栏参考线的颜色，以及粘贴板上出血和辅助信息区域参考线的颜色。还可以就对象需要距离参考线多近才能靠齐参考线、参考线显示在对象之前还是之后以及粘贴板的大小进行设置。

2．更改文档设置

选择“文件 > 文档设置”命令，弹出“文档设置”对话框，单击“更多选项”按钮，如图 9-41 所示。指定文档选项，单击“确定”按钮即可更改文档设置。

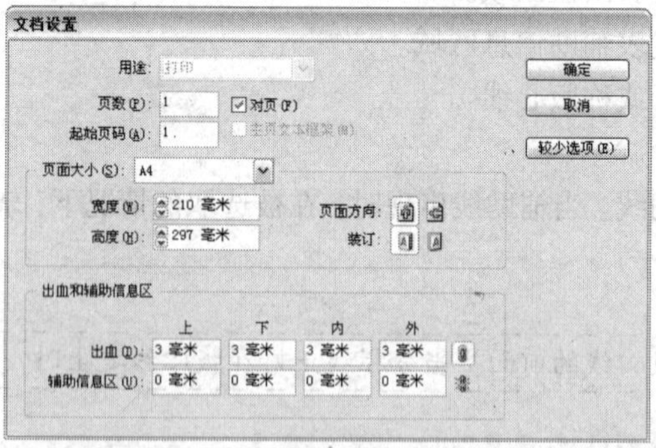

图 9-41

3．更改页边距和分栏

在“页面”面板中选择要修改的跨页或页面，选择“版面 > 边距和分栏”命令，弹出“边距和分栏”对话框，如图 9-42 所示。

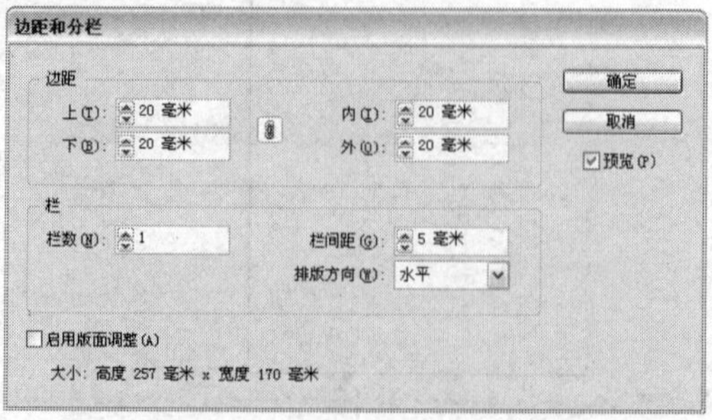

图 9-42

“边距”选项组：指定边距参考线到页面的各个边缘之间的距离。

“分栏”选项组：在“栏数”选项中输入要在边距参考线内创建的分栏的数目；在“栏间距”选项中输入栏间的宽度值。

“排版方向”选项：选择“水平”或“垂直”来指定栏的方向。还可设置文档基线网格的排版方向。

4．创建不相等栏宽

在“页面”面板中选择要修改的跨页或页面，如图 9-43 所示。选择“视图 > 网格和参考线 > 锁定栏参考线”命令，解除栏参考线的锁定。选择“选择”工具，选取需要的栏参考线，按住鼠标左键拖曳到适当的位置，如图 9-44 所示，松开鼠标后的效果如图 9-45 所示。

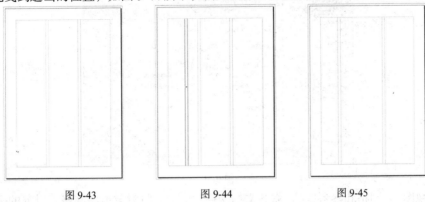

图 9-43

图 9-44

图 9-45

9.1.3　版面精确布局

1．标尺和度量单位

可以为水平标尺和垂直标尺设置不同的度量系统。为水平标尺选择的系统将控制制表符、边距、缩进和其他度量。标尺的默认度量单位是毫米，如图 9-46 所示。

可以为屏幕上的标尺及面板和对话框设置度量单位。选择“编辑 > 首选项 > 单位和增量”命令，弹出“首选项”对话框，如图 9-47 所示，设置需要的度量单位，单击“确定”按钮即可。

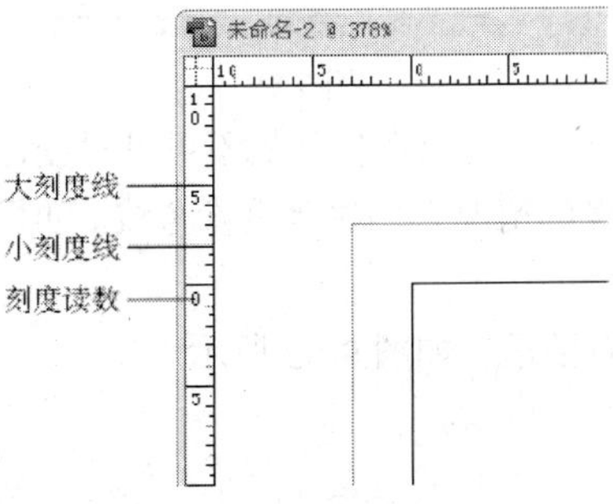

图 9-46

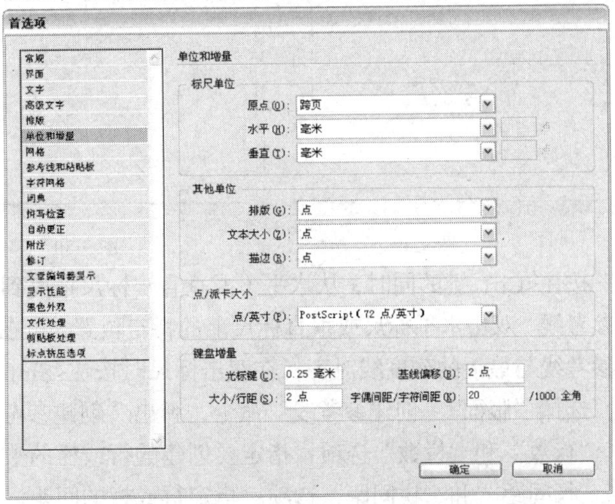

图 9-47

在标尺上单击鼠标右键，在弹出的快捷菜单中选择单位来更改标尺单位。在水平标尺和垂直标尺的交叉点单击鼠标右键，可以为两个标尺更改标尺单位。

2．网格

选择“视图 > 网格和参考线 > 显示/隐藏文档网格”命令，可显示或隐藏文档网格。

选择“编辑 > 首选项 > 网格”命令，弹出“首选项”对话框，如图 9-48 所示，设置需要的网格选项，单击“确定”按钮即可。

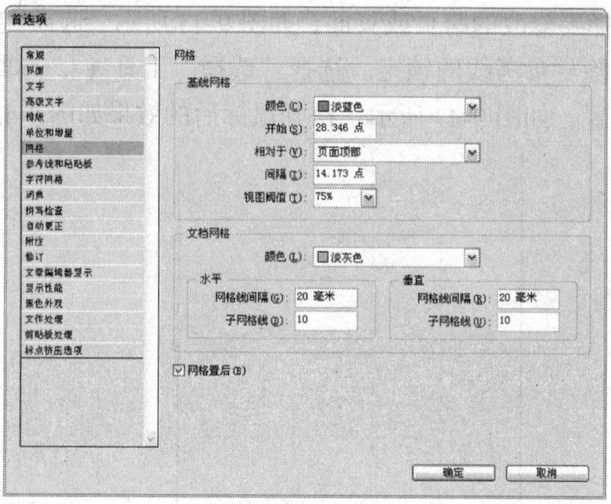

图 9-48

选择“视图 > 网格和参考线 > 靠齐文档网格”命令，将对象拖向网格，对象的一角将与网格 4 个角点中的一个靠齐，可靠齐文档网格中的对象。按住<Ctrl>键的同时，可以靠齐网格网眼的 9 个特殊位置。

3．标尺参考线

将鼠标定位到水平（或垂直）标尺上，如图 9-49 所示。单击鼠标左键并按住不放拖曳到目标跨页上需要的位置，松开鼠标左键，创建标尺参考线，如图 9-50 所示。如果将参考线拖曳到粘贴板上，它将跨越该粘贴板和跨页，如图 9-51 所示；如果将它拖曳到页面上，将变为页面参考线。

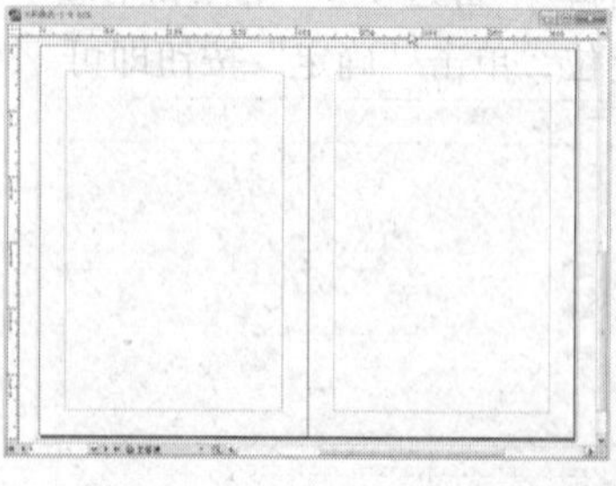

图 9-49

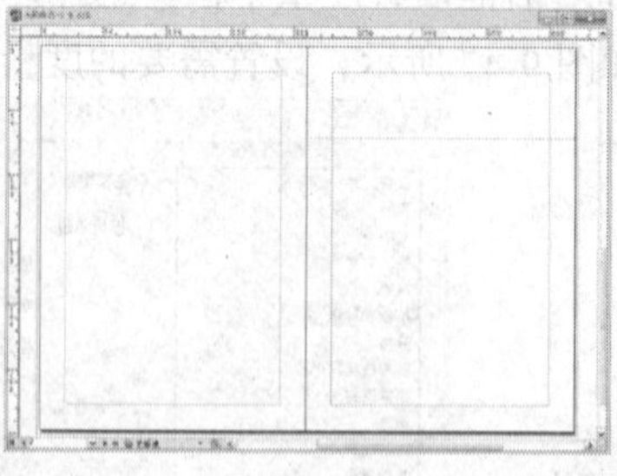

图 9-50

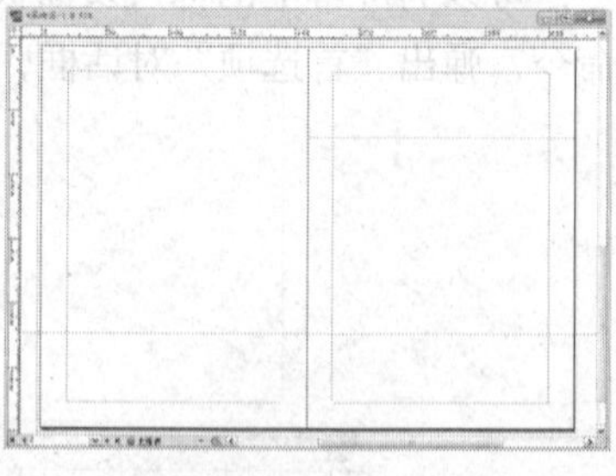

图 9-51

按住<Ctrl>键的同时，从水平（或垂直）标尺拖曳到目标跨页，可以在粘贴板不可见时创建跨页参考线。双击水平标尺或垂直标尺上的特定位置，可在不拖曳的情况下创建跨页参考线。如果要将参考线与最近的刻度线对齐，在双击标尺时按住<Shift>键。

选择“版面 > 创建参考线”命令，弹出“创建参考线”对话框，如图 9-52 所示。

“行数”和“栏数”选项：指定要创建的行或栏的数目。

“行间距”和“栏间距”选项：指定行或栏的间距。

创建的栏在置入文本文件时不能控制文本排列。

在“参考线适合”选项中，单击“边距”单选钮在页边距内的版心区域创建参考线；单击“页面”单选钮在页面边缘内创建参考线。

“移去现有标尺参考线”复选框：删除任何现有参考线（包括锁定或隐藏图层上的参考线）。

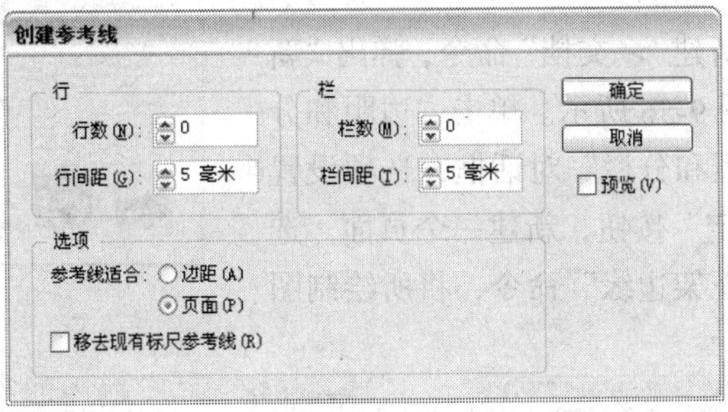

图 9-52

设置需要的选项，如图 9-53 所示。单击“确定”按钮，效果如图 9-54 所示。

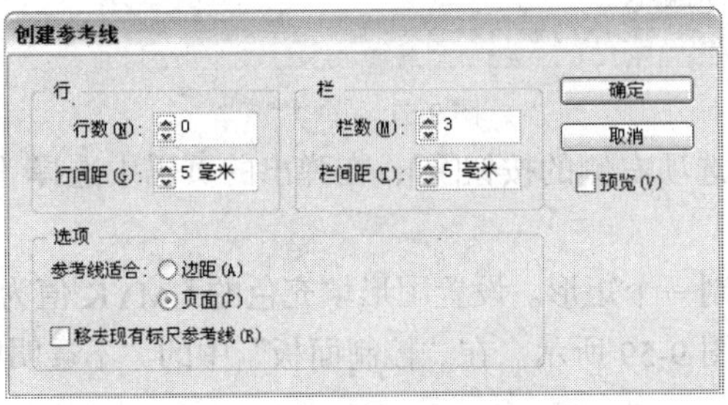

图 9-53

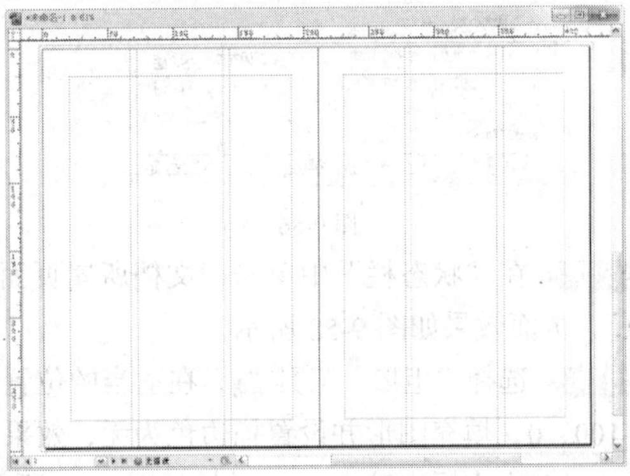

图 9-54

选择“视图 > 网格和参考线 > 显示/隐藏参考线”命令，可显示或隐藏所有边距、栏和标尺参考线。选择“视图 > 网格和参考线 > 锁定参考线”命令，可锁定参考线。

按<Ctrl>+<Alt>+<G>组合键，选择目标跨页上的所有标尺参考线。选择一个或多个标尺参考线，按<Delete>键删除参考线。也可以拖曳标尺参考线到标尺上，将其删除。

9.2 使用主页

主页相当于一个可以快速应用到多个页面的背景。主页上的对象将显示在应用该主页的所有页面上。主页上的对象将显示在文档页面中同一图层的对象之后。对主页进行的更改将自动应用到关联的页面。

9.2.1 课堂案例——制作家具宣传册内页

案例学习目标：学习使用绘制图形工具、文字工具、段落样式面板和主页制作宣传册内页。

案例知识要点：使用矩形工具和文字工具在主页中添加杂志栏目标题，使用段落样式面板添加需要的段落样式，家具宣传册内页效果如图 9-55 所示。

效果所在位置：光盘/Ch09/效果/制作家具宣传册内页.indd。

图 9-55

1. 制作主页

Step 01 选择“文件 > 新建 > 文档”命令，弹出“新建文档”对话框，设置如图 9-56 所示。单击“边距和分栏”按钮，弹出“新建边距和分栏”对话框，选项设置如图 9-57 所示，单击“确定”按钮，新建一个页面。选择“视图 > 其他 > 隐藏框架边缘”命令，将所绘制图形的框架边缘隐藏。

图 9-56

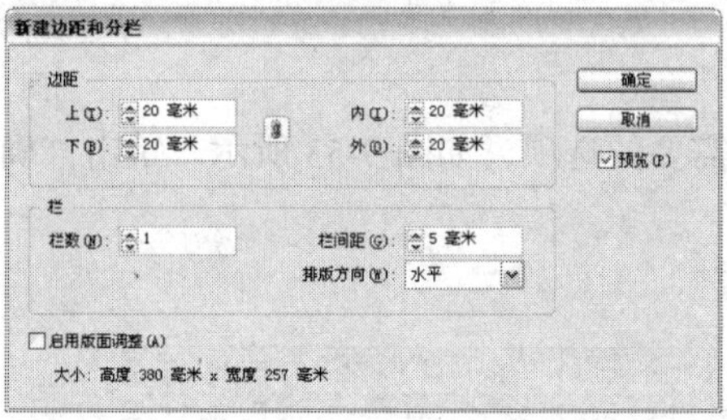

图 9-57

Step 02 在“状态栏”中单击“文档所属页面”选项右侧的按钮，在弹出的页码中选择“A-主页”，页面效果如图 9-58 所示。

Step 03 选择“矩形”工具，在适当的位置绘制一个矩形。设置图形填充色的 CMYK 值为 0、20、100、0，填充图形并设置描边色为无，效果如图 9-59 所示。在“控制面板”中的“不透明度”选项 100% 文本框中输入 40，效果如图 9-60 所示。

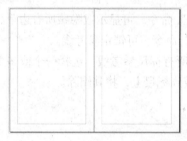

图 9-58

图 9-59

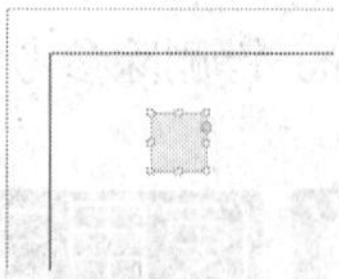

图 9-60

Step 04 选择“选择”工具，选中图形，按住<Alt>键的同时，拖曳图形到适当的位置，复制一个图形并调整其大小。在“控制面板”中的“不透明度”选项 100% 文本框中输入 70，效果如图 9-61 所示。用相同的方法再复制一个图形，在“控制面板”中的“不透明度”选项 100% 文本框中输入 100，效果如图 9-62 所示。

Step 05 在记事本文档中，选取并复制需要的文字，然后返回 InDesign 页面中。选择“文字”工具 T，在适当的位置拖曳出一个文本框，将复制的文字粘贴到文本框中。选取需要的文字，在“控制面板”中选择合适的字体并设置文字大小，效果如图 9-63 所示。

图 9-61

图 9-62

图 9-63

Step 06 选择“选择”工具，按<Ctrl>+<Shift>+<O>组合键创建文字轮廓，如图 9-64 所示。按住<Shift>键的同时，单击需要的图形将其选取，如图 9-65 所示。选择“窗口 > 对象和版面 > 路径查找器”命令，弹出“路径查找器”面板，单击“减去”按钮，如图 9-66 所示，效果如图 9-67 所示。

Step 07 在记事本文档中，选取并复制需要的文字，然后返回 InDesign 页面中。选择“文字”工具，在适当的位置拖曳出一个文本框，将复制的文字粘贴到文本框中。选取复制的文字，在“控制面板”中选择合适的字体并设置文字大小。设置文字填充色的 CMYK 值为 0、72、100、0，填充文字，效果如图 9-68 所示。

图 9-64

图 9-65

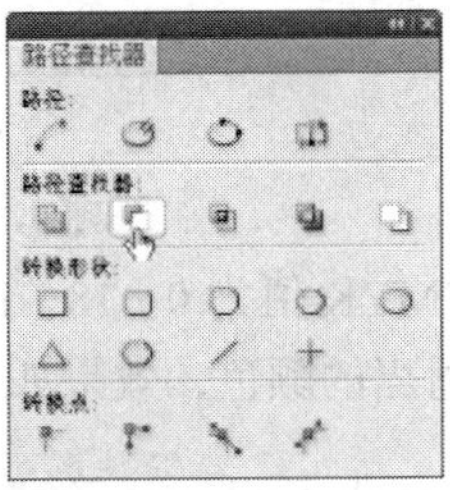

图 9-66

图 9-67

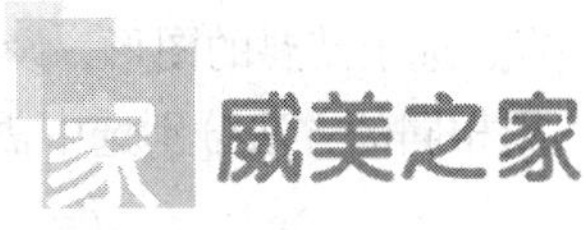

图 9-68

Step 08 选择“直线”工具，按住<Shift>键的同时，在适当的位置绘制一条直线，如图 9-69 所示。选择“窗口 > 描边”命令，弹出“描边”面板，在“类型”选项的下拉列表中选择“圆点”样式，其他选项的设置如图 9-70 所示，效果如图 9-71 所示。

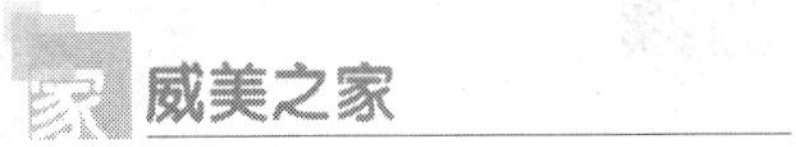

图 9-69

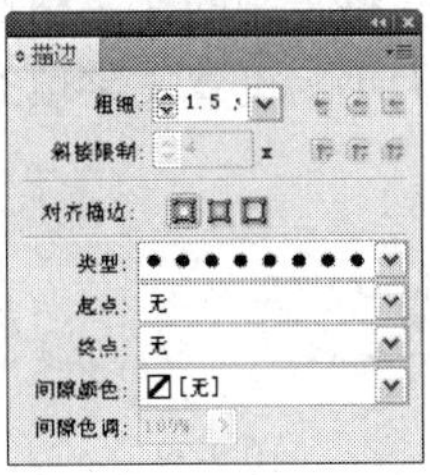

图 9-70

图 9-71

Step 09 单击“控制面板”中的“向选定的目标添加对象效果”按钮，在弹出的菜单中选择“渐变羽化”命令，弹出“效果”对话框，选项设置如图 9-72 所示。单击“确定”按钮，效果如图 9-73 所示。

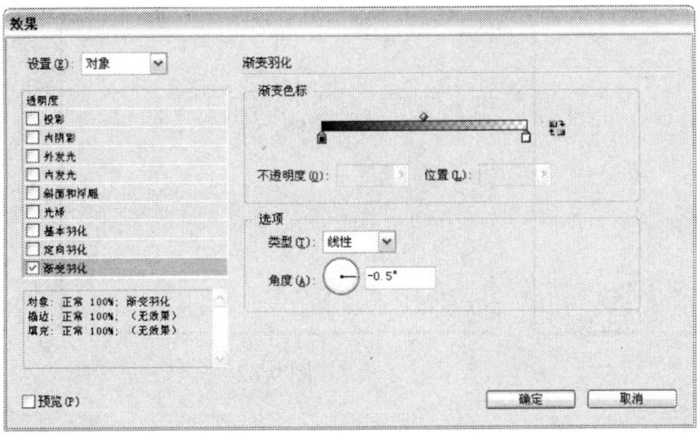

图 9-72

图 9-73

Step 10 选择“矩形”工具，在适当的位置绘制一个矩形。设置图形填充色的 CMYK 值为 0、0、100、0，填充图形并设置描边色为无，效果如图 9-74 所示。

Step 11 选择"选择"工具，选中图形，按住<Alt>+<Shift>组合键的同时，水平向右拖曳图形到适当的位置复制一个图形，如图 9-75 所示。连续按<Ctrl>+<Alt>+<3>组合键，再复制出 3 个图形，效果如图 9-76 所示。

图 9-74

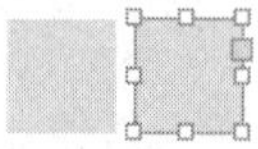
图 9-75

图 9-76

Step 12 选中需要的图形，设置图形填充色的 CMYK 值为 0、18、100、0，填充图形，如图 9-77 所示。用相同的方法分别选中需要的图形，填充适当的颜色，效果如图 9-78 所示。

图 9-77

图 9-78

Step 13 在记事本文档中，选取并复制需要的文字，然后返回 InDesign 页面中。选择"文字"工具，在适当的位置拖曳出一个文本框，将复制的文字粘贴到文本框中。选取复制的文字，在"控制面板"中选择合适的字体并设置文字大小，设置文字填充色的 CMYK 值为 0、72、100、0，填充文字，效果如图 9-79 所示。

图 9-79

Step 14 选择"文字"工具，在适当的位置拖曳出一个文本框，如图 9-80 所示。选择"文字 > 插入特殊字符 > 标志符 > 当前页码"命令，页面效果如图 9-81 所示。选择"选择"工具，选中字符，按住<Alt>+<Shift>组合键的同时，水平向右拖曳字符到适当的位置复制文字，效果如图 9-82 所示。

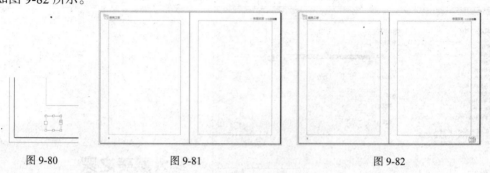

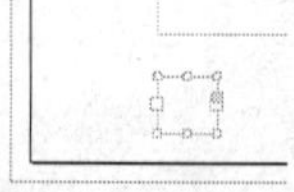
图 9-80

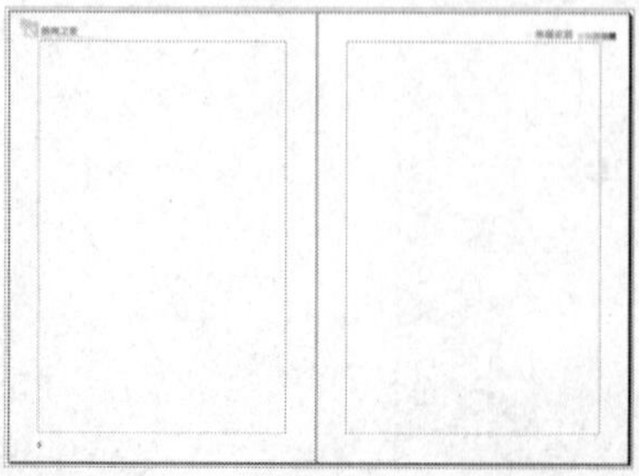
图 9-81

图 9-82

2．制作文档的开始跨页

Step 01 在"状态栏"中单击"文档所属页面"选项右侧的按钮，在弹出的页码中选择 1。选择"版面 > 页码和章节选项"命令，弹出"页码和章节选项"对话框，设置如图 9-83 所示。单击"确定"按钮，页面效果如图 9-84 所示。

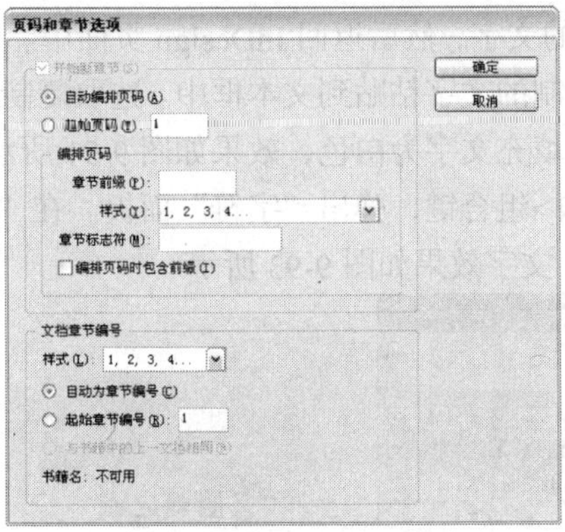

图 9-83

图 9-84

Step 02 在“页面”面板中，选中第 1 页的页面图标，按住<Shift>键的同时，选中第 2 页和第 3 页的页面图标，将它们之间所有的页面图标同时选取。单击面板右上方的图标，在弹出的菜单中取消勾选“允许选定的跨页随机排布”命令。

Step 03 在“页面”面板中选中第 1 页的页面图标，将其拖曳到面板下方的“删除选中页码”按钮上，删除第 1 页，面板如图 9-85 所示，页面效果如图 9-86 所示。

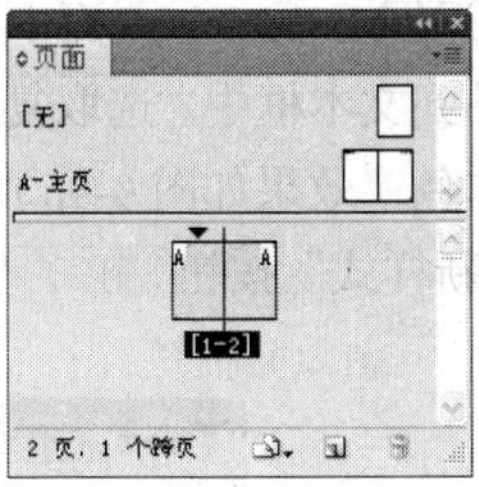

图 9-85

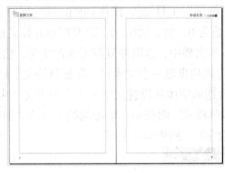

图 9-86

3．添加标题文字

Step 01 选择“钢笔”工具，在适当的位置绘制一个图形，如图 9-87 所示。设置图形填充色的 CMYK 值为 0、100、100、45，填充图形并设置描边色为无，效果如图 9-88 所示。

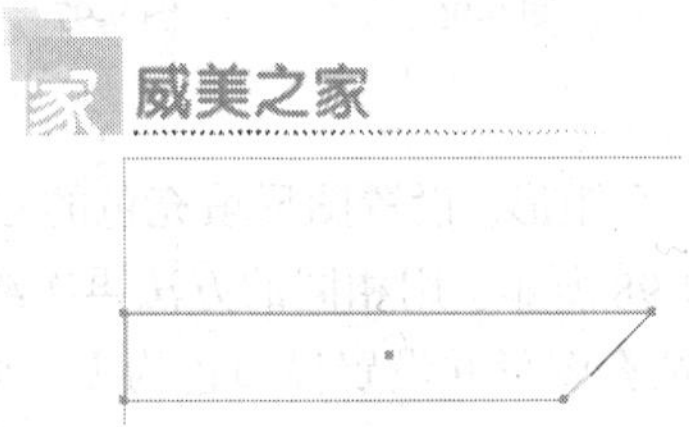

图 9-87

图 9-88

Step 02 选择“钢笔”工具，在适当的位置绘制一个图形，如图 9-89 所示。设置图形填充色的 CMYK 值为 0、100、100、45，填充图形并设置描边色为无，效果如图 9-90 所示。

图 9-89

图 9-90

Step 03 在记事本文档中，选取并复制需要的文字，然后返回 InDesign 页面中。选择“文字”工具 T，在适当的位置拖曳出一个文本框，将复制的文字粘贴到文本框中。选取复制的文字，在“控制面板”中选择合适的字体并设置文字大小，填充文字为白色，效果如图 9-91 所示。

Step 04 选择“选择”工具，按<Ctrl>+<T>组合键，弹出“字符”面板。在“字符间距调整”选项的文本框中输入 100，如图 9-92 所示，文字效果如图 9-93 所示。

图 9-91

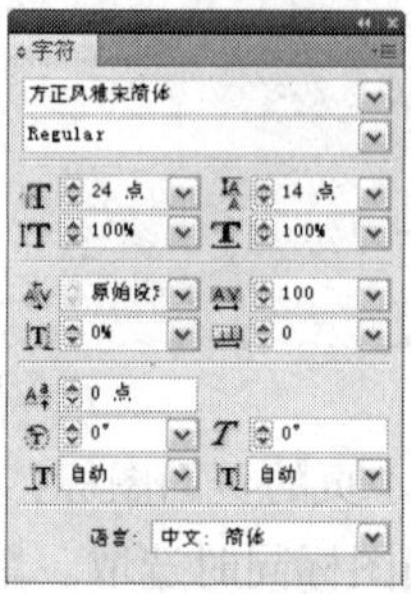

图 9-92

图 9-93

Step 05 按<F11>键，弹出“段落样式”面板。单击面板下方的“创建新样式”按钮，生成新的段落样式并将其命名为“标题”，如图 9-94 所示。

Step 06 选择“椭圆”工具，按住<Shift>键的同时，在适当的位置绘制一个圆形。设置图形填充色的 CMYK 值为 0、27、100、0，填充图形并设置描边色为无，效果如图 9-95 所示。

Step 07 在记事本文档中，选取并复制需要的文字，然后返回 InDesign 页面中。选择“文字”工具 T，在适当的位置拖曳出一个文本框，将复制的文字粘贴到文本框中。选取复制的文字，在“控制面板”中选择合适的字体并设置文字大小，填充文字为白色，效果如图 9-96 所示。

Step 08 在“段落样式”面板中，单击面板下方的“创建新样式”按钮，生成新的段落样式并将其命名为“数字”，如图 9-97 所示。

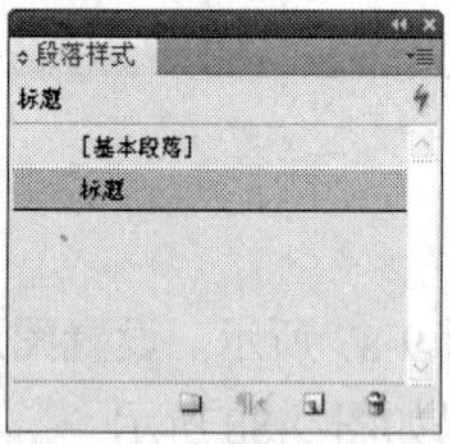

图 9-94

图 9-95

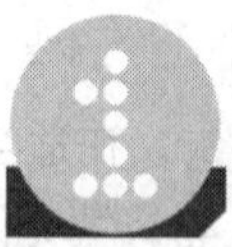

图 9-96

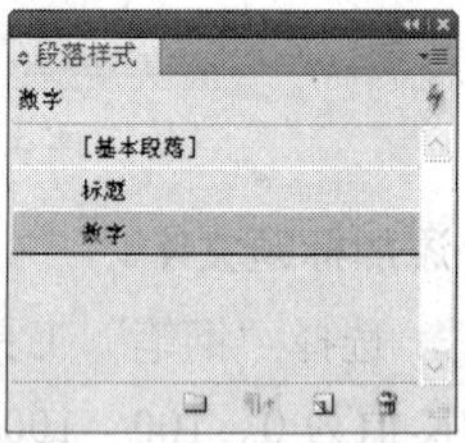

图 9-97

4．添加小标题

Step 01 选择“矩形”工具，在适当的位置绘制一个矩形。设置图形填充色的 CMYK 值为 0、45、100、0，填充图形并设置描边色为无，效果如图 9-98 所示。用相同的方法再次绘制一个矩形，设置图形填充色的 CMYK 值为 0、100、100、11，填充图形并设置描边色为无，效果如图 9-99 所示。

图 9-98

图 9-99

Step 02 在记事本文档中，选取并复制需要的文字，然后返回 InDesign 页面中。选择“文字”工具，在适当的位置拖曳出一个文本框，将复制的文字粘贴到文本框中。选取复制的文字，在“控制面板”中选择合适的字体并设置文字大小，填充文字为白色，效果如图 9-100 所示。

Step 03 选择“文字”工具，在适当的位置插入光标，按两次空格键调整文字的间距，如图 9-101 所示。选取需要的文字，在“字符”面板中的“字符间距调整”选项的文本框中输入 100，效果如图 9-102 所示。

Step 04 在“段落样式”面板中，单击面板下方的“创建新样式”按钮，生成新的段落样式并将其命名为“小标题”，如图 9-103 所示。

图 9-100

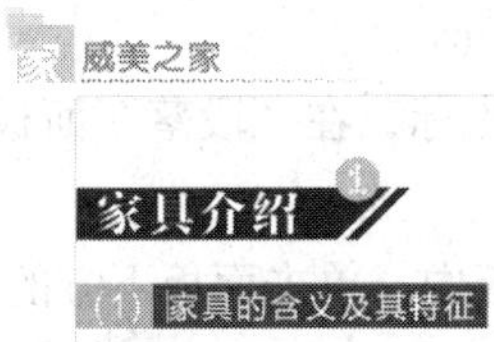

图 9-101

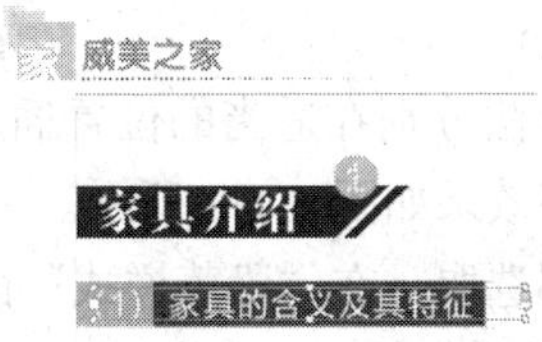

图 9-102

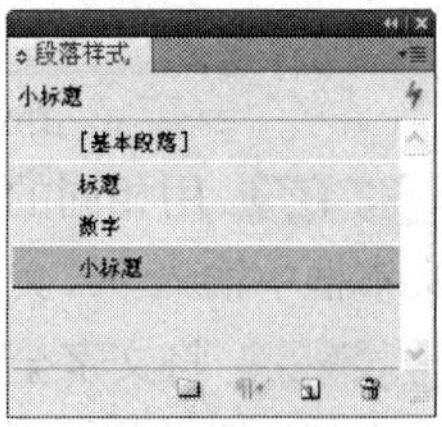

图 9-103

5．添加并编辑段落文字

Step 01 在记事本文档中，选取并复制需要的文字，然后返回 InDesign 页面中。选择“文字”工具，在适当的位置拖曳出一个文本框，将复制的文字粘贴到文本框中，效果如图 9-104 所示。选取复制的文字，设置文字填充色的 CMYK 值为 0、0、0、80，填充文字。在“字符”面板中的“行距”选项的文本框中输入 20，效果如图 9-105 所示。

图 9-104

图 9-105

Step 02 在适当的位置拖曳出一个文本框，选择“选择”工具，文本状态效果如图 9-106 所示。单击左侧文本框的过剩文本出口，在刚绘制的文本框中单击鼠标，效果如图 9-107 所示。

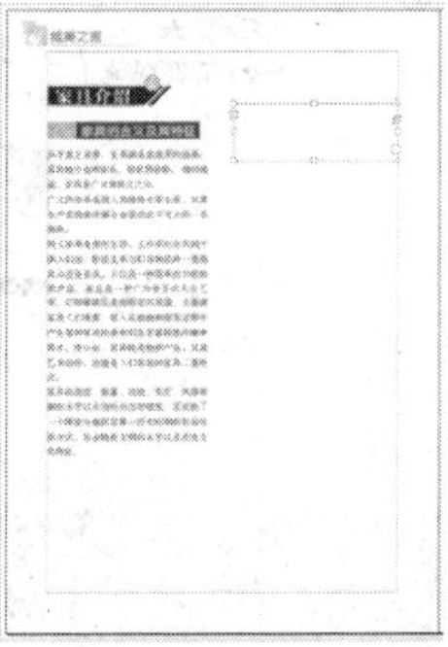

图 9-106

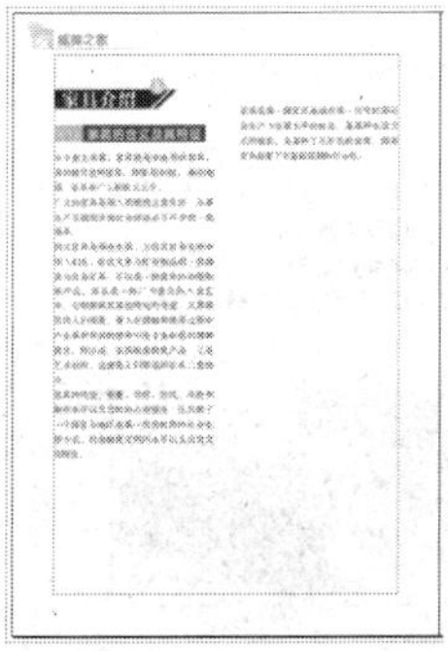

图 9-107

Step 03 在文字适当的位置单击鼠标插入光标，如图 9-108 所示。按<Ctrl>+<Alt>+<T>组合键，弹出“段落”面板，在“首行左缩进”的文本框中输入 9，如图 9-109 所示，文字效果如图 9-110 所示。

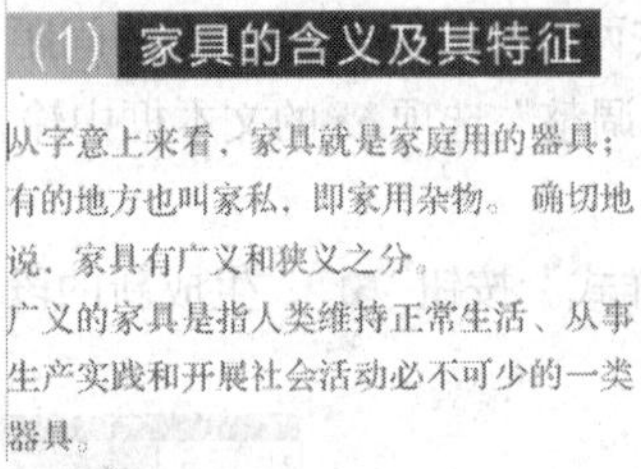

图 9-108

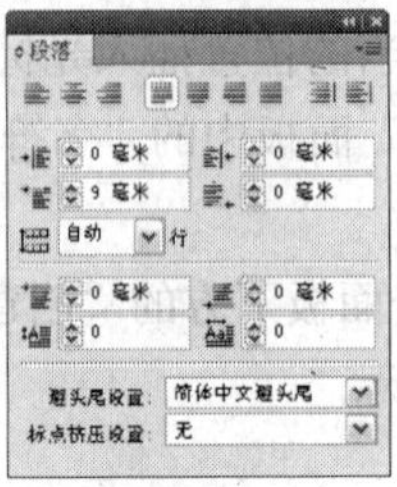

图 9-109

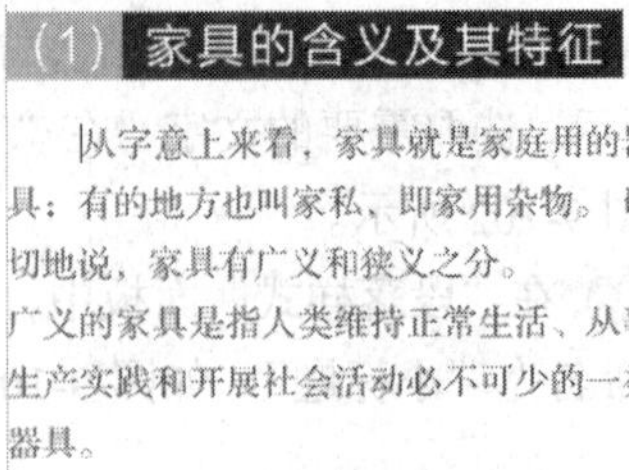

图 9-110

Step 04 用相同的方法分别在适当的位置插入光标，在“段落”面板中的“首行左缩进”的文本框中输入 9，文字效果如图 9-111 所示。

Step 05 将文字全部选取，在“段落样式”面板中，单击面板下方的“创建新样式”按钮，生成新的段落样式并将其命名为“段落”，如图 9-112 所示。

Step 06 选择“矩形”工具，在适当的位置绘制一个矩形。设置图形填充色的 CMYK 值为 0、0、0、15，填充图形并设置描边色为无，效果如图 9-113 所示。

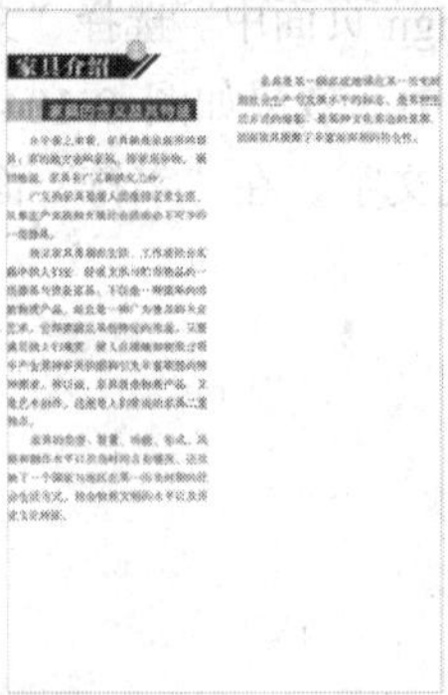

图 9-111

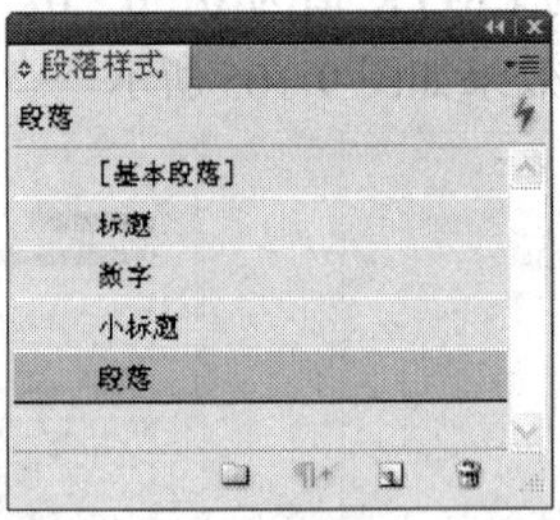

图 9-112

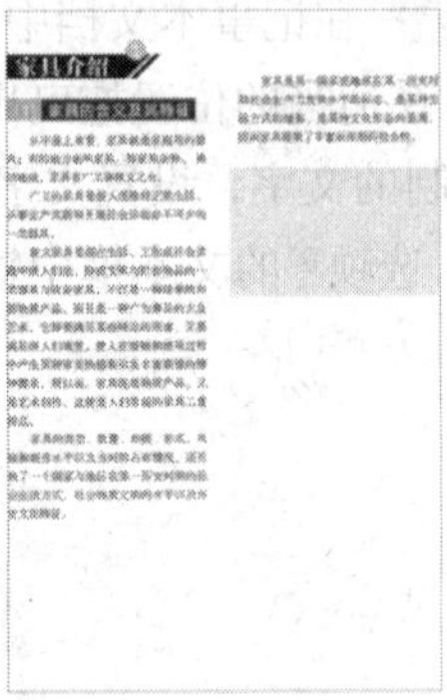

图 9-113

Step 07 按<Ctrl>+<D>组合键，弹出“置入”对话框，选择光盘中的“Ch09 > 素材 > 制作家具宣传册内页 > 01”文件，单击“打开”按钮，在页面中单击鼠标置入图片。选择“自由变换”工具，拖曳图片到适当的位置并调整其大小，效果如图 9-114 所示。

Step 08 选择“选择”工具，分别选中需要的图形，按住<Alt>键的同时，拖曳图形到适当的位置，复制图形并调整其大小，效果如图 9-115 所示。

图 9-114

图 9-115

Step 09 在记事本文档中，选取并复制需要的文字，然后返回 InDesign 页面中。选择“文字”工具，在适当的位置拖曳出一个文本框，将复制的文字粘贴到文本框中。选择“选择”工具，在“段落样式”面板中，单击“小标题”样式，如图 9-116 所示，文字效果如图 9-117 所示。选择“文字”工具，在适当的位置插入光标，按两次空格键调整文字的间距，效果如图 9-118 所示。

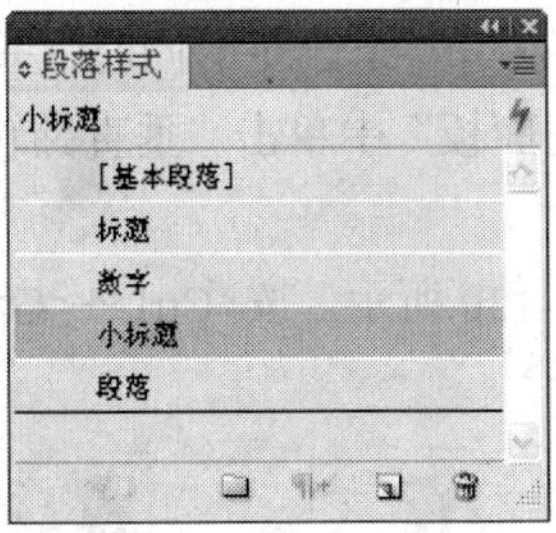

图 9-116

图 9-117

图 9-118

Step 10 选择“矩形”工具，在适当的位置绘制一个矩形。设置图形填充色的 CMYK 值为 0、0、80、0，填充图形并设置描边色为无，效果如图 9-119 所示。

Step 11 在记事本文档中，选取并复制需要的文字，然后返回 InDesign 页面中。选择“文字”工具，在适当的位置拖曳出一个文本框，将复制的文字粘贴到文本框中。选择“选择”工具，在“段落样式”面板中，单击“段落”段落样式，如图 9-120 所示，文字效果如图 9-121 所示。

图 9-119

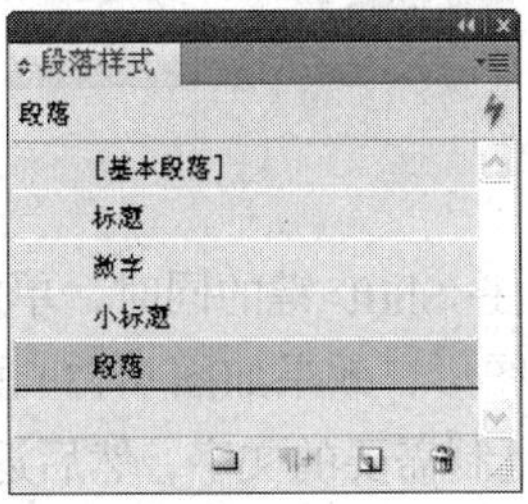

图 9-120

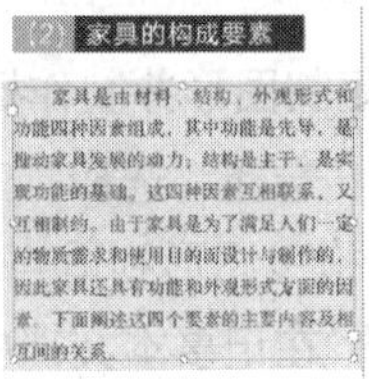

图 9-121

6．置入图片并绘制装饰折线

Step 01 按<Ctrl>+<D>组合键，弹出“置入”对话框，分别选择光盘中的“Ch09> 素材 > 制作家具宣传册内页 > 02、03、04”文件，单击“打开”按钮，分别在页面中单击鼠标置入图片。选择“选择”工具，分别拖曳图片到适当的位置，效果如图 9-122 所示。

Step 02 按住<Shift>键的同时，单击需要的图片将其选取。选择“窗口 >对齐和版面 > 对齐”命令，弹出“对齐”面板，如图 9-123 所示。单击“水平居中对齐”按钮和“水平居中分布”按钮，效果如图 9-124 所示。

图 9-122

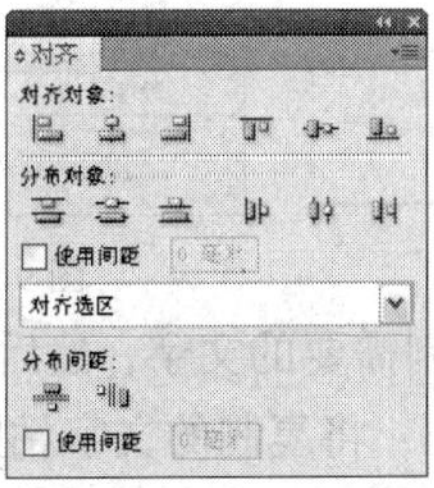

图 9-123

图 9-124

Step 03 选择“钢笔”工具，在适当的位置绘制一条折线，如图 9-125 所示。选择“选择”工具，选中折线，按住<Alt>+<Shift>组合键的同时，水平向右拖曳折线到适当的位置，如图 9-126 所示。

Step 04 在“控制面板”中的“旋转角度”选项文本框中输入-90，效果如图 9-127 所示。按住<Shift>键的同时，单击需要的折线将其选取，按住<Alt>+<Shift>组合键的同时，垂直向下拖曳折线到适当的位置复制编组图形，如图 9-128 所示。在“控制面板”中单击“垂直翻转”按钮，垂直翻转复制的图形，效果如图 9-129 所示。

Step 05 按住<Shift>键的同时，单击需要的折线将其选取，如图 9-130 所示。按<Ctrl>+<G>组合键将其编组，效果如图 9-131 所示。

图 9-125

图 9-126

图 9-127

图 9-128

图 9-129

图 9-130

图 9-131

Step 06 按住<Alt>+<Shift>组合键的同时，水平向右拖曳编组图形到适当的位置复制折线，如图 9-132 所示。用相同的方法再复制一组折线，效果如图 9-133 所示。

图 9-132

图 9-133

7．复制图形并制作标题文字

Step 01 选择“选择”工具，按住<Shift>键的同时，单击需要的图形将其选取。按住<Alt>键的同时，拖曳图形到适当的位置复制图形，效果如图 9-134 所示。

Step 02 在记事本文档中，选取并复制需要的文字，然后返回 InDesign 页面中。选择“文字”工具，在适当的位置拖曳出一个文本框，将复制的文字粘贴到文本框中。选择“选择”工具，在“段落样式”面板中单击“标题”样式，如图 9-135 所示，文字效果如图 9-136 所示。

图 9-134

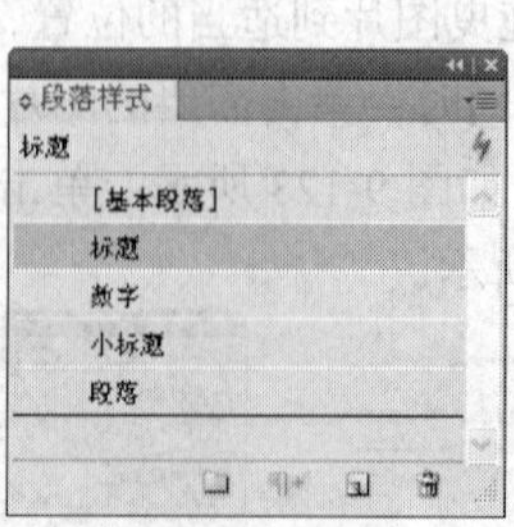

图 9-135

图 9-136

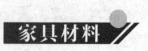

Step 03 在记事本文档中，选取并复制需要的文字，然后返回 InDesign 页面中。选择“文字”工具，在适当的位置拖曳出一个文本框，将复制的文字粘贴到文本框中。选择“选择”工具，在“段落样式”面板中单击“数字”样式，如图 9-137 所示，文字效果如图 9-138 所示。

Step 04 在记事本文档中，选取并复制需要的文字，然后返回 InDesign 页面中。选择“文字”工具T，在适当的位置拖曳出一个文本框，将复制的文字粘贴到文本框中。选择“选择”工具，在“段落样式”面板中单击“段落”样式，如图 9-139 所示，文字效果如图 9-140 所示。

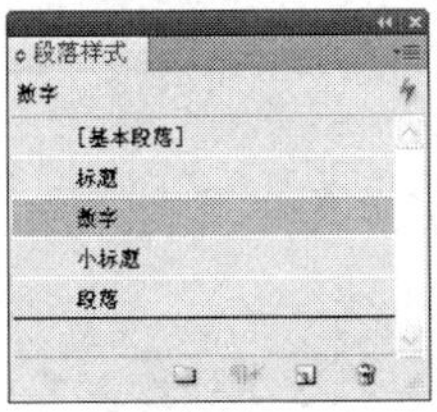

图 9-137

图 9-138

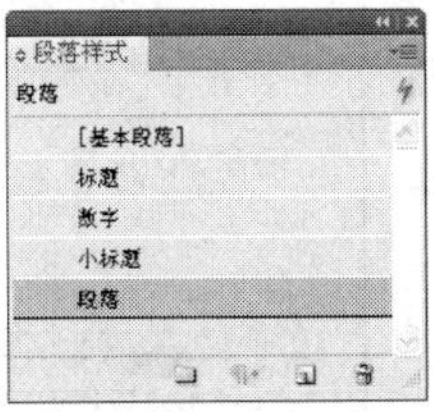

图 9-139

图 9-140

8．复制图形并制作小标题

Step 01 选择“选择”工具，按住<Shift>键的同时，单击需要的图形将其选取。按住<Alt>键的同时，拖曳图形到适当的位置复制图形，效果如图 9-141 所示。

Step 02 在记事本文档中，选取并复制需要的文字，然后返回 InDesign 页面中。选择“文字”工具T，在适当的位置拖曳出一个文本框，将复制的文字粘贴到文本框中。选择“选择”工具，在“段落样式”面板中单击“小标题”样式，如图 9-142 所示，文字效果如图 9-143 所示。

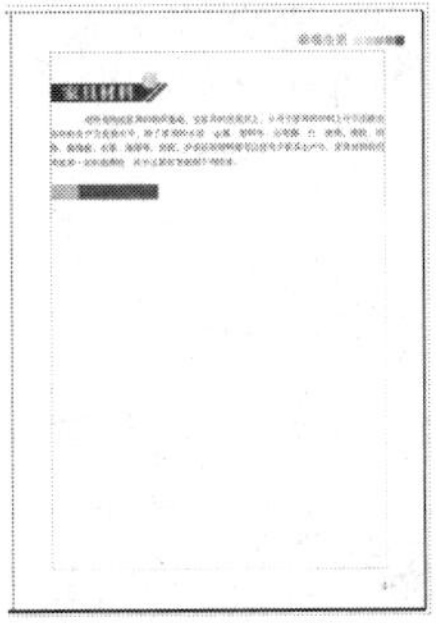

图 9-141

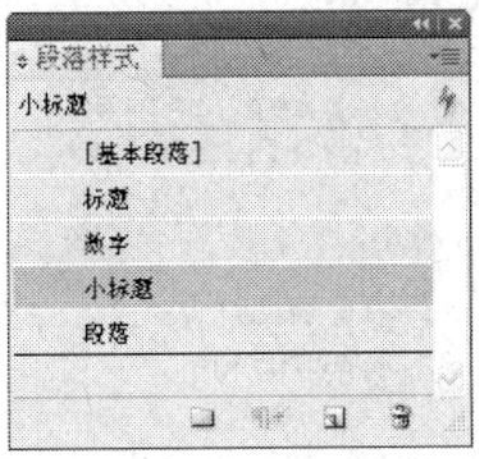

图 9-142

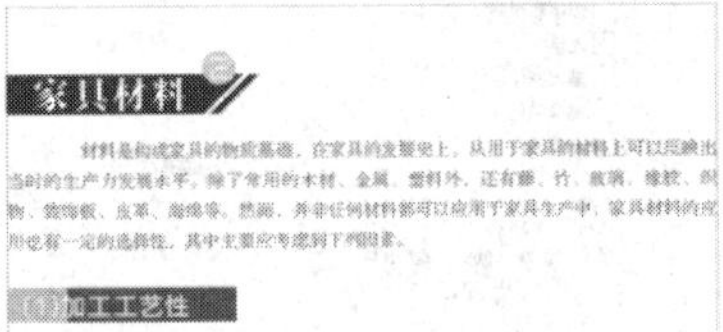

图 9-143

Step 03 选择“文字”工具T，在适当的位置插入光标，按两次空格键调整文字的间距，效果如图 9-144 所示。

Step 04 在记事本文档中，选取并复制需要的文字，然后返回 InDesign 页面中。选择“文字”工具T，在适当的位置拖曳出一个文本框，将复制的文字粘贴到文本框中。选择“选择”工具，在“段落样式”面板中单击“段落”样式，如图 9-145 所示，文字效果如图 9-146 所示。

图 9-144

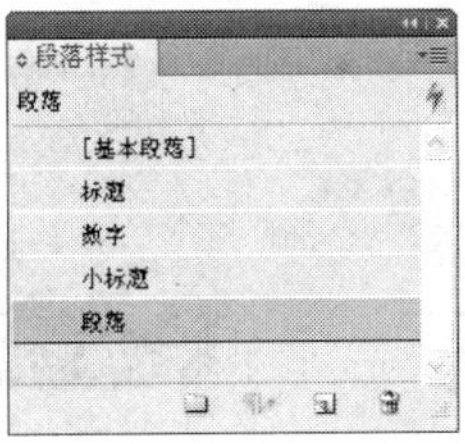

图 9-145

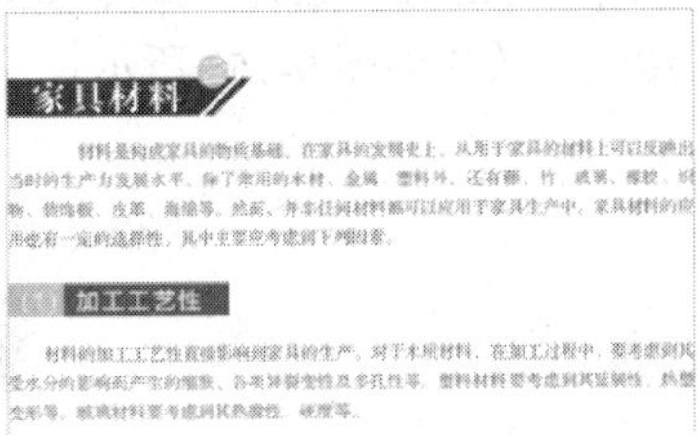

图 9-146

9．置入并编辑图片

Step 01 按<Ctrl>+<D>组合键，弹出“置入”对话框，选择光盘中的“Ch09> 素材 > 制作家具宣传册内页 > 05”文件，单击“打开”按钮，在页面中单击鼠标置入图片。选择“选择”工具，拖曳图片到适当的位置并调整其大小，效果如图 9-147 所示。

Step 02 选择“矩形”工具，在页面空白处单击鼠标，弹出“矩形”对话框，选项设置如图 9-148 所示。单击“确定”按钮，得到一个矩形，效果如图 9-149 所示。

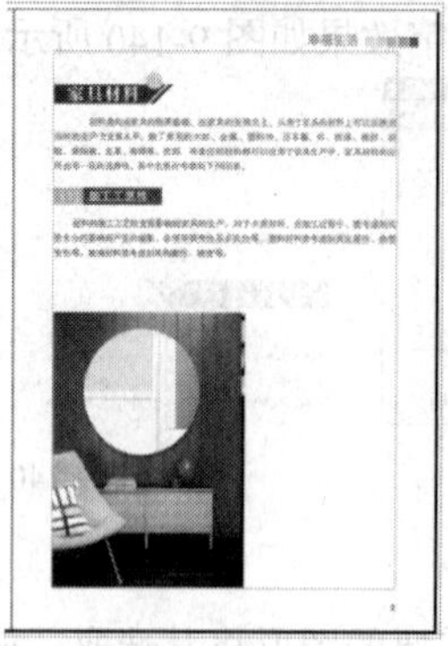
图 9-147

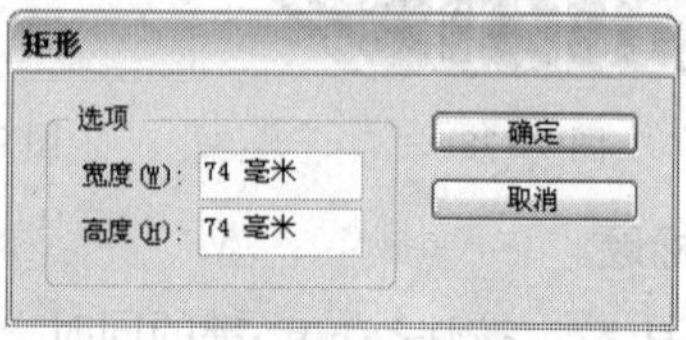

图 9-148

图 9-149

Step 03 填充图形为白色并设置描边色为无，单击“控制面板”中的“向选定的目标添加对象效果”按钮，在弹出的菜单中选择“投影”命令，弹出“效果”对话框，选项设置如图 9-150 所示。单击“确定”按钮，效果如图 9-151 所示。

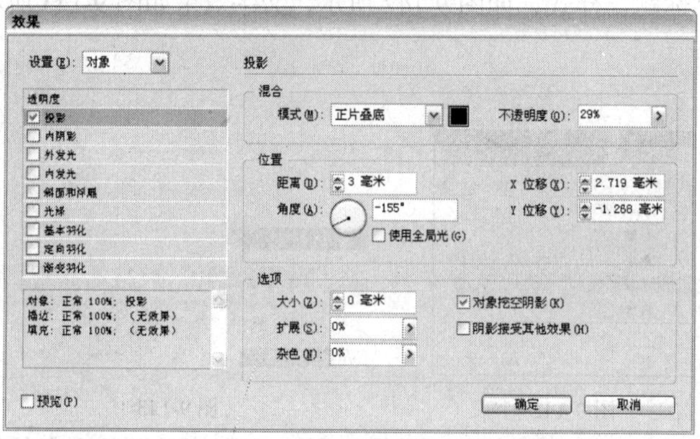

图 9-150

图 9-151

Step 04 按<Ctrl>+<D>组合键，弹出“置入”对话框，选择光盘中的“Ch09 > 素材 > 制作家具宣传册内页 > 06”文件，单击“打开”按钮，在页面中单击鼠标置入图片。选择“选择”工具，拖曳图片到适当的位置并调整其大小，效果如图 9-152 所示。

Step 05 选择“选择”工具，用圈选的方法将需要的图形同时选取，按<Ctrl>+<G>组合键将其编组，效果如图 9-153 所示。

图 9-152

图 9-153

Step 06 拖曳编组图形到适当的位置，在“控制面板”中的“旋转角度”选项文本框中输入-9，效果如图 9-154 所示。

Step 07 选择“窗口 > 文本绕排”命令，弹出“文本绕排”面板，单击“沿定界框绕排”按钮，其他选项的设置如图 9-155 所示，效果如图 9-156 所示。

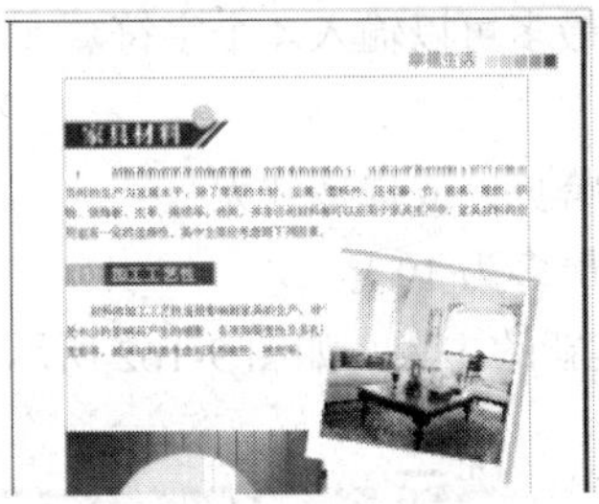

图 9-154

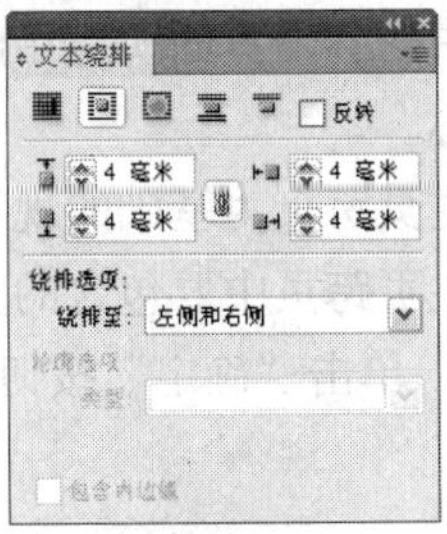

图 9-155

图 9-156

Step 08 按<Ctrl>+<D>组合键，弹出“置入”对话框，选择光盘中的“Ch09 > 素材 > 制作家具宣传册内页 > 07”文件，单击“打开”按钮，在页面中单击鼠标置入图片。选择“选择”工具，拖曳图片到适当的位置并调整其大小，效果如图 9-157 所示。

Step 09 第 1 页和第 2 页制作完成的效果如图 9-158 所示。按<Ctrl>+<S>组合键，弹出“存储为”对话框，将其命名为“制作家具宣传册内页”，单击“保存”按钮将其存储。

图 9-157

图 9-158

9.2.2 创建主页

创建主页时可以从头开始创建一个新的主页，也可以利用现有主页或跨页创建主页。当主页应用于其他页面之后，对源主页所做的任何更改会自动反映到所有基于它的主页和文档页面中。

1. 从头开始创建主页

选择“窗口 > 页面”命令，弹出“页面”面板，单击面板右上方的图标，在弹出的菜单中选择“新建主页”命令，如图 9-159 所示。弹出“新建主页”对话框，如图 9-160 所示。

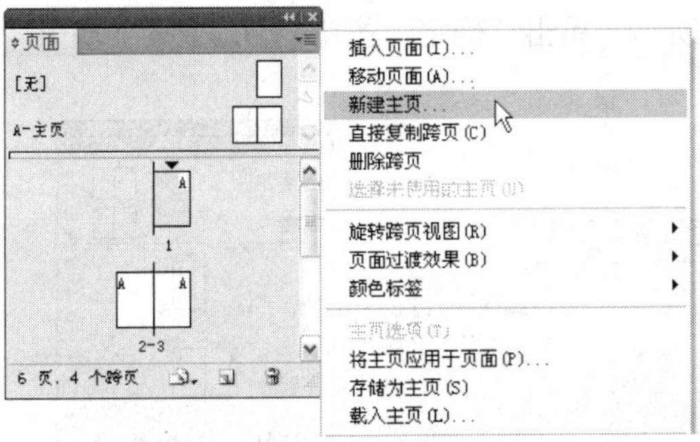

图 9-159

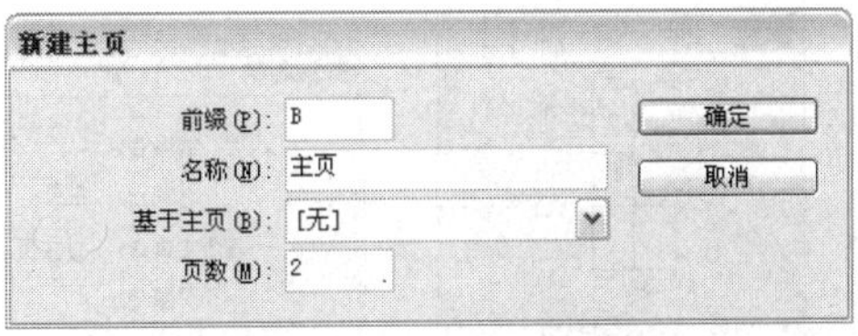

图 9-160

“前缀”选项：标识“页面”面板中的各个页面所应用的主，最多可以输入 4 个字符。

“名称”选项：输入主页跨页的名称。

“基于主页”选项：选择一个以此主页跨页为基础的现有主页跨页，或选择“无”。

“页数”选项：输入一个值以作为主页跨页中要包含的页数（最多为 10）。

设置需要的选项，如图 9-161 所示。单击“确定”按钮，创建新的主页，如图 9-162 所示。

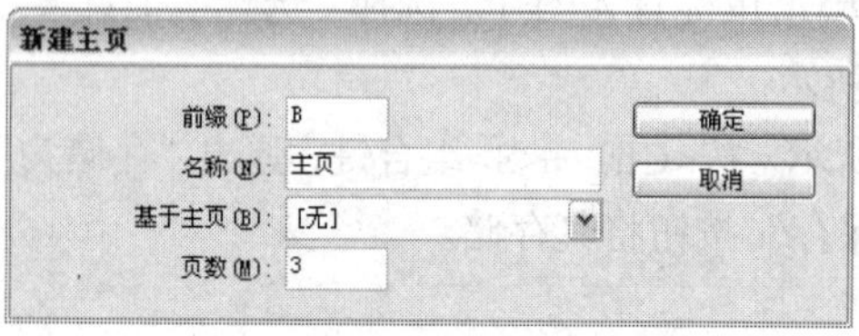

图 9-161

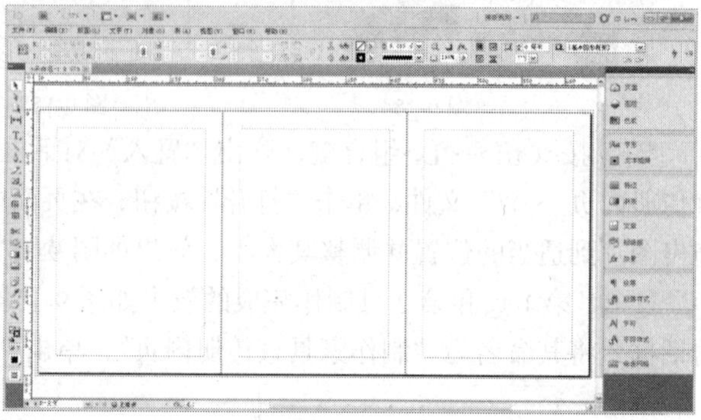

图 9-162

2．从现有页面或跨页创建主页

在“页面”面板中单击选取需要的跨页（或页面）图标，如图 9-163 所示。按住鼠标左键将其从“页面”部分拖曳到“主页”部分，如图 9-164 所示。松开鼠标左键，以现有跨页为基础创建主页，如图 9-165 所示。

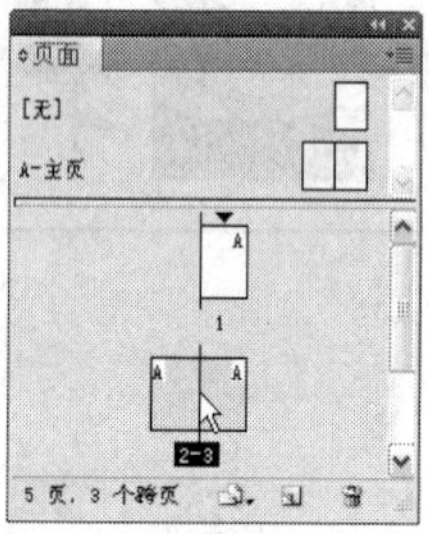

图 9-163

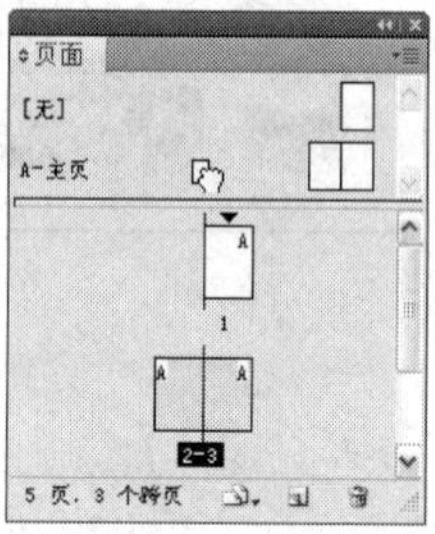

图 9-164

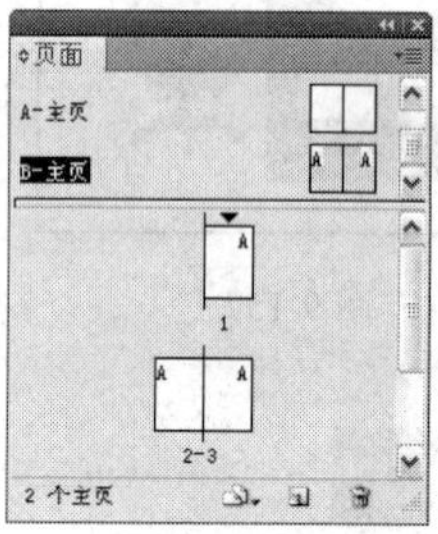

图 9-165

9.2.3 基于其他主页的主页

在“页面”面板中选取需要的主页图标，如图 9-166 所示。单击面板右上方的图标，在弹出的菜单中选择“‘C-主页’的主页选项”命令，弹出“主页选项”对话框，在“基于主页”选项的下拉列表中选取需要的主页，设置如图 9-167 所示。单击“确定”按钮，“C-主页”基于“B-主页”创建主页样式，效果如图 9-168 所示。

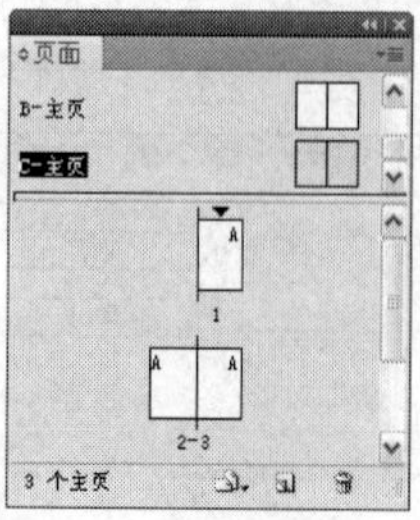

图 9-166

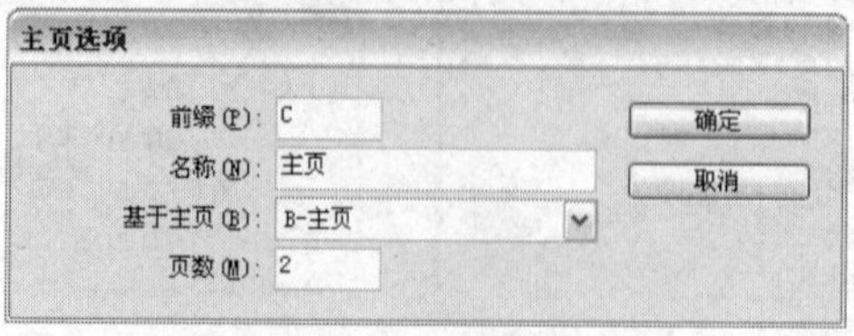

图 9-167

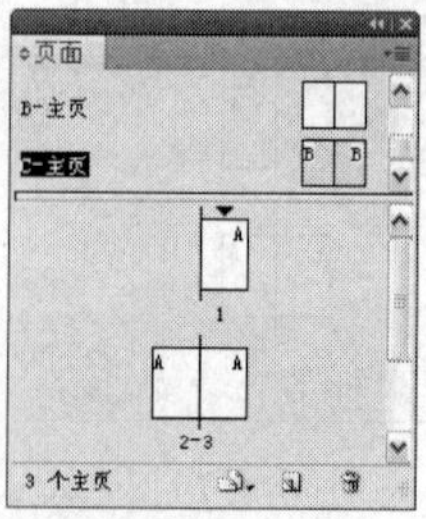

图 9-168

在“页面”面板中选取需要的主页跨页名称，如图 9-169 所示。按住鼠标左键将其拖曳到应用该主页的另一个主页名称上，如图 9-170 所示。松开鼠标左键，“B-主页”基于“C-主页”创建主页样式，如图 9-171 所示。

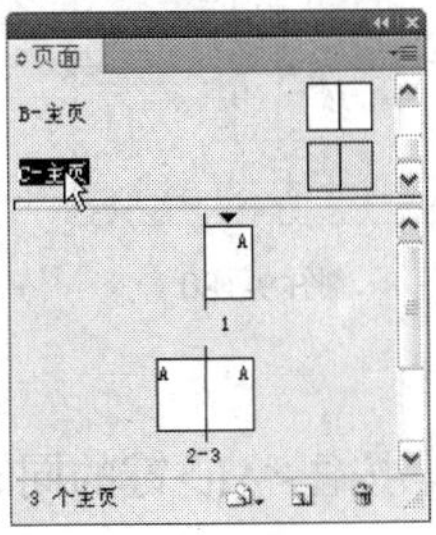

图 9-169

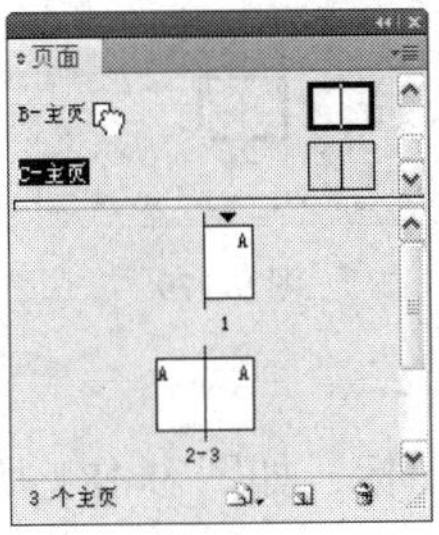

图 9-170

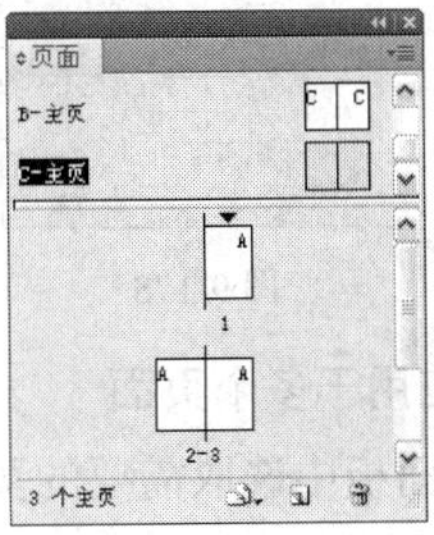

图 9-171

9.2.4　复制主页

在“页面”面板中选取需要的主页跨页名称，如图 9-172 所示。按住鼠标左键将其拖曳到“新建页面”按钮上，如图 9-173 所示。松开鼠标左键，在文档中复制主页，如图 9-174 所示。

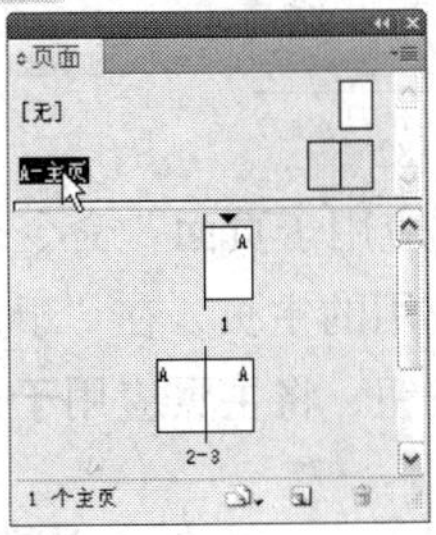

图 9-172

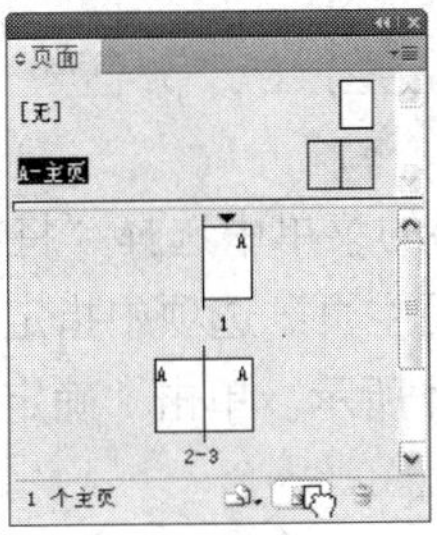

图 9-173

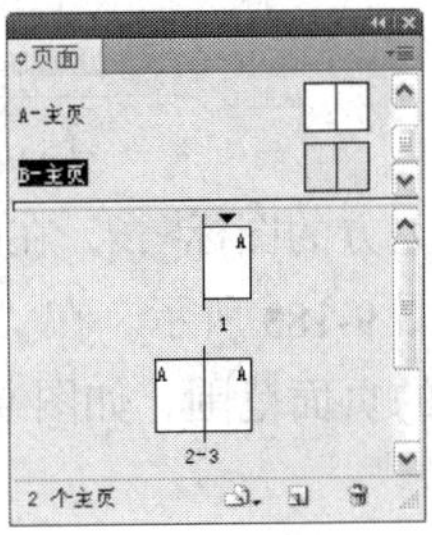

图 9-174

在“页面”面板中选取需要的主页跨页名称，单击面板右上方的图标，在弹出的菜单中选择“直接复制主页跨页‘B-主页’”命令，可以在文档中复制主页。

9.2.5　应用主页

1．将主页应用于页面或跨页

在“页面”面板中选取需要的主页图标，如图 9-175 所示。将其拖曳到要应用主页的页面图标上，当黑色矩形围绕页面时，如图 9-176 所示。松开鼠标，为页面应用主页，如图 9-177 所示。

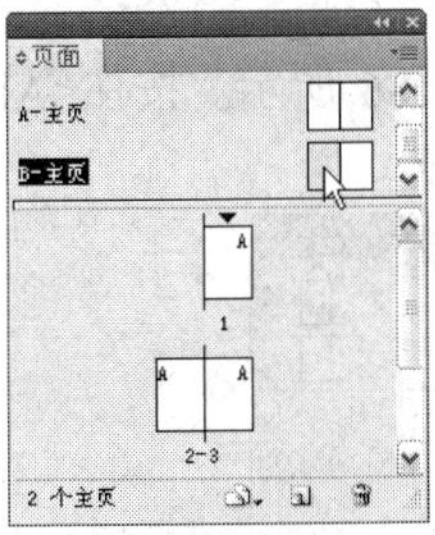

图 9-175

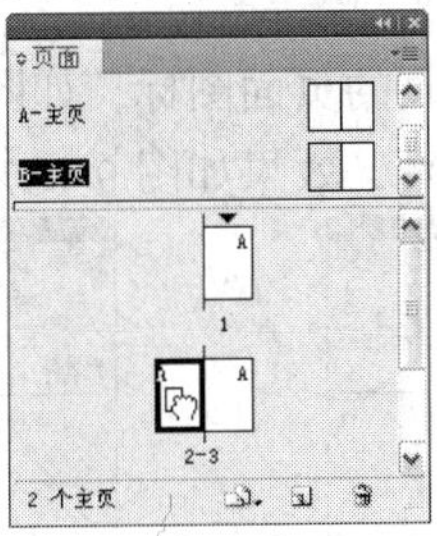

图 9-176

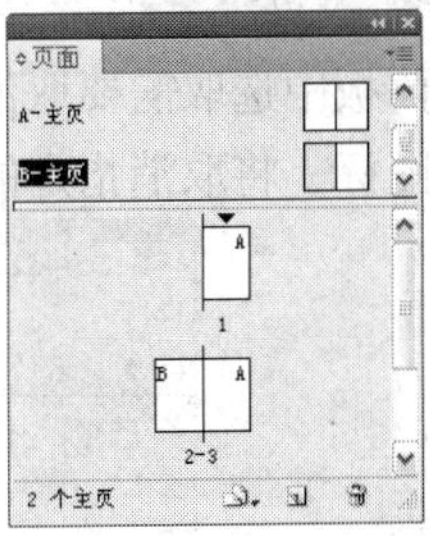

图 9-177

在“页面”面板中选取需要的主页跨页图标，如图 9-178 所示。将其拖曳到跨页的角点上，如图 9-179 所示。当黑色矩形围绕跨页时，松开鼠标，为跨页应用主页，如图 9-180 所示。

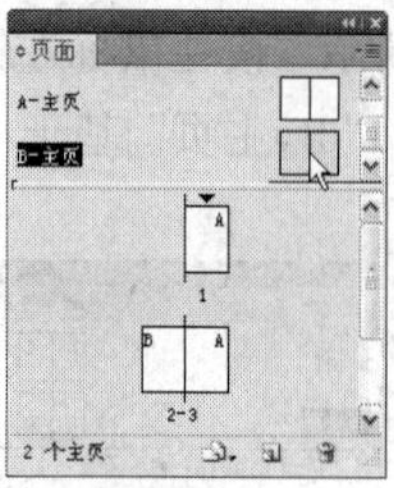

图 9-178

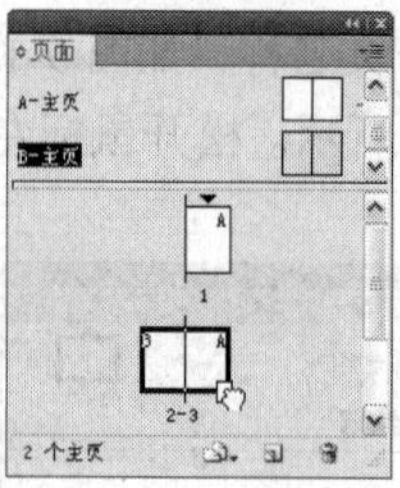

图 9-179

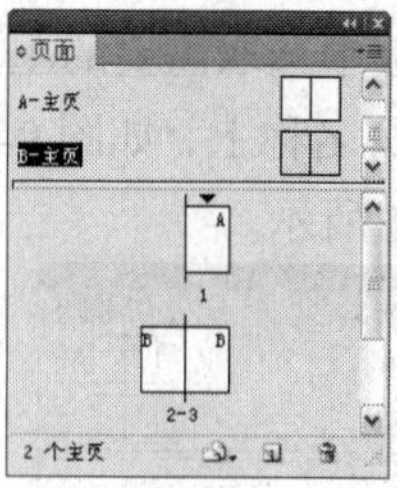

图 9-180

2．将主页应用于多个页面

在“页面”面板中选取需要的页面图标，如图 9-181 所示。按住<Alt>键的同时，单击要应用的主页，将主页应用于多个页面，效果如图 9-182 所示。

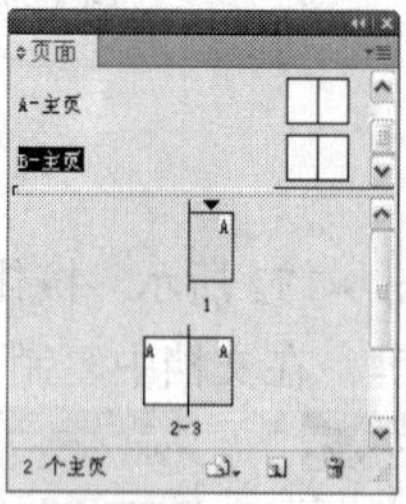

图 9-181

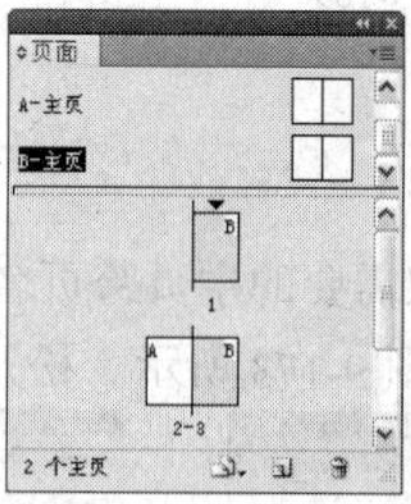

图 9-182

单击面板右上方的图标，在弹出的菜单中选择“将主页应用于页面”命令，弹出“应用主页”对话框，如图 9-183 所示。在“应用主页”选项中指定要应用的主页，在“于页面”选项中指定需要应用主页的页面范围，如图 9-184 所示。单击“确定”按钮，将主页应用于选定的页面，如图 9-185 所示。

图 9-183

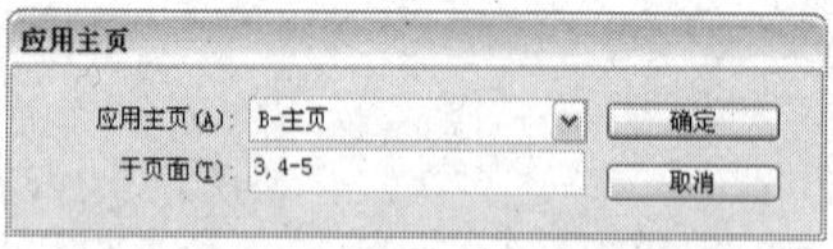

图 9-184

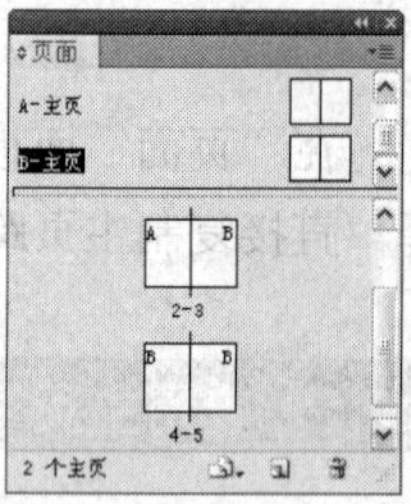

图 9-185

9.2.6 取消指定的主页

在“页面”面板中选取需要取消主页的页面图标，如图 9-186 所示。按住<Alt>键的同时，单击［无］的页面图标，将取消指定的主页，效果如图 9-187 所示。

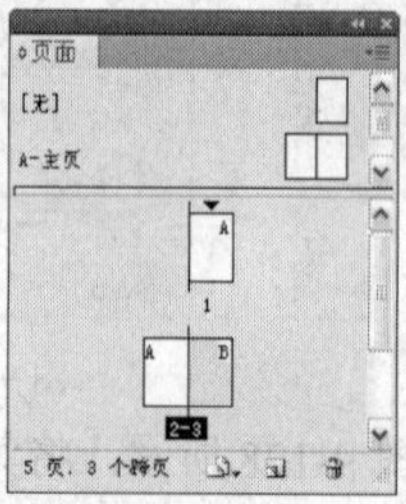

图 9-186

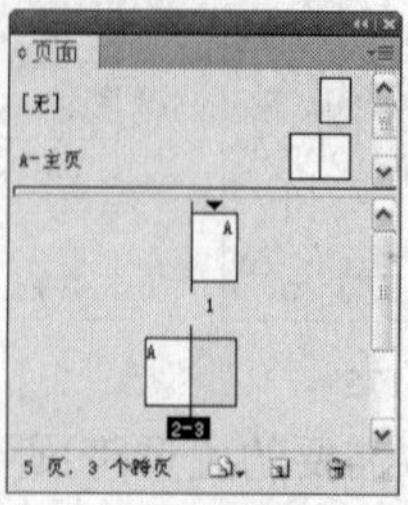

图 9-187

.2.7 删除主页

在“页面”面板中选取要删除的主页，如图 9-188 所示。单击“删除选中页面”按钮 ，单出提示对话框，如图 9-189 所示。单击“确定”按钮删除主页，如图 9-190 所示。

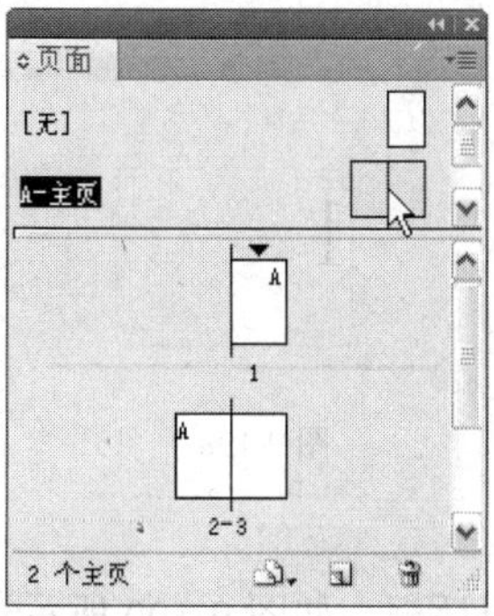

图 9-188

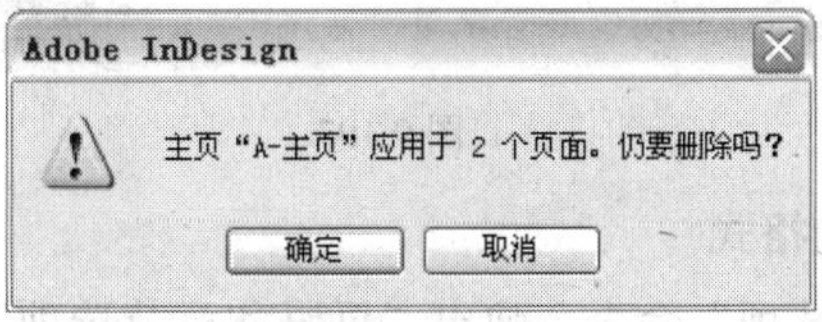

图 9-189

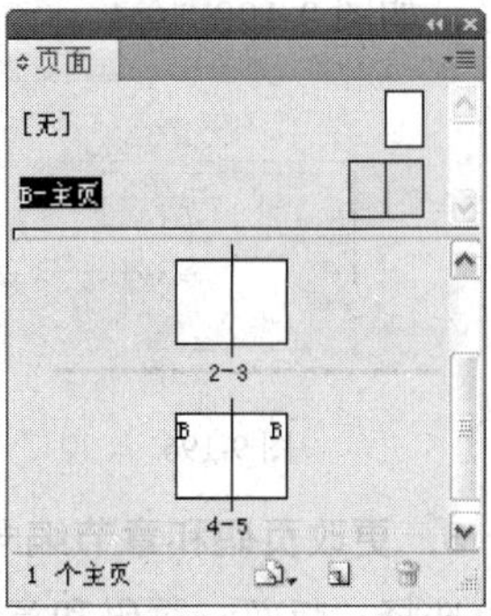

图 9-190

将选取的主页直接拖曳到“删除选中页面”按钮 上，可删除主页。单击面板右上方的图示，在弹出的菜单中选择“删除主页跨页‘1-主页’”命令，也可删除主页。

.2.8 添加页码和章节编号

可以在页面上添加页码标记来指定页码的位置和外观。由于页码标记自动更新，当在文档内增加、移除或排列页面时，它所显示的页码总是正确的。页码标记可以与文本一样设置格式和样式。

1．添加自动页码

选择“文字”工具 T，在要添加页码的页面中拖曳出一个文本框，如图 9-191 所示。选择“文字 > 插入特殊字符 > 标志符 > 当前页码”命令，或按<Ctrl>+<Shift>+<Alt>+<N>组合键，如图-192 所示，在文本框中添加自动页码，如图 9-193 所示。

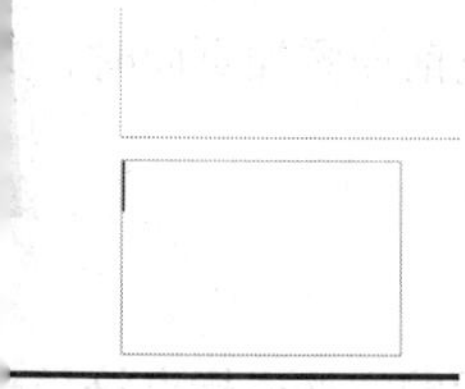

图 9-191

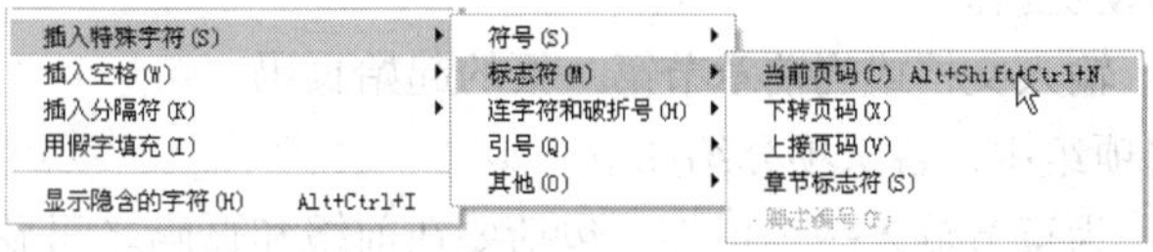

图 9-192

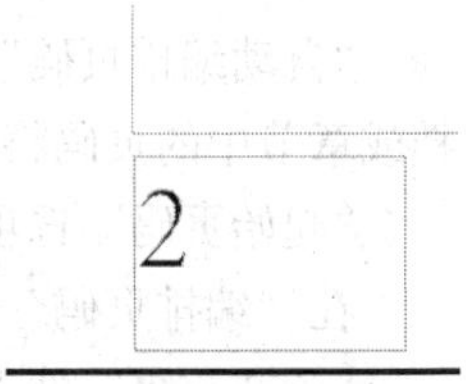

图 9-193

在页面区域显示主页，选择“文字”工具 T，在主页中拖曳一个文本框，如图 9-194 所示。E文本框中单击鼠标右键，在弹出的快捷菜单中选择“插入特殊字符 > 标志符 > 当前页码”命令，在文本框中添加自动页码，如图 9-195 所示。页码以该主页的前缀显示。

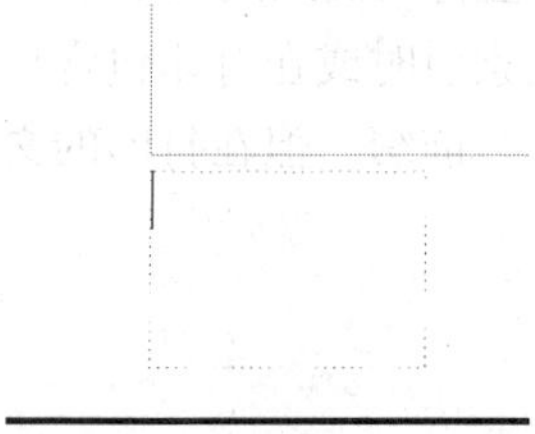

图 9-194

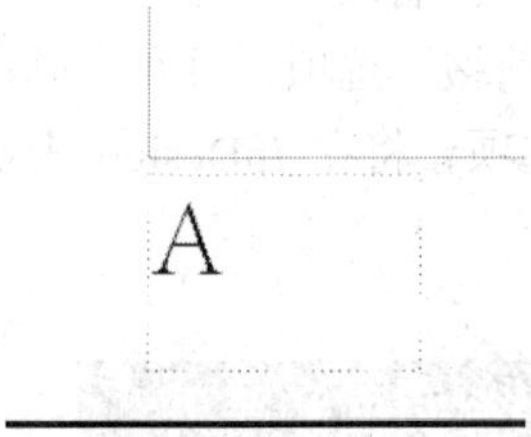

图 9-195

2．添加章节编号

选择“文字”工具 T，在要显示章节编号的位置拖曳出一个文本框，如图 9-196 所示。选择“文字 > 文本变量 > 插入变量 > 章节编号”命令，如图 9-197 所示，在文本框中添加自动的章节编号，如图 9-198 所示。

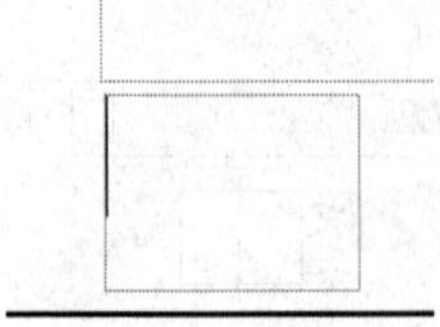

图 9-196

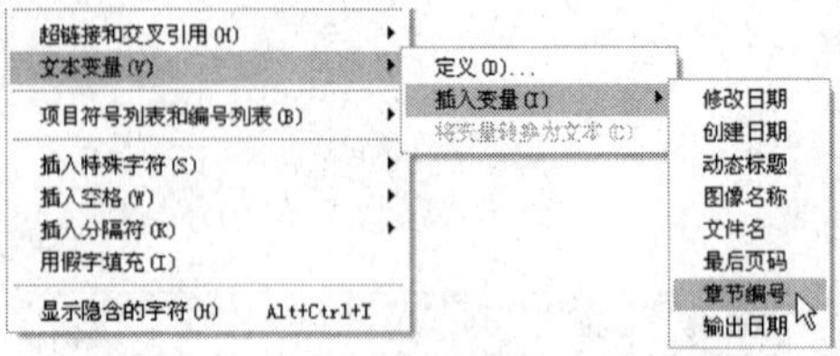

图 9-197

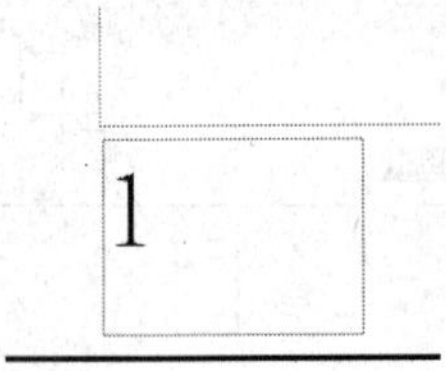

图 9-198

3．更改页码和章节编号的格式

选择“版面> 页码和章节选项”命令，弹出“页码和章节选项”对话框，如图 9-199 所示。设置需要的选项，单击“确定”按钮，可更改页码和章节编号的格式。

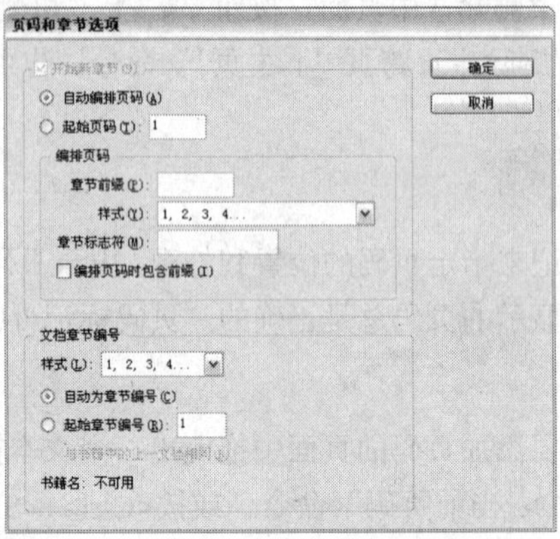

图 9-199

“自动编排页码”选项：让当前章节的页码跟随前一章节的页码。当在它前面添加页面时，文档或章节中的页码将自动更新。

“起始页码”选项：输入文档或当前章节第一页的起始页码。

在“编排页码”选项组中，各选项介绍如下。

“章节前缀”选项：为章节输入一个标签，包括要在前缀和页码之间显示的空格或标点符号。前缀的长度不应大于 8 个字符，不能为空，并且也不能通过按空格键输入一个空格，而是要从文本窗口中复制和粘贴一个空格字符。

“样式”选项：从下拉列表中选择一种页码样式，该样式仅应用于本章节中的所有页面。

“章节标志符”选项：输入一个标签，InDesign 会将其插入到页面中。

“编排页码时包含前缀”选项：可在生成目录或索引时或在打印包含自动页码的页面时显示章节前缀。取消选择此选项，将在 InDesign 中显示章节前缀，但在打印的文档、索引和目录中隐藏该前缀。

9.2.9 确定并选取目标页面和跨页

在“页面”面板中双击其图标（或位于图标下的页码），在页面中确定并选取目标页面或跨页在文档中单击页面,该页面上的任何对象或文档窗口中该页面的粘贴板可用来确定并选取目标页面和跨页。

单击目标页面的图标，如图 9-200 所示，可在“页面”面板中选取该页面。在视图文档中确定的页面为第一页，要选取目标跨页，单击图标下的页码即可，如图 9-201 所示。

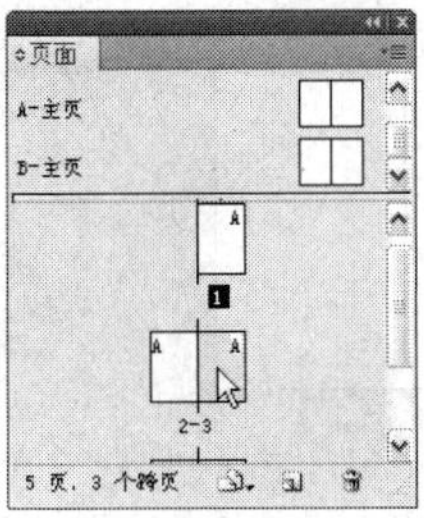

图 9-200

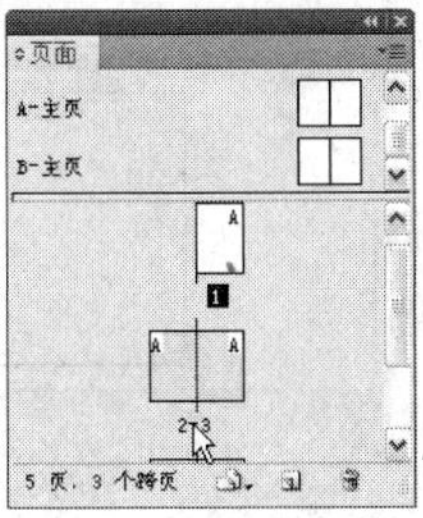

图 9-201

9.2.10　以两页跨页作为文档的开始

选择“文件 > 文档设置”命令，确定文档至少包含 3 个页面，已勾选“对页”选项，单击“确定”按钮，效果如图 9-202 所示。设置文档的第一页为空，按住<Shift>键的同时，在“页面”面板中选取除第一页外的其他页面，如图 9-203 所示。单击面板右上方的图标，在弹出的菜单中取消选择“允许选定的跨页随机排布”命令，如图 9-204 所示，“页面”面板如图 9-205 所示。在“页面”面板中选取第一页，单击“删除选中页面”按钮，“页面”面板如图 9-206 所示，页面区域如图 9-207 所示。

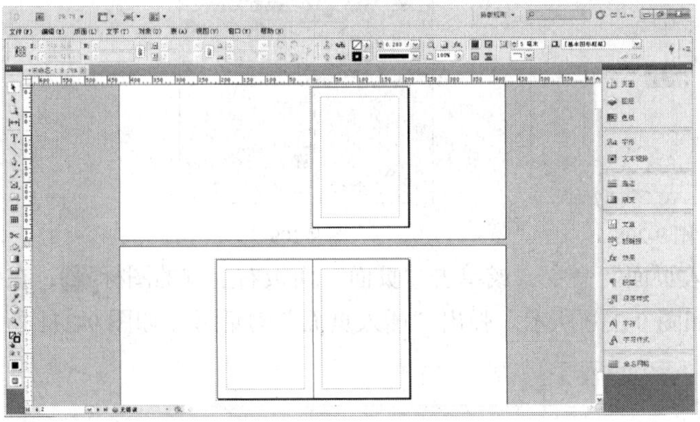

图 9-202

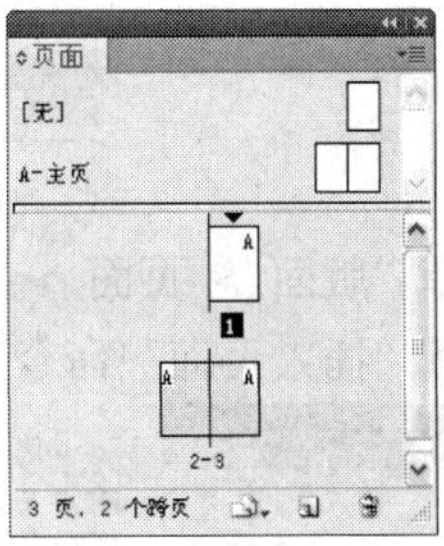

图 9-203

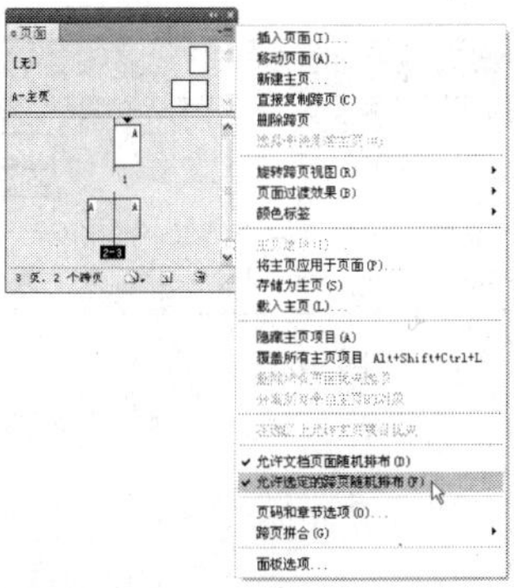

图 9-204

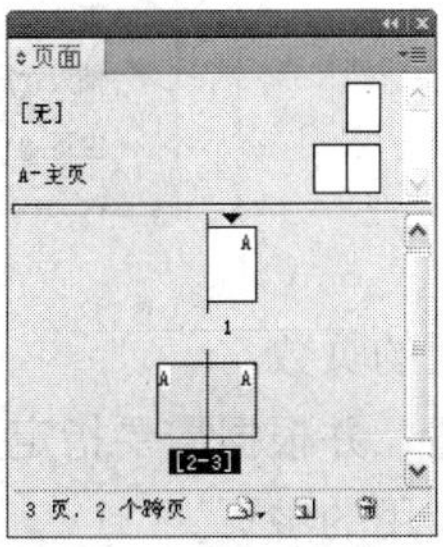

图 9-205

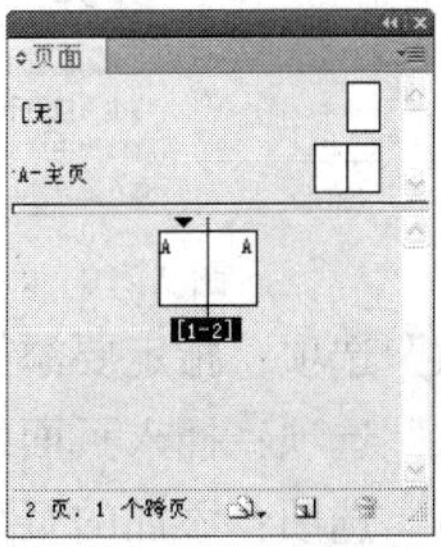

图 9-206

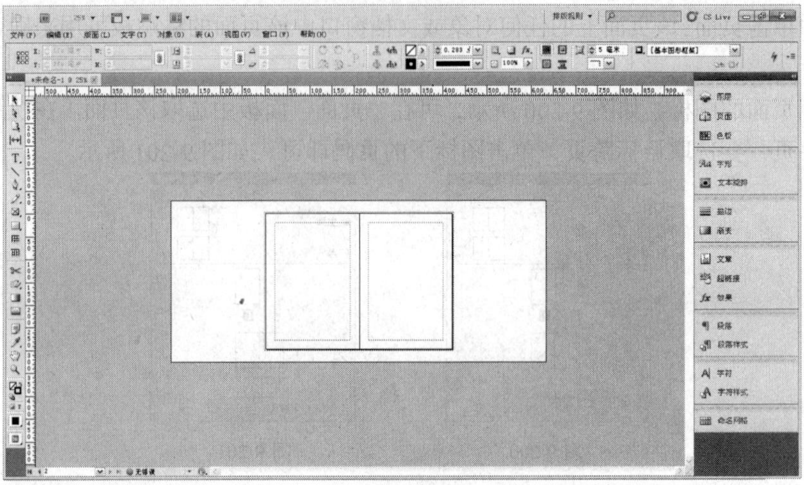

图 9-207

9.2.11 添加新页面

在“页面”面板中单击“新建页面”按钮，如图 9-208 所示，在活动页面或跨页之后将添加一个页面，如图 9-209 所示。新页面将与现有的活动页面使用相同的主页。

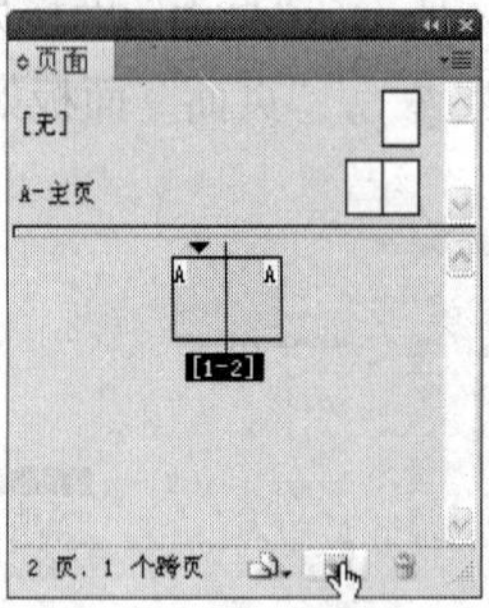

图 9-208

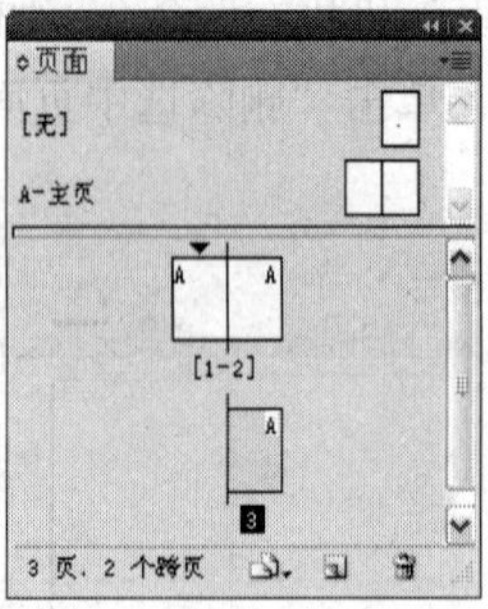

图 9-209

选择“版面 > 页面 > 插入页面”命令，或单击“页面”面板右上方的图标，在弹出的菜单中选择“插入页面”命令，如图 9-210 所示。弹出“插入页面”对话框，如图 9-211 所示。

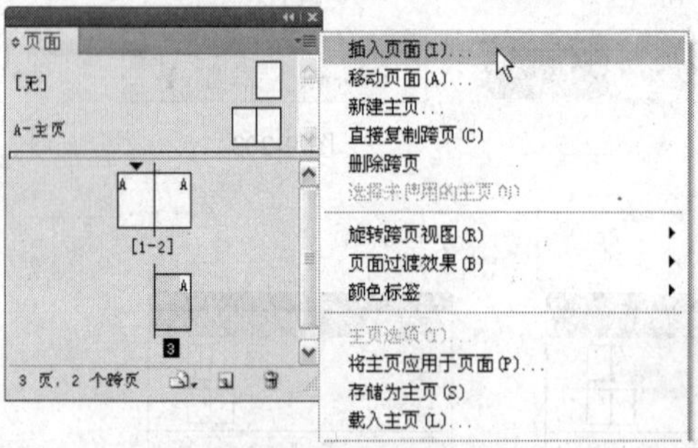

图 9-210

图 9-211

“页数”选项：指定要添加页面的页数。

“插入”选项：插入页面的位置，并根据需要指定页面。

“主页”选项：添加的页面要应用的主页。

设置需要的选项，如图 9-212 所示。单击“确定”按钮，效果如图 9-213 所示。

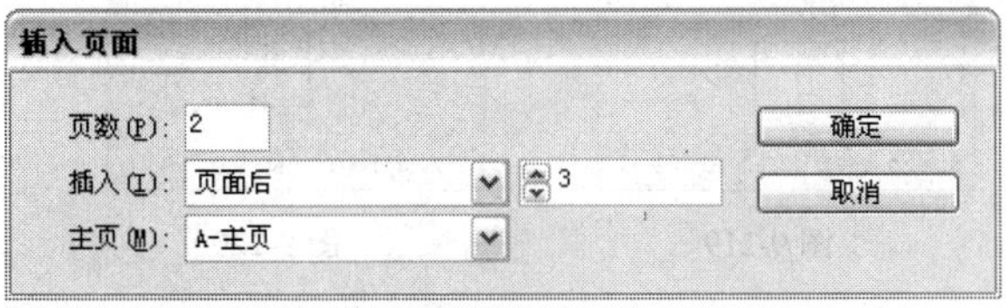

图 9-212

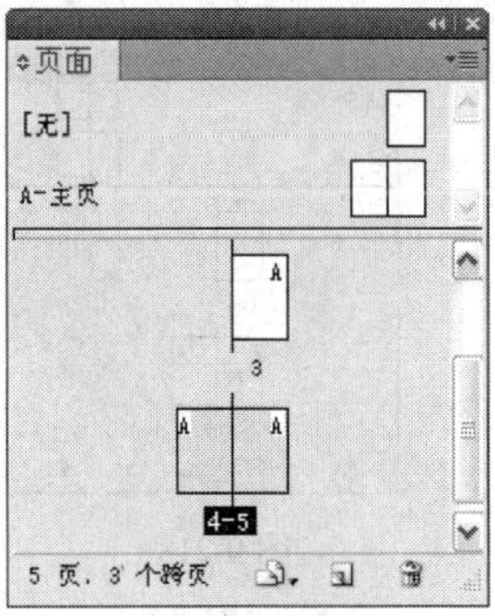

图 9-213

9.2.12 移动页面

选择“版面 > 页面 > 移动页面”命令，或单击“页面”面板右上方的图标，在弹出的菜单中选择“移动页面”命令，如图 9-214 所示。弹出“移动页面”对话框，如图 9-215 所示。

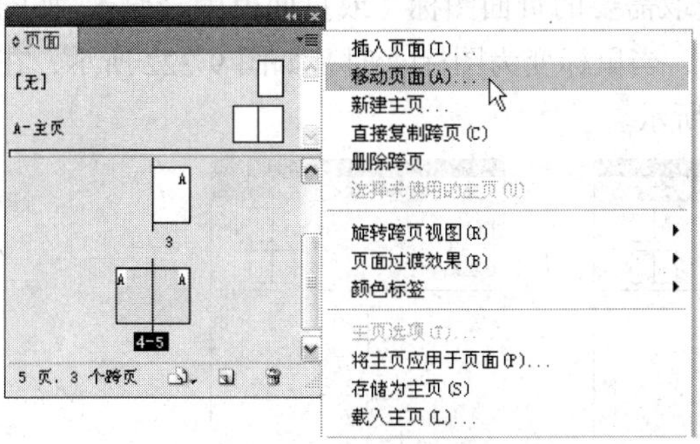

图 9-214

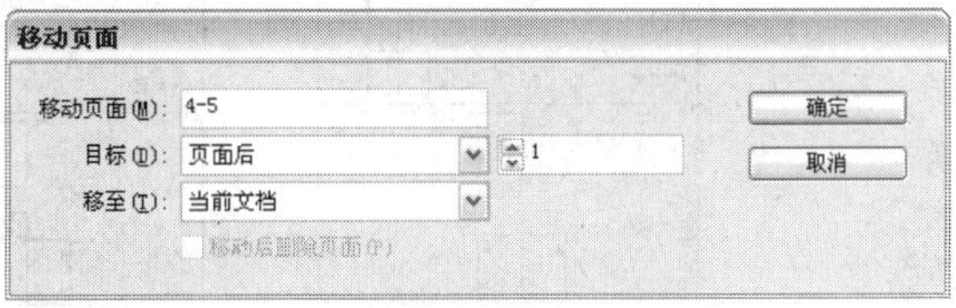

图 9-215

“移动页面”选项：指定要移动的一个或多个页面。

“目标”选项：指定将移动到的位置，并根据需要指定页面。

“移至”选项：指定移动的目标文档。

设置需要的选项，如图 9-216 所示。单击“确定”按钮，效果如图 9-217 所示。

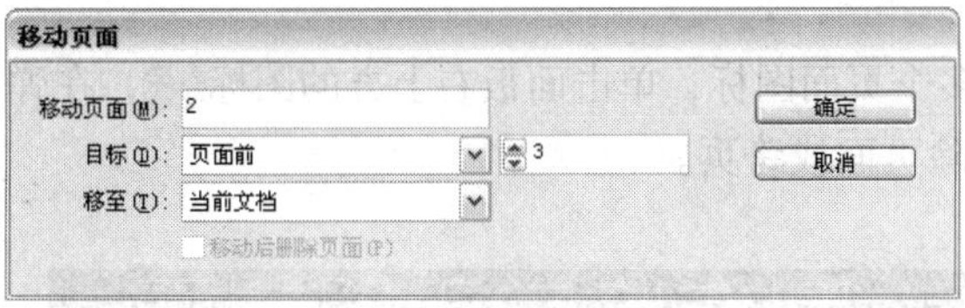

图 9-216

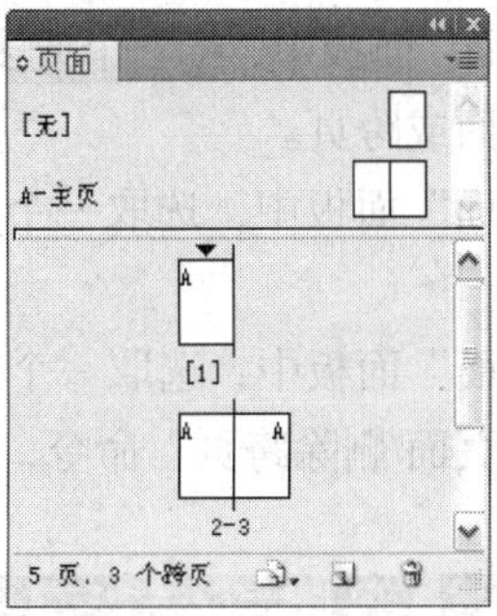

图 9-217

在“页面”面板中单击选取需要的页面图标，如图 9-218 所示。按住鼠标左键将其拖曳至适当的位置，如图 9-219 所示。松开鼠标左键，将选取的页面移动到适当的位置，效果如图 9-220 所示。

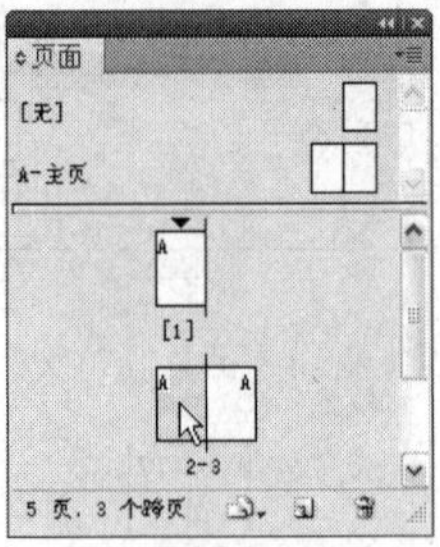

图 9-218

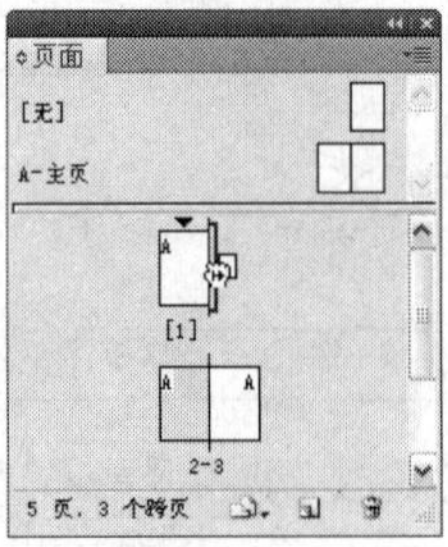

图 9-219

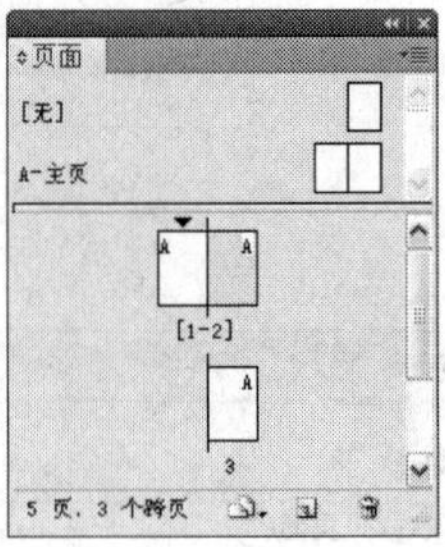

图 9-220

9.2.13 复制页面或跨页

在“页面”面板中单击选取需要的页面图标。按住鼠标左键并将其拖曳到面板下方的“新建页面”按钮上，可复制页面。单击面板右上方的图标，在弹出的菜单中选择“直接复制页面”命令，也可复制页面。

按住<Alt>键的同时，在“页面”面板中单击选取需要的页面图标（或页面范围号码），如图 9-221 所示。按住鼠标左键并将其拖曳到需要的位置，当鼠标变为图标时，如图 9-222 所示，在文档末尾将生成新的页面，“页面”面板如图 9-223 所示。

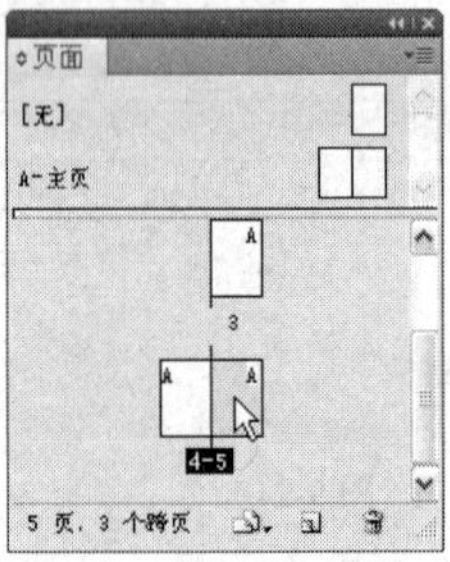

图 9-221

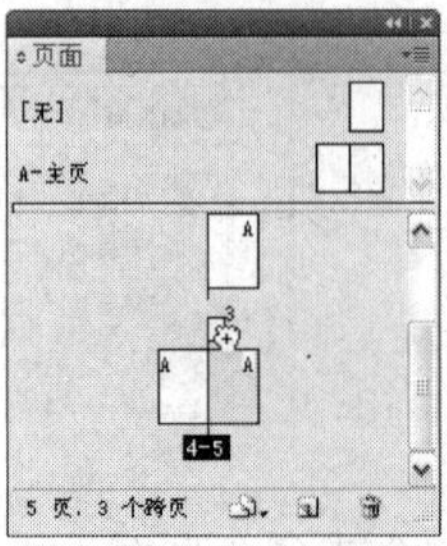

图 9-222

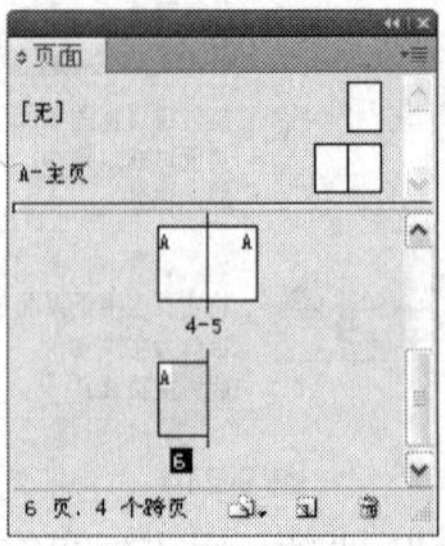

图 9-223

9.2.14 删除页面或跨页

在“页面”面板中，将一个或多个页面图标或页面范围号码拖曳到“删除选中页面”按钮上，删除页面或跨页。

在“页面”面板中，选取一个或多个页面图标，单击“删除选中页面”按钮，删除页面或跨页。

在“页面”面板中，选取一个或多个页面图标，单击面板右上方的图标，在弹出的菜单中选择“删除页面/删除跨页”命令，删除页面或跨页。

9.3 课堂练习——制作鉴赏手册封面

练习知识要点：使用置入命令、投影命令添加图片，使用多边形工具绘制星形，使用文字工具、外发光命令制作标题文字，使用文字工具添加说明性文字，效果如图 9-224 所示。

效果所在位置：光盘/Ch09/效果/制作鉴赏手册封面.indd。

图 9-224

9.4 课后习题——制作鉴赏手册内页

习题知识要点：使用页码和章节选项命令制作起始对页效果，使用页面面板新建并编辑主页，使用置入命令、投影命令添加图片，使用文字工具添加说明性文字，效果如图 9-225 所示。

效果所在位置：光盘/Ch09/效果/制作鉴赏手册内页.indd。

图 9-225

第10章 编辑书籍和目录

本章介绍 InDesign CS5 中书籍和目录的编辑和应用方法。掌握编辑书籍、目录的方法和技巧，可以帮助读者完成更加复杂的排版设计项目，提高排版的专业技术水平。

【教学目标】

- 创建目录。
- 创建书籍。

10.1 创建目录

目录可以列出书籍、杂志或其他出版物的内容，可以显示插图列表、广告商或摄影人员名单，也可以包含有助于在文档或书籍文件中查找的信息。

10.1.1 课堂案例——制作家具宣传册目录

案例学习目标：学习使用自定形状工具绘制图形，使用文本工具输入文字并对文字进行编辑。

案例知识要点：使用矩形工具绘制装饰图案，使用置入命令添加图片效果，使用段落样式面板和目录命令提取目录，家具宣传册目录效果如图 10-1 所示。

效果所在位置：光盘/Ch10/效果/制作家具宣传册目录.indd。

图 10-1

1. 提取目录

Step 01 选择“文件 > 打开”命令，选择光盘中的“Ch10 > 素材 > 制作家具宣传册目录 > 01”文件，单击“打开”按钮。选择“窗口 > 色板”命令，弹出“色板”面板，单击面板右上方的图标，在弹出的菜单中选择“新建颜色色板”命令，弹出“新建颜色色板”对话框，设置如图 10-2 所示。单击“确定”按钮，色板面板如图 10-3 所示。

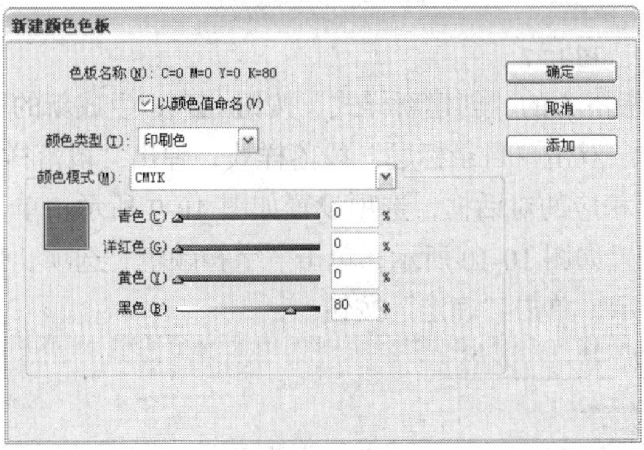

图 10-2

图 10-3

Step 02 在“段落样式”面板中，单击面板下方的“创建新样式”按钮，生成新的段落样式并将其命名为“目录小标题”，如图 10-4 所示。双击“目录小标题”名称，弹出“段落样式选项”对话框，单击“基本字符格式”选项，弹出相应的对话框，选项设置如图 10-5 所示；单击“缩进和间距”选项，弹出相应的对话框，选项设置如图 10-6 所示；单击“字符颜色”选项，弹出相应的对话框，选择需要的颜色，如图 10-7 所示，单击“确定”按钮。

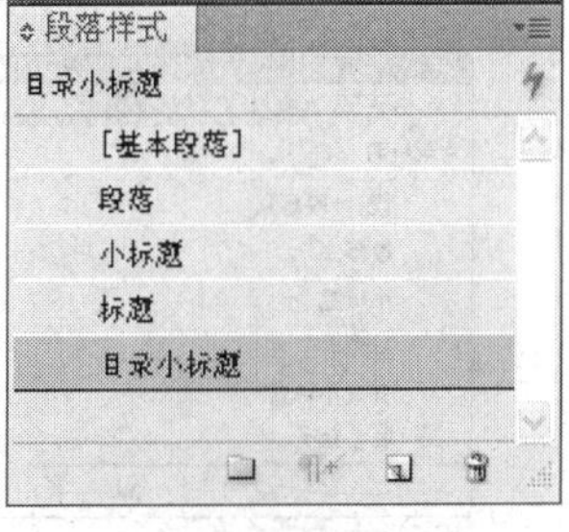

图 10-4

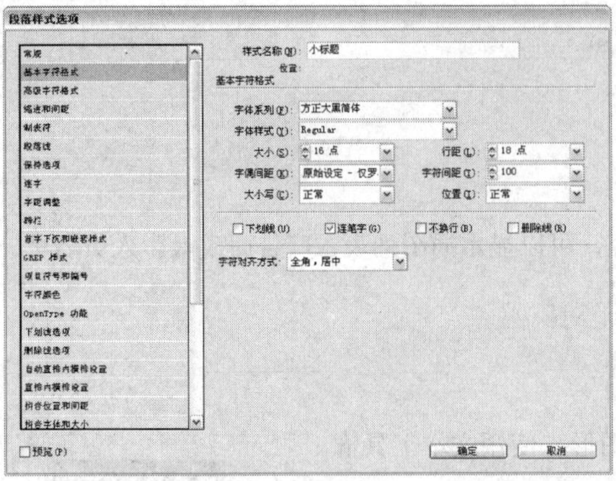

图 10-5

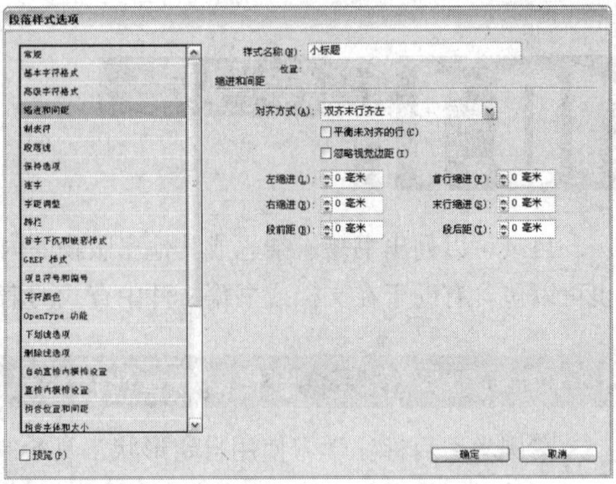

图 10-6

图 10-7

Step 03 在“段落样式”面板中，单击面板下方的“创建新样式”按钮 ，生成新的段落样式并将其命名为“目录标题”，如图 10-8 所示。双击“目录标题”段落样式，弹出“段落样式选项”对话框，单击“基本字符格式”选项，弹出相应的对话框，选项设置如图 10-9 所示；单击“缩进和间距”选项，弹出相应的对话框，选项设置如图 10-10 所示；单击“字符颜色”选项，弹出相应的对话框，选择需要的颜色，如图 10-11 所示，单击“确定”按钮。

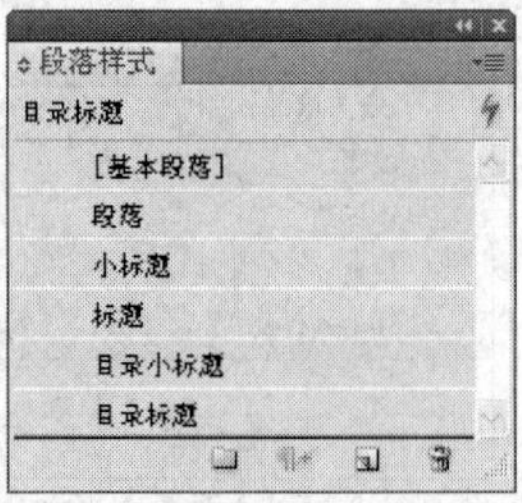

图 10-8

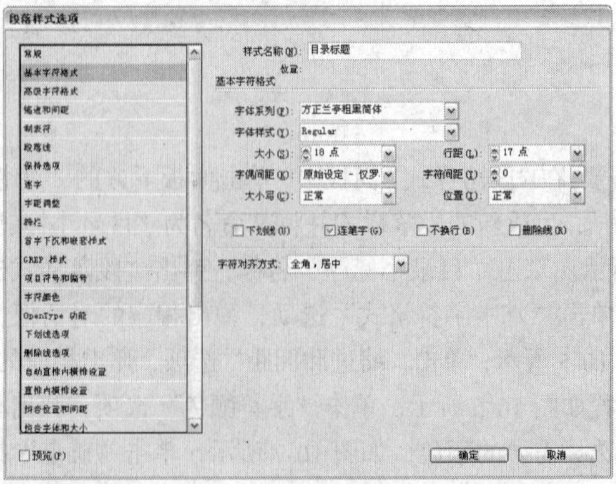

图 10-9

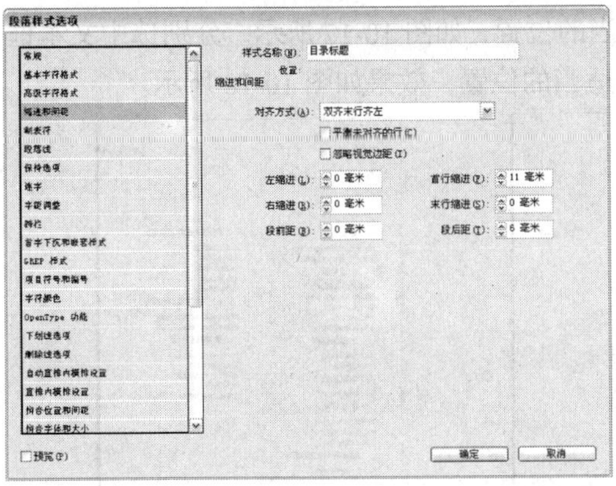

图 10-10

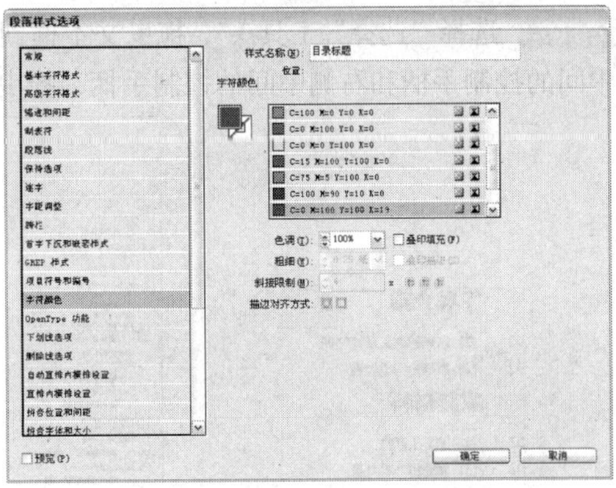

图 10-11

Step 04 选择“版面 > 目录”命令，弹出“目录”对话框，在“其他样式”列表框中选择“标题”选项，如图 10-12 所示。单击“添加”按钮 << 添加(A) ，将“标题”添加到“包含段落样式”列表中，如图 10-13 所示。

Step 05 在“其他样式”列表框中选择“小标题”选项，单击“添加”按钮 << 添加(A) ，将“小标题”添加到“包含段落样式”列表中，如图 10-13 所示。单击“确定”按钮，在页面中单击鼠标，提取目录，效果如图 10-14 所示。

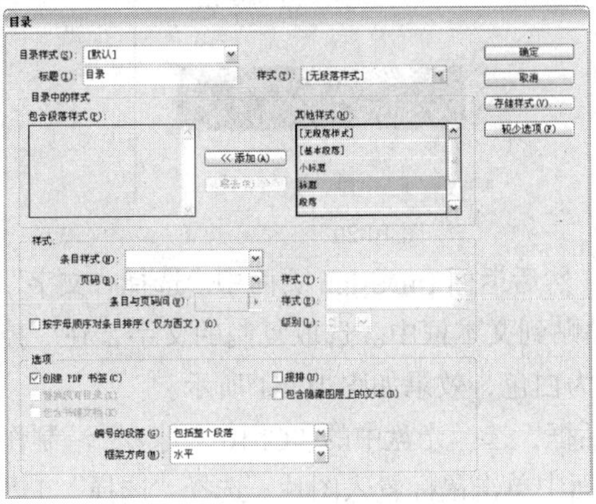

图 10-12

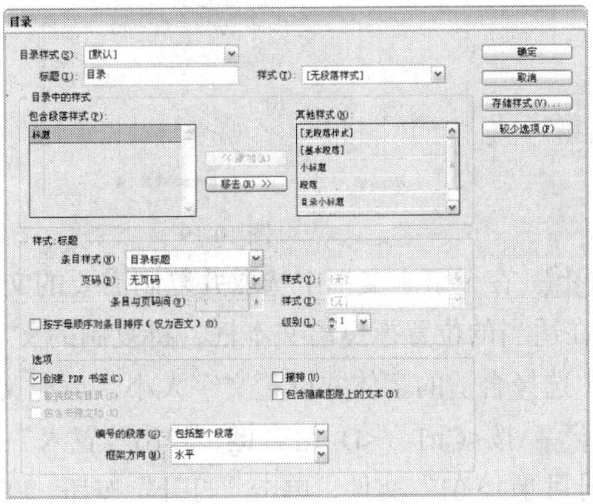

图 10-13

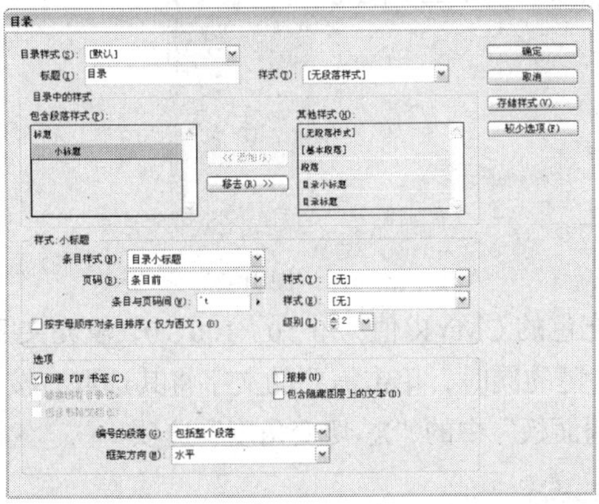

图 10-14

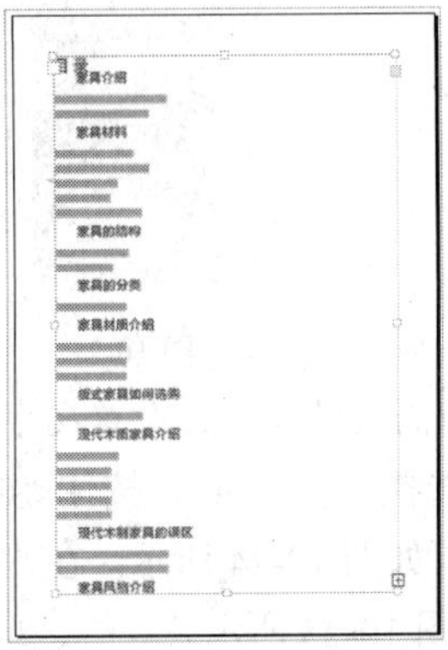

图 10-15

Step 06 选择“文字”工具 T，将光标置于文本框的开始位置，删去“目录”两字，文字效果如图 10-16 所示。

Step 07 选择“选择”工具，拖曳文本框到适当的位置，如图 10-17 所示。分别选中文本框下方中间的控制手柄和右侧中间的控制手柄，拖曳到适当的位置，效果如图 10-18 所示。

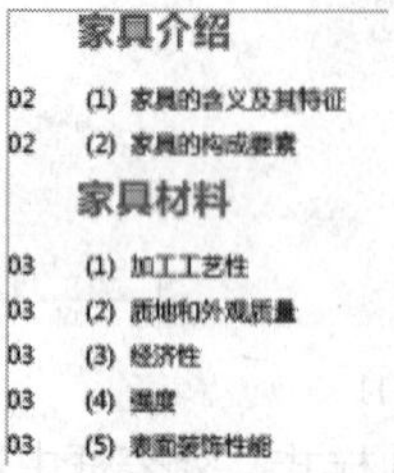

图 10-16

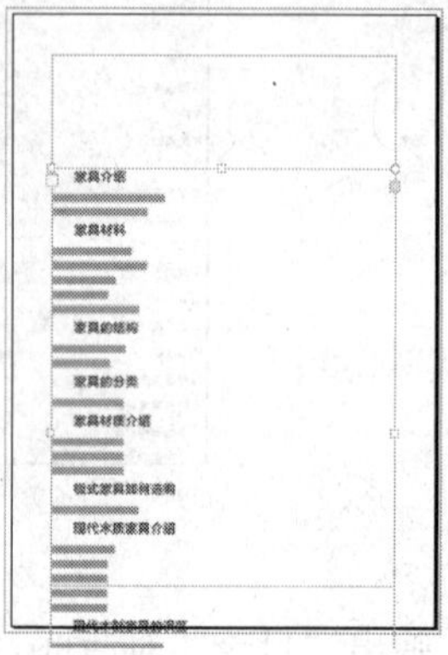

图 10-17

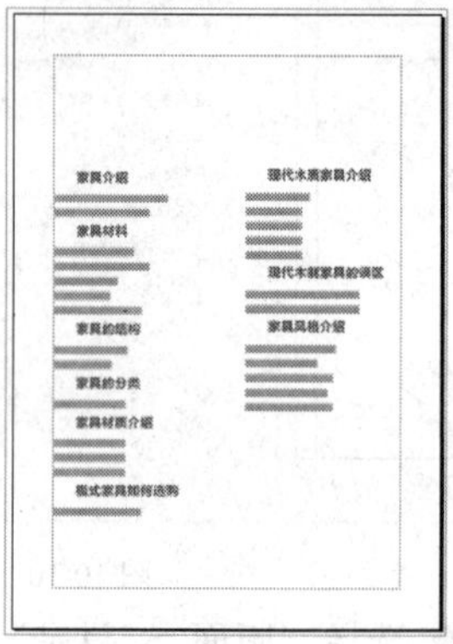

图 10-18

2．添加目录标题及装饰图形

Step 01 选择“矩形”工具，在适当的位置绘制一个矩形。设置图形填充色的 CMYK 值为 0、36、100、0，填充图形并设置描边色为无，如图 10-19 所示。再次绘制一个矩形，设置图形填充色的 CMYK 值为 0、100、100、3，填充图形并设置描边色为无，效果如图 10-20 所示。

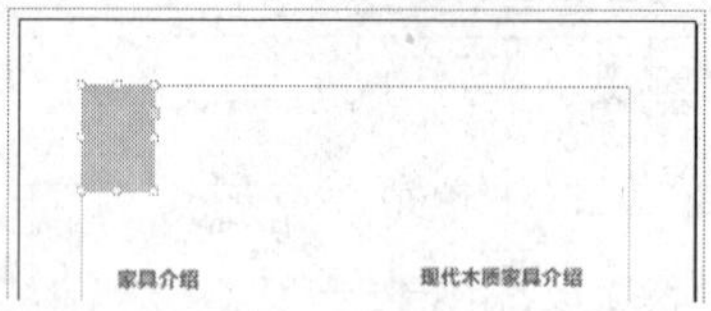

图 10-19

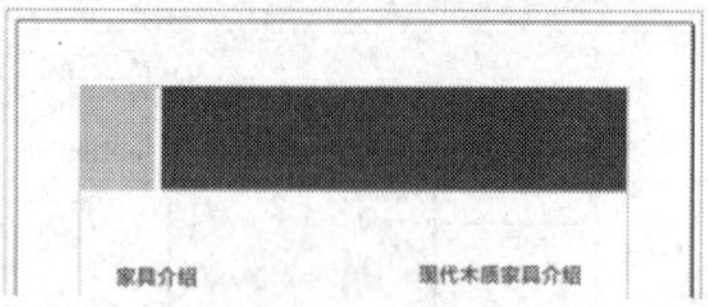

图 10-20

Step 02 在记事本文档中选取并复制需要的文字，然后返回 InDesign 页面中。选择“文字”工具 T，在适当的位置拖曳出文本框，将复制的文字粘贴到文本框中。选取复制的文字，在“控制面板”中选择合适的字体并设置文字大小，填充文字为白色，效果如图 10-21 所示。

Step 03 按<Ctrl>+<D>组合键，弹出“置入”对话框，选择光盘中的“Ch10 > 素材 > 制作家具宣传册目录 > 01”文件，单击“打开”按钮，在页面中单击鼠标置入图片。选择“选择”工具，拖曳图片到适当的位置并调整其大小，效果如图 10-22 所示。

图 10-21

图 10-22

Step 04 选取需要的文字，设置文字填充色的 CMYK 值为 0、0、100、0，填充文字，如图 10-23 所示。选择“选择”工具，按住<Shift>键的同时，单击需要的文字将其选取，按<Ctrl>+<G>组合键将其编组，如图 10-24 所示。在“控制面板”中的“X 切变角度”选项的文本框中输入 15，效果如图 10-25 所示。

图 10-23

图 10-24

图 10-25

Step 05 按<Ctrl>+<D>组合键，弹出“置入”对话框，选择光盘中的“Ch10 > 素材 > 制作家具宣传册目录 > 02”文件，单击“打开”按钮，在页面中单击鼠标置入图片。选择“选择”工具，拖曳图片到适当的位置并调整其大小，效果如图 10-26 所示。选中图片左侧中间的控制手柄，向右拖曳到适当的位置，效果如图 10-27 所示。

图 10-26

图 10-27

Step 06 单击“控制面板”中的“向选定的目标添加对象效果”按钮，在弹出的菜单中选择“渐变羽化”命令，弹出“效果”对话框，选项设置如图 10-28 所示。单击“确定”按钮，效果如图 10-29 所示。

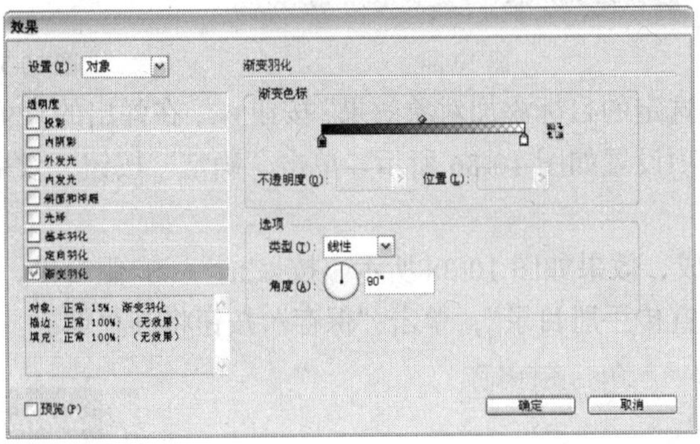

图 10-28

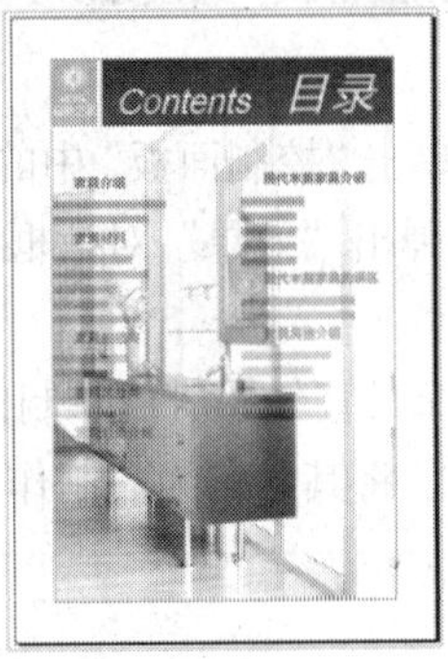

图 10-29

Step 07 在“控制面板”中的“不透明度”选项文本框中输入 15，按<Ctrl>+<Shift>+<[>组合键将其置于底层，效果如图 10-30 所示。

Step 08 选择“直线”工具，按住<Shift>键的同时，绘制一条直线，如图 10-31 所示。选择“矩形”工具，绘制一个矩形。设置图形填充色的 CMYK 值为 0、100、100、31，填充图形并设置描边色为无，效果如图 10-32 所示。

图 10-30

图 10-31

图 10-32

Step 09 按<Ctrl>+<D>组合键，弹出“置入”对话框，选择光盘中的“Ch10 > 素材 > 制作家具宣传册目录 > 03、04”文件，单击“打开”按钮，分别在页面中单击鼠标右键置入图片。选择“选择”工具，分别拖曳图片到适当的位置并调整其大小，效果如图 10-33 所示。

Step 10 按住<Shift>键的同时，单击需要的图片将其选取。在“对齐”面板中，单击“垂直居中对齐”按钮，按<Ctrl>+<G>组合键将其编组，效果如图 10-34 所示。

Step 11 按<Ctrl>+<D>组合键，弹出“置入”对话框，选择光盘中的“Ch10 > 素材 > 制作家具宣传册目录 > 05”文件，单击“打开”按钮，在页面中单击鼠标置入图片。选择“选择”工具，拖曳图片到适当的位置并调整其大小，效果如图 10-35 所示。

图 10-33

图 10-34

图 10-35

Step 12 单击“控制面板”中的“向选定的目标添加对象效果”按钮 fx，在弹出的菜单中选择“投影”命令，弹出“效果”对话框，选项设置如图 10-36 所示。单击“确定”按钮，效果如图 10-37 所示。

Step 13 家具宣传手册目录制作完成，效果如图 10-38 所示。按<Ctrl>+<S>组合键，弹出“存储为”对话框，将其命名为“制作家具宣传手册目录”，单击“保存”按钮将其存储。

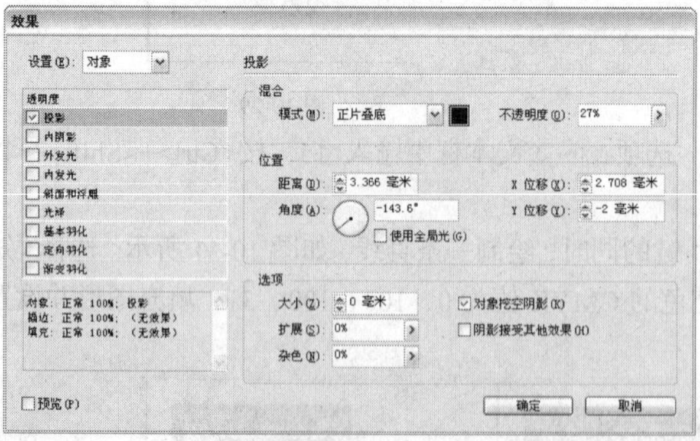

图 10-36

图 10-37

图 10-38

10.1.2 生成目录

生成目录前，先确定应包含的段落（如章、节标题），为每个段落定义段落样式。确保将这些样式应用于单篇文档或编入书籍的多篇文档中的所有相应段落。

在创建目录时，应在文档中添加新页面。选择“版面 > 目录”命令，弹出“目录”对话框，如图 10-39 所示。

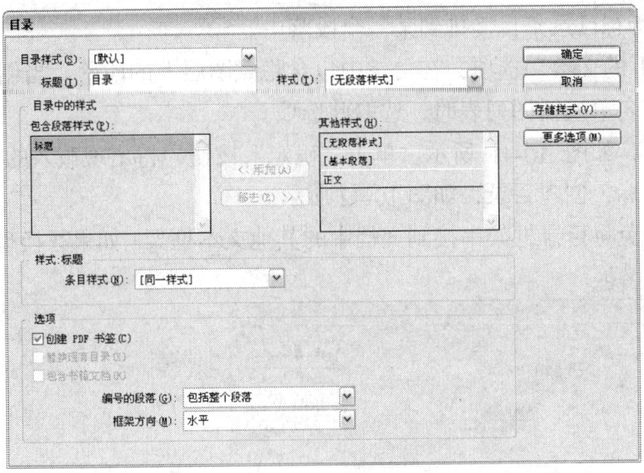

图 10-39

“标题”选项：键入目录标题，将显示在目录顶部。要设置标题的格式，从“样式”菜单中选择一个样式。

通过双击“其他样式”列表框中的段落样式，将其添加到“包括段落样式”列表框中，以确定目录包含的内容。

“创建 PDF 书签”选项：将文档导出为 PDF 时，在 Adobe Acrobat 或 Adobe Reader® 的“书签”面板中显示目录条目。

“替换现有目录”选项：替换文档中所有现有的目录文章。

“包含书籍文档”选项：为书籍列表中的所有文档创建一个目录，重编该书的页码。如果只想为当前文档生成目录，则取消勾选此选项。

“编号的段落”选项：若目录中包括使用编号的段落样式，指定目录条目是包括整个段落（编号和文本）、只包括编号还是只包括段落。

“框架方向”选项：指定要用于创建目录的文本框架的排版方向。

单击“更多选项”命令，将弹出设置目录样式的选项，如图 10-40 所示。

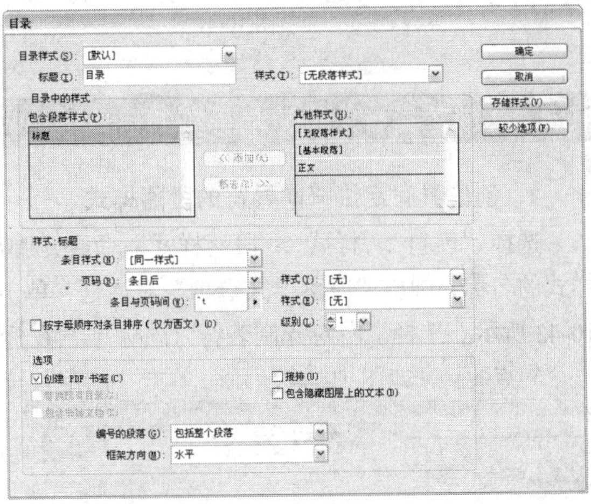

图 10-40

“条目样式”选项：对应“包括段落样式”中的每种样式，选择一种段落样式应用到相关联的目录条目。

“页码”选项：选择页码的位置，在右侧的“样式”选项下拉列表中选择页码需要的字符样式。

“条目与页码间”选项：指定要在目录条目及其页码之间显示的字符。可以在弹出列表中选择其他特殊字符，在右侧的“样式”选项下拉列表中选择需要的字符样式。

“按字母顺序对条目排序（仅为西文）”选项：将按字母顺序对选定样式中的目录条目进行排序。

“级别”选项：默认情况下，“包含段落样式”列表中添加的每个项目比它的直接上层项目低一级。可以通过为选定段落样式指定新的级别编号来更改这一层次。

“接排”选项：所有目录条目接排到某一个段落中。

“包含隐藏图层上的文本”选项：在目录中包含隐藏图层上的段落。当创建其自身在文档中为不可见文本的广告商名单或插图列表时，选取此选项。

设置需要的选项，如图 10-41 所示。单击“确定”按钮，将出现载入的文本光标，在页面中需要的位置拖曳光标，创建目录，如图 10-42 所示。

拖曳光标时应避免将目录框架串接到文档中的其他文本框架。如果替换现有目录，则整篇文章都将被更新后的目录替换。

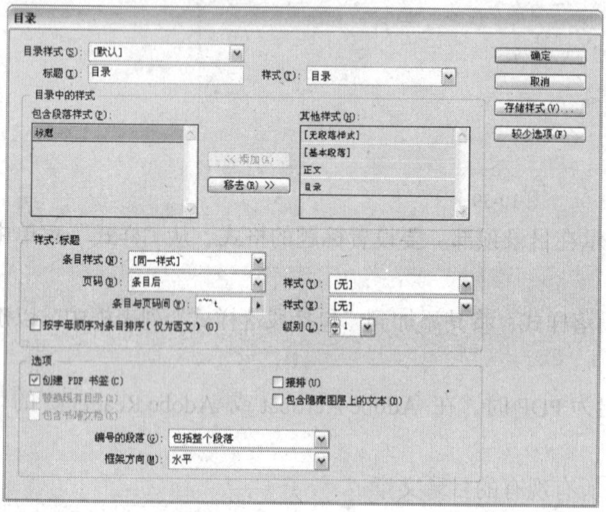

图 10-41

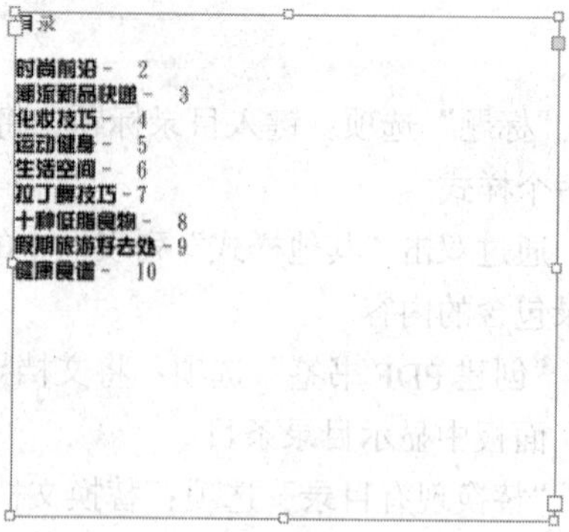

图 10-42

10.1.3 创建具有定位符前导符的目录条目

1. 创建具有定位符前导符的段落样式

选择“窗口 > 样式 > 段落样式”命令，弹出“段落样式”面板。双击应用目录条目的段落样式的名称，弹出“段落样式选项”对话框，单击左侧的“制表符”选项，弹出相应的面板，如图 10-43 所示。选择“右对齐制表符”图标，在标尺上单击放置定位符，在“前导符”选项中输入一个句点（.），如图 10-44 所示。单击“确定”按钮，创建具有制表符前导符的段落样式。

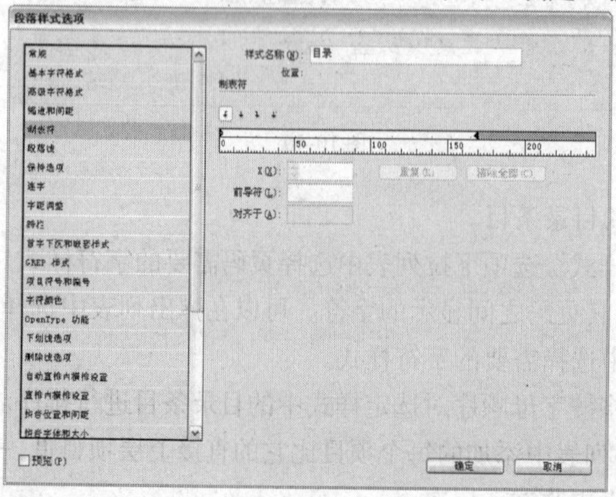

图 10-43

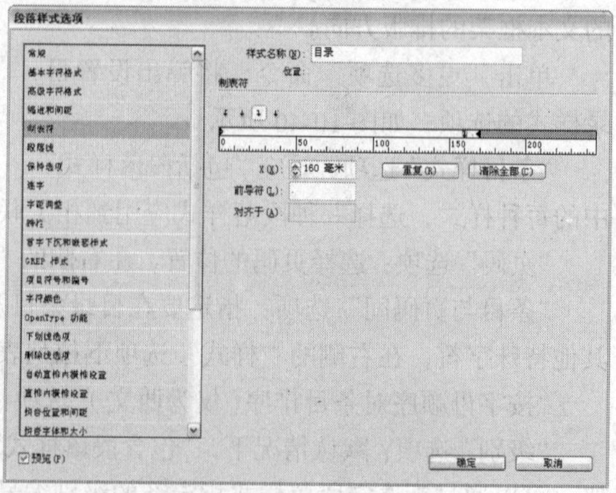

图 10-44

2. 创建具有定位符前导符的目录条目

选择“版面 > 目录”命令，弹出“目录”对话框。在“包含段落样式”列表框中选择在目录显示中带定位符前导符的项目，在“条目样式”选项的下拉列表中选择包含定位符前导符的段落样式。单击“更多选项”按钮，在“条目与页码间”选项中设置（^t），如图 10-45 所示。单击“确定”按钮，创建具有定位符前导符的目录条目，如图 10-46 所示。

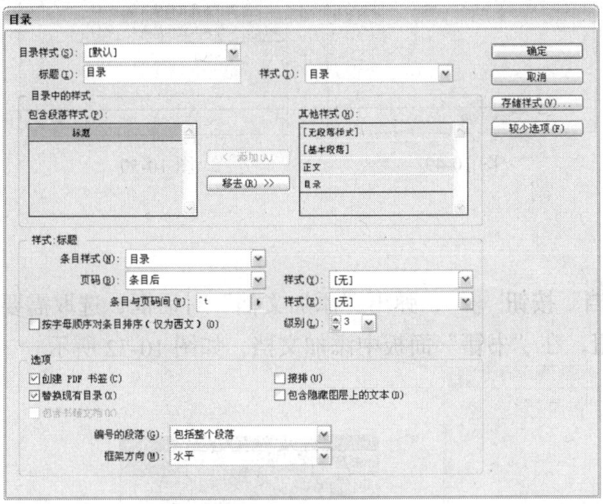

图 10-45

图 10-46

10.2 创建书籍

书籍文件是一个可以共享样式、色板、主页及其他项目的文档集。可以按顺序给编入书籍的文档中的页面编号、打印书籍中选定的文档或者将它们导出为 PDF 文件。

10.2.1 课堂案例——制作家具宣传册书籍

案例学习目标：学习使用书籍面板制作杂志书籍。

案例知识要点：使用新建书籍命令和添加文档命令制作书籍，家具宣传册书籍效果如图 10-47 所示。

效果所在位置：光盘/Ch10/效果/制作家具宣传册书籍.indb。

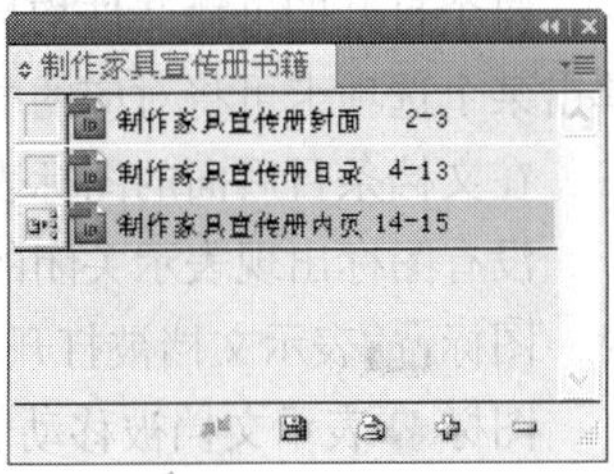

图 10-47

Step 01 选择“文件 > 新建 > 书籍”命令，弹出“新建书籍”对话框，将文件命名为“制作家具宣传册书籍”，如图 10-48 所示。单击“保存”按钮，弹出“制作家具宣传册书籍”面板，如图 10-49 所示。

Step 02 单击面板下方的“添加文档”按钮，弹出“添加文档”对话框，将制作家具宣传册封面、制作家具宣传册内页、制作家具宣传册目录添加到“制作宣传册书籍”面板中，如图 10-50 所示。单击“制作家具宣传册书籍”面板下方的“保存”按钮，家具宣传册书籍制作完成。

图 10-48

图 10-49

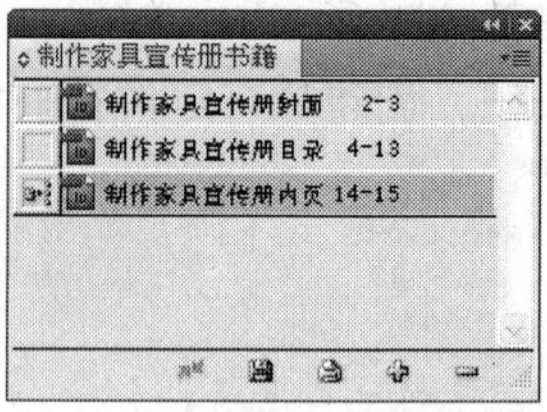

图 10-50

10.2.2 在书籍中添加文档

单击“书籍”面板下方的“添加文档”按钮，弹出“添加文档”对话框，选取需要的文件，如图 10-51 所示。单击“打开”按钮，在“书籍”面板中添加文档，如图 10-52 所示。

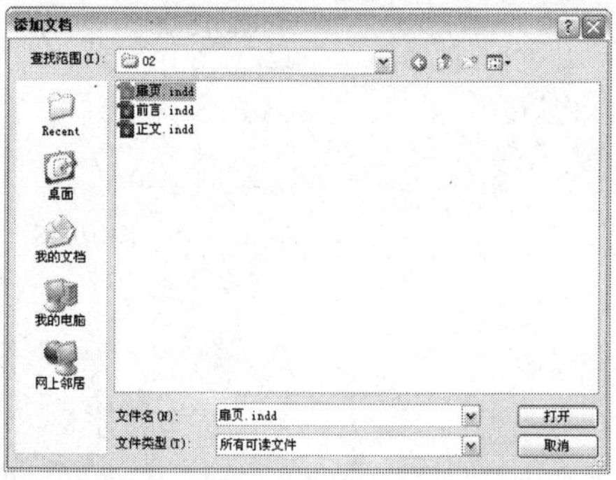

图 10-51

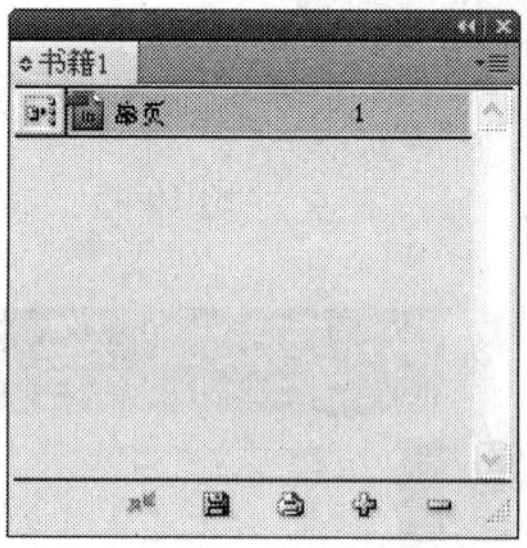

图 10-52

单击“书籍”面板右上方的图标，在弹出的菜单中选择“添加文档”命令，弹出“添加文档”对话框。选取需要的文档，单击“打开”按钮，可添加文档。

10.2.3 管理书籍文件

每个打开的书籍文件均显示在“书籍”面板中各自的选项卡中。如果同时打开了多本书籍，则单击某个选项卡可将对应的书籍调至前面，从而访问其面板菜单。

在文档条目后面的图标表示当前文档的状态。

没有图标出现表示关闭的文件。

图标表示文档被打开。

图标表示文档被移动、重命名或删除。

图标表示在书籍文件关闭后，被编辑过或重新编排页码的文档。

1．存储书籍

单击“书籍”面板右上方的图标，在弹出的菜单中选择“将书籍存储为”命令，弹出“将书籍存储为”对话框。指定文件的保存位置和文件名，单击“保存”按钮，可使用新名称存储书籍。

单击“书籍”面板右上方的图标，在弹出的菜单中选择“存储书籍”命令，将书籍保存。

单击“书籍”面板下方的“存储书籍”按钮，保存书籍。

2．关闭书籍文件

单击“书籍”面板右上方的图标，在弹出的菜单中选择“关闭书籍”命令，关闭单个书籍。

单击“书籍”面板右上方的按钮，可关闭一起停放在同一面板中的所有打开的书籍。

3．删除书籍文档

在“书籍”面板中选取要删除的文档，单击面板下方的“移去文档”按钮，从书籍中删除选取的文档。

在“书籍”面板中选取要删除的文档，单击“书籍”面板右上方的图标，在弹出的菜单中选择“移去文档”命令，从书籍中删除选取的文档。

4．替换书籍文档

单击“书籍”面板右上方的图标，在弹出的菜单中选择“替换文档”命令，弹出“替换文档”对话框。指定一个文档，单击“打开”按钮，可替换选取的文档。

10.3 课堂练习——制作鉴赏手册目录

练习知识要点：使用矩形工具和渐变色板工具制作背景效果，使用置入命令和效果面板添加并编辑图片，使用段落样式面板和目录命令提取目录，效果如图 10-53 所示。

效果所在位置：光盘/Ch10/效果/制作鉴赏手册目录.indd。

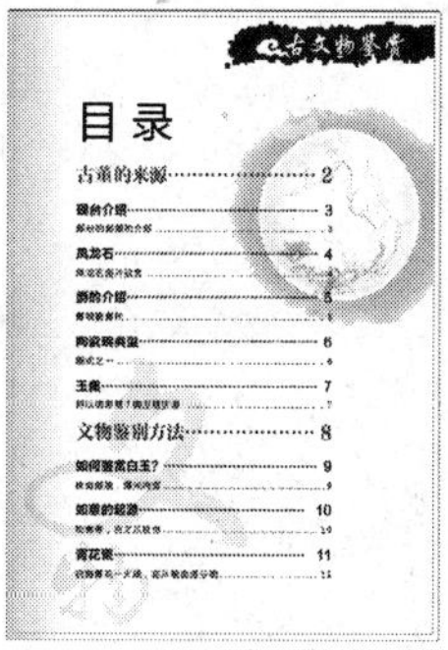

图 10-53

10.4 课后习题——制作鉴赏手册书籍

习题知识要点：使用新建书籍命令和添加文档命令制作书籍，效果如图 10-54 所示。

效果所在位置：光盘/Ch10/效果/制作制作鉴赏手册书籍.indb。

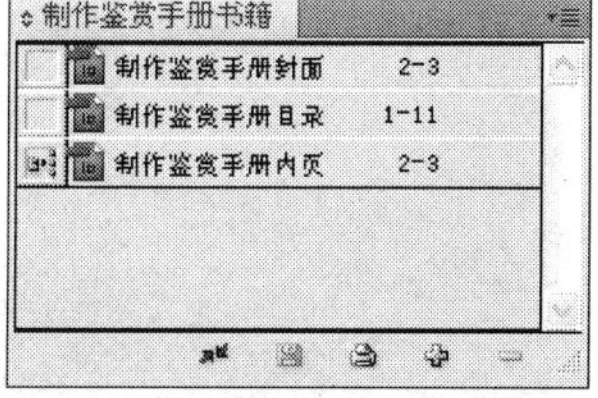

图 10-54

第11章 综合实训案例

本章通过多个综合案例，进一步讲解 InDesign 在排版设计中的应用，让读者能够快速掌握软件的功能和使用技巧，制作出美轮美奂的作品。

11.1 制作养生茶包装

图 11-1

案例知识要点：使用矩形工具、添加锚点工具、角选项命令绘制包装结构图，使用描边面板制作指示性箭头，使用投影命令为图片添加投影效果，使用外发光命令为文字添加白色发光效果，养生茶包装效果如图 11-1 所示。

效果所在位置：光盘/Ch11/效果/制作养生茶包装.indd。

11.1.1 制作包装结构图

Step 01 选择“文件 > 新建 > 文档”命令，弹出“新建文档”对话框，如图 11-2 所示。单击“边距和分栏”按钮，弹出“新建边距和分栏”对话框，选项设置如图 11-3 所示；单击“确定”按钮，新建一个页面。选择“视图 > 其他 > 隐藏框架边缘”命令，将所绘制图形的框架边缘隐藏。

图 11-2

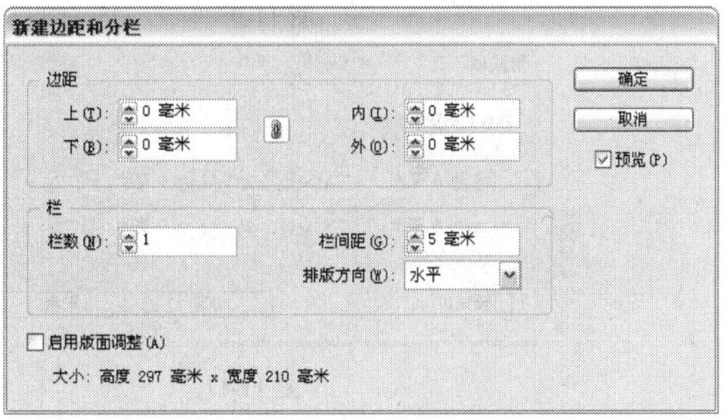

图 11-3

Step 02 选择“矩形”工具，在页面中单击鼠标，弹出“矩形”对话框，选项设置如图 11-4 所示，单击“确定”按钮，得到一个矩形。选择“选择”工具，拖曳矩形到适当的位置，效果如图 11-5 所示。选择“添加锚点”工具，在矩形上适当的位置单击鼠标添加锚点，如图 11-6 所示。

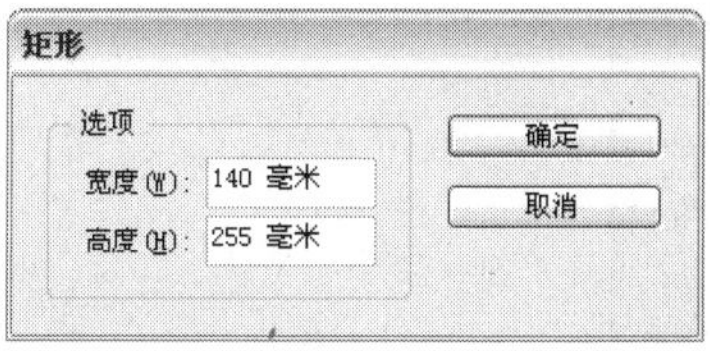

图 11-4

图 11-5

图 11-6

Step 03 选择“直接选择”工具，选取矩形左上方的锚点将其拖曳到适当的位置，如图 11-7 所示。用相同的方法，在矩形右侧适当的位置添加锚点并拖曳右上方的锚点到适当的位置，效果如图 11-8 所示。

图 11-7

图 11-8

Step 04 选择“矩形”工具，在页面中单击鼠标，弹出“矩形”对话框，选项设置如图 11-9 所示；单击“确定”按钮。得到一个矩形。选择“选择”工具，拖曳矩形到适当的位置，效果如图 11-10 所示。选择“对象 > 角选项”命令，弹出“角选项”对话框，选项设置如图 11-11 所示。单击“确定”按钮，效果如图 11-12 所示。

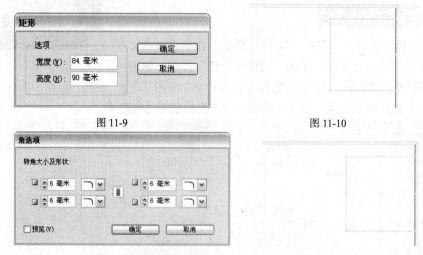

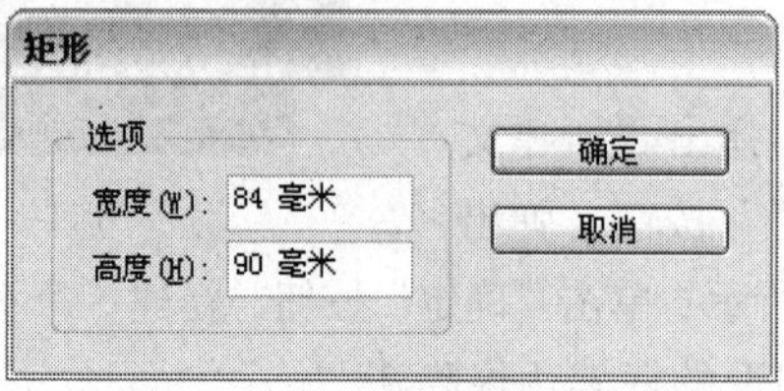

图 11-9

图 11-10

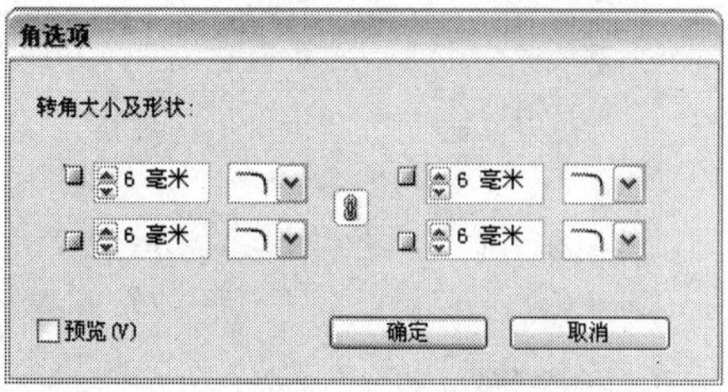

图 11-11

图 11-12

Step 05 选择“选择”工具，选中右侧的圆角矩形，按住<Alt>键的同时，将其拖曳到适当的位置复制一个圆角矩形，如图 11-13 所示。

Step 06 选择“矩形”工具，在页面中单击鼠标，弹出“矩形”对话框，选项设置如图 11-14 所示；单击“确定”按钮，得到一个矩形。选择“选择”工具，拖曳矩形到适当的位置，效果如图 11-15 所示。

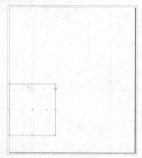

图 11-13

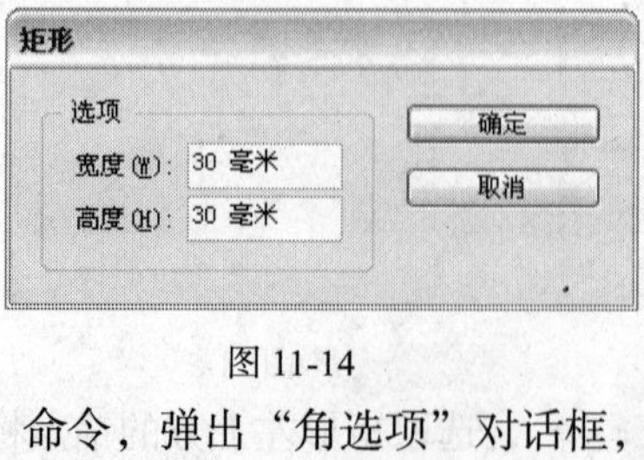

图 11-14

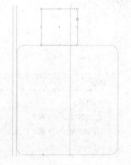

图 11-15

Step 07 选择“对象 > 角选项”命令，弹出“角选项”对话框，选项设置如图 11-16 所示。单击“确定”按钮，效果如图 11-17 所示。选择“添加锚点”工具，在圆角矩形上适当的位置添加描点，如图 11-18 所示。用相同的方法再添加一个锚点，如图 11-19 所示。

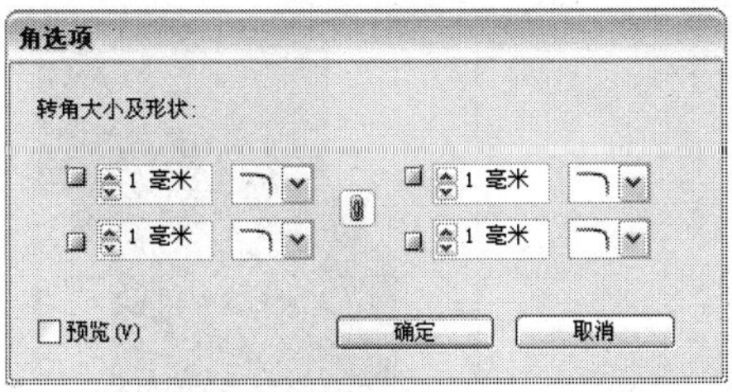

图 11-16

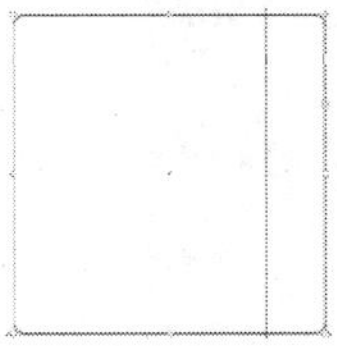

图 11-17

图 11-18

图 11-19

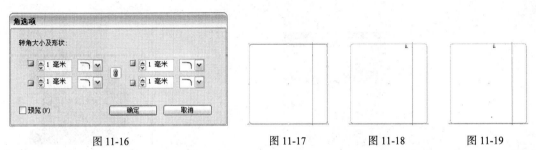

Step 08 选择“直接选择”工具，选取需要的锚点并适当对其调整，如图 11-20 所示。圈选左上方的锚点并拖曳到适当的位置，如图 11-21 所示。分别在适当的位置添加锚点并拖曳锚点到适当的位置，效果如图 11-22 所示。

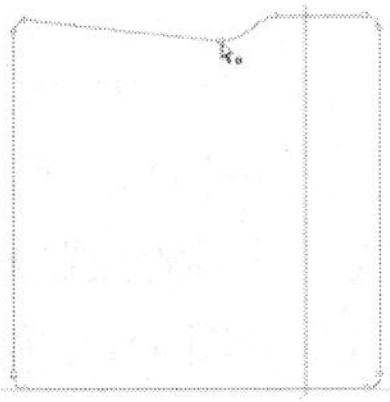

图 11-20

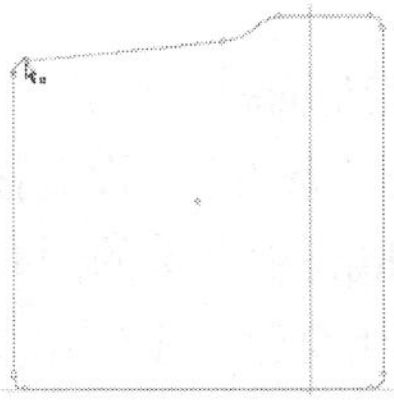

图 11-21

图 11-22

Step 09 选择“选择”工具，选中图形。按住<Alt>+<Shift>组合键的同时，水平向右拖曳图形到适当的位置复制图形，如图 11-23 所示。在“控制面板”中的“旋转角度”选项中输入-180°，效果如图 11-24 所示。

图 11-23

图 11-24

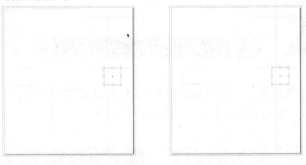

Step 10 按住<Shift>键的同时，单击需要的图形将其同时选取，按住<Alt>+<Shift>组合键的同时，垂直向下拖曳图形到适当的位置复制图形，如图 11-25 所示。选择“对象 > 变换 > 垂直翻转”命令，垂直翻转复制的图形，效果如图 11-26 所示。

图 11-25

图 11-26

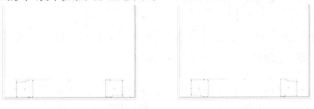

Step 11 选择“选择”工具，用圈选的方法将需要的图形同时选取，如图 11-27 所示。选择“窗口 > 对象和版面 > 路径查找器”命令，弹出“路径查找器”面板，单击“相加”按钮，如图 11-28 所示，效果如图 11-29 所示。设置图形填充色的 CMYK 值为 6、100、6、20，填充图形，效果如图 11-30 所示。

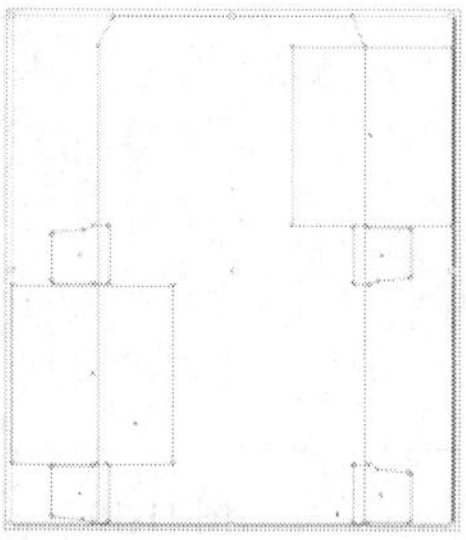

图 11-27

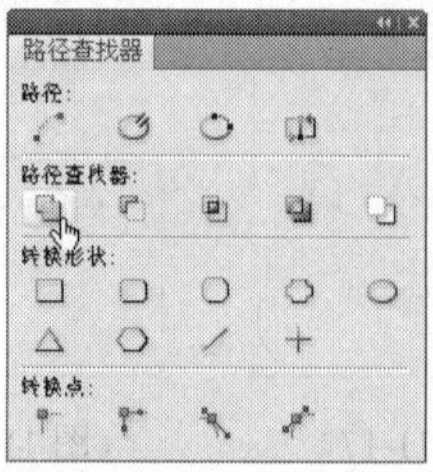

图 11-28

图 11-29

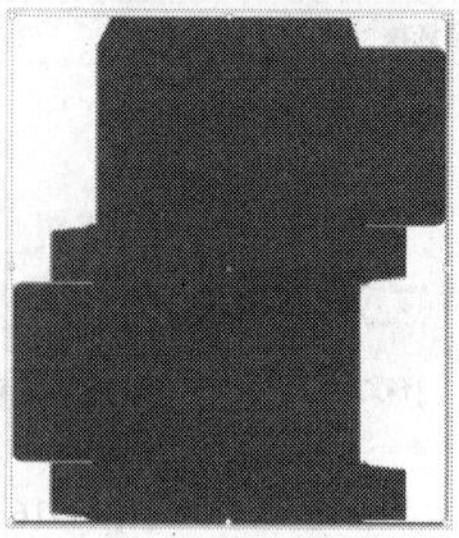

图 11-30

11.1.2 制作包装正面底图

Step 01 选择“直线”工具，在“控制面板”中将“描边粗细”选项设置为 1 点，按住<Shift>键的同时，在适当的位置绘制一条直线，设置描边色为白色，如图 11-31 所示。选择“选择”工具，选中直线。按住<Alt>+<Shift>组合键的同时，拖曳直线到适当的位置复制直线，如图 11-32 所示。连续按<Ctrl>+<Alt>+<4>组合键再复制出多条直线，效果如图 11-33 所示。

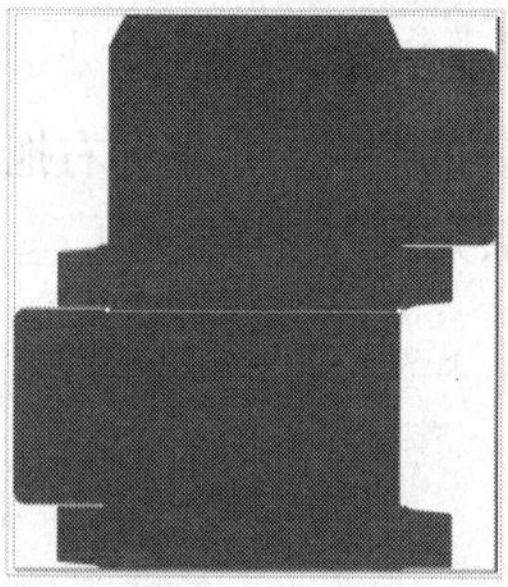

图 11-31

图 11-32

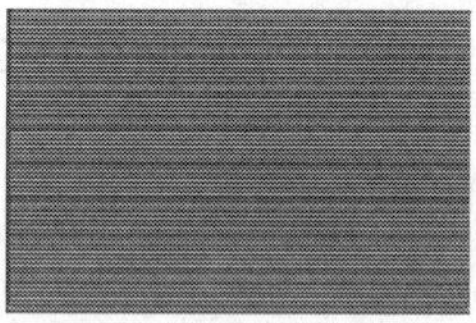

图 11-33

Step 02 选择“选择”工具，按住<Shift>键的同时，单击需要的直线将其同时选取，如图 11-34 所示。按<Ctrl>+<G>组合键将其编组，在“控制面板”中的“不透明度”选项中输入 26%，效果如图 11-35 所示。

图 11-34

图 11-35

Step 03 选择“矩形”工具，在适当的位置绘制一个矩形，填充矩形为白色并设置描边色为无，如图 11-36 所示。在“控制面板”中的“不透明度”选项中输入 43%，效果如图 11-37 所示。

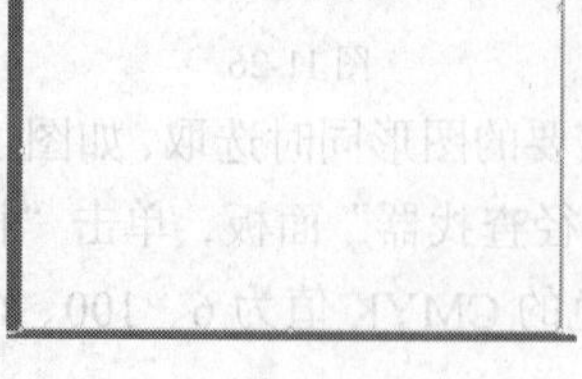

图 11-36

图 11-37

11.1.3　置入并编辑图片

Step 01 按<Ctrl>+<D>组合键，弹出“置入”对话框，选择光盘中的“Ch11 > 素材 > 制作养生茶包装 > 01”文件，单击“打开”按钮，在页面中单击鼠标置入图片。选择“自由变换”工具，拖曳图片到适当的位置并调整其大小，效果如图 11-38 所示。单击“控制面板”中的“水平翻转”按钮，将 01 图片水平翻转，效果如图 11-39 所示。

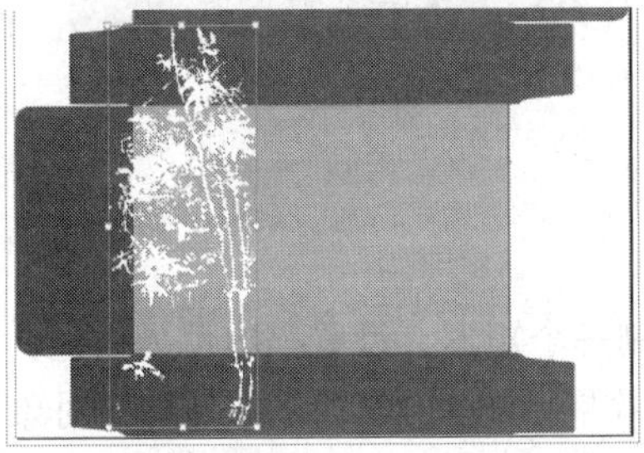

图 11-38

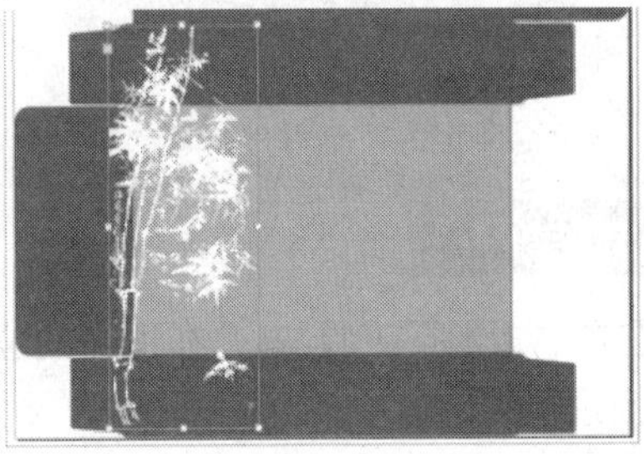

图 11-39

Step 02 选择“选择”工具，选中图片上方中间的控制手柄向下拖曳，效果如图 11-40 所示。分别选取左侧中间的控制手柄和下方中间的控制手柄拖曳到适当的位置，效果如图 11-41 所示。在“控制面板”中的“不透明度”选项中输入 19%，效果如图 11-42 所示。

图 11-40

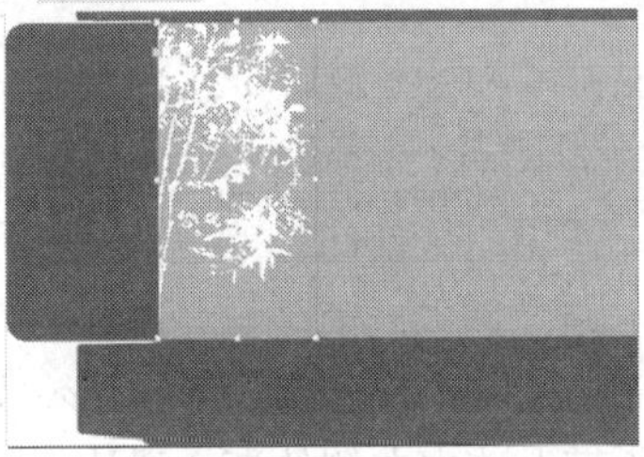

图 11-41

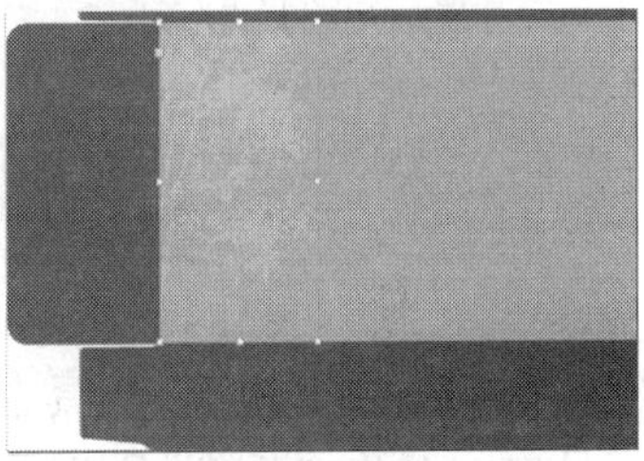

图 11-42

Step 03 按<Ctrl>+<D>组合键，弹出“置入”对话框，选择光盘中的“Ch11 > 素材 > 制作养生茶包装 > 02”文件，单击“打开”按钮，在页面中单击鼠标置入图片。选择“自由变换”工具，拖曳图片到适当的位置并调整其大小，效果如图 11-43 所示。

Step 04 选择“选择”工具，分别选中图片右侧中间的控制手柄和下方中间的控制手柄拖曳到适当的位置，如图 11-44 所示。在“控制面板”中的“不透明度”选项中输入 50%，效果如图 11-45 所示。

Step 05 按<Ctrl>+<D>组合键，弹出“置入”对话框，选择光盘中的“Ch11 > 素材 > 制作养生茶包装 > 03”文件，单击“打开”按钮，在页面中单击鼠标置入图片。选择“自由变换”工具，拖曳图片到适当的位置并调整其大小，效果如图 11-46 所示。

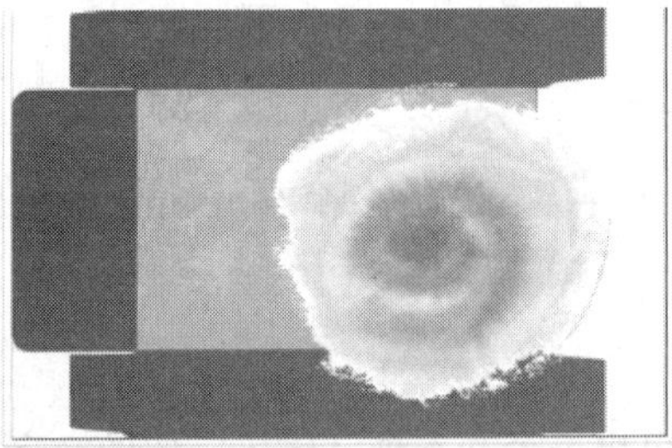

图 11-43

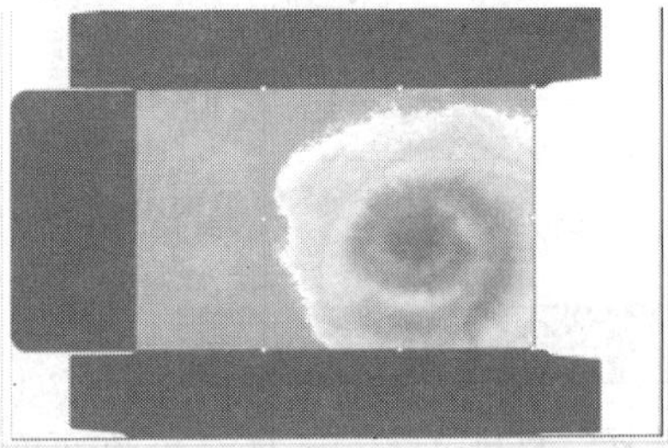

图 11-44

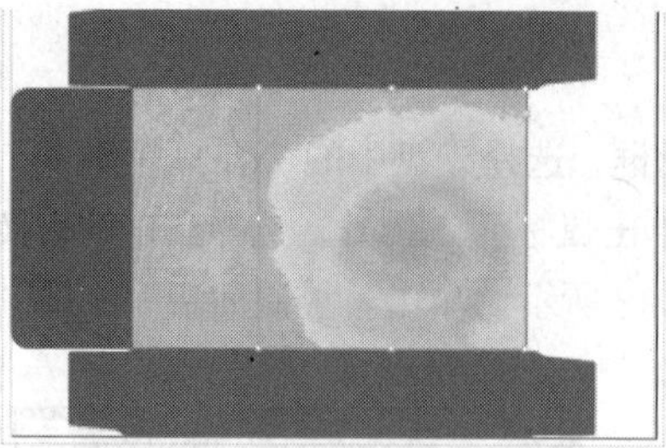
图 11-45

图 11-46

11.1.4 绘制装饰框

Step 01 选择“矩形”工具，在适当的位置绘制一个矩形，设置描边色为白色，在“控制面板”中的“描边粗细”选项中输入 2 点，效果如图 11-47 所示。选择“对象 > 角选项”命令，弹出“角选项”对话框，选项设置如图 11-48 所示。单击“确定”按钮，效果如图 11-49 所示。

图 11-47

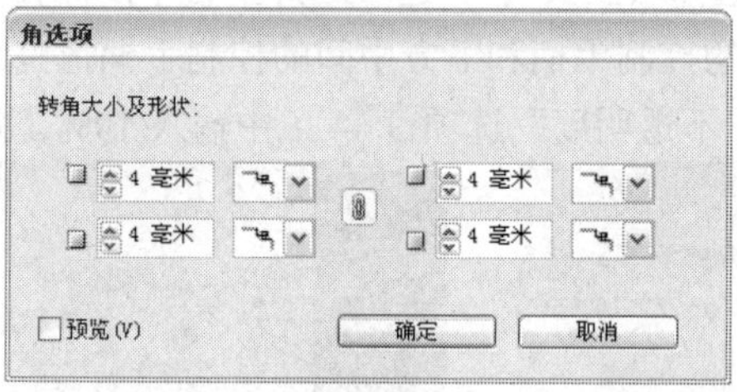

图 11-48

图 11-49

Step 02 选择“矩形”工具，在适当的位置绘制一个矩形，如图 11-50 所示。双击“渐变色板”工具，弹出“渐变”面板，在色带上选中左侧的渐变滑块，设置 CMYK 的值为 0、0、0、0；选中右侧的渐变滑块，设置 CMYK 的值为 0、0、0、86；其他选项设置如图 11-51 所示。图形被填充渐变色，设置描边色为白色，在“控制面板”中将“描边粗细”选项中输入 1，效果如图 11-52 所示。

Step 03 选择“对象 > 角选项”命令，弹出“角选项”对话框，选项设置如图 11-53 所示。单击“确定”按钮，效果如图 11-54 所示。

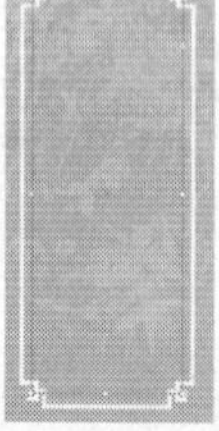
图 11-50

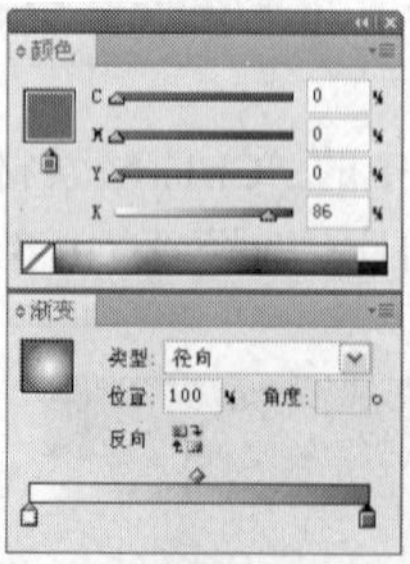

图 11-51

图 11-52

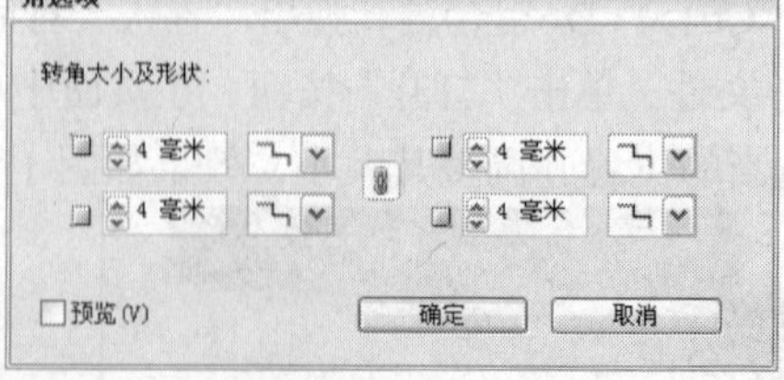

图 11-53

图 11-54

11.1.5 添加并编辑宣传性文字

Step 01 选择“直排文字”工具，在页面中拖曳出一个文本框，输入需要的文字，将输入的文字选取，在“控制面板”中选择合适的字体并设置文字大小，如图 11-55 所示。选取“百”字，按<Ctrl>+<X>组合键，将文字剪切到剪贴板上。在页面中拖曳出一个文本框，按<Ctrl>+<V>组合键，将剪切的文字粘贴到文本框中。用相同的方法分别将其他的文字粘贴到单独的文本框中，效果如图 11-56 所示。

Step 02 选择“选择”工具，用圈选的方法将需要的文字同时选取。按<Ctrl>+<Shift>+<O>组合键，创建文字轮廓，效果如图 11-57 所示。分别拖曳文字到适当的位置并调整文字的大小，效果如图 11-58 所示。按住<Shift>键的同时，单击需要的文字将其同时选取；按<Ctrl>+<G>组合键将其编组，如图 11-59 所示。

图 11-55

图 11-56

图 11-57

图 11-58

图 11-59

Step 03 单击“控制面板”中的“向选定的目标添加对象效果”按钮，在弹出的菜单中选择“外发光”命令，弹出“效果”对话框，选项设置如图 11-60 所示。单击“确定”按钮，效果如图 11-61 所示。

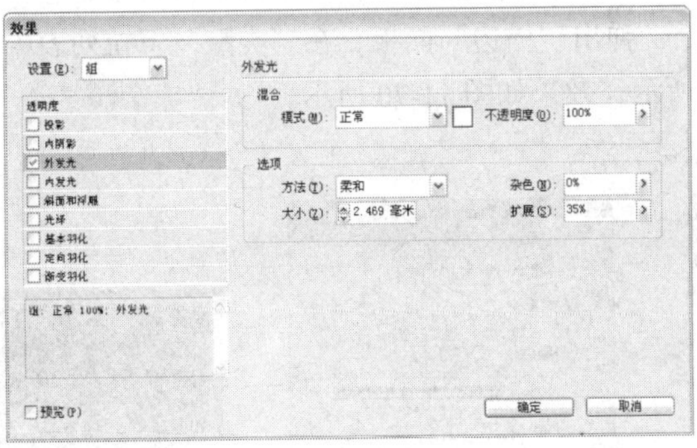

图 11-60

图 11-61

Step 04 选择“选择”工具，选中文字。按住<Alt>键的同时，拖曳文字到适当的位置。设置文字填充色的 CMYK 值为 40、100、0、30，填充文字，效果如图 11-62 所示。

Step 05 选择“直排文字”工具，分别在适当的位置拖曳出两个文本框，输入需要的文字。分别将输入的文字选取，在“控制面板”中选择合适的字体并设置文字大小。设置文字填充色的 CMYK 值为 0、100、0、50，填充文字，取消选取状态，效果如图 11-63 所示。

Step 06 选择“选择”工具，按住<Shift>键的同时，单击需要的文字将其同时选取。按<Ctrl>+<T>组合键，弹出“字符”面板，选项设置如图 11-64 所示；效果如图 11-65 所示。

图 11-62

图 11-63

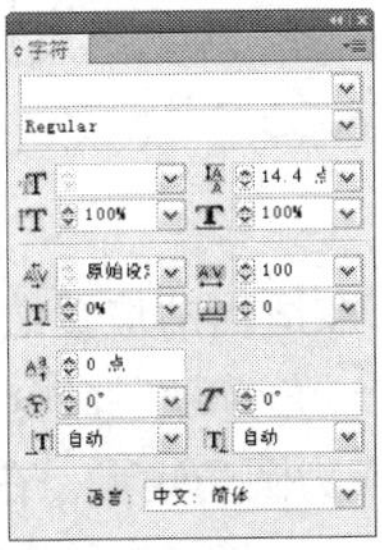

图 11-64

图 11-65

Step 07 选择“直排文字”工具，在适当的位置拖曳出一个文本框，输入需要的文字。将输入的文字选取，在“控制面板”中选择合适的字体并设置文字大小。设置文字填充色的 CMYK 值为 0、100、0、56，填充文字，并取消选取状态，如图 11-66 所示。选择“选择”工具，在“控制面板”中的“不透明度”选项 100% 中输入 50%，效果如图 11-67 所示。

图 11-66

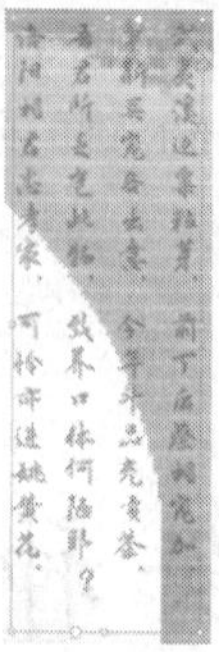

图 11-67

11.1.6 绘制包装背面底图

Step 01 选择“矩形”工具，在适当的位置绘制一个矩形，设置描边色为白色，如图 11-68 所示。选择“窗口 > 描边”命令，弹出“描边”面板，在“类型”下拉列表中选择“粗－细”样式，其他选项的设置如图 11-69 所示，效果如图 11-70 所示。

图 11-68

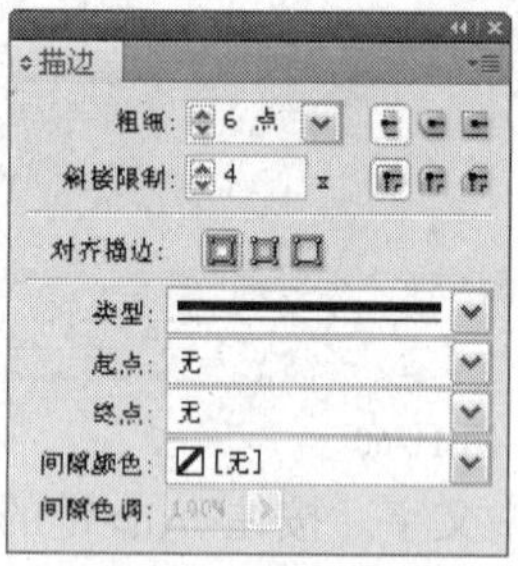

图 11-69

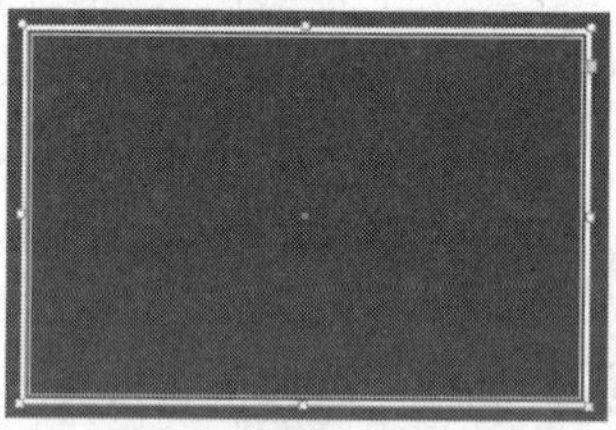

图 11-70

Step 02 选择“对象 > 角选项”命令，弹出“角选项”对话框，选项设置如图 11-71 所示。单击“确定”按钮，效果如图 11-72 所示。

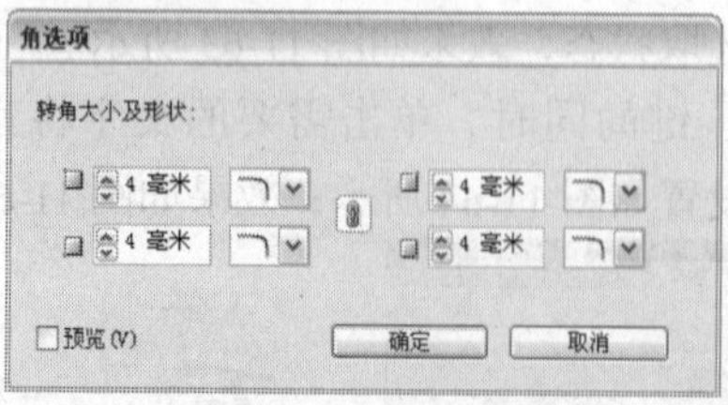

图 11-71

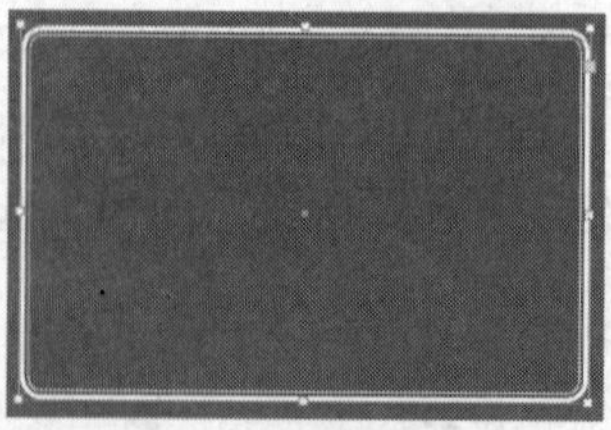

图 11-72

Step 03 选择“矩形”工具，在适当的位置绘制一个矩形，填充矩形为白色并设置描边色为无，如图 11-73 所示。选择“对象 > 角选项”命令，弹出“角选项”对话框，选项设置如图 11-74 所示；单击“确定”按钮，矩形转换为圆角矩形。在“控制面板”中的“不透明度”选项 100% 中输入 50%，效果如图 11-75 所示。

图 11-73

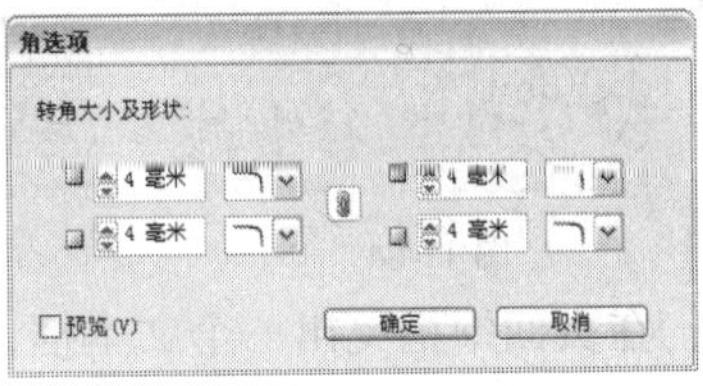

图 11-74

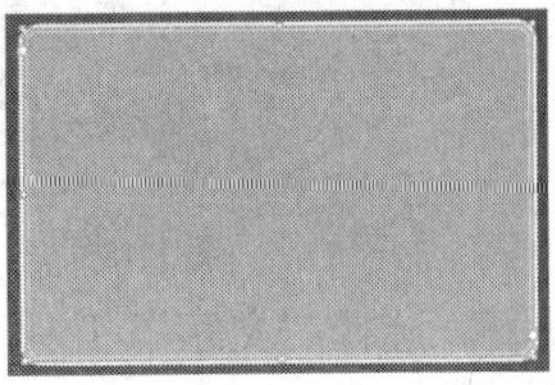

图 11-75

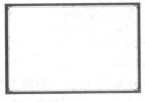

11.1.7　置入图片并添加说明性文字

Step 01 按<Ctrl>+<D>组合键，弹出“置入”对话框，选择光盘中的“Ch11 > 素材 > 制作养生茶包装 > 05”文件，单击“打开”按钮，在页面中单击鼠标置入图片。选择“自由变换”工具，拖曳图片到适当的位置并调整其大小，效果如图 11-76 所示。

Step 02 选择“选择”工具，分别选中图片上方和下方的控制手柄拖曳到适当的位置，如图 11-77 所示。在“控制面板”中的“不透明度”选项中输入 50%，效果如图 11-78 所示。

图 11-76

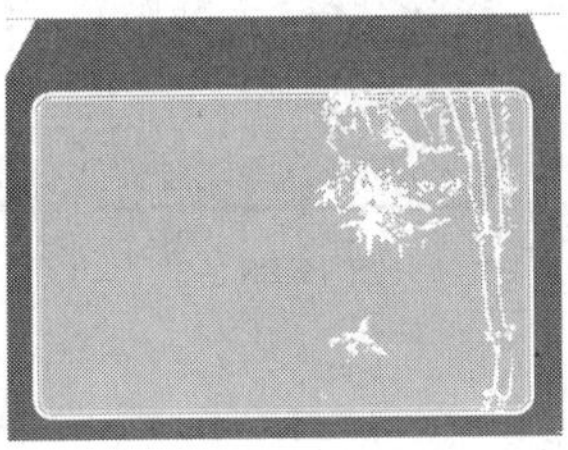

图 11-77

图 11-78

Step 03 选择“文字”工具，在页面中拖曳出一个文本框，输入需要的文字。将输入的文字选取，在“控制面板”中选择合适的字体并设置文字大小，如图 11-79 所示。选取“百”字，按<Ctrl>+<X>组合键将文字剪切到剪贴板上，在页面中拖曳出一个文本框，按<Ctrl>+<V>组合键将剪切的文字粘贴到文本框中。用相同的方法分别将其他的文字粘贴到单独的文本框中，效果如图 11-80 所示。

Step 04 选择“选择”工具，用圈选的方法将需要的文字同时选取。按<Ctrl>+<Shift>+<O>组合键创建文字轮廓，效果如图 11-81 所示。分别拖曳文字到适当的位置并调整其大小，效果如图 11-82 所示。

图 11-79

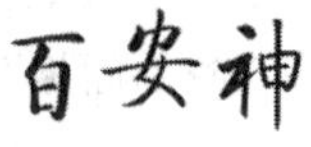

图 11-80

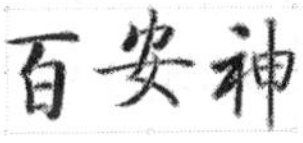

图 11-81

图 11-82

Step 05 选择“选择”工具，按住<Shift>键的同时，单击需要的文字将其同时选取。设置文字填充色的 CMYK 值为 6、100、6、20，填充文字，效果如图 11-83 所示。

Step 06 选择“文字”工具，在页面中拖曳出一个文本框，输入需要的文字。将输入的文字选取，在“控制面板”中选择合适的字体并设置文字大小。设置文字填充色的 CMYK 值为 6、100、6、20，填充文字，取消选取状态，如图 11-84 所示。选择“选择”工具，按住<Shift>键的同时，单击需要的文字将其同时选取，按<Ctrl>+<G>组合键将其编组，如图 11-85 所示。

图 11-83

图 11-84

图 11-85

Step 07 选择“文字”工具T，在页面中拖曳出一个文本框，输入需要的文字。将输入的文字选取，在“控制面板”中选择合适的字体并设置文字大小，填充文字为白色，取消选取状态，效果如图 11-86 所示。

Step 08 选择“选择”工具，选中文本。在“字符”面板中的“行距”选项中输入 10，在“字符间距”选项中输入 75，如图 11-87 所示；效果如图 11-88 所示。用相同的方法分别在适当的位置拖曳文本框，输入需要的文字并为文字填充适当的颜色，效果如图 11-89 所示。

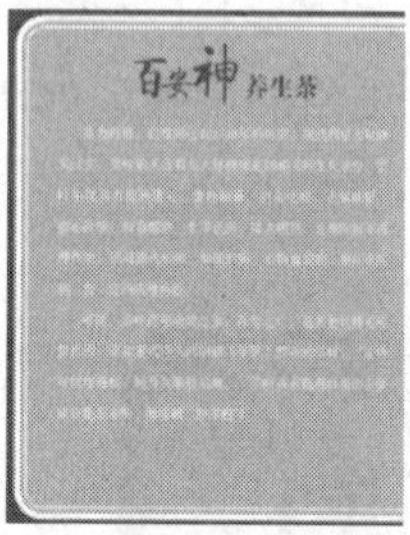
图 11-86

图 11-87

图 11-88

图 11-89

11.1.8 绘制指示性箭头

Step 01 选择“钢笔”工具，在适当的位置绘制一条折线，如图 11-90 所示。在“描边”面板中的“类型”选项中选择“圆点”样式，其他选项的设置如图 11-91 所示；效果如图 11-92 所示。

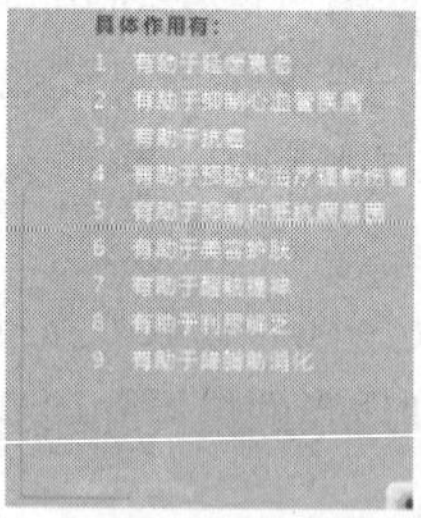
图 11-90

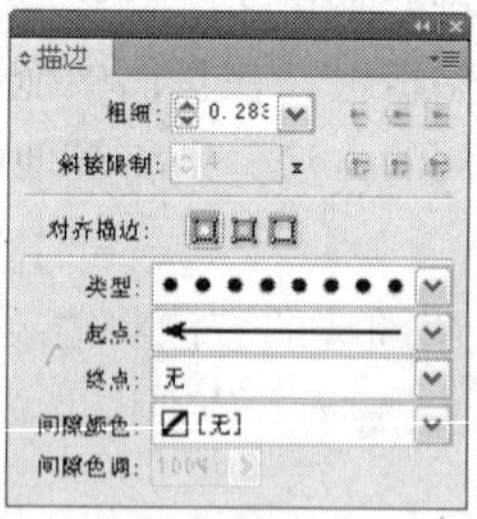

图 11-91

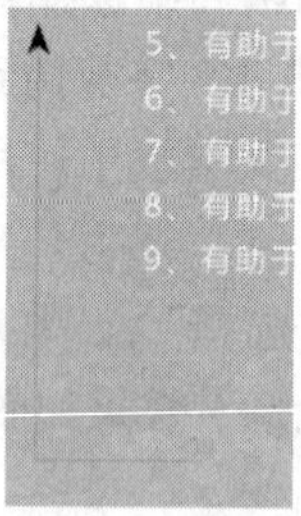
图 11-92

Step 02 按<Ctrl>+<D>组合键，弹出“置入”对话框，选择光盘中的“Ch11> 素材 > 制作养生茶包装> 04”文件，单击“打开”按钮，在页面中单击鼠标置入图片。选择“选择”工具，拖曳图片到适当的位置并调整其大小，如图 11-93 所示。在“控制面板”中的“旋转角度”中输入 22，效果如图 11-94 所示。

图 11-93

图 11-94

Step 03 单击“控制面板”中的“向选定的目标添加对象效果”按钮 fx，在弹出的菜单中选择“外发光”命令，弹出“效果”对话框，选项设置如图 11-95 所示。单击“确定”按钮，效果如图 11-96 所示。

Step 04 按<Ctrl>+<D>组合键，弹出“置入”对话框，选择光盘中的“Ch11 > 素材 > 制作养生茶包装 > 05”文件，单击“打开”按钮，在页面中单击鼠标置入图片。选择“选择”工具，拖曳图片到适当的位置并调整其大小，效果如图 11-97 所示。

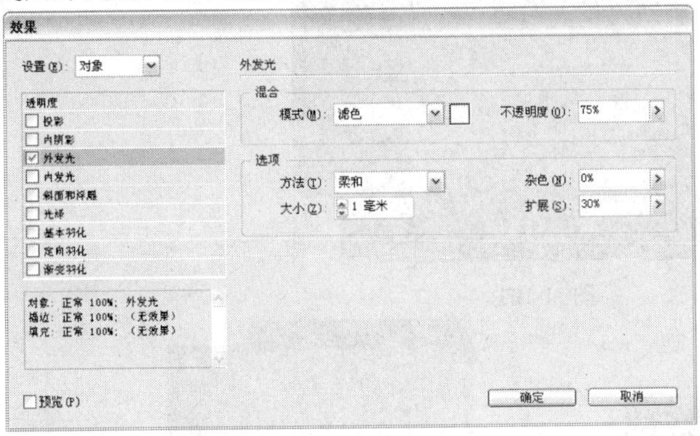

图 11-95

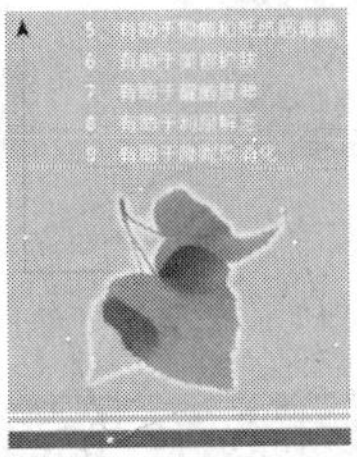

图 11-96

图 11-97

11.1.9　添加包装侧面文字

Step 01 选择“选择”工具，选取需要的编组文字，如图 11-98 所示。按住<Alt>键的同时，将其拖曳到适当的位置并调整其大小，填充文字为白色。在“控制面板”中的“旋转角度”选项 0° 中输入 90°，效果如图 11-99 所示。

图 11-98

图 11-99

Step 02 选择“文字”工具 T，在页面中拖曳出一个文本框，输入需要的文字。将输入的文字选取，在“控制面板”中选择合适的字体并设置文字大小，填充文字为白色，效果如图 11-100 所示。选择“选择”工具，拖曳文字到适当的位置，在“控制面板”中的“旋转角度”选项 0° 中输入 90°，效果如图 11-101 所示。

图 11-100

图 11-101

Step 03 选择“选择”工具，按住<Shift>键的同时，单击需要的文字将其同时选取，按<Ctrl>+<G>组合键将其编组，如图 11-102 所示。按住<Alt>键的同时，将其拖曳到适当的位置复制文字，在“控制面板”中的“旋转角度”选项中输入 180°，效果如图 11-103 所示。用相同的方法复制多个编组文字并设置适当的角度，效果如图 11-104 所示。养生茶包装制作完成，效果如图 11-105 所示。

图 11-102

图 11-103

图 11-104

图 11-105

11.2 制作 CD 唱片封面

案例知识要点：使用不透明度选项命令制作文字的透明效果，使用投影命令制作文字的投影效果，使用外发光命令制作图片的外发光效果，使用效果面板调整图片的颜色，使用钢笔工具、文字工具和路径查找器面板制作印章效果，CD 相片封面效果如图 11-106 所示。

效果所在位置：光盘/Ch11/效果/制作 CD 唱片封面.indd。

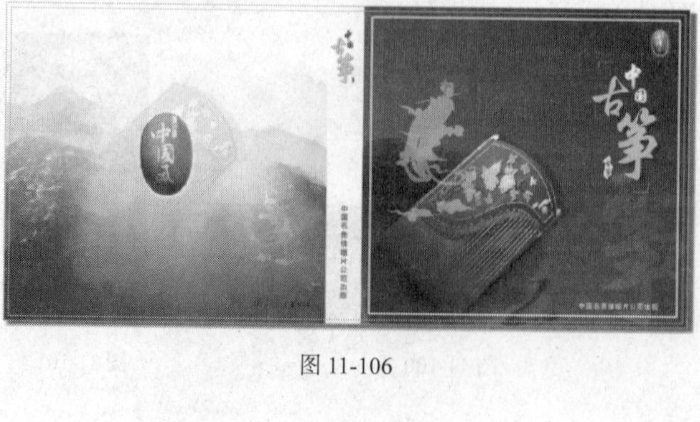

图 11-106

11.2.1　制作封面背景效果

Step 01 选择“文件 > 新建 > ”命令，弹出“新建文档”对话框，如图 11-107 所示。单击“边距和分栏”按钮，弹出“新建边距和分栏”对话框，设置如图 11-108 所示，单击“确定”按钮，新建一个页面。选择“视图 > 其他 > 隐藏框架边缘”命令，将所绘制图形的框架边缘隐藏。

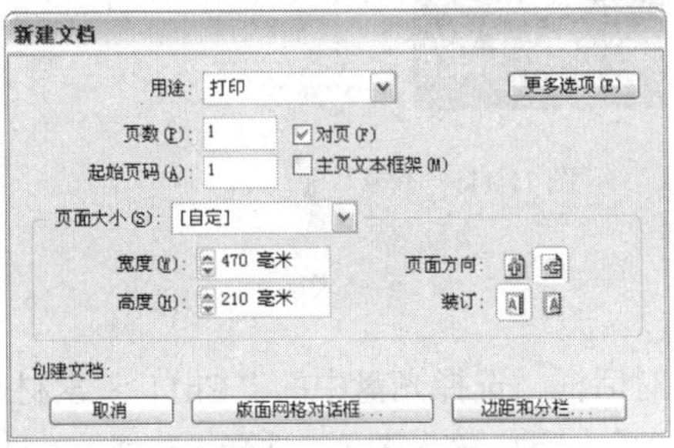

图 11-107

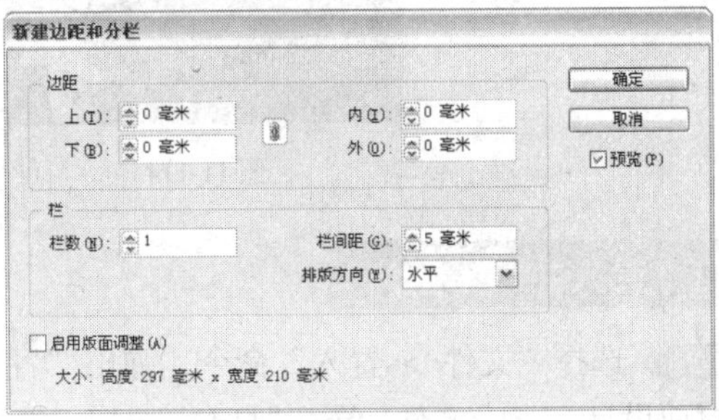

图 11-108

Step 02 选择“版面 > 创建参考线”命令，弹出“创建参考线”对话框，在对话框中进行设置，如图 11-109 所示。单击“确定”按钮，效果如图 11-110 所示。

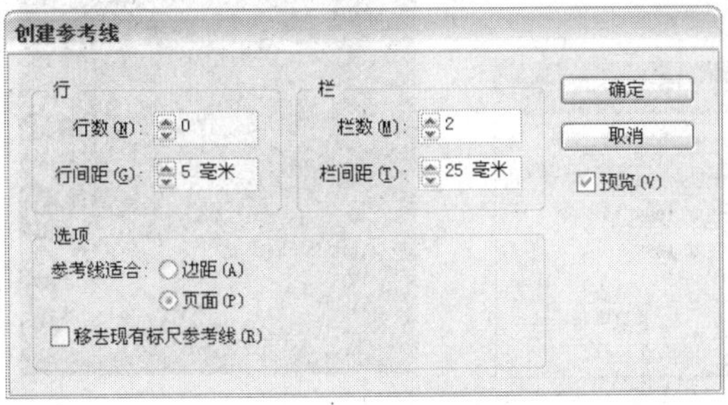

图 11-109

图 11-110

Step 03 选择“矩形”工具，在适当的位置绘制一个矩形，如图 11-111 所示。双击“渐变色板”工具，弹出“渐变”面板，在色带上设置 3 个渐变滑块，分别将渐变滑块的位置设为 0、53、83，并设置 CMYK 的值为 0（0、100、100、0）、62（0、100、100、62）83（0、100、100、94），如图 11-112 所示。图形被填充渐变色，并设置描边色为无，效果如图 11-113 所示。

图 11-111

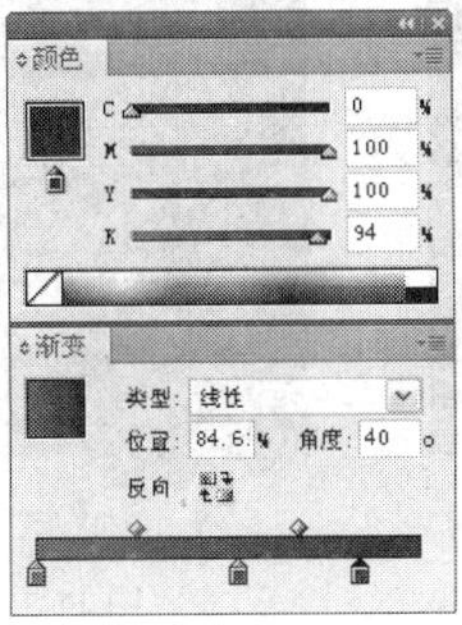

图 11-112

图 11-113

Step 04 选择“文字”工具，在页面中拖曳出一个文本框，输入需要的文字。将输入的文字选取，在“控制面板”中选择合适的字体并设置文字大小，填充文字为白色，并取消选取状态，效果如图 11-114 所示。选择“选择”工具，单击选取需要的文字，在“控制面板”中的“不透明度”选项 100% 中输入 10%，效果如图 11-115 所示。

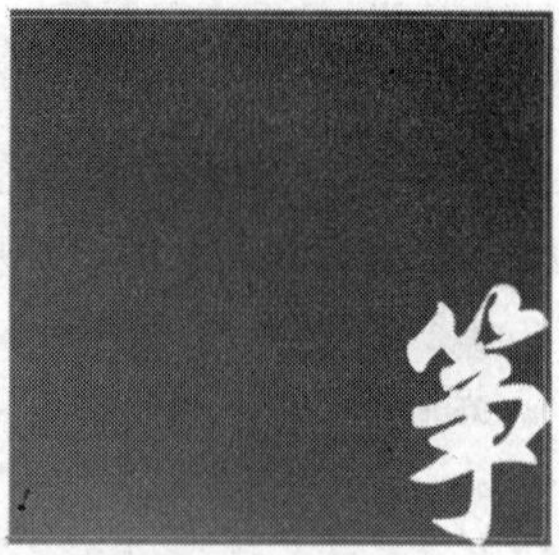

图 11-114

图 11-115

11.2.2 置入并编辑图片

Step 01 选择“文件 > 置入”命令，弹出“置入”对话框，选择光盘中的“Ch11 > 素材 > CD 唱片封面设计 > 01”文件，单击“打开”按钮，在页面中单击鼠标置入图片。选择“选择”工具，拖曳图片到适当的位置，如图 11-116 所示。选择“窗口 > 效果”命令，弹出“效果”面板，设置如图 11-117 所示，效果如图 11-118 所示。

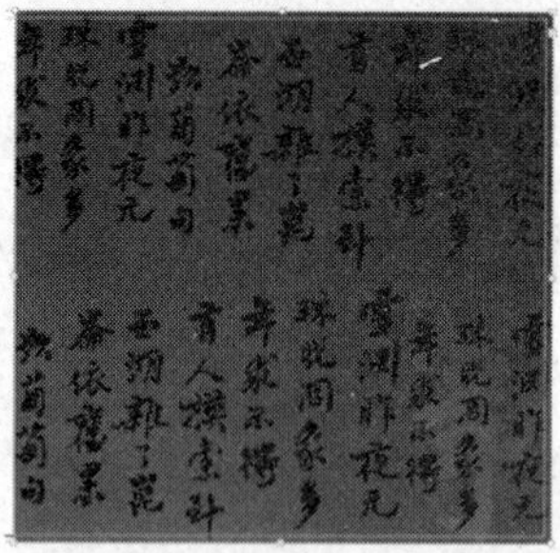

图 11-116

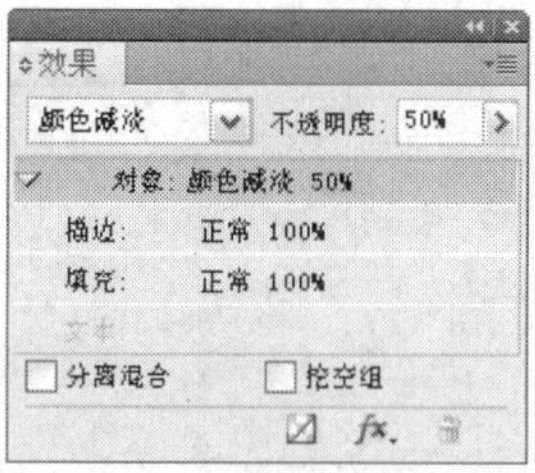

图 11-117

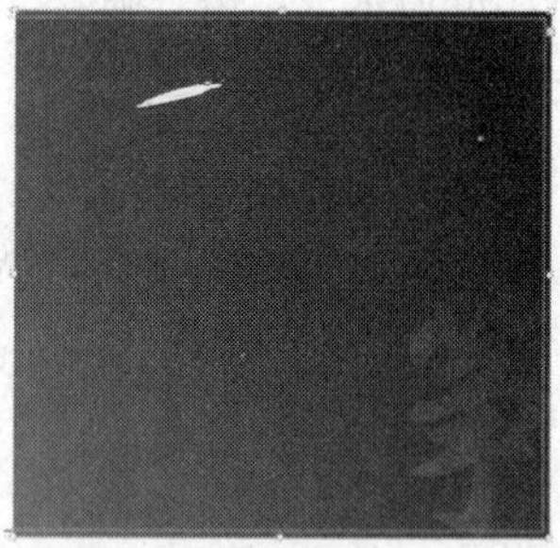

图 11-118

Step 02 选择“文件 > 置入”命令，弹出“置入”对话框，选择光盘中的“Ch11 > 素材 > CD 唱片封面设计 > 02”文件，单击“打开”按钮，在页面中单击鼠标置入图片。选择“选择”工具，拖曳图片到适当的位置，效果如图 11-119 所示。选中图片左侧中间的控制手柄向右拖曳，效果如图 11-120 所示。选中图片下方中间的控制手柄拖曳到适当的位置，效果如图 11-121 所示。

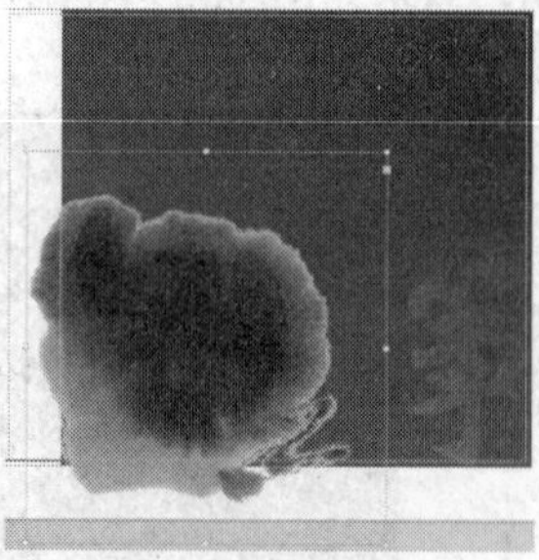

图 11-119

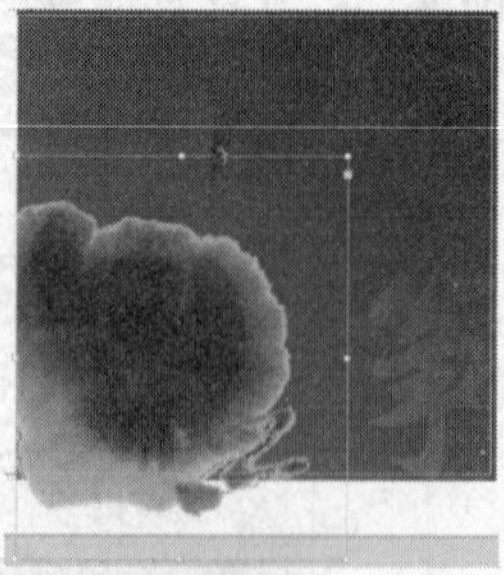

图 11-120

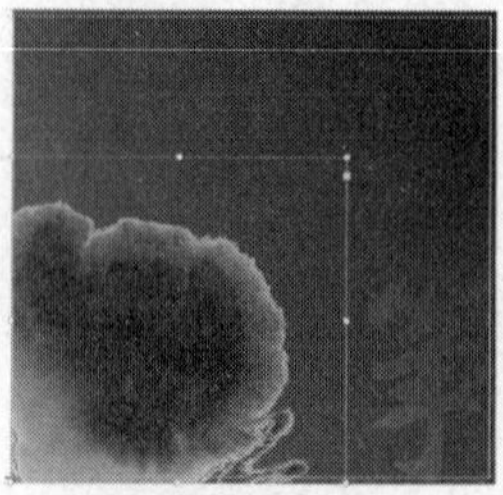

图 11-121

Step 03 按<Shift>+<Ctrl>+<F10>组合键，弹出“效果”面板，选项设置如图 11-122 所示，效果如图 11-123 所示。选择“文件 > 置入”命令，弹出“置入”对话框，选择光盘中的“Ch11 >素材 > CD 唱片封面设计 > 03”文件，单击“打开”按钮，在页面中单击鼠标置入图片。选择“选择”工具，按住<Ctrl>+<Shift>组合键的同时，拖曳图片到适当的位置并调整其大小，效果如图 11-124 所示。

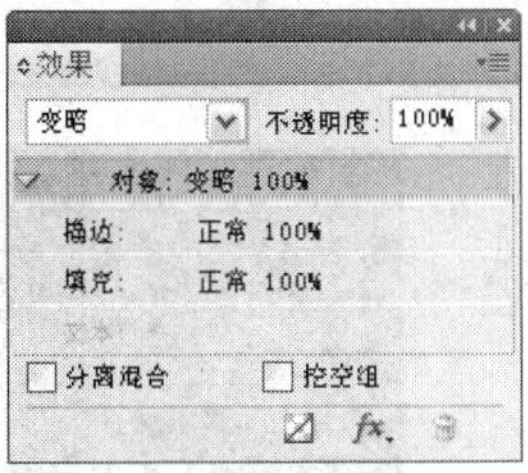

图 11-122

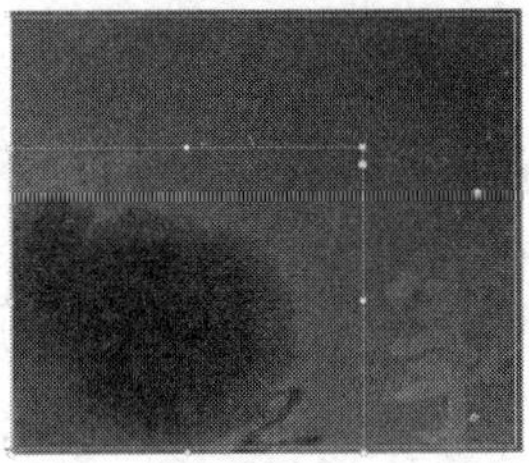

图 11-123

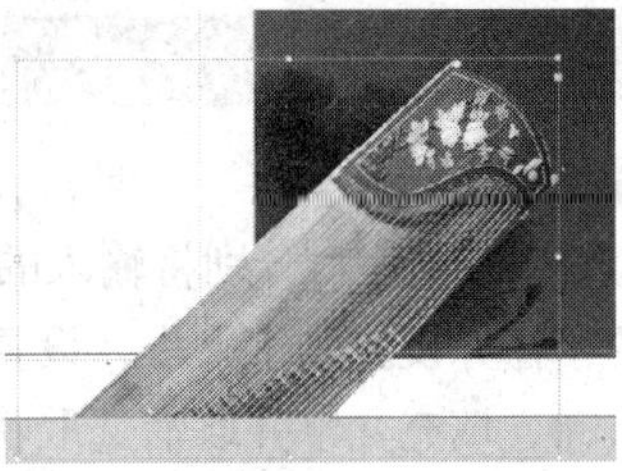

图 11-124

Step 04 分别选中图片左侧中间的控制手柄和下方中间的控制手柄，拖曳到适当的位置，效果如图 11-125 所示。在“控制面板”中单击“向选定的目标添加对象效果”按钮 fx，在弹出的菜单中选择“投影”命令，弹出“效果”对话框，设置如图 11-126 所示。单击“确定”按钮，效果如图 11-127 所示。

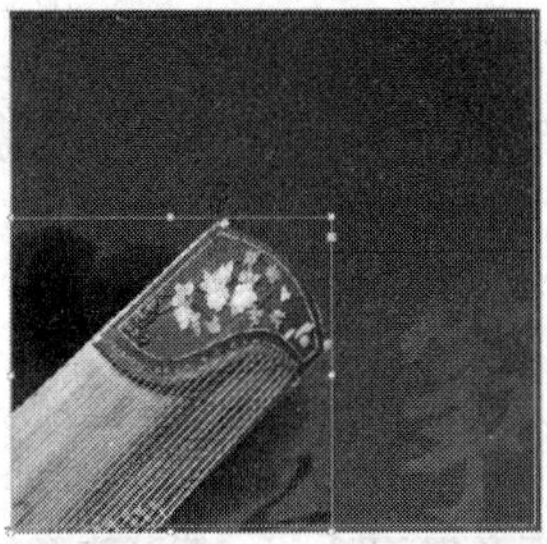

图 11-125

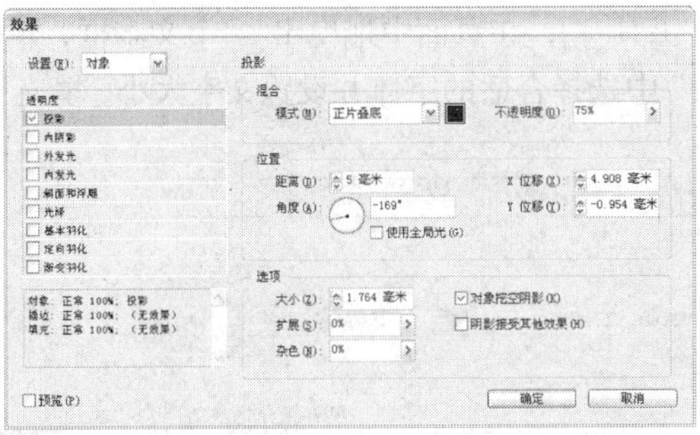

图 11-126

图 11-127

Step 05 选择“渐变羽化”工具，在图片上由上方至下方拖曳渐变色，编辑状态如图 11-128 所示，松开鼠标后的，效果如图 11-129 所示。

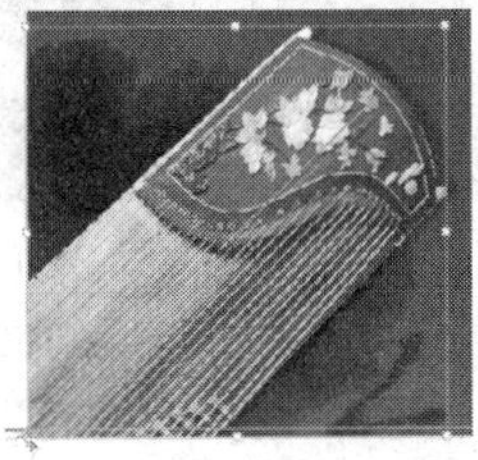

图 11-128

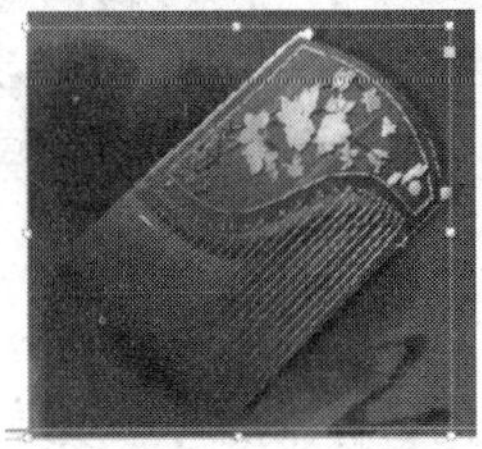

图 11-129

Step 06 选择“文件 > 置入”命令，弹出“置入”对话框，选择光盘中的“Ch11 > 素材 > CD 唱片封面设计 > 05”文件，单击“打开”按钮，在页面中单击鼠标置入图片。选择“选择”工具，拖曳图片到适当的位置，如图 11-130 所示。选择“对象 > 变换 > 水平翻转”命令，水平翻转图片，效果如图 11-131 所示。按<Shift>+<Ctrl>+<F10>组合键，弹出“效果”面板，选项设置如图 11-132 所示，效果如图 11-133 所示。

图 11-130

图 11-131

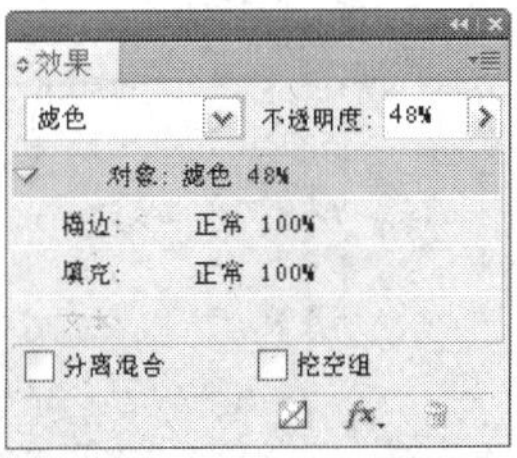

图 11-132

图 11-133

11.2.3 添加并编辑唱片名称

Step 01 1. 选择“文字”工具T，分别在页面中拖曳出 2 个文本框，输入需要的文字，分别将输入的文字选取，在“控制面板”中选择合适的字体并设置文字大小，设置文字填充色的 CMYK 值为 0、40、100、0，填充文字并取消选取状态，效果如图 11-134 所示。

图 11-134

Step 02 选择“选择”工具，按住<Shift>键的同时，单击需要的文字将其同时选取。在“控制面板”中单击“向选定的目标添加对象效果”按钮fx，在弹出的菜单中选择“投影”命令，弹出“效果”对话框，设置如图 11-135 所示。单击“确定”按钮，效果如图 11-136 所示。

Step 03 选择“文字”工具T，在页面中拖曳出 2 个文本框，输入需要的文字。分别将输入的文字选取，在“控制面板”中选择合适的字体并设置文字大小，填充文字为白色，并取消选取状态，效果如图 11-137 所示。

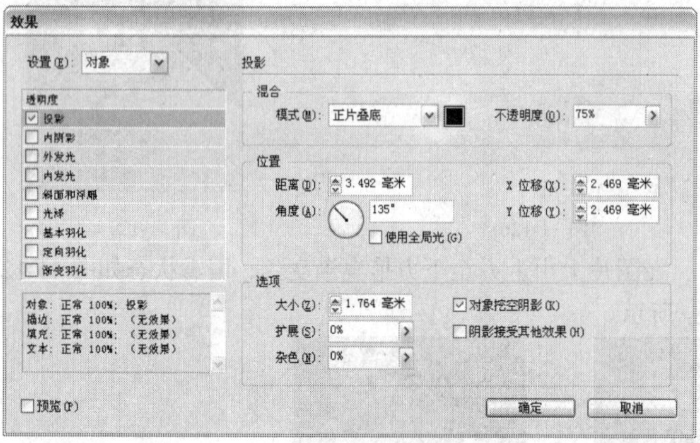

图 11-135

图 11-136

图 11-137

Step 04 选择“选择”工具，按住<Shift>键的同时，单击需要的文字将其同时选取。在“控制面板”中单击“向选定的目标添加对象效果”按钮fx，在弹出的菜单中选择“投影”命令，将“效果颜色”设置为白色，其他选项的设置如图 11-138 所示。单击“确定”按钮，效果如图 11-139 所示。

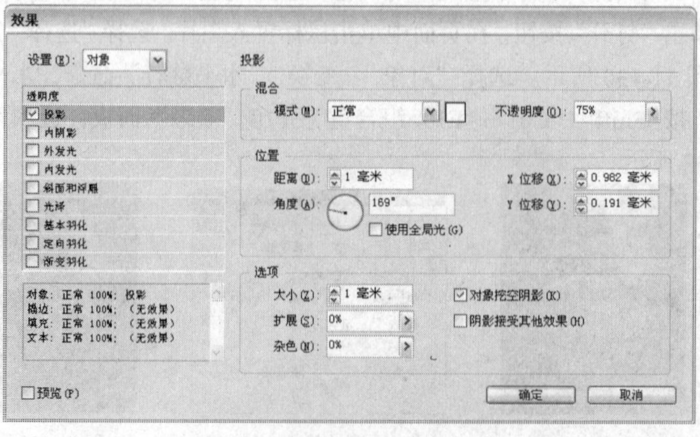

图 11-138

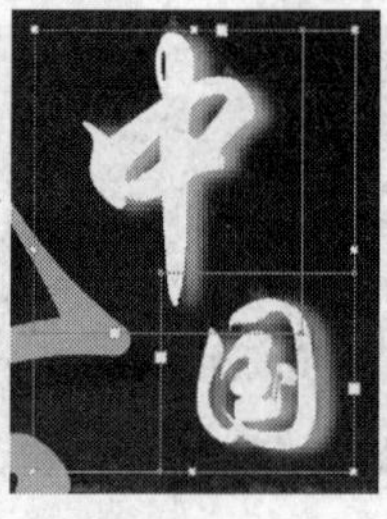

图 11-139

11.2.4 制作印章并添加出版信息

Step 01 1. 选择“钢笔”工具，在适当的位置绘制一个图形，如图 11-140 所示。设置图形填充色的 CMYK 值为 0、12、45、0，填充图形并设置描边色为无，效果如图 11-141 所示。

Step 02 选择“文字”工具，在页面中拖曳出 2 个文本框，输入需要的文字。分别将输入的文字选取，在“控制面板”中选择合适的字体并设置文字大小，并取消选取状态，效果如图 11-142 所示。

图 11-140

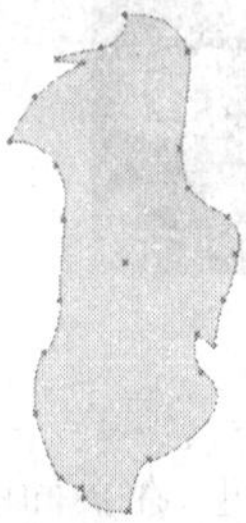

图 11-141

图 11-142

Step 03 选择“选择”工具，按住<Shift>键的同时，单击需要的文字将其同时选取。按<Ctrl>+<Shift>+<O>组合键创建文字轮廓，如图 11-143 所示。按住<Shift>键的同时，单击需要的图形将其同时选取，如图 11-144 所示。选择“窗口 > 对象和版面 > 路径查找器”命令，弹出“路径查找器”面板，单击“减去”按钮，如图 11-145 所示，效果如图 11-146 所示。

图 11-143

图 11-144

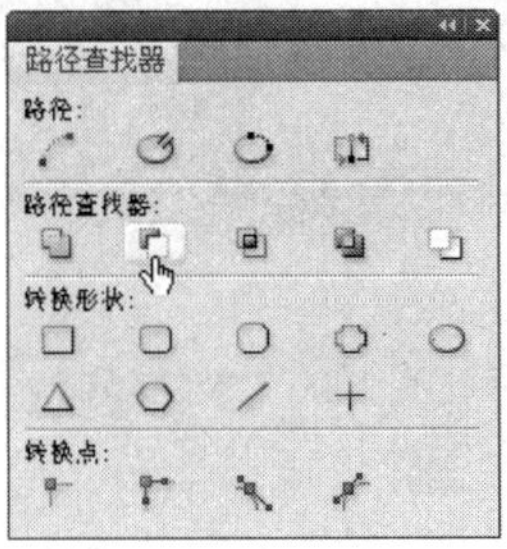

图 11-145

图 11-146

Step 04 选择“选择”工具，拖曳剪切图形到适当的位置并调整其大小，如图 11-147 所示。在“控制面板”中单击“向选定的目标添加对象效果”按钮，在弹出的菜单中选择“投影”命令，弹出“效果”对话框，设置如图 11-148 所示。单击“确定”按钮，效果如图 11-149 所示。

图 11-147

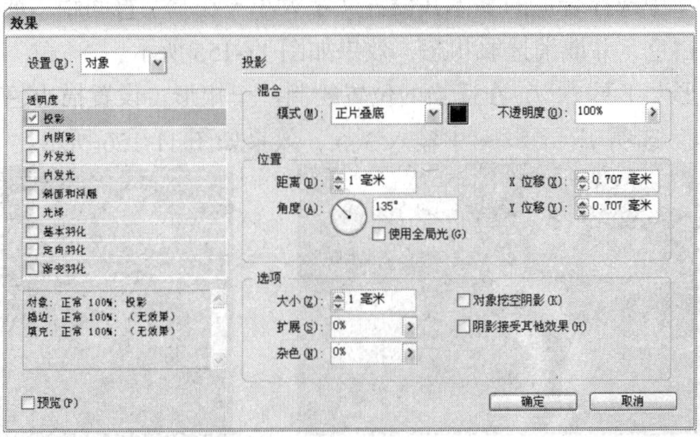

图 11-148

图 11-149

Step 05 选择“钢笔”工具，在适当的位置绘制一条折线，设置描边色为白色，在“控制面板”中的“描边粗细”选项 0.283 中输入 1 点，效果如图 11-150 所示。选择“选择”工具，选中折线，按住<Alt>键的同时，将其拖曳到适当的位置，复制折线。在“控制面板”中的“旋转角度”选项 0° 中输入 180°，效果如图 11-151 所示。

图 11-150

图 11-151

Step 06 选择“文件 > 置入”命令，弹出“置入”对话框，选择光盘中的“Ch11 > 素材 > CD 唱片封面设计 > 04”文件，单击“打开”按钮，在页面中单击鼠标置入图片。选择“选择”工具，拖曳图片到适当的位置，如图 11-152 所示。

Step 07 在“控制面板”中单击“向选定的目标添加对象效果”按钮，在弹出的菜单中选择“外发光”命令，弹出“效果”对话框，设置如图 11-153 所示。单击“确定”按钮，效果如图 11-154 所示。

图 11-152

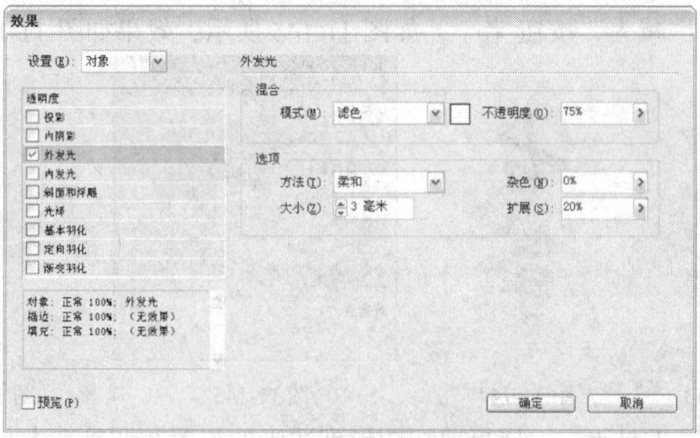

图 11-153

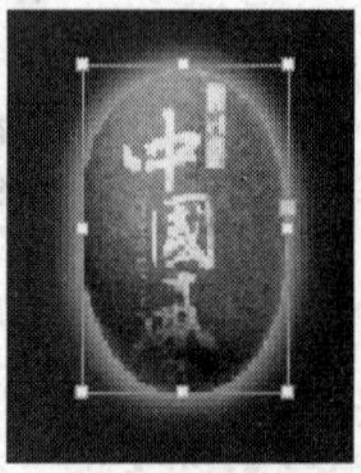

图 11-154

Step 08 选择“文字”工具，在页面中拖曳出一个文本框，输入需要的文字。将输入的文字选取，在“控制面板”中选择合适的字体并设置文字大小。在“字符间距”选项 0 中输入 200，填充文字为白色，并取消选取状态，效果如图 11-155 所示。

Step 09 选择“矩形”工具，在适当的位置绘制一个矩形。设置描边色为白色，在“控制面板”中的“描边粗细”选项 0.283 中输入 3 点，效果如图 11-156 所示。

图 11-155

图 11-156

11.2.5 制作封底的背景效果

Step 01 选择“矩形”工具，在适当的位置绘制一个矩形，如图 11-157 所示。双击“渐变色板”工具，弹出“渐变”面板。在“渐变”面板中的渐变色带上选中左侧的渐变滑块，将“位置”选项设为 10，设置 CMYK 的值为 0、0、0、0，选中右侧的渐变滑块，设置 CMYK 的值为 0、100、100、73，其他选项的设置如图 11-158 所示。图形被填充渐变色，并设置描边色为无，效果如图 11-159 所示。

图 11-157

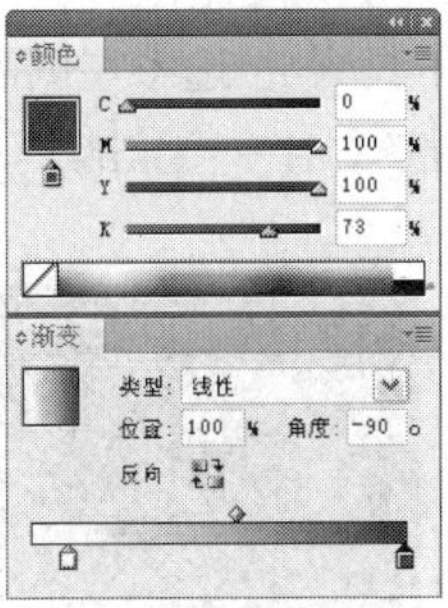

图 11-158

图 11-159

Step 02 选择“文件 > 置入”命令，弹出“置入”对话框，选择光盘中的“Ch11 > 素材 > CD 唱片封面设计 > 06”文件，单击“打开”按钮，在页面中单击鼠标置入图片。选择“选择”工具，拖曳图片到适当的位置，如图 11-160 所示。按<Shift>+<Ctrl>+<F10>组合键，弹出“效果”面板，选项设置如图 11-161 所示，效果如图 11-162 所示。

图 11-160

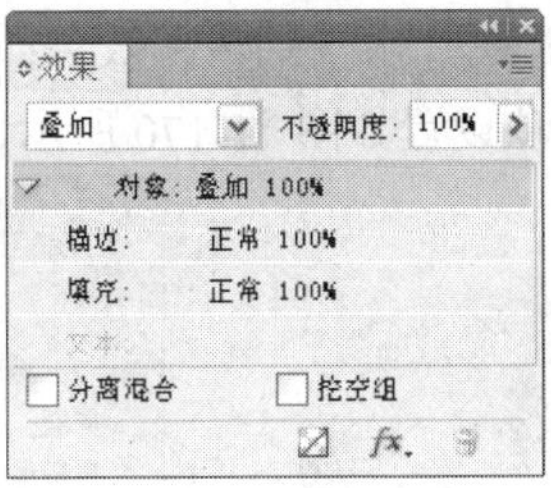

图 11-161

图 11-162

11.2.6 添加并编辑封底图片和印章

Step 01 选择“选择”工具，选中左侧需要的图片，如图 11-163 所示。按住<Alt>键的同时，拖曳图片到适当的位置，按<Ctrl>+<Shift>+<]>组合键将其置为顶层，效果如图 11-164 所示。

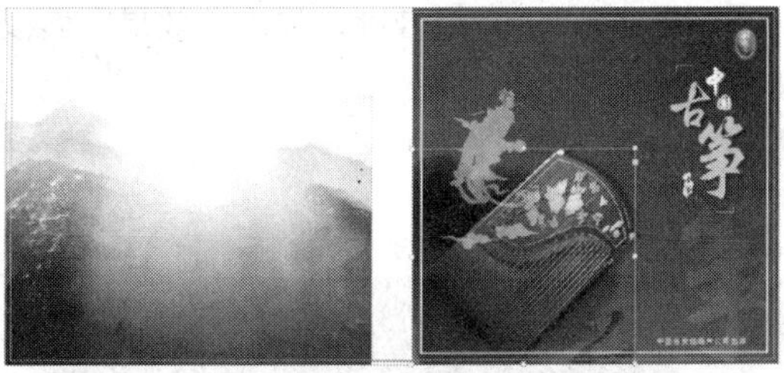
图 11-163

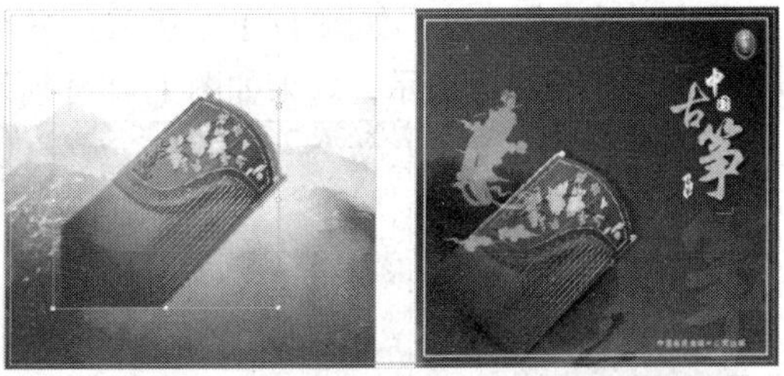
图 11-164

Step 02 按<Shift>+<Ctrl>+<F10>组合键，弹出“效果”面板，选项设置如图 11-165 所示，效果如图 11-166 所示。

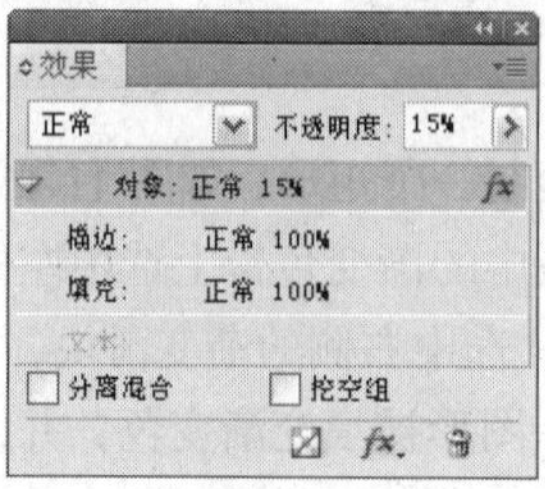

图 11-165

图 11-166

Step 03 选择“选择”工具，选中左侧需要的图片，如图 11-167 所示。按住<Alt>键的同时，拖曳图片到适当的位置，按<Ctrl>+<Shift>+<]>组合键将其置为顶层并调整图片的大小，效果如图 11-168 所示。

图 11-167

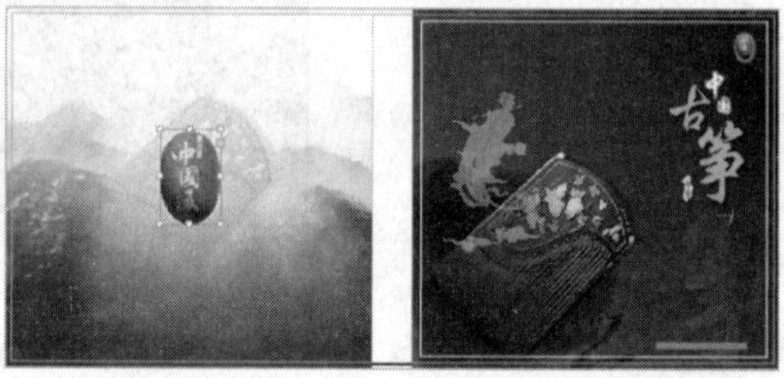

图 11-168

Step 04 选择“选择”工具，选中左侧需要的图片。按住<Alt>键的同时，拖曳图片到适当的位置，按<Ctrl>+<Shift>+<]>组合键，将其置为顶层并调整图片的大小。单击“控制面板”中的“水平翻转”按钮，将图片水平翻转，效果如图 11-169 所示。按<Shift>+<Ctrl>+<F10>组合键，弹出“效果”面板，选项设置如图 11-170 所示，效果如图 11-171 所示。

图 11-169

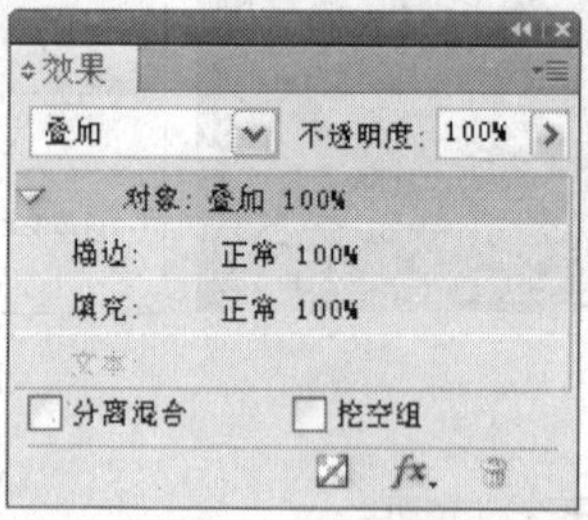

图 11-170

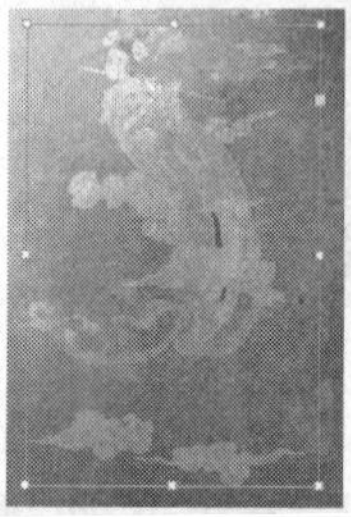

图 11-171

Step 05 选择“文件 > 置入”命令，弹出“置入”对话框，选择光盘中的“Ch11 > 素材 > CD 唱片封面设计 > 07”文件，单击“打开”按钮，在页面中单击鼠标置入图片。选择“选择”工具，拖曳图片到适当的位置，如图 11-172 所示。按<Shift>+<Ctrl>+<F10>组合键，弹出“效果”面板，选项设置如图 11-173 所示，效果如图 11-174 所示。

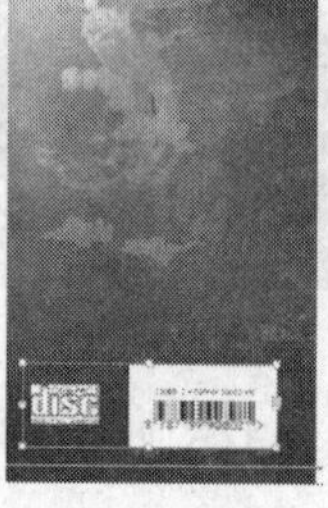

图 11-172

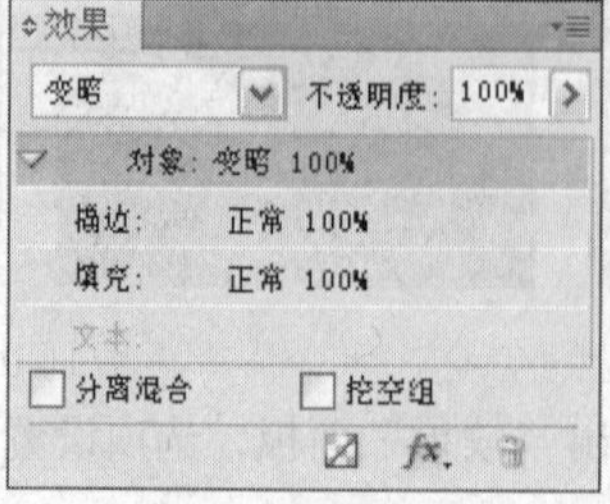

图 11-173

图 11-174

Step 06 选择“选择”工具，选中左侧需要的图形。按住<Alt>键的同时，将其拖曳到适当的位置，复制图形，效果如图 11-175 所示。

图 11-175

11.2.7　制作书脊效果

Step 01 选择“文字”工具 T，分别在页面中拖曳文本框，输入需要的文字。分别将输入的文字选取，在“控制面板”中选择合适的字体并设置文字大小。设置文字填充色的 CMYK 值为 0、40、100、0，填充文字。并取消选取状态，效果如图 11-176 所示。

Step 02 选择“选择”工具，按住<Shift>键的同时，单击需要的文字将其同时选取。在“控制面板”中单击“向选定的目标添加对象效果”按钮 fx，在弹出的菜单中选择“投影”命令，弹出“效果”对话框，设置如图 11-177 所示。单击“确定”按钮，效果如图 11-178 所示。

图 11-176

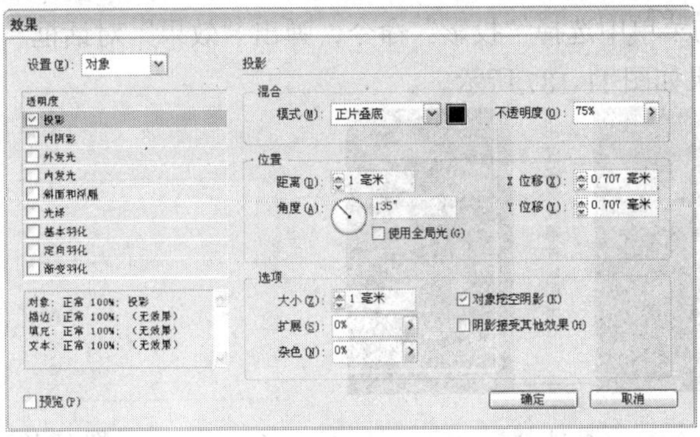

图 11-177

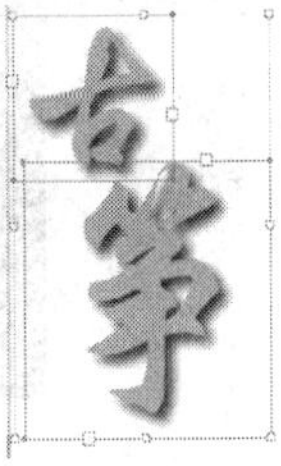

图 11-178

Step 03 选择“文字”工具 T，分别在页面中拖曳文本框，输入需要的文字。分别将输入的文字选取，在“控制面板”中选择合适的字体并设置文字大小，效果如图 11-179 所示。

Step 04 选择“选择”工具，选中左侧需要的图形，如图 11-180 所示。按住<Alt>键的同时，将其拖曳到适当的位置并调整其大小。设置图形填充色的 CMYK 值为 0、100、100、39，填充图形，效果如图 11-181 所示。

图 11-179

图 11-170

图 11-181

Step 05 在“控制面板”中单击“向选定的目标添加对象效果”按钮，在弹出的菜单中选择“投影”命令，弹出“效果”对话框，在对话框中取消“投影”的勾选状态，如图 11-182 所示，单击“确定”按钮，效果如图 11-183 所示。

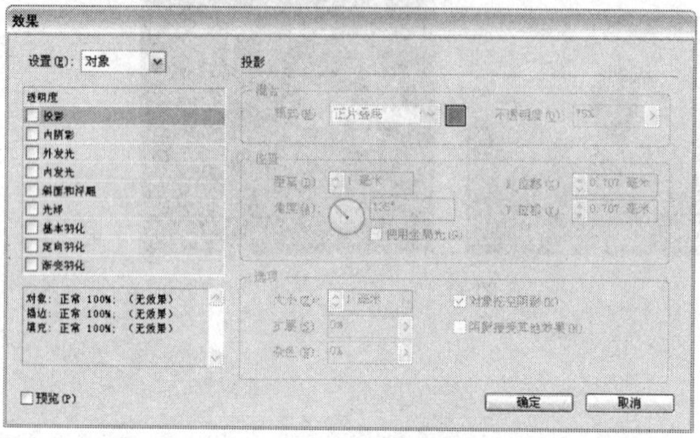

图 11-182

图 11-183

Step 06 选择“直排文字”工具，在适当的位置拖曳出一个文本框，输入需要的文字。将输入的文字选取，在“控制面板”中选择合适的字体并设置文字大小。将“字符间距”选项设为 200，并取消选取状态，效果如图 11-184 所示。

Step 07 选择“矩形”工具，在适当的位置绘制一个与页面大小相等的矩形，填充图形为白色并设置描边色设为无，如图 11-185 所示。在“控制面板”中单击“向选定的目标添加对象效果”按钮，在弹出的菜单中选择“投影”命令，弹出“效果”对话框，设置如图 11-186 所示。单击“确定”按钮，效果如图 11-187 所示。

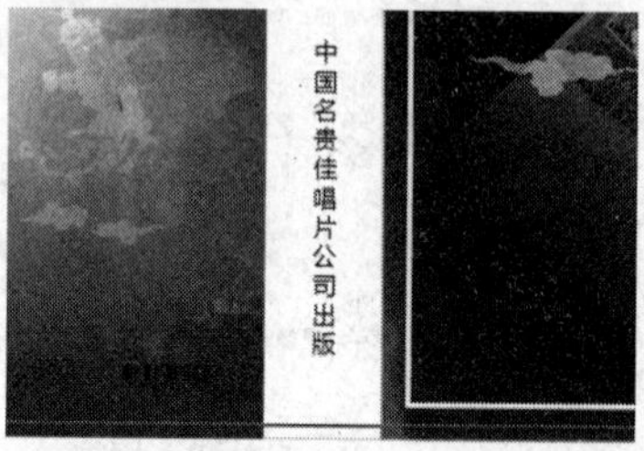

图 11-184

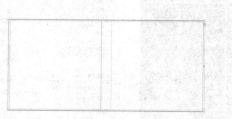

图 11-185

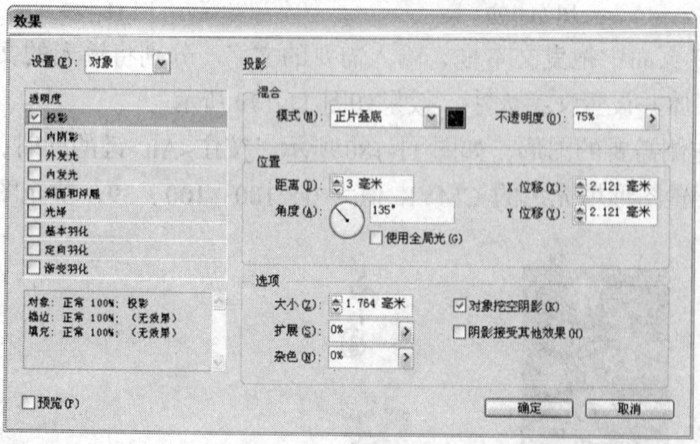

图 11-186

图 11-187

Step 08 按<Ctrl>+<Shift>+<[>组合键，将绘制的矩形置于底层。选择“选择”工具，分别选中背景中的参考线将其删除。CD 唱片封面制作完成，效果如图 11-188 所示。

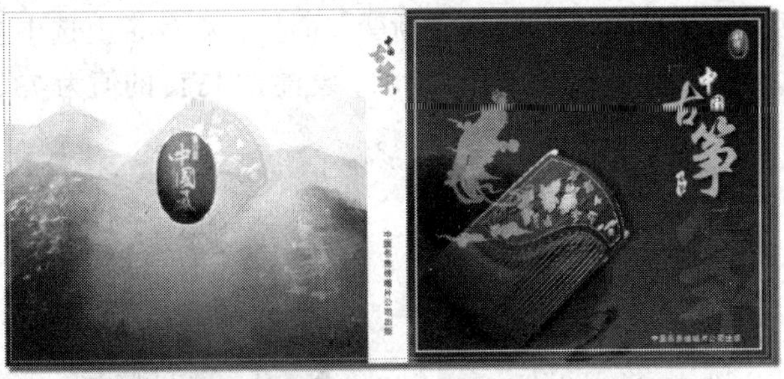

图 11-188

11.3 制作化妆品广告

案例知识要点：使用钢笔工具、旋转工具和对齐面板绘制装饰花形，使用不透明度命令为制作花形的透明效果，使用投影命令为图片添加黄色投影，使用直排文字工具添加宣传性文字，化妆品广告效果如图 11-189 所示。

效果所在位置：光盘/Ch11/效果/制作化妆品广告.indd。

图 11-189

11.3.1 制作渐变背景

Step 01 选择"文件 > 新建 > 文档"命令，弹出"新建文档"对话框，如图 11-190 所示。单击"边距和分栏"按钮，弹出如图 11-191 所示对话框，单击"确定"按钮，新建一个页面。选择"视图 > 其他 > 隐藏框架边缘"命令，将所绘制图形的框架边缘隐藏。

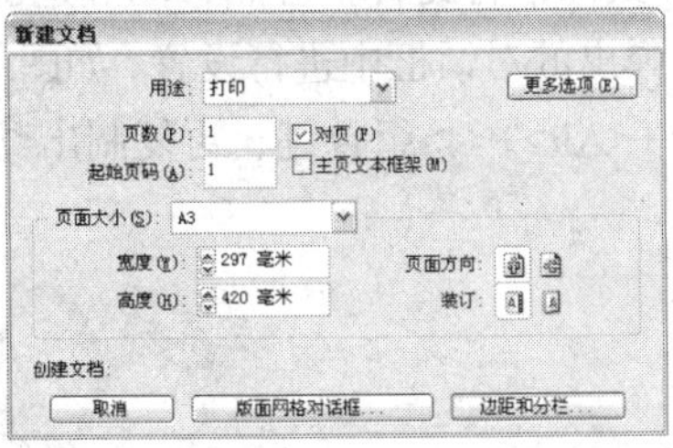

图 11-190

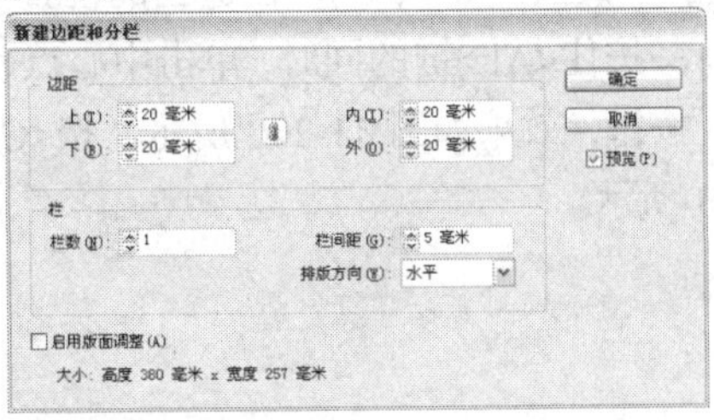

图 11-191

Step 02 选择"矩形"工具，在页面中单击鼠标，弹出"矩形"对话框，在对话框中进行设置，如图 11-192 所示。单击"确定"按钮，得到一个矩形，效果如图 11-193 所示。

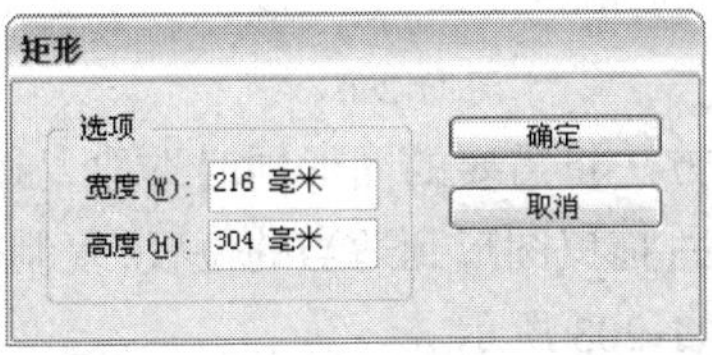

图 11-192

图 11-193

Step 03 双击“渐变色板”工具，弹出“渐变”面板，在色带上选中左侧的渐变滑块，设置 CMYK 的值为 27、100、0、0，选中右侧的渐变滑块，设置 CMYK 的值为 73、98、0、0，如图 11-194 所示。图形被填充渐变色，效果如图 11-195 所示。

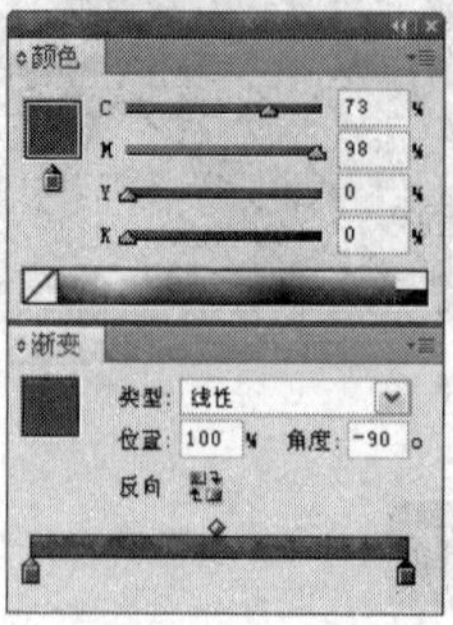

图 11-194

图 11-195

11.3.2 制作装饰花形

Step 01 选择“钢笔”工具，在页面中绘制一个图形，如图 11-196 所示。填充图形为白色，设置描边色的 CMYK 值为 0、54、100、0，填充描边。在“控制面板”中的“描边粗细”选项中输入 3 点，效果如图 11-197 所示。

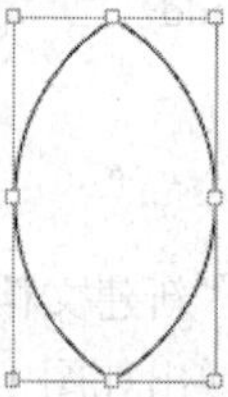

图 11-196

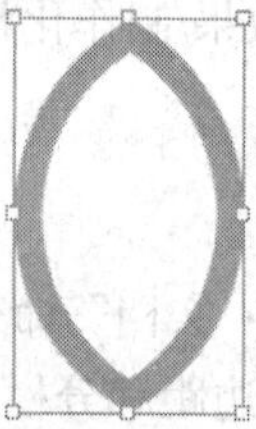

图 11-197

Step 02 选择“旋转”工具，在适当的位置单击鼠标，将旋转中心点移动到适当的位置，如图 11-198 所示。按住<Alt>键的同时，单击中心点，在弹出的对话框中进行设置，如图 11-199 所示。单击“复制”按钮，效果如图 11-200 所示。按<Ctrl>+<Alt>+<4>组合键，再复制出 7 个图形，效果如图 11-201 所示。

图 11-198

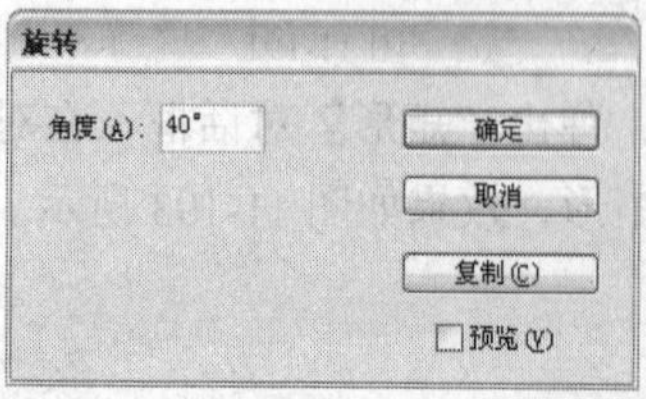

图 11-199

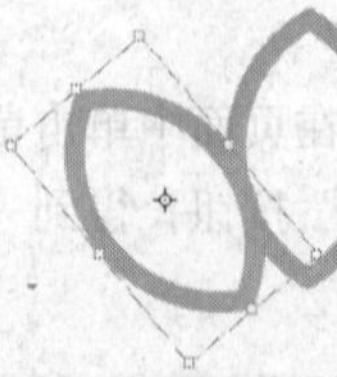

图 11-200

图 11-201

Step 03 选择“选择”工具，用圈选的方法将需要的图形同时选取，按<Ctrl>+<G>组合键将其编组，如图 11-202 所示。按住<Alt>键的同时，拖曳图形到适当的位置，复制一个图形。按住<Shift>键的同时，调整复制图形的大小，效果如图 11-203 所示。

图 11-202

图 11-203

Step 04 按住<Shift>键的同时，单击需要的图形将其同时选取，如图 11-204 所示。选择“窗口 > 对齐和版面 > 对齐”命令，弹出“对齐”面板，如图 11-205 所示。单击“水平居中对齐”按钮 和“垂直居中对齐”按钮 ，效果如图 11-206 所示。

图 11-204

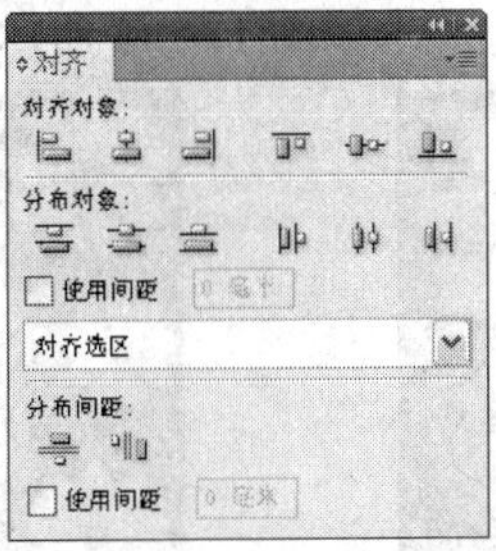

图 11-205

图 11-206

Step 05 按<Ctrl>+<G>组合键将其编组，如图 11-207 所示。选择“选择”工具 ，按住<Alt>键的同时，拖曳图形到适当的位置，复制一个图形，如图 11-208 所示。

图 11-207

图 11-208

Step 06 选择“选择”工具 ，拖曳复制的图形到适当的位置并调整其大小，如图 11-209 所示。在“控制面板”中的“不透明度”选项 中输入 10%，效果如图 11-210 所示。

图 11-209

图 11-210

Step 07 拖曳原图形到适当的位置并调整其大小，如图 11-211 所示。在“控制面板”中单击“向选定的目标添加对象效果”按钮 ，在弹出的菜单中选择“投影”命令，弹出“效果”对话框，如图 11-212 所示。单击“确定”按钮，效果如图 11-213 所示。

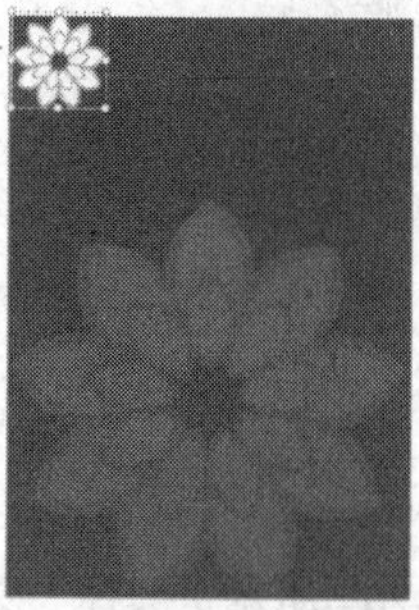
图 11-211

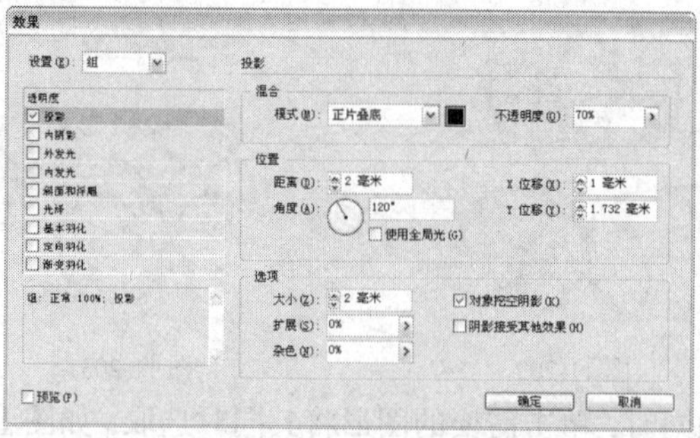

图 11-212

图 11-213

Step 08 按住<Alt>键的同时，拖曳图形到适当的位置，复制一个图形并调整其大小，如图 11-214 所示。用相同的方法再复制多个图形，效果如图 11-215 所示。

图 11-214

图 11-215

Step 09 选择“矩形”工具，在适当的位置绘制一个矩形。设置图形填充色的 CMYK 值为 0、19、100、0，填充图形并设置描边色为无，如图 11-216 所示。用相同的方法分别在适当的位置绘制两个矩形，分别设置图形填充色的 CMYK 值为 0、36、100、0 和 0、48、100、0，填充图形并分别设置描边色为无，效果如图 11-217 所示。

图 11-216

图 11-217

11.3.3 置入并编辑图片

Step 01 选择“文件 > 置入”命令，弹出“置入”对话框，选择光盘中的“Ch14 > 素材 >制作化妆品广告 > 01”文件，单击“打开”按钮，在页面中单击鼠标置入图片。选择“选择”工具，拖曳图片到适当的位置，效果如图 11-218 所示。

Step 02 在“控制面板”中单击“向选定的目标添加对象效果”按钮，在弹出的菜单中选择“投影”命令，弹出“效果”对话框。单击“设置阴影颜色”图标，弹出“效果颜色”对话框，在对话框中选择需要的颜色，如图 11-219 所示，单击“确定”按钮，返回到“效果”对话框中，设置如图 11-220 所示。单击“确定”按钮，效果如图 11-221 所示。

Step 03 选择选择“选择”工具，选中左上方任意一个花图形，按住<Alt>键的同时，拖曳图形到适当的位置，复制一个图形并调整其大小，用相同的方法再复制多个图形，效果如图 11-222 所示。

图 11-218

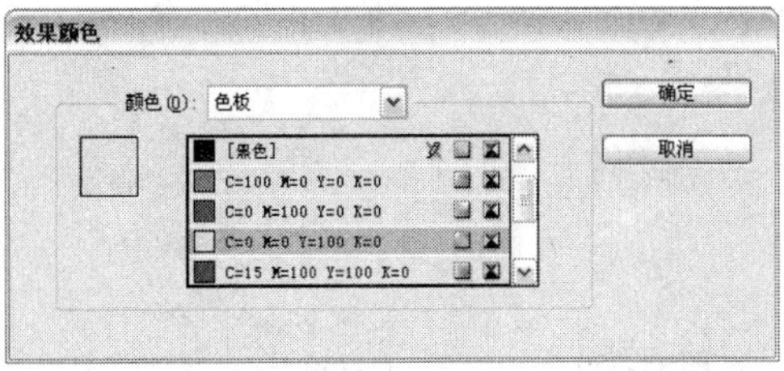

图 11-219

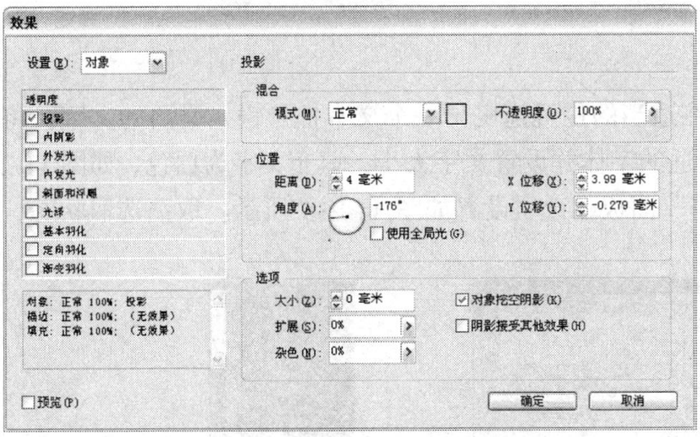

图 11-220

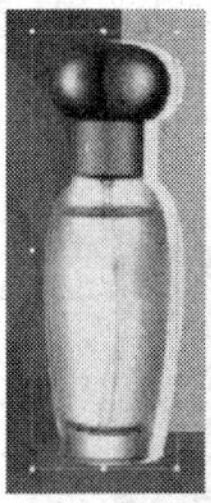

图 11-221

图 11-222

11.3.4 绘制蝴蝶图形

Step 01 选择“钢笔”工具，在页面中绘制一个图形，如图 11-223 所示。设置图形填充色的 CMYK 值为 5、13、75、0，填充图形并设置描边色为无，效果如图 11-224 所示。

Step 02 选择“钢笔”工具，分别在适当的位置绘制多个图形，如图 11-225 所示。选择“选择”工具，按住<Shift>键的同时，单击需要的图形将其同时选取，如图 11-226 所示。设置图形填充色的 CMYK 值为 5、51、87、0，填充图形并设置描边色为无，效果如图 11-227 所示。

图 11-223

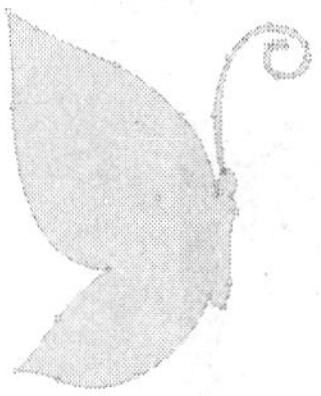

图 11-224

图 11-225

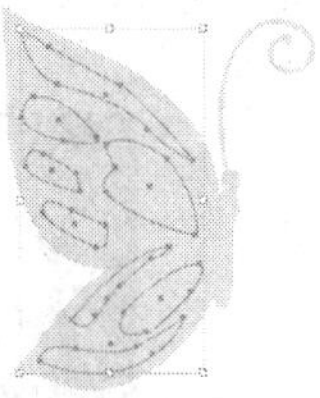

图 11-226

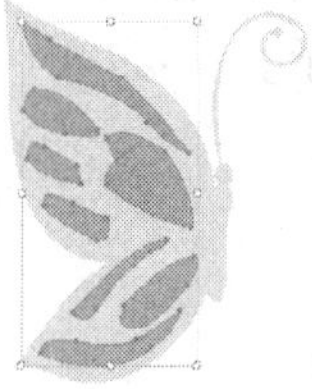

图 11-227

Step 03 选择“钢笔”工具，分别在适当的位置绘制多个图形，如图 11-228 所示。选择“选择”工具，按住<Shift>键的同时，单击需要的图形将其同时选取，如图 11-229 所示。选择“吸管”工具，将鼠标指针放到蝴蝶图形适当的位置，如图 11-230 所示。单击鼠标左键，图形被填充，并设置描边色为无，效果如图 11-231 所示。

Step 04 选择“选择”工具，用圈选的方法将需要的图形同时选取，按<Ctrl>+<G>组合键将其编组，如图 11-232 所示。拖曳编组图形到适当的位置并调整其大小，效果如图 11-233 所示。

图 11-228

图 11-229

图 11-230

图 11-231

图 11-232

图 11-233

11.3.5 添加宣传性文字

Step 01 选择“直排文字”工具，在适当的位置拖曳出一个文本框，输入需要的文字。将输入的文字选取，在“控制面板”中选择合适的字体并设置文字大小，填充文字为白色，如图 11-234 所示。按<Ctrl>+<T>组合键，弹出“字符”面板，选项设置如图 11-235 所示。取消选取状态，效果如图 11-236 所示。

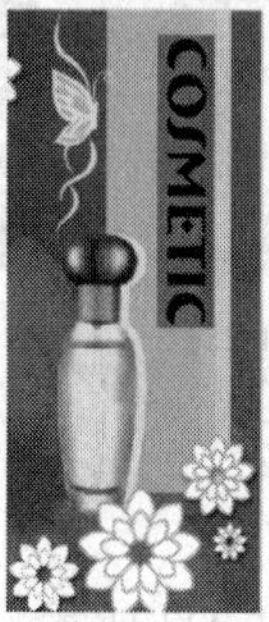

图 11-234

图 11-235

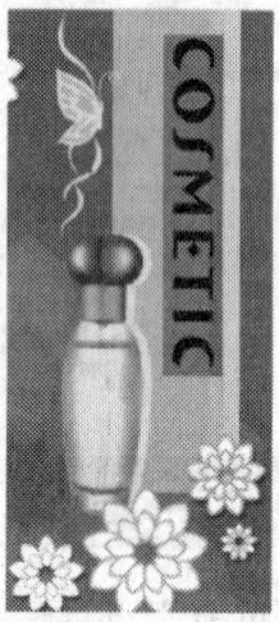

图 11-236

Step 02 选择“直排文字”工具，在适当的位置拖曳出一个文本框，输入需要的文字。将输入的文字选取，在“控制面板”中选择合适的字体并设置文字大小，填充文字为白色，并取消选取状态，如图 11-237 所示。选择“选择”工具，单击选中需要的文字。在“控制面板”中的“旋转角度”选项 0° 和“X 切变角度”选项 0° 中分别输入-18°，效果如图 11-238 所示。

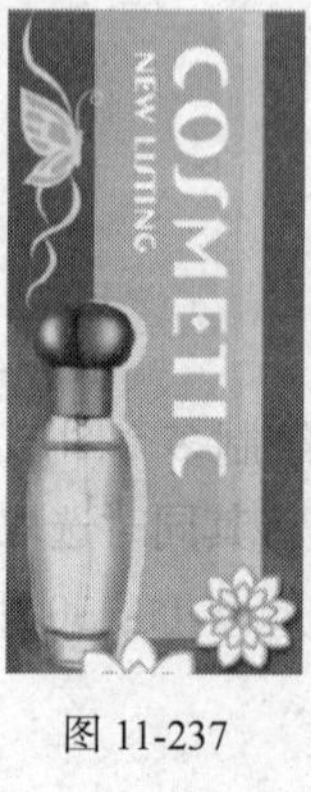

图 11-237

图 11-238

Step 03 选择“直排文字”工具，分别在适当的位置拖曳出文本框，分别输入需要的文字。将输入的文字选取，在“控制面板”中选择合适的字体并设置文字大小，填充文字为白色，并取消选取状态，效果如图 11-239 所示。选择“选择”工具，选取需要的文字，如图 11-240 所示。在“字符面板”中将“字符间距”选项设为 100，按<Enter>键确认操作，调整字间距，效果如图 11-241 所示。

图 11-239

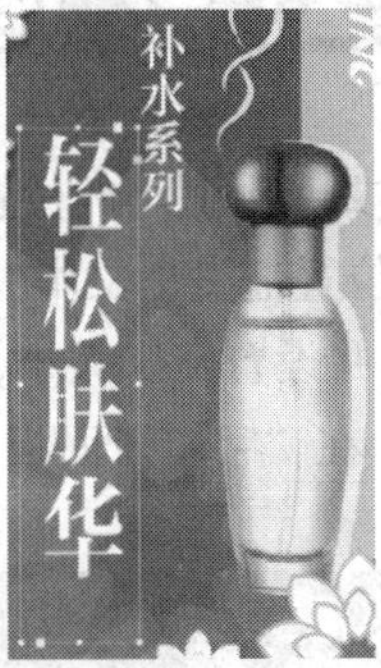

图 11-240

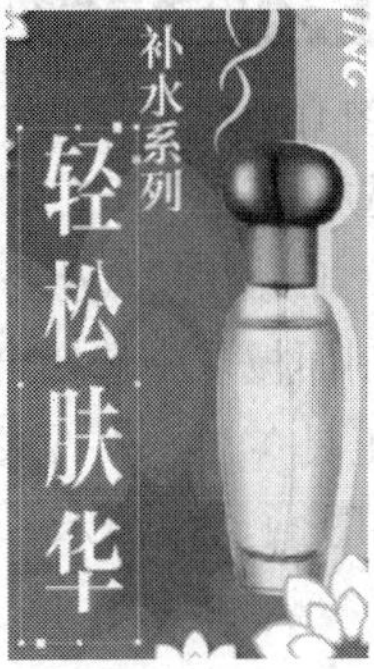

图 11-241

Step 04 选择“椭圆”工具，按住<Shift>键的同时，在适当的位置绘制一个圆形。填充图形为白色并设置描边色为无，效果如图 11-242 所示。选择“选择”工具，选中图形。按住<Alt>键的同时，拖曳图形到适当的位置，复制一个图形，并适当调整其大小。设置图形填充色的 CMYK 值为 0、25、100、0，填充图形，效果如图 11-243 所示。

图 11-242

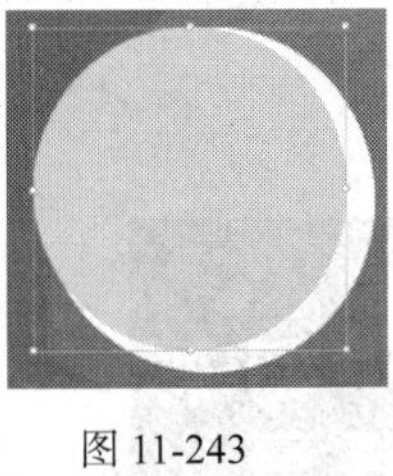
图 11-243

Step 05 选择“选择”工具，按住<Shift>键的同时，单击需要的图形将其同时选取，按<Ctrl>+<G>组合键将其编组，如图 11-244 所示。选择“文字”工具，在适当的位置拖曳出一个文本框，输入需要的文字。将输入的文字选取，在“控制面板”中选择合适的字体并设置文字大小，效果如图 11-245 所示。选择“选择”工具，在“控制面板”中将“旋转角度”选项设为 17°，按<Enter>键确认操作，效果如图 11-246 所示。

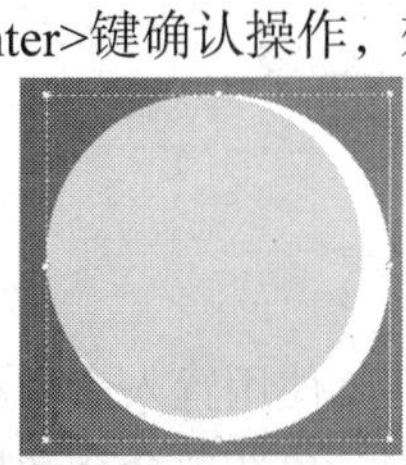
图 11-244

图 11-245

图 11-246

Step 06 选择“文字”工具，在适当的位置拖曳一个文本框，输入需要的文字。将输入的文字选取，在“控制面板”中选择合适的字体并设置文字大小，效果如图 11-247 所示。在“字符”

面板中将“字符间距”选项设为 350，效果如图 11-248 所示。在“唇”字左侧插入光标，按<Enter>键确认操作，文字效果如图 11-249 所示。

图 11-247

图 11-248

图 11-249

Step 07 选择“选择”工具，拖曳文字到适当的位置，并填充文字为白色，如图 11-250 所示。选择“文字”工具，分别在适当的位置拖曳出文本框，输入需要的文字。分别将输入的文字选取，在“控制面板”中选择合适的字体并设置文字大小，填充文字为白色，如图 11-251 所示。选择“选择”工具，选中需要的文字。在“字符”面板中，将“字符间距”选项设为 100，效果如图 11-252 所示。

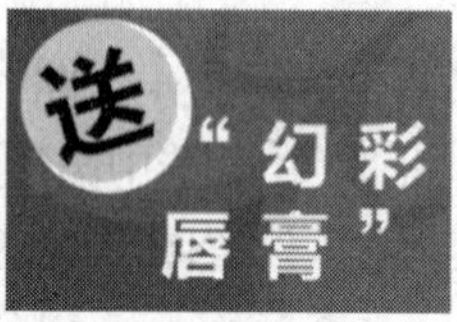

图 11-250

图 11-251

图 11-252

Step 08 选择“选择”工具，按住<Shift>键的同时，单击需要的文字将其同时选取，按<Ctrl>+<G>组合键将其编组，如图 11-253 所示。在“控制面板”中将“旋转角度”选项设为-6°，效果如图 11-254 所示。化妆品广告制作完成，效果如图 11-255 所示。

图 11-253

图 11-254

图 11-255

11.4 制作房地产广告

案例知识要点：使用矩形工具和渐变色板工具制作背景渐变，使用置入命令和效果面板置入并编辑图片，使用置入命令和文字工具添加广告语，使用矩形工具、角选项命令和描边面板绘制虚线矩形，房地产广告效果如图 11-256 所示。

效果所在位置：光盘/Ch11/效果/制作房地产广告.indd。

图 11-256

11.4.1　制作背景效果

Step 01 选择“文件 > 新建 > 文档”命令，弹出“新建文档”对话框，如图 11-257 所示。单击“边距和分栏”按钮，弹出对话框，选项的设置如图 11-258 所示，单击“确定”按钮，新建一个页面。选择“视图 > 其他 > 隐藏框架边缘”命令，将所绘制图形的框架边缘隐藏。

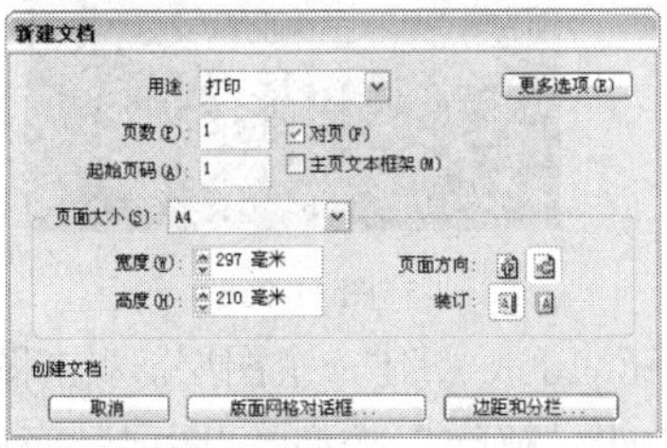

图 11-257

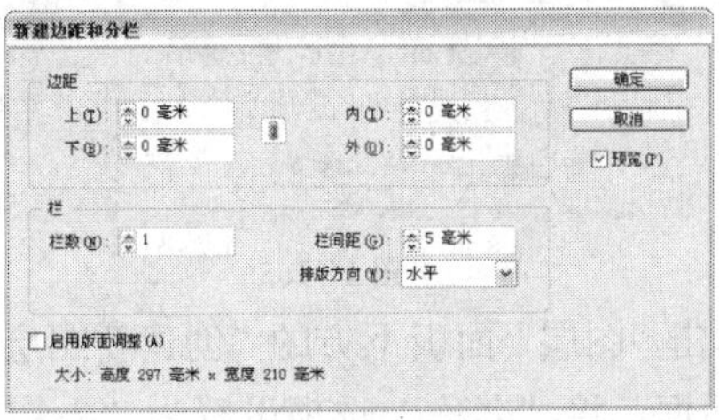

图 11-258

Step 02 选择“窗口 > 图层”命令，弹出“图层”面板，双击“图层 1”，弹出“图层选项”对话框，选项设置如图 11-259 所示。单击“确定”按钮，“图层”面板如图 11-260 所示。

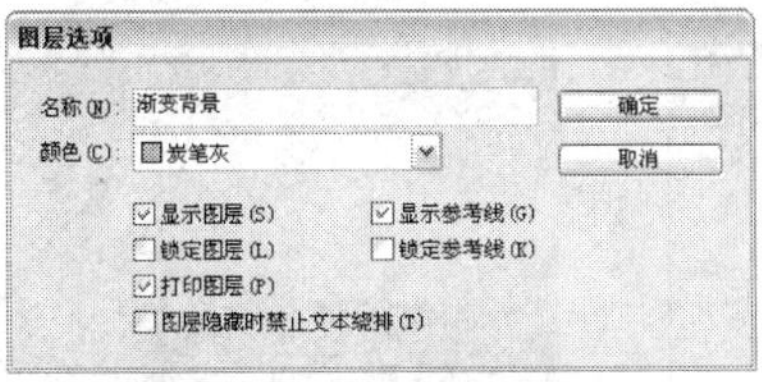

图 11-259

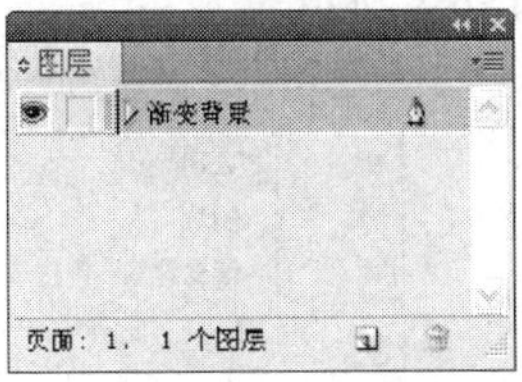

图 11-260

Step 03 选择“矩形”工具，在页面中绘制一个矩形，如图 11-261 所示。双击“渐变色板”工具，弹出“渐变”面板，在色带上选中左侧的渐变滑块，设置 CMYK 的值为 31、86、62、0，选中右侧的渐变滑块，设置 CMYK 的值为 73、95、62、42，如图 11-262 所示。在矩形中由右上角向左下角拖曳光标，如图 11-263 所示，松开鼠标左键，图形被填充渐变色，效果如图 11-264 所示。

图 11-261

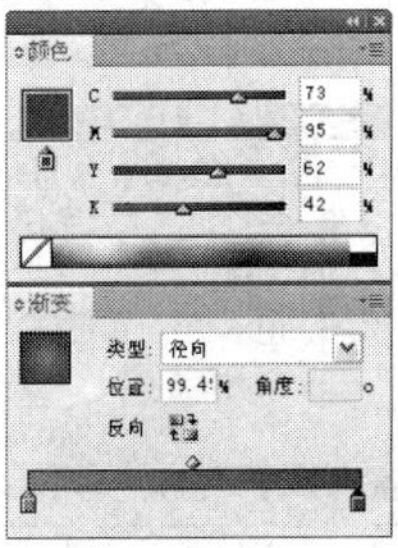

图 11-262

图 11-263

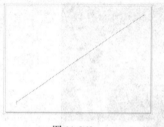

图 11-264

Step 04 单击“图层”面板右上方的图标，在弹出的菜单中选择“新建图层”命令，弹出“新建图层”对话框，设置如图 11-265 所示，单击“确定”按钮，新建“图片”图层。选择“文件 > 置入”命令，弹出“置入”对话框，选择光盘中的“Ch11 > 素材 > 制作房地产广告 > 01”文件，单击“打开”按钮，在页面空白处单击鼠标左键置入图片。选择“选择”工具，拖曳图片到适当的位置，效果如图 11-266 所示。在页面空白处单击，取消选取状态。

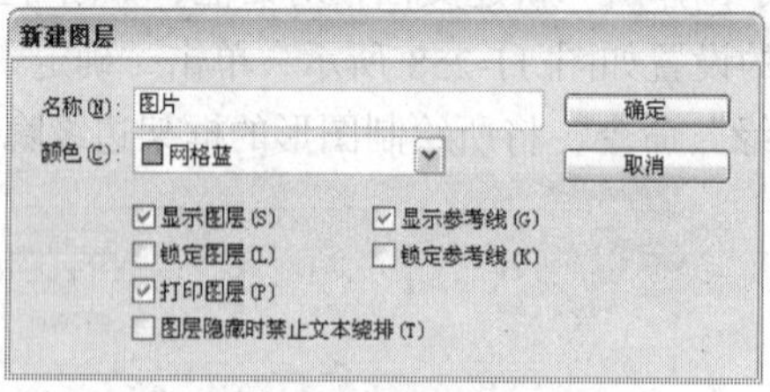

图 11-265

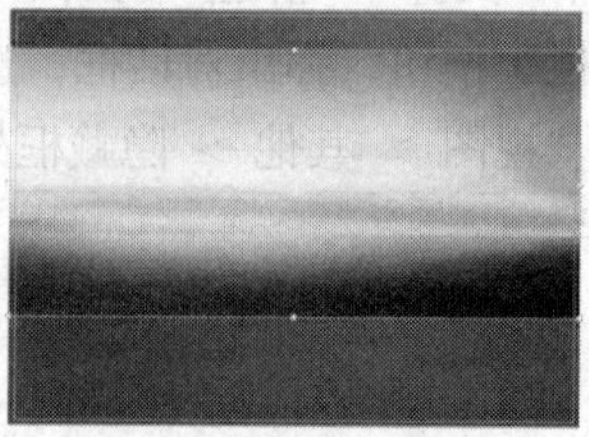

图 11-266

Step 05 单击“图层”面板下方的“创建新图层”按钮，新建一个图层。双击图层，弹出“图层选项”对话框，将“名称”选项设置为“人物”，单击“确定”按钮，“图层”面板如图 11-267 所示。按<Ctrl>+<D>组合键，弹出“置入”对话框，选择光盘中的“Ch11 > 素材 > 制作房地产广告 > 02”文件，单击“打开”按钮，在页面空白处单击鼠标左键置入图片。拖曳图片到适当的位置，效果如图 11-268 所示。

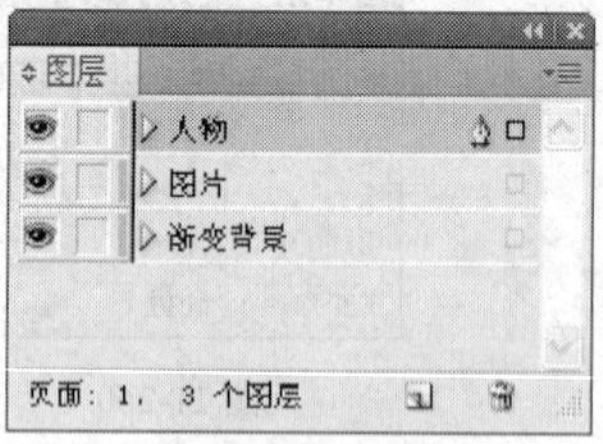

图 11-267

图 11-268

Step 06 单击“图层”面板下方的“创建新图层”按钮，新建一个图层，并将其重命名为“长条”，如图 11-269 所示。选择“矩形”工具，在页面中适当的位置绘制一个矩形，填充图形为黑色，并设置描边色为无，效果如图 11-270 所示。选择“选择”工具，在页面空白处单击，取消选取状态。

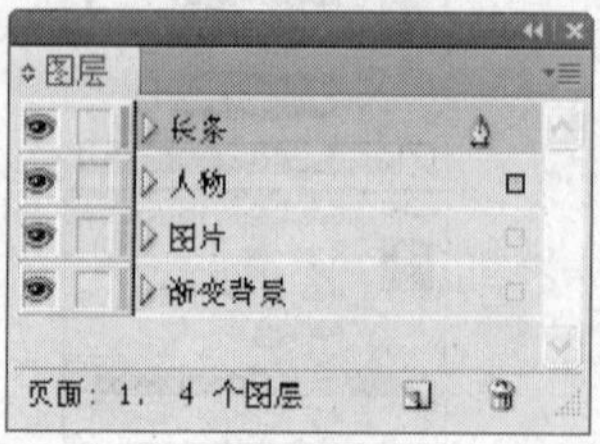

图 11-269

图 11-270

Step 07 单击“图层”面板下方的“创建新图层”按钮，新建一个图层，并将其重命名为“楼房”，如图 11-271 所示。按<Ctrl>+<D>组合键，弹出“置入”对话框，选择光盘中的“Ch11 > 素材 > 制作房地产广告 > 03”文件，单击“打开”按钮，在页面空白处单击鼠标左键置入图片。拖曳图片到适当的位置，效果如图 11-272 所示。

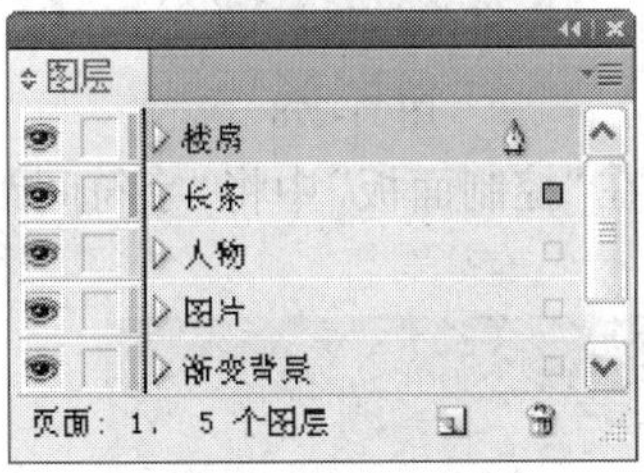

图 11-271

图 11-272

Step 08 保持图片的选取状态，选择“窗口 > 效果”命令，弹出“效果”面板，将混合模式选项设为“亮光”，如图 11-273 所示，图片效果如图 11-274 所示。在页面空白处单击，取消选取状态。

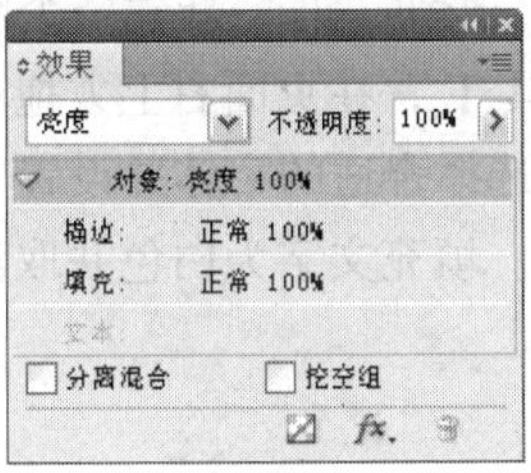

图 11-273

图 11-274

11.4.2 添加广告语

Step 01 单击“图层”面板下方的“创建新图层”按钮，新建一个图层，并将其重命名为“浪漫情深”，如图 11-275 所示。按<Ctrl>+<D>组合键，弹出“置入”对话框，选择光盘中的“Ch11 > 素材 > 制作房地产广告 > 04”文件，单击“打开”按钮，在页面空白处单击鼠标左键置入图片。拖曳图片到适当的位置，效果如图 11-276 所示。

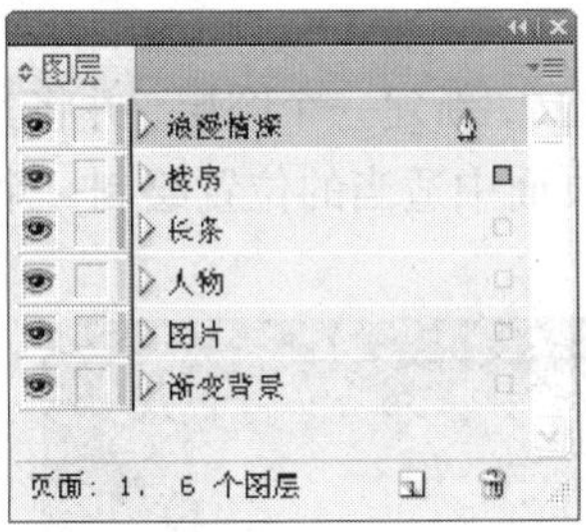

图 11-275

图 11-276

Step 02 选择“文字”工具 T，在页面中分别拖曳文本框，输入需要的文字，将输入的文字分别选取，在“控制面板”中选择合适的字体并设置文字大小。设置文字填充色的 CMYK 值为 60、100、70、45，填充文字取消选取状态，效果如图 11-277 所示。

Step 03 选择“文字”工具 T，选取需要的文字。在“控制面板”中将“字符间距”选项 AV 0 设为-10，效果如图 11-278 所示。选择“选择”工具，在“控制面板”中将“X 切变角度” 0° 选项设置为 15°，按<Enter>键确认操作，效果如图 11-279 所示。

图 11-277

图 11-278

图 11-279

Step 04 选择“文字”工具，选取需要的文字，在“控制面板”中将“字符间距”选项设为 120，效果如图 11-280 所示。

图 11-280

Step 05 单击“图层”面板下方的“创建新图层”按钮，新建一个图层，并将其重命名为“白色文字”，如图 11-281 所示。选择“文字”工具，在页面右上方拖曳文本框，输入需要的文字。将输入的文字同时选取，在“控制面板”中选择合适的字体并设置文字大小，并将“控制面板”中将“字符间距”选项设为 200。填充文字为白色并取消选取状态，效果如图 11-282 所示。

图 11-281

图 11-282

11.4.3 添加并编辑宣传性文字

Step 01 单击“图层”面板下方的“创建新图层”按钮，新建一个图层，并将其重命名为“虚线文字”，如图 11-283 所示。选择“矩形”工具，在页面中适当的位置绘制一个矩形，并填充描边色为白色，效果如图 11-284 所示。

图 11-283

图 11-284

Step 02 选择“对象 > 角选项”命令，弹出“角选项”对话框，选项的设置如图 11-285 所示。单击“确定”按钮，效果如图 11-286 所示。

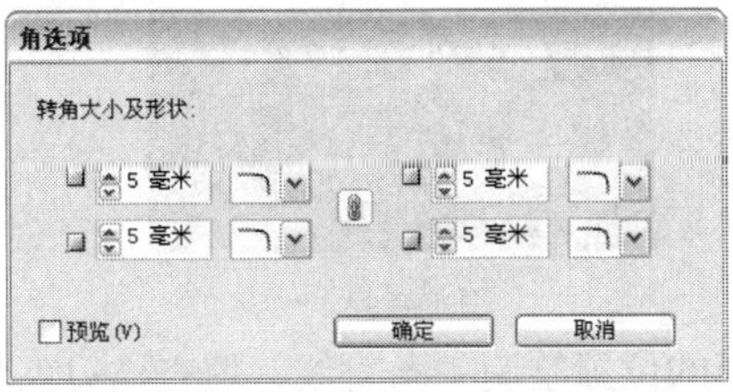

图 11-285

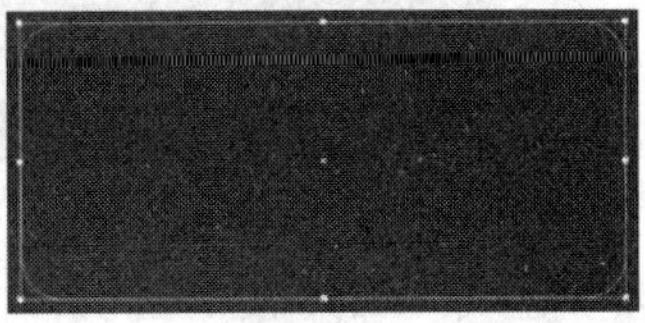

图 11-286

Step 03 按<F10>键，弹出“描边”对话框，在“类型”选项的下拉列表中选择“圆点”，其他选项的设置如图 11-287 所示。按<Enter>键确认操作，效果如图 11-288 所示。

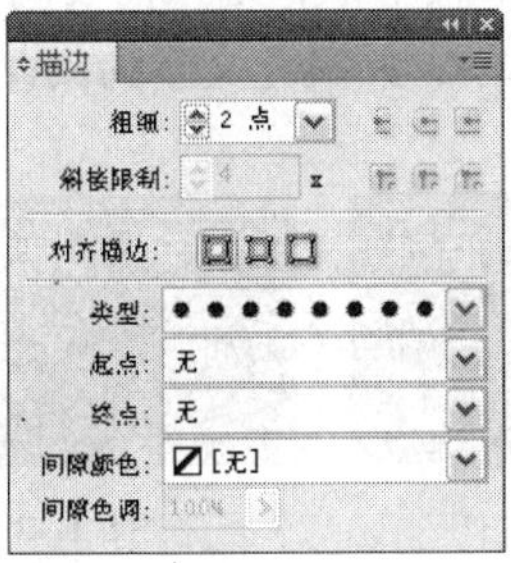

图 11-287

图 11-288

Step 04 选择“文字”工具 T，在页面中拖曳出一个文本框，输入需要的文字。将输入的文字选取，在“控制面板”中选择合适的字体并设置文字大小。将“控制面板”中将“字符间距”选项 AV 0 设为 200，填充文字为白色并取消选取状态，效果如图 11-289 所示。在需要的位置单击，插入光标，如图 11-290 所示。按<Alt>+<Shift>+<F11>组合键，弹出“字形”面板，在需要的字形上双击，如图 11-291 所示，在光标处插入字形，效果如图 11-292 所示。

图 11-289

图 11-290

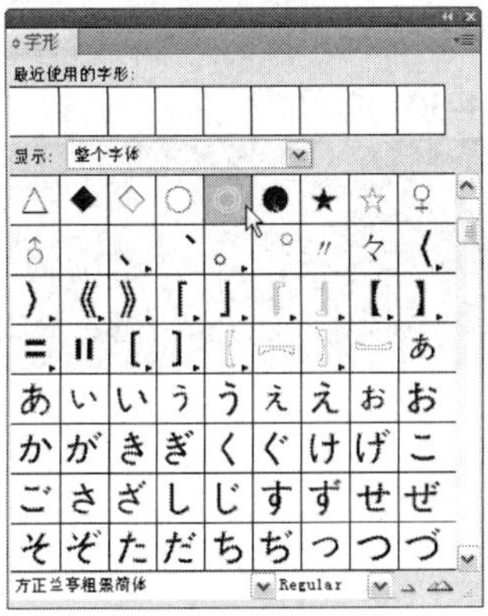

图 11-291

图 11-292

Step 05 选择“文字”工具 T，选取插入的字形，在“控制面板”中设置适当的字形大小，效果如图 11-293 所示。用相同的方法再插入 3 个字形并设置其大小，效果如图 11-294 所示。

图 11-293

图 11-294

Step 06 选择“直线”工具，在页面中适当的位置绘制一条直线，填充描边色为白色，效果如图 11-295 所示。选择“选择”工具，选取直线，按住<Alt>+<Shift>组合键的同时，垂直向下拖曳鼠标，复制一条直线，效果如图 11-296 所示。

Step 07 选择“文字”工具，在页面中拖曳出一个文本框，输入需要的文字。将输入的文字选取，在“控制面板”中选择合适的字体并设置文字大小，并填充文字为白色，取消选取状态，效果如图 11-297 所示。

图 11-295

图 11-296

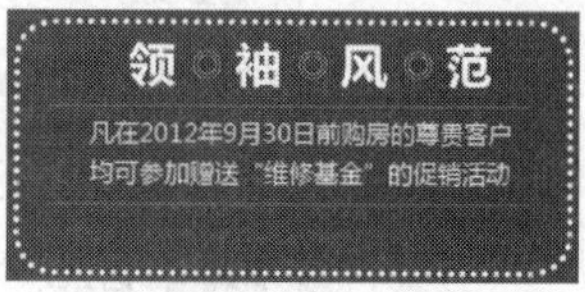

图 11-297

Step 08 选择“矩形”工具，按住<Ctrl>键的同时，在页面中适当的位置绘制一个矩形。设置矩形填充色的 CMYK 值为 0、100、0、45，填充图形并设置描边色为无，效果如图 11-298 所示。用相同的方法再绘制两个矩形，填充相同的颜色并去除描边色，效果如图 11-299 所示。

Step 09 选择“文字”工具，在页面中拖曳出一个文本框，输入需要的文字。将输入的文字选取，在“控制面板”中选择合适的字体并设置文字大小，填充文字为白色并取消选取状态，效果如图 11-300 所示。

图 11-298

图 11-299

图 11-300

Step 10 在“图层”面板中单击选中“白色文字”图层。选择“文字”工具，在页面中拖曳出一个文本框，输入需要的文字。将输入的文字选取，在“控制面板”中选择合适的字体并设置文字大小，填充文字为白色并取消选取状态，效果如图 11-301 所示。

图 11-301

11.4.4 添加图片及其他信息

Step 01 单击“图层”面板下方的“创建新图层”按钮，新建一个图层，并将其重命名为“楼房 2”，如图 11-302 所示。按<Ctrl>+<D>组合键，弹出“置入”对话框，选择光盘中的“Ch11 > 素材 > 制作房地产广告 > 05”文件，单击“打开”按钮，在页面中单击鼠标左键置入图片。选择“选择”工具，拖曳图片到适当的位置并调整其大小，效果如图 11-303 所示。

图 11-302

图 11-303

Step 02 选择“选择”工具，选取图片，分别拖曳其上方和下方中间的控制手柄到适当的位置，效果如图 11-304 所示。在“控制面板”中将“描边粗细”选项设置为 3 点，按<Enter>键确认操作，填充描边色为白色，效果如图 11-305 所示。在页面空白处单击，取消选取状态。

图 11-304

图 11-305

Step 03 单击“图层”面板下方的“创建新图层”按钮，新建一个图层，并将其重命名为“地图”，如图 11-306 所示。按<Ctrl>+<D>组合键，弹出“置入”对话框，选择光盘中的“Ch11 > 素材 > 制作房地产广告 > 06”文件，单击“打开”按钮，在页面中单击鼠标左键置入图片。拖曳图片到适当的位置并调整其大小，效果如图 11-307 所示。在“控制面板”中将“描边粗细”选项设置为 1 点，按<Enter>键确认操作，填充描边色为白色，效果如图 11-308 所示。

图 11-306

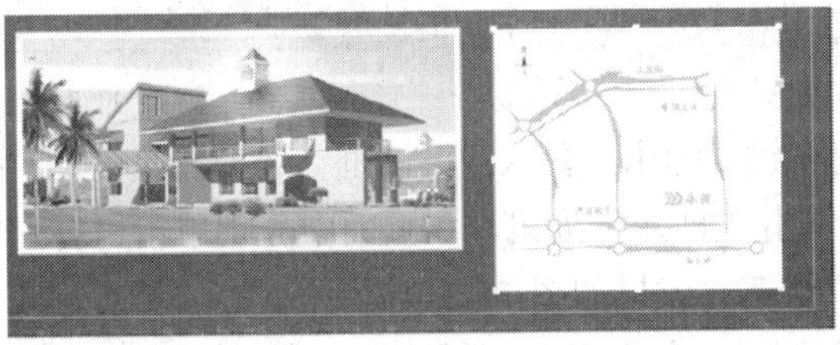

图 11-307

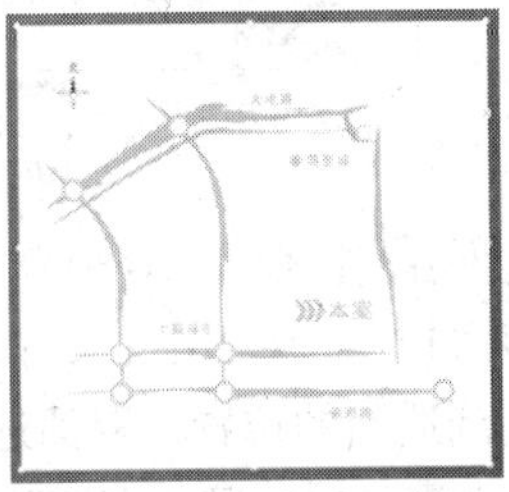

图 11-308

Step 04 在“图层”面板中单击选中“白色文字”图层。选择“文字”工具，在页面中拖曳出一个文本框，输入需要的文字。将输入的文字选取，在“控制面板”中选择合适的字体并设置文字大小。在“控制面板”中将“字符间距”选项设为 80，填充文字为白色并取消选取状态，效果如图 11-309 所示。房地产广告制作完成，效果如图 11-310 所示。

图 11-309

图 11-310

11.5 制作购物节海报

案例知识要点：使用置入命令添加背景及人物图片，使用钢笔工具、矩形工具和描边面板绘制装饰图形，使用插入表命令插入表格，使用色板面板和描边面板填充表格，使用段落面板和表面板对表中的文字进行编辑，购物节海报效果如图 11-311 所示。

效果所在位置：光盘/Ch11/效果/制作购物节海报.indd。

图 11-311

11.5.1 添加宣传文字

Step 01 选择“文件 > 新建 > 文档”命令，弹出“新建文档”对话框，如图 11-312 所示。单击“边距和分栏”按钮，弹出“新建边距和分栏”对话框，选项的设置如图 11-313 所示，单击“确定”按钮，新建一个页面。选择“视图 > 其他 > 隐藏框架边缘”命令，将所绘制图形的框架边缘隐藏。

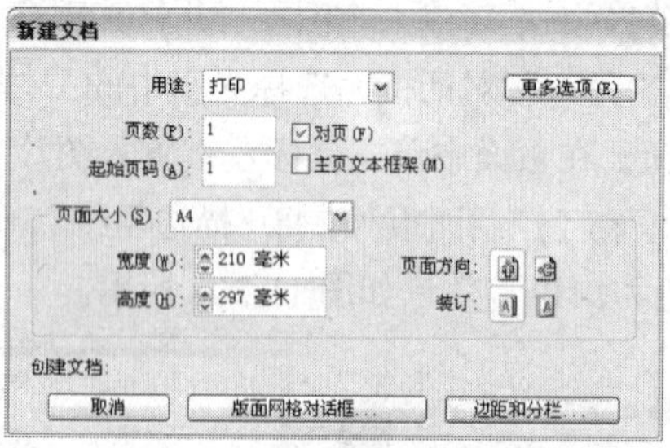

图 11-312

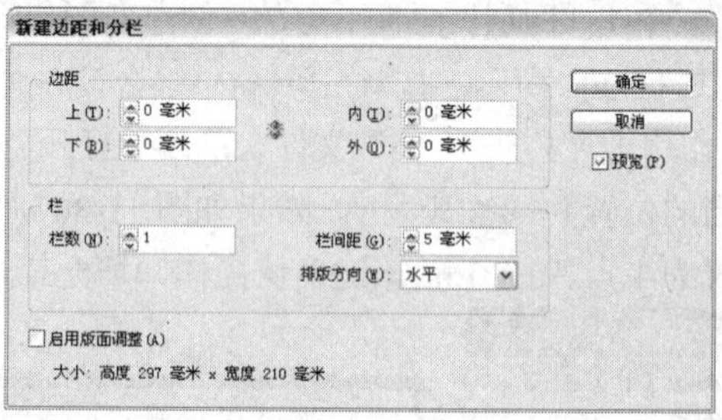

图 11-313

Step 02 按<Ctrl>+<D>组合键，弹出“置入”对话框，选择光盘中的“Ch11 > 素材 > 制作购物节海报 > 01、02”文件，单击“打开”按钮，在页面中分别单击鼠标左键置入图片。分别将其拖曳到适当的位置，取消选取状态，效果如图 11-314 所示。

Step 03 选择“钢笔”工具，在页面中绘制一条直线，如图 11-315 所示。在“控制面板”中将“描边粗细” 0.283 选项设置为 2.8 点，按<Enter>键确认操作，效果如图 11-316 所示。设置直线描边色的 CMYK 值为 0、47、100、52，填充描边，如图 11-317 所示。用相同的方法绘制另一条直线，效果如图 11-318 所示。

图 11-314

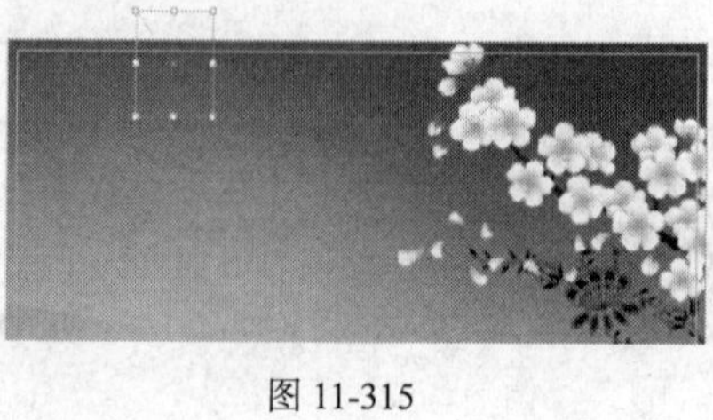

图 11-315

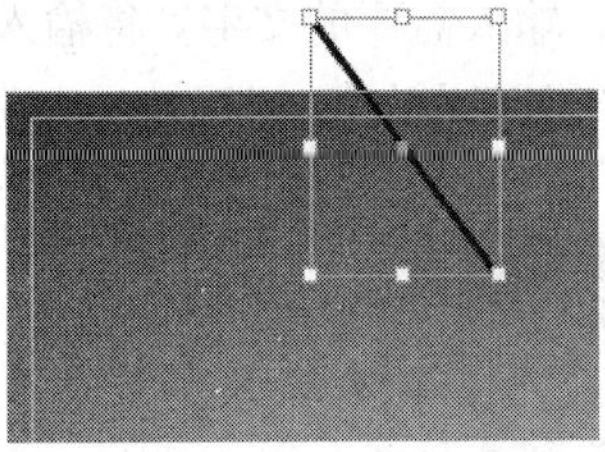

图 11-316

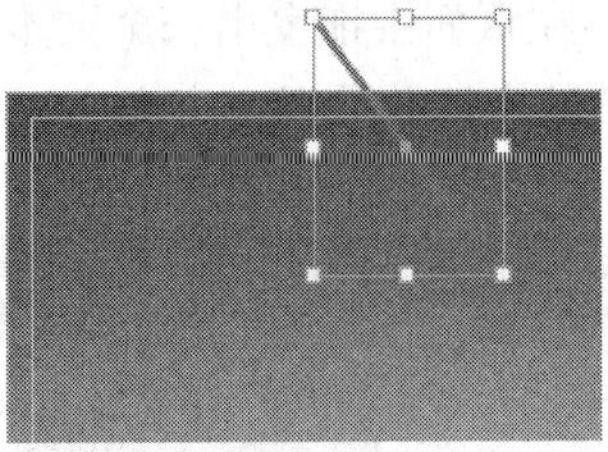

图 11-317

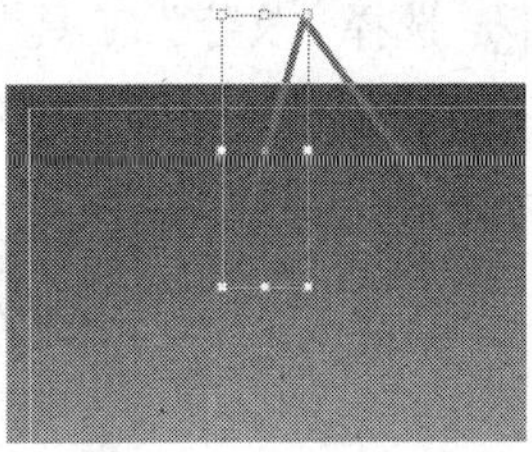

图 11-318

Step 04 选择“矩形”工具，在页面中绘制一个矩形。填充图形为白色，并设置描边颜色的 CMYK 值为 0、47、100、52，如图 11-319 所示。在“控制面板”中将“旋转角度”选项设置为 7°，按<Enter>键确认操作，效果如图 11-320 所示。

Step 05 选择“文字”工具，在页面中拖曳出一个文本框，输入需要的文字。将输入的文字选取，在“控制面板”中选择合适的字体并设置文字大小，填充文字颜色的 CMYK 值为 5、80、100、0。选择“选择”工具，在“控制面板”中将文字旋转到适当的角度，按<Enter>键确认操作，并取消选取状态，效果如图 11-321 所示。

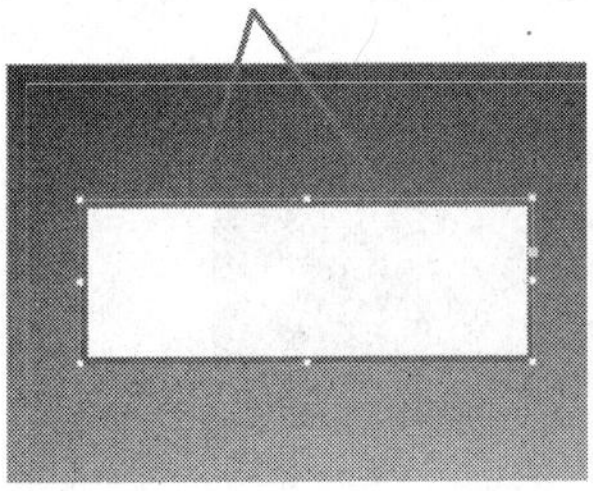

图 11-319

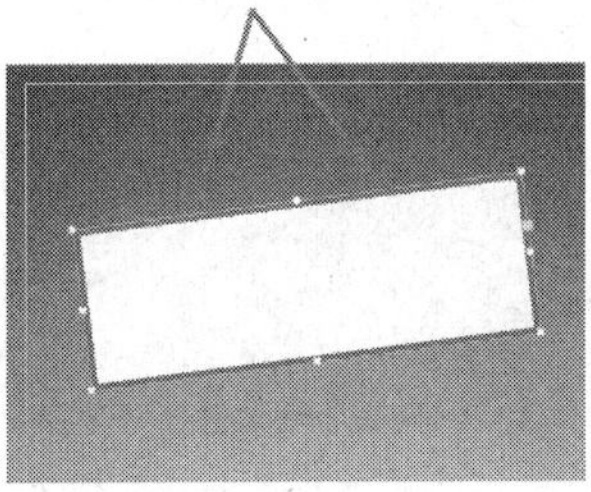

图 11-320

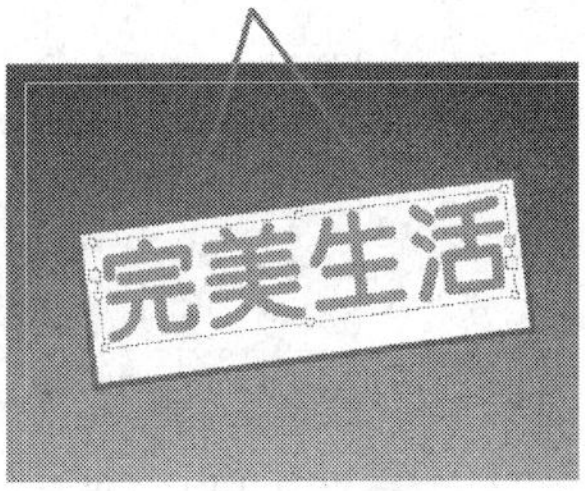

图 11-321

Step 06 选择“钢笔”工具，在页面中绘制一条直线。设置直线描边色的 CMYK 值为 0、47、100、52，填充描边，如图 11-322 所示。选择“窗口 > 描边”命令，在弹出的面板中进行设置，如图 11-323 所示，效果如图 11-324 所示。

图 11-322

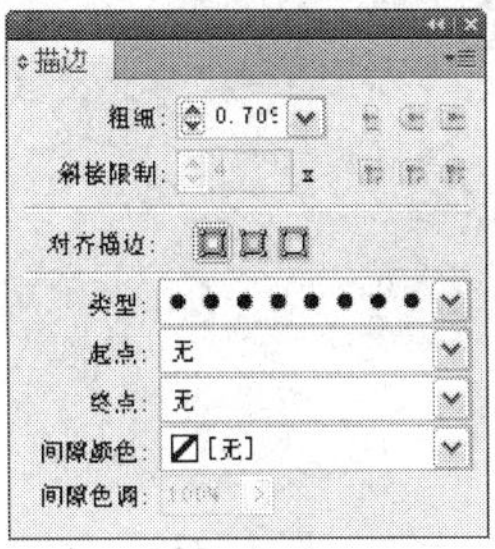

图 11-323

图 11-324

Step 07 选择“选择”工具，按住<Shift>+<Alt>组合键的同时，水平向下拖曳虚线到适当的位置，复制虚线，效果如图 11-325 所示。按<Ctrl>+<Alt>+<3>组合键，再复制出一条虚线，效果如图 11-326 所示。

图 11-325

图 11-326

Step 08 选择“文字”工具 T，在页面中拖曳出一个文本框，输入需要的文字。将输入的文字选取，在“控制面板”中选择合适的字体并设置文字大小。填充文字为白色，按<Enter>键确认操作，效果如图 11-327 所示。

图 11-327

Step 09 按<Ctrl>+<T>组合键，弹出“字符”面板，选项设置如图 11-328 所示。按<Enter>键确认操作，效果如图 11-329 所示。

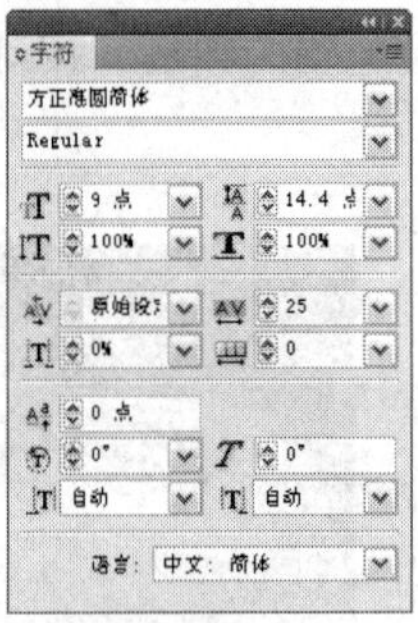

图 11-328

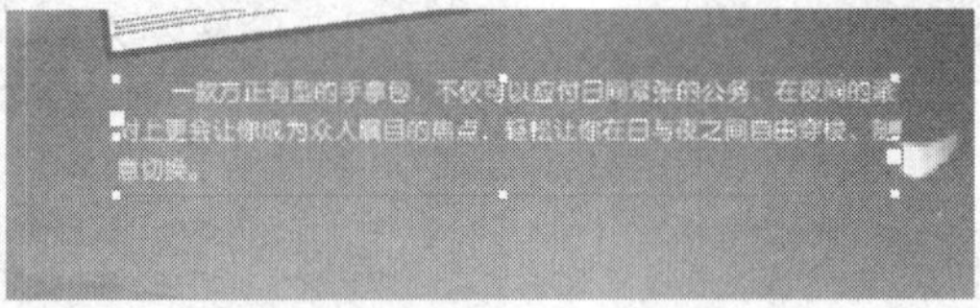

图 11-329

Step 10 选择“文字”工具 T，在页面中拖曳出一个文本框，输入需要的文字。将输入的文字选取，在“控制面板”中选择合适的字体并设置文字大小。设置文字颜色的 CMYK 值为 5、60、8、0，填充文字，填充描边颜色为白色，按<Enter>键确认操作，效果如图 11-330 所示。

图 11-330

Step 11 在“描边”面板中进行设置，如图 11-331 所示，取消选取状态后的效果如图 11-332 所示。在“字符”面板中进行设置，如图 11-333 所示，效果如图 11-334 所示。

图 11-331

图 11-332

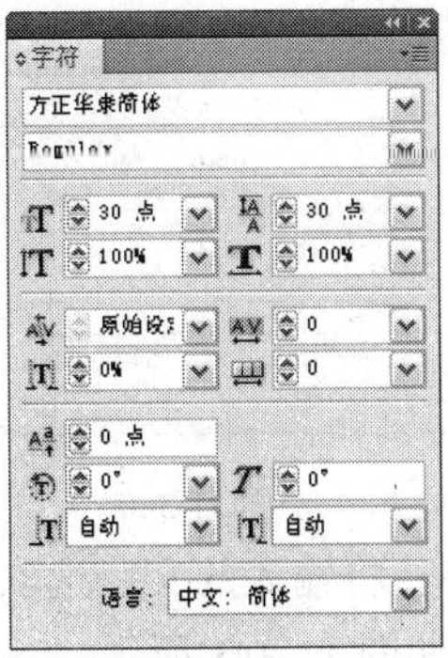

图 11-333

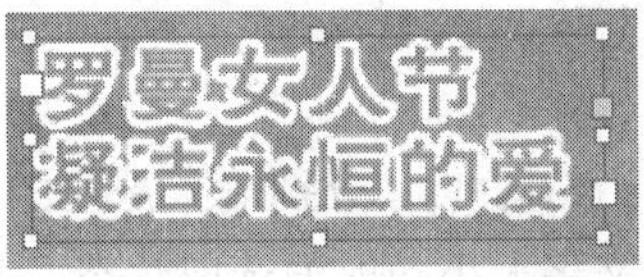

图 11-334

Step 12 按<Ctrl>+<D>组合键，弹出“置入”对话框，选择光盘中的“Ch11 > 素材 > 制作购物节海报 > 03”文件，单击“打开”按钮，在页面中单击鼠标左键置入图片。调整其位置和大小，效果如图 11-335 所示。

Step 13 选择“文字”工具 T，在页面中拖曳出一个文本框，输入需要的文字。将输入的文字选取，在“控制面板”中选择合适的字体并设置文字大小。填充文字为白色，按<Enter>键确认操作，效果如图 11-336 所示。在“字符”面板中进行设置，如图 11-337 所示，效果如图 11-338 所示。

图 11-335

图 11-336

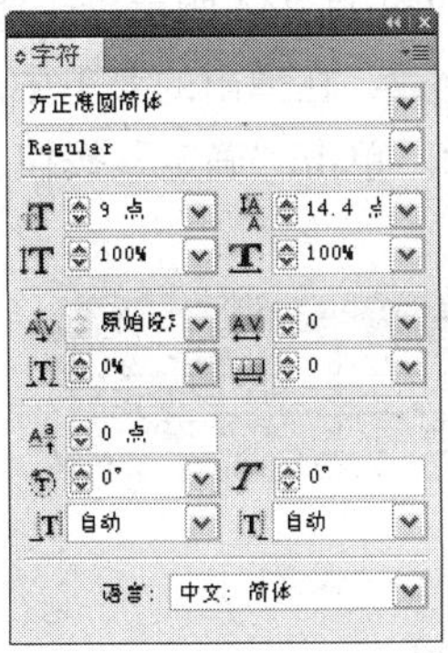

图 11-337

图 11-338

11.5.2 制作数据表格

Step 01 选择“文字”工具 T，在适当的位置拖曳鼠标创建文本框。选择“文字 > 插入表”命令，弹出“插入表”对话框，设置需要的数值，如图 11-339 所示。单击“确定”按钮，效果如图 11-340 所示。

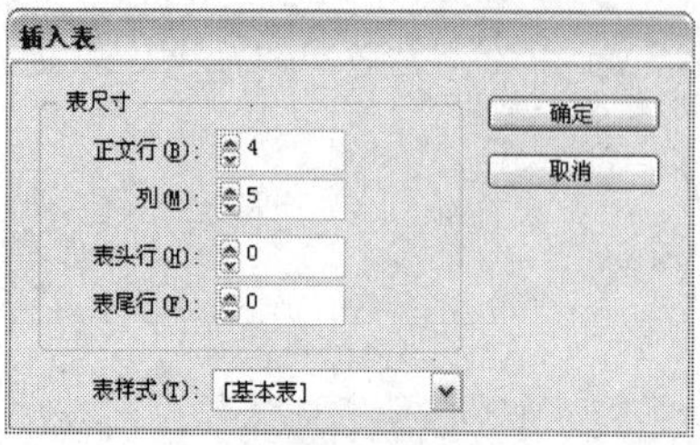

图 11-339

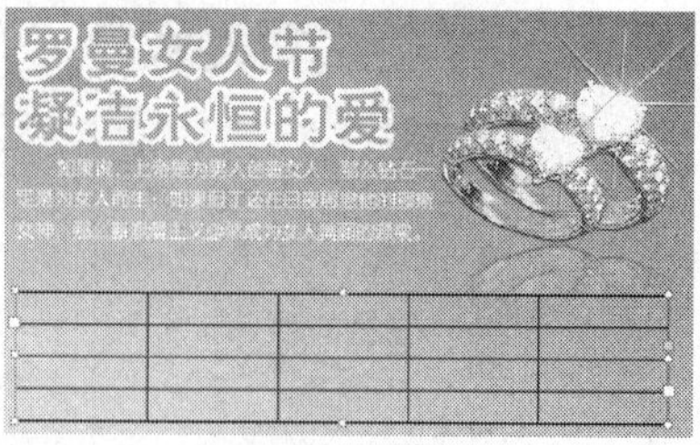

图 11-340

Step 02 选择“文字”工具T，分别输入需要的文字。将输入的文字选取，在“控制面板”中选择合适的字体并设置文字大小，取消选取状态，效果如图 11-341 所示。

净度	重量	颜色	切工	证书
FL-IF	0.05	无色	圆形	GIA 钻石证书
WS1-WS2	1.5	接近颜色	公主方形	HRD 钻石证书
VS1-VS2	3.0	肉眼可见色	祖母绿形	IGI 钻石证书

图 11-341

Step 03 选取整个表格，按<Ctrl>+<Alt>+<T>组合键，弹出“段落”面板，单击“居中对齐”按钮，如图 11-342 所示，效果如图 11-343 所示。

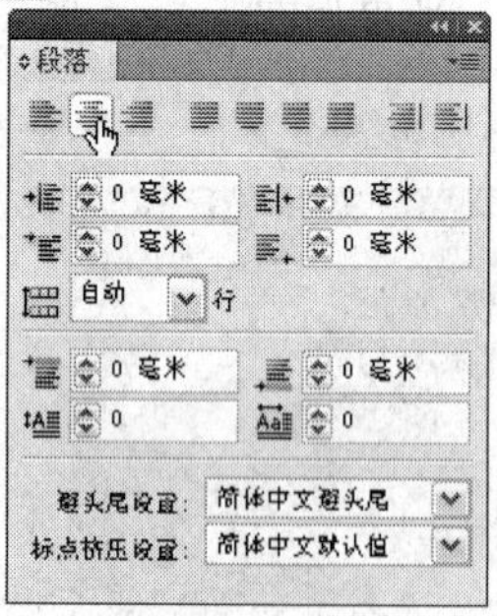

图 11-342

净度	重量	颜色	切工	证书
FL-IF	0.05	无色	圆形	GIA 钻石证书
WS1-WS2	1.5	接近颜色	公主方形	HRD 钻石证书
VS1-VS2	3.0	肉眼可见色	祖母绿形	IGI 钻石证书

图 11-343

Step 04 选择“文字”工具T，在表中选取需要的单元格，如图 11-344 所示。选择“窗口 > 颜色 > 色板”命令，弹出“色板”面板。单击面板右上方的图标，在弹出的菜单中选择“新建颜色色板”命令，在弹出的对话框中进行设置，如图 11-345 所示。单击“确定”按钮，填充颜色，效果如图 11-346 所示。

净度	重量	颜色	切工	证书
FL-IF	0.05	无色	圆形	GIA 钻石证书
WS1-WS2	1.5	接近颜色	公主方形	HRD 钻石证书
VS1-VS2	3.0	肉眼可见色	祖母绿形	IGI 钻石证书

图 11-344

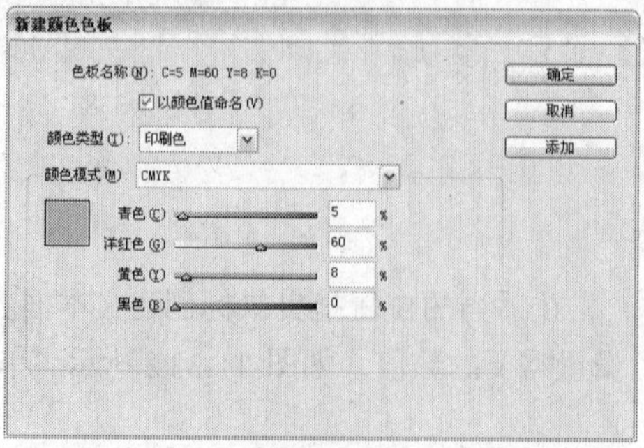

图 11-345

净度	重量	颜色	切工	证书
FL-IF	0.05	无色	圆形	GIA 钻石证书
WS1-WS2	1.5	接近颜色	公主方形	HRD 钻石证书
VS1-VS2	3.0	肉眼可见色	祖母绿形	IGI 钻石证书

图 11-346

Step 05 选取下方的单元格，使用相同的方法，设置填充颜色的 CMYK 值为 0、0、10、0，填充表格，效果如图 11-347 所示。将整个表格选取，设置描边色的 CMYK 值为 0、80、10、0，填充描边，效果如图 11-348 所示。

净度	重量	颜色	切工	证书
FL-IF	0.05	无色	圆形	GIA 钻石证书
WS1-WS2	1.5	接近颜色	公主方形	HRD 钻石证书
VS1-VS2	3.0	肉眼可见色	祖母绿形	IGI 钻石证书

图 11-347

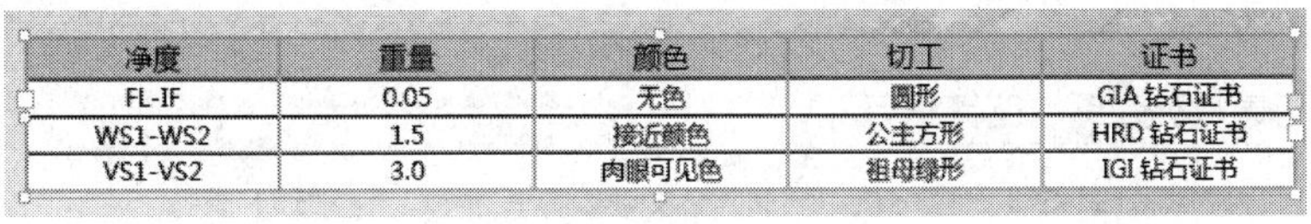

净度	重量	颜色	切工	证书
FL-IF	0.05	无色	圆形	GIA 钻石证书
WS1-WS2	1.5	接近颜色	公主方形	HRD 钻石证书
VS1-VS2	3.0	肉眼可见色	祖母绿形	IGI 钻石证书

图 11-348

Step 06 将整个表格选取，选择“窗口 > 文字和表 > 表”命令，弹出“表”面板，设置如图 11-349 所示，效果如图 11-350 所示。购物节海报制作完成，效果如图 11-351 所示。

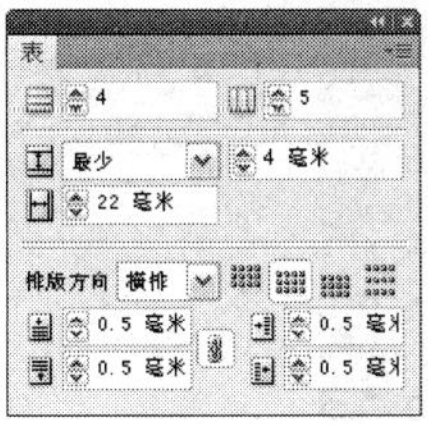

图 11-349

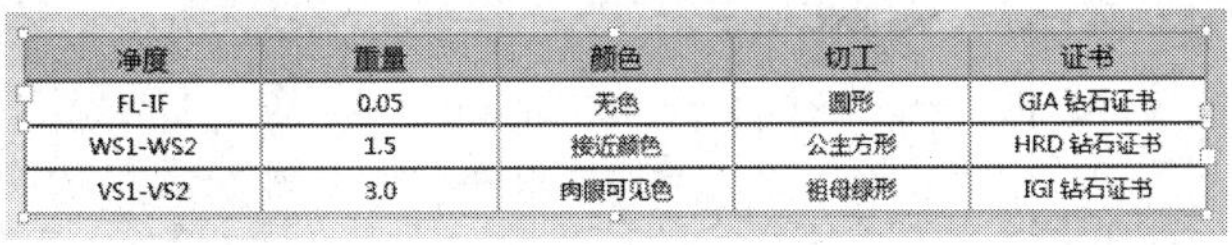

净度	重量	颜色	切工	证书
FL-IF	0.05	无色	圆形	GIA 钻石证书
WS1-WS2	1.5	接近颜色	公主方形	HRD 钻石证书
VS1-VS2	3.0	肉眼可见色	祖母绿形	IGI 钻石证书

图 11-350

图 11-351

11.6 制作美食杂志内页

案例知识要点：使用矩形工具、渐变色板工具和置入命令制作杂志背景，使用椭圆工具和效果面板制作装饰圆形，使用钢笔工具绘制装饰线条，使用文字工具和文本绕排面板添加介绍性文字，美食杂志内页效果如图 11-352 所示。

效果所在位置：光盘/Ch11/效果/制作美食杂志内页.indd。

图 11-352

11.6.1 制作杂志背景

Step 01 选择“文件 > 新建 > 文档”命令，弹出“新建文档”对话框，如图 11-353 所示。单击“边距和分栏”按钮，弹出“新建边距和分栏”对话框，选项的设置如图 11-354 所示，单击“确定”按钮，新建一个页面。选择“视图 > 其他 > 隐藏框架边缘”命令，将所绘制图形的框架边缘隐藏。

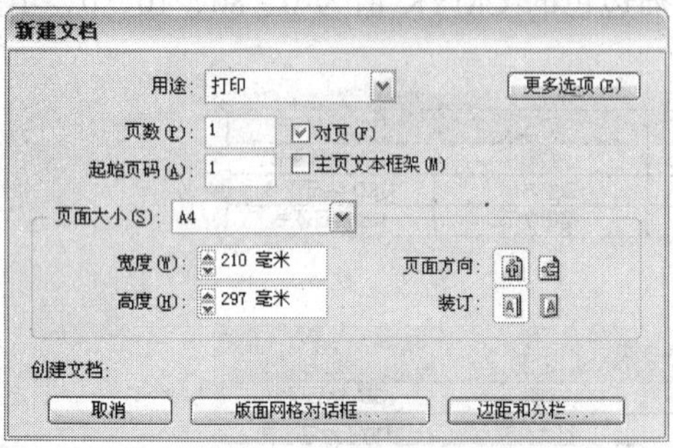

图 11-353

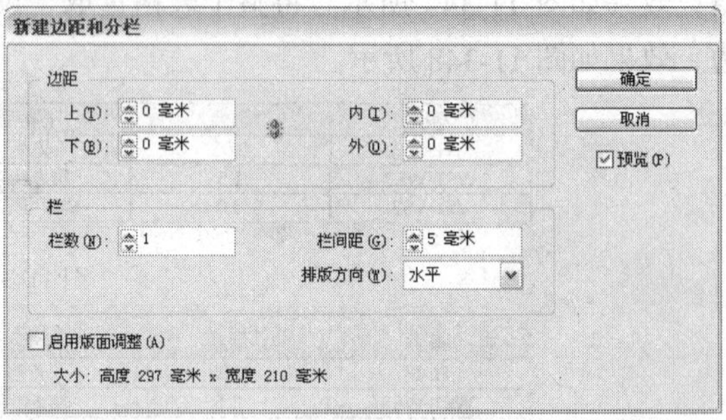

图 11-354

Step 02 选择“矩形”工具，在页面中拖曳鼠标绘制矩形，如图 11-355 所示。双击“渐变色板”工具，弹出“渐变”面板，在色带上选中左侧的渐变色标，设置 CMYK 的值为 0、11、0、0，选中右侧的渐变色标，设置 CMYK 的值为 0、100、0、0，其他选项的设置如图 11-356 所示。图形被填充渐变色，并设置描边色为无，效果如图 11-357 所示。

图 11-355

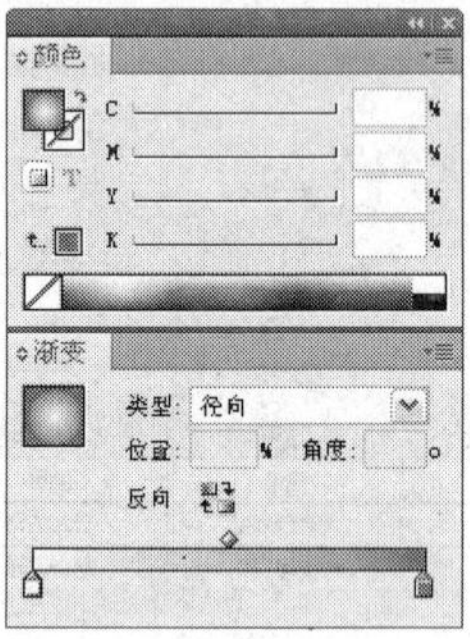

图 11-356

图 11-357

Step 03 按<Ctrl>+<D>组合键，弹出“置入”对话框，选择光盘中的“Ch11 > 素材 > 制作美食杂志内页 > 01”文件，单击“打开”按钮，在页面空白处单击鼠标左键置入图像。拖曳图像到适当的位置并调整其大小，效果如图 11-358 所示。在“控制面板”中单击“水平翻转”按钮，水平翻转图形，效果如图 11-359 所示。

图 11-358

图 11-359

Step 04 选择“选择”工具，选取图像。拖曳左侧中间的控制手柄到适当的位置，裁切图像，效果如图 11-360 所示。用相同的方法调整下方中间的控制手柄到适当的位置，效果如图 11-361 所示。

图 11-360

图 11-361

Step 05 按<Ctrl>+<D>组合键，弹出“置入”对话框，选择光盘中的“Ch11 > 素材 > 制作美食杂志内页 > 02”文件，单击“打开”按钮，在页面空白处单击鼠标左键置入图像。选择“选择”工具，拖曳图像到适当的位置并调整其大小，效果如图 11-362 所示。按<Ctrl>+<Shift>+<F10>组合键，弹出“效果”面板，选项的设置如图 11-363 所示，效果如图 11-364 所示。

图 11-362

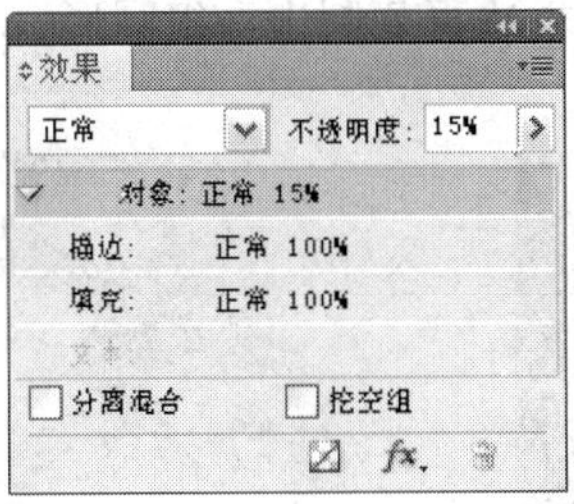

图 11-363

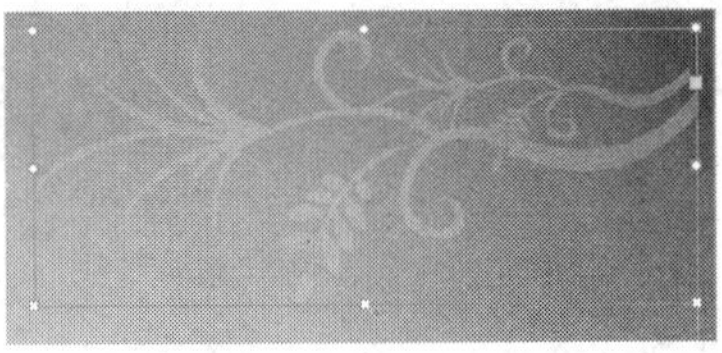

图 11-364

Step 06 选择“椭圆”工具，按住<Shift>键的同时，在页面中的右下角拖曳鼠标绘制圆形，效果如图 11-365 所示。填充图形为白色，并设置描边色为无，效果如图 11-366 所示。在“效果”面板中进行设置，如图 11-367 所示，效果如图 11-368 所示。

图 11-365

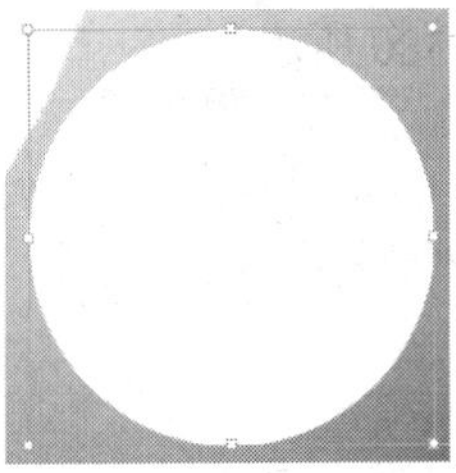

图 11-366

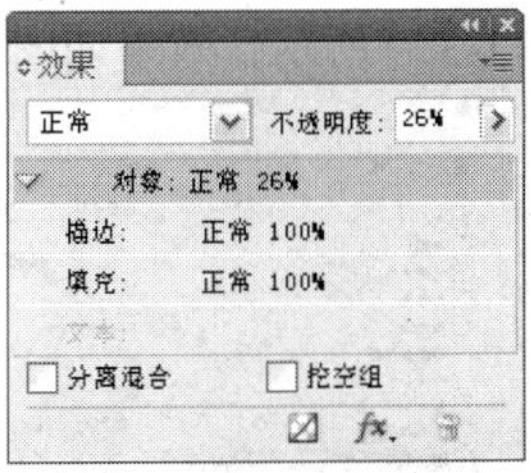

图 11-367

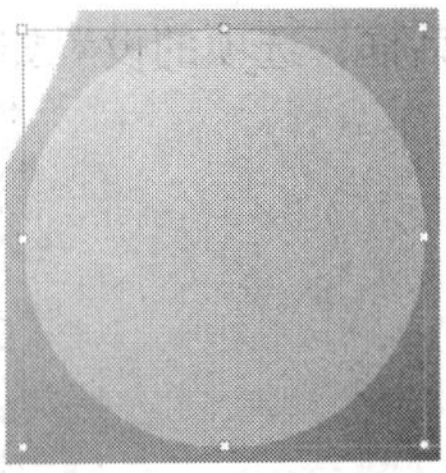

图 11-368

Step 07 选择“选择”工具，选取圆形。双击“缩放”工具，弹出“缩放”对话框，选项的设置如图 11-369 所示。单击“复制”按钮，复制图形，效果如图 11-370 所示。在“效果”面板中进行设置，如图 11-371 所示，效果如图 11-372 所示。

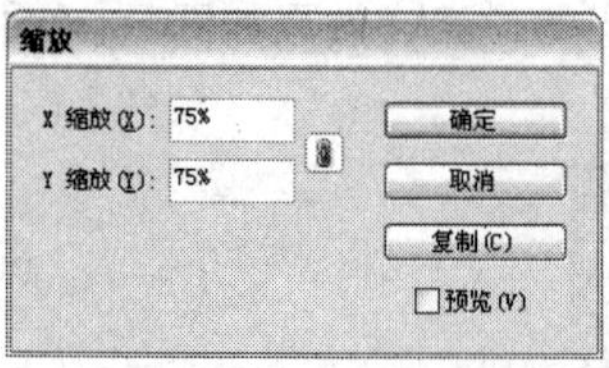

图 11-369

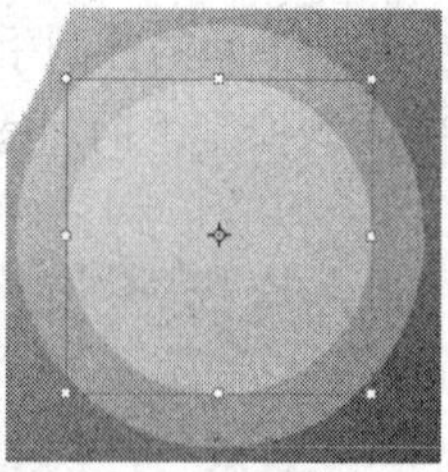

图 11-370

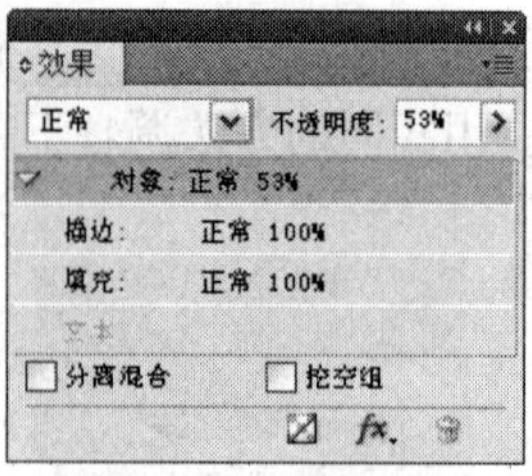

图 11-371

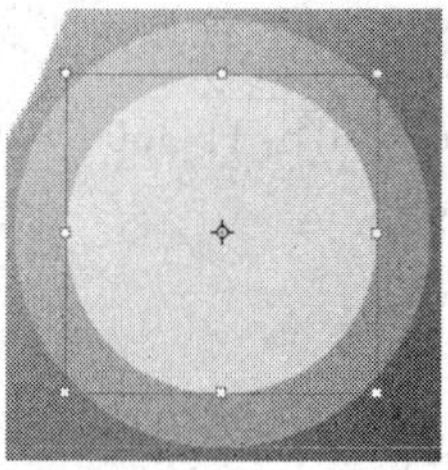

图 11-372

Step 08 用上述所讲的方法，选取并复制需要的圆形，如图 11-373 所示。选择“选择”工具，在“效果”面板中进行设置，如图 11-374 所示，效果如图 11-375 所示。

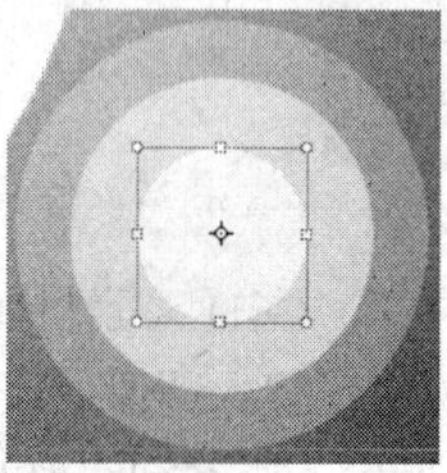

图 11-373

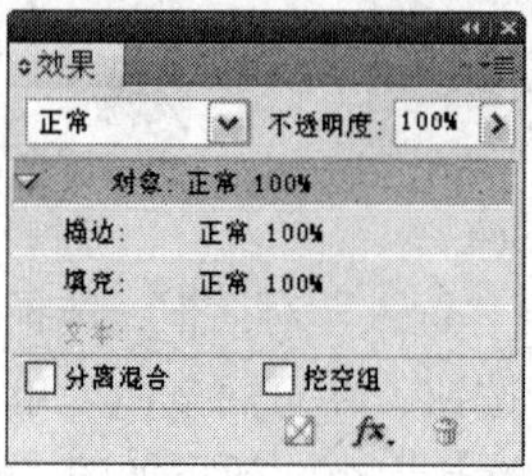

图 11-374

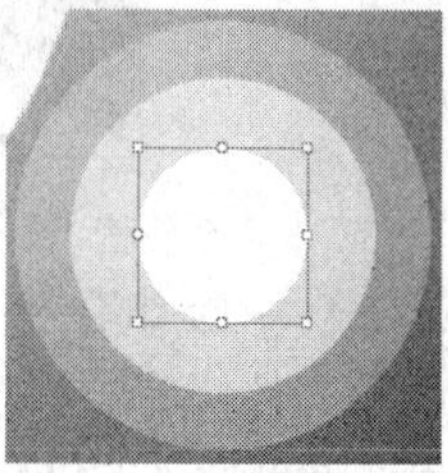

图 11-375

Step 09 选择“选择”工具，按住<Shift>键的同时，将 3 个圆形同时选取，按<Ctrl>+<G>组合键将其编组。按住<Alt>键的同时，向上拖曳鼠标到适当的位置，复制一组圆形，并调整其大小及位置，效果如图 11-376 所示。用相同的方法再复制出一组圆形，并调整其大小及位置，效果如图 11-377 所示。

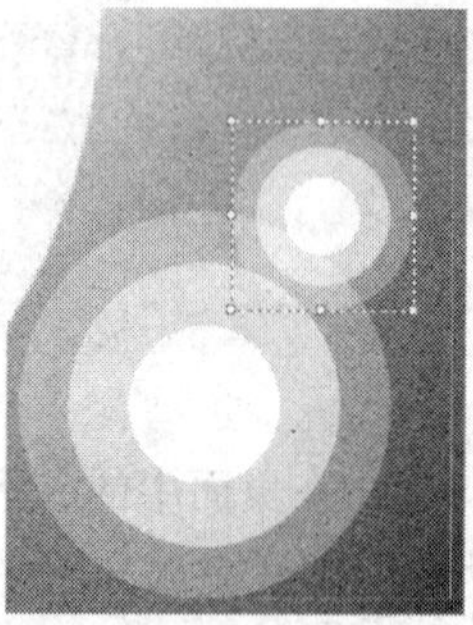

图 11-376

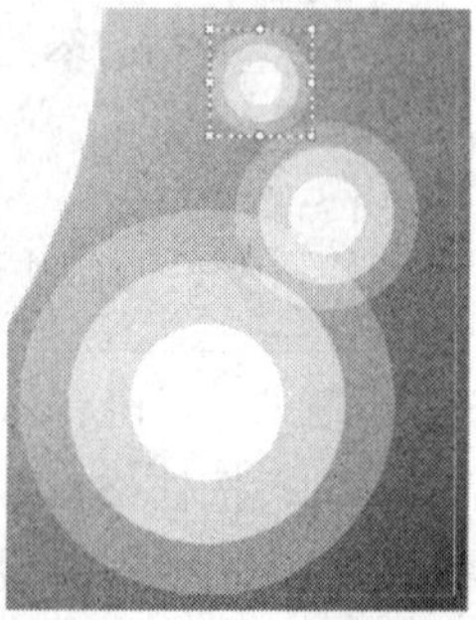

图 11-377

Step 10 选择“选择”工具，按住<Shift>键的同时，将 3 组圆形同时选取，按<Ctrl>+<G>组合键将其编组，效果如图 11-378 所示。选择“对象 > 效果 > 渐变羽化”命令，弹出“渐变羽化”对话框，选项的设置如图 11-379 所示，效果如图 11-380 所示。

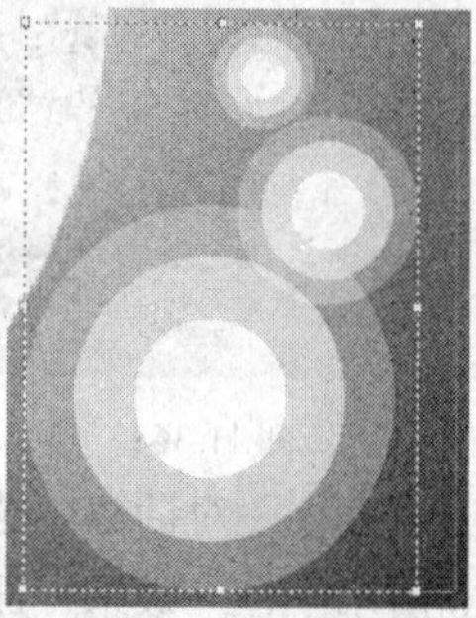

图 11-378

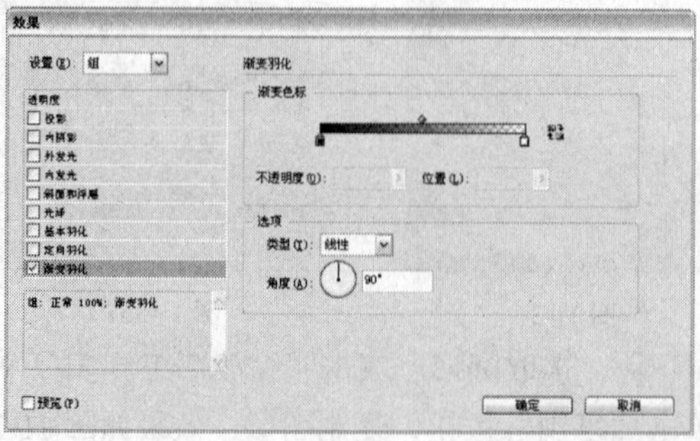

图 11-379

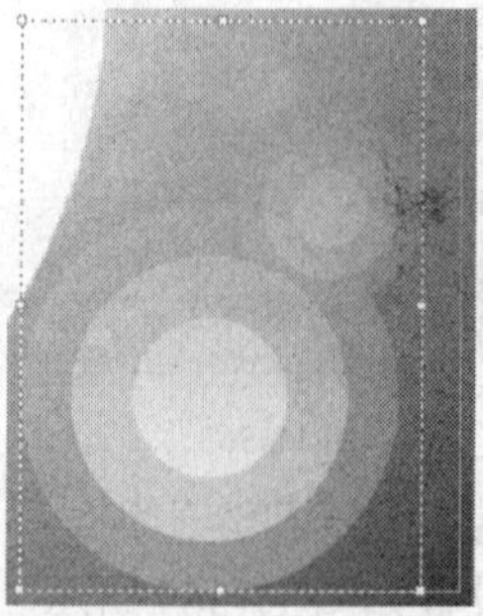

图 11-380

11.6.2　添加杂志标题

Step 01 选择“文字”工具，在页面左上角拖曳出一个文本框，输入需要的文字。将输入的文字选取，在“控制面板”中选择合适的字体并设置字母大小，填充为白色，如图 11-381 所示。按<Alt>+向右方向键，适当调整字距，取消选取状态后的效果如图 11-382 所示。

Step 02 选取字母“R”，设置填充色的 CMYK 值为 11、99、100、0，填充字母，如图 11-383 所示。选取字母“D”，设置填充色的 CMYK 值为 5、24、89、0，填充字母，并取消选取状态，效果如图 11-384 所示。选择“选择”工具，在“控制面板”中将“切变角度”选项设置为 14°，按<Enter>键确认操作，效果如图 11-385 所示。

图 11-381

图 11-382

图 11-383

图 11-384

图 11-385

Step 03 选择“钢笔”工具，在页面中的适当位置绘制路径，如图 11-386 所示。设置路径描边色的 CMYK 值为 0、0、100、0，填充描边，效果如图 11-387 所示。在“控制面板”中将“描边粗细”选项设置为 2.8 点，按<Enter>键确认操作，效果如图 11-388 所示。

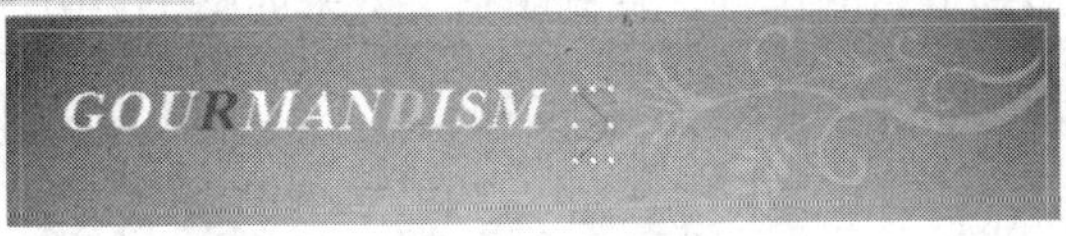

图 11-386

图 11-387

图 11-388

Step 04 选择“选择”工具，选取路径，按住<Shift>+<Alt>组合键的同时，水平向右拖曳路径到适当的位置，复制路径，效果如图 11-389 所示。按<Ctrl>+<Alt>+<3>组合键，再复制出一个路径，效果如图 11-390 所示。

图 11-389

图 11-390

Step 05 选择“文字”工具，在页面中适当的位置拖曳出一个文本框，输入需要的文字。将输入的文字选取，在“控制面板”中选择合适的字体并设置文字大小，如图 11-391 所示。填充文字为白色，并取消选取状态，如图 11-392 所示。

图 11-391

图 11-392

Step 06 选择“钢笔”工具，在页面中的适当位置绘制路径，如图 11-393 所示。设置路径描边色为白色，效果如图 11-394 所示。在“控制面板”中将“描边粗细”选项设置为 1.4 点，按<Enter>键确认操作，效果如图 11-395 所示。

图 11-393

图 11-394

图 11-395

Step 07 选择“选择”工具，选取路径，按住<Shift>+<Alt>组合键的同时，水平向右拖曳路径到适当的位置，复制路径，效果如图 11-396 所示。按<Ctrl>+<Alt>+<3>组合键，再复制出多个路径，取消选取状态，效果如图 11-397 所示。

图 11-396

图 11-397

Step 08 选择“矩形”工具，按住<Shift>键的同时，在页面左上角绘制一个矩形。填充图形为白色，并填充描边色为黑色，效果如图 11-398 所示。选择“选择”工具，在“控制面板”中将“描边粗细” 0.283 点 选项设置为 0.5 点，按<Enter>键确认操作，效果如图 11-399 所示。

Step 09 选择“矩形”工具，按住<Shift>键的同时，在页面左上角的适当位置绘制一个矩形。设置图形填充色为黑色，并设置描边色为无，效果如图 11-400 所示。选择“选择”工具，选取矩形，按住<Alt>键的同时，向下拖曳矩形到适当的位置，复制矩形，效果如图 11-401 所示。

图 11-398

图 11-399

图 11-400

图 11-401

Step 10 选择“文字”工具，在页面中适当的位置拖曳出一个文本框，输入需要的文字。将输入的文字选取，在“控制面板”中选择合适的字体并设置文字大小，如图 11-402 所示。填充文字为白色，如图 11-403 所示。按<Alt>+向右方向键，适当调整字距，取消选取状态后的效果如图 11-404 所示。

图 11-402

图 11-403

图 11-404

11.6.3 添加内容文字

Step 01 选择“文字”工具，在页面中适当位置拖曳出一个文本框，输入需要的文字。将输入的文字选取，在“控制面板”中选择合适的字体并设置文字大小。填充文字为白色，并取消选取状态，效果如图 11-405 所示。用相同的方法添加其他文字，效果如图 11-406 所示。

图 11-405

图 11-406

Step 02 选择“文字”工具 T，在页面中适当位置拖曳出一个文本框，输入需要的文字。将输入的文字选取，在“控制面板”中选择合适的字体并设置文字大小。填充文字为白色，并取消选取状态，效果如图 11-407 所示。

Step 03 选择“选择”工具，选取左侧的图像。选择“窗口 > 文本绕排”命令，弹出“文本绕排”面板，选项的设置如图 11-408 所示，效果如图 11-409 所示。在页面空白处单击，取消选取状态，美食杂志内页制作完成，效果如图 11-410 所示。

图 11-407

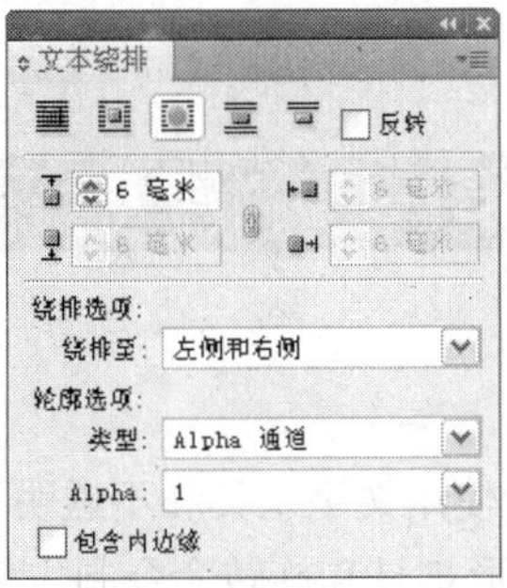

图 11-408

图 11-409

图 11-410

11.7 课堂练习——制作环保公益广告

练习知识要点：使用置入命令添加图片，使用文字工具、描边面板、投影命令添加标题文字，使用直线工具、描边面板添加装饰线，使用文字工具添加正文，效果如图 11-411 所示。

效果所在位置：光盘/Ch11/效果/制作环保公益广告.indd。

图 11-411

11.8 课堂练习——制作报纸版面

练习知识要点：使用描边命令为图片添加黑色边框，使用直线工具和描边面板绘制装饰曲线，使用文本绕排面板制作图文混排效果，效果如图 11-412 所示。

效果所在位置：光盘/Ch11/效果/制作报纸版面.indd。

图 11-412

11.9 课后习题——制作户外健身广告

习题知识要点：使用置入命令制作背景图效果，使用文字工具和不透明度命令制作背景文字，使用文字工具和矩形工具添加宣传性文字，使用多边形工具和旋转命令制作标志，效果如图 11-413 所示。

效果所在位置：光盘/Ch11/效果/制作户外健身广告.indd。

图 11-413